Mecánica estadística

USC , editora

manuais

Vol. 24

Luis Miguel Varela Cabo
Hadrián Montes Campos
Trinidad Méndez Morales

MECÁNICA ESTADÍSTICA

2024
Universidade de Santiago de Compostela

Varela Cabo, Luis Miguel

Mecánica estadística / Luis Miguel Varela Cabo, Hadrián Montes Campos, Trinidad Méndez Morales.-Santiago de Compostela, Edicións USC, 2024

484 p. ; 24 cm. (USC editora.Manuais ; 24)

D.L.C 763-2024.-ISBN : 978-84-10142-23-7

1.Mecánica estatística-Manuais.I.Montes Campos, Hadrián, aut.II.Méndez Morales, Trinidad, aut.III.Universidade de Santiago de Compostela.Edicións USC, ed.

531.19 (035)

Edita
EDICIÓNS USC
Campus Vida
15782 Santiago de Compostela
usc.gal/publicacions

Imprime
Imprenta Universitaria
Campus Vida
157082 Santiago de Compostela

Dep. Legal: C 763-2024
ISBN 978-84-10142-23-7

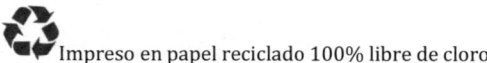

Impreso en papel reciclado 100% libre de cloro

Preámbulo

*La lotería es un impuesto para
aquellos que no saben de estadística.*

La Mecánica Estadística surge a finales del siglo XIX como resultado del esfuerzo de Ludwig Boltzmann para obtener la Termodinámica, rama central del conocimiento humano desarrollada a lo largo de ese siglo, a partir de la Mecánica newtoniana. La imposibilidad de la reducción de aquella a ésta llevó a la formulación de la teoría cinética primero (1872-1875) y de la Mecánica Estadística después, con la formulación del hoy denominado principio de Boltzmann (1877), que conecta el recuento de estados microscópicos con la entropía termodinámica. La necesidad de introducción de la probabilidad en la estructura legislativa básica de la Física para la descripción de los microestados de un sistema macroscópico, junto con la hipótesis atomista subyacente al formalismo, supusieron un seísmo en la ciencia de la época y le acarrearon al genio austriaco no pocos problemas con la academia de su tiempo. No obstante, con los años ambas habrían de probarse ciertas, e incluso podemos rastrear su efecto en el surgimiento una década después de la Mecánica Cuántica de la mano de Max Planck, que lleva la probabilidad hasta la descripción mecánica misma. Sin temor a exagerar, podemos decir que conjuntamente suponen el paradigma básico de la Física contemporánea, pues permiten la descripción mecánica de los constituyentes de un sistema y la obtención posterior de la fenomenología termodinámica que se sigue de aquella. O, inversamente, podríamos ver que la Mecánica estadística permite una fundamentación mecánico-microscópica de la fenomenología termodinámica. En cualquier caso, la disciplina ocupa un papel central en la Física al permitir conectar los dos mundos, el microscópico, reino de la turbulencia, del azar y la incertidumbre, y el macroscópico que se nos manifiesta con apariencia de orden y estabilidad.

La obra que tiene entre sus manos es el resultado de más de veinte años de docencia del profesor Luis Miguel Varela en las materias de Física Estadística, primero, y Mecánica Estadística después, en el grado en Física de la Universidad de Santiago de Compostela, además de los correspondientes cursos avanzados de máster en la misma universidad. Es por ello por lo que pretende llevar al lector, que sin duda será mayoritariamente alumno de alguna titulación universitaria, desde los fundamentos de la disciplina, hasta sofisticados problemas de respuesta de sistemas fuera del equilibrio. Desde el hecho básico de que ha de tratarse el estado y evolución microscópicas de un sistema físico como un suceso y un proceso aleatorios, hasta la respuesta lineal de un superconductor. Y ello siguiendo un camino poco convencional para lo que son los manuales clásicos de la disciplina, especialmente en lengua española, al introducir las colectividades a partir de la ecuación maestra o del principio de entropía máxima de la teoría de la información, y no limitarnos al más usual método axiomático. Naturalmente, incluye el tratamiento de sistemas ideales y reales, localizados y no localizados, en su parte de equilibrio, con un sistemático enfoque en las teorías de campo medio incluyendo la teoría de Ginzburg-Landau y su aplicación a superfluidos neutros y cargados, además de la descripción microscópica de estas mediante la teoría de Bogoliubov de líquidos cuánticos. La descripción de sistemas reales en red y del grupo de normalización da paso a la parte de sistemas fuera del equilibrio en la que la breve, pero rigurosa, introducción de la termodinámica de procesos irreversibles antecede a la teoría de la respuesta lineal presentada de modo general con la teoría de Green-Kubo y el teorema de fluctuación-disipación de Callen-Welton. Las aplicaciones de esta última a diferentes sistemas cierran la obra y dan paso a apéndices físicos y matemáticos que se esperan de utilidad para el lector.

No podemos concluir este preámbulo sin agradecer a múltiples personas que esta obra haya llegado a su conclusión. En primer lugar, a los diferentes miembros que han pasado por el equipo teórico-computacional del grupo de investigación Nafomat, comenzando por los que fueron nuestros maestros y amigos Prof. Luis Javier Gallego del Hoyo, Prof. Julio R. Rodríguez González y Prof. Manuel García Sánchez. Tampoco podemos olvidar a los innumerables alumnos que han pasado por las aulas de Licenciatura, Grado y Máster en la USC que han ayudado a pulir las notas de clase a lo largo de los años, y algunos, incluso, a mecanografiarlas con gran amabilidad y entusiasmo. Ha sido un privilegio ayudar a que entiendan hoy, queremos pensar, algo mejor una disciplina de la enorme complejidad de ésta. Y es justo reconocer que nosotros aprendimos de ellos casi tanto como ellos lo han podido hacer de nosotros. Finalmente, queremos agradecer su colaboración al Prof. Javier Castro Paredes del Área de Electromagnetismo. La atenta y detallada lectura de nuestra obra por parte de alguien con su inigualable conocimiento enciclopédico de la literatura de este y otros campos, ha resultado fundamental para asegurarnos del resultado final que ahora le ofrecemos.

Santiago de Compostela, seis de mayo de 2024.
Luis M. Varela
Hadrián Montes
Trinidad Méndez

Índice general

Parte I

Introducción

Capítulo 1

Introducción

Como ha quedado dicho en el prefacio de esta obra, el objetivo central de la mecánica estadística es la obtención de la Termodinámica de sistemas macroscópicos a partir del comportamiento de sus constituyentes. Naturalmente, la descripción del estado de un sistema físico macroscópico a nivel microscópico exige la especificación detallada del estado mecánico de sus constituyentes, lo que, dependiendo de las condiciones de temperatura y densidad del sistema, podrá hacerse en el formalismo de la mecánica clásica o exigirá el uso de la mecánica cuántica. Realizamos a continuación un breve resumen de la descripción de sistemas mecánicos en ambos formalismos, analizando en especial las condiciones de validez de la descripción clásica de los estado mecánicos de partícula, así como una breve introducción al formalismo termodinámico que será de gran utilidad en el desarrollo posterior de la obra.

1.1. Descripción cuántica de los microestados de un sistema físico

Como veremos en el tema siguiente, un conocimiento adecuado de las propiedades estadísticas de un sistema macroscópico se fundamenta en una descripción precisa de los microestados del mismo, i.e., del estado mecánico de las partículas constituyentes del sistema, que, en el momento actual de desarrollo de nuestro conocimiento de la realidad física, sabemos que es intrínsecamente cuántica. Las principales diferencias del formalismo de la Mecánica Cuántica respecto a su homólogo clásico son las derivadas de los principios de indeterminación e indistinguibilidad de partículas idénticas.[1] El hecho de que en un sistema cuántico no podamos definir la trayectoria de una partícula -consecuencia principal del principio de indeterminación- provoca profundos cambios en la descripción de sus estados dinámicos. Esta descripción debe hacerse en los términos probabilísticos establecidos en la función de onda[2] o en el operador densidad, abandonando la descripción basada en el espacio fásico de

---

[1]Veremos posteriormente que ambos principios se encuentran muy relacionados.
[2]Interpretación de Born de la función de onda.

la Mecánica Clásica, que presupone el conocimiento simultáneo de observables incompatibles (posición y momento de cada una de las partículas del sistema). Como condición de coherencia, el *principio de correspondencia* establece que el formalismo cuántico debe recuperar la Mecánica Clásica en el límite de altos números cuánticos, en el que se difumina la cuantización de la acción ($h \to 0$) característica de la teoría cuántica.

En el caso cuántico una descripción clásica, basada en el conocimiento simultáneo de pares de variables canónicas conjugadas con una precisión ilimitada no es posible debido a las limitaciones impuestas por el principio de indeterminación de Heisenberg, siendo necesario en cada instante de tiempo especificar la función de onda, en el caso de estados puros del sistema, o la función densidad en el caso de estados mezcla del sistema en dicho instante. Entendemos por estado puro aquel para el cual conocemos toda la información necesaria para su descripción en un determinado instante de tiempo, de tal modo que podemos especificar de manera completa el conjunto de autovalores de un conjunto completo de observables compatibles y por lo tanto podemos asociarle una determinada función de onda en términos de las variables de las N partículas del sistema, $\psi(\xi_1...\xi_N)$, o equivalentemente un estado cuántico $|\psi\rangle$. En cambio un estado mezcla es aquel para el que disponemos únicamente de información incompleta, por lo que hemos de acudir a la probabilidad para la descripción del mismo. El sistema puede encontrarse en uno de los estados del conjunto $\{|\psi_i\rangle\}_{i\in I}$ con una probabilidad $\{P_i\}_{i\in I}$ / $\sum_{i\in I} P_i = 1$, i.e. el estado concreto del sistema físico es un suceso aleatorio. Esto es lo que se denomina mezcla estadística de estados. De acuerdo con Landau y Lifshitz, un cuerpo macroscópico no puede encontrarse de hecho en un estado estacionario (puro) debido al extraordinario adensamiento de los niveles de energía que tiene lugar en estos sistemas y a las interacciones con el entorno que tienen lugar inevitablemente, suficientes para provocar transiciones entre estados del sistema macroscópico. Además, el tiempo necesario para llevar un cuerpo macroscópico a un estado estacionario sería extraordinariamente grande en virtud del principio de incertidumbre (Landau & Lifshitz (1976)). Por ello concluimos que es imposible describir los estados físicos de un sistema macroscópico en términos de una función de onda, por lo que hemos de acudir en general al operador densidad. Presentamos a continuación, en primer lugar, la formulación axiomática de la mecánica cuántica, para posteriormente analizar las condiciones de validez de la descripción clásica del estado mecánico del sistema a nivel microscópico.

1.1.1. Postulados de la Mecánica Cuántica

1er Postulado Todo estado de un sistema físico está representado por un vector $|\psi\rangle$, llamado vector de estado, en un espacio complejo de Hilbert (espacio de estados). El estado cuántico normalizado debe cumplir

$\langle \psi \mid \psi \rangle = 1.$[3] La función de onda del sistema en el estado $|\psi\rangle$ no es sino la proyección del estado cuántico correspondiente sobre el bra espacio tiempo, $\langle r, t |$:

$$\psi\left(r, t\right) = \langle r, t \mid \psi \rangle .$$

Esto debe compararse con el caso clásico en el que el estado de una partícula en un instante t está especificado por las variables posición, $q(t)$, y momento, $p(t)$, i.e. por un punto en el espacio fásico de la dimensión correspondiente.

2º Postulado Una magnitud física (observable) está representada por un operador lineal hermítico (autoadjunto) que actúa en el espacio de estados H:

$$A : H \to H,$$
$$|\psi\rangle \to A |\psi\rangle . \tag{1.1}$$

El conjunto de autovalores (valores propios) del observable A recibe el nombre de espectro y sus autovectores (vectores propios) definen una base en el espacio de Hilbert. De este modo cualquier vector del espacio de estados $|\psi\rangle$ admite una descomposición en la base de cada observable:

$$|\psi\rangle = \sum_n c_n |\phi_n\rangle ,$$
$$c_n = \langle \phi_n \mid \psi \rangle , \tag{1.2}$$

donde los vectores $\{|\phi_n\rangle\}_{n\in I}$ constituyen la base de autoestados del operador A, que por simplicidad supondremos ortonormal en lo sucesivo:

$$A |\phi_n\rangle = a_n |\phi_n\rangle ,$$
$$\langle \phi_m \mid \phi_n \rangle = \delta_{mn}, \tag{1.3}$$

siendo δ_{mn}, como de costumbre, la delta de Kronecker. Recordemos, como contrapunto, que en el caso clásico cada variable dinámica A es una función de las variables fásicas q y p: $A = A(q, p)$.

Postulados de la medida

3ᵉʳ Postulado Los posibles resultados de la medida de un observable A en el estado cuántico $|\psi\rangle$ de un sistema físico son los autovalores del observable, $\{a_n\}_{n\in I}$. La probabilidad de obtener, como resultado de la medida del observable A en el estado $|\psi\rangle$, el autovalor a_n es $P_n = |c_n|^2 = |\langle \phi_n \mid \psi \rangle|^2$, donde c_n es el coeficiente del desarrollo de $|\psi\rangle$ en la base de autoestados de A.

---

[3]La notación $\langle\psi|\phi\rangle$, denominada de Dirac, representa, como de costumbre, el producto escalar de los estados $|\psi\rangle$ y $|\phi\rangle$, definido por:

$$\langle \psi \mid \phi \rangle = \int dr \ \psi^*(r)\phi(r).$$

De acuerdo con lo anterior, el valor esperado de la medida del observable A será:[4]

$$\langle A \rangle_{|\psi\rangle} = \langle\psi| A |\psi\rangle = \sum_n \sum_m c_m^* c_n \langle\phi_m| A |\phi_n\rangle$$

$$= \sum_n \sum_m c_m^* c_n A_{mn}, \tag{1.4}$$

donde hemos introducido la notación c_m^* para representar el complejo conjugado del número complejo c_m, y el elemento de matriz del operador A en la base de sus autoestados, A_{mn},

$$A_{mn} = \langle\phi_m| A |\phi_n\rangle = \int d\boldsymbol{r} \phi_m^*(\boldsymbol{r}) A \phi_n(\boldsymbol{r}). \tag{1.5}$$

Usando que $P_n = |c_n|^2$ y la ecuación de autovalores del operador A tenemos:

$$\langle A \rangle_{|\psi\rangle} = \sum_n \sum_m c_m^* c_n \langle\phi_m| A |\phi_n\rangle = \sum_n \sum_m c_m^* c_n a_n \langle\phi_m \mid \phi_n\rangle$$

$$= \sum_n \sum_m c_m^* c_n a_n \delta_{mn} = \sum_n |c_n|^2 a_n = \sum_n P_n a_n. \tag{1.6}$$

4° Postulado El estado final del sistema físico inicialmente en el estado $|\psi\rangle$ tras una medida del observable A en la que se ha obtenido como resultado el autovalor a_n está dado por la proyección del vector $|\psi\rangle$ sobre el subespacio de autovectores de A asociado a dicho autovalor.

De los postulados de la medida se deduce que formalmente el proceso de medida en Mecánica Cuántica supone una descomposición del estado físico del sistema en la base de autoestados del observable en cuestión y una posterior proyección del estado sobre uno de los autoestados (sucesos) posibles. La medida cuántica, a diferencia de la medida clásica, es un proceso intrínsecamente aleatorio e intrusivo, en el sentido de que su realización provoca un colapso en nuestro conocimiento acerca del estado del sistema, quedando este a partir de la medida en un estado conocido y generalmente diferente a aquel en el que inicialmente se encontraba.

Como se deduce de los dos postulados de la medida, la medición en Mecánica Cuántica es un proceso mucho más complejo que en el caso clásico, en el cual si la partícula está en un estado donde la posición es q y el momento p, la medición de la magnitud A dará el valor $A(q, p)$, no resultando afectado el estado por el proceso de medida. La única incertidumbre que está presente en el proceso clásico de medición es la asociada a la incertidumbre de medida, no existiendo ninguna otra restricción al conocimiento que podemos tener del estado mecánico del sistema. Sin embargo, con independencia de la incertidumbre de medida, la medición cuántica es un experimento aleatorio, por lo que se hace necesario acudir a técnicas estadísticas para su descripción.[5]

---

[4]Este valor es el promedio que se obtendría de la medición del observable A sobre un conjunto de sistemas previamente preparados en el estado $|\psi\rangle$.

[5]Los sucesos aleatorios del proceso de medición del observable A son los diferentes auto-

Evolución temporal del estado del sistema

5º Postulado En la representación Schrödinger. el estado mecánico del sistema cambia con el tiempo de acuerdo con la ecuación de Schrödinger:[6]

$$i\hbar \frac{\partial |\psi\rangle}{\partial t} = H |\psi\rangle . \tag{1.7}$$

De la ecuación anterior es inmediato concluir que la magnitud que impulsa la evolución temporal del sistema es el hamiltoniano (energía) del mismo.

Por su parte, en Mecánica Clásica la dinámica del sistema se encuentra contenida en las ecuaciones de Hamilton-Jacobi, que veremos posteriormente:

$$\dot{x} = \frac{\partial H}{\partial p}, \qquad \dot{p} = -\frac{\partial H}{\partial x} . \tag{1.8}$$

Notemos en este punto que la Ec. (1.7) que gobierna la evolución temporal del estado de un sistema físico en Mecánica Cuántica otorga a este formalismo un carácter determinista, en el sentido de que el conocimiento de la función de onda del sistema físico en un determinado instante de tiempo permite el conocimiento de su estado en cualquier instante posterior, naturalmente siempre que dispongamos de un conocimiento completo del hamiltoniano del sistema.[7] Efectivamente, integrando de un modo formal la Ec. (1.7) obtenemos:

$$|\psi(t)\rangle = e^{-\frac{i}{\hbar} H(t-t_0)} |\psi(t_0)\rangle = U(t - t_0) |\psi(t_0)\rangle , \tag{1.9}$$

donde hemos introducido el operador de evolución temporal, $U(t - t_0)$. La ecuación anterior permite conocer el estado del sistema en un instante de tiempo cualquiera sin más que conocer el hamiltoniano que rige su evolución y la base de sus autoestados, y desarrollar el estado del sistema a tiempo t_0 en dicha base:

$$|\psi(t_0)\rangle = \sum_n c_n |\psi_n\rangle ; \qquad H |\psi_n\rangle = E_n |\psi_n\rangle ,$$

$$|\psi(t)\rangle = e^{-\frac{i}{\hbar} H(t-t_0)} \left(\sum_n c_n |\psi_n\rangle \right)$$

$$= \sum_n c_n e^{-\frac{i}{\hbar} H(t-t_0)} |\psi_n\rangle = \sum_n e^{-\frac{i}{\hbar} E_n(t-t_0)} c_n |\psi_n\rangle . \tag{1.10}$$

Como vemos, durante la evolución temporal del estado del sistema cada una de las componentes en la base de autoestados del hamiltoniano acumula una fase relativa diferente, lo que conduce a un "ensanchamiento" del estado cuántico del sistema (Fig. 1.1).

---

estados que podemos obtener y la variable aleatoria asociada, generalmente discreta, es la función que asigna a cada suceso el autovalor correspondiente del operador A. Además, la distribución de probabilidad está dada por el tercer postulado, por lo que tenemos plenamente descrito el problema estadístico.

[6]Una deducción de esta ecuación puede encontrarse en Landau & Lifshitz (1965)

[7]Veremos posteriormente que las inevitables interacciones de un sistema físico con su entorno impiden el conocimiento preciso de su hamiltoniano, que acaba siendo un operador de naturaleza aleatoria y provoca que la evolución temporal de los microestados del sistema también tenga este carácter.

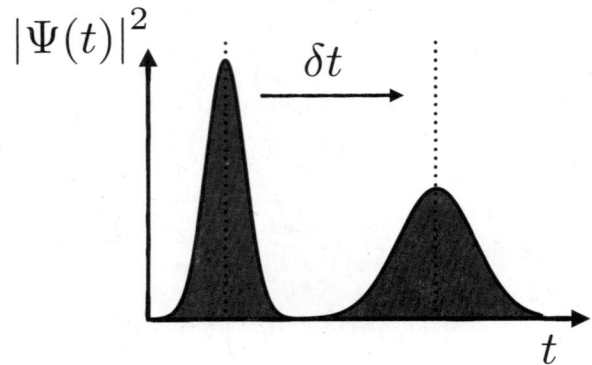

Figura 1.1: Evolución temporal de la función de onda de un estado de un sistema físico.

Los estados del sistema que evolucionan con el tiempo de manera que su densidad de probabilidad es independiente del tiempo, $|\psi(\boldsymbol{r},t)|^2 = |\phi(\boldsymbol{r})|^2$, se denominan estados estacionarios, y son soluciones de la ecuación de Schrödinger con potenciales independientes del tiempo:

$$i\hbar\frac{\partial\psi(\boldsymbol{r},t)}{\partial t} = H\psi(\boldsymbol{r},t) = -\frac{\hbar^2}{2m}\nabla^2\psi(\boldsymbol{r},t) + V(\boldsymbol{r})\,\psi(\boldsymbol{r},t). \tag{1.11}$$

Usando la técnica de variables separadas podemos resolver esta ecuación suponiendo una solución de la forma:

$$\psi(\boldsymbol{r},t) = \phi(\boldsymbol{r})f(t). \tag{1.12}$$

Sustituyendo en la ecuación y dividiendo ambos miembros por $f(t)$ obtenemos:

$$\frac{i\hbar}{f(t)}\frac{df(t)}{dt} = \frac{1}{\phi(\boldsymbol{r})}\left[-\frac{\hbar^2}{2m}\nabla^2\phi(\boldsymbol{r})\right] + V(\boldsymbol{r}),$$

lo que implica que ambos miembros deben ser iguales a lo sumo a una constante, que además debe tener dimensiones de energía:

$$\frac{i\hbar}{f(t)}\frac{df(t)}{dt} = E, \tag{1.13}$$

$$\left(-\frac{\hbar^2}{2m}\nabla^2 + V\right)\phi(\boldsymbol{r}) = E\phi(\boldsymbol{r}). \tag{1.14}$$

Resolviendo la primera de las anteriores ecuaciones concluimos que las soluciones estacionarias de la ecuación de Schrödinger son ondas planas de la forma:

$$\psi(\boldsymbol{r},t) = \phi(\boldsymbol{r})e^{-\frac{i}{\hbar}Et}, \tag{1.15}$$

siempre que $\phi(\boldsymbol{r})$ sea una solución de la ecuación de Schrödinger independiente del tiempo (1.14). Como vemos, la evolución temporal de estos estados consiste en la acumulación de una fase global que en nada afecta al módulo de la función de onda, por lo que la densidad de probabilidad de estos estados permanece invariante. A la vista de la ecuación anterior podemos afirmar que un estado estacionario es un estado de energía definida, E, que puede existir en situaciones de potenciales constantes. Es evidente, además, que las energías permitidas de los estados estacionarios son las soluciones de la ecuación de autovalores del hamiltoniano (Ec. (1.14)):

$$H\phi(\boldsymbol{r}) = E\phi(\boldsymbol{r}). \tag{1.16}$$

1.1.2. Operador densidad

En la sección anterior hemos considerado implícitamente que teníamos toda la información para construir el estado cuántico del sistema, a partir del cual es posible predecir los resultados de la medición de los diferentes observables y analizar su evolución temporal. Como se sabe de la Mecánica Cuántica, para determinar dicho estado únicamente es preciso realizar una serie de medidas correspondientes a un conjunto completo de observables compatibles (C.C.O.C.) que permiten la construcción del hamiltoniano del sistema. Un C.C.O.C. es un conjunto de observables que conmutan entre sí, y cuyos autoestados comunes definen una base ortonormal única del espacio, i.e., cualquier autovector común puede ser especificado mediante una única combinación de autovalores de los diferentes observables (salvo un factor multiplicativo). Es de resaltar que el C.C.O.C. puede estar formado por un único observable. Así pues, la descripción cuántica del estado de una partícula implica, en el caso de que se encuentre en un estado puro, la especificación de los números cuánticos que permitan conocer el estado propio del C.C.O.C. en el que se encuentra (caso de encontrarse en un estado propio), o bien de los coeficientes que permiten reconstruir la combinación lineal de autoestados de un C.C.O.C. que componen su estado. En estos casos en los que es posible asignar un estado cuántico (o una función de onda) al sistema decimos que éste se encuentra en un estado puro.

En la práctica, sin embargo, es extremadamente infrecuente disponer de toda la información necesaria para la reconstrucción del estado cuántico del sistema, por lo que un adecuado tratamiento del mismo que incorpore toda la información disponible acerca del problema exige la introducción en el formalismo de consideraciones probabilísticas. Esto es así, especialmente en el caso de sistemas macroscópicos, a los que, como ya hemos mencionado no es posible asignar una energía perfectamente determinada desde un punto de vista práctico. Normalmente, la información de la que uno dispone acerca del estado de un determinado sistema físico consiste en saber que el sistema se encuentra en el estado $|\psi_1\rangle$ con probabilidad P_1, en el estado $|\psi_2\rangle$ con probabilidad P_2, etc., estando la distribución de probabilidad sometida a las restricciones habituales de los axiomas de Kolmogorov:

$$\text{i) } P_i \geq 0, \quad \forall i \qquad\qquad \text{ii) } \sum_i P_i = 1,$$
$$\text{iii) } P(A_i \cup A_j) = P_i + P_j, \quad A_i \text{ y } A_j \text{ mutuamente excluyentes.}$$

En el caso anterior, en el que claramente no se le puede asociar al sistema un estado (alternativamente una función de onda) unívocamente determinado, se dice que el sistema se encuentra en una mezcla estadística de estados o simplemente en un estado mezcla.

La herramienta formal que permite la combinación de los postulados de la Mecánica Cuántica antes considerados y de la teoría de probabilidades es el denominado operador densidad, $\hat{\rho}$, que representa la generalización al caso cuántico de la densidad de probabilidad del espacio fásico, $\rho(\boldsymbol{q}^N, \boldsymbol{p}^N)$, que trataremos en el capítulo siguiente. Este operador constituye la forma más general de especificar el estado de un sistema físico, tanto que se trate de un estado puro como de un estado mezcla. El operador densidad es un operador lineal hermítico, semidefinido positivo y de traza unidad, $\text{Tr}(\hat{\rho}) = 1$, cuya representación en la base de sus autoestados (los posibles estados del sistema) es:[8]

$$\hat{\rho} \left| \psi_i \right\rangle = P_i \left| \psi_i \right\rangle; \quad \sum_i P_i = 1; \quad \sum_i \left| \psi_i \right\rangle \left\langle \psi_i \right| = I,$$

$$\hat{\rho} = \sum_i \left| \psi_i \right\rangle P_i \left\langle \psi_i \right|. \tag{1.17}$$

Es significativo resaltar que, dado que $\hat{\rho}$ es un operador hermítico semidefinido positivo, los P_i son números reales positivos. Por otro lado, evidentemente, el hecho de que se trate de un operador de traza unidad garantiza la normalización de la distribución de probabilidad:

$$1 = Tr(\hat{\rho}) = \sum_k \hat{\rho}_{kk} = \sum_k \left\langle \psi_k \right| \left(\sum_i \left| \psi_i \right\rangle P_i \left\langle \psi_i \right| \right) \left| \psi_k \right\rangle$$

$$= \sum_k \sum_i \left\langle \psi_k \mid \psi_i \right\rangle P_i \left\langle \psi_i \mid \psi_k \right\rangle = \sum_i P_i, \tag{1.18}$$

donde $P_i = \left\langle \psi_i \right| \hat{\rho} \left| \psi_i \right\rangle$ es la probabilidad de que se ocupe un estado $\left| \psi_i \right\rangle$. Por otro lado, el valor medio de un observable en el estado definido por $\hat{\rho}$ es:

$$Tr\left(\hat{\rho}A\right) = \sum_k \left(\hat{\rho}A\right)_{kk} = \sum_k \left\langle \psi_k \right| \left(\sum_i \left| \psi_i \right\rangle P_i \left\langle \psi_i \right| A \right) \left| \psi_k \right\rangle$$

$$= \sum_k \sum_i \left\langle \psi_k \mid \psi_i \right\rangle P_i \left\langle \psi_i \right| A \left| \psi_k \right\rangle = \sum_i P_i \left\langle \psi_i \right| A \left| \psi_i \right\rangle$$

$$= \sum_i P_i A_i = \left\langle A \right\rangle. \tag{1.19}$$

Observemos finalmente que el operador densidad de un estado puro $\left| \psi \right\rangle$ cuya descomposición en la base $\{\left| \lambda_n \right\rangle\}$ es:

$$\left| \psi \right\rangle = \sum_j c_j \left| \lambda_j \right\rangle,$$

---

[8]El operador densidad se presenta en la base $\{\left| \lambda_n \right\rangle\}$ mediante la matriz densidad que tiene como elementos:

$$\hat{\rho}_{jk} = \left\langle \lambda_j \right| \hat{\rho} \left| \lambda_k \right\rangle = \sum_i \left\langle \lambda_j \mid \psi_i \right\rangle P_i \left\langle \psi_i \mid \lambda_k \right\rangle.$$

es:

$$\hat{\rho} = |\psi\rangle \langle\psi| \, ; \quad \hat{\rho}_{jk} = \langle\lambda_j \, |\psi\rangle \langle\psi| \, \lambda_k\rangle = c_j c_k^*. \tag{1.20}$$

Es inmediato demostrar que la evolución temporal del operador densidad viene dada por (teorema de Liouville en Mecánica Cuántica):[9]

$$\frac{d\hat{\rho}(t)}{dt} = \frac{1}{i\hbar} [H, \hat{\rho}], \tag{1.21}$$

por lo que el operador densidad en la base de autoestados del hamiltoniano es diagonal:[10]

$$\hat{\rho}_{lk} = \delta_{lk}.$$

En el capítulo siguiente veremos que, argumentos procedentes de la teoría de la información (véase apéndice C) conducen a que la entropía de un estado $\hat{\rho}$ de un sistema físico está dada por:

$$S(\hat{\rho}) = -k_B \, \mathrm{Tr} \, (\hat{\rho} \ln \hat{\rho}), \tag{1.22}$$

donde la función $x \to x \ln x$ se define como cero en $x = 0$. Si $\{P_l\}$ es un conjunto de autovalores del operador densidad $\hat{\rho} = \sum_i |\psi_i\rangle P_i \langle\psi_i|$, la entropía del estado está dada por:

$$S[P_l] = -k_B \sum_l P_l \ln P_l. \tag{1.23}$$

Como podemos observar, $S[P_l]$ es un funcional semidefinido positivo $S[P_l] \geq 0$, con $S[P_l] = 0$ si y sólo si $P_l = \delta_{lk}$ para algún k, i.e. si el estado $\hat{\rho}$ es un estado puro. Por otro lado, el funcional $S[P_l]$ es aditivo, por lo que la entropía de un estado correspondiente a dos sistemas independientes es la suma de las

---

[9]En efecto, usando la ecuación de Schrödinger tenemos:

$$\frac{\partial\hat{\rho}}{\partial t} = \frac{\partial}{\partial t} \sum_i |\psi_i\rangle P_i \langle\psi_i| = \sum_i \frac{\partial}{\partial t} |\psi_i\rangle P_i \langle\psi_i| + \sum_i |\psi_i\rangle P_i \frac{\partial}{\partial t} \langle\psi_i|$$

$$= \frac{1}{i\hbar} \sum_i H |\psi_i\rangle P_i \langle\psi_i| - \frac{1}{i\hbar} \sum_i |\psi_i\rangle P_i \langle\psi_i| H$$

$$= \frac{1}{i\hbar} H\hat{\rho} - \frac{1}{i\hbar} \hat{\rho}H = \frac{1}{i\hbar} [H, \hat{\rho}] = -iL\hat{\rho}.$$

De esta forma la evolución temporal del operador densidad viene dada por la ecuación:

$$\hat{\rho}(t) = e^{-iLt}\hat{\rho}(0) = e^{-\frac{i}{\hbar}Ht}\hat{\rho}(0)e^{\frac{i}{\hbar}Ht},$$

donde hemos introducido el operador de Liouville:

$$L\rho = \frac{1}{\hbar} [H, \rho].$$

[10]Es inmediato demostrar que el operador densidad es diagonal en la base de autoestados del hamiltoniano, $\{|\phi_n\rangle\}$:

$$\hat{\rho}_{mn}(t) = \langle\phi_n| \, \hat{\rho}(t) \, |\phi_m\rangle = \langle\phi_n| \, e^{-\frac{i}{\hbar}Ht}\hat{\rho}(0)e^{\frac{i}{\hbar}Ht} \, |\phi_m\rangle$$

$$= e^{-\frac{i}{\hbar}(E_n - E_m)t} \langle\phi_n| \, \hat{\rho}(0) \, |\phi_m\rangle.$$

Para estados estacionarios $\hat{\rho}(t) = \hat{\rho}(0) = \sum_i |\phi_i\rangle P_i \langle\phi_i|$, por lo que $\langle\phi_n| \, \hat{\rho}(0) \, |\phi_m\rangle = 0, \quad \forall m \neq n$.

	Mecánica Clásica	Mecánica Cuántica
Estado	(q^N, p^N)	$|\psi\rangle$ función de onda estado puro $\hat{\rho} = \sum_i |\psi_i\rangle P_i \langle\psi_i|$ estado mezcla
Observable	$A(q^N, p^N)$	A operador
Medida	$A(q^N, p^N)$	$\langle A\rangle_{|\psi\rangle}$ $\langle A\rangle = Tr(\hat{\rho}A)$
Dinámica	$\dot{x} = \frac{\partial H}{\partial p}$ $\quad \dot{p} = -\frac{\partial H}{\partial x}$ (Hamilton-Jacobi)	$i\hbar\frac{\partial|\psi\rangle}{\partial t} = H|\psi\rangle$ (Schrödinger) $\frac{d\hat{\rho}(t)}{dt} = \frac{1}{i\hbar}[H, \hat{\rho}]$

Tabla 1.1: Tabla de equivalencias en las descripciones clásica y cuántica de los microestados de un sistema físico.

entropías individuales. En este caso, el operador densidad correspondiente al estado global es $\hat{\rho}_1 \otimes \hat{\rho}_2$, por lo que, usando la relación:

$$\ln(\hat{\rho}_1 \otimes \hat{\rho}_2) = \ln\hat{\rho}_1 \otimes \mathbb{1} + \mathbb{1} \otimes \ln\hat{\rho}_2,$$

y la entropía global es:

$$
\begin{aligned}
S(\hat{\rho}) &= -k_B Tr[\hat{\rho}_1 \otimes \hat{\rho}_2 \ln(\hat{\rho}_1 \otimes \hat{\rho}_2)] \\
&= -k_B Tr[\hat{\rho}_1 \otimes \hat{\rho}_2 (\ln\hat{\rho}_1 \otimes \mathbb{1} + \mathbb{1} \otimes \ln\hat{\rho}_2)] \\
&= -k_B Tr[\hat{\rho}_1 \ln\hat{\rho}_1] - k_B Tr[\hat{\rho}_2 \ln\hat{\rho}_2] \\
&= S(\hat{\rho}_1) + S(\hat{\rho}_2).
\end{aligned}
\tag{1.24}
$$

1.2. Descripción clásica de los microestados de un sistema físico

Como hemos visto, la descripción cuántica de los estados dinámicos de un sistema físico incorpora el efecto de la incertidumbre y difiere notablemente de la descripción clásica. La cuestión que surge en este punto es, ¿cuándo es válida la descripción clásica de los microestados de un sistema físico? La respuesta la encontramos en el denominado principio de correspondencia, que establece que la Mecánica Clásica no es sino el límite de altos números cuánticos de la Mecánica Cuántica, o, equivalentemente, el formalismo que se recupera de esta última cuando es despreciable el efecto de la cuantización de la acción ($h \to 0$). En este caso, los operadores canónicos conjugados -en particular la posición y el momento- conmutan:

$$[q, p] = i\hbar \to 0, \tag{1.25}$$

con lo que la incertidumbre cuántica inherente a la descripción de los estados dinámicos (principio de Heisenberg) desaparece. El principio de incertidumbre implica que en el conocimiento del estado mecánico de la partícula se verifica

$$\Delta p \Delta q \geq \hbar, \tag{1.26}$$

por lo que en el límite $\hbar \to 0$, se verificará

$$\Delta p \Delta q \gg \hbar. \tag{1.27}$$

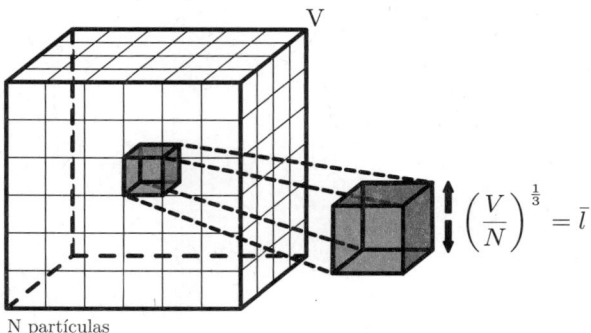

Figura 1.2: Evaluación de la distancia promedio entre partículas para un gas en una caja cúbica. En cada uno de los cubos unidad está contenida una partícula del gas.

En el caso de un gas de partículas independientes en una caja de volumen V a la temperatura T en condiciones de validez de la descripción clásica

$$\Delta p \approx \overline{p} = 3mk_BT\,,$$

$$\delta q \approx \overline{l} = \left(\frac{V}{N}\right)^{1/3}\,, \tag{1.28}$$

donde se ha usado el teorema de equipartición de la energía

$$\overline{E} = \frac{\overline{p}^2}{2m} = \frac{3}{2}k_BT.$$

Luego, sustituyendo en (1.27) tenemos que, en el límite de validez de la Mecánica Clásica, $(h \to 0)$

$$\sqrt{3mk_BT}\left(\frac{V}{N}\right)^{1/3} \gg h. \tag{1.29}$$

Introduciendo la longitud de onda de de Broglie, $\lambda_B = h/\overline{p} = h/\sqrt{3mk_BT}$,[11] la aproximación clásica será válida cuando:

$$\left(\frac{V}{N}\right)^{1/3} \gg \frac{h}{\sqrt{3mk_BT}} = \lambda_B, \tag{1.30}$$

---

[11]Notemos que la longitud de onda de de Broglie es la longitud de onda asociada a una partícula de masa m cuya energía es $3k_BT/2$. No debe confundirse con la denominada longitud de onda térmica, asociada a una partícula de masa m cuya energía sea πk_BT:

$$\lambda_T = \frac{h}{p} = \frac{h}{\sqrt{2\pi.mk_BT}}.$$

Para una definición general de longitud de onda térmica en dimensión arbitraria véase e.g., Zijun Yan, "General thermal wavelength and its applications", Eur. J. Phys. 21 (2000) 625-631.

Sistema	T (K)	$\frac{N}{V}\left(\frac{h^2}{2\pi m k_B T}\right)^{3/2}$
He (l)	4	1,80
He (g)	4	0,15
He (g)	20	$2{,}7.10^{-3}$
He (g)	100	$4{,}8.10^{-5}$
Ne (l)	27	$1{,}5.10^{-2}$
Ne (g)	27	$1{,}1.10^{-4}$
Ar (l)	86	$7{,}0.10^{-4}$
Ar (g)	86	$2{,}2.10^{-6}$
e$^-$ de conducción Ag	300	$6{,}4.10^{+3}$

Tabla 1.2: Valores de $J = N/V \left(h^2/2\pi m k_B T\right)^{3/2}$ para diferentes sistemas (H_2, He, Ne, Ar) a su temperatura de ebullición. La validez de la descripción clásica está restringida a aquellos casos en los que $J \ll 1$.

lo que evidentemente se verifica a densidades pequeñas ($N/V \ll 1$) y/o tempe-

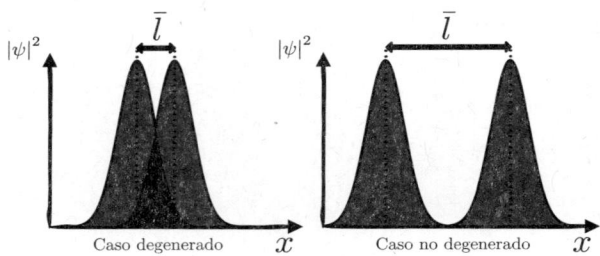

Figura 1.3: Representación de las funciones de onda de dos partículas en el caso de un sistema degenerado (izqda.) y no degenerado (dcha.).

raturas suficientemente altas. La validez de la descripción clásica de los estados del sistema depende de que la densidad del sistema y su temperatura verifiquen la relación anterior. La interpretación de esta relación es sencilla. Recordando de la Mecánica Cuántica que la longitud de onda de de Broglie representa aproximadamente el rango espacial de la función de onda de una partícula, podemos decir que la Ec. (1.30) es equivalente a exigir que la distancia media entre partículas sea inferior a la extensión espacial de sus funciones de onda. Esto significa que la descripción clásica de los estados del sistema es válida cuando las funciones de onda de sus partículas no se solapan, permaneciendo estas como entidades separadas y nítidamente resueltas. En este caso se dice que el sistema es no degenerado y es posible atribuir posiciones y momentos bien definidos a las partículas que lo componen. Sin embargo, cuando la densidad del sistema es suficientemente alta o la temperatura suficientemente baja como para que las funciones de onda de sus partículas se solapen, es necesario utilizar el formalismo cuántico para describir el sistema, que se dice en este caso degenerado (Tabla 1.2).

En las condiciones de validez de la descripción clásica de los microestados de un sistema físico, el estado mecánico de sus constituyentes se especifica mediante sus posiciones y momentos, i.e., su trayectoria. Esto puede hacerse, lógicamente, mediante las ecuaciones de Newton, $\boldsymbol{F_i} = d\boldsymbol{p_i}/dt$. No obstante, para los propósitos de la mecánica estadística es más útil la denominada mecánica analítica. Como sabemos, el formalismo de la mecánica clásica puede derivarse de un principio extremal. La mecánica lagrangiana, una reformulación de la mecánica clásica introducida por Joseph-Louis Lagrange en 1788, proporciona una forma generalizada de obtener las ecuaciones de movimiento cuando las ecuaciones de Newton no se pueden resolver directamente, como en el caso de sistemas con ligaduras en los que las coordenadas cartesianas del sistema y, por lo tanto, las ecuaciones de movimiento no son independientes y las fuerzas de restricción no se conocen a priori. En este caso, es necesario introducir coordenadas generalizadas q_i y ecuaciones más generales, y es conveniente derivar las ecuaciones de movimiento de la formulación más general posible del movimiento de los sistemas mecánicos: el principio de mínima acción, según el cual el movimiento del sistema desde la coordenada q_a a la q_b a tiempos t_a y t_b, respectivamente, la acción

$$S = \int_{t_a}^{t_b} L(q_i, \dot{q}_i, t)dt, \tag{1.31}$$

donde $L(q_i, \dot{q}_i, t)$, el denominado lagrangiano del sistema, toma el valor más pequeño posible. El estado mecánico de un sistema con n *grados de libertad* se define por un conjunto de n coordenadas generalizadas independientes q_i que, junto con las velocidades generalizadas correspondientes, $\dot{q}_i$, definen su *espacio de configuración*. Aunque no proporcionaremos detalles aquí,[12] una minimización directa de la acción en la ecuación anterior usando cálculo variacional conduce a las llamadas ecuaciones de Euler-Lagrange

$$\frac{d}{dt}\left(\frac{\partial L}{\partial \dot{q}_i}\right) - \frac{\partial L}{\partial q_i} = 0 \quad i = 1, \ldots, n; \tag{1.32}$$

que proporcionan las ecuaciones de movimiento del sistema mecánico. Este es el resultado central de la mecánica lagrangiana, pero su demostración está más allá del alcance de este libro y el lector se remite a excelentes manuales como el de Goldstein (1980) o Landau & Lifshitz (1976).

Basándonos en propiedades muy fundamentales de homogeneidad e isotropía del espacio y el tiempo, es posible demostrar que el lagrangiano de una partícula libre depende sólo del cuadrado de su velocidad (es decir, de su energía cinética), mientras que en el caso de un sistema de n partículas interactuantes

---

[12]Se refiere al lector a libros como e.g. Goldstein (1980) para los detalles matemáticos relacionados con la prueba de la Ec. (1.32). Las ecuaciones de Euler-Lagrange en Física son un caso particular de un resultado general que proporciona la elección de curvas que maximizan una integral dada. Usando t como parámetro, uno quiere encontrar la curva $x(t)$, definida en una variedad dada para cada $t \in (a, b)$, que maximiza la integral $J = \int_a^b F(t, x, \dot{x})dt$, y esta curva es proporcionada por las ecuaciones de Euler-Lagrange.

aparece un término de energía potencial $U(\boldsymbol{r}_1, \ldots, \boldsymbol{r}_n)$ adicional,

$$L = \frac{1}{2} \sum_j m_i v_i^2 - U(\boldsymbol{r}_1 \ldots \boldsymbol{r}_n) \equiv T - U. \tag{1.33}$$

Un resultado interesante que se deduce de la Ec. (1.32) es el conocido teorema de Noether, que establece que a cada simetría diferenciable generada por acciones locales, corresponde una corriente conservada. Aunque una prueba formal general de este teorema se encuentra, también, más allá del alcance de este libro (para lo cual se remite al lector, por ejemplo, al libro de Goldstein (Goldstein (1980))), podemos probar una versión sencilla si notamos que para cada variable cíclica, es decir, aquella que no aparece explícitamente en el lagrangiano y, por lo tanto, no influye en la dinámica del sistema, q_i / $\partial L/\partial q_i = 0$, la Ec. (1.32) predice la conservación de su momento canónicamente conjugado,

$$\frac{d}{dt}\left(\frac{\partial L}{\partial \dot{q}_i}\right) = 0 \Leftrightarrow p_i = \text{const.} \tag{1.34}$$

Como vemos, este resultado basa las leyes de conservación en propiedades de simetría del sistema muy fundamentales.

Un modo alternativo, y en algunos casos muy conveniente, para obtener las ecuaciones de movimiento es usar la mecánica hamiltoniana, que sustituye las velocidades por momentos como variables para la descripción del estado mecánico del móvil. Esta alternativa es más útil en la formulación de la mecánica cuántica y estadística. El hamiltoniano del sistema viene dado por la transformación de Legendre [13]

$$H(q^N, p^N) = \sum_{i=1}^{N} p_i q_i - L(q_i, \dot{q}_i, t). \tag{1.37}$$

En términos de esta nueva función, las ecuaciones de movimiento o ecuaciones de Hamilton, que provienen de la minimización de la acción sometida a restricciones, se escriben como:

$$\dot{p}_i = \frac{\partial H}{\partial \dot{q}_i}, \quad \dot{q}_i = \frac{\partial H}{\partial p_i}. \tag{1.38}$$

---

[13]Se dice que la función g es transformada de Legendre de f si sus derivadas son inversas entre sí

$$Df = (Dg)^{-1}.$$

Así, la transformada de Legendre de orden k de $f(x_1, \ldots, x_n)$ relativa a un subconjunto de sus variables $\{x_k, \ldots, x_{k+l}\}$ está dada por

$$f^*(x_1, \ldots, x_{k-1}, p_k, \ldots, p_{k+l}, \ldots, x_n) = \sum_{i=k}^{k+l} p_i q_i - f(x_1, \ldots, x_n), \tag{1.35}$$

donde

$$p_i = \frac{\partial f}{\partial q_i}. \tag{1.36}$$

Esta operación tiene una gran importancia y utilidad en mecánica clásica, estadística y cuántica, así como en termodinámica. Nótese que en Termodinámica se utiliza la transformada de Legendre cambiada de signo para respetar sus principios extremales.

Finalmente, también es interesante introducir el llamado corchete de Poisson de cualesquiera dos funciones de las coordenadas y momentos generalizados, $f(q^N, p^N, t)$ y $g(q^N, p^N, t)$:

$$\{f, g\} = \sum_{i=1}^{N} \left(\frac{\partial f}{\partial q_i} \frac{\partial g}{\partial p_i} - \frac{\partial f}{\partial p_i} \frac{\partial g}{\partial q_i} \right). \qquad (1.39)$$

Por supuesto, es sencillo (y se deja al lector como ejercicio) probar que la derivada respecto al tiempo de cualquier función de las coordenadas fásicas puede escribirse en términos de este operador antisimétrico:

$$\frac{df}{dt} = \frac{\partial f}{\partial t} + \{H, f\}, \qquad (1.40)$$

que también produce directamente dos resultados muy interesantes. El primero establece que cualquier magnitud que no dependa explícitamente del tiempo es una constante de movimiento, es decir, una cantidad que se conserva durante todo el movimiento, si y solo si su corchete de Poisson con el hamiltoniano es cero. La prueba se sigue directamente de la ecuación anterior. El segundo se conoce como *teorema de Poisson* y proporciona una forma de construir nuevas constantes de movimiento. De hecho, si f y g son constantes del movimiento, entonces su corchete de Poisson, $\{f, g\}$, también lo es.

Por último, antes de finalizar esta sección, mencionaremos que la descripción clásica del estado mecánico de N partículas requiere la especificación de $2Nf$ coordenadas y momentos generalizados, donde f es el número de grados de libertad por partícula, que definen el denominado espacio fásico del sistema. No obstante, el principio de incertidumbre tratado en la sección anterior implica que no es posible conocer con total precisión momentos y coordenadas conjugados de manera simultánea por lo que un estado ocupará un volumen finito en el espacio fásico.

1.3. Introducción a la Termodinámica

Los sistemas físicos macroscópicos están constituidos a nivel microscópico por un enorme número de átomos y/o moléculas (del orden de 10^{23}) que producen una extraordinaria complejidad y variabilidad en sus microestados. No obstante, y de manera hasta cierto punto misteriosa, la propia acumulación de partículas conduce a una fenomenología macroscópica de equilibrio (lo que propiamente se conoce como Termodinámica) relativamente simple en términos de un número reducido de variables, resultado del promedio de toda la variabilidad microscópica (i.e. de las fluctuaciones de las variables microscópicas). Estas fluctuaciones son, en general, tan rápidas que la medición macroscópica únicamente refleja los promedios de las magnitudes microscópicas. En palabras de Callen (1998), la Termodinámica sería la rama de la Física que estudia las "consecuencias macroscópicas del enorme número de coordenadas que no aparecen explícitamente en la descripción macroscópica".

Desde otro punto de vista, la Termodinámica es la rama de la Física que estudia los estados y procesos de sistemas o cuerpos macroscópicos. Un sistema

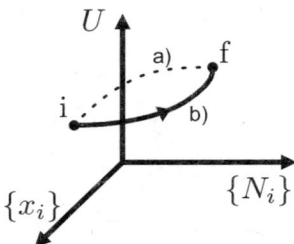

Figura 1.4: Evolución del estado termodinámico de un sistema. a) Proceso cronológico, B) proceso cuasiestátio equivalente.

termodinámico es un conjunto macroscópicamente grande de átomos o moléculas separado de su entorno por paredes que les proporcionan sus condiciones de contorno. El conjunto de entorno más sistema se denomina universo termodinámico. Por su parte, un proceso es una sucesión cronológica de situaciones por las que atraviesa el sistema bajo la acción de perturbaciones (i.e., fuerzas) internas o externas al sistema, y un estado es su situación en un determinado instante, definido por una serie de variables o parámetros de estado. Un subconjunto de todos los posibles estados del sistema es el formado por los denominados estados de equilibrio, en los cuales las propiedades del sistema son estacionarias y, además, el sistema es homogéneo e isótropo. En este caso el número de variables necesarias para describir el estado termodinámico del sistema es pequeño, en general, e incluye al menos una variable <u>no</u> deformativa, x_0:

$$(x_0; x_1 ... x_n).$$

Estos estados de equilibrio pueden verse, naturalmente, como la situación terminal de un proceso termodinámico. Un punto importante es la definición y mensurabilidad de la energía de esos estados. Como se ha dicho, las relaciones del sistema con el entorno están mediatizadas por las paredes, que fijan las circunstancias en que se encuentra, y cuya remoción da lugar a la evolución del sistema hacia un nuevo estado. La existencia de paredes que impiden el intercambio de energía con el entorno (adiabáticos) permite concluir la existencia de una magnitud bien definida (i.e., controlable) y mensurable, denominada energía interna del sistema, U. Así, podemos afirmar que las situaciones terminales de procesos termodinámicos están caracterizadas por su energía interna U, y por una serie de parámetros extensivos (i.e., que dependen de la cantidad de sustancia) que especifican su estado mecánico, x_i, y químico, N_k:

$$(U; \{x_i\}; \{N_k\}).$$

La Termodinámica convencional es aquella rama de la Física que considera los estados de cuerpos macroscópicos en equilibrio y las variaciones que suceden en los procesos de estos impulsado por fuerzas internas o externas. Este es el problema central de la Termodinámica: predecir el nuevo estado de equilibrio (f) tras la remoción de las restricciones que le mantenían en el anterior estado

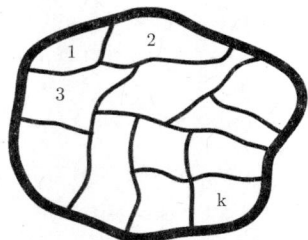

Figura 1.5: Universo termodinámico compuesto por k subsistemas.

de equilibrio (i) (Fig. 1.4). Al retirar estas ligaduras se produce un proceso cronológico en el que el sistema pasa por una serie de estados intermedios de no equilibrio que no pueden ser descritos por medio de un número reducido de variables termodinámicas. Este proceso no puede describirse de modo sencillo mediante el formalismo matemático, pero se puede sustituir por un proceso estático equivalente en e cual todos los estados intermedios (no cronológicos) son estados de equilibrio. En particular, si el equilibrio se establece por medio de intercambios en los que el sistema se encuentra en equilibrio con el entorno este proceso s denomina cuasiestático. Naturalmente, la solución de este problema central pasa por una adecuada identificación del estado de equilibrio. Tomando como referencia lo realizado en otras ramas de la Física (e.g., mecánica) es de esperar que este estado pueda definirse a partir de algún principio extremal, en el que se maximice o minimice alguna función del estado del sistema. En este caso, para reproducir la Termodinámica convencional es necesario definir una función de los parámetros de estados extensivos $S(U, \{x_i\}, \{N_k\})$ monótonamente creciente con la energía, aditiva para los sistemas compuestos y que alcanza su máximo en el estado de equilibrio, $\delta S = 0$, siendo su diferencial exacta al tratarse de una función de estado (Fig. 1.5). Las condiciones anteriores implican que

i) $S = \sum_{k=1}^{N} S_k$.

ii) $\left(\frac{\partial S}{\partial U}\right)_{\{x_i\},\{N_k\}} > 0$.

iii) Existe la función $U(S, \{x_i\}, \{N_k\}) = U$, que contiene, al igual que $S(U, \{x_i\}, \{N_k\})$ toda la información termodinámica del sistema y que presenta un mínimo en el máximo de entropía. Estas ecuaciones, $U = U(S, \{x_i\}, \{N_k\})$ y $S = S(U, \{x_i\}, \{N_k\})$, se denominan ecuaciones fundamentales en representación energía y entropía, respectivamente.

Además, el tratamiento estadístico cuántico nos llevará, como se ve más adelante en esta misma obra, a que la función $S(U, \{x_i\}, \{N_k\})$ debe anularse en el estado en el cual

$$\left(\frac{\partial U}{\partial S}\right)_{\{x_i\},\{N_k\}} = 0, \tag{1.41}$$

lo que se conoce como tercera ley de la Termodinámica. La función $S =$

$S(U, \{x_i\}, \{N_k\})$ se denomina entropía[14] y es, sin duda alguna, el corazón mismo de la Termodinámica. En capítulos posteriores de esta obra se analizará detalladamente su origen y significado, que están mucho más fundamentado en la teoría estadística contemporánea que en la propia lógica del formalismo clásico.

Como ha quedado dicho, las condiciones de equilibrio y evolución de un sistema termodinámico en una determinada situación están determinadas por las funciones de estado S y/o U, cuyas diferenciales exactas permiten una descripción completa de la fenomenología termodinámica del sistema. Sus primeras diferenciales

$$dU = \left(\frac{\partial U}{\partial S}\right)_{x_i, N_k} dS + \sum_i \left(\frac{\partial U}{\partial x_i}\right)_{S, x_{j \neq i}, N_k} dx_i + \sum_k \left(\frac{\partial U}{\partial N_k}\right)_{S, x_i, N_{l \neq k}} dN_k,$$

$$dS = \left(\frac{\partial S}{\partial U}\right)_{x_i, N_k} dU + \sum_i \left(\frac{\partial S}{\partial x_i}\right)_{U, x_{j \neq i}, N_k} dx_i + \sum_k \left(\frac{\partial S}{\partial N_k}\right)_{U, x_i, N_{l \neq k}} dN_k,$$

$$(1.42)$$

permiten definir las variables intensivas,

$$T = \left(\frac{\partial U}{\partial S}\right)_{x_i, N_k} = \left(\frac{\partial S}{\partial U}\right)_{x_i, N_k}^{-1},$$

$$X_j = \left(\frac{\partial U}{\partial x_j}\right)_{S, x_{i \neq j}, N_k} = \left(\frac{\partial U}{\partial S}\right)_{x_i, N_k} \left(\frac{\partial S}{\partial x_j}\right)_{U, x_{i \neq j}, N_k} = T \left(\frac{\partial S}{\partial x_j}\right)_{U, x_{i \neq j}, N_k},$$

$$\mu_j = \left(\frac{\partial U}{\partial N_j}\right)_{S, x_i, N_{k \neq j}} = \left(\frac{\partial U}{\partial S}\right)_{x_i, N_k} \left(\frac{\partial S}{\partial n_j}\right)_{U, x_i, N_{k \neq j}} = T \left(\frac{\partial S}{\partial N_j}\right)_{U, x_i, N_{k \neq j}},$$

$$(1.43)$$

que se denominan, respectivamente, temperatura, fuerza mecánica conjugada de la variable x_j y potencial químico del componente j-ésimo. Las relaciones entre estas variables intensivas y los parámetros extensivos independientes se denominan ecuaciones de estado (e.g. $X_j = X_j(S, \{x_j\}, \{N_k\})$). Usando las definiciones de los parámetros intensivos de la Ec. (1.43), y sustituyendo en (1.42) tendremos las ecuaciones diferenciales:

$$dU = TdS + \sum_i X_j dx_j + \sum_k \mu_k dN_k, \qquad (1.44)$$

y

$$dS = \frac{1}{T}dU + \sum_j \frac{X_j}{T}dx_j + \sum_k \frac{\mu_k}{T}dN_k, \qquad (1.45)$$

---

[14]Clausius introduce este término "entropía" en su obra: "Buscaremos ahora un nombre apropiado para S. De la misma manera que hemos denominado a U la cantidad de trabajo del cuerpo, podríamos denominar a S el contenido de transformación del mismo. Sin embargo, me ha parecido muy adecuado tomar los nombres para las cantidades científicas importantes de las lenguas clásicas, para que puedan denotarse de manera similar en todas las lenguas contemporáneas. Por tanto, propongo que llamemos a S la entropía del cuerpo, del griego "etrwpe", que significa transformación. He elegido intencionadamente la palabra entropía para que sea lo más parecida posible a energía, puesto que las dos magnitudes que representan estas palabras tienen un significado físico tan relacionado que una similitud en sus nombres me ha parecido apropiada."

que constituyen las denominadas ecuaciones de Gibbs en representación energía y entropía, respectivamente. Estas ecuaciones constituyen el núcleo de la estructura formal de la Termodinámica, junto con las ecuaciones de Euler y Gibbs-Duhem. Ambas se deducen de las ecuaciones fundamentales. Así, por ejemplo, en la representación energía, usando la extensividad de la ecuación fundamental $U(\lambda S, \lambda x_j, \lambda N_k) = \lambda U(S, x_j, N_k)$, tenemos:

$$\frac{\partial U}{\partial(\lambda S)}S + \sum_j \frac{\partial U}{\partial(\lambda x_j)}x_j + \sum_k \frac{\partial U}{\partial(\lambda N_k)}N_k = U, \; \forall \lambda \tag{1.46}$$

y en particular

$$\frac{\partial U}{\partial S}S + \sum_j \frac{\partial U}{\partial x_j}x_j + \sum_k \frac{\partial U}{\partial N_k}N_k = U,$$

$$TS + \sum_j X_j x_j + \sum_k \mu_k N_k = U. \tag{1.47}$$

Estas ecuaciones tienen sus correspondientes expresiones en representación entropía:

$$S = \frac{1}{T}U - \sum_j \frac{X_j}{T}x_j - \sum_k \frac{\mu_k}{T}N_k, \tag{1.48}$$

y combinando la Ec. de Gibbs en (1.45) y la ecuación anterior, tenemos:

$$dU = TdS + SdT + \sum_j (dX_j x_j + X_j dx_j) + \sum_k (d\mu_k N_k + \mu_k dN_k)$$

$$= TdS + \sum_j X_j dx_j + \sum_k \mu_k dN_k, \tag{1.49}$$

o lo que es lo mismo obtenemos la Ec. de Gibbs-Duhem:

$$SdT + \sum_j x_j dX_j + \sum_k N_k d\mu_k = 0. \tag{1.50}$$

Esta estructura formal se completa con las transformaciones de Legendre que permiten obtener potenciales termodinámicos, como veremos.

Además de las ecuaciones fundamentales y de estado, son útiles para la descripción de sistemas termodinámicos los denominados coeficientes termodinámicos, que se obtienen a partir de las segundas derivadas de las ecuaciones fundamentales y proporcionan las variaciones respectivas de las variables extensivas e intensivas. Así, por ejemplo,

$$\frac{\partial^2 U}{\partial X_j \partial S} = \left(\frac{\partial T}{\partial x_j}\right) = x_j^{-1}\alpha_j^{-1}, \tag{1.51}$$

donde α_j representa el coeficiente de variación térmica de la variable x_j. En el caso $x_j = V$ este coeficiente toma la forma:

$$\frac{1}{V}\left(\frac{\partial V}{\partial T}\right) = \alpha, \tag{1.52}$$

y se denomina coeficiente de expansión térmica o de dilatación. Otros coeficientes destacados son la compresibilidad isoterma

$$\kappa_T = -\frac{1}{V} \left(\frac{\partial V}{\partial p} \right)_T,$$
(1.53)

y la capacidad calorífica

$$C_{x_j} = T \left(\frac{\partial S}{\partial T} \right)_{x_j}.$$
(1.54)

1.3.1. Potenciales termodinámicos

Aunque tanto la ecuación fundamental en representación entropía $S = S(U, x_j, N_k)$ como en representación energía $U = U(S, \{x_j\}, \{N_k\})$ contienen toda la información termodinámicamente relevante del sistema, el hecho de que dependan del conocimiento de variables de estado extensivas dificulta su aplicación práctica. En efecto, el control de estas variables extensivas desde un punto de vista experimental es habitualmente difícil cuando no directamente imposible. No obstante, la situación es diferente en el caso de las fuerzas intensivas conjugadas a dichas variables

$$X_i = \left(\frac{\partial U}{\partial x_i} \right)_{S, x_{j \neq i}, N_k},$$

$$\mu_k = \left(\frac{\partial U}{\partial N_k} \right)_{S, x_i, N_{j \neq k}},$$

$$T = \left(\frac{\partial U}{\partial S} \right)_{x_i, N_k},$$

que son, en general, de más fácil control desde el exterior del sistema. Es por ello que resulta natural buscar una transformación desde las funciones de estado S y U (ecuaciones fundamentales) a funciones de estado que incorporen las fuerzas conjugadas al tiempo que conservan la información termodinámica del sistema. Matemáticamente, esto equivale a una sustitución de variables por sus derivadas, lo que constituye la operación fundamental de la denominada transformada de Legendre. Así pues, es de esperar que transformando de este modo las funciones fundamentales obtengamos nuevas funciones de los parámetros intensivos que serían matemáticamente isomorfas a las fundamentales. i Teniendo en cuenta la definición de transformada de Legendre, podemos transformar selectivamente la energía libre para obtener potenciales termodinámicos que se adapten a las condiciones del problema en cuestión.

1.3.2. Equilibrio y estabilidad

La condición de extremo de la entropía (equivalentemente de la energía interna) nos permite obtener las condiciones de equilibrio y estabilidad. En

Potencial	Nombre	Definición	Diferencial	Equilibrio y estabilidad
F	Energía libre de Helmholtz	$U - TS$	$dF = -SdT + \sum_j X_j dx_j$ $+ \sum_k \mu_k dN_k$	$dF = 0$ (T cte) $d^2F > 0$
G	Energía libre de Gibbs	$U - TS$ $- \sum_j X_j x_j$	$dG = -SdT - \sum_j x_j dX_j$ $+ \sum_k \mu_k dN_k$	$dG = 0$ (T, X_j cte) $d^2G > 0$
H	Entalpía	$U + pV$	$dH = TdS + Vdp$ $+ \sum_j X_j dx_j + \sum_k \mu_k dN_k$	$dH = 0$ (p cte) $d^2H > 0$
Ψ	Gran potencial	$U - TS$ $- \sum_k \mu_k N_k$	$d\Psi = -SdT + \sum_j X_j dx_j$ $- \sum_k \mu_k dN_k$	$d\Psi = 0$ (T, N cte) $d^2\Psi > 0$

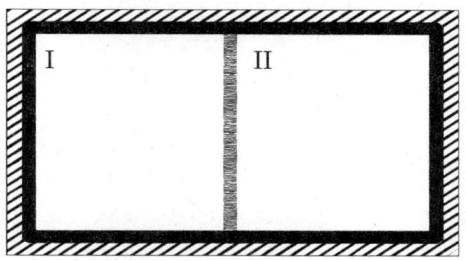

Figura 1.6: Sistema aislado formado por dos subsistemas comunicados por una pared diatérmica.

efecto, consideremos un sistema formado por dos subsistemas separados por una pared diatérmica (i.e. que permite el intercambio de calor y por tanto la variación de la entropía de ambos subsistemas), de las variables mecánicas del sistema y, a la vez, de la composición de ambos subsistemas.

En virtud del principio de entropía máxima, el estado de equilibrio del sistema global (aislado) es aquel en el que la entropía total alcanza su máximo. De este modo

$$dS_{tot} = d(S_I + S_{II}) = 0 \Leftrightarrow dS_I = -dS_{II}, \tag{1.55}$$

lo que, en virtud de la ecuación de Gibbs en representación entropía, implica:

$$\frac{1}{T_I}dU_I + \sum_j \frac{X_{jI}}{T_I}dx_{jI} + \sum_k \frac{\mu_{kI}}{T_I}dN_{kI} =$$

$$-\frac{1}{T_{II}}dU_{II} - \sum_j \frac{X_{jII}}{T_{II}}dx_{jII} - \sum_k \frac{\mu_{kII}}{T_{II}}dN_{kII}. \tag{1.56}$$

Dado que en el sistema global aislado se verifica que $U = U_I + U_{II} = cte$, $x_{jI} + x_{jII} = cte \ \forall j$, $N_{kI} + N_{kII} = cte \ \forall k$, tendremos que $dU_I = -dU_{II}$, $dx_{jI} = -dx_{jII}$, $dN_{kI} = -dN_{kII}$. Así pues, la condición de extremo conduce a:

$$\left(\frac{1}{T_I} - \frac{1}{T_{II}}\right)dU_I + \sum_j \left(\frac{X_{jI}}{T_I} - \frac{X_{jII}}{T_{II}}\right)dx_{jI} + \sum_k \left(\frac{\mu_{kI}}{T_I} - \frac{\mu_{kII}}{T_{II}}\right)dN_{kI} = 0 \tag{1.57}$$

de modo que deducimos que, en el equilibrio general,

$$T_I = T_{II} \quad ; \quad X_{jI} = X_{jII} \quad ; \quad \mu_{kI} = \mu_{kII}. \tag{1.58}$$

En lo que respecta a la estabilidad del equilibrio, la condiciones se derivan de la condición de máximo de la entropía, de modo que $d^2S < 0$. No obstante, en muchas ocasiones es más cómodo y conveniente utilizar el principio extremal equivalente en representación energía. En efecto, como hemos mencionado, puede probarse, Callen (1998), que el máximo de la entropía es equivalente al mínimo de la energía $U(S, x_j, N_k)$. Así, la estabilidad del equilibrio estará determinada por la condición $d^2U > 0$, lo que naturalmente implica que la hessiana de la función $U(S, \{x_i\}, \{N_k\})$ sea una matriz con todos sus menores positivos.

Ejemplo 1.1

Sistema cerrado expansivo

$$U = U(S, V)$$

En este caso, la estabilidad del equilibrio del sistema obliga a que $u_{ss} > 0$ y $u_{vv} > 0$, y

$$\begin{vmatrix} u_{ss} & u_{sv} \\ u_{vs} & u_{vv} \end{vmatrix} = u_{ss}u_{vv} - u_{sv}^2 > 0. \tag{1.59}$$

Así pues,

$$u_{ss} = \left(\frac{\partial^2 U}{\partial S^2}\right)_V = \left(\frac{\partial T}{\partial S}\right)_V = \left(\frac{C_V}{T}\right)^{-1} > 0 \Leftrightarrow C_V > 0. \tag{1.60}$$

Además, dado que el orden de las variables es arbitrario

$$u_{vv} > 0 \Rightarrow \frac{\partial^2 U}{\partial V^2} > 0 \Rightarrow -\left(\frac{\partial P}{\partial V}\right) > 0 \Rightarrow \frac{1}{V\kappa_T} > 0 \Rightarrow \kappa_T > 0. \tag{1.61}$$

Por otro lado,

$$u_{ss}u_{vv} - u_{sv}^2 > 0 \Leftrightarrow \left(\frac{\partial^2 U}{\partial S^2}\right)_V \left(\frac{\partial^2 U}{\partial V^2}\right) - \left(\frac{\partial^2 U}{\partial S\partial V}\right) =$$

$$-\frac{T}{C_V}\left(\frac{\partial P}{\partial V}\right) - \left(\frac{\partial T}{\partial V}\right) > 0 \Rightarrow \frac{T}{C_V}(V\kappa_T)^{-1} - (V\alpha)^{-1} > 0$$

$$\frac{T}{V\kappa_T C_V} - \frac{1}{V\alpha} > 0 \Rightarrow \frac{T}{\kappa_T C_V} > \frac{1}{\alpha} \Leftrightarrow \kappa_T < \frac{T\alpha}{C_V} \Leftrightarrow \frac{C_V\kappa_T}{\alpha} < T. \tag{1.62}$$

lo que además implica que $\alpha > 0$.

Una teoría general de la estabilidad intrínseca de sistemas generales está más allá del alcance de este tratamiento introductorio. Para ello el lector puede consultar excelentes monografías termodinámicas como la de H. Callen (1998) o A. Münster (1970).

En el caso de que las condiciones de estabilidad no puedan verificarse en alguna circunstancia del sistema, este no puede ya permanecer homogéneo e isótropo y debe separarse, en un proceso conocido como transición de fase, en dos o más porciones homogéneas.

Ejemplo 1.2

Gas de van der Waals
La ecuación de estado

$$\left(P + \frac{Na^2}{V^2}\right)(V - Nb) = Nk_B T, \tag{1.63}$$

predice la existencia de estados en los que la compresibilidad del sistema toma valores negativos. En efecto

$$\kappa_T = -\frac{1}{V}\left(\frac{\partial P}{\partial V}\right)_T = \left(-\frac{1}{V}\right)\left[-\frac{Nk_B T}{(V - Nb)^2} + \frac{2Na^2}{V^3}\right]$$
$$= -\frac{1}{V}\left[\frac{2Na^2}{V^3} - \frac{Nk_B T}{(V - Nb)^2}\right] > 0 \Leftrightarrow \frac{(V - Nb)^2}{V^3} < \frac{k_B T}{2a^2}, \tag{1.64}$$

de lo contrario el sistema se separa en dos fases, líquido y vapor. Es evidente que ello no se verifica en todas las condiciones o estado del sistema.

Las transiciones de fase se han clasificado (Ehrenfest, 1933) según el orden de las derivadas de la energía libre de Gibbs que manifiesta una discontinuidad en el punto crítico. De este modo, las transiciones de fase de primer orden son aquellas que muestran una discontinuidad en las primeras derivadas de la energía libre. En particular, en el punto crítico ($T = T_c$)

$$-S = \left(\frac{\partial G}{\partial T}\right)_{P,N}(T_c), \tag{1.65}$$

es discontinua, lo que implica que

$$S_> = -\left(\frac{\partial G}{\partial T}\right)_{P,N}(T_c^+) \neq S_< = -\left(\frac{\partial G}{\partial T}\right)_{P,N}(T_c^-), \tag{1.66}$$

y por tanto en la transición se produce un intercambio de calor

$$l_{tf} = T_c(S_> - S_<), \tag{1.67}$$

que se denomina calor latente de transición y está asociado a cambios en la organización microscópica del sistema, que se producen a $T = T_c$.

Por su importancia en capítulos posteriores de esta obra trataremos las transiciones de fase de segundo orden, que son aquellas en las que se registran discontinuidades en las segundas derivadas de la energía libre.

$$\frac{\partial^2 G}{\partial T^2} = -\frac{\partial S}{\partial T} = -\frac{C_p}{T} \; ; \; \frac{\partial^2 G}{\partial T \partial p} = V\alpha \; ; \; \frac{\partial^2 G}{\partial p^2} = -V\kappa_T.$$

Un ejemplo particularmente importante es la discontinuidad en la capacidad calorífica:

$$\frac{\partial^2 G}{\partial T^2}(T_c) = -\frac{\partial S}{\partial T}(T_c) \simeq -\frac{C_p}{T_c}.$$

Así pues, una discontinuidad en la segunda derivada de G a $T = T_c$ implica una discontinuidad en la capacidad calorífica en $T = T_c$ (lo mismo puede decirse del resto de susceptibilidades, α y κ_T). Este es un ejemplo de discontinuidad en una susceptibilidad que, junto con una longitud de correlación infinita y una ley potencial de las correlaciones cerca de la criticalidad son las características más destacadas de las transiciones de segundo orden.

1.3.3. Implicaciones del tercer principio de la Termodinámica

Además de las implicaciones de los dos primeros principios, la Termodinámica reposa sobre el tercer principio. Este principio es de especial interés para esta obra, ya que la Mecánica Cuántica, a diferencia de su homóloga clásica, permite el estudio de las propiedades físicas de sistemas a baja temperatura, región en la que la denominada Tercera Ley de la Termodinámica adquiere una especial relevancia. Esta ley se concreta en el denominado postulado de Nernst que afirma que la entropía de cualquier sistema se anula en el cero absoluto de temperatura,[15]

$$\left(\frac{\partial U}{\partial S} \right)_{x_j, N_k} = 0 \Rightarrow \lim_{T \to 0} S = 0, \qquad \text{Planck}.$$

Realmente, esta versión es una extensión debida a Planck del postulado originalmente formulado por Nernst, que establece que lo que se anula en el cero absoluto de temperatura es la variación de entropía en cualquier proceso:[16]

$$\lim_{T \to 0} \Delta S = 0, \qquad \text{Nernst}.$$

Este fue el último postulado de la Termodinámica en desarrollarse y es inconsistente con la Mecánica Estadística Clásica, por lo que tuvo que esperar a la formulación de la Mecánica Estadística Cuántica para poder justificarse adecuadamente. Las principales consecuencias de la Tercera Ley de la Termodinámica son que, a $T = 0$:

$$\alpha = \frac{1}{V} \left(\frac{\partial V}{\partial T} \right)_P = 0,$$

$$\beta = \frac{1}{P} \left(\frac{\partial P}{\partial T} \right)_V = 0; \quad \kappa_T = -\frac{1}{V} \left(\frac{\partial V}{\partial P} \right)_T \neq 0,$$

$$c_P = c_V = 0. \tag{1.68}$$

El hecho de que todos los calores específicos sean nulos en el límite de bajas temperaturas es una de las pruebas experimentales de la Tercera Ley, y se

---

[15]En sistemas que poseen una degeneración del estado fundamental (hielo, hielo de espín, vidrio de espín...) se obtiene una entropía residual $S(T \to 0) \neq 0$.

[16]Observemos que el enunciado de Planck es más restrictivo que el de Nernst, ya que no exige únicamente que la variación de entropía sea cero en cualquier proceso termodinámico en el cero absoluto -lo que únicamente implica que la entropía de todos los estados del sistema sea la misma- sino que impone que la entropía de todo estado del sistema sea nula a dicha temperatura.

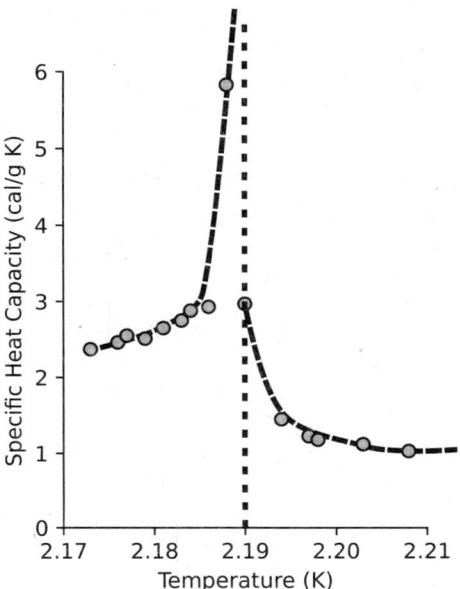

Figura 1.7: Capacidad calorífica del He^4 líquido en función de la temperatura. La temperatura crítica de la transición superfluida (condensación de Bose-Einstein) es T=2,19 K. (T. L. Hill, "Statistical Thermodynamics") Hill (1986).

usa como condición de validez de los formalismos teóricos. Incluso en sistemas en los que se producen transiciones de fase con divergencias de la capacidad calorífica (transiciones de fase λ) como la representada en la Fig. 1.7, en el límite $T \to 0$ la capacidad calorífica se anula. Como hemos dicho este principio de la Termodinámica no encontrará una adecuada interpretación en el marco de la Mecánica Estadística Clásica, sino que será preciso acudir al formalismo cuántico para su interpretación. Clásicamente ha venido afirmándose que las partículas se "detienen" en el cero absoluto, lo que obviamente es incompatible con el principio de indeterminación, ya que implicaría tener perfectamente definidos su posición y momento. A bajas temperaturas ($T \simeq 0$), la relación entre la longitud de onda de de Broglie y la distancia media entre partículas es tal que el sistema se encuentra plenamente degenerado y hemos de describirlo en el formalismo cuántico.[17] Este formalismo es plenamente compatible con el tercer principio, como veremos.

De acuerdo con el principio de Boltzmann que veremos en el tema siguiente, sabemos que la entropía se relaciona con el número de estados accesibles al sistema, lo que además constituye una medida de su desorden y, consecuentemente, del nivel de información del que podemos disponer acerca del mismo. En

---

[17]Esto es lo que permite corregir patologías del tratamiento clásico como el que conduce a que el gas ideal clásico tenga una entropía constante cuanto $T \to 0$, independientemente de las coordenadas del sistema. Como veremos, los gases ideales cuánticos no sufren este problema, y sus propiedades termodinámicas admiten una extrapolación a $T = 0$.

el cero absoluto, el sistema se encuentra en el estado fundamental de energía. Para sistemas en los cuales el espectro energético es discreto, el principio de Boltzmann implica que la entropía del sistema es $S = k_B \ln g_0$, donde g_0 es la degeneración del nivel fundamental de energía. Si este estado es no degenerado, evidentemente $g_0 = 1$ y por tanto $S = 0$, de acuerdo con lo establecido por el enunciado de Planck. Aún en el caso de que se trate de un sistema con nivel fundamental degenerado, la degeneración verificará en general $g_0 \lesssim N$ donde N es el número de moléculas del sistema, por lo que $S \lesssim k_B \ln N$, lo que estaría de acuerdo con el enunciado de Nernst, siendo además la entropía por molécula esencialmente nula en el límite $T = 0$.

Los sistemas macroscópicos tienen en general un espectro esencialmente continuo, y para verificar en ellos la tercera ley de la Termodinámica debemos analizar el comportamiento de su densidad de estados, $g(E)$,[18] en el límite de energía nula. En ese límite de temperatura nula, la práctica totalidad de las sustancias se encuentran en estado sólido, y al analizar el modelo de Debye del sólido veremos que su capacidad calorífica se anula en ese límite. El helio, única sustancia de la naturaleza que permanece líquida en el cero absoluto a presión ordinaria, presenta una densidad de estados cualitativamente similar a la del sólido y también verifica la tercera ley de la Termodinámica.

1.4. Ejercicios Relacionados

Ejercicio 1.1:

Demuéstrese que los autoestados y autovalores del operador densidad son, respectivamente, los estados que forman la mezcla estadística de estados, $|\psi_i\rangle$, y sus probabilidades, P_i.

1.5. Lecturas complementarias

- Goldstein, H. (1980). *Classical Mechanics*. Addison-Wesley

- Landau, L. D., & Lifshitz, E. M. (1976). *Mechanics, Third Edition: Volume 1 (Course of Theoretical Physics)*. Butterworth-Heinemann

- Reed, T., & Gubbins, K. (1973). *Applied Statistical Mechanics: Thermodynamic and Transport Properties of Fluids*. Chemical engineering series. McGraw-Hill

- Sychev, V. (1991). *The Differential Equations Of Thermodynamics*. Taylor & Francis. Capítulo 2.

---

[18]Ver capítulo siguiente para aclarar este concepto.

Capítulo 2

Fundamentos de la Mecánica Estadística

2.1. Introducción

Como se ha dicho en la introducción a esta obra, la mecánica estadística trata de establecer la conexión entre la fenomenología observada en un determinado sistema físico a escala macroscópica, i.e., lo que constituye el dominio propio de la Termodinámica,[1] y la dinámica de sus constituyentes microscópicos (átomos, moléculas, etc.). Esto es, sirve de puente entre la Mecánica y la Termodinámica. Podría pensarse que a medida que aumente el número de partículas se incrementará la complejidad de la descripción del sistema, y que no aparecerá ninguna regularidad reseñable. No obstante, como veremos, ocurre justamente lo contrario, pues se manifiestan a nivel macroscópico leyes estadísticas independientes de las leyes de la mecánica que gobiernan el comportamiento del sistema a nivel microscópico.

La descripción del estado del sistema desde la perspectiva macroscópica se realiza en térmicos de parámetros fenomenológicos como presión, temperatura, composición química, polarización eléctrica o magnética de la muestra... Esto es, en términos de variables de estado del sistema globalmente considerado y de funciones de las mismas. Los estados así descritos reciben el nombre de macroestados. No obstante, el sistema está compuesto por constituyentes microscópicos y es posible optar por una descripción de su estado especificando el estado mecánico de todos sus constituyentes, bien mediante la mecánica clásica cuando sea posible,[2] o mediante la mecánica cuántica de todos ellos. El resultado así obtenido se denomina microestado del sistema y, obviamente, contiene una cantidad mucho mayor de información que la correspondiente al macroestado. Desde esta perspectiva, microestado es cualquier configuración

---

[1]Recordemos que el límite termodinámico es aquel en el que el número de constituyentes del sistema tiende a infinito, $N \to \infty$, mientras que la densidad del mismo, N/V, permanece finita.

[2]Véanse las condiciones de validez de la descripción clásica de los constituyentes de un sistema físico en el capítulo anterior.

que el sistema pueda adoptar en el curso de sus fluctuaciones microscópicas y, aunque cambia con una frecuencia muy elevada (hasta 10^{35} veces por segundo), el macroestado del sistema no lo hace, por lo que debemos concluir que cada macroestado es compatible con un número muy elevado de microestados.

El hecho fundamental de la Mecánica Estadística es que los microestados del sistema deben ser tratados como sucesos aleatorios al no disponer de información completa sobre ellos, bien por la imposibilidad práctica de conocer todas las posiciones y momentos de las partículas constituyentes en el caso clásico, bien por la imposibilidad conceptual de hacerlo, como en el caso de la descripción mediante la mecánica cuántica. Esto nos conduce a la necesidad de especificar variables aleatorias para su descripción matemática y una distribución de probabilidad para los mismos con el fin de proporcionar una descripción estadística completa. Por lo que respecta a las variables aleatorias, la descripción de los microestados de un sistema físico exige especificar el estado mecánico de todos sus constituyentes, lo que, como se ha dicho, puede hacerse en determinadas circunstancias en el marco de la mecánica clásica o, de manera más general, de la cuántica. En el primero de los casos, la descripción del microestado (l) de un sistema formado por partículas con f grados de libertad exige la especificación de las Nf coordenadas y los Nf momentos generalizados de las N partículas que componen el sistema, lo que define un vector $l = \left(\boldsymbol{q}^N, \boldsymbol{p}^N \right) \equiv \left(\boldsymbol{q}_1, \boldsymbol{q}_2, \ldots, \boldsymbol{q}_N; \boldsymbol{p}_1, \boldsymbol{p}_2, \ldots \boldsymbol{p}_N \right)$ en un espacio $2Nf$-dimensional denominado espacio fásico, un concepto de gran interés, como veremos, para la descripción estadística de sistemas físicos. En el caso cuántico el microestado se describe mediante la función de onda del sistema si se trata de un estado puro, o a través del operador densidad en el caso de un estado mezcla, como ya hemos mencionado.

Por otro lado, en el curso de la evolución dinámica microscópica (animada por la energía térmica por partícula, proporcional a la temperatura del sistema, $k_B T$) y dependiendo de las condiciones macroscópicas del sistema, se ocupan de manera probabilística todas las configuraciones compatibles con el macroestado del sistema, i.e., la evolución microscópica es un proceso aleatorio o estocástico. Esto da lugar a una distribución de probabilidad de ocupación de los diferentes microestados del sistema. El estado de equilibrio corresponde a aquel que maximiza la probabilidad anterior. Además, esta distribución permite obtener los valores macroscópicamente observados de las diferentes magnitudes observables, A, como promedios sobre los diferentes microestados compatibles con el macroestado dado. Como veremos, estos pueden calcularse como promedios temporales

$$\langle A \rangle = \frac{1}{\tau} \int_0^\tau A(t) dt \,, \tag{2.1}$$

o como promedio en el conjunto de microestados compatibles con el macroestado (colectividad):

$$\langle A(t) \rangle = \sum_l P_l(t) A_l \,, \tag{2.2}$$

donde la suma se extiende al conjunto de todos los microestados compatibles con el macroestado. En el caso de que no haya configuraciones prohibidas ni el

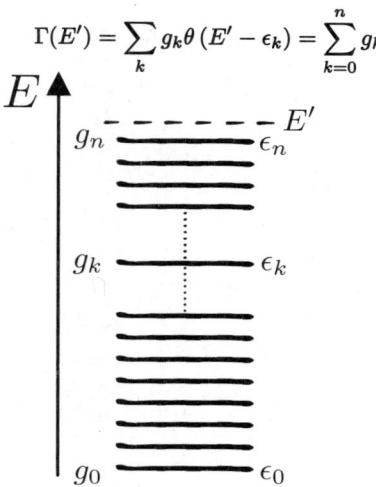

$$\Gamma(E') = \sum_k g_k \theta\left(E' - \epsilon_k\right) = \sum_{k=0}^{n} g_k$$

Figura 2.1: Número de estados de energía menor que E'.

sistema esté restringido a moverse en una región de su espacio muestral, ambos promedios coinciden para intervalos suficientemente largos ($\tau \to \infty$). Naturalmente, en una situación general en la que sobre el sistema actúe alguna forma de perturbación externa o interna, o bien esté aún en proceso de relajación al equilibrio tras la cesación de la perturbación, la distribución de probabilidad de los microestados del sistema dependerá del tiempo, $P_l = P_l(\tau)$. Debido a las interacciones de naturaleza aleatoria con su entorno, los procesos estocásticos de evolución temporal de los sistemas físicos macroscópicos suelen ser de tipo markoviano, i.e., de corta memoria temporal, lo que permite una descripción matemática precisa de la evolución temporal de $P_l(t)$ y de sus valores asintóticos de equilibrio en términos de la denominada ecuación maestra. Esta permite describir también el proceso de evolución al equilibrio en las diferentes situaciones de un sistema físico en combinación con la denominada entropía estadística, cuya maximización conduce a la obtención de las distribuciones de equilibrio del sistema. En el presente capítulo de introducción al formalismo de la Mecánica Estadística trataremos con detalle todas estas cuestiones.

2.2. Volumen fásico y densidad de estados de un sistema físico. Teorema de Liouville.

Como hemos mencionado en la sección anterior, un macroestado dado de un sistema físico es compatible con una pluralidad de microestados. Se trata ahora de cuantificar esto de manera adecuada y para ello son de gran utilidad los conceptos de espacio de las fases o espacio fásico, volumen fásico y densidad de estados que presentaremos a continuación.

El recuento de microestados compatibles con un macroestado dado y la distribución de estos en el espacio de las fases es absolutamente fundamental en Mecánica Estadística. En particular el número de microestados compatibles con una determinada energía E, como quedarña de manifiesto posteriormente en esta misma sección al introducir el teorema de Liouville.

Consideremos un sistema con espectro discreto de niveles de energía (Fig. 2.1). En este caso, el número de estados con energía menor que una dada E es:

$$\Gamma(E) = \sum_{i \text{ estados}} \theta(E - E_i) = \sum_{k \text{ niveles}} g_k \theta(E - E_k), \qquad (2.3)$$

donde θ representa la función escalón o de Heaviside y g_k es la degeneración del nivel k-ésimo. En el caso de que el sistema tenga un espectro de niveles de energía que podamos considerar continuo o cuasicontinuo (típico de sistemas macroscópicos),

$$\Gamma(E) = \int_0^E g(E')\theta(E - E')dE', \qquad (2.4)$$

donde, como vemos, $g(E)$ tiene el significado de una densidad de estados, pues que el número de estados con energías entre E y $E + dE$ es

$$d\Gamma(E) = g(E)dE. \qquad (2.5)$$

La aplicación del teorema fundamental del cálculo integral lleva directamente a:

$$g(E) = \frac{d\Gamma(E)}{dE} = \sum_i \delta(E - E_i). \qquad (2.6)$$

Es también de destacar que la densidad de estados es la generalización continua de la degeneración de un nivel de energía y que representa, por tanto, los estados de una determinada energía (Fig. 2.2).

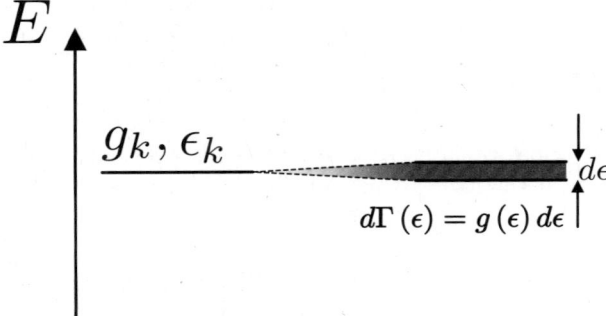

Figura 2.2: Densidad de estados.

Como ya se ha mencionado, un concepto de gran utilidad para el recuento de estados en el formalismo clásico es el de espacio de las fases, espacio fase o

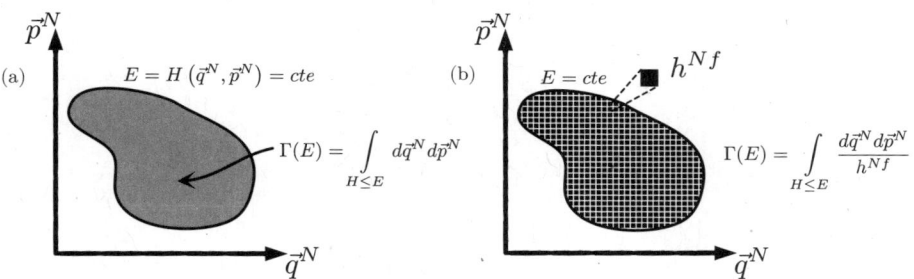

Figura 2.3: Espacio fásico clásico (a) y espacio fásico cuantizado o cuasiclásico (b).

espacio fásico, que denotaremos por Γ, y que es aquel integrado por todos los microestados posibles de un sistema. Sus coordenadas son las coordenadas y momentos generalizados asociados a los grados de libertad relevantes del sistema. En sistemas formados por N partículas con f grados de libertad, el espacio de fases es un espacio $2Nf$-dimensional definido por las Nf coordenadas de posición y Nf coordenadas de momento necesarias para definir el estado mecánico de todos sus constituyentes. En un tratamiento puramente clásico de estos sistemas, en el que es posible conocer sin limitación alguna la posición y el momento de las diferentes partículas del sistema, un microestado es literalmente un punto (i.e., un conjunto de medida nula) en el espacio fásico, $(\boldsymbol{q}^N, \boldsymbol{p}^N)$. Para partículas indiscernibles o indistinguibles, un microestado constará, sin embargo, de un conjunto de $N!$ puntos, correspondientes a todas las permutaciones posibles de las N partículas que conducen al mismo microestado. Además, en el límite cuántico, y como consecuencia del principio de incertidumbre, un microestado no será estrictamente un punto en el espacio de las fases, sino que ocupará un volumen h^{Nf} (Fig. 2.3).

El volumen fásico de una determinada región R del espacio de las fases de un sistema se define como la integral del volumen fásico elemental en esa región, $d\Gamma \prod_{i=1}^{N} = dq_i dp_i$:

$$\Gamma_R = \int_R \prod_{i=1}^{N} dq_i dp_i. \tag{2.7}$$

Como quedará de manifiesto con posterioridad, un volumen fásico especialmente relevante en mecánica estadística es aquel correspondiente a la región en la que el sistema mecánico tiene una energía menor o igual que una dada E, $\Gamma(E)$, que se obtendrá como el volumen de la región en la cual $H(q^N, p^N) \le E$. En el caso puramente clásico, este volumen coincide con la medida del espacio fásico (i.e., con el número de microestados) de energía menor que una dada. Sin embargo, este número presenta unidades de acción, lo que no tiene sentido. En el caso en el que el sistema admita una descripción cuasiclásica, a cada estado se le asignará un volumen h^{Nf} en el espacio de las fases, por lo que el elemento de volumen fásico será:

$$d\Gamma = \frac{\prod_{i=1}^{N} dq_i dp_i}{h^{Nf}}. \tag{2.8}$$

De este modo el volumen de la región buscada es:

$$\Gamma(E) = \int_{H \leq E} d\Gamma, \tag{2.9}$$

que puede escribirse en términos de la función de Heaviside o escalón, $\theta(x)$, como:

$$\Gamma(E) = \int_{\Gamma} \theta \left[E - H(q^N, p^N) \right] d\Gamma, \tag{2.10}$$

y que corresponde al número de estados de energía menor que E. Lógicamente, en el caso de partículas indistinguibles, este número será el resultado de corregir el resultado anterior por las permutaciones de las partículas $N!$.

A partir de esta magnitud es inmediato obtener el número de estados que tienen una determinada energía E, i.e. los estados con energías entre E y $E+dE$, $d\Gamma(E)$. Como vimos, esta cantidad puede escribirse como $d\Gamma(E) = g(E)dE$, donde $g(E)$ es la densidad de estados por intervalo de energía que en el caso clásico puede escribirse como

$$g(E) = \frac{d\Gamma(E)}{dE} = \int_{\Gamma} \delta \left[E - H(q^N, p^N) \right] d\Gamma, \tag{2.11}$$

donde hemos usado la Ec. (2.10) y que $d\theta(x)/dx = \delta(x)$. Como vemos nuevamente, la densidad de estados no es sino la derivada del volumen fásico de la región de microestados con energía menor o igual que una dada, y es el equivalente continuo de la degeneración de los niveles de energía discretos propia de un tratamiento cuántico.

2.2.1. Teorema de Liouville

La evolución del estado del sistema a lo largo del tiempo describe la trayectoria del espacio de fases en un espacio de elevada dimensionalidad. Esta trayectoria incluye el conjunto de estados compatibles con un determinado estado inicial. Naturalmente, la evolución temporal del microestado en el espacio de las fases define un proceso aleatorio o estocástico alentado tanto por fluctuaciones térmicas endógenas como por la interacción aleatoria del sistema con su entorno y determina que la ocupación de un determinado microestado del sistema en un instante dado sea un suceso aleatorio y, por tanto, sometida a las leyes estadísticas. Como sabemos, en el caso de que la dinámica del sistema a nivel microscópico pueda describirse mediante la mecánica clásica, al microestado l del sistema se le asociará una variable aleatoria continua $l = (q^N, p^N)$, gobernada por una función de densidad de probabilidad, $\rho(q^N, p^N)$, de modo que la probabilidad de que el sistema ocupe el microestado l, i.e. la de que ocupe un volumen $dq^N dp^N$ en torno a (q^N, p^N), será

$$dP(q^N, p^N) = \rho(q^N, p^N)d\Gamma, \tag{2.12}$$

donde, evidentemente,

$$\int_\Gamma dP(q^N, p^N) = \int_\Gamma \rho(q^N, p^N)d\Gamma = 1. \tag{2.13}$$

Naturalmente, en el caso de que el microestado se describa mediante la mecánica cuántica, $\rho(q^N, p^N)$ se sustituye por el operador densidad.

A tiempos suficientemente largos, y siempre que en el espacio fásico no exista ninguna restricción a la ocupación de determinados estados, podemos esperar que el sistema pase en cada región de su espacio de fase de microestados con la misma energía un tiempo proporcional al volumen de dicha región, es decir, que todos los microestados accesibles de idéntica energía sean equiprobables (hipótesis ergódica). Evidentemente, esto implica que la densidad de probabilidad de ocupación de los diferentes microestados no cambie durante la evolución temporal de los mismos, lo que está garantizado por el denominado teorema de Liouville. Para sistemas mecánicos cuya dinámica esté regida por las ecuaciones de Hamilton, es posible probar que el volumen fásico de una región del espacio fásico permanece constante a través de la dinámica del sistema, lo que permite introducir densidades de probabilidad normalizadas en el espacio de las fases.[3] Probemos ahora este importante teorema usando para ello el formalismo clásico.

El teorema de Liouville describe la evolución en el tiempo del espacio de fase. Considérese, como de costumbre, un hamiltoniano con coordenadas q_i y momentos conjugados p_i, donde $i = 1, \ldots, N$. El teorema de Liouville establece que la distribución de probabilidad en el espacio fásico, $\rho(p, q; t)$, que determina la probabilidad $\rho(p, q; t)dq^N dp^N$ de que el sistema se encuentre en el elemento diferencial de volumen fásico $dq^N dp^N$, verifica

$$\frac{d\rho}{dt} = \frac{\partial\rho}{\partial t} + \sum_{i=1}^{N}\left(\frac{\partial\rho}{\partial q_i}\dot{q}_i + \frac{\partial\rho}{\partial p_i}\dot{p}_i\right) = 0. \tag{2.15}$$

Esta ecuación establece la conservación de la densidad en el espacio de las fases dado que la distribución de probabilidad es constante a lo largo de cualquier trayectoria del espacio fásico.

La demostración de este teorema utiliza la ecuación de continuidad[4] de la distribución de probabilidad en el espacio de las fases, que implica que los

---

[3]Ya hemos probado en el capítulo anterior que en el caso cuántico

$$\frac{d\hat{\rho}}{dt} = \frac{\partial\rho}{\partial t} + \frac{1}{i\hbar}\left[\hat{\rho}, H\right]. \tag{2.14}$$

[4]La ecuación de continuidad describe el transporte de una determinada magnitud descrita por una densidad ρ. En el caso general en que existan fuente o sumideros de esta magnitud activa, la variación de la misma en el interior de un volumen arbitrario se debe al flujo de las densidad de corriente $\boldsymbol{j} = \rho\boldsymbol{u}$ a través del recinto del volumen y al término de producción interna:

$$\frac{d}{dt}\int_V \rho dV = -\oint_{\partial V} \boldsymbol{j}d\boldsymbol{s} + \int_V \left(\frac{\partial\rho}{\partial t}\right)_{int} dV. \tag{2.16}$$

Utilizando el teorema de la divergencia, podemos reexpresar la ecuación anterior en forma

puntos representativos de los microestados del sistema no se crean ni destruyen a lo largo de la dinámica del sistema:

$$\frac{\partial \rho}{\partial t} + \nabla \mathbf{j} = 0 \Leftrightarrow \frac{\partial \rho}{\partial t} + \sum_{i=1}^{N} \left(\frac{\partial(\rho \dot{q}_i)}{\partial q_i} + \frac{\partial(\rho \dot{p}_i)}{\partial p_i} \right) = 0, \qquad (2.19)$$

y por tanto su variación en el interior de un volumen del espacio es debida únicamente al flujo neto a través de las fronteras del volumen. Esto es, la terna $(\rho, \rho\dot{q}_i, \rho\dot{p}_i)$ es una corriente conservada. Desarrollando las derivadas en el término de corriente y teniendo en cuenta que las ecuaciones de Hamilton implican que

$$\rho \sum_{i=1}^{N} \left(\frac{\partial \dot{q}_i}{\partial q_i} + \frac{\partial \dot{p}_i}{\partial p_i} \right) = \rho \sum_{i=1}^{n} \left(\frac{\partial^2 H}{\partial q_i \, \partial p_i} - \frac{\partial^2 H}{\partial p_i \partial q_i} \right) = 0, \qquad (2.20)$$

se recupera la Ec. (2.15). Así, vemos que en virtud del teorema de Liouville, durante el movimiento en el espacio fásico del fluido de microestados la derivada convectiva de su densidad, $d\rho/dt$, es nula, ya que el campo de velocidades $\boldsymbol{u} = (\dot{p}, \dot{q})$ en el espacio de las fases tiene divergencia nula.

En el caso de sistemas en equilibrio, y por tanto estacionarios,[5] $\frac{\partial \rho}{\partial t} = 0$, por lo que:

$$\boldsymbol{u}\nabla\rho = 0 \Leftrightarrow \{\rho, H\} = 0, \qquad (2.21)$$

y la densidad de puntos fásicos (microestados) es una integral del movimiento. Este resultado es de crucial importancia en el formalismo estadístico y tiene una serie de implicaciones de gran relevancia. En particular, es evidente que para un sistema estacionario el gradiente de la función de distribución es normal a la trayectoria dinámica, por lo que su función de distribución no cambia a lo largo de las trayectorias fásicas, i.e., el movimiento fásico tiene lugar en una hipersuperficie de densidad de probabilidad constante. Esto permite describir el espacio fásico en términos de una distribución de probabilidad $\rho(q, p)$ que se mantiene constante a lo largo de la dinámica de sistemas estacionarios, lo que a su vezpermite la obtención de promedios estadísticos estables para los diferentes observables.

Gibbs concretó este resultado sugiriendo que en lugar de trazar la trayectoria de cada punto en el curso de la dinámica y considerar el promedio temporal de las magnitudes, se considerase la denominada colectividad estadística, un conjunto de réplicas del sistema que difieren únicamente en el valor de las coordenadas fásicas en un instante temporal. En sistemas ergódicos los promedios temporal y sobre esta colectividad de cualquier magnitud dependiente de las

---

diferencial como,

$$\frac{\partial \rho}{\partial t} + \boldsymbol{\nabla} j = \left(\frac{\partial \rho}{\partial t} \right)_{int}, \qquad (2.17)$$

que para magnitudes conservadas se reduce a:

$$\frac{\partial \rho}{\partial t} + \boldsymbol{\nabla} j = 0. \qquad (2.18)$$

[5]En esta primera parte consideraremos únicamente este tipo de situaciones de los sistemas.

coordenadas fásicas, $A(q^N, p^N)$, son idénticos, como ya se ha mencionado en la introducción.

$$
\begin{aligned}
\langle A \rangle &= \lim_{T \to \infty} \frac{1}{T} \int_0^T A(t)dt \\
&= \int_\Gamma \rho(q^N, p^N) A(q^N, p^N) d\Gamma.
\end{aligned} \tag{2.22}
$$

Por otro lado, otra consecuencia importante del teorema de Liouville es que la densidad de probabilidad de microestados de sistemas estacionarios es una constante del movimiento. Esto implica que es posible expresar $\rho(p, q)$ en función de las siete integrales del movimiento que existen para la mayoría de los sistemas físicos, E, $\boldsymbol{P}$ y $\boldsymbol{M}$, i.e., energía, momento lineal y momento angular [Landau (1958); Rumer & Ryvkin (1980)]. Así,

$$
\rho(p, q) = \alpha E + \beta \boldsymbol{P} + \gamma \boldsymbol{M}. \tag{2.23}
$$

Si el sistema de referencia en el que se describe el sistema es tal que no se realiza movimiento traslacional ni rotacional, $\boldsymbol{P} = \boldsymbol{M} = 0$, lo que implica que la densidad de probabilidad es función únicamente de la energía: $\rho(p, q) = \rho(E)$. Así pues, el sistema en el curso de su dinámica microscópica ocupa sucesivamente las diferentes configuraciones microscópicas del espacio de fases con una probabilidad controlada exclusivamente por su energía, $\rho(E)$. La importancia de este resultado es enorme, como se verá en lo que sigue.

Ejemplo 2.1

Una partícula de masa m se mueve a lo largo del eje x entre dos barreras de potencial infinitas situadas en $x = 0$ y $x = l$. Indicar la trayectoria de la partícula en el espacio de las fases. Obtener el volumen fásico $\Gamma(E)$. Demostrar que $\Gamma(E)$ es constante si la pared situada en $x = l$ se desplaza una cantidad infinitesimal dl.

Solución:
Una partícula libre dentro de una caja unidimensional tendrá el hamiltoniano de una partícula libre:

$$
H(q, p) = \frac{p^2}{2m}. \tag{2.24}
$$

La evaluación del volumen fásico del sistema pasa por calcular la hipersuperficie de energía constante, que en este caso es:

$$
H(q, p) = E \Rightarrow \frac{p^2}{2m} = E \Leftrightarrow p = \pm\sqrt{2mE}. \tag{2.25}
$$

Luego las hipersuperficies $H = E$ son las que se muestran en la figura 2.4. El volumen fásico de la región del espacio de las fases en la que $H \leq E$ será entonces:

$$
\Gamma(E) = 2 \frac{\sqrt{2mE}}{h} l = \int_{H \leq E} \frac{dp\, dq}{h} = \frac{2}{h} pl. \tag{2.26}
$$

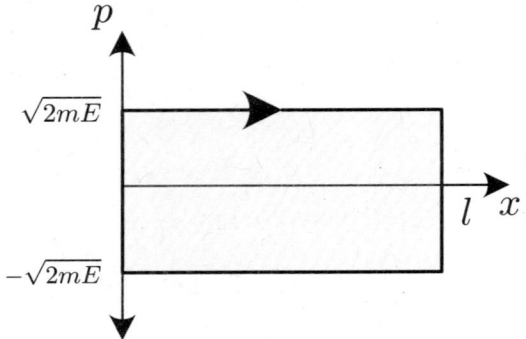

Figura 2.4: Hipersuperficie de energía constante.

Notemos que este mismo resultado lo podríamos obtener (re)contando el número de estados cuánticos de partícula en ese potencial:

$$E_n = n^2 \frac{\pi^2 \hbar^2}{2ml^2} \,,$$

$$\Gamma(E) = \sum_n \Theta(E - E_n) = \sum_{E_n \leq E} 1 \approx \sqrt{\frac{2ml^2 E_n}{\pi^2 \hbar^2}} = 2\frac{\sqrt{2mE_n}}{h} l. \qquad (2.27)$$

Consideremos la variación del volumen fásico anterior cuando desplazamos lentamente con una velocidad $|\mathbf{u}| \ll p/m$ una de las barreras de potencial. De esta forma durante el desplazamiento tendrán lugar múltiples colisiones entre la barrera y la partícula. En el sistema de referencia de la barrera de potencial móvil la conservación de momento implica

$$p'_i = p'_f \,,$$
$$p'_i = m \left(\frac{p_i}{m} - u \right)$$
$$p'_f = m \left(\frac{p_f}{m} + u \right) \,, \qquad (2.28)$$

de lo que es posible deducir fácilmente que:

$$p_f = p_i - 2mu \Rightarrow \delta p_1 = -2mu. \qquad (2.29)$$

Evidentemente la velocidad de desplazamiento de la pared $\delta l = u\delta t$. Además, una colisión tarda en producirse $\tau = 2l/(p/m)$, por lo que en el tiempo δt se producen,

$$N = \frac{\delta t}{\tau} = \frac{p\delta t}{2lm} = \frac{p\delta l}{2mlu}, \qquad (2.30)$$

colisiones que provocan un cambio en el momento

$$\delta p = N\delta p_1 = -p\frac{\delta l}{l}. \qquad (2.31)$$

Esto implica que $\delta pl = -p\delta l \Leftrightarrow \delta(pl) = 0$, lo que conlleva que:

$$\delta\Gamma(E) = \frac{2}{h}\delta(pl) = 0. \qquad (2.32)$$

Este proceso es, por lo tanto, un proceso cuasiestático e isoentrópico, ya que $\delta\Gamma = 0 \Rightarrow \delta S = 0$.

2.3. Densidades de estados de algunos sistemas de interés.

En lo que sigue se analizará la descripción cuántica de los estados estacionarios de diferentes sistemas que presentan una especial relevancia para nuestros propósitos en este curso introductorio. Esto nos permitirá además obtener los correspondientes volúmenes fásicos y densidades de estados cuánticas y compararlas con sus homólogas clásicas.

2.3.1. Cadena lineal unidimensional

Considérese una cadena cuyos N eslabones independientes pueden estar orientados hacia la derecha o hacia la izquierda (Fig. 2.5) y tienen una energía intrínseca ϵ, de tal modo que en el caso de que la cadena esté aislada

$$N = n_+ + n_-\,,$$
$$E = (n_+ + n_-)\epsilon = N\epsilon\,. \tag{2.33}$$

Un microestado del sistema (todos ellos de la misma energía) se etiqueta mediante el número de eslabones hacia la derecha (n_+).[6] Evidentemente, la densidad de estados de este sistema es la delta de Dirac $g(E) = \delta(E - N\epsilon)$. La situación es diferente en el caso de que la energía de los eslabones cambie según su orientación (e.g., por la existencia de una fuerza de tracción en uno de los sentidos o por la presencia de un campo eléctrico en el caso de eslabones que presenten momento dipolar eléctrico), de modo que $\epsilon_\pm = \epsilon \pm \delta$ y por tanto

$$\begin{aligned} N &= n_+ + n_-\,, \\ E &= N\epsilon + (n_+ - n_-)\delta \\ &= N(\epsilon - \delta) + 2n_+\delta\,. \end{aligned} \tag{2.34}$$

Como puede verse, la energía depende únicamente del número de eslabones orientados hacia la derecha (equivalentemente hacia la izquierda). El número de microestados con energía E define la degeneración del estado, que en este caso discreto coincide con la degeneración del estado del sistema:

$$\begin{aligned} g(E) &= \binom{N}{n_+} = \frac{N!}{n_+!n_-!} \\ &= \frac{N!}{\left[\frac{1}{2\delta}\left[E - N(\epsilon - \delta)\right]\right]! \left[\frac{1}{2\delta}\left[N(\epsilon + \delta) - E\right]\right]!}\,. \end{aligned} \tag{2.35}$$

---

[6]Este sistema es trivialmente equivalente al de una cadena unidimensional de spines $s = 1/2$, modelo básico para el estudio estadístico de sistemas magnéticos y, en general, a cualquier sistema con dos configuraciones posibles para cada uno de sus constituyentes.

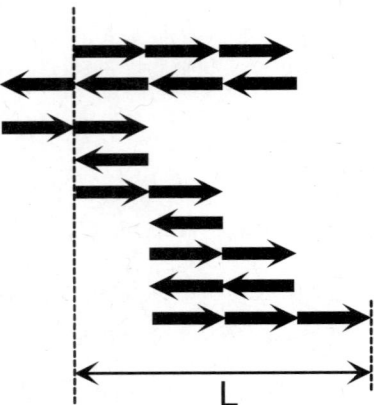

Figura 2.5: Cadena lineal unidimensional.

2.3.2. Partícula en una caja

El conocimiento de los estados estacionarios de este sistema permite modelizar la situación física de las partículas de un gas ideal. El potencial al que se encuentran sometidas las diferentes partículas del gas será de la forma:

$$V(x, y, z) = \begin{cases} 0, & (x, y, z) \in A_0 \\ \infty, & \text{resto} \end{cases}$$

donde A_0 es el interior del recinto de la caja. En este caso la ecuación de Schrödinger independiente del tiempo, $H|\psi_n\rangle = E|\psi_n\rangle$, en la zona física es:

$$-\frac{\hbar^2}{2m}\nabla^2\psi_n(x, y, z) = E_n\psi_n(x, y, z), \tag{2.36}$$

sometida a las condiciones de contorno en la frontera de la caja:

$$\psi_n(x, y, z) = 0. \tag{2.37}$$

Suponiendo que la caja es un paralelepípedo de lados a_x, a_y, a_z, la solución de la anterior ecuación en derivadas parciales es, trivialmente:

$$\psi_{n_x, n_y, n_z}(x, y, z) = C \operatorname{sen}(k_x x)\operatorname{sen}(k_y y)\operatorname{sen}(k_z z), \tag{2.38}$$

donde los vectores de onda que pueden existir en la cavidad vienen determinados por las condiciones de contorno:

$$k_i = \frac{n_i\pi}{a_i}, \qquad n_i = 1, 2... \tag{2.39}$$

Dado que en el interior de la caja la partícula no se encuentra sometida a ningún potencial, su energía estará dada por la ecuación:

$$
\begin{aligned}
E_{n_x,n_y,n_z} &= \frac{\boldsymbol{P}^2}{2m} = \frac{\hbar^2 \boldsymbol{k}^2}{2m} \\
&= \frac{\hbar^2 \pi^2}{2m} \left[\left(\frac{n_x}{a_x}\right)^2 + \left(\frac{n_y}{a_y}\right)^2 + \left(\frac{n_z}{a_z}\right)^2 \right],
\end{aligned}
\tag{2.40}
$$

tratándose por lo tanto de un espectro discreto de energías -sistema ligado- no degenerado propio de sistemas ligados (movimiento acotado).[7] En lo sucesivo se supondrá, a menos que se indique lo contrario, que se trata de una caja cúbica $a = a_x = a_y = a_z$. La distancia entre dos niveles consecutivos de energía del sistema en el espacio de vectores de onda (i.e. de momentos) es:

$$
\delta k_n = k_n - k_{n-1} = \frac{\pi}{a},
\tag{2.41}
$$

Que es independiente del nivel, lo que indica que los niveles están equiespaciados en el espacio de vectores de onda, a diferencia de lo que sucede en el espacio de energías. En virtud de este resultado podemos decir que el volumen de un estado del sistema es finito en el formalismo cuántico, a diferencia del formalismo mecánico clásico en el que se encuentra representado por un punto (volumen nulo). El volumen en el espacio de las k's de un estado del sistema es $(\pi/a)^3 = \pi^3/V$, y es una consecuencia de la indeterminación inherente a su naturaleza cuántica.

La obtención del volumen fásico del sistema, $\Gamma(E, V)$, exige conocer el número de estados que tienen una energía menor que E, que puede calcularse de la manera siguiente. El número de estados de partícula con energía menor que E coincide con el número de estados en el interior de una esfera de radio $k = \sqrt{2mE}/\hbar$ en el espacio de las k's. Dado que en el espacio de vectores de onda los niveles de energía están equiespaciados, es posible calcular el número de estados con energía menor a una dada $E = \hbar^2 k^2/2m$ como el volumen de una espera de radio $k = \sqrt{2mE}/\hbar$ dividido por el volumen de un estado. En $D = 3$ este número viene dado por:

$$
N(k) = \frac{4}{3}\pi k^3 / \left(\frac{\pi}{a}\right)^3.
\tag{2.42}
$$

Sin embargo, debido a la exigencia de que los números cuánticos n_i sean positivos, únicamente se tienen estados en el primer octante de la esfera, por lo

---

[7]La degeneración significa que en un mismo nivel de energía pueden coexistir diferentes estados del sistema. En el ejemplo que nos ocupa, cuando las dimensiones de la caja en las tres direcciones del espacio son iguales, el espectro sí exhibe degeneración. Así, en este caso la energía de los niveles (1,0,0), (0,1,0) y (0,0,1) es la misma,

$$
E = \frac{\hbar^2 \pi^2}{2ma^2},
$$

y, como vemos, es independiente del nivel. En el caso de que exista degeneración, un nivel de energía contiene varios estados cuánticos diferentes, lo que habrá de ser tenido en cuenta a la hora de realizar las sumas sobre estados.

que es necesario introducir un factor $2^3 = 8$ en el denominador de la ecuación anterior. Esto equivale en la práctica a que el volumen ocupado por un estado de partícula en una caja sea de $2\pi/a$:

$$N(k) = \frac{4}{3}\pi k^3 / \left(\frac{2\pi}{a}\right)^3 = \frac{V}{6\pi^2}k^3, \qquad (2.43)$$

de manera que el volumen físico por partícula en el espacio de energía es:

$$\Gamma(E, V) = \frac{V}{6\pi^2}\left(\sqrt{2mE}/\hbar\right)^3 = \frac{4\pi V}{3h^3}(2m)^{3/2}E^{3/2}. \qquad (2.44)$$

A partir de la ecuación anterior es trivial obtener la densidad de estados del sistema:

$$g(E, V) = \frac{\partial \Gamma(E, V, N)}{\partial E} = \frac{2\pi V}{h^3}(2m)^{3/2}E^{1/2}. \qquad (2.45)$$

Nótese que esto coincide con la densidad que se obtendría a partir de la aplicación de

$$g(E) = \sum_{\boldsymbol{k}} \delta\left(E - \frac{\hbar^2 \boldsymbol{k}^2}{2m}\right).$$

El volumen físico anterior debe compararse con el que se obtendría en el caso puramente clásico:

$$\Gamma_{clas}(E, V) = \int\limits_{H(\boldsymbol{r},\boldsymbol{p})\leq E} d\boldsymbol{r}d\boldsymbol{p} = V \int\limits_{p\leq\sqrt{2mE}} d\boldsymbol{p}$$

$$= \frac{4\pi V}{3}(2m)^{3/2}E^{3/2}. \qquad (2.46)$$

Como se ve, la diferencia entre los dos volúmenes físicos de partícula radica en el factor h^3 del denominador de la Ec. (2.44), lo que conduce a

$$\Gamma(E, V) = \frac{\Gamma_{clas}(E, V)}{h^3}. \qquad (2.47)$$

El anterior resultado confirma que el volumen mínimo de un estado de partícula en el espacio físico cuántico es, en $D = 3$, h^3 como consecuencia directa del principio de incertidumbre de Heisenberg, ya que la indeterminación de la posición y el momento en cada dimensión verifica $\Delta p \Delta q \sim h$. Esto permite, en el límite clásico, retener la imagen del espacio físico introduciendo en la medida del espacio un factor h^3 que dé cuenta de este volumen mínimo de un microestado en el espacio de momentos:

$$d\boldsymbol{q}d\boldsymbol{p} \to \frac{d\boldsymbol{q}d\boldsymbol{p}}{h^3},$$

o lo que es lo mismo, para un sistema de N partículas:

$$d\boldsymbol{q}^N d\boldsymbol{p}^N \to \frac{d\boldsymbol{q}^N d\boldsymbol{p}^N}{h^{3N}},$$

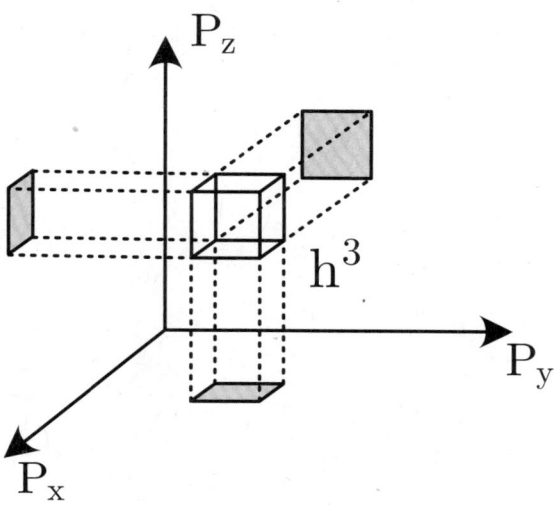

Figura 2.6: Volumen finito de un microestado en el espacio de las fases semi-clásico.

lo que obviamente resuelve también el problema dimensional que presentaba la medida puramente clásica, que arrojaba un número de microestados con dimensiones de acción.

Como se demuestra a continuación, es posible extender este resultado a sistemas con otras dimensionalidades. Para ello debemos tener en cuenta que para una partícula en una caja el "volumen" de un estado en el espacio de las k es un volumen cúbico de lado $\delta k = \pi/a$.

i) Caso unidimensional. La "esfera" (hiperesfera) en dimensión 1 es el segmento de longitud k. Por lo tanto el número de estados de traslación en esta hiperesfera es:

$$N(k) = \frac{2k}{\left(\frac{2\pi}{a}\right)},\qquad(2.48)$$

donde el factor 2 da cuenta de que k debe ser mayor que 0. Por lo tanto,

$$N(k) = \frac{a}{\pi}k.\qquad(2.49)$$

Usando la relación de dispersión de partículas no relativistas:

$$E = \frac{p^2}{2m} = \frac{(\hbar k)^2}{2m} \Rightarrow k = \frac{(2mE)^{1/2}}{\hbar},\qquad(2.50)$$

y, por lo tanto, el volumen fásico en el espacio de energías es

$$N(E) = \frac{a}{\pi}\frac{(2mE)^{1/2}}{\hbar} = \frac{a}{\pi\hbar}(2m)^{1/2}E^{1/2},\qquad(2.51)$$

por lo que:

$$g(E) = \frac{dN(E)}{dE} = \frac{a}{h} \left(2m \right)^{1/2} E^{-1/2}.$$ (2.52)

ii) Caso bidimensional. En este caso la hiperesfera de radio k en el espacio de los vectores de onda es el área de un círculo de radio k:

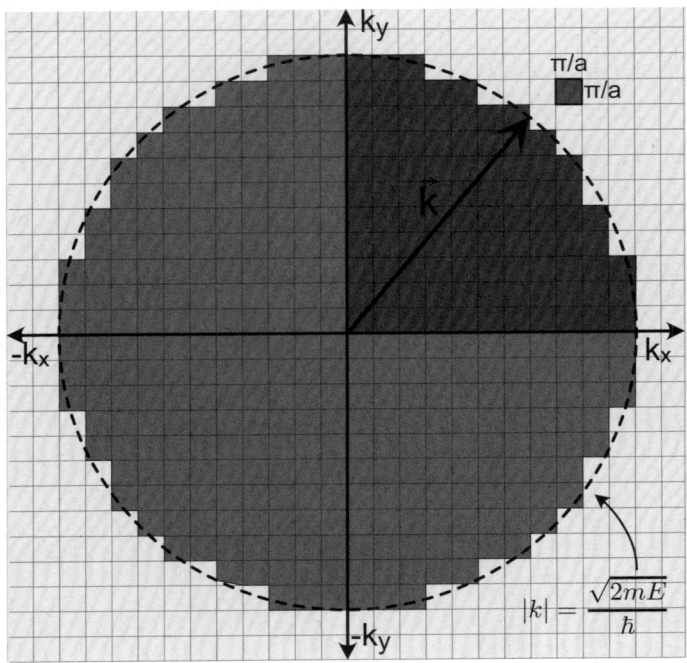

Figura 2.7: Esquema del cálculo de la densidad de estados.

$$N(k) = \frac{\pi k^2}{\left(\frac{2\pi}{a} \right)^2} = \frac{a^2}{4\pi} k^2,$$ (2.53)

y usando de nuevo la relación de dispersión no relativista tenemos:

$$N(E) = \frac{a^2}{4\pi} \frac{2mE}{\hbar^2} = \frac{\pi a^2}{h^2} 2mE,$$ (2.54)

y consecuentemente:

$$g(E) = \frac{a^2}{h^2} 2m\pi.$$ (2.55)

iii) Dimensión D arbitraria. El número de estados con vector de onda menor que k (es decir, con energía menor que $E = \hbar^2 k^2 / 2m$) está dado, como de costumbre por el volumen de la hipersfera de radio k en el espacio de dimensión D dividido por el volumen de un estado en dicha dimensión.

$$N(k) = \frac{V_D(k)}{\left(\frac{2\pi}{a} \right)^D} = \frac{a^2}{(2\pi)^D} V_D(k),$$ (2.56)

donde $V_D(k)$ es el volumen de la esfera de radio k en el espacio de dimensión D y viene dado por:

$$V_D(k) = \frac{\pi^{D/2}}{\Gamma(D/2+1)} k^D = \frac{\pi^{D/2}}{(D/2)!} k^D. \tag{2.57}$$

Consecuentemente:

$$N(k) = \frac{\pi^{D/2} a^D}{(2\pi)^D \left(\frac{D}{2}\right)!} k^D \Rightarrow N(E) = \frac{\pi^{D/2} a^D}{(2\pi)^D (D/2)!} \frac{(2mE)^{D/2}}{\hbar^D}, \tag{2.58}$$

que se puede reexpresar como

$$N(E) = \frac{\pi^{D/2} a^D}{h^D (D/2)!} (2m)^{D/2} E^{D/2}. \tag{2.59}$$

La densidad de estados puede obtenerse de manera inmediata a partir del volumen fásico anterior y vale

$$g(E) = \frac{\pi^{D/2} a^D}{h^D (D/2-1)!} (2m)^{D/2} E^{D/2-1}. \tag{2.60}$$

2.3.3. Oscilador armónico

Considérese un oscilador armónico unidimensional, cuyo hamiltoniano puede escribirse de la forma:

$$H = \frac{p^2}{2m} + \frac{1}{2} m\omega^2 x^2, \tag{2.61}$$

que en términos de los operadores no hermíticos a_i y $a_i^{\dagger}$[8] se puede reexpresar como:

$$H = \left(a^{\dagger}a + \frac{1}{2}\right)\hbar\omega. \tag{2.62}$$

De acuerdo con la Mecánica Cuántica, los autoestados y autovalores del hamiltoniano anterior son:

$$H\left|n\right\rangle = E_n\left|n\right\rangle,$$

$$E_n = \left(n + \frac{1}{2}\right)\hbar\omega, \qquad n = 0, 1, 2... \tag{2.63}$$

Como puede verse en la ecuación anterior, el espectro es discreto y no degenerado. La distancia entre niveles de energía consecutivos, en el espacio de energía, es:

$$\delta E_n = \hbar\omega, \tag{2.64}$$

lo que lleva a que en este caso son equiespaciados en el espacio de energías. Por ello el volumen fásico y la densidad de estados pueden obtenerse de manera inmediata:[9]

$$\Gamma(E) = \frac{E}{\hbar\omega} = \frac{2\pi E}{\hbar\omega},$$

$$g(E) = \frac{\partial\Gamma(E, V, N)}{\partial E} = \frac{1}{\hbar\omega}, \tag{2.65}$$

---

[8]Recordemos que

$$a = \sqrt{\frac{m\omega}{2\hbar}}\left(x + \frac{i}{m\omega}p\right),$$

$$a^{\dagger} = \sqrt{\frac{m\omega}{2\hbar}}\left(x - \frac{i}{m\omega}p\right).$$

lo que conduce a

$$x = \sqrt{\frac{\hbar}{2}\frac{1}{m\omega}}(a^{\dagger} + a),$$

$$p = i\sqrt{\frac{\hbar}{2}m\omega}(a^{\dagger} - a).$$

Sabemos que $[a^{\dagger}, a] = 1$ y que, por tanto, la actuación de estos operadores sobre los autoestados de energía $\langle n|$ es:

$$a^{\dagger}|n\rangle = \sqrt{n+1}|n+1\rangle,$$
$$a|n\rangle = \sqrt{n}|n-1\rangle.$$

de modo que

$$N = a^{\dagger}a,$$
$$N\left|n\right\rangle = n\left|n\right\rangle.$$

[9]Como vemos, a diferencia del caso de partículas en una caja, en este caso la diferencia entre niveles consecutivos de energía es constante en el espacio de las energías, por lo que es sencillo hacer el recuento de estados directamente en este espacio.

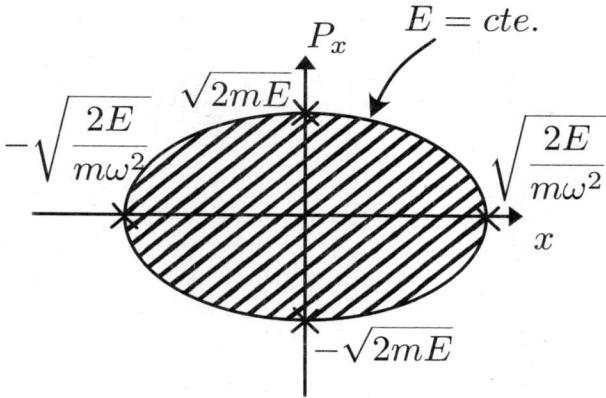

Figura 2.8: Espacio fásico de una partícula en un potencial armónico.

que debe compararse con el resultado clásico:

$$\Gamma_{clas}(E) = \int\limits_{H \leq E} dx dp_x = \pi \sqrt{2mE} \sqrt{\frac{2E}{m\omega^2}} = \frac{2\pi E}{\omega},$$

$$g_{clas}(E, V, N) = \frac{2\pi}{\omega}. \tag{2.66}$$

Nuevamente, como vemos, la diferencia radica en el factor h en el denominador de las expresiones anteriores asociado a la indeterminación cuántica del estado dinámico del sistema:

$$\Gamma(E) = \frac{\Gamma_{clas}(E)}{h}.$$

2.4. Dinámica markoviana estacionaria de los microestados de un sistema físico macroscópico

Después de lo introducido en las secciones anteriores, la pregunta que se plantea en este punto es: ¿la evolución temporal de los microestados de un cuerpo macroscópico da realmente lugar a un proceso estocástico?. Y si la respuesta es afirmativa, ¿qué tipo de proceso estocástico es? ¿Markoviano (en el sentido del apéndice B)? Estas preguntas son equivalentes a plantearse si es posible describir la dinámica de los microestados de un cuerpo macroscópico mediante una ecuación maestra, como la introducida en el apéndice B.

En primera instancia las respuestas a ambas preguntas han de ser negativas, pues la ecuación que rige la evolución temporal de un sistema físico a nivel microscópico en Mecánica Cuántica es perfectamente determinista, por lo que dicha evolución temporal ni siquiera definiría un proceso estocástico. En efecto, la evolución temporal del estado cuántico del sistema, $|\psi(t)\rangle$, está gobernada por la ecuación de Schrödinger dependiente del tiempo

$$i\hbar\frac{d\,|\psi(t)\rangle}{dt} = H\,|\psi(t)\rangle, \tag{2.67}$$

por lo que el conocimiento del hamiltoniano del sistema y de su estado en un instante determinado del tiempo, $|\psi(t_0)\rangle$, determina sin ambigüedad el estado en cualquier otro instante posterior. En el caso de que no hay dependencia temporal explícita en H, $H \neq H(t)$

$$|\psi(t)\rangle = U(t,t_0)\,|\psi(t_0)\rangle = e^{-\frac{i}{\hbar}H(t-t_0)}\,|\psi(t_0)\rangle. \tag{2.68}$$

Así pues, podemos decir que la ecuación de Schrödinger conduce a una dinámica temporal determinista de los microestados de un sistema físico. En el caso de que el sistema se encuentre en un estado mezcla (lo que es el caso, como sabemos, de los cuerpos macroscópicos), podríamos afirmar lo mismo de la evolución temporal del operador densidad del sistema.

Por otra parte, es inmediato probar que la ecuación de Schrödinger es invariante bajo inversión temporal, *i.e.*, predice las mismas propiedades físicas del sistema cuando $t \to t' = -t$. En efecto, bajo la transformación anterior la ecuación de Schrödinger se transforma como

$$i\hbar\frac{d\,|\psi(t')\rangle}{dt'} = H\,|\psi(t')\rangle \Leftrightarrow$$
$$-i\hbar\frac{d\,|\psi(-t)\rangle}{dt} = H\,|\psi(-t)\rangle. \tag{2.69}$$

Usando el hecho de que $|\psi(-t)\rangle = \langle\psi(t)|$ (equivalentemente $\psi(-t) = \psi^*(t)$), se tiene

$$-i\hbar\frac{d\,\langle\psi(t)|}{dt'} = \langle\psi(t)|\,H, \tag{2.70}$$

donde se ha usado que el hamiltoniano es un operador hermítico $H = H^+$. La ecuación anterior no es sino el complejo conjugado de la ecuación de Schrödinger. Dado que $\langle\psi(t)|$ contiene la misma información física que $|\psi(t)\rangle$, se concluye que la transformación de inversión temporal no provoca ninguna variación en las propiedades físicas del sistema y, por tanto, que a todos los efectos prácticos, la ecuación de Schrödinger es invariante bajo inversión temporal. Así, la dinámica microscópica del sistema predicha por la ecuación de Schrödinger no sólo es determinista, sino también reversible.

¿Cómo es posible entonces obtener una dinámica estocástica e irreversible para los microestados de los cuerpos macroscópicos? La clave está en el análisis de la evolución temporal de las amplitudes de probabilidad de que el sistema se encuentre en un determinado estado propio del hamiltoniano a tiempo t. Desarrollando el estado del sistema en la base de autoestados del hamiltoniano, $|\psi_n\rangle$, tenemos

$$|\psi(t)\rangle = \sum_n c_n(t)\,|\psi_n\rangle\,; \quad H\,|\psi_n\rangle = E_n\,|\psi_n\rangle. \tag{2.71}$$

Como es bien sabido por los postulados de la Mecánica Cuántica, la amplitud de probabilidad de que el sistema se encuentre en el estado propio del hamiltoniano $|\psi_n\rangle$ a tiempo t es $c_n(t)$, ya que la probabilidad de obtener en ese instante el valor de energía E_n es $|c_n(t)|^2$. De acuerdo con las reglas de evolución temporal, el estado del sistema a un tiempo $t' > t$ es

$$
\begin{aligned}
|\psi(t')\rangle &= e^{-\frac{i}{\hbar}H(t'-t)}\left(\sum_n c_n(t)\,|\psi_n\rangle\right) \\
&= \sum_n c_n(t)e^{-\frac{i}{\hbar}H(t'-t)}\,|\psi_n\rangle = \sum_n e^{-\frac{i}{\hbar}E_n(t'-t)}c_n(t)\,|\psi_n\rangle,
\end{aligned}
\tag{2.72}
$$

de tal forma que cada una de las componentes en (2.71) acumula una fase relativa dependiente del tiempo en el curso de la evolución temporal de este. Evidentemente, siempre que conozcamos el hamiltoniano del sistema de manera exacta podremos controlar la evolución temporal de sus amplitudes de probabilidad y por tanto el estado del sistema en cualquier instante futuro. Sin embargo, todo sistema físico está sometido a influencias exteriores de su entorno incontrolables que, aunque débiles, son amplificadas por las colisiones intermoleculares que tienen lugar en el seno del sistema. Supóngase que W es la energía característica asociada a las perturbaciones exteriores que actúan sobre el sistema. El un tiempo característico de dichas perturbaciones, τ_{ext}, será, de acuerdo con el principio de incertidumbre energía-tiempo

$$
\tau_{ext} = \frac{\hbar}{|W|}.
\tag{2.73}
$$

Durante el transcurso de un intervalo de tiempo del orden de τ_{ext} el hamiltoniano del sistema se modifica de forma aleatoria, lo que provoca que las relaciones de fase predichas por la ecuación de Schrödinger sean destruidas por la acción de las perturbaciones exteriores aleatorias. Este hecho está en la base de la hipótesis de fases aleatorias, cuya principal consecuencia es que el estado del sistema es una superposición incoherente de estados.[10] Esta hipótesis obliga a describir el sistema en términos probabilísticos, ya que no se dispone de la información necesaria para predecir cuál será el microestado del sistema en un instante de tiempo concreto. En estas condiciones, la evolución temporal del sistema constituye un proceso estocástico. Por otro lado, para un tiempo del orden del característico de las perturbaciones exteriores (muy inferior a los tiempos característicos de los procesos de medida en sistemas macroscópicos) reina en el sistema el caos molecular, estando los estados mecánicos de las partículas completamente descorrelacionados entre si. Esto implica que el sistema "*pierde*" la memoria de sus microestados anteriores por el transcurso de tiempos muy pequeños comparados con los de su evolución macroscópica. Así pues, podemos afirmar que el proceso estocástico de evolución temporal de los microestados de un sistema físico es, en general, un proceso estocástico de tipo markoviano (apéndice B). Además, teniendo en cuenta la invariancia de la

---

[10]La importancia de esta hipótesis en el formalismo mecano-estadístico es muy grande, tanto que algunos autores (e.g. K. Huang) la elevan al rango de postulado de la Mecánica Estadística Cuántica.

ecuación de Schrödinger bajo traslaciones temporales, podemos decir también que se trata de un proceso estacionario. En resumen, para tiempos grandes comparados con τ_{ext} (granulación temporal), la evolución de un sistema físico a escala macroscópica constituye un proceso markoviano estacionario. Además, esto garantiza que la evolución macroscópica (termodinámica) es irreversible, pues como se verá, la ecuación maestra no es invariante bajo inversión temporal. En lo que sigue se tratarán las consecuencias de este resultado en lo referente a la evolución temporal y la irreversibilidad de la dinámica macroscópica de sistemas físicos, así como sus distribuciones de equilibrio.

2.4.1. Propiedades de la ecuación maestra. Tiempo de relajación.

La dinámica de la distribución de probabilidad de microestados bajo un proceso markoviano se describe mediante la ecuación maestra (véase Apéndice B.2)

$$\frac{dP_m(t)}{dt} = \sum_{s \neq m} [P_s(t)w_{sm} - P_m(t)w_{ms}],$$

donde $P_m(t)$ representa la probabiliad de que el sistema se encuentre en el microestado m a tiempo t, y w_{ms} es la probabilidad por unidad de tiempo de transición entre los microestados $s \to m$. La ecuación anterior puede escribirse también como

$$\frac{dP_m(t)}{dt} = \sum_s P_s(t)w_{sm}, \tag{2.74}$$

que es realmente un sistema de ecuaciones diferenciales ordinarias de primer orden en el tiempo y acopladas, que en forma matricial se expresa como:

$$\frac{d\boldsymbol{P}(t)}{dt} = \boldsymbol{W}\boldsymbol{P}(t),$$

$$\boldsymbol{P}(t) = \begin{pmatrix} P_1(t) \\ ... \\ P_m(t) \end{pmatrix},$$

$$\boldsymbol{W}_{ij} = w_{ij}. \tag{2.75}$$

Evidentemente, la matriz $\boldsymbol{W}$ no debe poder ser diagonalizable por bloques, pues de lo contrario existirían zonas completas del espacio físico no accesible, contraviniendo la hipótesis ergódica. Como ha quedado dicho, la ecuación maestra es un sistema de ecuaciones diferenciales de primer orden en el tiempo, por lo que el conocimiento de las condiciones iniciales, $\boldsymbol{P}(t_0)$, determina de manera unívoca la solución en cualquier instante posterior. A continuación se analizarán algunas de las principales propiedades de la ecuación maestra, en particular las referidas a la conservación de las condiciones de distribución de probabilidad, la predicción de existencia de equilibrio y del tiempo de relajación al mismo, así como la irreversibilidad de la evolución macroscópica predicha por esta ecuación.

i) **Normalización y positividad** Supóngase que en $t = 0$ el un vector de probabilidades es $\boldsymbol{P}(0)$, que verifica que $P_m(0) > 0$ $\forall m$ y que $\sum_m P_m(0) = 1$, i.e., a tiempo $t = 0$ $\boldsymbol{P}(0)$ verifica los axionas de Kolmogorov y constituye una buena distribución de probabilidad de los microestados. Entonces se verifica que

$$P_m(t) > 0, \quad \forall\, m = 1...\Gamma, \quad \forall\, t > 0$$
$$\sum_m P_m(t) = 1, \quad \forall\, t > 0, \tag{2.76}$$

i.e, que $\boldsymbol{P(t)}$ continúa siendo una buena distribución de probabilidad en cualquier instante de tiempo posterior. En efecto, probemos en primer lugar la conservación de la normalización. Usando la ecuación maestra

$$\frac{d}{dt} \sum_m P_m(t) = \sum_m \frac{dP_m(t)}{dt} = \sum_m \sum_{s \neq m} [P_s(t)w_{sm} - P_m(t)w_{ms}]$$
$$= \sum_m \sum_s P_s(t)w_{sm} = \sum_s P_s(t) \sum_m w_{sm} = 0, \tag{2.77}$$

donde hemos usado que $\sum_m w_{sm} = 0$ (véase apéndice B) y la versión de la ecuación maestra en la que la suma se extiende a todos los microestados y no únicamente a los $m \neq s$ (Eq. 2.74). Luego, $\sum_m P_m(t) = cte = \sum_m P_m(0) = 1$.

Por otra parte, con vistas a la demostración de la conservación de la positividad de las componentes ($P_m(t) > 0$, $\forall m$, $\forall t > 0$), supongamos que en un instante determinado existen componentes negativas y positivas de la distribución de probabilidad de los microestados, $P_m(t)$. Denotemos por $P_p(t)$ y $P_n(t)$ las componentes positivas y negativas, respectivamente, y consideremos la cantidad

$$N(t) := \sum_n P_n(t) \leq 0. \tag{2.78}$$

Obviamente, a $t = 0$, $N(0) = 0 = N_{\text{máx}}$ ya que todas las componentes de la distribución de probabilidad son positivas en ese instante. La derivada temporal de la cantidad anterior

$$\frac{dN(t)}{dt} = \sum_n \frac{dP_n(t)}{dt} = \sum_n \sum_s P_n(t)w_{ns}$$
$$= \sum_n \left[\sum_{n'} P_{n'}(t)w_{nn'} + \sum_{p'} P_{p'}(t)w_{np'} \right]$$
$$= \sum_{n'} P_{n'}(t) \sum_n w_{nn'} + \sum_{p'} P_{p'}(t) \sum_n w_{np'}. \tag{2.79}$$

Usando nuevamente que

$$\sum_{n'} w_{nn'} + \sum_{p'} w_{np'} = 0 \Leftrightarrow \sum_n w_{nn'} = - \sum_p w_{np'}, \tag{2.80}$$

tenemos

$$\frac{dN(t)}{dt} = -\sum_{n'} P_{n'}(t) \sum_p w_{pn'} + \sum_{p'} P_{p'}(t) \sum_n w_{np'} \geq 0. \qquad (2.81)$$

Luego, $N(t)$ no decrece nunca, y dado que a $t = 0$ alcanza su valor máximo, $N(t) \geq 0 \ \forall t > 0$, lo que implica que $P_n(t) = 0 \ \forall t \geq 0$.

ii) **Soluciones asintóticas**: Como es sabido, las soluciones de un sistema de ecuaciones diferenciales de primer orden son exponencialmente dependientes de la variable independiente, de modo que $\boldsymbol{P}(t) = \boldsymbol{P}_0 e^{\lambda t}$. Sustituyendo esta expresión en la expresión matricial de la ecuación maestra, se obtiene

$$\lambda \boldsymbol{P}_0 = \boldsymbol{W} \boldsymbol{P}_0 \Leftrightarrow (\boldsymbol{W} - \lambda \mathbb{1}) \boldsymbol{P}_0 = 0. \qquad (2.82)$$

La existencia de soluciones no triviales del sistema anterior implica que $\det(\boldsymbol{W} - \lambda \mathbb{1}) = 0$, lo que permite calcular los parámetros que regulan la dependencia temporal anteriormente citada se derivan de la ecuación de autovalores de la matriz de probabilidades de transición. Sean -λ_k y $\boldsymbol{\varphi}_k$ estos autovalores y autovectores

$$\boldsymbol{W} \boldsymbol{\varphi}_k = -\lambda_k \boldsymbol{\varphi}_k , \quad k = 1, 2, ..., \Gamma. \qquad (2.83)$$

Dado que $\boldsymbol{W}$ es una matriz real y simétrica,[11] todos los λ_k son reales y los $\{\boldsymbol{\varphi}_k\}_{k=1}^{\Gamma}$ definen una base del espacio vectorial de dimensión Γ cuyos vectores son todas las posibles distribuciones de probabilidad del sistema, y además pueden elegirse de modo que

$$\langle \boldsymbol{\varphi}_k | \boldsymbol{\varphi}_j \rangle = \delta_{kj}. \qquad (2.84)$$

Por otro lado, cualquier posible distribución $\boldsymbol{P}(t)$ pertenece al espacio de estados y, por lo tanto, puede desarrollarse en la base de autoestados de la matriz de probabilidades de transición

$$\boldsymbol{P}(t) = \sum_k c_k(t) \boldsymbol{\varphi}_k ; \quad c_k(t) = \langle \boldsymbol{P}(t) | \boldsymbol{\varphi}_k \rangle \text{ (serie de Fourier)} \qquad (2.85)$$

Sustituyendo la expresión anterior en la ecuación maestra se obtiene de manera directa

$$\frac{d\boldsymbol{P}}{dt} = \boldsymbol{A} \boldsymbol{P} \Rightarrow \sum_k \frac{dc_k(t)}{dt} \boldsymbol{\varphi}_k = \sum_k c_k(t) \boldsymbol{A} \boldsymbol{\varphi}_k,$$

$$\sum_k \frac{dc_k(t)}{dt} \boldsymbol{\varphi}_k = +\sum_k \lambda k c_k(t) \boldsymbol{\varphi}_k,$$

$$\frac{dc_k(t)}{dt} = +\lambda_k c_k(t). \qquad (2.86)$$

---

[11]En el caso de sistemas aislado, $w_{lm} = w_{ml}$. Además, y dado que son probabilidades de transición, $w_{lm} \geq 0$, salvo los elementos diagonales w_{mm} que son negativos en virtud de $\sum_l w_{lm} = 0$.

Así pues, los coeficientes del desarrollo de las soluciones de la ecuación maestra en la base de autoestados de la matriz de probabilidades de transición son de la forma $c_k(t) = c_k(0)e^{-\lambda_k t}$, lo que implica que la dependencia temporal general de la distribución de probabilidad de los microestados es:

$$\boldsymbol{P}(t) = \sum_k c_k(t)\boldsymbol{\varphi}_k \Rightarrow \boldsymbol{P}(t) = \sum_k c_k(0)e^{-\lambda_k t}\boldsymbol{\varphi}_k. \tag{2.87}$$

Puede probarse que $\lambda_k < 0 \ \forall k > 1$ y que $\lambda_1 = 0$.[12]

Evidentemente, $k = 1 \Rightarrow P = P_{eq}$ corresponde entonces a una componente que no evoluciona con el tiempo, lo que define la distribución de equilibrio, por lo que podemos escribir

$$\boldsymbol{P}(t) = \boldsymbol{P}^{eq} + \sum_{k>1} c_k(0)e^{-\lambda_k t}\boldsymbol{\varphi}_k. \tag{2.88}$$

Además, siempre podemos ordenar los autovalores de manera que $\alpha_1 = 0 < \alpha_2 \leq \alpha_3 \leq ... \leq \alpha_\Gamma$, por lo que a medida que transcurra el tiempo se irán anulando progresivamente las componentes del desarrollo (2.87). Introduciendo el tiempo característico de supervivencia de la componente k-ésima

$$\tau_k := \frac{1}{\alpha_k}, \tag{2.89}$$

podemos escribir que, a tiempos suficientemente largos, la distribución de probabilidad se comporta como

$$\boldsymbol{P}(t) \to \boldsymbol{P}^{eq} + c_2(0)e^{-t/\tau_2}\boldsymbol{\varphi}_2, \tag{2.90}$$

donde τ_2 se denomina tiempo de relajación del sistema tiempo de relajación del sistema y corresponde al tiempo máximo de subsistencia de alguna componente dependiente del tiempo en la expansión (2.87), i.e., está asociado al valor propio de $\boldsymbol{W}$ más pequeño. Este tiempo marca el límite a partir del cual podemos decir que toda dependencia temporal relevante de la distribución de probabilidad del sistema ha sido cancelada y, por tanto, este ha completado su relajación al equilibrio. Por otro lado, como vemos en (2.90), en el límite asintótico las soluciones de la ecuación maestra recuperan la distribución de equilibrio y lo hacen de manera exponencial, regulando τ_2 el tiempo que tarda en establecerse dicho equilibrio.

iii) **Irreversibilidad de la evolución macroscópica.** Surge aquí la cuestión de si la ecuación maestra predice una dinámica irreversible a nivel macroscópico, lo que sabemos de la Termodinámica. Como vemos, a pesar de que la dinámica microscópica del sistema es invariante bajo inversión temporal (tanto que se describa clásica como cuánticamente)[13] la evolución macroscópica del sistema no posee esta propiedad, debido a la no

---

[12]Para más detalles ver el libro de B. Diu B. & B. (1989) .

[13]La invariancia de la ecuación de Schrödinger bajo inversión temporal ya ha quedado demostrada anteriormente en este mismo capítulo. Por lo que respecta a la segunda ley de Newton, es inmediato probar su invariancia bajo inversión temporal, que se deriva de su

invariancia de la ecuación maestra bajo transformaciones $t \to t' = -t$. Esto es una consecuencia de ser la ecuación maestra un sistema de ecuaciones diferenciales de primer orden en el tiempo. En efecto, bajo la transformación puntual $t \to t' = -t$ el sistema de ecuaciones de la ecuación maestra se transforma como

$$\frac{dP_m(t)}{dt} = \sum_s \left[P_s(t)w_{sm} - P_m(t)w_{ms} \right] \Rightarrow$$

$$\frac{dP_m(-t')}{d(-t')} = \sum_s \left[P_s(-t')w_{sm} - P_m(-t')w_{ms} \right] \Rightarrow$$

$$-\frac{dP'_m(t')}{d(t')} = \sum_s \left[P'_s(t')w_{sm} - P'_m(t')w_{ms} \right], \tag{2.91}$$

donde $P'_m(t') = P_m(-t')$ para obtener la expresión final. Como se puede ver, el signo negativo en el miembro de la izquierda de la ecuación anterior destruye la invariancia de la ecuación maestra bajo inversión temporal, por lo que la dinámica descrita por la ecuación maestra será necesariamente irreversible.

2.4.2. Soluciones de equilibrio de la ecuación maestra

Como acabamos de ver, la ecuación maestra predice la evolución temporal irreversible del sistema hacia una situación en la que toda dependencia temporal de su función de distribución ha desaparecido. Esta situación es la que denominamos equilibrio estadístico, en la que todas las propiedades físicas del sistema son independientes del tiempo. Además, la ecuación maestra nos proporciona una forma de obtener el tiempo que tarda en establecerse dicha situación en el sistema, que hemos denominado tiempo de relajación. Nos queda por analizar la distribución de probabilidad de equilibrio predicha por la ecuación maestra, $\boldsymbol{P}^{eq}$, y la variación de las propiedades termodinámicas del sistema durante la propia evolución hacia el equilibrio, cuestiones ambas que constituyen el objetivo de la presente sección.

El equilibrio de un sistema físico está caracterizado por una distribución de probabilidad independiente del tiempo:

$$\text{Equilibrio estadístico} \Leftrightarrow \frac{dP_m}{dt} = 0, \quad \forall m \in \Gamma.$$

En este caso la ecuación maestra conduce a

$$\sum_s \left(P_s^{eq}w_{sm} - P_m^{eq}w_{ms} \right) = 0, \quad \forall m \in \Gamma. \tag{2.92}$$

---

condición de ecuación diferencial de segundo orden en el tiempo:

$$\boldsymbol{F}(\boldsymbol{r}) = \frac{d\boldsymbol{p}}{dt} = m\frac{d^2\boldsymbol{r}(t)}{dt^2} \to \boldsymbol{F}(\boldsymbol{r}) = m\frac{d^2\boldsymbol{r}'(-t')}{d(-t')^2} = m\frac{d^2\boldsymbol{r}(t')}{dt'^2},$$

donde hemos hecho $\boldsymbol{r}(-t') = \boldsymbol{r}'(t')$.

Luego, en el estado de equilibrio el poblamiento de cualquier estado m de la colectividad Γ por transiciones desde otros estados, $\sum_{s\neq m} P_s^{eq}(t)w_{sm}$, coincide con el despoblamiento de dicho estado producido por transiciones de m a otros estados $s \neq m$, $\sum_{s\neq m} P_m^{eq}w_{ms}$: $\sum_{s\neq m} P_s^{eq}(t)w_{sm} = P_m^{eq} \sum_{s\neq m} w_{ms}$. Es este el resultado fundamental que nos permitirá obtener las distribuciones de equilibrio para las diferentes situaciones físicas del sistema. Existen, sin embargo, otras condiciones más restrictivas que conducen también a situaciones estacionarias, en particular al equilibrio estadístico.

Así, una condición suficiente para que se alcance un estado estacionario es

$$P_s w_{sm} = P_m w_{ms}, \quad \forall m, s \in \Gamma, \tag{2.93}$$

relación que se conoce como relación de balance detallado, y que implica que el poblamiento y despoblamiento de los microestados s y m del sistema se compensan de manera exacta entre si, cualquiera que sea dicho par de microestados:

$$(s, t) \to (m, t + dt); \quad (m, t) \to (s, t + dt). \tag{2.94}$$

(a) Sistema aislado: distribución microcanónica

Para un sistema aislado las probabilidades de transición entre los diferentes estados del sistema son simétricas.[14] Debido a esto, la ecuación maestra para un sistema aislado en equilibrio puede escribirse como

$$\sum_s \left(P_s^{eq} - P_m^{eq} \right) w_{sm} = 0, \tag{2.95}$$

para lo cual una condición suficiente es que $P_s^{eq} = P_m^{eq}$ $\forall m, s \in \Gamma$, lo que también se deduce de la condición de balance detallado. Esto implica que en un sistema aislado en equilibrio todos los microestados son igualmente probables, lo que se denomina postulado de igualdad de probabilidades a priori, usualmente utilizado como primer axioma de la Mecánica Estadística. Evidentemente, si tenemos en cuenta la normalización de la distribución de probabilidad del sistema[15]

$$P_m = \left\{ \begin{array}{ll} \frac{1}{\Gamma}, & E \leq E_m \leq E + \delta E \\ 0, & \text{resto de microestados} \end{array} \right. \tag{2.96}$$

---

[14]Esto puede verse de manera aproximada considerando que las probabilidades de transición entre estados vienen dadas por la denominada regla de oro de Fermi

$$w_{sm} = \frac{2\pi}{\hbar^2} |\langle s| H(t)_{int} |m\rangle|^2 \delta\left(E_s - E_m - \omega\right)$$

$$= \frac{2\pi}{\hbar^2} |\langle m| H(t)_{int} |s\rangle|^2 \delta\left(E_m - E_s - \omega\right) = w_{ms},$$

donde H_{int} es la parte de interacción del hamiltoniano

$$H = H_0 + H(t)_{int},$$

responsable de las transiciones entre estados del sistema. Esta regla se aplica a sistemas sometidos a perturbaciones dependientes del tiempo, $H(t)_{int}$, de forma armónica:

$$H(t)_{int} = H_{int}e^{-i\omega t}.$$

[15]A partir de este punto, y a efectos de mantener la simplicidad notacional, prescindiremos del superíndice eq en la distribución de probabilidad, que se supondrá siempre de equilibrio salvo que explícitamente se indique lo contrario.

obtenemos la distribución microcanónica.

(b) **Sistema en contacto con un termostato: distribución de Gibbs**

Consideremos un cuerpo en contacto con un termostato a la temperatura T (situación canónica). Denotemos con letras griegas los microestados del termostato y con letras latinas los del sistema. Dado que la interacción térmica es una interacción débil,[16] la energía de un microestado del sistema conjunto (cuerpo más termostato) es aditiva, $E_{tot} = E_{\alpha m} = E_\alpha + E_m$, y la colectividad del sistema global es el producto cartesiano de ambos subsistemas por separado (independencia estadística),

$$\Gamma_\alpha \times \Gamma_m = \{(\alpha, m)\}.$$

Evidentemente, el conjunto formado por el cuerpo más el foco térmico se encuentra aislado, por lo que le son aplicables todas las conclusiones del apartado anterior y es posible escribir la ecuación maestra para el sistema global

$$\frac{dP_{\alpha m}(t)}{dt} = \sum_\beta \sum_s [P_{\beta s}(t)w_{\beta s \alpha m} - P_{\alpha m}(t)w_{\alpha m \beta s}], \qquad (2.97)$$

donde $w_{\alpha m \beta s}$ es la probabilidad de transición de un estado α del termostato y m del sistema a sus respectivos estados β, s. Además, como el sistema conjunto está aislado, $w_{\alpha m \beta s} = w_{\beta s \alpha m}$. Lógicamente, la probabilidad de un microestado dado del sistema está dada por la probabilidad marginal

$$P_m(t) = \sum_\alpha P_{\alpha m}(t), \qquad (2.98)$$

que es la probabilidad de que el sistema se encuentre en el estado m con independencia del microestado del foco. Utilizando lo anterior es posible reescribir la ecuación maestra de foco y termostato de la forma

$$\begin{aligned}
\frac{dP_m(t)}{dt} &= \sum_\alpha \frac{dP_{\alpha m}(t)}{dt} \\
&= \sum_s \sum_\alpha \sum_\beta [P_\beta(t)P_s(t)w_{\beta s \alpha m} - P_\alpha(t)P_m(t)w_{\alpha m \beta s}] \\
&= \sum_s [P_s(t)w_{sm}^T - P_m(t)w_{ms}^T], \qquad (2.99)
\end{aligned}$$

donde se ha usado la independencia estadística de foco y sistema, $P_{\beta s}(t) = P_\beta(t)P_s(t)$ e introducido las probabilidades de transición por unidad de tiempo del sistema

$$w_{sm}^T := \sum_\alpha \sum_\beta P_\beta(t)w_{\beta s \alpha m}. \qquad (2.100)$$

---

[16]Afecta únicamente a una pequeña fracción de los átomos en las superficies de contacto entre ambos cuerpos, por lo que la energía intercambiada es mucho menor que la energía propia de cada uno de ellos.

Así pues, en equilibrio,

$$\sum_s \left[P_s w_{sm}^T - P_m w_{ms}^T \right] = 0, \tag{2.101}$$

por lo que una condición suficiente para el equilibrio en el sistema es

$$P_s w_{sm}^T = P_m w_{ms}^T, \tag{2.102}$$

que no es sino la ecuación de balance detallado para la dinámica microscópica de un sistema en contacto con un termostato a la temperatura T. A partir de esta ecuación es posible demostrar que en equilibrio la distribución de probabilidad de los microestados del cuerpo es la distribución de Gibbs. Para ello consideremos el termostato como un sistema aproximadamente aislado.[17] Posteriormente probaremos el denominado principio de Boltzmann, de acuerdo con el cual, $S^* = k_B \ln \Gamma$, por lo que la distribución de probabilidad microcanónica del foco será

$$P_\beta (E_\beta) \propto e^{-\frac{S^*(E_\beta)}{k_B}}. \tag{2.103}$$

Como foco y sistema se encuentran en interacción débil

$$E_{tot} = E_{\beta s} = E_\beta + E_s \tag{2.104}$$

Combinando las dos ecuaciones anteriores podemos escribir

$$P_\beta (E_\beta) \propto e^{-\frac{S^*(E_{tot}-E_s)}{k_B}} \approx e^{-\frac{S^*(E_{tot})}{k_B}} e^{\beta E_s}. \tag{2.105}$$

Por tanto, las probabilidades de transición en la Eq. (2.100) seríamn

$$w_{sm}^T = \sum_\alpha \sum_\beta P_\beta(t) w_{\beta s \alpha m} = \sum_\alpha \sum_\beta A e^{\beta E_s} w_{\beta s \alpha m}, \tag{2.106}$$

donde $A = \exp\left[-S^*(E_{tot})/k_B\right]$. Evidentemente, de la ecuación anterior se sigue que

$$w_{ms}^T = \sum_\alpha \sum_\beta A e^{\beta E_m} w_{\alpha m \beta s}. \tag{2.107}$$

Teniendo en cuenta la simetría de las probabilidades de transición microcanónicas, $w_{\alpha m \beta s} = w_{\beta s \alpha m}$, podemos escribir, combinando los dos resultados anteriores

$$w_{ms}^T e^{-\beta E_m} = w_{sm}^T e^{-\beta E_s}, \tag{2.108}$$

ecuación que constituye una relación de pseudosimetría de las probabilidades de transición canónicas. Comparando la relación anterior con (2.102) podemos obtener

$$P_m \propto e^{-\beta E_m}. \tag{2.109}$$

---

[17]Esta hipótesis va implícita en la condición de foco térmico, pues este únicamente puede intercambiar con el cuerpo una energía $E_m \ll E_\alpha$.

Evidentemente, las igualdades (2.102) y (2.108) se cumplen exactamente igual si se introduce la necesaria constante de normalización en la ecuación anterior, $P_m \to \gamma P_m$. Por tanto, la distribución de probabilidad solución de equilibrio de la ecuación maestra para un sistema en contacto con un foco térmico que verifica las ligaduras

$$P_s w_{sm}^T = P_m w_{ms}^T; \quad \sum_m P_m = 1, \qquad (2.110)$$

es

$$P_m = \frac{1}{Z} e^{-\beta E_m}; \quad Z = \sum_m e^{-\beta E_m} \quad \text{(Gibbs, 1902)}, \qquad (2.111)$$

denominada distribución canónica de probabilidad, la solución de equilibrio de la ecuación maestra para un sistema en contacto con un foco térmico, siendo Z la llamada función de partición, de importancia crucial como se verá en lo sigue.

2.4.3. Evolución espontánea de un sistema físico macroscópico: irreversibilidad

Ya se ha visto con anterioridad que la ecuación maestra recupera asintóticamente la distribución de equilibrio, $\boldsymbol{P}(t) \to \boldsymbol{P}^{eq}$, $t \to \infty$, y que lo hace exponencialmente con un tiempo de cancelación de la perturbación dado por el denominado tiempo de relajación. Por tanto, un sistema macroscópico evoluciona espontáneamente hacia su estado de equilibrio y lo alcanza a tiempos suficientemente largos (del orden o mayores que el tiempo de relajación).[18] A continuación se analiza qué sucede con los potenciales termodinámicos durante la evolución espontánea de sistemas aislados o en contacto con un termostato.

(a) **Evolución espontánea de un sistema aislado: teorema H de Boltzmann**

La ecuación maestra permite analizar la evolución temporal de las propiedades termodinámicas del sistema durante su evolución hacia el equilibrio y, por tanto, una caracterización del propio equilibrio. En efecto, consideremos la entropía estadística (Shannon, 1948),

$$S = -k_B \sum_m P_m \ln P_m, \qquad (2.112)$$

que, como se verá posteriormente, mide la carencia de información del estado de un sistema macroscópico. Además, también se tratará en la sección correspondiente que para sistemas en equilibrio esta magnitud proporciona la ecuación fundamental del sistema en representación entropía, y por tanto contiene toda la información termodinámicamente relevante del mismo.

---

[18]Para observar estados de equilibrio es importante que $\tau_{obs} \gg \tau_{rel}$. En el caso contrario, cuando observemos sistemas con $\tau_{obs} \lesssim \tau_{rel}$ es posible que confundamos estados que en esta escala temporal aparentemente no evolucionan con el tiempo (estados metaestables) con auténticos estados de equilibrio.

Usando la ecuación maestra es posible analizar la variación de la entropía durante la evolución del sistema hacia el equilibrio:

$$\frac{dS}{dt} = -k_B \sum_m \frac{dP_m}{dt} \left[1 + \ln P_m(t)\right]$$

$$= -k_B \sum_m \frac{dP_m}{dt} \ln P_m(t) - k_B \frac{d}{dt} \sum_m P_m(t)$$

$$= -k_B \sum_m \sum_s \left[P_s(t) w_{sm} - P_m(t) w_{ms}\right] \ln P_m(t)$$

$$= -k_B \sum_m \sum_s w_{sm} \left[P_s(t) - P_m(t)\right] \ln P_m(t). \tag{2.113}$$

donde se ha usado que $\sum_m P_m(t) = 1$ en todo instante. Es trivial demostrar que la ecuación anterior puede escribirse como

$$\frac{dS}{dt} = \frac{k_B}{2} \sum_m \sum_s w_{sm} \left[P_m(t) - P_s(t)\right] \ln P_m(t)$$

$$+ \frac{k_B}{2} \sum_m \sum_s w_{ms} \left[P_s(t) - P_m(t)\right] \ln P_s(t)$$

$$= \frac{k_B}{2} \sum_m \sum_s w_{sm} \left[P_m(t) - P_s(t)\right] \ln \frac{P_m(t)}{P_s(t)} \geq 0. \tag{2.114}$$

Luego, la ecuación maestra predice que la entropía estadística de un sistema aislado es una función no decreciente del tiempo

$$\frac{dS}{dt} \geq 0, \tag{2.115}$$

resultado que se conoce como teorema H de Boltzmann . Así pues, durante la evolución espontánea hacia el equilibrio de un sistema aislado existe una magnitud física que evoluciona en un único sentido, irreversiblemente, hacia valores crecientes. Evidentemente, dicha evolución se detendrá en el momento en el que la entropía alcance su máximo valor posible, por lo que el estado de equilibrio del sistema es el de entropía máxima:

$$\text{Equilibrio estadístico} \Leftrightarrow \frac{dS}{dt} = 0 \Longleftarrow P_m = P_s. \tag{2.116}$$

(b) **Evolución espontánea de un sistema en contacto con un termostato.** Consideremos, con el fin de analizar la evolución temporal de un sistema en contacto con un termostato, la energía libre de Helmholtz del sistema

$$F = \bar{E} - TS = \sum_m P_m E_m + k_B T \sum_m P_m \ln P_m. \tag{2.117}$$

Derivando respecto al tiempo la ecuación anterior

$$\frac{dF}{dt} = \sum_m \frac{dP_m}{dt} \left\{ E_m + k_B T \left[1 + \ln P_m(t) \right] \right\}$$

$$= \sum_m \frac{dP_m}{dt} \left[E_m + k_B T \ln P_m(t) \right]$$

$$= \sum_m \sum_s \left[P_s(t) w_{sm}^T - P_m(t) w_{ms}^T \right] \left[E_m + k_B T \ln P_m(t) \right]. \quad (2.118)$$

Introduciendo las probabilidades

$$\bar{P}_m(t) = P_m(t) \exp\left(\beta E_m\right) \quad ; \quad \bar{w}_{sm}^T = w_{sm}^T \exp\left(-\beta E_s\right), \quad (2.119)$$

podemos escribir la ecuación anterior en la forma

$$\frac{dF}{dt} = k_B T \sum_m \sum_s \left[\bar{P}_s(t) \bar{w}_{sm}^T - \bar{P}_m(t) \bar{w}_{ms}^T \right] \ln \bar{P}_m(t). \quad (2.120)$$

Los coeficientes son simétricos en virtud de la condición de pseudosimetría (2.102), por lo que es posible reescribir la ecuación anterior de la forma:

$$\frac{dF}{dt} = k_B T \sum_m \sum_s \bar{w}_{sm}^T \left[\bar{P}_s(t) - \bar{P}_m(t) \right] \ln \bar{P}_m(t)$$

$$= \frac{k_B T}{2} \sum_m \sum_s \bar{w}_{sm}^T \left[\bar{P}_s(t) - \bar{P}_m(t) \right] \ln \frac{\bar{P}_m(t)}{\bar{P}_s(t)} \leq 0, \quad (2.121)$$

donde se ha empleado un procedimiento algebraico análogo al que condujo a la Ec. (2.114). Por tanto, dado que la suma en el miembro de la derecha en la Ec. (2.121) es siempre negativa para todo microestado de la colectividad, se toeme que, en la evolución hacia el equilibrio de un sistema en contacto con un termostato la energía libre de Helmholtz es una función decreciente (irreversibilidad)

$$\frac{dF}{dt} \leq 0 \quad \forall t > 0, \quad (2.122)$$

que constituye una versión modificada del teorema H de Boltzmann. Lógicamente, el equilibrio se alcanza cuando la energía libre de Helmholtz haya alcanzado su valor mínimo, de acuerdo con las condiciones de equilibrio de la Termodinámica para sistemas que evolucionan a T y V constantes, y en esta situación

$$\bar{P}_s = \bar{P}_m \Leftrightarrow P_m e^{\beta E_m} = P_s e^{\beta E_s}, \quad (2.123)$$

condición que únicamente se verifica cuando $P_m \exp\left(\beta E_m\right) = $cte. para todo microestado de la colectividad. Luego

$$P_m = \frac{1}{Z} e^{-\beta E_m},$$

$$Z = \sum_m e^{-\beta E_m}, \quad (2.124)$$

con lo que recuperamos la distribución de Gibbs, asociada así al estado de mínima energía libre del sistema y la función Z se conoce como función de partición del sistema y contiene toda la información termodinámica del sistema como se verá más adelante.

(c) **Origen físico de la irreversibilidad**

Como se acaba de ver, la ecuación maestra predice una evolución irreversible hacia la situación de equilibrio: en el caso de un sistema aislado dicha evolución se concreta en un crecimiento irreversible de la entropía y para un sistema en contacto con un foco térmico en un decrecimiento de su energía libre de Helmholtz. La pregunta que surge de manera inevitable es: ¿cuál es el origen físico de la irreversibilidad? En el caso de que se adopte el formalismo cuántico para describir microscópicamente el sistema, la respuesta debe buscarse en la hipótesis de fases aleatorias que veremos posteriormente. Sin embargo, en condiciones en las que el sistema admita una descripción clásica, las partículas que componen el sistema podrían (al menos teóricamente) recorrer exactamente las trayectorias inversas a aquellas que maximizan la entropía del sistema, caso de estar este aislado, o su energía libre de Helmholtz en el caso de encontrarse en contacto con un foco térmico.[19] Desde un punto de vista práctico, el problema radica en que, dada la sensibilidad de las ecuaciones del movimiento (ecs. de Newton) a las condiciones iniciales y de contorno, es imposible conservar la información sobre el estado del sistema durante su evolución, por lo que únicamente puede describirse mediante un formalismo probabilístico.

Ejemplo 2.2

Consideremos la evolución de dos moléculas inicialmente en una parte de un recipiente dividido en dos subvolúmenes, tal y como se muestra en la Fig. 2.9. Supongamos además que los estados iniciales (posiciones y momentos) de ambas moléculas los podemos considerar muy próximos en el espacio de las fases. Incluso en ausencia de colisiones intermoleculares, las colisiones contra el recipiente producirán una divergencia en el estado de las dos partículas, de forma tal que, transcurrido un tiempo, únicamente podremos afirmar que cada una de las partículas tiene una probabilidad 1/2 de encontrarse en cualquiera de los subvolúmenes: la evolución se ha vuelto irreversible a partir de unas ecuaciones del movimiento perfectamente reversibles y deterministas. Este problema se acentúa si consideramos las colisiones intermoleculares en un sistema de N partículas, todas ellas inicialmente en el mismo subvolumen: la probabilidad de que todas las partículas se encuentren nuevamente en el mismo subvolumen tras un tiempo

---

[19]Este argumento constituye el núcleo de la denominada paradoja de Loschmidt, que se encuentra en la base de la formulación de la interpretación estadística de la entropía por parte de Ludwig Boltzmann. Loschmidt afirmó que en un sistema clásico es posible que se produzca una evolución hacia estados de entropía decreciente, a lo que Boltzmann respondió con una interpretación estadística de la entropía (su célebre principio $S = k_B \ln \Omega$) que le permitió demostrar que, aunque ciertamente posible, esta evolución es extremadamente improbable en sistemas macroscópicos. No obstante la probabilidad de un estado con 50 partículas en

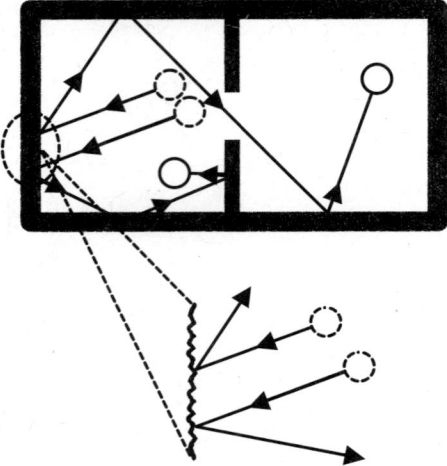

Figura 2.9: Ejemplo de origen de irreversibilidad.

determinado es

$$\left(\frac{1}{2}\right)^N$$

que es una cantidad fabulosamente pequeña para un sistema macroscópico.[20]

La inestabilidad de las ecuaciones del movimiento que describen la dinámica microscópica frente a modificaciones de las condiciones iniciales o de
contorno convierte a una evolución en principio determinista y reversible
en estocástica e irreversible a nivel macroscópico. Esto parece ser una propiedad general de los sistemas dinámicos.

2.5. Entropía estadística. Principio de entropía máxima de Jaynes

Al igual que el de cualquier otro fenómeno aleatorio, el problema de la
descripción microscópica de un sistema físico es un problema de información
incompleta, y por tanto exige un tratamiento estadístico. Consecuentemente,
para su completa descripción se requiere: i) una adecuada definición de los

---

[20]Ciertamente no es una probabilidad nula. Es posible -de hecho una exigencia del teorema
de recurrencia de Poincaré- que el sistema regrese a su situación inicial tras un tiempo
suficientemente largo. Esto llevó a von Smoluchowski a afirmar que la irreversibilidad es una
mera ilusión humana. No obstante, en una situación como la de la Fig. 2.9, la probabilidad
de un estado con 50 partículas en cada subvolumen es $\binom{100}{50}(1/2)^{100}$ i.e., $\binom{100}{50} \sim 10^{29}$ veces
mayor, lo que nos da una idea de los tiempos que deberíamos esperar en el caso de un sistema
con N macroscópicamente grande.

posibles sucesos aleatorios (microestados), ii) la especificación del conjunto de todos ellos (espacio muestral o espacio fásico del sistema) y iii) el conocimiento de la distribución de probabilidad. Este problema ocurre en todas las situaciones en las que se carece de información completa. Una manera rigurosa de obtener la distribución de probabilidad óptima en una situación de ausencia de información es la combinación de la entropía de la teoría de información de Shannon y el principio de entropía máxima de Jaynes,

En el marco de la teoría de información (para más información ver el Apéndice C), Shannon (1948) demuestra que el único funcional que satisface los requisitos adecuados para medir la información disponible en la distribución de probabilidad es:

$$S\{P_l\} = -k_B \sum_l P_l \ln P_l = -k_B \langle \ln P_l \rangle. \tag{2.125}$$

El propio Shannon reconoce en su trabajo original la similitud de este funcional con la entropía de la mecánica estadística cuando, citando a Tolman, afirma:

"The form of H (sic) will be recognized as that of entropy as defined in certain formulations of statistical mechanics where p_i is the probability of a system being in cell i of its phase space."

La base de la equivalencia de la Mecánica Estadística y la teoría de la información está en considerar como mensaje un macroestado construido en la evolución temporal del sistema a partir de los Γ posibles caracteres (microestados) de un alfabeto (ver Apéndice C). De este modo S aparece como la entropía del macroestado y se obtiene a partir de la probabilidad de los microestados del espacio fásico.

Ya se ha probado en secciones anteriores que la ecuación maestra, resultado central de la dinámica de la distribución de probabilidad de procesos markovianos, produce un incremento monótono del funcional (2.125) durante la relajación al equilibrio del sistema, alcanzándose el máximo asintóticamente en el equilibrio. Ahora se verá que este funcional permite, en combinación con un principio extremal debido a Jaynes, obtener la distribución de probabilidad menos sesgada en una situación general de ausencia de la información necesaria para construirla, en particular en la mecánica estadística.

El principio de entropía máxima de Jaynes establece que la distribución de probabilidad $\{P_l\}$ menos sesgada que podemos atribuir a una situación en la que existe ausencia de información es aquella que maximiza el funcional entropía en la Ec. (2.125) sometido a las restricciones de la información conocida (Jaynes (1957)).[21] La aplicación de este principio a sistemas físicos en diferentes situaciones experimentales conduce a las colectividades estadísticas, como se muestra a continuación.[22]

---

[21]Este resultado supone una generalización de los métodos de cálculo introducidos por Gibbs en el formalismo de la Mecánica Estadística, aunque constituye un resultado general de la teoría de probabilidades.

[22]Es de resaltar además que el principio es compatible con la segunda ley de la Termodinámica y con las condiciones generales de equilibrio y estabilidad ($\delta S = 0$; $\delta^2 S < 0$).

Figura 2.10: Sistema en situación microcanónica.

2.5.1. Colectividad microcanónica

La distribución microcanónica es la distribución de probabilidad asociada a un conjunto de réplicas macroscópicamente equivalentes de un sistema aislado, por tanto con E=cte:

$$P_l = \begin{cases} \frac{1}{\Gamma}, & E \leq E_l \leq E + \delta E \\ 0, & \text{en otro caso} \end{cases} \tag{2.126}$$

donde Γ es el número total de microestados del sistema. Esta distribución ha sido obtenida por aplicación de la Mecánica Estadística a un sistema aislado. En este contexto la pregunta es si se trata de la mejor distribución que puede asignarse a un sistema aislado. La única información disponible acerca de la distribución de probabilidad en esta situación de sistema es la establecida por la condición de normalización:

$$\sum_l P_l = 1. \tag{2.127}$$

Para obtener la distribución menos sesgada en una situación en la que únicamente disponemos de la anterior información debemos maximizar la entropía (2.125) sometida a la restricción anterior mediante el método de multiplicadores de Lagrange. Construyendo la lagrangiana:

$$L\left[P_l\right] = S\left[P_l\right] + \alpha' \sum_l P_l, \tag{2.128}$$

y aplicando el principio de entropía máxima de Jaynes,

$$\delta S\left[P_l\right] = 0 \Leftrightarrow \delta L\left[P_l\right] = 0, \tag{2.129}$$

obtenemos:

$$\delta \left(-k_B \sum_l P_l \ln P_l + \alpha' \sum_l P_l \right) = 0 \Leftrightarrow$$
$$-k_B \sum_l \left(\ln P_l + 1 + \alpha \right) \delta P_l = 0; \quad \alpha = -\alpha'/k_B. \tag{2.130}$$

Como la relación anterior debe ser válida para variaciones arbitrarias de la distribución de probabilidad,

$$\ln P_l + 1 + \alpha = 0 \Leftrightarrow P_l = e^{-1-\alpha} = \text{cte.}, \quad \forall E \le E_l \le E + \delta E. \qquad (2.131)$$

La anterior constante puede calcularse a partir de la condición de normalización de la distribución de probabilidad:

$$\sum_l \text{cte.} = 1 \Leftrightarrow \text{cte.} = \frac{1}{\Gamma}, \qquad (2.132)$$

recuperando la distribución microcanónica. La conexión de esta colectividad con la Termodinámica se establece a partir del denominado principio de Boltzmann, que proporciona la ecuación fundamental del sistema en representación entropía:

$$S(\bar{E}, V, N) = -k_B \sum_l P_l \ln P_l = -k_B \sum_l \frac{1}{\Gamma} \ln \frac{1}{\Gamma}$$
$$= k_B \ln \Gamma(\bar{E}, V, N), \qquad (2.133)$$

donde hemos usado que la suma se extiende a los Γ microestados, y de la que, evidentemente, pueden derivarse la totalidad de las propiedades termodinámicas del sistema.

2.5.2. Colectividad canónica

La distribución canónica es la asociada a una colectividad de réplicas de un sistema cerrado en contacto con un foco térmico a la temperatura T (situación canónica). Un termostato o foco térmico es un sistema cuyo número de configuraciones microscópicas es abrumadoramente mayor que el de las configuraciones del cuerpo que se encuentra en contacto térmico con él, de manera que las fluctuaciones del sistema no alteran el estado físico del foco. En este caso, la información de la que disponemos acerca de la distribución de probabilidad incluye, además de la condición de normalización, el valor medio de la energía del sistema:

$$\sum_l P_l = 1; \quad \sum_l P_l E_l = \overline{E}. \qquad (2.134)$$

Por tanto, la lagrangiana a construir con vistas a aplicar el principio de entropía máxima de Jaynes será:

$$L\left[P_l\right] = S\left[P_l\right] + \alpha' \sum_l P_l + \beta' \sum_l P_l E_l, \qquad (2.135)$$

y dicho principio conduce a:

$$\delta \left(-k_B \sum_l P_l \ln P_l + \alpha' \sum_l P_l + \beta' \sum_l P_l E_l \right) = 0 \Leftrightarrow$$
$$-k_B \sum_l \left(\ln P_l + 1 + \alpha + \beta E_l \right) \delta P_l = 0; \qquad (2.136)$$
$$\alpha = -\alpha'/k_B; \quad \beta = -\beta'/k_B.$$

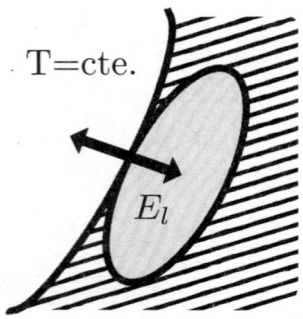

Figura 2.11: Sistema en situación canónica.

Nuevamente el hecho de que la igualdad anterior deba verificarse para variaciones arbitrarias de la distribución de probabilidad implica que deben anularse todos los sumandos en (2.136):

$$\ln P_l + 1 + \alpha + \beta E_l = 0 \Leftrightarrow P_l = e^{-1-\alpha} e^{-\beta E_l} = \text{cte.} e^{-\beta E_l}. \qquad (2.137)$$

Normalizando la distribución $\{P_l\}$ obtenida se tiene:[23]

$$\sum_l \text{cte.} e^{-\beta E_l} = 1 \Rightarrow \text{cte.} = \frac{1}{Z},$$

$$Z(T, V, N) = \sum_l e^{-\beta E_l}, \qquad (2.138)$$

que se denomina función de partición del sistema. Por tanto, el principio de entropía máxima conduce a una distribución de probabilidad exponencial para los microestados del sistema, en la cual la variable que controla la probabilidad del microestado es su energía:

$$P_l = \frac{e^{-\beta E_l}}{Z}. \qquad (2.139)$$

---

[23]Si esta suma la efectuamos sobre niveles de energía en lugar de sobre estados observamos que la función de partición del sistema no es sino la transformada de Laplace de la densidad de estados del sistema:

$$Z(T, V, N) = \sum_i g_i e^{-\beta E_i} \simeq \int g(E, V, N) e^{-\beta E} dE,$$

lo que garantiza la equivalencia de las colectividades canónica y microcanónica. Este resultado es extensible a cualesquiera otras colectividades, como veremos posteriormente.

Para evaluar las constantes debe tenerse en cuenta la definición de Shannon de la entropía en (2.125) y la ecuación anterior para obtener trivialmente:

$$S = -k_B \sum_l P_l \ln P_l = -k_B \left[\sum_l \frac{e^{-\beta E_l}}{Z} \ln \left(\frac{e^{-\beta E_l}}{Z} \right) \right]$$

$$= k_B \ln Z - k_B \sum_l (-\beta E_l) \frac{e^{-\beta E_l}}{Z} = k_B \ln Z + k_B \beta \overline{E}, \qquad (2.140)$$

con lo que la aplicación de las relaciones de la Termodinámica convencional nos conducen a:

$$\frac{1}{T} = \left(\frac{\partial S}{\partial \overline{E}} \right)_{V,N} = k_B \frac{\partial \ln Z}{\partial \overline{E}} + \beta k_B + k_B \overline{E} \frac{\partial \beta}{\partial \overline{E}}.$$

Por otro lado, $\ln Z$ depende de $\overline{E}$ exclusivamente a través de β de la forma:

$$\frac{\partial \ln Z}{\partial \overline{E}} = \frac{1}{Z} \sum_l -E_l \frac{\partial \beta}{\partial \overline{E}} e^{-\beta E_l} = -\overline{E} \frac{\partial \beta}{\partial \overline{E}},$$

por lo que, sustituyendo en la ecuación de $\left(\partial S / \partial \overline{E} \right)$ se obtiene:

$$\left(\frac{\partial S}{\partial \overline{E}} \right)_{V,N} = \beta k_B = \frac{1}{T} \Rightarrow \beta = \frac{1}{k_B T}. \qquad (2.141)$$

El principio de entropía máxima nos lleva, pues, a la distribución de Gibbs para los microestados de un sistema en situación canónica:

$$P_l = \frac{1}{Z} e^{-\beta E_l},$$

$$Z = \sum_l e^{-\beta E_l}. \qquad \text{(Gibbs, 1902)} \qquad (2.142)$$

La conexión con la Termodinámica se establece en esta colectividad mediante la propia función de partición, que contiene toda la información termodinámica del sistema dado que es ella misma el potencial de Helmholtz, $F(T, V, N)$. Efectivamente, teniendo en cuenta el valor de β en (2.141) y sustituyendo en la Ec. (2.140) tenemos:

$$S = k_B \ln Z + \frac{\overline{E}}{T}, \qquad (2.143)$$

o lo que es lo mismo:

$$-k_B T \ln Z(T, V, N) = \overline{E} - TS = F(T, V, N). \qquad (2.144)$$

$Z(T, V, N)$ proporciona pues un potencial termodinámico en función de sus variables naturales $F = F(T, V, N)$ y contiene, por tanto toda la información termodinámicamente relevante del sistema.

Por otro lado, la energía interna del sistema se obtiene en la colectividad canónica de la forma:

$$\overline{E} = \sum_l P_l E_l = \sum_l E_l \frac{e^{-\beta E_l}}{Z}$$

$$= -\frac{1}{Z} \sum_l \frac{\partial e^{-\beta E_l}}{\partial \beta}$$

$$= -\frac{1}{Z} \left(\frac{\partial Z}{\partial \beta} \right)_{V,N} = -\left(\frac{\partial \ln Z}{\partial \beta} \right)_{V,N}. \tag{2.145}$$

A diferencia de la colectividad microcanónica en la que ninguna magnitud puede fluctuar -dado que se encuentran fijadas por las condiciones exteriores del sistema-, en la colectividad canónica el sistema intercambia energía con el entorno, por lo que dicho parámetro es una variable aleatoria que experimenta fluctuaciones en torno a su valor medio. La varianza de la energía del sistema es:

$$\overline{(\Delta E)^2} = \overline{E^2} - \overline{E}^2 = \sum_l P_l E_l^2 - \left(\frac{\partial \ln Z}{\partial \beta} \right)_{V,N}^2$$

$$= \frac{1}{Z} \frac{\partial^2}{\partial \beta^2} \sum_l e^{-\beta E_l} - \left(\frac{\partial \ln Z}{\partial \beta} \right)_{V,N}^2$$

$$= \left(\frac{\partial^2 \ln Z}{\partial \beta^2} \right)_{V,N}, \tag{2.146}$$

lo que da idea de que $\ln Z$ se comporta como una función de distribución de cumulantes de la distribución de probabilidad.

2.5.3. Colectividad gran-canónica

La distribución gran-canónica es la asociada a una colectividad de réplicas de un sistema en contacto con un foco térmico a la temperatura T que es a su vez un reservorio de partículas, i.e., es la distribución de probabilidad asociada a una colectividad de sistemas abiertos. En este caso, la información disponible acerca de la distribución de probabilidad incluye, además de la condición de normalización, el valor medio de la energía del sistema y del número de partículas:

$$\sum_l P_l = 1; \quad \sum_l P_l E_l = \overline{E}; \quad \sum_l P_l N_l = \overline{N}. \tag{2.147}$$

Por tanto, la lagrangiana a construir en este caso será:

$$L\left[P_l\right] = S\left[P_l\right] + \alpha' \sum_l P_l + \beta' \sum_l P_l E_l + \gamma' \sum_l P_l N_l, \tag{2.148}$$

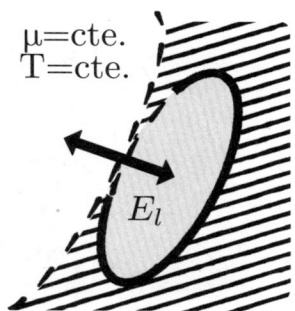

Figura 2.12: Colectividad gran-canónica.

y la aplicación del principio de entropía máxima de Jaynes conduce en este supuesto a:

$$\delta \left(-k_B \sum_l P_l \ln P_l - \alpha' \sum_l P_l - \beta' \sum_l P_l E_l - \gamma' \sum_l P_l N_l \right) = 0 \Leftrightarrow$$

$$-k_B \sum_l \left(\ln P_l + 1 + \alpha + \beta E_l + \gamma N_l \right) \delta P_l = 0; \qquad (2.149)$$

$$\alpha = -\alpha'/k_B; \quad \beta = -\beta'/k_B; \quad \gamma = -\gamma'/k_B.$$

Como de costumbre, la igualdad anterior debe verificarse para variaciones arbitrarias de la distribución de probabilidad, lo que nuevamente implica que deben anularse todos los sumandos en (2.149):

$$\ln P_l + 1 + \alpha + \beta E_l + \gamma N_l = 0 \Leftrightarrow P_l = e^{-1-\alpha} e^{-\beta E_l - \gamma N_l} = \text{cte.} e^{-\beta E_l - \gamma N_l}.$$
$$(2.150)$$

De la condición de normalización de la distribución $\{P_l\}$ obtenida se tiene:

$$\sum_l \text{cte.} e^{-\beta E_l - \gamma N_l} = 1 \Rightarrow \text{cte.} = \frac{1}{\Xi}$$

$$\Xi = \sum_l e^{-\beta E_l - \gamma N_l}, \qquad (2.151)$$

que es la función de partición gran-canónica del sistema. Por lo tanto, la probabilidad de un estado vendrá dada por:

$$P_l = \frac{e^{-\beta E_l - \gamma N_l}}{\Xi}. \qquad (2.152)$$

Nuevamente la función de partición gran canónica del sistema no es sino la transformada de Laplace de la función de partición canónica, en este caso respecto al número de partículas:

$$\Xi(T, V, \mu) = \sum_{N=0}^{\infty} Z_N(T, V, N) e^{-\gamma N},$$

lo que garantiza la equivalencia de las colectividades canónica y gran-canónica. La demostración de esta expresión puede hacerse de la forma siguiente. Un microestado del sistema está dado por una serie de variables asociadas a los grados de libertad y por el número de partículas en esa configuración, $l = \{N; \zeta_l\}$. De este modo,

$$
\begin{aligned}
\Xi(T, V, \mu) &= \sum_{N, \boldsymbol{\xi}_l} e^{-\beta E_l(\boldsymbol{\xi}_l)\gamma N} \\
&= \sum_{N=0}^{\infty} e^{\gamma N} \sum_{\boldsymbol{\xi}_l} e^{-\beta E_l(\boldsymbol{\xi}_l)} \\
&= \sum_{N=0}^{\infty} Z_N(T, V, N) e^{-\gamma N}.
\end{aligned}
\tag{2.153}
$$

Sólo resta evaluar las constantes β y γ. Del mismo modo que en la distribución canónica, se obtiene imponiendo que la distribución sea compatible con la termodinámica. En este caso, la entropía será

$$
S = -k_B \sum_l P_l \ln P_l = -k_B \left[\sum_l \frac{e^{-\beta E_l - \gamma N_l}}{\Xi} \ln \left(\frac{e^{-\beta E_l - \gamma N_l}}{\Xi} \right) \right]
$$
$$
= k_B \ln \Xi - k_B \sum_l (-\beta E_l - \gamma N_l) \frac{e^{-\beta E_l - \gamma N_l}}{\Xi} = k_B \ln \Xi + k_B \beta \overline{E} + k_B \gamma \overline{N},
\tag{2.154}
$$

por lo que:

$$
\begin{aligned}
\frac{1}{T} &= \left(\frac{\partial S}{\partial \overline{E}} \right)_{V,\mu} = k_B \frac{\partial \ln \Xi}{\partial \overline{E}} + \beta k_B + k_B \overline{E} \frac{\partial \beta}{\partial \overline{E}}, \\
-\frac{\mu}{T} &= \left(\frac{\partial S}{\partial \overline{N}} \right)_{T,V} = k_B \frac{\partial \ln \Xi}{\partial \overline{N}} + \gamma k_B + k_B \overline{N} \frac{\partial \gamma}{\partial \overline{N}}.
\end{aligned}
\tag{2.155}
$$

Del mismo modo que en el caso de la distribución canónica podemos probar que $\beta = 1/k_B T$, y además

$$
\frac{\partial \ln \Xi}{\partial \overline{N}} = \frac{1}{\Xi} \sum_l -N_l \frac{\partial \gamma}{\partial \overline{N}} e^{-\beta(E_l - \gamma N_l)} = -\overline{N} \frac{\partial \gamma}{\partial \overline{N}},
$$

de modo que

$$
\left(\frac{\partial S}{\partial \overline{N}} \right)_{V,\mu} = \gamma k_B = -\frac{\mu}{T} \Rightarrow \gamma = -\frac{\mu}{k_B T}.
\tag{2.156}
$$

Por lo tanto, la aplicación del principio de entropía máxima a sistemas abiertos produce la denominada distribución gran-canónica:

$$
\begin{aligned}
P_l &= \frac{1}{\Xi} e^{-\beta(E_l - \mu N_l)}, \\
\Xi &= \sum_l e^{-\beta(E_l - \mu N_l)}.
\end{aligned}
\tag{2.157}
$$

Nuevamente la gran-función de partición permite la conexión con la Termo-dinámica ya que en este caso es directamente proporcional al gran potencial del sistema, $\Psi(T, V, \mu)$, como puede probarse sustituyendo (2.156) en la Ec. (2.154):

$$S = k_B \ln \Xi + \frac{\overline{E}}{T} - \frac{\mu \overline{N}}{T}, \qquad (2.158)$$

o lo que es lo mismo:

$$-k_B T \ln \Xi(T, V, N) = \overline{E} - TS - \mu\overline{N} = \Psi(T, V, \mu). \qquad (2.159)$$

A partir de la ecuación anterior y usando el teorema de Euler, es inmediato probar que el gran-potencial, $\Psi(T, V, \mu)$, que proporciona la conexión con la Termodinámica en esta colectividad, puede expresarse en función de sus variables naturales de la forma:

$$\Psi(T, V, \mu) = -k_B T \ln \Xi = -pV.$$

La energía interna del sistema se obtiene en la colectividad gran-canónica de la misma forma que en la canónica:

$$\overline{E} = -\left(\frac{\partial \ln \Xi}{\partial \beta}\right)_{V, \beta\mu}, \qquad (2.160)$$

y el número medio de partículas en el sistema

$$
\begin{aligned}
\overline{N} &= \sum_l P_l N_l = \sum_l N_l \frac{e^{-\beta(E_l - \mu N_l)}}{\Xi} \\
&= \frac{1}{\beta\Xi} \sum_l \frac{\partial e^{-\beta(E_l - \mu N_l)}}{\partial \mu} \\
&= \frac{1}{\beta\Xi}\left(\frac{\partial \Xi}{\partial \mu}\right)_{T,V} = \frac{1}{\beta}\left(\frac{\partial \ln \Xi}{\partial \mu}\right)_{T,V}.
\end{aligned}
\qquad (2.161)
$$

En esta colectividad el sistema intercambia partículas además de energía con el entorno, por lo que ambas magnitudes sufren fluctuaciones en torno a sus valores medios en el curso de la dinámica del sistema, y por tanto entre las diferentes réplicas de la colectividad. Así, las fluctuaciones en el número de partículas pueden expresarse de la forma

$$
\begin{aligned}
\overline{(\Delta N)^2} = \overline{N^2} - \overline{N}^2 &= \sum_l P_l N_l^2 - \left(\frac{1}{\beta^2}\frac{\partial \ln \Xi}{\partial \mu}\right)_{T,V}^2 \\
&= \frac{1}{\beta^2}\frac{1}{\Xi}\frac{\partial^2}{\partial(\mu^2)}\sum_l e^{-\beta E_l - \mu N_l)} - \left(\frac{1}{\beta}\frac{\partial \ln \Xi}{\partial \mu}\right)_{T,V}^2 \\
&= \frac{1}{\beta^2}\left(\frac{\partial^2 \ln \Xi}{\partial \mu^2}\right)_{T,V} = \frac{1}{\beta}\left(\frac{\partial \overline{N}}{\partial \mu}\right)_{T,V}.
\end{aligned}
\qquad (2.162)
$$

2.6. Otras Formulaciones de la Mecánica Estadística

En muchas ocasiones, la mecánica estadística se introduce a partir de formulaciones alternativas a las presentadas ya en este capítulo. Destacaremos dos en particular: la formulación axiomática y la teoría de Einstein de fluctuaciones.

2.6.1. Formulación axiomática de la mecánica estadística

Esta es quizá la formulación dominante en la literatura de la disciplina. En esta el formalismo de la Mecánica Estadística se puede deducir completamente sobre la base de dos axiomas:

1) Principio de igualdad de probabilidades a priori: Todos los microestados de un sistema aislado en equilibrio son igualmente probables,

$$P_l = \begin{cases} \frac{1}{\Gamma} & E_l \in (E, E + \Delta E) \\ 0 & \text{resto} \end{cases} \qquad (2.163)$$

La formulación cuántica de este principio establece que la probabilidad del microestado n-ésimo del sistema es Huang (1987a):

$$|c_n|^2 = \begin{cases} 1, & E \leq E_n \leq E + \Delta \\ 0, & \text{en otro caso} \end{cases} \qquad (2.164)$$

2) Hipótesis ergódica: Los sistemas físicos macroscópicos son ergódicos, lo que implica que en casi todas las trayectorias del espacio fásico $(q(t), p(t))$,

$$\langle A \rangle = \lim_{T \to \infty} \frac{1}{T} \int_0^T A(t)dt. \qquad (2.165)$$

En el caso de la Mecánica estadística cuántica este resultado se formula como que no existe correlación entre las diferentes fases (componentes) del estado cuántico (postulado de fases aleatorias):

$$\overline{c_n^* c_m} = 0, \qquad \forall n \neq m. \qquad (2.166)$$

Es importante notar que para que se verifique este postulado el sistema debe encontrarse en contacto con el entorno, ya que de lo contrario la constancia de la energía no permitiría garantizar la ausencia de interferencia de las amplitudes de probabilidad en cualquier instante de tiempo. El postulado de fases aleatorias implica que el estado de un sistema en equilibrio es una superposición incoherente de estados que no interaccionan entre si, y por tanto pueden considerarse de manera independiente. En esta situación es posible hablar de colectividad de sistemas en un mismo instante, cada uno de los cuales se encuentra en un estado diferente $|\phi_n\rangle$.

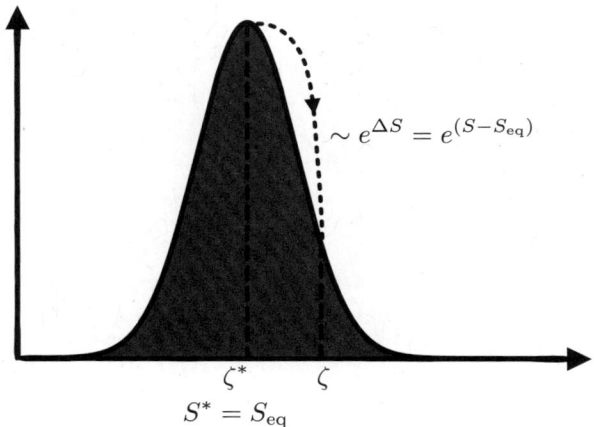

Figura 2.13: Fluctuación desde el microestado de equilibrio ζ^* a un microestado fuera del equilibrio ζ.

2.6.2. Teoría de fluctuaciones de Einstein

La probabilidad de una determinada configuración l caracterizada por los parámetros $(E, \xi_1, \ldots, \xi_N)$ puede obtenerse mediante un sencillo procedimiento debido a A. Einstein como la probabilidad de que se produzca una fluctuación que lleve al sistema a esa configuración desde la configuración de equilibrio (más probable). Consideremos un sistema aislado adiabáticamente, cuyo número de configuraciones microscópicas es $\Gamma_{\text{tot}}(E)$. Aplicando la regla de Laplace, la probabilidad del microestado l definido por los parámetros $(\zeta_1, \ldots, \zeta_N)$ puede escribirse como Reichl (1980):

$$P_l \equiv P(E, \zeta_1, \ldots, \zeta_N) = \frac{\Gamma(E, \zeta_1, \ldots, \zeta_N)}{\Gamma_{\text{tot}}(E)}. \tag{2.167}$$

Utilizando ahora el principio de Boltzmann, $S = k_B \ln \Gamma$, podemos escribir la probabilidad anterior como:

$$\begin{aligned}
P(E, \zeta_1, \ldots, \zeta_N) &= \frac{1}{\Gamma_{\text{tot}}(E)} e^{\frac{S(E, \zeta_1, \ldots, \zeta_N)}{k_B}} \\
&= e^{[S(E, \zeta_i, \ldots, \zeta_N) - S_{\max}]/k_B} \\
&= e^{\Delta S(E, \zeta_i, \ldots, \zeta_N)/k_B}. \tag{2.168}
\end{aligned}$$

Dado que la entropía será máxima cuando el estado es el estado de equilibrio, cualquier fluctuación produce un decrecimiento de entropía, tanto mayor cuanto mayor sea la disminución de entropía que conlleva su producción. Entonces, fluctuaciones que conduzcan a estados altamente ordenados con S_f baja (i.e., $|\Delta S| = |S_f - S_{eq}| \gg$), son de muy baja probabilidad.

La obtención de la distribución de probabilidad asociada a la distribución microcanónica a partir del resultado (2.168) es inmediata. Nos centraremos aquí en la obtención de la distribución de probabilidad asociada a un sistema en situación canónica (i.e. en contacto con un termostato a la temperatura T). Como ya se ha mencionado, un termostato o foco térmico es un sistema cuyo número de configuraciones microscópicas es abrumadoramente mayor que el de las configuraciones del sistema que se encuentra en contacto térmico con él. Esta es una situación en la que únicamente las partículas componentes de ambos cuerpos que se encuentran en las superficie de contacto ven modificado su estado, de modo que la energía total de ambos sistemas es $E_{tot} = E_1 + E_2 + E_{12} \simeq E_1 + E_2$ (1=sistema, 2=foco), i.e., el contacto térmico es una interacción débil que preserva la independencia estadística de ambos sistemas en contacto. De este modo, el número de configuraciones en la que el sistema tiene la energía E_1 es $\Gamma_1(E_1) = \Gamma_2(E_{tot} - E_1)$, de modo que:

$$
\begin{aligned}
\ln \Gamma_1(E_1) &= \ln \Gamma_2(E_{tot} - E_1) \\
&\simeq \ln \Gamma_2(E_{tot}) - \left(\frac{\partial \ln \Gamma_2(E_2)}{\partial E_2} \right)_{E_{tot}=E_2} E_1 \\
&= \ln \Gamma_2(E_{tot}) - \frac{E_1}{k_B T}.
\end{aligned}
\tag{2.169}
$$

Sustituyendo la ecuación anterior en la Ecs. (2.167) o (2.168) obtenemos de manera trivial,

$$
P_l = \frac{1}{Z} e^{-\beta E_l} \quad ; \quad \frac{1}{Z} = \frac{\Gamma_2(E_{tot})}{\Gamma(E_{tot})},
\tag{2.170}
$$

recuperando la distribución canónica introducida anteriormente.

2.7. Ejercicios relacionados

Ejercicio 2.1:
    Pruébese la igualdad de la Ec. (2.87)
Ejercicio 2.2:
    Un péndulo simple constituido por una pequeña masa m cuelga de una cuerda de longitud l, oscilando con una pequeña amplitud. Obtener la ecuación que describe el movimiento del péndulo en el espacio de las fases (θ, p_θ), donde θ es el ángulo de oscilación y p_θ el ímpetu generalizado. Calcular $\Gamma(E)$. Suponiendo que el hilo pasa por un pequeño orificio abierto en una placa horizontal y que, mediante una fuerza F, se tira lentamente del hilo a través del orificio acortando su longitud en una cantidad dl, demostrar que, en este proceso, $d\Gamma = 0$.
Ejercicio 2.3:
    Considérese un sistema macroscópico cualquiera a temperatura ambiente. ¿En qué factor aumentaría el volumen fásico del mismo si éste absorbiese un fotón de luz visible de longitud de onda $\lambda = 5 \times 10^{-5}$ cm?
Ejercicio 2.4:
    Encuéntrese el volumen fásico $\Gamma(E)$ de un sistema constituido por N osciladores de frecuencia ν y masa unidad. Obténgase la energía del sistema.
Ejercicio 2.5:

Analícese, considerando la evolución de la polarización eléctrica media, la evolución hacia el equilibrio de una cadena ideal unidimensional de N eslabones de longitud individual l, con un momento dipolar eléctrico p, en presencia de un campo eléctrico E, y en contacto con un termostato que le impone una temperatura T. Simplifíquese la ecuación de evolución suponiendo que $pE \ll k_B T$. Coméntese los resultados obtenidos y sugerir otras simplificaciones. Repítase el ejercicio para una cadena unidimensional aislada.

Ejercicio 2.6:

Considérese un sistema de N espines $1/2$ localizables (por ejemplo, asociados a los iones de un cristal), en presencia de un campo magnético aplicado H y en contacto con un termostato que le impone una temperatura canónica T.

i) Escríbase el valor medio de la magnetización del sistema de espines, $\langle M \rangle$, en función del valor medio de la magnetización de un espín dado, $\langle \mu \rangle$. Justificar esta factorización de $\langle M \rangle$.

ii) Escríbase la ecuación de evolución temporal de $\langle M \rangle(t)$ en función de las probabilidades $p_+(t)$ y $p_-(t)$ de cada espín individual.

iii) Escríbase las ecuaciones maestras canónicas que gobiernan la evolución temporal de $p_+(t)$ y $p_-(t)$ suponiendo que las probabilidades de transición entre los microestados individuales son w_{+-} y w_{-+}.

iv) ¿Cuál es la relación entre w_{+-} y w_{-+}?

v) Calcúlese $d\langle M \rangle(t)/dt$ en función de las probabilidades de transición individuales.

vi) Calcúlese $\langle M \rangle(t)$ en función de $\langle M \rangle(0)$ y el valor de la magnetización a tiempos muy largos $t \to \infty$.

vii) Repítase el ejercicio en el caso de que el sistema se encuentre aislado térmicamente cuando $H = 0$.

Ejercicio 2.7:

Un sistema aislado está formado por N partículas indistinguibles que pueden ocupar los nodos de dos redes A y B. Cada red tiene N nodos y la energía de una partícula en la red A es cero y en la red B es ϵ. Obtener las expresiones de la entropía y de la energía por partícula y discutir los resultados.

Ejercicio 2.8:

Obténgase, mediante la aplicación del principio de entropía máxima, la distribución de probabilidad de la colectividad generalizada:

$$P_l = \frac{1}{\Xi} e^{-\beta E_l - \xi X_l}; \quad \Xi = \sum_l e^{-\beta E_l - \xi X_l},$$

$$\frac{dS}{k_B} = \beta d\bar{E} + \xi dX,$$

donde X es una variable extensiva y ξ su fuerza canónica conjugada. Demuéstrese que la colectividad generalizada es equivalente a la colectividad canónica y estúdiese particularmente el caso $X = V$ y $\xi = \beta p$ (colectividad isotérmica-isobárica).

Ejercicio 2.9:

. Usando el principio de entropía máxima, demuéstrese que la distribución de probabilidad menos sesgada que se puede asignar a una variable aleatoria de la que se conoce su varianza, $\sigma = \langle x^2 \rangle$, es la distribución gaussiana. Supóngase, para simplificar y sin pérdida alguna de generalidad, que se trata de una variable aleatoria de media nula ($\langle x \rangle = 0$).

Ejercicio 2.10:

Fluctuaciones de la energía en la colectividad gran-canónica. Demuéstrese que en la colectividad gran-canónica

$$\frac{\partial^2 \ln \Xi}{\partial \beta^2} = s^2(E) + \mu^2 s^2(N) - 2\mu \mathrm{cov}(E, N).$$

¿Cuál es el significado físico de este resultado?

Ejercicio 2.11:

Demuéstrese que las fluctuaciones de la energía en la colectividad gran-canónica son:

$$\overline{(\Delta E)^2} = \frac{1}{k_B \beta^2} \frac{\partial \langle E \rangle}{\partial T} + \overline{(\Delta N)^2} \left(\frac{\partial \langle E \rangle}{\partial \langle N \rangle} \right)^2. \tag{2.171}$$

Ejercicio 2.12:

Una cadena unidimensional consiste en N elementos idénticos cada uno de longitud l; el ángulo entre elementos sucesivos puede ser 0 o 180 grados. Para representar la cadena podemos imaginar que cada uno de sus elementos ("eslabones") es una flecha que puede estar en dos estados: +, con la flecha yendo hacia la derecha (el número de elementos en tal estado será n_+) y el estado − con la flecha hacia la izquierda. En todo lo que sigue supondremos N constante y que la energía de interacción entre los eslabones (en general no nula para que pueda considerarse que forman un sistema) es despreciable frente a la energía intrínseca de cada eslabón $\epsilon_\pm$ en el estado + o − (cadena ideal). Supondremos asimismo que los eslabones son "localizables", por lo que, a pesar de ser independientes y físicamente indistinguibles, tienen un número cuántico diferente (la posición) y por tanto se evita dicha indistinguibilidad, pudiendo asignar una dirección determinada, + o −, a una determinada posición.

1. ¿Cuál es la longitud L de la cadena en función de N, l y n_+? Nótese que L es la longitud entre el primer eslabón y el último y que puede ser cero.

2. Calcúlese el número total de microestados cuando $\epsilon_+ = \epsilon_-$.

3. Obténgase la relación entre la energía total E y L cuando $\epsilon_\pm = \mp\epsilon$.

4. Calcúlese el intervalo ΔL entre dos niveles degenerados y el número de estados $\Gamma(L)$ en un intervalo de longitud de la cadena δL.

5. Obténgase la distribución de probabilidades microcanónica $P(L)$ de la cadena aislada. Demuéstrese que la distribución está normalizada.

6. Calcúlese la entropía microcanónica del sistema cuando $\epsilon_+ = \epsilon_-$ y cuando $\epsilon_\pm = \mp\epsilon$.

Ejercicio 2.13:

Demuéstrese que la función de densidad de probabilidad de una configuración del sistema definida por una fluctuación en torno al equilibrio $\alpha_i = \zeta_i - \zeta_i^0$ es una gaussiana. ¿Cómo debería ser el volumen fásico del sistema para obtener una distribución de probabilidad de tipo potencial $p(\zeta) \propto \zeta^{-\lambda}$?

Ejercicio 2.14:

Obténganse la distribución gran-canónica y la distribución generalizada a partir de la teoría de fluctuaciones de Einstein.

2.8. Lecturas complementarias

Como lecturas complementarias para este capítulo se sugieren:

- Diu B., L. D., Guthmann C., & B., R. (1989). *Éléments de Physique Statistique*. Hermann.

- Huang, K. (1987a). Statistical mechanics. *Statistical Mechanics, 2nd Edition, by Kerson Huang, pp. 512. ISBN 0-471-81518-7. Wiley-VCH, April 1987.*, (p. 512).

- Reichl, L. (1980). *A Modern Course in Statistical Mechanicsi*. (E. Arnold, Publ. LTD), Univ. of Texas Press.

Además como lecturas complementarias de naturaleza algo más básica, tanto para este capítulo como para los siguientes de las partes I y II, se sugieren:

- Brey, J. J., de la Rubia Pacheco, J., & de la Rubia Sánchez, J. (2001). *Mecánica Estadística*. Cuadernos de la UNED.

- Glazer, M., & Wark, J. (2001). *Statistical Mechanics: A Survival Guide*. Oxford University Press.

- Kennett, M. P. (2020). *Essential Statistical Physics*. Cambridge University Press.

También es conveniente para el lector la consulta de los siguientes compendios de problemas resueltos.

- Lim, Y.-K. (1990). *Problems and Solutions on Thermodynamics and Statistical Mechanics*. World Scientific.

- Tejero, C. F., & Parrondo, J. M. (1996). *100 Problemas de Física Estadística*. Alianza Editorial.

Parte II

Mecánica Estadística de Sistemas en Interacción Débil

Capítulo 3

Sistemas en interacción débil

3.1. Interacción débil: factorización del volumen fásico y de la función de partición

Considérese un sistema formado N constituyentes (e.g., los átomos o moléculas de un gas, los espines de un sistema magnético...). En general, podremos escribir su hamiltoniano $H(\zeta_1 \ldots \zeta_N)$ en función de los grados de libertad de los constituyentes (ζ_i) como

$$H(\zeta_1, \ldots, \zeta_N) = \sum_i H_i(\zeta_i) + \sum_{(i,j)} H_{ij}(\zeta_i, \zeta_j) + \sum_{(i,j,k)} H_{ijk}(\zeta_i, \zeta_j, \zeta_k) + \ldots, \quad (3.1)$$

donde $H_{i_1,\ldots,i_k}$ es la contribución al hamiltoniano de las interacciones (colisiones) entre los k constituyentes. Es evidente que este es un problema de N-cuerpos, y que la descripción de los microestados del sistema exige la especificación conjunta de los grados de libertad de todos los integrantes del sistema, lo que dificulta en gran medida la descripción estadística de sistemas reales en los que existe interacción entre aquellos.

No obstante, en muchas situaciones prácticas el sistema físico considerado está compuesto por constituyentes que, o bien directamente no interaccionan entre ellos (sistemas ideales), o, si lo hacen, lo hacen de manera que la energía de sus interacciones es mucho menor que las energías propias de estos, i.e. estamos en una situación de interacción débil. En estas situaciones el tratamiento estadístico del sistema se simplifica notablemente, como veremos a continuación. En efecto, para este tipo de sistemas es posible despreciar el efecto de las interacciones (colisiones), de modo que el hamiltoniano del sistema queda reducido a la suma de un conjunto de operadores monoparticulares

$$H(\zeta_1, \ldots, \zeta_N) \simeq \sum_i H_i(\zeta_i), \quad (3.2)$$

que únicamente dependen de los grados de libertad de cada constituyente por separado.[1] De este modo, los estados propios del hamiltoniano se pueden escribir como $\bigotimes_i |\phi_i\rangle = |\phi_i, \ldots, \phi_N\rangle$, donde $|\phi_i\rangle$ representa los autoestados del constituyente i-ésimo:

$$H_i(\zeta_i) |\phi_i\rangle = \epsilon_i |\phi_i\rangle . \tag{3.3}$$

Por su parte las energías propias serán:

$$
\begin{aligned}
H(\zeta_1, \ldots, \zeta_N) |\phi_i, \ldots, \phi_N\rangle &\simeq \sum_i H_i(\zeta_i) |\phi_i, \ldots, \phi_N\rangle \\
&= \sum_i \epsilon_i |\phi_i, \ldots, \phi_N\rangle \\
&= E_N |\phi_i, \ldots, \phi_N\rangle .
\end{aligned}
\tag{3.4}
$$

Así, podemos ver que la energía de los sistemas en interacción débil (o de su límite, los sistemas ideales) es simplemente la suma de la energía de sus integrantes no interactuantes, $E_N = \sum_i \epsilon_i$, lo que será de gran importancia posteriormente.

Por otro lado, desde un punto de vista estadístico podemos decir que los subsistemas no interactuantes no están correlacionados en modo alguno entre si, esto es, son estadísticamente independientes, por lo que la distribución de probabilidad de un microestado del sistema global (distribución conjunta) no es más que el producto de las probabilidades individuales

$$P_l = \prod_i p_i. \tag{3.5}$$

Evidentemente, otra consecuencia de la independencia estadística de los subsistemas es que el número (o densidad) de los estados del sistema global no es sino el producto de los estados de cada uno de los susbistemas por separado,

$$\Gamma_N(E_N) = \prod_i \Gamma_i(\epsilon_i), \tag{3.6}$$

siempre obviamente que $E_N = \sum_i \epsilon_i$.

Una de las consecuencias que se siguen de este resultado es la aditividad de la entropía de sistemas independientes. En efecto, una aplicación directa del principio de Boltzmann a la Ec. (3.6) conduce a:

$$S(E) = k_B \ln \Gamma(E) = k_B \sum_i^N \ln \Gamma_i = \sum_i S_i(\epsilon_i). \tag{3.7}$$

3.1.1. Factorización de la función de partición

De la misma forma que el volumen fásico y la densidad de estados, en el caso de sistemas formados por constituyentes independientes las funciones de

---

[1]Notemos que esta forma del hamiltoniano como suma de términos con grados de libertad independientes puede deberse a muchos factores: partícula independientes, grados de libertad independientes en virtud de la aproximación adiabática, subsistemas distintos en interacción débil, etc.

partición pueden factorizarse en términos de las funciones de partición de sus integrantes. Para el caso de partículas independientes (o débilmente interactuantes), los estados de partícula están bien definidos, por lo que es posible escribir el hamiltoniano total del sistema de N partículas como una suma sobre los hamiltonianos de cada partícula

$$H = \sum_{i=1}^{N} H_i, \tag{3.8}$$

donde el hamiltoniano de cada i partícula tiene un espectro discreto de energía con valores $\left\{ \epsilon_1^{(i)}, \dots \epsilon_r^{(i)}, \dots \right\}$,

$$H_i \left| \Psi_r^{(i)} \right\rangle = \epsilon_r^{(i)} \left| \Psi_r^{(i)} \right\rangle, \tag{3.9}$$

de forma que el estado de la partícula viene dado por el número cuántico k. De esta forma, los autoestados del sistema tendrán una energía dada por

$$E = \sum_{i=1}^{N} \sum_{k} \delta_{k,k_i} \epsilon_k^{(i)}, \tag{3.10}$$

donde δ_{k,k_i} vale 1 si $E_i = \epsilon_k^{(i)}$ y 0 en para el resto de índices. Por lo tanto, en caso general, los autoestados de la energía vendrán dados por el conjunto de los N números cuánticos $\{k_1, \dots, k_N\}$. Ahora bien, en el caso de partículas idénticas, que tienen por lo tanto espectros de energía idénticos, podemos reorganizar la suma de la siguiente manera

$$E = \sum_{r} \epsilon_r \sum_{i=1}^{N} \delta_{r,k_i}. \tag{3.11}$$

donde se ha usado que por ser partículas idénticas $\epsilon_k^{(i)} = \epsilon_k^{(j)} = \epsilon_k$. Esto nos permite caracterizar los autoestados de la energía utilizando como números cuánticos los números de ocupación n_r. Estos números cuánticos se corresponden con el número de partículas que se encuentran en el nivel de energía ϵ_r. En este caso, la energía del sistema resulta[2]

$$E = \sum_{r} n_r \epsilon_r. \tag{3.12}$$

Por lo tanto, siempre es posible especificar un microestado del sistema de partículas idénticas independientes global especificando los números de ocupación del sistema $\{n_1, \dots, n_r, \dots\}$. Consecuentemente, la función de partición de un sistema de partículas idénticas será

$$Z = \sum_{\substack{n_1, \dots, n_r \\ N = \sum_r n_r}} g(N; n_1 \dots, n_r) e^{-\beta \sum_r n_r \varepsilon_r},$$

---

[2] Obsérvese que el conjunto de $\{n_r\}$ puede identificarse con la distribución de frecuencias absolutas.

donde la primera suma recorre todas las combinaciones posibles de $\{n_1, \ldots, n_r, \ldots\}$, condicionados a que el número de partículas sea constantes, y donde $g(N; n_1 \ldots, n_r)$ es la degeneración del nivel de energía global. Se tratará con mayor detalle el concepto de número de ocupación en el capítulo 4.

A continuación, vamos a particularizar para el caso en que las partículas sean distinguibles, es decir, cuando intercambiar el estado de dos partículas nos lleva a un microestado nuevo. Esto es común en sistemas sin grados de libertad traslacionales (por ejemplo cristales). Bajo estas circunstancias es evidente que:

$$g(N; n_1 \ldots, n_r) = \frac{N!}{n_1! \ldots n_r!}. \tag{3.13}$$

Lo cual nos lleva a la siguiente función de partición:

$$
\begin{aligned}
Z_{\text{dist}} &= \sum_{\substack{n_1, \ldots, n_r \\ N = \sum_r n_r}} \frac{N!}{n_1! \ldots n_r!} e^{-\beta \sum_r n_r \varepsilon_r} \\
&= \sum_{\substack{n_1, \ldots, n_r \\ N = \sum_r n_r}} \frac{N!}{n_1! \ldots n_r!} \prod_r e^{-\beta n_r \varepsilon_r} \\
&= \prod_r \left(\sum_r e^{-\beta \varepsilon_r} \right)^N = z_1^N, \tag{3.14}
\end{aligned}
$$

donde hemos aplicado el teorema multinomial. Como vemos, la función de partición factoriza en el caso de partículas distinguibles.

Por otro lado, en el caso de que las partículas sean indistinguibles, y por lo tanto la permutación de dos partículas no genera un nuevo microestado ,$g(N; n_1 \ldots, n_r) = 1$, por lo que

$$
\begin{aligned}
Z_{\text{indist}} &= \sum_{\substack{n_1, \ldots, n_r \\ N = \sum_r n_r}} e^{-\beta \sum_r n_r \varepsilon_r} \\
&= \sum_{\substack{n_1, \ldots, n_r \\ N = \sum_r n_r}} \prod_r e^{-\beta n_r \varepsilon_r}, \tag{3.15}
\end{aligned}
$$

lo que obviamente no factoriza. No obstante, un sistema de partícula indistinguibles en el límite diluido, en el cual $n_r = \{0, 1\}$, para casi todos los estados podría tratarse como un sistema de partículas distinguibles con un factor de corrección del recuento de estados que puede calcularse de la forma siguiente. En el límite diluido en el que $n_r = 0$ o $n_r = 1$ en la inmensa mayoría de los niveles, el factor de degeneración en (3.13) toma el valor aproximado $g(N; n_1 \ldots, n_r) \simeq N!$, y, consecuentemente,

$$Z_{\text{dist}} \simeq N! Z_{\text{indist}}, \tag{3.16}$$

lo que constituye una aproximación, pero puede considerarse esencialmente exacto únicamente en este caso, que, como veremos en el siguiente capítulo, coincide con el límite clásico.

En lo que resta de capítulo se estudian algunos sistemas en interacción débil y formado por constituyentes sin grados de libertad traslacionales (i. e. localizados y por tanto distinguibles), particularmente relevantes por presentar espectros discretos de energías con niveles equiespaciados, y en capítulos posteriores se introduce el tratamiento de sistemas ideales con grados de libertad translacionales (gases ideales cuánticos y clásicos) de partículas indistinguibles.

3.2. Sistemas factorizables de partículas localizadas

Considérese un sistema físico formado por N constituyentes (partículas, osciladores, etc.) independientes y localizadas en equilibrio térmico a la temperatura T. Los grados de libertad relevantes conducen a un espectro discreto de energías de partícula, y consideremos que sus microestados se describen mediante un conjunto de números cuánticos –que denotaremos por r– que permiten la especificación de los autoestados del sistema de C.C.O.C. con el que construimos el hamiltoniano del sistema. En el caso de sistemas en interacción débil, como se ha visto,

$$H = \sum_i H_i + H_{int}, \qquad H_{int} \ll H_i \qquad (3.17)$$

por lo que es posible considerar que el hamiltoniano es un conjunto de términos monoparticulares, sin que exista acoplamiento de coordenadas de diferentes partículas. Como se vio en la sección anterior, en este caso la función de partición canónica del sistema se puede escribir de la forma

$$Z_N = z_i^N,$$
$$z_i = \sum_{r \ (estado)} e^{-\beta \varepsilon_r^{(i)}} = \sum_{k \ (nivel)} g_k e^{-\beta \varepsilon_k^{(i)}}, \qquad (3.18)$$

donde z_i es la función de partición del partícula i-ésima, $\varepsilon_r^{(i)}$ es la energía de su estado r y g_k la degeneración del nivel de energía k-ésimo.[3] Lo que sean efectivamente estos microestados dependerá del sistema concreto.

Considérese ahora el caso en el que el sistema está formado por N subsistemas independientes y distinguibles (por simplicidad) cada uno de los cuales tiene un espectro con $s+1$ niveles de energía, que supondremos por simplicidad no degenerados:

$$H = \sum_{i=1}^N H_i, \quad H_{int} \ll H_i$$
$$H_i \left| \psi_n^{(i)} \right\rangle = E_{n_i} \left| \psi_n^{(i)} \right\rangle \quad n_i = 0, 1, 2, \ldots, s. \qquad (3.19)$$

---

[3]Observemos que en el caso de sistemas ideales sumar a microestados del sistema global se reduce a sumar a estados de partícula.

En este caso, $r = n_i$ y la función de partición de la Ec. (3.18) adopta la forma:

$$Z_N = z_1^N,$$

$$z_1 = \sum_{n_k=0}^{s} e^{-\beta E_{n_k}}. \tag{3.20}$$

Es evidente que para realizar cualquier consideración adicional hemos de conocer la forma concreta del espectro de energía del sistema. Un caso particularmente interesante por su frecuencia en sistemas de interés concreto es aquel en el que los diferentes niveles de energía están equiespaciados:

$$E_{n_i+1} - E_{n_i} = \lambda,$$
$$E_{n_i} = n_i\lambda, \quad n = 0, 1, ..., s \tag{3.21}$$

donde supondremos, sin pérdida alguna de generalidad, que $E_0 = 0$. En este caso,

$$z_1 = \sum_{n_k=0}^{s} e^{-\beta n_k \lambda} = \frac{1 - e^{-\beta\lambda(s+1)}}{1 - e^{-\beta\lambda}}, \tag{3.22}$$

por lo que la energía libre de Helmholtz del sistema global será:

$$F = -k_B T \ln Z_N = -N k_B T \ln\left[1 - e^{-\beta\lambda(s+1)}\right] + N k_B T \ln\left[1 - e^{-\beta\lambda}\right], \tag{3.23}$$

lo que permite la completa caracterización termodinámica del sistema.

1. Energía interna del sistema y capacidad calorífica:

$$\bar{E} = -\left(\frac{\partial \ln Z_N}{\partial \beta}\right)_N = -\frac{N(s+1)\lambda}{e^{\beta(s+1)\lambda} - 1} + \frac{N\lambda}{e^{\beta\lambda} - 1},$$

$$C_\zeta = \left(\frac{\partial \bar{E}}{\partial T}\right)_\zeta = \left(\frac{\partial \bar{E}}{\partial \beta}\right)_\zeta \left(\frac{\partial \beta}{\partial T}\right)_\zeta = -\frac{1}{k_B T^2}\left(\frac{\partial \bar{E}}{\partial \beta}\right)_\zeta$$

$$= N k_B \left\{ \frac{x^2 e^x}{(e^x - 1)^2} - \frac{(s+1)^2 x^2 e^{(s+1)x}}{\left[e^{(s+1)x} - 1\right]^2} \right\}. \tag{3.24}$$

donde hemos introducido el parámetro $x = \beta\lambda$.

Casos límite: La dependencia de la capacidad calorífica en los límites de alta y baja temperatura es:

(a) $x \to 0$ $(T \to \infty; \lambda \to 0)$ $C_\zeta \to 0$

(b) $x \to \infty$ $(T \to 0; \lambda \to \infty)$ $C_\zeta \to 0$

Como era de esperar los resultados obtenidos son compatibles con el tercer principio de la Termodinámica, al predecir una anulación de la capacidad calorífica del sistema en el límite $T \to 0$. Como vemos, la capacidad calorífica manifiesta un comportamiento singular, con $C_\zeta \to 0$ a $T \to 0$ y a $T \to \infty$, mostrando un máximo. Este comportamiento, conocido como anomalía de Schottky, indica la existencia de un máximo en la energía que es capaz de absorber el sistema, y es típico de sistemas con un conjunto finito de niveles de energía.

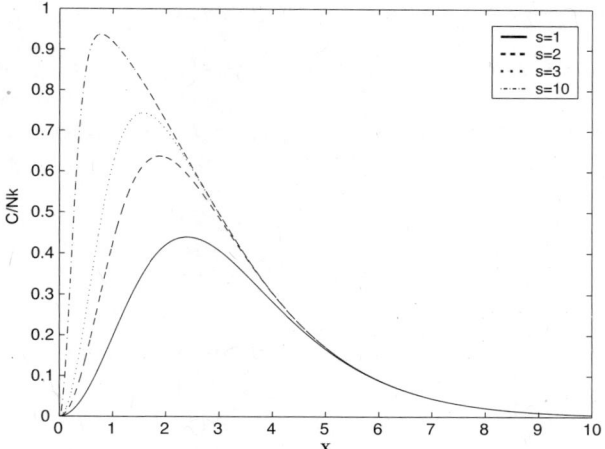

Figura 3.1: Capacidad calorífica de un sistema factorizable con espectro discreto de niveles de energía equiespaciados.

2. **Entropía del sistema.** Como sabemos, la entropía canónica del sistema está dada por la expresión:

$$S = k_B \ln Z + \frac{\overline{E}}{T},$$

por lo que, en nuestro caso,

$$S = N k_B \ln \left[1 - e^{-\beta\lambda(s+1)}\right] - N k_B \ln \left[1 - e^{-\beta\lambda}\right]$$
$$- \frac{N k_B (s+1)\beta\lambda}{e^{\beta(s+1)\lambda} - 1} + \frac{N k_B \beta\lambda}{e^{\beta\lambda} - 1}, \tag{3.25}$$

que podemos reexpresar en función del parámetro $x = \beta\lambda$ de la forma:

$$\frac{S}{N k_B} = \ln \left[1 - e^{-(s+1)x}\right] - \ln \left[1 - e^{-x}\right] - \frac{(s+1)x}{e^{(s+1)x} - 1} + \frac{x}{e^x - 1}. \tag{3.26}$$

Casos límite:

(a) $x \to 0$ $(T \to \infty;\ \lambda \to 0)$; $\frac{S}{N k_B} \to \ln(s+1)$ (número de niveles de energía accesibles)

(b) $x \to \infty$ $(T \to 0;\ \lambda \to \infty)$; $\frac{S}{N k_B} \to 0$ (todas las partículas en el estado fundamental, que hemos supuesto no degenerado)

A continuación se analizan algunos sistemas físicos de relevancia que pueden ser reconducidos a este esquema general que se acaba de introducir.

3.2.1. Sistema de dos niveles de energía

Considérese en primer lugar un sistema físico en equilibrio térmico a la temperatura T formado por N constituyentes independientes y distinguibles, que presentan grados de libertad asociados a un espectro formado por dos niveles de energías 0 y ε. En este caso el espectro del hamiltoniano correspondiente a dichos grados de libertad es,

$$H_{2n} |\psi_i\rangle = E_i |\psi_i\rangle, \quad i = 0, 1,$$
$$E_0 = 0; E_1 = \varepsilon.$$

Este supuesto corresponde al caso $s = 1$ en el esquema general. Así, la función de partición del subsistema i-esimo se escribe como:

$$z_1 = \sum_{n_k=0}^{1} e^{-\beta E_{n_k}} = 1 + e^{-\beta \varepsilon}, \tag{3.27}$$

que podemos obtener de forma inmediata sin más que hacer $s=1$ y $\lambda = \varepsilon$ en la Ec. (3.22):

$$z_1 = \frac{1 - e^{-\beta \lambda (s+1)}}{1 - e^{-\beta \lambda}} = \{s = 1 \; ; \; \lambda = \varepsilon\} = 1 + e^{-\beta \varepsilon}. \tag{3.28}$$

Luego, la función de partición del sistema global es:

$$Z_N = z_i^N = \left(1 + e^{-\beta \varepsilon}\right)^N, \tag{3.29}$$

de donde podemos recuperar de forma trivial toda la termodinámica del sistema.

Ejemplo 3.1

Considérese un sistema de N partículas independientes y discernibles (e.g un sólido cristalino) en contacto con un termostato a la temperatura T. Supongamos además que cada partícula únicamente tiene dos niveles de energía, 0 y ϵ, originados, por ejemplo, por la interacción hiperfina entre los momentos magnéticos nuclear y electrónico en sustancias paramagnéticas. Calcúlese:

i) El valor medio de la energía del sistema.

ii) Los números de ocupación de cada nivel de energía.

iii) La capacidad calorífica del sistema. Representar el resultado frente a T y analizar la dependencia en la zona de altas y bajas temperaturas.

iv) Calcular la entropía del cristal y analizar los casos límite de altas y bajas temperaturas.

v) Supongamos que sometemos el sistema a un campo magnético que genera un tercer estado de energía 5ϵ. ¿A qué temperatura, T_c, comienza a poblarse dicho nivel?

i) Evidentemente, al tratarse de partículas independientes y discernibles (idénticas pero localizadas) con el espectro no degenerado de la figura 3.2, la función de partición del sistema de N partículas está dada por

$$Z_N = z_1^N \quad ; \quad z_1 = \sum_i e^{-\beta \epsilon_i} = 1 + e^{-\beta \epsilon},\tag{3.30}$$

de forma que la energía interna del sistema será:

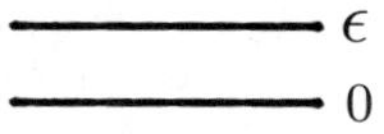

$$\text{———————} \bullet \epsilon$$
$$\text{———————} \bullet 0$$

Figura 3.2: Espectro del sistema de dos niveles de energía.

$$\langle E \rangle = N \langle \epsilon \rangle = -\left(\frac{\partial \ln Z_N}{\partial \beta} \right)_N = \frac{N \varepsilon}{e^{\beta \varepsilon} + 1}.\tag{3.31}$$

ii) Los números de ocupación de los niveles de energía se obtienen a partir de la distribución canónica como:

$$\langle N_i \rangle = N p_i = N \frac{e^{-\beta \epsilon_i}}{1 + e^{-\beta \epsilon}} \quad ; \quad \epsilon_i = 0, \epsilon,$$

$$\langle N_1 \rangle = N p_1 = N \frac{1}{1 + e^{-\beta \epsilon}} \quad ; \quad \langle N_2 \rangle = N p_2 = N \frac{e^{-\beta \epsilon}}{1 + e^{-\beta \epsilon}},\tag{3.32}$$

de modo que, evidentemente, $N = \langle N_1 \rangle + \langle N_2 \rangle$. Además, salvo que $T < 0$, $\langle N_1 \rangle > \langle N_2 \rangle$.

iii) La capacidad calorífica es, consecuentemente,

$$C_N = \left(\frac{\partial \langle E \rangle}{\partial T} \right)_N = N k_B \frac{x^2 e^x}{(e^x + 1)^2}.\tag{3.33}$$

Como puede verse en la Fig. 3.3, la capacidad calorífica exhibe la denominada

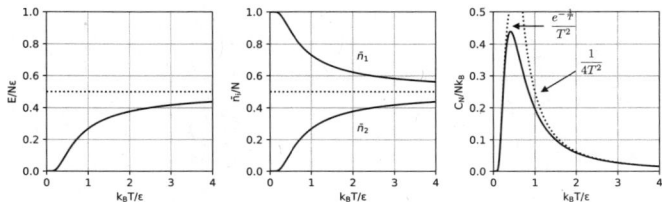

Figura 3.3: Energía interna, ocupación media y capacidad calorífica del sistema de dos niveles de energía.

anomalía de Schottky, pues a $T \to \infty$ no se recupera la ley de Dulong y Petit ($C \propto k_B f / 2$ a alta temperatura, con f el número de grados de libertad). Esto es debido a que los sistemas con un espectro finito de niveles de energía tienen un límite máximo de absorción de energía.

iv) La entropía en la colectividad canónica se obtiene a partir de

$$F(T, N) = \langle E \rangle - TS = -k_B T \ln Z_N(T, N) \Leftrightarrow S = k_B \ln Z + \frac{\langle E \rangle}{T}, \qquad (3.34)$$

de modo que

$$S = N k_B \ln \left(1 + e^{-x}\right) + N k_B \frac{x}{e^x + 1}, \qquad (3.35)$$

por lo que, cuando $T \to \infty$ ($x \to 0$), $S \to k_B \ln 2$, i.e., el sistema tiene dos configuraciones posibles, y ambas son accesibles para las partículas a alta temperatura. Por otro lado, cuando $T \to 0$ ($x \to \infty$), $S \to 0$, pues todas las partículas se encuentran en estado fundamental y hay una única configuración accesible.

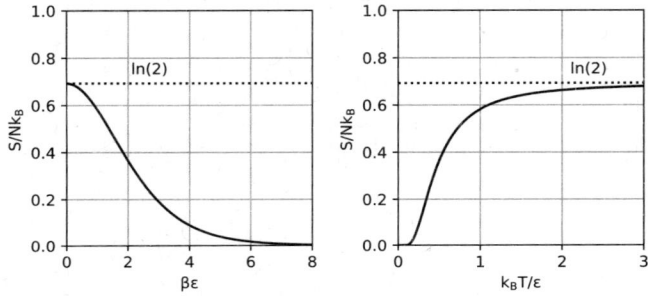

Figura 3.4: Entropía del sistema de dos niveles de energía.

v) En el caso de que un campo magnético introduzca un tercer nivel de energía 5ϵ, la función de partición de partícula será:

$$z_1 = 1 + e^{-\beta\epsilon} + e^{-5\beta\epsilon}, \qquad (3.36)$$

de tal modo que el número medio de partículas en el tercer nivel es:

$$\langle N_3 \rangle = N p_3 = N \frac{e^{-5\beta\epsilon}}{z_1}. \qquad (3.37)$$

El comienzo efectivo de la población del tercer nivel de energía tendrá lugar cuando $\langle N_3 \rangle \simeq 1$.

3.2.2. Momentos magnéticos localizados: paramagnetismo de Brillouin

Otro caso interesante de sistema de partículas localizadas con niveles equiespaciados lo constituye el de un sólido paramagnético formado por N dipolos magnéticos localizados en los nodos de una red cristalina.

Cuando un cuerpo macroscópico, inicialmente desimantado, se somete a la acción de un campo magnético $\boldsymbol{B}$, adquiere una magnetización media por unidad de volumen $\boldsymbol{M}$ paralela a la dirección del campo aplicado. Si el sentido de la magnetización es el mismo que el del campo externo aplicado decimos que el material es paramagnético, mientras que si la respuesta del material es tal que se genera una magnetización antiparalela al campo diremos que es diamagnético. El origen físico de la magnetización es diferente según tratemos uno u otro supuesto. Mientras en el caso del paramagnetismo el material debe estar compuesto por elementos constitutivos (átomos, moléculas o iones) que presenten un momento magnético permanente, $\boldsymbol{\mu}$, que se orienta al azar debido a la energía térmica en ausencia de campo externo, los materiales diamagnéticos deben su magnetización a los momentos magnéticos inducidos en los elementos constitutivos por la presencia del campo externo, momentos que constituyen la respuesta de los electrones del material que modifican su estado de movimiento para oponerse a la presencia del campo externo. Es evidente que el diamagnetismo es un fenómeno que se presenta en la totalidad de los materiales, superponiéndose al paramagnetismo en aquellos materiales que presentan momentos magnéticos permanentes. En esta sección se realizará únicamente el tratamiento estadístico del paramagnetismo de sistemas de momentos magnéticos localizados.

Realizando el estudio estadístico del paramagnetismo de Brillouin, considérese un cuerpo macroscópico en equilibrio térmico con un foco a la temperatura T, formado por N constituyentes independientes y fijos en los nodos de una red cristalina, por lo que son distinguibles. Cada constituyente presenta un momento magnético $\boldsymbol{\mu}$ asociado a un momento angular, $\boldsymbol{J}$, de acuerdo con la conocida relación:

$$\boldsymbol{\mu} = g\frac{e}{2m_e}\boldsymbol{J}, \tag{3.38}$$

$$g = \frac{3}{2} + \frac{s(s+1) - l(l+1)}{2j(j+1)} \quad \text{(factor de Landé)} \tag{3.39}$$

Como se ha mencionado, en ausencia de un campo magnético externo la energía térmica orienta al azar los momentos magnéticos por lo que la magnetización promedio será nula. En presencia del campo magnético externo el hamiltoniano del sistema será

$$H = \sum_{i=1}^{N} H_i = \sum_{i=1}^{N} (H_{0i} - \boldsymbol{\mu}_i\boldsymbol{B})$$

$$= \sum_{i=1}^{N} \left(H_{0i} + g\frac{e}{2m_e}\boldsymbol{J}_i\boldsymbol{B}\right), \tag{3.40}$$

donde H_{0i} corresponde a las energías propias de las partículas de la red, que tomaremos como origen arbitrario de energías y g es el factor giromagnético.[4]

---

[4]El factor giromagnético de Landé es

$$g = 1 + \frac{J(J+1) + S(S+1) - L(L+1)}{2J(J+1)}$$

En lo que sigue se considerará únicamente el hamiltoniano asociado a los grados de libertad magnéticos. Si se tiene en cuenta ahora que el campo externo va en la dirección y sentido del eje OZ positivo, es posible reexpresar el hamiltoniano de la partícula i-ésima de la forma:

$$H_i = g\frac{e}{2m_e}J_{zi}B. \tag{3.41}$$

Evidentemente, los autoestados del hamiltoniano anterior son los vectores propios del C.C.O.C. que forman el operador momento angular J_i^2 y su tercera componente, J_{zi}:

$$J_i^2 |j_i \, m_{j_i}\rangle = \hbar^2 j_i(j_i + 1) |j_i \, m_{j_i}\rangle, \tag{3.42}$$

$$J_{zi} |j_i \, m_{j_i}\rangle = m_{j_i}\hbar |j_i \, m_{j_i}\rangle, \tag{3.43}$$

$$-j_i \leq m_{j_i} \leq j_i, \tag{3.44}$$

de tal forma que los autoestados y autovalores del hamiltoniano de la partícula i son:

$$H_i |j_i \, m_{j_i}\rangle = E_{m_{j_i}} |j_i \, m_{j_i}\rangle, \tag{3.45}$$

$$E_{m_{j_i}} = g\mu_B m_{j_i}B; \quad \mu_B = \frac{e\hbar}{2m_e} \text{ (magnetón de Bohr)} \tag{3.46}$$

Así pues, el espectro está formado por $2j_i + 1$ niveles de energía no degenerados y equiespaciados:

$$\delta = \left|E_{m_{j_i}+1} - E_{m_{j_i}}\right| = g\mu_B B. \tag{3.47}$$

Por lo tanto el estudio estadístico del paramagnetismo tiene acomodo en el formalismo general de sistemas factorizables de partículas distinguibles con espectro discreto de energía y niveles equiespaciados de la presente sección. La función de partición canónica de una partícula del sistema es:

$$z_1 = \sum_{m_{j_i}=-j_i}^{+j_i} e^{-\beta E_{m_{j_i}}} = \sum_{m_{j_i}=-j_i}^{+j_i} e^{-\beta m_{j_i}g\mu_B B}$$

$$= \frac{e^{\beta g\mu_B B j_i} - e^{-\beta g\mu_B B(j_i+1)}}{1 - e^{-\beta g\mu_B B}} = \frac{\sinh\left[\beta g\mu_B B(j_i + 1/2)\right]}{\sinh\left[\beta g\mu_B B/2\right]}. \tag{3.48}$$

La expresión de la función de partición total del sistema es pues:

$$\ln Z_N = -\frac{F(T,N)}{k_B T}$$

$$= N\ln\left\{\sinh\left[\beta g\mu_B B(j + 1/2)\right]\right\} - N\ln\left\{\sinh\left[\beta g\mu_B B/2\right]\right\}, \tag{3.49}$$

expresión que, como es sabido, contiene toda la información termodinámica del sistema. Obsérvese que se ha omitido toda referencia a la partícula i en la notación del momento angular de las partículas del sistema en la última expresión.

1. Energía interna y capacidad calorífica.

$$\bar{E} = -\left(\frac{\partial \ln Z_N}{\partial \beta}\right)_N = -Ng\mu_B jB.B_j\left(\beta g\mu_B jB\right),$$

$$C_\zeta = \left(\frac{\partial \bar{E}}{\partial T}\right)_\zeta = \left(\frac{\partial \bar{E}}{\partial \beta}\right)_\zeta\left(\frac{\partial \beta}{\partial T}\right)_\zeta = -\frac{1}{k_B T^2}\left(\frac{\partial \bar{E}}{\partial \beta}\right)_\zeta$$

$$= Nk_B\frac{\left(\beta g\mu_B jB\right)^2}{\cosh^2\left(\beta g\mu_B jB\right)}, \tag{3.50}$$

donde se ha introducido la función de Brillouin de orden j:

$$B_j\left(x\right) = \frac{2j+1}{2j}\coth\left(\frac{2j+1}{2j}x\right) - \frac{1}{2j}\coth\left(\frac{x}{2j}\right). \tag{3.51}$$

2. Magnetización del sistema: Usando las relaciones termodinámicas convencionales tenemos:

$$\overline{M} = -\left(\frac{\partial F}{\partial B}\right)_T = k_B T\left(\frac{\partial \ln Z_N}{\partial B}\right)_T = Ng\mu_B jB_j\left(\beta g\mu_B jB\right). \tag{3.52}$$

Limites:

(a) Altas temperaturas: $\beta g\mu_B jB \to 0$,

$$B_j\left(\beta g\mu_B jB\right) \to \frac{(j+1)}{3j}\beta g\mu_B jB,$$

$$\overline{M} \to \frac{Nj(j+1)\left(g\mu_B\right)^2}{3k_B}\frac{B}{T} \quad \text{(Ley de Curie)} \tag{3.53}$$

(b) Bajas temperaturas (campo intenso): $\beta g\mu_B jB \to \infty$,

$$B_j\left(\beta g\mu_B jB\right) \to 1,$$
$$\overline{M} \to Ng\mu_B j = N\mu, \tag{3.54}$$

situación que corresponde a todos los spines alineados en la dirección del campo externo aplicado, lo que tiene lugar debido al predominio de la energía magnética sobre la térmica en este régimen.

3. Susceptibilidad del sistema: La susceptibilidad se puede obtener como la derivada de la magnetización ($\chi = d\overline{M}/dB$). Para ello se ha introducido la derivada de la función de Brillouin

$$\frac{d}{dx}B_j(x) = B_j'(x) = \left(\frac{1}{2j}\right)^2\frac{1}{\sinh^2\left(\frac{1}{2j}x\right)} - \left(\frac{2j+1}{2j}\right)^2\frac{1}{\sinh^2\left(\frac{2j+1}{2j}x\right)}, \tag{3.55}$$

con la cual se obtiene directamente la susceptibilidad

$$\chi = \frac{d\overline{M}}{dB} = N\beta(g\mu_B j)^2 B_j'(\beta g\mu_B jB). \tag{3.56}$$

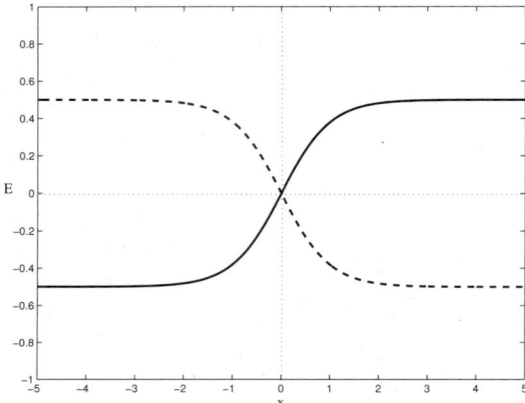

Figura 3.5: Energía interna y magnetización media de un sistema paramagnético de spines $1/2$.

Es posible particularizar ahora el caso general para dos casos especialmente relevantes:

1. *Caso j=1/2*. Evidentemente para el caso $j = 1/2$, tenemos $B_{1/2}(x) = \tanh x$ y por lo tanto:

$$\overline{E} = -\frac{Ng\mu_B B}{2}\tanh\left(\beta g\mu_B jB\right), \tag{3.57}$$

$$\overline{M} = \frac{Ng\mu_B}{2}\tanh\left(\beta g\mu_B jB\right), \tag{3.58}$$

$$\chi = \frac{N\beta(g\mu_B)^2}{4}\frac{1}{\cosh^2(\beta g\mu_B B/2)}. \tag{3.59}$$

2. *Caso j→ ∞* (límite clásico, altos números cuánticos). En este caso las orientaciones forman un continuo, por lo que,

$$\sum_j \to \int d\Omega,$$

y, además, $\mu_B \to 0$, de forma que $g\mu_B j \to \mu$ finito.[5] De este modo

$$B_\infty\left(x\right) = \coth\left(x\right) - \frac{1}{x} = L(x), \tag{3.60}$$

que es conocida como la función de Langevin. La energía y la magnetiza-

---

[5]Esto se debe a que al tener un número de estados que tiende a infinito, su separación en energía debe tender a cero.

ción en este caso

$$\overline{E} = N\mu BL\left(\beta\mu B\right), \tag{3.61}$$

$$\overline{M} = N\mu L\left(\beta\mu B\right), \tag{3.62}$$

$$\chi = N\beta\mu^2 \left[\frac{1}{\left(\beta\mu B\right)^2} - \frac{1}{\sinh^2\left(\beta\mu B\right)}\right], \tag{3.63}$$

recuperando el caso clásico que se estudiará en el capítulo 5.

3.2.3. Sistema de osciladores armónicos independientes

Considérese un sistema formado por N osciladores armónicos unidimensionales independientes y distinguibles en equilibrio térmico a la temperatura T.[6] Los autoestados y autovalores del hamiltoniano de un oscilador son sobradamente conocidos de la Mecánica Cuántica y ya han sido mencionados con anterioridad en este capítulo:

$$H = \frac{p^2}{2m} + \frac{1}{2}m\omega^2 x^2 = \left(a^\dagger a + \frac{1}{2}\right)\hbar\omega,$$

$$H\left|n\right\rangle = E_n\left|n\right\rangle; \quad E_n = \left(n + \frac{1}{2}\right)\hbar\omega, \qquad n = 0, 1, 2.$$

Así, el espectro está formado por un conjunto discreto de infinitos niveles de energía equiespaciados, por lo que nuevamente este sistema es reconducible al formalismo general de la sección. La función de partición del sistema es:

$$Z_N = z_1^N; \quad z_1 = \sum_{n=0}^{\infty} e^{-\beta E_n}$$

$$= \sum_{n=0}^{\infty} e^{-\beta\left(n+\frac{1}{2}\right)\hbar\omega} = \frac{e^{-\beta\hbar\omega/2}}{1 - e^{-\beta\hbar\omega}} = \frac{1}{e^{\beta\hbar\omega/2} - e^{-\beta\hbar\omega/2}}, \tag{3.64}$$

y sus propiedades se obtienen de la manera usual. En particular, es inmediato obtener la energía interna y la capacidad calorífica del sistema:

$$\overline{E} = -\left(\frac{\partial\ln Z_N}{\partial\beta}\right)_N = N\frac{\hbar\omega}{2}\frac{e^x + e^{-x}}{e^x - e^{-x}} = N\frac{\hbar\omega}{2}\coth x,$$

$$C_V = \left(\frac{\partial\overline{E}}{\partial T}\right)_V = \left(\frac{\partial\overline{E}}{\partial\beta}\right)_V \left(\frac{\partial\beta}{\partial T}\right)_V = -\frac{1}{k_B T^2}\left(\frac{\partial\overline{E}}{\partial\beta}\right)_V$$

$$= 4Nk_B\frac{x^2}{\left(e^x - e^{-x}\right)^2}; \quad x = \frac{\beta\hbar\omega}{2}, \tag{3.65}$$

resultado que obviamente es equivalente a

$$\frac{C_V}{Nk_B} = \left(\beta\hbar\omega\right)^2 \frac{e^{\beta\hbar\omega}}{\left(e^{\beta\hbar\omega} - 1\right)^2}. \tag{3.66}$$

---

[6]Veremos posteriormente que este sistema consituye la base del denominado modelo de Einstein del sólido.

3.3. Ejercicios relacionados

Ejercicio 3.1:

Demuéstrese que para un sistema factorizable de partículas localizadas $C_\zeta >$ 0 en todo el rango de temperaturas (i.e. el sistema no presenta inestabilidades termodinámicas que provoquen separaciones de fase).

Ejercicio 3.2:

Obtener la ecuación de estado térmica, la ecuación de estado calórica y la entropía para un gas ideal aislado en una hipercaja de dimensión d en función de T, V y N.

Ejercicio 3.3:

Un modelo simple de un polímero en una red en dos dimensiones es el que resulta de una trayectoria en una red cuadrada. En cada nodo de la red, el polímero puede seguir recto (opción 1 en la figura) o elegir entre las dos direcciones que forman un ángulo de 90° con respecto a su dirección originaria (opciones 2 y 3 en la figura). Cada vez que el polímero realiza un flexión su energía se incrementa en una cantidad ε mientras que continuar la trayectoria inicial no tiene coste energético. Por lo tanto, para un determinado microestado de la cadena polimérica la energía es $m\varepsilon$, donde m es el número de codos que existen en una determinada configuración microscópica. Asumiremos que el

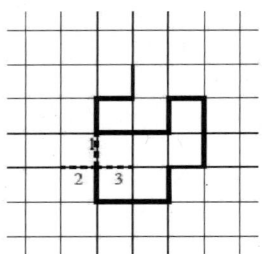

Figura 3.6: Modelo bidimensional de cadena polimérica.

comienzo de la cadena está anclado en un nodo fijo de la red (para evitar grados de libertad traslacionales) y que el polímero está formado por $N + 1$ segmentos.

i) Si cada configuración de la cadena es un microestado del sistema, ¿cuántos microestados posibles de la cadena existen con una energía fija $E = m\varepsilon$ con $0 \leq m \leq N$? (Pista: Compútese en primer lugar la forma de colocar los m codos en una cadena de $N + 1$ eslabones y téngase en cuenta a continuación que existen 2 posibilidades para cada ángulo, correspondientes a las flexiones a izquierda y derecha.)

ii) ¿Cuál es la entropía del sistema, $S(E, N)$? Aproxímense todos los factoriales por medio de la aproximación de Stirling, $\ln(N!) \simeq N \ln N - N$, y exprésese el resultado en términos de la variable $x = E/N\varepsilon$.

iii) Calcúlese la temperatura microcanónica del sistema como función de la energía de flexión total E y la longitud N del polímero.

iv) Calcúlese la ecuación calórica del sistema $E(T, N)$.

v) Calcúlese la capacidad calorífica a longitud constante C_N como función de la temperatura T y de longitud del polímero N.

Considerando ahora que la cadena se encuentra en equilibrio térmico con un termostato a la temperatura T, calcúlese la función de partición de la cadena polimérica como función de la temperatura y del número de nodos de la cadena, así como la energía interna del sistema y su capacidad calorífica a longitud constante C_N. Comparar el resultado obtenido con el correspondiente al caso microcanónico para la energía de la cadena en función de la temperatura.

Ejercicio 3.4:

Un modelo estadístico muy simplificado de desenrollamiento de la doble hélice de ADN, necesario para la lectura del material genético en procesos de síntesis de proteínas, es el debido a C. Kittel [Amer. J. Phys. 31, 917 (1967)], en el cual la macromolécula se considera como una cremallera formada por N eslabones, cada uno de los cuales puede encontrarse cerrado con energía 0, o abierto con energía ε. Sin embargo, para que el eslabón k-ésimo pueda encontrarse abierto es necesario que los $k-1$ primeros eslabones de la cremallera se encuentren abiertos previamente.

a) Demostrar que la función de partición canónica de la cadena puede escribirse de la forma:

$$Z = \frac{1 - e^{-\beta(N+1)\varepsilon}}{1 - e^{-\beta\varepsilon}},$$

b) Calcúlese la entropía de la cadena en función del número de eslabones abiertos y de la temperatura a la que se encuentra sometida.

Ejercicio 3.5:

Considérese un sistema de N partículas fijas en los nodos de una red cristalina, cada una de las cuales puede encontrarse en dos estados, $|\psi_1\rangle$ y $|\psi_2\rangle$, de energías $-\varepsilon$ y ε respectivamente. Obténgase la ecuación

$$\frac{1}{T} = \frac{k_B}{2\varepsilon} \ln \left| \frac{1 - \langle\varepsilon\rangle/\varepsilon}{1 + \langle\varepsilon\rangle/\varepsilon} \right|,$$

para la temperatura del sistema en función de la energía media por partícula $\langle\varepsilon\rangle$. ¿Existe algún intervalo de energías medias en el que la temperatura anterior sea negativa? (Pista: Téngase en cuenta que si $\alpha = (e^x - e^{-x})/(e^x + e^{-x})$ entonces $x = \frac{1}{2} \ln |(1 + \alpha)/(1 - \alpha)|$)

Calcúlese la ocupación media de cada uno de los niveles energéticos de partícula y analícese si el cociente es inferior o superior a 1 en el intervalo de temperaturas negativas.

Ejercicio 3.6:

Isotermas de adsorción de Langmuir y Frumkin. Consideremos una superficie formada por M nodos equivalente y localizados cada uno de los cuales puede adsorber, de manera independiente, una partícula del adsorbato constituido por un gas ideal en contacto con la superficie a la presión P, temperatura T y potencial químico, $\mu = \mu_0(T) + k_B T \ln P$. Calcúlese la fracción de nodos, $\bar{s} = \bar{N}/M$, que se encuentra ocupada en el equilibrio (Isoterma de Langmuir). Represéntese gráficamente el resultado y analícense los límites de alta y baja presión. ¿Cómo se modifica el resultado anterior en el caso de que haya un potencial químico efectivo $\mu = \mu_0 + \lambda \bar{s}$, donde $\lambda = wz$ es fruto de una interacción de una molécula con las adsorbidas en los z nodos vecinos w (Isoterma de Frumkin)?

Ejercicio 3.7:

1. Demuéstrese en la colectividad gran-canónica que, en ausencia de interacción entre partículas adsorbidas, la fracción de nodos ocupados θ cuando la red se encuentra en contacto con un adsorbato que es un gas ideal $\mu = \mu_\tau^{(0)} + k_B T \ln p$ es (isoterma de Langmuir):

$$\theta = \frac{\bar{N}}{M} = \frac{p}{p + p_0(\tau)},$$
$$p_0(\tau) = q^{-1}(\tau) e^{-\beta \mu^{(0)}}.$$

2. Pruébese que, cuando el número máximo de partícula por nodo no está acotado, entonces (isoterma Brunauer-Emmett-Teller, BET):

$$\theta = \frac{cx}{\left(1 - q_2 e^{\beta \mu^{(0)}} p + q_1 ...\right)} = \frac{cx}{(1 - x + cx)(1 - x)},$$

con $c = \frac{q_1}{q_2}$ el cociente entre las funciones de partición de partículas adsorbidas en la primera y en la segunda capa, y $x = q_x e^{\beta \mu^{(0)}} p$. ¿Qué significado físico tiene el límite $x \to 1$?

Ejercicio 3.8:

Supongamos que una superficie tiene M nodos de adsorción equivalentes, discernibles e independientes y sobre cada uno de ellos se puede adsorber un número ilimitado de moléculas apiladas verticalmente. Supongamos que la función de partición canónica de las moléculas de la primera capa es q_1 y la de todas las demás q_2. Calcular la fracción de partículas adsorbidas por nodo, $\bar{s}$, cuando la superficie está en contacto con un gas ideal a la presión P. La isoterma de adsorción anterior se denomina isoterma BET (Brunauer, Emmet, Teller). Representar la isoterma frente a $x = q_2 e^{\beta \mu}$ e interpretar el resultado.

Ejercicio 3.9:

Calcular la magnetización media $\overline{\mathbf{M}}$ por unidad de volumen de un conjunto de N partículas independientes de momento angular $\mathbf{J}$. Evaluar la susceptibilidad magnética $\chi = \left(\partial \overline{\mathbf{M}}/\partial B\right)$ para un campo débil a altas temperaturas. Examinar los casos $J = 1/2$ y $J \to \infty$. (Datos: $\mu = g \mu_B \mathbf{J}/\hbar$ donde g es el factor de Landé y μ_B el magnetón de Bohr: $\mu_B = e\hbar/2mc$; $g = 2$ para electrones).

Ejercicio 3.10:

Considerar N spines iguales en interacición débil en el equilibrio térmico a la temperatura T y localizables (discernibles, asociados por ejemplo a los iones de un cristal), de energías intrínsecas ϵ. En este modelo, cada partícula tiene un momento magnético μ que puede ser paralelo o antiparalelo a campo magnético aplicado B. Las energías de interacción con el campo serán entonces $\epsilon_\pm = \mp \mu B$. A los números de spines paralelos $(+)$ o antiparalelos $(-)$ los denotaremos por $n_\pm$. Este modelo es isomorfo al de la cadena unidimensional aislada, jugando la magnetización total M el papel de la longitud L. Para los casos en que el campo magnético externo aplicado sea o no nulo, calcular:

1. La función de partición de cada spin.

2. La probabilidad de cada microestado de cada spin y de la de un micro-estado global del sistema de spines.

3. El valor medio de la energía y de las magnetizaciones individual y colectiva del sistema.

4. Analizar las fluctuaciones de la energía y de la magnetización del sistema.

5. Repetir el ejercicio para el caso de que el sistema esté aislado y comparar ambos resultados.

Ejercicio 3.11:

Obténgase la varianza de la variable aleatoria magnetización de un sistema de N espines $J = 1/2$, $s_M^2 = \overline{M^2} - \overline{M}^2$, que representa las fluctuaciones de la magnetización en torno a su valor medio. Compárese el valor de esta magnitud con el obtenido para la susceptibilidad magnética del sistema:

$$\chi = \mu_0 \left(\frac{\partial \overline{M}}{\partial B} \right)_T,$$

y demuéstrese que $k_B T \chi = s_M^2$, lo que expresa el hecho de que la respuesta macroscópica del sistema a perturbaciones exteriores está gobernada por las mismas leyes que la regresión espontánea de sus fluctuaciones microscópicas (teorema de fluctuación-disipación).

Ejercicio 3.12:

Enfriamiento por desimanación adiabática. Consideremos un sistema de N espines $S = 1/2$ ($\mu = -g\mu_B \mathbf{S}/\hbar$) independientes y distinguibles (localizados), en equilibrio térmico con un termostato a la temperatura T. Calcule:

- i) La función de partición del sistema en presencia de un campo magnético externo en la dirección del eje OZ. (Nota: El hamiltoniano del sistema en presencia del campo es $H = -\mu \mathbf{B}$, por lo que las energías de cada estado de espín son de la forma $E_m = -g\mu_B B m, m = \pm 1/2$.

- ii) La magnetización media del sistema $\langle M \rangle = k_B T(\partial \ln Z / \partial B)_\beta$. Analice los casos límite de: a) alta temperatura y bajo campo magnético (ley de Curie), y b) baja temperatura y alto campo externo.

- iii) La entropía del sistema de espines en función de la temperatura y del campo magnético, $S(T, B)$, y demuestre que la entropía es únicamente función de la variable $x = \beta\mu B$. Estudie el comportamiento de la entropía en los casos límite $x \to 0$ y $x \to \infty$. ¿Cómo se interpretan estos resultados? Teniendo en cuenta lo obtenido, ¿qué debe suceder con el cociente B/T en un proceso adiabático reversible del sistema ($S = cte.$)? En procesos de desimanación de sales paramagnéticas (e.g. LiF) se retira adiabáticamente el campo magnético aplicado sobre el sistema provocando la desaparición de su magnetización, ¿qué sucede con la temperatura de la sal en este supuesto?

Capítulo 4

Gases ideales cuánticos

Un gas ideal cuántico es un sistema formado por partículas idénticas indiscernibles en interacción débil. Como se ha mencionado en el capítulo anterior, la clave para la descripción de los microestados de este tipo de sistemas radica en el concepto de número de ocupación, i.e., el número de partículas en cada estado cuántico de partícula (n_r). El objetivo de este capítulo es la obtención de las propiedades termodinámicas de estos sistemas, comenzando con el cálculo del número promedio de partículas por estado cuántico de partícula o número medio de ocupación, $\bar{n}_r$. Para ello es preciso obtener previamente la función de partición del sistema atendiendo a la naturaleza de las partículas que lo componen (fermiones o bosones). A continuación se presentarán las propiedades de sistemas ideales de fermiones y bosones, tanto de partículas no relativistas como ultrarrelativistas.

4.1. Principio de identidad de las partículas.

Dos partículas se dicen idénticas si todas sus características intrínsecas (masa, spin, carga...) son las mismas. Los sistemas de partículas idénticas presentan, desde el punto de vista de la Mecánica Cuántica, un problema fundamental. Supongamos que inicialmente se encuentran en regiones del espacio donde sus funciones de onda permanecen netamente separadas (disjuntas). Podremos etiquetarlas entonces como partículas (1) y (2). Si las características de su movimiento las conducen a una situación donde la probabilidad de presencia simultánea en un mismo dominio (colisión) es no nula, perderemos su traza irremediablemente y, consecuentemente, toda información sobre su identidad.[1]

En efecto, consideremos un proceso de colisión de dos partículas idénticas. Clásicamente, conociendo las posiciones y momentos lineales antes de la colisión podemos seguir la trayectoria de las partículas intervinientes en el proceso durante el mismo. Sin embargo, en el caso cuántico el principio de incertidum-

---

[1]Evidentemente en un gas estos procesos se producen de manera continuada, de forma tal que, aun cuando pudiésemos etiquetar en un instante determinado las partículas del mismo, la información acerca de la identidad de las mismas se perdería irreversiblemente dentro de un intervalo de tiempo igual al tiempo medio de colisión.

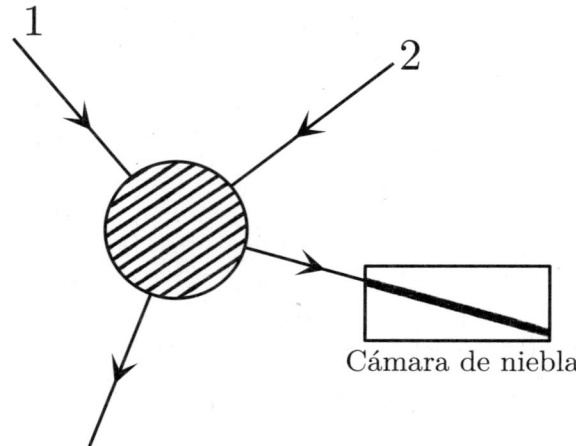

Figura 4.1: Proceso de colisión entre partículas idénticas. Aunque es posible obtener información mecánica sobre el proceso de scattering mediante una cámara de niebla, nunca puede precisarse de qué partículas se trata concretamente.

bre impone limitaciones sobre el conocimento de las posiciones y momentos de cada partícula, difuminando el concepto de trayectoria. No obstante, en este caso, mediante una cámara de niebla podemos seguir la trayectoria promedio de un haz de partículas (condensación de vapor de agua debido a la transferencia de momento entre las moléculas del gas y las partículas procedentes del proceso), aunque nunca podremos precisar qué partículas concretamente son las que inciden sobre la cámara de niebla en cada caso. De todos modos, cuando las partículas se aproximan lo suficiente como para producir una colisión se producen una serie de procesos (resonancias, intercambio de partículas...) que impiden la identificación de las partículas ahí. La región del espacio donde tiene lugar el proceso de *scattering* es, pues, una "caja negra" donde se pierde toda la información sobre la identidad de las partículas interaccionantes, y una vez perdida es irrecuperable.

En dimensión D=3 el tratamiento cuántico de los sistemas de partículas idénticas gravita fundamentalmente en torno al denominado principio de identidad (o indistinguibilidad) de las partículas, completado mediante el teorema spin-estadística. El corolario de ambos principios es el conocido principio de exclusión de Pauli. Tratemos estos resultados a continuación.

1. **Principio de indistinguibilidad**: Es el resultado principal de la teoría de partículas idénticas, y puede enunciarse de la forma siguiente:

   En un sistema de partículas idénticas, dos estados que difieren únicamente en la permutación de dos partículas son equivalentes.

   El enunciado anterior implica que toda la física, i.e. todos los observables físicos, del sistema permanecen invariantes bajo una permutación de partículas. Esto implica que las funciones de onda (que contienen la mencionada información física) poseen unas determinadas propiedades en relación con las operaciones del grupo de permutaciones. El principio de identidad de las partículas enunciado para las funciones de onda del sistema se expresa de la forma

La función de onda de un sistema de partículas idénticas tiene una simetría bien definida, bien completamente simétrica o completamente antisimétrica.

El postulado anterior se conoce también como postulado de simetrización. La función de onda de un sistema de N partículas idénticas será de la forma $\psi(\zeta_1, ..., \zeta_N)$, una función de los números cuánticos de las N partículas del sistema. De acuerdo con el principio de indistinguibilidad, el sistema físico resultante de una permutación arbitraria de las partículas es el mismo, lo que nos lleva a que la transformación más general posible bajo el grupo de permutaciones deja el módulo al cuadrado de la función de onda invariante. Esto es equivalente a la acumulación de una fase global en la función de onda de N-cuerpos:

$$\psi(\zeta_1, ...\zeta_i, ..., \zeta_k, ..., \zeta_N) = e^{-i\alpha}\psi(\zeta_1, ...\zeta_k, ..., \zeta_i, ..., \zeta_N)$$
$$= e^{-i2\alpha}\psi(\zeta_1, ...\zeta_i, ..., \zeta_k, ..., \zeta_N) \Rightarrow$$
$$\Rightarrow e^{-2i\alpha} = 1 \Leftrightarrow e^{-i\alpha} = \pm 1 \qquad (4.1)$$

Este principio necesita ser completado asignando un tipo determinado de simetría a cada clase de partículas idénticas, y ese es el papel del denominado teorema spin-estadística, que comentamos a continuación.

2. **Teorema spin-estadística** (Belinfante, 1939; Pauli, 1940): Las partículas con spin entero tienen asociada una función de onda totalmente simétrica (bosones), mientras para las de spin semientero (fermiones) la función de onda es totalmente antisimétrica:

$$e^{-i\alpha} = 1 \qquad \text{bosones}$$
$$e^{-i\alpha} = -1 \qquad \text{fermiones}$$

3. **Principio de exclusión (Pauli, 1925)**: Como conclusión inmediata se obtiene el denominado principio de exclusión que establece que en un sistema de fermiones dos o más partículas no pueden coexistir en el mismo estado cuántico. Consideremos, para demostrar el corolario, que los estados cuánticos ζ_i y ζ_k coinciden. Entonces, es evidente que tendremos:

$$\psi(\zeta_1, ...\zeta_i, ..., \zeta_k, ..., \zeta_N) = \psi(\zeta_1, ...\zeta_k, ..., \zeta_i, ..., \zeta_N), \qquad (4.2)$$

y, además, aplicando el principio de indistinguibilidad para fermiones:

$$\psi(\zeta_1, ...\zeta_i, ..., \zeta_k, ..., \zeta_N) = -\psi(\zeta_1, ...\zeta_k, ..., \zeta_i, ..., \zeta_N). \qquad (4.3)$$

De las dos ecuaciones anteriores se deduce de manera inmediata que la única posibilidad es que la función de onda de un sistema de partículas idénticas en la que haya dos en mismo estado se anule: $\psi(\zeta_1, ...\zeta_i, ..., \zeta_i, ..., \zeta_N) = 0$, lo que indica que se trata de un suceso con una probabilidad nula, según la interpretación estadística de la función de onda.

Evidentemente, la descripción de un microestado de un sistema de partículas idénticas no puede incorporar ningún dato acerca de la concreta identidad de las mismas. Si las partículas son independientes el hamiltoniano del sistema global será:

$$H = \sum_{i=1}^{N} H_i. \tag{4.4}$$

Los estados estacionarios (microestados) del sistema estarán entonces caracterizados por los N estados estacionarios individuales:

$$|\psi\rangle = |\phi_1, \phi_2, ..., \phi_N\rangle, \tag{4.5}$$

donde $|\phi_i\rangle$ es un estado propio del hamiltoniano H_i asociado al valor propio ϵ_i. En este tipo de sistemas cada una de las conserva su un espectro, que viene determinado por la diagonalización de su hamiltoniano, por lo que, como vimos en el capítulo 3, es posible describir el microestado del sistema global especificando el nivel de energía individual en el que se encuentra cada partícula del sistema. Sin embargo, en virtud del principio de indistinguibilidad de partículas no podemos saber qué partículas concretamente están en un determinado nivel de energía, sino únicamente cuántas de las totales se encuentran en ese nivel. Por ello, tal y como se introdujo en la sección 3.1,, los microestados de partículas idénticas se describen especificando los denominados *números de ocupación* de los niveles de energía del sistema, n_i, el número de partículas en el nivel i-ésimo de energía, que se introdujeron en el capítulo anterior. Como vimos entonces, un microestado del sistema global es entonces un conjunto de números cuánticos:

$$\{n_i\} \Leftrightarrow \quad \text{microestado del sistema} \tag{4.6}$$

La principal consecuencia del principio de exclusión de Pauli es que los números de ocupación máximos de los diferentes niveles de energía son diferentes según se trate de bosones o de fermiones:

$$n_i = 0, 1, 2..., \quad \text{bosones}$$
$$n_i = 0, 1 \quad \text{fermiones}$$

Ejemplo 4.1

Descripciones clásica y cuántica de los estados posibles de dos partículas en un sistema de tres niveles. Como puede verse los microestados del sistema global se pueden describir mediante una colección de números de ocupación.

Clásica ($\Gamma = 3^2 = 9$)			Bosones ($\Gamma = 6$)			Fermiones ($\Gamma = 3$)		
1	2	3						
AB	-	-						
-	AB	-	1	2	3			
-	-	AB	AA	-	-			
A	B	-	-	AA	-	1	2	3
B	A	-	-	-	AA	A	A	-
A	-	B	A	A	-	A	-	A
B	-	A	A	-	A	-	A	A
-	A	B	-	A	A			
-	B	A						

Evidentemente, en función de los números de ocupación del sistema podemos determinar completa e inequívocamente la energía, el número de partículas y los valores medios de los observables del sistema, por lo que los números de ocupación contienen toda la información estadística del sistema de partículas idénticas:

$$E = \sum_i n_i \epsilon_i,$$

$$N = \sum_i n_i,$$

$$\bar{A} = \sum_i \bar{n}_i A_i,$$

donde $\bar{n}_i$ es el número medio de ocupación del nivel i-ésimo. Evidentemente, el número de ocupación de un determinado nivel de energía es una variable aleatoria, por lo que macroscópicamente lo que observaremos será su valor medio o número medio de ocupación, resultado de promediar sobre todos los microestados del sistema.

Ejemplo 4.2

Numero medio de ocupación de un sistema de dos fermiones y tres niveles de energía

Nivel 1	Nivel 2	Nivel 3	Probabilidad
A	A	-	1/2
A	-	A	1/4
-	A	A	1/4

El valor medio del número de ocupación de los diferentes niveles de energía es:

$$\bar{n}_1 = 1/2 + 1/4 = 3/4$$

$$\bar{n}_2 = 1/2 + 1/4 = 3/4$$

$$\bar{n}_3 = 1/4 + 1/4 = 2/4$$

Evidentemente $\sum_i \bar{n}_i = 2$.

4.1.1. Función de partición de un gas ideal cuántico: análisis gran-canónico.

La función de partición del gas será, en el colectivo canónico

$$Z = \sum_l e^{-\beta E_l} = \sum_{n_1, n_2 \dots} e^{-\beta \sum_r n_r, \varepsilon_r}, \tag{4.7}$$

donde, como siempre, se ha usado que un microestado de un sistema de partículas idénticas se especifica proporcionando una colección de números de ocupación:

$$l = \{n_r\}_{r \in I}. \tag{4.8}$$

En el conjunto canónico, representativo de un sistema cerrado, los números de ocupación no pueden ser totalmente arbitrarios, sino que entre los mismos existe una ligadura determinada por la constancia del número total de partículas del sistema:

$$N = \sum_r n_r = cte. \tag{4.9}$$

Luego la función de partición canónica será:

$$Z = \sum_{\substack{n_1, \dots, n_r \\ N = \sum_r n_r}} g(N; n_1 \dots, n_r) e^{-\beta \sum_r n_r \varepsilon_r}, \tag{4.10}$$

donde $g(N; n_1 \dots, n_r)$ representa el número de configuraciones de las N partículas con números de ocupación $n_1 \dots, n_r$ y la suma únicamente se extiende a números de ocupación que preserven la invariancia del número total de partículas del sistema. Dicha ligadura dificulta mucho la suma de la serie anterior -a menos, como se ha visto en el capítulo anterior, que haya localización, i.e. discernibilidad, o estemos en el límite diluido- por lo que el colectivo canónico no es adecuado, en general, para realizar las sumas sobre números de ocupación propias de sistemas de partículas idénticas.

Evidentemente, el problema que acabamos de introducir no se presenta en el marco de la colectividad gran-canónica, ya que ésta es representativa de un sistema abierto, y no existe la ligadura $N = \sum_r n_r$, por lo que este es el conjunto estadístico apropiado para trabajar con sistemas de partículas idénticas. La gran función de partición del sistema de N partículas idénticas será:

$$\Xi = \sum_l e^{-\beta \sum_r n_r \varepsilon_r + \beta \mu \sum_r n_r}, \tag{4.11}$$

que puede escribirse de la forma:

$$\Xi = \sum_l e^{-\beta \sum_r n_r \varepsilon_r + \beta \mu \sum_r n_r} = \sum_l \prod_r e^{-\beta(\varepsilon_r - \mu) n_r} =$$

$$= \sum_{n_1, n_2 \dots} \prod_r e^{-\beta(\varepsilon_r - \mu) n_r} = \sum_{n_1} \sum_{n_2} \cdots \prod_r e^{-\beta(\varepsilon_r - \mu) n_r} =$$

$$= \prod_r \sum_{n_r = 0}^{n_{máx}} e^{-\beta(\varepsilon_r - \mu) n_r}. \tag{4.12}$$

Una vez obtenida la gran-función de partición, es posible acceder de manera directa a cualquier magnitud del sistema. En la siguiente sección se tratarán los números de ocupación, dejando el resto de la Termodinámica de gases ideales cuánticos para la siguiente.

Así, por ejemplo, podemos calcular la ecuación de estado del sistema. La presión estadística estará dada por la expresión usual de la colectividad gran-canónica:

$$\bar{p} = \frac{1}{\beta} \left(\frac{\partial \ln \Xi}{\partial V} \right)_{\mu, \beta}. \tag{4.13}$$

La posible dependencia de la función de partición en el volumen del sistema está contenida en las energías individuales, ϵ_r, por lo que:

$$\bar{p} = \frac{1}{\beta \Xi} \left\{ \sum_R \left[-\beta \sum_r n_r \frac{\partial \varepsilon_r}{\partial V} \right] e^{-\beta \sum_r n_r \varepsilon_r + \beta \mu \sum_r n_r} \right\} =$$

$$= -\sum_r \frac{\partial \varepsilon_r}{\partial V} \sum_l \frac{n_r}{\Xi} e^{-\beta \sum_r n_r \varepsilon_r + \beta \mu \sum_r n_r}. \tag{4.14}$$

La suma a todos los microestados del sistema de la probabilidad de un microestado dado por el número de ocupación es el número medio de ocupación:

$$\bar{n}_k = \sum_l \frac{n_{kl}}{\Xi} e^{-\beta \sum_r n_r \varepsilon_r + \beta \mu \sum_r n_r}, \tag{4.15}$$

que puede expresarse también como una derivada de la gran función de partición. En efecto, resulta evidente de la expresión anterior que:

$$\overline{N} = \frac{1}{\beta} \left(\frac{\partial \ln \Xi}{\partial \mu} \right) = \sum_r \bar{n}_r; \ \bar{n}_r = -\frac{1}{\beta} \left(\frac{\partial \ln \Xi}{\partial \epsilon_r} \right). \tag{4.16}$$

Luego, la presión estadística podemos expresarla de la forma:

$$\bar{p} = -\sum_r \frac{\partial \epsilon_r}{\partial V} \bar{n}_r. \tag{4.17}$$

Apliquemos la expresión anterior a partículas en una caja, para los cuales los autovalores del hamiltoniano son:

$$\epsilon_r = \frac{\pi^2 \hbar^2}{2m} \left[\left(\frac{n_x}{a_x} \right)^2 + \left(\frac{n_y}{a_y} \right)^2 + \left(\frac{n_z}{a_z} \right)^2 \right]. \tag{4.18}$$

Suponiendo, sin pérdida alguna de generalidad que se trata de una caja cúbica $(a_i = a)$ tendremos:

$$\epsilon_r = \frac{\pi^2 \hbar^2}{2m V^{2/3}} \left[n_x^2 + n_y^2 + n_z^2 \right], \tag{4.19}$$

con lo cual:

$$\frac{\partial \epsilon_r}{\partial V} = -\frac{2}{3V} \epsilon_r. \tag{4.20}$$

Por lo tanto la presión estadística de un sistema de partículas idénticas en una caja vendrá dada por la expresión siguiente:

$$\bar{p} = \sum_r \frac{2}{3V}\epsilon_r \bar{n}_r = \frac{2}{3V}\sum_r \epsilon_r \bar{n}_r = \frac{2}{3V}\bar{E}. \tag{4.21}$$

Esta relación es válida con independencia de que las partículas que se consideran sean fermiones o bosones, con la condición de que sus niveles energéticos sean los de una partícula en una caja dados por la Ec. (4.18). En este sentido no será aplicable a gases poliatómicos ni, como veremos con posterioridad, a fotones.

Es de señalar que un gas ideal monoatómico clásico también verifica la ecuación anterior:

$$\left\{ \begin{array}{l} \bar{p}V = Nk_BT \\ \bar{E} = \frac{3}{2}Nk_BT \end{array} \right\} \Rightarrow \bar{p}V = \frac{2}{3}\bar{E}, \tag{4.22}$$

aunque, a pesar de verificar una ecuación de estado similar a la de un gas ideal cuántico, viola la 3 ley de la Termodinámica.

4.2. Estadísticas de Fermi-Dirac, Bose-Einstein y Maxwell-Boltzmann

La obtención de la función de partición del sistema, y consecuentemente de la distribución de partículas (números medios de ocupación, etc.), depende, obviamente, del tipo de partículas de que se trate, tal y como se deduce de una interpretación estricta del teorema spin-estadística (equivalentemente del principio de exclusión de Pauli). Matemáticamente, esto se traduce en que la suma de la función de partición exige el conocimiento del número máximo de partículas por nivel de energía de partícula [§ Ec. (4.12)]. Como vimos, mientras para un sistema bosónico el número máximo de partículas por nivel no tenía ningún tipo de restricciones, para un sistema de fermiones el número de partículas por nivel únicamente puede tomar los valores 0 ó 1. Esto determina la aparición de diferencias drásticas en las propiedades estadísticas de estos sistemas. Introduciremos a continuación el número medio de partículas por estado de partícula en sistemas de partículas idénticas, así como su límite clásico (estadística de Maxwell-Boltzmann).

4.2.1. Estadística de Fermi-Dirac

En este caso las partículas que componen el sistema (gas ideal cuántico) son fermiones, por lo que $n_{\text{máx}} = 1$. Particularizando para este supuesto la Ec. (4.12), la gran función de partición de un gas ideal de fermiones será:

$$\Xi = \prod_r \sum_{k=0}^{1} e^{-\beta(\varepsilon_r - \mu)k} = \prod_r \left(1 + e^{-\beta(\varepsilon_r - \mu)} \right), \tag{4.23}$$

o lo que es lo mismo, su logaritmo neperiano será:

$$\ln \Xi = \sum_r \ln \left(1 + e^{-\beta(\varepsilon_r - \mu)} \right). \tag{4.24}$$

A partir de esta expresión podemos obtener de manera directa, por aplicación de las relaciones convencionales, los valores medios de las diferentes magnitudes. En particular, el número medio de ocupación de los niveles de energía puede obtenerse a partir de:

$$\bar{N} = \frac{1}{\beta} \left(\frac{\partial \ln \Xi}{\partial \mu} \right) = \sum_r \frac{e^{-\beta(\varepsilon_r - \mu)}}{1 + e^{-\beta(\varepsilon_r - \mu)}} = \sum_r \frac{1}{e^{\beta(\varepsilon_r - \mu)} + 1} = \sum_r \bar{n}_r, \quad (4.25)$$

de lo cual se deduce que los números de ocupación medios para un sistema de fermiones están dados por la expresión:

$$\bar{n}_r = \frac{1}{e^{\beta(\varepsilon_r - \mu)} + 1}, \qquad (4.26)$$

que se conoce como *distribución de Fermi-Dirac*. Al potencial químico en la anterior expresión se le denomina nivel de Fermi y a su valor a la temperatura $T = 0$, $\epsilon_F = \mu(T = 0)$, se le conoce como energía de Fermi. La expresión anterior admite una derivación alternativa a partir de:

$$\bar{n}_r = -\frac{1}{\beta} \frac{\partial \ln \Xi}{\partial \epsilon_r} = \frac{1}{e^{\beta(\varepsilon_r - \mu)} + 1}. \qquad (4.27)$$

La distribución obtenida anteriormente verifica, de manera trivial, el principio de exclusión de Pauli, pues dado que, $0 \leq e^{\beta(\varepsilon_r - \mu)} \leq \infty$, el número medio de partículas por nivel está acotado:

$$0 \leq \bar{n}_r \leq 1 \qquad (4.28)$$

Analicemos a continuación la distribución de Fermi-Dirac a diferentes temperaturas.

i) $T = 0$: A la temperatura del cero absoluto la distribución de Fermi predice dos comportamientos antagónicos:

$$\epsilon_r > \mu \Longrightarrow \bar{n}_r = 0$$
$$\epsilon_r < \mu \Longrightarrow \bar{n}_r = 1$$

A $T = 0$ todos los niveles de energía menor que la energía de Fermi están ocupados, mientras que se encuentran desocupados los que tienen una energía más alta. Este hecho se debe a que, a la temperatura del cero absoluto, todas las partículas tienden a ocupar niveles con la menor energía posible. En el caso de que no lo impidiese el principio de exclusión de Pauli, todas las partículas irían a ocupar el estado fundamental (como veremos que sucede en el caso de que se trate de bosones). Sin embargo, en un gas de Fermi, las partículas se ven obligadas a llenar los diferentes niveles de energía de forma progresiva hasta que se agota su número. Precisamente a partir de este hecho se puede obtener la energía de Fermi del sistema de la manera que se verá a continuación.

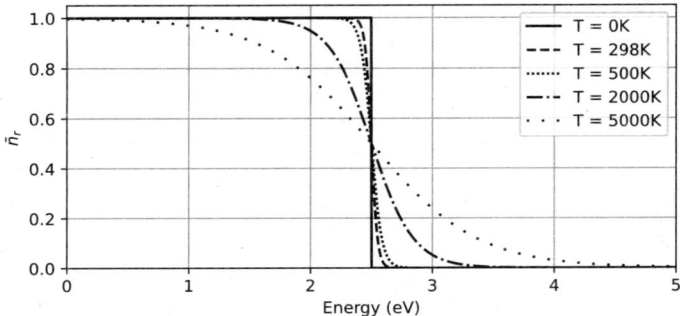

Figura 4.2: Función de distribución de Fermi-Dirac.

En un sistema macroscópico la distancia entre los diferentes niveles de energía del sistema es extraordinariamente pequeña, por lo que es posible (y necesario) pasar al continuo para obtener la función de partición y los valores medios de las magnitudes del sistema. El número de estados con energía entre ε y $\varepsilon + d\varepsilon$ viene dado por la densidad de estados,

$$d\Omega(\varepsilon) = g(\varepsilon)d\varepsilon = (2S+1)\,\frac{4\pi V}{h^3}\,\left(2m^3\right)^{1/2}\varepsilon^{1/2}d\varepsilon, \qquad (4.29)$$

donde el factor $(2S+1)$ se debe a la degeneración (número de estados de spin por cada estado traslacional) debida al spin (necesariamente semientero) de las partículas. El número de partículas con energías comprendidas entre ε y $\varepsilon + d\varepsilon$ será, por lo tanto:

$$f_{FD}(\varepsilon)d\varepsilon = \bar{n}(\varepsilon)g(\varepsilon)d\varepsilon$$

$$= (2S+1)\,\frac{4\pi V}{h^3}\,\left(2m^3\right)^{1/2}\frac{\varepsilon^{1/2}}{e^{\beta(\varepsilon-\mu)}+1}d\varepsilon, \qquad (4.30)$$

donde se ha usado la distribución de Fermi-Dirac para el número medio de ocupación de un nivel de energía ϵ. Una vez obtenida la distribución de probabilidad anterior, la media de cualquier magnitud se obtiene sumando a las partículas de energía ϵ e integrando posteriormente a todos los valores de energía, en la forma:

$$\bar{A}(\varepsilon) = \int_0^\infty A(\varepsilon)f_{FD}(\varepsilon)d\varepsilon. \qquad (4.31)$$

El número medio de partículas del sistema (que coincide con su número total si el sistema es cerrado) será:

$$\overline{N}(T) = \sum_r \bar{n}_r = \int_0^\infty \bar{n}(\varepsilon)g(\varepsilon)d\varepsilon = \int_0^\infty f_{FD}(\varepsilon)d\varepsilon. \qquad (4.32)$$

A la temperatura del cero absoluto $(\bar{n}(\varepsilon) = 1)$ tenemos:

$$\overline{N}(T=0) = \int_0^{\epsilon_F} g(\varepsilon)d\varepsilon = (2S+1)\frac{4\pi V}{h^3}\left(2m^3\right)^{1/2}\int_0^{\epsilon_F}\varepsilon^{1/2}d\varepsilon$$

$$= (2S+1)\frac{4\pi V}{h^3}\left(2m^3\right)^{1/2}\frac{2}{3}\epsilon_F^{3/2}, \tag{4.33}$$

por lo que la energía de Fermi de un gas de fermiones de N partículas viene dada por:

$$\epsilon_F = \frac{h^2}{\left[\sqrt{2}(2S+1)\right]^{2/3}4m}\left(\frac{3N}{\pi V}\right)^{2/3}. \tag{4.34}$$

Para electrones $s = 1/2$ y por lo tanto:

$$\epsilon_F = \frac{h^2}{8m}\left(\frac{3N}{\pi V}\right)^{2/3}. \tag{4.35}$$

ii) $T > 0$: Cuando pasamos de $T = 0$ a temperaturas finitas, los niveles de energía menor que la de Fermi comienzan a despoblarse en favor de los de energía superior. Mediante estas excitaciones únicamente podrán cambiar de estado aquellos fermiones que pasen a niveles desocupados, por lo que únicamente las partículas con energías próximas a μ (dentro de una banda $k_B T$) pueden pasar a estados excitados mediante excitaciones térmicas. Además, para cualquier temperatura $T > 0\ K$ se verifica:

$$\bar{n}_r(\epsilon_r = \mu) = \frac{1}{2}, \tag{4.36}$$

y por tanto los niveles con energía menor que ϵ_F siempre tienen $\bar{n}_r > \frac{1}{2}$, y los que poseen una energía superior, $\bar{n}_r < \frac{1}{2}$. Además, es inmediato demostrar que $\bar{n}_r \to 1/2$ cuando $T \to \infty$.

4.2.2. Estadística de Bose-Einstein

En el presente caso las partículas que forman el gas ideal son bosones. Los colectivos de estas partículas tienen, según el teorema spin-estadística, una función de onda completamente simétrica, por lo que no sufren las restricciones del principio de exclusión de Pauli y por lo tanto es posible que más de una partícula ocupe el mismo estado cuántico. El número máximo de bosones por estado de partícula no tiene restricción alguna: $n_{\text{máx}} \to \infty$. La gran función de partición de la ec. (4.12) será por lo tanto:

$$\Xi_{BE} = \prod_r \sum_{n_r=0}^{\infty} e^{-\beta(\varepsilon_r-\mu)n_r}. \tag{4.37}$$

La suma anterior es una serie geométrica de razón $e^{-\beta(\varepsilon_r-\mu)}$, por lo que será convergente únicamente si se verifica que $e^{-\beta(\varepsilon_r-\mu)}$ es menor que 1 o, lo que es lo mismo, si $(\varepsilon_r - \mu) > 0, \forall r$ estado cuántico, por lo que en particular también se verifica para el estado fundamental. Esto significa que la función de partición de un gas bosónico únicamente está definida si el potencial químico del gas es menor que la energía de todos y cada uno de los estados cuánticos de partícula. En este caso:

$$\Xi_{BE} = \prod_r \left(\frac{1}{1 - e^{-\beta(\varepsilon_r - \mu)}} \right), \qquad (4.38)$$

por lo que el logaritmo neperiano de la gran función de partición es:

$$\ln \Xi_{BE} = -\sum_r \ln\left(1 - e^{-\beta(\varepsilon_r - \mu)}\right). \qquad (4.39)$$

La obtención de los números medios ocupacionales procede ahora, al igual que en el caso anterior de la estadística de Fermi-Dirac, como:

$$\bar{N} = \frac{1}{\beta} \left(\frac{\partial \ln \Xi_{BE}}{\partial \mu} \right) = \sum_r \frac{e^{-\beta(\varepsilon_r - \mu)}}{1 - e^{-\beta(\varepsilon_r - \mu)}} = \sum_r \frac{1}{e^{\beta(\varepsilon_r - \mu)} - 1} = \sum_r \bar{n}_r,$$

de lo cual se deduce que los números de ocupación medios para un sistema de bosones están dados por la expresión:

$$\bar{n}_r = \frac{1}{e^{\beta(\varepsilon_r - \mu)} - 1}. \qquad (4.40)$$

La expresión anterior se conoce como *distribución de Bose-Einstein*. Análogamente, podría obtenerse a partir de:

$$\bar{n}_r = -\frac{1}{\beta} \frac{\partial \ln \Xi}{\partial \epsilon_r} = \frac{1}{e^{\beta(\varepsilon_r - \mu)} - 1}. \qquad (4.41)$$

Dado que la convergencia de la serie de la función de partición exige que $(\varepsilon_r - \mu) > 0, \forall r$ estado cuántico, la distribución de Bose-Einstein predice que el número medio de ocupación de cualquier nivel de energía es nulo a la temperatura del cero absoluto, $\bar{n}_r = 0$, por lo que obviamente todas las partículas han de estar en el estado fundamental a dicha temperatura, de acuerdo con lo predicho por los resultados generales de la Mecánica Cuántica. En este caso, la presencia simultánea de bosones idénticos en el estado fundamental no presenta ningún problema desde el punto de vista mecano-cuántico, al no aplicarse el principio de exclusión, por lo que no es de extrañar que el número medio de partículas por estado cuántico pueda ser mayor que 1, y de hecho tiende a ∞ cuando $\epsilon_r \to \mu$.

Por lo que se refiere a la distribución de partículas por intervalo diferencial de energía en sistemas macroscópicos, su obtención es completamente análoga al caso de fermiones, naturalmente sustituyendo la distribución de FD por la de BE:

$$f_{BE}(\varepsilon)d\varepsilon = \bar{n}(\varepsilon)g(\varepsilon)d\varepsilon = (2S + 1) \frac{4\pi V}{h^3} \left(2m^3\right)^{1/2} \frac{\varepsilon^{1/2}}{e^{\beta(\varepsilon - \mu)} - 1} d\varepsilon. \qquad (4.42)$$

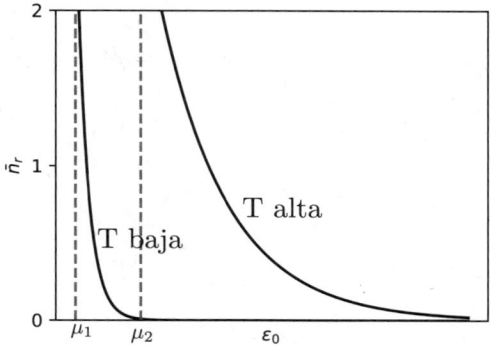

Figura 4.3: Distribución de Bose-Einstein.

Demuéstrese que la entropía de un gas ideal cuántico está dada por:

$$S = -k_B \sum_i \left[\bar{n}_i \ln \bar{n}_i \pm (1 \mp \bar{n}_i) \ln (1 \mp \bar{n}_i) \right],$$

donde el signo superior (inferior) corresponde al caso de fermiones (bosones).

Entropía de un un gas ideal cuántico.
La entropía estadística en la colectividad gran-canónica es

$$S = -k_B \sum_l P_l \ln P_l = k_B \ln \Xi + \frac{1}{T}\bar{E} - \frac{\mu}{T}\bar{N},$$

que no es sino la definición del gran-potencial $\psi(T, V, \mu)$, como la transformada de Legendre de la energía interna del sistema $\bar{E}(S, V, \bar{N})$ respecto a la entropía y el número de partículas. Usando que:

$$\ln \Xi = \pm \sum_r \ln \left[1 \pm e^{-\beta(\varepsilon_r - \mu)} \right],$$

$$\bar{E} = \sum_r \bar{n}_r \varepsilon_r = \sum_r \frac{\varepsilon_r}{e^{\beta(\varepsilon_r - \mu)} \pm 1},$$

$$\bar{N} = \sum_r \bar{n}_r = \sum_r \frac{1}{e^{\beta(\varepsilon_r - \mu)} \pm 1},$$

y teniendo en cuenta nuevamente que

$$e^{\beta(\varepsilon_r - \mu)} = \frac{1}{\bar{n}_r} \mp 1 \Leftrightarrow \beta(\varepsilon_r - \mu) = \ln(1 \mp \bar{n}_r) - \ln \bar{n}_r,$$

podemos reexpresar la entropía estadística como

$$S = \pm k_B \sum_r \ln \left[1 \pm \frac{\bar{n}_r}{1 \mp \bar{n}_r} \right] + k_B \sum_r \bar{n}_r \left[\ln(1 \mp \bar{n}_r) - \ln \bar{n}_r \right].$$

Reordenando la expresión anterior tenemos finalmente

$$
\begin{aligned}
S &= \pm k_B \sum_r \ln\left[\frac{1 \mp \bar{n}_r \pm \bar{n}_r}{1 \mp \bar{n}_r}\right] + k_B \sum_r \bar{n}_r \ln\left(1 \mp \bar{n}_r\right) - k_B \sum_r \bar{n}_r \ln \bar{n}_r \\
&= -k_B \sum_r \left[\bar{n}_r \ln \bar{n}_r \pm \left(1 \mp \bar{n}_r\right) \ln\left(1 \mp \bar{n}_r\right)\right].
\end{aligned}
$$

4.2.3. Estadística de Maxwell-Boltzmann: Límite clásico de las estadísticas cuánticas

Examinemos ahora las estadísticas cuánticas (B-E y F-D) en el límite en el que el número medio de ocupación sea mucho menor que uno (límite diluido), lo que tiene lugar cuando $e^{\beta(\varepsilon_r - \mu)} \gg 1$. En particular, los números medios de ocupación, $\bar{n}_r$, son mucho menores que la unidad tanto a bajas densidades de partículas como a altas temperaturas. Concretamente la condición se cumple cuando $e^{-\beta\mu} \gg 1$ o, equivalentemente, cuando $e^{\beta\mu} \ll 1$. Veamos cuáles son la condiciones de validez de esta aproximación en términos de la temperatura y el volumen del sistema.

1. Bajas densidades y temperatura constante: Supongamos que manteniendo constante la temperatura hacemos que el número de partículas por unidad de volumen sea mucho menor que el número de estados de energía por unidad de volumen. Si consideramos la expresión:

$$
\bar{N} = \sum_r \frac{1}{e^{\beta(\varepsilon_r - \mu)} \pm 1} = \sum_r \bar{n}_r, \tag{4.43}
$$

   es evidente que lo anterior se verifica únicamente si cada sumando es mucho menor que la unidad, ya que el número de sumandos es mucho mayor que el número de partículas. Luego, $e^{\beta(\varepsilon_r - \mu)} \gg 1$ para todos los estados de partícula en el límite de bajas densidades.

2. Densidad fija y altas temperaturas: En este caso el número de sumandos que contribuyen al número medio de partículas aumenta, puesto que al aumentar T, también puede hacerlo ϵ_r sin que deje de verificarse $e^{\beta(\varepsilon_r - \mu)} \gg 1$. Por lo tanto llegamos a la misma conclusión que en el caso anterior.

Como vemos las condiciones en las que existe un número de partículas por nivel de energía mucho menor que la unidad coincide con las de validez de la aproximación clásica. Efectivamente, puede demostrarse de manera sencilla que la condición $e^{\beta(\varepsilon_r - \mu)} \gg 1$ es equivalente a $\bar{l} \gg \lambda_B$, siendo $\bar{l}$ la distancia media entre partículas y λ_B la longitud de onda térmica o de de Broglie.

En los dos límites anteriores, el número de partículas por estado cuántico es mucho menor que la unidad. En dichas condiciones la unidad en los denominadores de las distribuciones cuánticas puede despreciarse frente al término

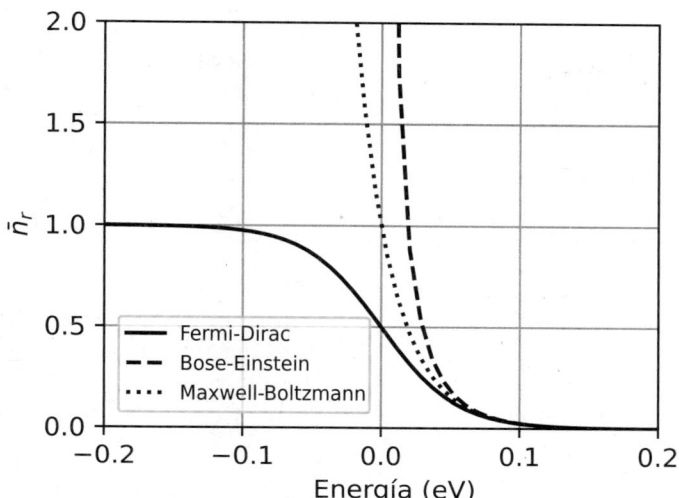

Figura 4.4: Comparación de las estadísticas de Fermi-Dirac y Bose-Einstein, para $\mu = 0$, con la de Maxwell-Boltzmann.

exponencial, por lo que podemos aproximar el número medio de ocupación en ambos casos por la expresión:

$$\bar{n}_r = e^{-\beta(\varepsilon_r - \mu)}, \tag{4.44}$$

que constituye la denominada *distribución de Maxwell-Boltzmann*. Esta aproximación se nos muestra como el límite común de ambas estadísticas cuánticas (FD y BE) para números medios de ocupación mucho más bajos que la unidad.

    Es inmediato demostrar que el resultado obtenido recupera el resultado clásico de Maxwell-Boltzmann[2] (de ahí su denominación) para la función de partición de un sistema de N partículas indistinguibles e independientes en el límite diluido (Ec. 3.16)

$$Z_N = \frac{z^N}{N!}. \tag{4.45}$$

En efecto, las funciones de partición en las estadísticas de Fermi-Dirac y Bose-Einstein en la aproximación de Maxwell-Boltzmann (bajas densidades de partículas por nivel energético) pueden expresarse como:

$$\ln \xi_r^{FD} \simeq \ln \xi_r^{BE} \simeq e^{-\beta(\varepsilon_r - \mu)}, \tag{4.46}$$

donde hemos usado que $\ln \Xi = \sum_r \ln \xi_r$, y las Ecs. (4.24) y (4.39). Según esto, la gran función de partición del sistema en la aproximación de Maxwell-Boltzmann es:

$$\ln \Xi_{MB} = \sum_r e^{-\beta(\varepsilon_r - \mu)}. \tag{4.47}$$

---

[2]Véase Capítulo 6.

Usando la definición de función de partición canónica de una partícula, $z = \sum_r e^{-\beta\varepsilon_r}$, podemos reexpresar la ecuación anterior de la forma:

$$\Xi_{MB} = \exp\left[e^{\beta\mu}z\right].\tag{4.48}$$

Desarrollando la exponencial de la ecuación anterior se puede obtener la ecuación siguiente:

$$\Xi_{MB} = \sum_{N=0}^{\infty} e^{\beta\mu N}\frac{z^N}{N!} = \sum_{N=0}^{\infty} e^{\beta\mu N} Z_N,\tag{4.49}$$

por lo que la función de partición canónica coincide con la obtenida en la aproximación de Maxwell-Boltzmann. Cuando un gas ideal se encuentra en las condiciones de que pueda utilizarse la aproximación de Maxwell-Boltzmann se dice que el gas es no degenerado, mientras que si es preciso utilizar las distribuciones de Fermi-Dirac o de Bose-Einstein se dice que es degenerado. Además el límite definido por la estadística de Maxwell-Boltzmann [Ec. (4.44)] se denomina límite clásico, pues como hemos visto, y analizaremos en el capítulo correspondiente con más detalle, recupera los resultados de la Mecánica Estadística Clásica.

4.2.4. Método de la distribución más probable

Una forma alternativa de obtener las distribuciones estadísticas de sistemas de partículas idénticas es mediante la aplicación del método de la distribución más probable. Para ello, maximizaremos el número de configuraciones que pueden adoptar N partículas idénticas en los niveles de energía sometidos a:

1) $\sum_i n_i = N = cte$

2) $\sum_i n_i\epsilon_i = E = cte$ (sist. aislado)

g_i **cajas** / $g_i - 1$ **separadores**

1. **Bosones:** Podemos permutar las partículas y las separaciones de la caja de cualquier modo, pues no existe limitación por el principio de exclusión de Pauli. Así pues, el número de configuraciones en las que n_i partículas se pueden distribuir en los diferentes estados de partícula del nivel i-ésimo es

$$w_i = \frac{(n_i + g_i - 1)!}{n_i!\,(g_i - 1)!},$$

de modo que el total de las $N = \sum_i n_i$ en todos los estados de partícula pueden colocarse de

$$W = \prod_i w_i = \prod_i \frac{(n_i + g_i - 1)!}{n_i! \, (g_i - 1)!},$$

formas diferentes, lo que implica que la entropía del sistema (en unidades de k_B) es

$$S = \ln W = \sum_i \left[\ln (n_i + g_i - 1)! - \ln n_i! - \ln (g_i - 1)!\right] \simeq$$

$$\simeq \sum_i \left[(n_i + g_i) \ln (n_i + g_i) - n_i \ln n_i - g_i \ln g_i\right],$$

donde, como de costumbre, hemos usado la aproximación de Stirling. Para obtener la distribución de equilibrio o más probable (entropía máxima) tenemos que maximizar W o, equivalentemente, S sometida a las restricciones $\sum_i n_i = N$ y $\sum_i n_i \epsilon_i = E$. Aplicando el teorema de multiplicadores indeterminados de Lagrange,

$$\delta L = \delta \left[S + \alpha \sum_i n_i + \beta \sum_i n_i \epsilon_i\right] = 0, \tag{4.50}$$

$$\frac{\partial S}{\partial n_k} + \alpha + \beta \epsilon_k = 0 \Leftrightarrow \ln (n_k + g_k) + \cancel{1} - \ln n_k - \cancel{1} + \alpha + \beta \epsilon_k = 0. \tag{4.51}$$

Así pues,

$$\ln \left[\frac{n_k + g_k}{n_k}\right] \doteq -\alpha - \beta \epsilon_k, \tag{4.52}$$

$$n_k \doteq \frac{g_k}{e^{-\alpha - \beta \epsilon_k} - 1}, \tag{4.53}$$

recuperando la distribución de Bose-Einstein.

2. **Fermiones:** La limitación del principio de exclusión de Pauli en este caso nos conduce a que el número de configuraciones por nivel de energía es

$$w_i = \frac{g_i!}{n_i! \, (g_i - n_i)!}, \tag{4.54}$$

$$W = \prod_i w_i \tag{4.55}$$

$$\Rightarrow S = \sum_i \left[\ln g_i! - \ln n_i! - \ln (g_i - n_i)!\right], \tag{4.56}$$

de tal modo que recuperamos la distribución de Fermi-dirac:

$$n_k = \frac{g_k}{e^{-\alpha - \beta \epsilon_k} + 1}; \tag{4.57}$$

donde, como antes,

$$\alpha = -\frac{\mu}{k_B T}, \tag{4.58}$$

$$\beta = \frac{1}{k_B T}. \tag{4.59}$$

3. **Partículas clásicas:** En este caso tenemos partículas distinguibles por lo que:

$$w_i = \frac{g_i^{n_i}}{n_i!} \Rightarrow W = N! \prod_i w_i = N! \prod_i \frac{g_i^{n_i}}{n_i!}, \tag{4.60}$$

y por tanto

$$S \simeq N \ln N + \sum_i \left[n_i \ln g_i - n_i \ln n_i \right], \tag{4.61}$$

$$n_k = g_k e^{\alpha - \beta \epsilon_k}, \tag{4.62}$$

lo que nos conduce a la distribución de Maxwell-Boltzmann.

4.3. Propiedades termodinámicas de los gases ideales

Las propiedades termodinámicas de sistemas de partículas no interaccionantes (bosones o fermiones) degenerados pueden evaluarse calculando la función de partición correspondiente:

$$\ln \Xi = \pm \sum_r \ln \left[1 \pm e^{-\beta(\epsilon_r - \mu)} \right] \quad \left(\begin{array}{cc} + & \text{FD} \\ - & \text{BE} \end{array} \right) \tag{4.63}$$

donde la suma se extiende a todos los estados cuánticos de partícula.[3] Evidentemente, la suma en la Ec. (4.63) presenta un elevado nivel de complejidad en la mayoría de los casos de interés. En lo que sigue será útil realizar, nuevamente, el denominado paso al continuo. En sistemas con dimensiones macroscópicas, el espectro de partículas puede considerarse continuo, pues, como hemos visto anteriormente (ver Tratamiento cuántico del movimiento de traslación), la separación entre niveles de energía consecutivos tiende a cero aún para números cuánticos elevados. En este caso, es posible recuperar las sumas por integrales en el espacio de las $k's$ ($p's$) (espacio fásico):

$$\sum_r \rightarrow \frac{V}{(2\pi)^3} \int d\boldsymbol{k} \equiv \frac{V}{h^3} \int d\boldsymbol{p}. \tag{4.64}$$

Análogamente, podemos sustituir la suma sobre niveles de energía por integrales en todo el rango posible de energías (equiv. de frecuencias):

$$\sum_r \rightarrow \int_0^\infty g(\epsilon) d\epsilon \equiv \int_0^\infty g(\omega) d\omega. \tag{4.65}$$

---

[3]Notemos que el término correspondiente a $\epsilon_r = 0$ diverge cuando $\mu \rightarrow 0$.

Es importante entender la presencia en las integrales anteriores de la densidad de estados del sistema, $g(\epsilon)$, necesaria para construir el número de estados en el intervalo $(\epsilon, \epsilon + d\epsilon)$:[4]

$$d\Gamma(\epsilon) = g(\epsilon)d\epsilon. \tag{4.66}$$

En el nuevo formalismo continuo las magnitudes relevantes (valores medios) se obtienen de la forma:

$$\bar{A} \equiv \langle A \rangle = \sum_r \bar{n}_r A_r \rightarrow \bar{A} = \int_0^\infty g(\epsilon)\bar{n}(\epsilon)A(\epsilon)d\epsilon. \tag{4.67}$$

En particular, el número medio de partículas en el sistema y su energía interna se expresan como:

$$\bar{N} = \sum_r \bar{n}_r \rightarrow \bar{N} = \int_0^\infty g(\epsilon)\bar{n}(\epsilon)d\epsilon,$$

$$\bar{E} = \sum_r \bar{n}_r \epsilon_r \rightarrow \bar{E} = \int_0^\infty g(\epsilon)\bar{n}(\epsilon)\epsilon d\epsilon. \tag{4.68}$$

De las ecuaciones anteriores se deduce que la función

$$f(\epsilon) = \bar{n}(\epsilon)g(\epsilon), \tag{4.69}$$

es la densidad de partículas con energías comprendidas entre ϵ y $\epsilon + d\epsilon$, y actúa como una auténtica función de densidad de probabilidad en el espacio de energías [ver Ec. (4.67)]. Teniendo en cuenta lo anterior, para un gas ideal degenerado en el límite termodinámico se puede escribir la gran-función ·de partición (4.63) de la forma:

$$\ln \Xi = \pm \int_0^\infty d\epsilon g(\epsilon) \ln[1 \pm e^{-\beta(\epsilon-\mu)}] \quad \left(\begin{array}{cc} + & \text{FD} \\ - & \text{BE} \end{array} \right), \tag{4.70}$$

aunque como se verá posteriormente, será necesario individualizar la contribución del estado fundamental para obtener las propiedades del gas de bsosones en el límite $T \rightarrow 0$. El cálculo de la función anterior exige el conocimiento de la densidad de estados del sistema, que condiciona toda la termodinámica del sistema. En esta sección trataremos gases ideales de materia (átomos, electrones, ...) a baja temperatura, y también gases ideales de partículas y cuasipartículas asociadas a campos. Ello nos obligará a considerar densidades de estado para sistemas mecánicos diferentes.

(a) **Partículas no relativistas en una caja**: La relación de dispersión es, en este caso, $\epsilon = p^2/2m$, por lo que la densidad de estados de partícula en una caja cúbica 3D de lado a será:

$$N(k) = \frac{4}{3}\pi k^3 / \left(\frac{2\pi}{a}\right)^3 = \frac{V}{6\pi^2}k^3 \Rightarrow \frac{V}{6\pi^2\hbar^3}(2mE)^{3/2} = \Gamma(E),$$

$$g(E) = \frac{d\Gamma(E)}{dE} \Rightarrow g(E) = g_s \frac{4\pi V}{h^3}(2m^3)^{1/2}E^{1/2}, \tag{4.71}$$

$$g_s = (2s+1).$$

---

[4] $\sum_{r(est)} \approx \sum_{i(nivel)} g_i \longrightarrow \int_0^\infty g(\epsilon)d\epsilon$. En este sentido $g(\epsilon)$ es una generalización de g_i (degeneración del nivel) para el caso continuo.

(b) **Partículas ultrarrelativistas en una caja**: En este caso la relación de dispersión es $E = pc = \hbar k c$. En este caso, con un procedimiento estrictamente análogo al anterior, obtendríamos:

$$\Gamma(E) = \frac{V}{6\pi^2}\left(\frac{E}{\hbar c}\right)^3 \Rightarrow g(E) = \frac{V}{2\pi^2\hbar^3 c^3}E^2. \qquad (4.72)$$

Naturalmente, en el caso de tener grados de libertad adicionales han de incluirse en el cómputo de estados. Así en el caso particular del gas de fotones, las partículas tienen dos polarizaciones posibles (ondas transversales, compatibles con las ecuaciones de Maxwell), por lo que la densidad de estados fotónica será:

$$g(E) = 2 \times \frac{V}{2\pi^2\hbar^3 c^3}E^2 = \frac{V}{\pi^2\hbar^3 c^3}E^2. \qquad (4.73)$$

Trataremos en primer lugar gases no relativistas (electrones y bosones a bajas temperaturas) para terminar con los gases de fotones y fonones, intrínsecamente ultrarrelativistas.

En el caso de un gas no relativista, la combinación de las Ecs. (4.70) y (4.71) nos conduce a:

$$\ln \Xi = \pm\frac{4\pi V}{h^3}(2m^3)^{1/2}g_s \int_0^\infty \epsilon^{1/2}\ln\left(1 \pm \lambda e^{-\beta\epsilon}\right)d\epsilon \quad \left(\begin{array}{cc} + & \text{FD} \\ - & \text{BE} \end{array}\right) \qquad (4.74)$$

$$\lambda = e^{\beta\mu} \equiv \text{fugacidad}$$

El cálculo de la función de partición anterior progresa desarrollando en serie de Taylor el logaritmo en el integrando, aunque en el caso de un gas de bosones, la contribución del estado fundamental (estado de momento cero, $\epsilon = 0$) debe ser individualizada para tener en cuenta que ésta puede ser tan grande como todo el resto de la suma.[5] Así, para bosones:

$$\ln \Xi_{BE} = -g_s \ln(1 - \lambda) - \frac{4\pi V}{h^3}(2m^3)^{1/2}g_s \int_0^\infty \epsilon^{1/2}\ln\left(1 - \lambda e^{-\beta\epsilon}\right)d\epsilon, \qquad (4.75)$$

mientras que para fermiones:

$$\ln \Xi_{FD} = \frac{4\pi V}{h^3}(2m^3)^{1/2}g_s \int_0^\infty \epsilon^{1/2}\ln\left(1 + \lambda e^{-\beta\epsilon}\right)d\epsilon. \qquad (4.76)$$

Como se mencionó anteriormente, desarrollando los logaritmos en los integrandos de las Ecs. (4.75) y (4.76) podemos obtener las funciones de partición para gases de Bose y Fermi, respectivamente. Usando ($x = e^{-\beta\epsilon}$) y que

$$\ln(1 + \lambda x) = \sum_{n=1}^\infty \frac{(-1)^{n+1}}{n}(\lambda x)^n,$$

$$\ln(1 - \lambda x) = -\sum_{n=1}^\infty \frac{(\lambda x)^n}{n}, \qquad (4.77)$$

---

[5]Construido a partir de la Ec. (4.63) haciendo $\epsilon_r = 0$. Diverge si $\lambda \to 1$. Fijémonos que en (4.74) la contribución a la función de partición del estado de momento nulo ($\epsilon = 0$) se anula.

podemos obtener:

$$\ln \Xi_{BE} = -g_s \ln(1 - \lambda) + \frac{4\pi V}{h^3} \frac{(2m^3)^{1/2}}{\beta^{3/2}} g_s \sum_{n=1}^{\infty} \frac{\lambda^n}{n} \int_0^{\infty} x^{1/2} e^{-nx} dx,$$

$$\ln \Xi_{FD} = \frac{4\pi V}{h^3} \frac{(2m^3)^{1/2}}{\beta^{3/2}} g_s \sum_{n=1}^{\infty} \frac{(-1)^{n+1}\lambda^n}{n} \int_0^{\infty} x^{1/2} e^{-nx} dx. \tag{4.78}$$

Utilizando ahora el cambio de variable $p = x^{1/2}$, es inmediato obtener:

$$\int_0^{\infty} x^{1/2} e^{-nx} dx = 2 \int_0^{\infty} p^2 e^{-np^2} dp = \frac{\sqrt{\pi}}{2n^{3/2}}, \tag{4.79}$$

con lo que, la Ec. (4.78) nos lleva a:

$$\ln \Xi_{BE} = -g_s \ln(1 - \lambda) + V g_s \left(\frac{mk_B T}{2\pi \hbar^2} \right)^{3/2} \sum_{n=1}^{\infty} \frac{\lambda^n}{n^{5/2}},$$

$$\ln \Xi_{FD} = V \left(\frac{mk_B T}{2\pi \hbar^2} \right)^{3/2} g_s \sum_{n=1}^{\infty} (-1)^{n+1} \frac{\lambda^n}{n^{5/2}}. \tag{4.80}$$

Introduciendo la función polilogaritmo:

$$\mathrm{Li}_k(\lambda) = \sum_{n=1}^{\infty} \frac{\lambda^n}{n^k}, \tag{4.81}$$

con la zeta de Riemann

$$\mathrm{Li}_k(1) = \sum_{n=1}^{\infty} \frac{1}{n^k} \equiv \zeta(k), \tag{4.82}$$

como caso particular, y

$$f_k(\lambda) = -\mathrm{Li}_k(-\lambda) = \sum_{n=1}^{\infty} (-1)^{n+1} \frac{\lambda^n}{n^k}, \tag{4.83}$$

podemos expresar las funciones de partición en (4.80) de la forma:

$$\ln \Xi_{BE} = -g_s \ln(1 - \lambda) + g_s V \left(\frac{mk_B T}{2\pi \hbar^2} \right)^{3/2} \mathrm{Li}_{5/2}(\lambda),$$

$$\ln \Xi_{FD} = g_s V \left(\frac{mk_B T}{2\pi \hbar^2} \right)^{3/2} f_{5/2}(\lambda). \tag{4.84}$$

Analizaremos ahora en detalle toda la información termodinámica contenida en estas expresiones.

4.3.1. Gas ideal de bosones

Consideremos un gas ideal de N bosones de masa m encerrados en una caja de volumen V. La función de partición $\ln \Xi_{BE}$ en la Ec. (4.84) nos da el acceso a las propiedades termodinámicas de este sistema. Comenzaremos analizando el número medio de partículas del sistema. Aplicando las relaciones convencionales:

$$
\langle N \rangle = \bar{N} = k_B T \left(\frac{\partial \ln \Xi_{BE}}{\partial \mu} \right)_{\beta, V} = k_B T \left(\frac{\partial \ln \Xi_{BE}}{\partial \lambda} \right)_{\beta, V} \frac{\partial \lambda}{\partial \mu}
$$

$$
= \left\{ \frac{\partial \lambda}{\partial \mu} = \beta \lambda \right\} = \lambda \left(\frac{\partial \ln \Xi_{BE}}{\partial \lambda} \right)_{\beta, V}
$$

$$
\Rightarrow \bar{N} = g_s \frac{\lambda}{1 - \lambda} + g_s V \left(\frac{m k_B T}{2 \pi \hbar^2} \right)^{3/2} \lambda \frac{d \mathrm{Li}_{5/2}(\lambda)}{d \lambda}. \tag{4.85}
$$

Utilizando las derivadas de las funciones $g_k(\lambda)$,

$$
\frac{d \mathrm{Li}_k(\lambda)}{d \lambda} = \frac{d}{d \lambda} \sum_{n=1}^{\infty} \frac{\lambda^n}{n^k} = \sum_{n=1}^{\infty} \frac{\lambda^{n-1}}{n^{k-1}}
$$

$$
= \frac{1}{\lambda} \sum_{n=1}^{\infty} \frac{\lambda^n}{n^{k-1}} = \frac{1}{\lambda} \mathrm{Li}_{k-1}(\lambda), \tag{4.86}
$$

la Ec. (4.85) se expresa de la forma:

$$
\bar{N} = \frac{g_s \lambda}{1 - \lambda} + g_s V \left(\frac{m k_B T}{2 \pi \hbar^2} \right)^{3/2} \mathrm{Li}_{3/2}(\lambda). \tag{4.87}
$$

Como hemos visto anteriomente, en la ecuación anterior el primer sumando del miembro de la derecha corresponde al número medio de bosones en el estado fundamental (estado de momento nulo, $\epsilon_r = 0$):

$$
\bar{n}_r = \frac{g_s}{e^{-\beta \mu} - 1} = \frac{g_s e^{\beta \mu}}{1 - e^{\beta \mu}} = \frac{g_s \lambda}{1 - \lambda} = \bar{n}_0, \tag{4.88}
$$

y el segundo (que en este caso es finito) al número de partículas en estados excitados. Así, la Ec. (4.87) toma la forma:

$$
\frac{\bar{N}}{V} = \frac{\bar{n}_0}{V} + g_s \frac{1}{\lambda_T^3} \mathrm{Li}_{3/2}(\lambda), \tag{4.89}
$$

donde hemos definido la longitud de onda térmica:

$$
\lambda_T = \left(\frac{2 \pi \hbar^2}{m k_B T} \right)^{1/2},
$$

que coincide, salvo un factor constante, con la longitud de onda de de Broglie.[6] A altas temperaturas $\bar{n}_0 \to 0$, y la ocupación del estado fundamental comienza

---

[6]Tengamos en cuenta que la longitud de onda térmica de de Broglie es:

$$
\bar{E} = \frac{3}{2} k_B T = \frac{\hbar^2 k^2}{2m} \Rightarrow \lambda_{dB} = \frac{h}{\sqrt{3 m k_B T}} = \sqrt{\frac{2\pi}{3}} \sqrt{\frac{h^2}{2 \pi m k_B T}} = \sqrt{\frac{2\pi}{3}} \lambda_T; \quad \left\{ \sqrt{\frac{2\pi}{3}} \approx 1 \right\}
$$

cuando el potencial químico del sistema $\mu \to 0$, siempre que el número de partículas en estados excitados esté acotado. Recordemos que el potencial químico de un gas de bosones debe ser menor que la energía de cualquier estado del sistema:

$$-\infty < \mu \leq 0 \;\Leftrightarrow\; 0 \leq \lambda \leq 1 \qquad (4.90)$$

La temperatura a la cual el potencial químico del sistema se anula, y por tanto comienza la ocupación del estado fundamental del sistema se denomina temperatura de Bose (T_B) y verifica

$$\mu(T_B) = 0 \;\Rightarrow\; \bar{n}_0(T_B) = 0. \qquad (4.91)$$

En estas condiciones, el número de partículas en estados excitados es máximo e igual al número total de partículas del sistema. Utilizando la Ec. (4.89) podemos obtener la temperatura de Bose aplicando la condición anterior $(T = T_B \;\Rightarrow\; \lambda = 1)$:

$$g_s \left(\frac{mk_BT_B}{2\pi\hbar^2}\right)^{3/2} \mathrm{Li}_{3/2}(1) = \frac{\bar{N}}{V} \;\Rightarrow\; T_B = \frac{2\pi\hbar^2}{mk_B}\left(\frac{\bar{N}}{2{,}616 g_s V}\right)^{2/3}, \qquad (4.92)$$

donde hemos usado que $\mathrm{Li}_{3/2}(1) = \zeta(3/2) = 2{,}616$. Si la temperatura de un gas de bosones disminuye por debajo de T_B los bosones comienzan a ocupar el estado de energía más baja $(\epsilon = 0)$. Una vez alcanzado el máximo valor de λ $(\lambda_{max} = 1 \;\Leftrightarrow\; \mu = 0)$, si continúa disminuyendo la temperatura, prosigue la ocupación del estado de momento nulo, dando lugar al fenómeno denominado condensación de Bose-Einstein, que consiste en que una fracción finita del número de bosones se "condensa" en dicho estado. Aunque no es una transición de fase en sentido habitual,[7] sí tiene una fenomenología similar. A $T \leq T_B$, la Ec. (4.87) permite calcular el número medio de bosones en el estado fundamental en función de la temperatura. Evidentemente, como ya dijimos, para $T \leq T_B$, $\lambda = \lambda_{max} = 1$, por lo que la Ec. (4.87) en este régimen conduce a:[8]

$$\frac{\bar{n}_0}{V} = \frac{\bar{N}}{V} - g_s\left(\frac{mk_BT}{2\pi\hbar^2}\right)^{3/2}\zeta(3/2) = \frac{\bar{N}}{V} - g_s\left(\frac{mk_BT}{2\pi\hbar^2}\right)^{3/2}\frac{\bar{N}}{V}\frac{1}{g_s\left(\frac{mk_BT_B}{2\pi\hbar^2}\right)^{3/2}}. \qquad (4.93)$$

Luego, el número medio de bosones en el estado fundamental a $T < T_B$ muestra una dependencia de la temperatura de la forma:

$$\frac{\bar{n}_0}{V} = \frac{\bar{N}}{V} - \frac{\bar{N}}{V}\left(\frac{T}{T_B}\right)^{3/2} \;\Leftrightarrow\; \frac{\bar{n}_0}{\bar{N}} = 1 - \left(\frac{T}{T_B}\right)^{3/2}. \qquad (4.94)$$

Es interesante notar que, dada la constancia y el orden de magnitud del factor que relaciona la longitud de onda térmica de de Broglie y la longitud de onda térmica, el argumento de validez de la descripción clásica de un sistema físico permanece prácticamente inalterado

[7]Realmente se trata de una condensación en el espacio de momento, no en el espacio real de posición.

[8]Evidentemente, de la Ec. (22) tenemos: $\frac{\bar{n}_0}{V} = \frac{\bar{N}}{V} - g_s\frac{1}{\lambda_T^3}\mathrm{Li}_{3/2}(\lambda) = \{\lambda = 1\} = \frac{\bar{N}}{V} - \frac{g_s}{\lambda_T^3}\xi(3/2)$ Por lo tanto, dado que $\bar{n}_0 \geq 0$, debemos tener: $\frac{\bar{N}}{V} \geq \frac{g_s}{\lambda_T^3}\xi(3/2)$ relación donde la igualdad define la temperatura de Bose y que corresponde a $\frac{\bar{n}_0}{V} = 0$.

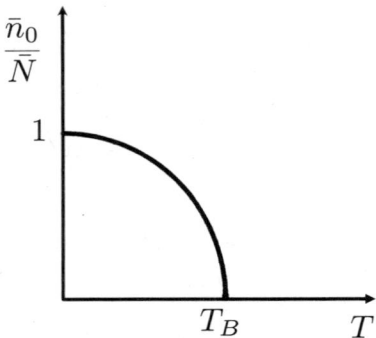

Figura 4.5: Condensación de Bose-Einstein.

Como ya hemos dicho, aunque en cierto sentido este proceso recuerda a la condensación de un vapor en fase líquida, lo cierto es que estos dos procesos son conceptualmente muy diferentes. Mientras en la condensación líquido-vapor las partículas se agrupan en regiones concretas en el espacio de posiciones debido a la actuación de fuerzas entre ellas, en la condensación de Bose-Einstein, la agrupación tiene lugar en el espacio de momentos ($p = 0$) fundamentalmente debido al solapamiento de las funciones de onda (degeneración) lo que excluye, además, que este fenómeno tenga lugar en un gas ideal clásico (no degenerado). Recordemos una vez más que este fenómeno únicamente tiene lugar si el número de partículas en estados excitados está acotado.

Propiedades termodinámicas del gas de bosones a $T < T_B$

1. Energía interna: utilizando las relaciones termodinámicas convencionales y la función de partición gran-canónica de la Ec. (4.63), tenemos:

$$\bar{E} = -\left(\frac{\partial \ln \Xi_{BE}}{\partial \beta}\right)_{V,\mu} = \sum_r \bar{n}_r \epsilon_r = \sum_r \frac{\epsilon_r}{e^{\beta(\epsilon_r - \mu)} - 1}$$

$$= \{\mu = 0 \ (T < T_B)\} = \sum_r \frac{\epsilon_r}{e^{\beta \epsilon_r} - 1}, \tag{4.95}$$

donde hemos usado que para $T < T_B$ el potencial químico del gas es nulo. Teniendo en cuenta que la energía del estado fundamental es nula ($\epsilon_0 = 0$), podemos escribir:[9]

$$\bar{E} = \sum_{r \neq 0} \frac{\epsilon_r}{e^{\beta \epsilon_r} - 1}; \quad T < T_B. \tag{4.96}$$

Usando las reglas generales de paso al continuo para sistemas macroscópicos (sistemas en el límite termodinámico) es posible escribir la ecuación

---

[9]Es interesante mencionar que calculamos la energía interna a partir de la función de partición puesto que: $T < T_B \Rightarrow \lambda = \lambda_{max} = 1$; $\ln \Xi_{BE} = -g_s \ln(1 - \lambda) + \ldots \to$ diverge. Hemos de calcular directamente los valores medios.

anterior de la forma:

$$\bar{E} = \int_0^\infty g(\epsilon) \frac{\epsilon}{e^{\beta\epsilon} - 1} d\epsilon = \frac{4\pi V}{h^3} g_s (2m^3)^{1/2} \int_0^\infty \frac{\epsilon^{3/2}}{e^{\beta\epsilon} - 1} d\epsilon. \qquad (4.97)$$

Teniendo en cuenta que:

$$\zeta(5/2) = \frac{4}{3\sqrt{\pi}} \int_0^\infty dx \frac{x^{3/2}}{e^x - 1} \cong 1{,}34,$$

obtenemos:

$$\bar{E} = g_s \frac{3\pi^{3/2}V}{h^3} (2m^3)^{1/2} \zeta(5/2) \beta^{-5/2}; \quad T < T_B \qquad (4.98)$$

Recuperando la definición de temperatura de Bose, T_B, la energía interna del sistema se expresa como

$$\bar{E} = \frac{3}{2} N k_B T \left(\frac{T}{T_B}\right)^{3/2} \frac{\zeta(5/2)}{\zeta(3/2)} \cong 0{,}770 N k_B T \left(\frac{T}{T_B}\right)^{3/2}, \qquad (4.99)$$

y laa capacidad calorífica a volumen constante del gas de bosones es

$$C_V = \left(\frac{\partial \bar{E}}{\partial T}\right)_V = \frac{15}{4} N k_B \left(\frac{T}{T_B}\right)^{3/2} \frac{\zeta(5/2)}{\zeta(3/2)} \cong 1{,}925 N k_B \left(\frac{T}{T_B}\right)^{3/2}. \qquad (4.100)$$

2. Gran-potencial y ecuación de estado térmica: En general, tenemos:

$$\bar{p}V = k_B T \ln \Xi = -\Psi(T, V, \mu), \qquad (4.101)$$

por lo que para un gas ideal no relativista,

$$\beta \bar{p} V = \pm \frac{2\pi V}{h^3} (2m)^{3/2} g_s \int_0^\infty \epsilon^{1/2} \ln \left[1 \pm e^{-\beta(\epsilon-\mu)}\right] d\epsilon, \qquad (4.102)$$

donde el signo $+$ corresponde a fermiones y $-$ a bosones. Integrando por partes la ecuación anterior $(u = ln[1 \pm e^{-\beta(\epsilon-\mu)}], dv = \epsilon^{1/2}d\epsilon)$, tenemos:

$$\beta \bar{p} V = \pm \frac{2\pi V}{h^3} (2m)^{3/2} g_s \frac{2}{3} \beta \left\{ \left[\epsilon^{3/2} \ln \left[1 \pm e^{-\beta(\epsilon-\mu)}\right]\right]_0^\infty \pm \int_0^\infty \frac{\epsilon^{3/2} d\epsilon}{e^{\beta(\epsilon-\mu)} \pm 1} \right\}$$

$$= \pm \frac{2\pi V}{h^3} (2m)^{3/2} g_s \frac{2}{3} \beta \int_0^\infty \frac{\epsilon^{3/2}}{e^{\beta(\epsilon-\mu)} \pm 1} d\epsilon. \qquad (4.103)$$

Evidentemente, usando la ecuación de la energía media:

$$\bar{E} = \pm \frac{2\pi V}{h^3} (2m)^{3/2} g_s \int_0^\infty \frac{\epsilon^{3/2}}{e^{\beta(\epsilon-\mu)} \pm 1} d\epsilon, \qquad (4.104)$$

vemos que, en general, para un gas ideal no relativista se verifica la ecuación de Bernouilli:[10]

$$-\psi(T, V, \mu) = \bar{p}V = \frac{2}{3}\bar{E}. \qquad (4.105)$$

---

[10]Notemos que la validez de este resultado depende únicamente de que la densidad de estados sea la de una partícula no relativista. Esto extiende la validez de la Ec. (4.105) para el caso de un gas ideal clásico.

Como se menciona en la secció anterior, esta ecuación es válida para cualquier gas ideal no relativista. Para el caso particular de un gas de bosones a temperaturas inferiores a T_B, combinando (4.99) y (4.105), se obtiene:

$$\bar{p}V = 0{,}513 N k_B T \left(\frac{T}{T_B}\right)^{3/2}.$$
(4.106)

3. Entropía: Obviamente, la entropía del gas de bosones es:

$$S = -\frac{\partial \psi}{\partial T} \propto T^{3/2}.$$
(4.107)

Propiedades termodinámicas del gas de Bose a $T > T_B$

Consideremos ahora el intervalo de temperatura inmediatamente por encima de la temperatura de Bose, región en la que $(T - T_B)/T_B \ll 1$, $\bar{N}_0 = 0$ y $\beta|\mu| \ll 1$. En este caso no es posible expandir en serie la integral correspondiente al número medio de partículas del sistema,

$$\bar{N} = AVT^{3/2} \int_0^\infty \frac{x^{1/2}}{e^{x + \frac{|\mu|}{k_B T}} - 1} dx,$$

$$A = 2\pi g_s \left(\frac{2m}{h^2}\right)^{3/2},$$

$$\mu < 0 \quad \text{en} \left|\frac{T - T_B}{T_B}\right| \ll 1.$$
(4.108)

Sin embargo, sí es posible hacer:

$$\bar{N} = AVT^{3/2} \int_0^\infty \frac{e^{-x - \beta|\mu|} x^{1/2}}{1 - e^{-x - \beta|\mu|}} dx$$

$$= AVT^{3/2} \sum_{k=1}^\infty e^{-\beta k |\mu|} \int_0^\infty e^{-kx} x^{1/2} dx$$

$$= AVT^{3/2} \frac{\sqrt{\pi}}{2} \sum_{k=1}^\infty \frac{e^{-\beta k |\mu|}}{k^{3/2}} \Gamma(3/2).$$
(4.109)

Esta suma puede calcularse usando la conocida fórmula de Euler-McLaurin,

$$\sum_{n=a}^b f(n) \sim \int_a^b f(x)\, dx - \frac{f(a) + f(b)}{2} + \sum_{k=1}^\infty \frac{B_{2k}}{(2k)!} \left(f^{(2k-1)}(b) - f^{(2k-1)}(a)\right),$$
(4.110)

con $a = 0$ y $b \to \infty$, y B_k los números de Bernouilli. Esta ecuación permite expresar la serie en la Ec. (4.109) como ($y = \beta|\mu|$),

$$\sum_{k=1}^{\infty} \frac{e^{-\beta k|\mu|}}{k^{3/2}} = \zeta(3/2) - \sum_{k=1}^{\infty} \frac{1 - e^{-ky}}{k^{3/2}}$$

$$= \zeta(3/2) - \int_{1}^{\infty} \frac{1 - e^{-ky}}{k^{3/2}} dk - \frac{1}{2}(1 - e^{-y}) - \frac{1}{4}\left[\left(\frac{3}{2} + y\right) e^{-y} - \frac{3}{2}\right] - \dots$$

$$(4.111)$$

Al orden más bajo en y, la suma anterior puede aproximarse como:

$$\bar{N} \simeq AVT^{3/2} \frac{\sqrt{\pi}}{2} \left[\zeta\left(\frac{3}{2}\right) - \int_{1}^{\infty} \frac{1 - e^{-ky}}{k^{3/2}} dk \right]$$

$$= AVT^{3/2} \frac{\sqrt{\pi}}{2} \left[\zeta\left(\frac{3}{2}\right) - \sqrt{y} \int_{0}^{\infty} \frac{1 - e^{-z}}{z^{3/2}} dz - \sqrt{y} \int_{0}^{y} \frac{1 - e^{-z}}{z^{3/2}} dz \right],$$

$$(4.112)$$

donde hemos hecho el cambio de variable $z = ky$. Las integrales anteriores pueden calcularse de modo sencillo y toman los valores:[11]

$$\int_{0}^{y} \frac{1 - e^{-z}}{z^{3/2}} \simeq -2\sqrt{y},$$

$$\int_{0}^{\infty} \frac{1 - e^{-z}}{z^{3/2}} dz = 2\sqrt{\pi}.$$

$$(4.114)$$

Consecuentemente, el número medio de bosones toma el valor

$$\bar{N} \simeq AVT^{3/2} \frac{\sqrt{\pi}}{2} \left[\zeta\left(\frac{3}{2}\right) - 2\sqrt{\pi\beta|\mu|} + O(\beta|\mu|) \right].$$

$$(4.115)$$

---

[11] Los cálculos proceden de la forma:

$$\int_{0}^{y} \frac{1 - e^{-z}}{z^{3/2}} \simeq \int_{0}^{y} \frac{z}{z^{3/2}} = -2\sqrt{y},$$

y

$$\frac{dI(\alpha)}{d\alpha} = \frac{d}{d\alpha} \int_{0}^{\infty} \frac{1 - e^{-\alpha z}}{z^{3/2}} dz = \int_{0}^{\infty} z^{-1/2} e^{-\alpha z} dz$$

$$= \frac{1}{\sqrt{\alpha}} \int_{0}^{\infty} x^{-1/2} e^{-x} dz = \frac{\Gamma(1/2)}{\sqrt{\alpha}},$$

$$\frac{dI(\alpha)}{d\alpha} = \sqrt{\frac{\pi}{\alpha}} \Rightarrow I(\alpha) = 2\sqrt{\pi\alpha} \Rightarrow I(1) \equiv I = 2\sqrt{\pi} \qquad (4.113)$$

Esto nos conduce finalmente a una expresión para el potencial químico en la región de estudio (inmediaciones de la temperatura de Bose) de la forma:

$$\mu \simeq -0{,}54T \left[1 - \left(\frac{T_B}{T} \right)^{3/2} \right]^2. \tag{4.116}$$

Por otro lado, la energía interna del gas de bosones a $T > T_B$ está dada, en general, por la Ec. (4.104), de modo que (para $T > T_B$) podemos escribir

$$\langle E \rangle = \frac{3}{2}\bar{p}V = V\frac{3}{2}k_B T \left(\frac{mk_B T}{2\pi\hbar^2} \right)^{3/2} \mathrm{Li}_{5/2}(\lambda), \qquad T > T_B \tag{4.117}$$

De este modo, la capacidad calorífica a $T > T_B$ es

$$C = \frac{d\langle E \rangle}{dT}$$
$$= V\frac{3k_B}{2} \left(\frac{mk_B T}{2\pi\hbar^2} \right)^{3/2} \left[\frac{5}{2}T^{3/2}\mathrm{Li}_{5/2}(\lambda) + T^{5/2}\frac{d\lambda}{dT}\frac{d\mathrm{Li}_{5/2}(\lambda)}{d\lambda} \right]. \tag{4.118}$$

Teniendo en cuenta que

$$\frac{d\mathrm{Li}_k(\lambda)}{d\lambda} = \frac{1}{\lambda}\mathrm{Li}_{k-\lambda}(\lambda), \tag{4.119}$$

tenemos

$$C = Vk_B\frac{3}{2} \left(\frac{mk_B T}{2\pi\hbar^2} \right)^{3/2} T^{3/2} \left\{ \frac{5}{2}\mathrm{Li}_{5/2}(\lambda) - \frac{3}{2}\frac{[\mathrm{Li}_{3/2}(\lambda)]^2}{\mathrm{Li}_{1/2}(\lambda)} \right\}. \tag{4.120}$$

Para comprobar si la capacidad calorífica muestra alguna discontinuidad en la temperatura de Bose, se calcula la diferencia entre las capacidades caloríficas a $T > T_B$ y $T < T_B$

$$\lim_{T \to T_B} (C_+ - C_-) = Nk_B\frac{3}{2} \left(\frac{T}{T_B} \right)^{3/2} \frac{\mathrm{Li}_{3/2}(\lambda)}{\mathrm{Li}_{3/2}(1)} \frac{T}{\lambda}\frac{d\lambda}{dT} \simeq \frac{3}{2}Nk_B\frac{T}{\lambda}\frac{d\lambda}{dT} \to 0. \tag{4.121}$$

Por lo tanto la capacidad calorífica no muestra discontinuidad a la temperatura de Bose, y uno estamos por tanto ante una transición de fase de segundo orden.

4.3.2. Gas ideal de fermiones: gas de electrones de conducción de un metal

Para el caso de un gas de fermiones, un tratamiento similar al que hemos realizado en el caso del gas de bosones se vuelve muy complejo debido a la forma particular de las funciones $f_k(\lambda)$. Por ello, lo usual es presentar un tratamiento de este sistema en el caso particular de temperatura nula ($T = 0$), en el cual es posible hacer un tratamiento analítico de la termodinámica del sistema y es frecuentemente suficiente en la mayoría de los casos prácticos, y tratar posteriormente, de manera heurística las temperaturas finitas.

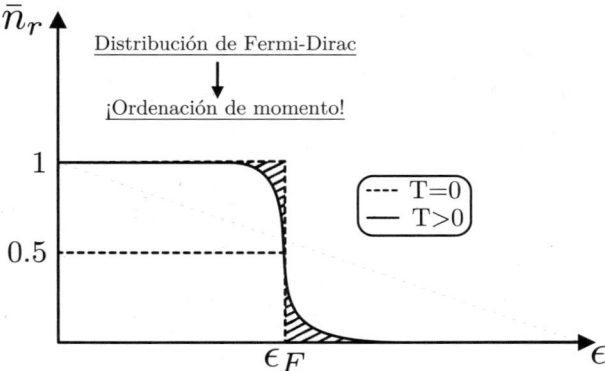

Figura 4.6: Distribución de Fermi-Dirac.

4.3.3. Gas de electrones a $T = 0$

A $T = 0$, el número medio de fermiones por estado cuántico verifica:

$$\bar{n}_r = \begin{cases} 1 & \epsilon_r \leq \epsilon_F \equiv \mu(T = 0) \\ 0 & \text{resto} \end{cases} \tag{4.122}$$

En el límite continuo, la función de distribución del número de partículas verifica, consiguientemente:

$$f_{FD}(\epsilon) = \begin{cases} g(\epsilon) & \epsilon \leq \epsilon_F \\ 0 & \text{resto} \end{cases} \tag{4.123}$$

La condición de normalización de la función de distribución anterior permite calcular la energía de Fermi del sistema, ϵ_F:

$$\bar{N} = \int_0^\infty f(\epsilon)d\epsilon,$$

$$\bar{N} = \int_0^{\epsilon_F} g(\epsilon)d\epsilon = g_s \frac{4\pi V}{h^3}(2m^3)^{1/2} \int_0^{\epsilon_F} \epsilon^{1/2}d\epsilon. \tag{4.124}$$

En lo que sigue trataremos el gas de fermiones analizando uno de sus casos particulares paradigmáticos: el gas de electrones de conducción en un metal. Drude fue el primero en notar que dicho sistema podía tratarse como un gas ideal (apantallamiento), aunque fueron Sommerfeld y Bethe quienes proporcionaron el tratamiento definitivo de las propiedades térmicas de los electrones de conducción en los metales al suponer que estos forman, a densidades suficientemente elevadas, un gas ideal de fermiones. Aunque en principio esto pueda parecer un contrasentido debido a la carga de los electrones, lo cierto es que a altas densidades electrónicas, la energía de interacción entre los mismos es normalmente muy poco significativa. La razón es que, a altas densidades, el principio de exclusión provoca que el primer estado desocupado tenga una energía muy elevada:

$$\epsilon_k \gg k_B T, \tag{4.125}$$

Figura 4.7: Gas de electrones de conducción en un metal.

por lo que las excitaciones a los estados vacantes (las que producen las fluctuaciones asociadas con las propiedades termodinámicas a temperaturas finitas) deben involucrar energías muy superiores a la energía térmica, siendo en este régimen muy escasamente significativas las interacciones entre electrones. Por tanto, las interacciones no pueden modificar el estado mecánico de una fracción significativa de los electrones ya que sólo pueden modificar su estado de movimiento aquellos que están en una banda de anchura $k_B T$ por debajo de la energía de Fermi.

En el caso de un gas de electrones $g_s = (2s + 1) = 2$, con lo cual la Ec. (4.124) conduce a :

$$\bar{N} = \frac{8\pi V}{h^3}(2m^3)^{1/2}\frac{2}{3}\epsilon_F^{3/2} \iff \epsilon_F = \frac{\hbar^2\pi^2}{2m}\left(\frac{3\bar{N}}{\pi V}\right)^{2/3}. \tag{4.126}$$

La energía anterior marca el límite de ocupación de niveles de energía a $T = 0$ K. A partir de la magnitud anterior es inmediato obtener el resto de las magnitudes de Fermi:

1. Momento de Fermi: $p_F^2/2m = \epsilon_F$.

2. Temperatura de Fermi: $k_B T_F = \epsilon_F$.

3. Vector de onda de Fermi: $\hbar k_F = p_F$.

$$\epsilon_F = \frac{\hbar^2 k_F^2}{2m}. \tag{4.127}$$

Ejemplo 4.4

Energía y temperatura de Fermi del cobre. La densidad numérica de átomos en el cobre es $\rho = 9$ g/cm^3, tiene 1 electrón de valencia y una masa molar de $M = 63{,}5$ g/mol:

$$\frac{N}{V} = \frac{9}{63,5}6{,}022 \times 10^{23}\frac{at^{os}}{cm^3}1\frac{e^-}{at^o} = 8{,}54 \times 10^{28}e^-/m^3.$$

Sustituyendo la densidad de los electrones de conducción del cobre obtenida anteriormente en la Ec. (4.126),

$$\epsilon_F = 1{,}16 \cdot 10^{-18} \, J = 7,2 \, eV,$$

o lo que es lo mismo, dividiendo por la constante de Boltzmann ($k_B = R/N_A = 8,31/6,022 \cdot 10^{23} = 1,38 \cdot 10^{-23} \, J/K$), tenemos:

$$T_F = \epsilon_F / k_B \cong 84{,}000 \, K,$$

lo que confirma la hipótesis anterior acerca de la idealidad del gas de electrones de conducción en un metal.

Por otra parte, la energía media del gas de electrones a T=0 ($\overline{E}_0$) se escribe en el límite continuo como

$$
\begin{aligned}
\overline{E}_0 &= \int_0^\infty g(\epsilon)\bar{n}(\epsilon)\epsilon d\epsilon = \int_0^{\epsilon_F} g(\epsilon)\epsilon d\epsilon \\
&= \frac{8\pi V}{h^3}(2m^3)^{1/2}\int_0^{\epsilon_F}\epsilon^{3/2}d\epsilon = \frac{2}{5}\frac{8\pi V}{h^3}(2m^3)^{1/2}\epsilon_F^{5/2}.
\end{aligned}
\tag{4.128}
$$

Usando la definición de temperatura de Fermi, podemos escribir para la energía interna del gas de electrones en el cero absoluto:

$$\overline{E}_0 = \frac{3}{5}\bar{N}\epsilon_F = \frac{3}{5}\bar{N}k_B T_F. \tag{4.129}$$

Propiedades del gas de electrones a temperatura finita.

Como hemos mencionado anteriormente, cuando aportamos una energía $k_B T$ al gas de electrones, únicamente los electrones que ocupan estados en una banda de anchura $k_B T$ en torno a la energía de Fermi pueden excitarse y contribuir a las fluctuaciones que dan lugar a las propiedades termodinámicas del sistema.

En las condiciones anteriores, la energía interna del sistema será:

$$\bar{E}(T) = \bar{E}_0 + \delta N k_B T, \tag{4.130}$$

donde δN es el número de electrones en la banda de anchura $k_B T$ en torno a la energía de Fermi:[12],[13]

$$\delta N \cong g(\epsilon_F)k_B T = \frac{8\pi V}{h^3}(2m^3)^{1/2}\epsilon_F^{1/2}k_B T = \frac{3}{2}\bar{N}\frac{T}{T_F}, \tag{4.131}$$

---

[12] $\delta N = g(\epsilon_F)k_B T$ con lo cual: $\bar{E}(t) = \bar{E}_0 + g(\epsilon_F)(k_B T)^2$. Sin embargo, en general: $\bar{E}(t) = \bar{E}_0 + g(\epsilon_F)(k_B T)^2 \left(1 - \frac{T}{4T_F}\right)$.

[13] Podemos llegar al mismo resultado de una manera aún más elegante si hacemos: $\delta N = \int_{\epsilon_F - k_B T}^{\epsilon_F} g(\epsilon)d\epsilon = \Gamma(\epsilon_F) - \Gamma(\epsilon_F - k_B T)$ donde $\Gamma(\epsilon)/g(\epsilon) = \Gamma'(\epsilon)$. Luego, desarrollando en torno a $k_B T = 0$, tenemos: $\delta N = \Gamma(\epsilon_F) - \Gamma(\epsilon_F) + k_B T \frac{d\Gamma(\epsilon_F)}{d\epsilon} + O(k_B T)^2 = g(\epsilon_F)k_B T + O(k_B^2 T^2)$ c.q.d.

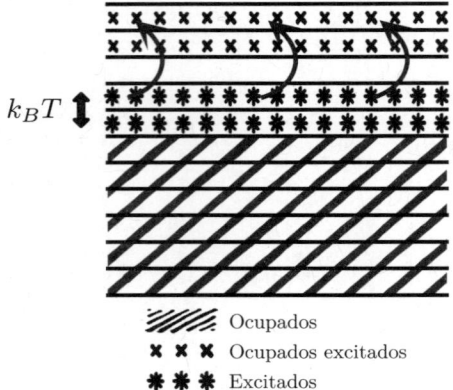

$$\includegraphics$$

Ocupados

✖ ✖ ✖ Ocupados excitados

✱ ✱ ✱ Excitados

Figura 4.8: Gas de electrones a temperatura finita.

donde se ha usado nuevamente la definición de temperatura de Fermi [Ec. (4.127)]. Luego, al orden más bajo de aproximación, la energía media del sistema a temperatura finita será

$$\bar{E}(T) = \bar{E}_0 + \frac{3}{2}\bar{N}k_B\frac{T^2}{T_F}. \tag{4.132}$$

A partir de la ecuación anterior es inmediato obtener la capacidad calorífica del gas de electrones:

$$C_v = \left(\frac{\partial \bar{E}}{\partial T}\right)_v \cong 3\bar{N}k_B\frac{T}{T_F}. \tag{4.133}$$

$C_v \to 0$ $(T \to 0)$ ($3^{\underline{a}}$ ley) $C_v \ll 3\bar{N}k_B$ expresión que permite entender por qué la contribución de los electrones de conducción de un metal a la capacidad calorífica del mismo es despreciable a temperaturas ordinarias frente a la contribución de la red.

Como puede verse en las Ecs. (4.132) y (4.133), la energía interna y la capacidad calorífica encajan en expresiones de la forma:

$$\bar{E}_T = \bar{E}_T + \gamma\frac{T^2}{2},$$
$$C_v = \gamma T, \tag{4.134}$$

donde γ se denomina parámetro de Grüneisen. El cálculo exacto de este parámetro -obviamente el de las Ecs. (4.132) y (4.133) es únicamente aproximado-

exige el estudio de las propiedades termodinámicas a temperatura finita

$$\bar{N} = \int\limits_{0}^{\infty} \frac{g(\epsilon)}{e^{\beta(\epsilon-\mu)} + 1} d\epsilon,$$

$$\bar{E} = \int\limits_{0}^{\infty} \frac{\epsilon g(\epsilon)}{e^{\beta(\epsilon-\mu)} + 1} d\epsilon. \tag{4.135}$$

Para ello resulta imprescindible la denominada expansión de Sommerfeld (para más información ver el apéndice D.4):

$$\int_{-\infty}^{\infty} \frac{H(\varepsilon)}{e^{\beta(\varepsilon-\mu)} + 1} d\varepsilon = \int_{-\infty}^{\mu} H(\varepsilon) d\varepsilon + \frac{\pi^2}{6} \left(\frac{1}{\beta}\right)^2 H'(\mu)$$

$$+ \frac{760\pi^4}{360} \left(\frac{1}{\beta}\right)^4 H'''(\mu) + \ldots \tag{4.136}$$

Usando esta relación, la integral que expresa el número medio de partículas en el sistema se puede expandir como:

$$\bar{N} = \int\limits_{0}^{\mu} g(\epsilon) d\epsilon + \frac{\pi^2}{6}(k_B T)^2 g'(\mu) + \ldots$$

$$\simeq \frac{8\pi V}{3h^3}(2m)^{3/2}\mu^{3/2}\left[1 + \frac{\pi^2}{8}\left(\frac{k_B T}{\mu}\right)^2\right], \tag{4.137}$$

lo que permite despejar el potencial químico del sistema

$$\mu \simeq \epsilon_F \left[1 - \frac{\pi^2}{12}\left(\frac{k_B T}{\epsilon_F}\right)^2\right]. \tag{4.138}$$

Por otro lado, la energía interna del sistema admite una expansión

$$\bar{E} = \frac{4\pi V}{h^3}(2m)^{3/2}\int\limits_{0}^{\mu} \epsilon^{3/2} d\epsilon + \frac{\pi^2}{6}(k_B T)^2 g'(\mu)\frac{4\pi V}{h^3}(2m)^{3/2}\frac{3}{2}\mu^{3/2} + \ldots \tag{4.139}$$

Sustituyendo la expresión obtenida anteriormente para el potencial químico y desarrollando es inmediato obtener, al orden más bajo en $k_B T/\epsilon_F$,

$$\bar{E} = \frac{3}{5}\bar{N}\epsilon_F\left[1 - \frac{5}{2}\frac{\pi^2}{12}\left(\frac{k_B T}{\epsilon_F}\right)^2 + \frac{15}{4}\frac{\pi^2}{6}\left(\frac{k_B T}{\epsilon_F}\right)^2 + O\left(\frac{k_B T}{\epsilon_F}\right)^4\right]$$

$$\simeq \frac{3}{5}\bar{N}\epsilon_F\left[1 - \frac{5}{12}\pi^2\left(\frac{k_B T}{\epsilon_F}\right)^2\right]. \tag{4.140}$$

Así pues,

$$C_V \simeq \frac{\pi^2}{2}\bar{N}k_B\frac{T}{T_F}. \tag{4.141}$$

Finalmente, las expresiones del gran potencial $\psi(T, V, \mu) = -k_B T \ln \Xi_{FD}$ y de la ecuación de estado térmica, se obtienen de forma directa a partir de $\bar{p}V = 2\bar{E}/3$ y $\psi = -\bar{p}V$.

Magnetismo del gas de electrones

La materia y los electrones se acoplan a un campo magnético a través de dos mecanismos principales: i) el acoplamiento mínimo $\boldsymbol{p} \to \boldsymbol{p} - e\boldsymbol{A}(\boldsymbol{r})/c$. y ii) a través del spin de los electrones $g\mu_B\boldsymbol{\sigma}\boldsymbol{B} = -e\hbar\boldsymbol{S}\boldsymbol{B}/mc$ (acoplamiento Zeeman). El primer mecanismo es responsable del diamagnetismo, mientras que el segundo lo es del paramagnetismo, bien de momentos magnéticos localizados (ver capítulo 3) o de electrones libres (paramagnetismo de Pauli), bien del gas de electrones libres (diamagnetismo de Landau). Nos ocuparemos en esta sección del caso de electrones libres.

Paramagnetismo de Pauli

Consideremos un gas de electrones libres cuyo hamiltoniano es

$$H = \sum_{\boldsymbol{p},\sigma} \varepsilon_{\boldsymbol{p}} c^{\dagger}_{\boldsymbol{p}\sigma} c^{\dagger}_{\boldsymbol{p}\sigma} \equiv \sum_{r} n_r \varepsilon_r, \tag{4.142}$$

donde la suma se extiende a todos los posibles momentos y orientaciones del spin, y $\epsilon_{\boldsymbol{p}} = \boldsymbol{p}^2/2m$. En presencia de un campo magnético que supondremos, sn pérdida de generalidad, en la dirección OZ, $\boldsymbol{B} = B\boldsymbol{k}$, se produce una diferencia en la energía de las dos orientaciones del spin de los electrones, de modo que el nuevo hamiltoniano del sistema es

$$H = \sum_{\boldsymbol{p}} (\epsilon_{\boldsymbol{p}} + \mu\boldsymbol{B}) c^{\dagger}\boldsymbol{p}_{\uparrow}\ c\boldsymbol{p}_{\uparrow} + \sum_{\boldsymbol{p}} (\epsilon_{\boldsymbol{p}} - \mu\boldsymbol{B}) c^{\dagger}\boldsymbol{p}_{\downarrow} c\boldsymbol{p}_{\downarrow}, \tag{4.143}$$

siendo el momento magnético del gas de electrones

$$\mu_z = -g\mu_B \sum_{\boldsymbol{p}} \left[c^{\dagger}\boldsymbol{p}_{\uparrow}\ c\boldsymbol{p}_{\uparrow} - c^{\dagger}\boldsymbol{p}_{\downarrow} c\boldsymbol{p}_{\downarrow} \right]. \tag{4.144}$$

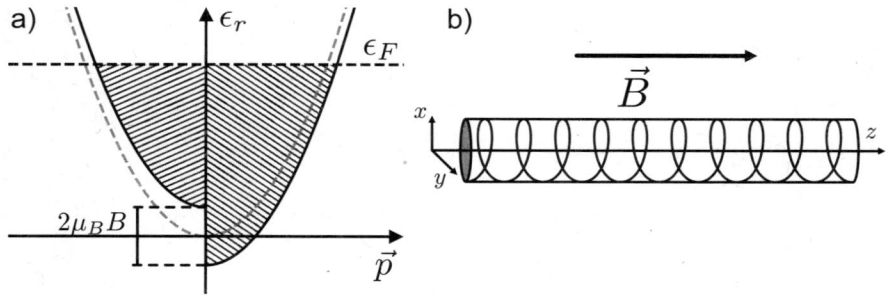

Figura 4.9: A9 Espectro de energía del gas de electrones libres y en presencia de un campo magnético. b) Movimiento electrónico en el seno de un campo magnético.

La magnetización media del gas de electrones es $\langle \mu_z \rangle$, y por tanto

$$
\begin{aligned}
M &= -g\mu_B \sum_{\boldsymbol{p}} \left[\langle c^\dagger \boldsymbol{p}_\uparrow \ c\boldsymbol{p}_\uparrow \rangle - \langle c^\dagger \boldsymbol{p}_\downarrow c\boldsymbol{p}_\downarrow \rangle \right] = -g\mu_B \sum_r (\bar{n}_{r\uparrow} - \bar{n}_{r\downarrow}) \\
&= -\frac{g\mu_B}{2} \int\limits_0^\infty d\varepsilon \left[f(\varepsilon + \mu_B B)g(\varepsilon + \mu_B B)) - f(\varepsilon - \mu_B B))g(\varepsilon - \mu_B B) \right].
\end{aligned}
$$

$$(4.145)$$

Naturalmente, en la mayoría de los casos prácticos de interés, $\mu_B B \ll \varepsilon_F$, por lo que podemos desarrollar las funciones anteriores en serie de Taylor y obtener, a primer orden,

$$
M = g\mu_B^2 B \int\limits_0^\infty d\varepsilon g(\varepsilon) f'(\varepsilon_F) = g\mu_B^2 B g(\varepsilon_F),
\qquad (4.146)
$$

donde se ha usado que, a baja temperatura, $f'(\varepsilon) = \delta(\varepsilon - \varepsilon_F)$. Finalmente, la susceptibilidad magnética de Pauli es $2g\mu_B^2 g(\varepsilon_F)$, una contribución constante positiva a baja T.

Diamagnetismo de Landau

En presencia del campo magnético $\boldsymbol{B} = B\boldsymbol{k}$, el hamiltoniano de un gas de electrones es

$$
\begin{aligned}
H &= \sum_i \frac{1}{2m} (\boldsymbol{p}_i - e\boldsymbol{A})^2 \\
&= \sum_i \left[\frac{\boldsymbol{p}_{ix}^2}{2m} + \frac{m}{2}\omega_L^2 \left(x_i - \frac{p_{yi}}{m\omega_L} \right)^2 + \sum_i \frac{\boldsymbol{p}_{iz}^2}{2m} \right],
\end{aligned}
\qquad (4.147)
$$

donde se ha usado que $\boldsymbol{A} = Bx\boldsymbol{j}$ y el *gauge* de Landau $[\boldsymbol{p}, \boldsymbol{A}] = 0$, así como la frecuencia de Larmor, $\omega_L = eB/mc'$ y no se ha considerado la presencia del spin. Así pues, en el seno del campo magnético el movimiento de los electrones se produce a lo largo de líneas helicoidales con ejes paralelos al campo $\boldsymbol{B}$. El movimiento puede verse como la composición de un movimiento no acotado de partícula libre (no cuantizado) en la dirección OZ, y un oscilador armónico unidimensional acotado (cuantizado) en la dirección OX. Por otro lado, como puede verse en la ecuación anterior, el hamiltoniano no depende de la coordenada y, por lo que tendremos degeneración en los niveles de energía, que están definidos por los denominados *niveles de Landau*

$$
E_{n,k_z} = \left(n + \frac{1}{2} \right) \hbar\omega_L + \frac{\hbar^2 k_z^2}{2m}. \quad n = 0, 1, 2, \ldots
\qquad (4.148)
$$

La degeneración de los niveles de Landau puede calcularse de las manera siguiente. Por cada estado de traslación son posibles todos los estados asociados al movimiento armónico en la dirección OX siempre que el centro del oscilador se encuentre dentro de la caja de lado L_x, lo que implica que $p_y/m\omega_L \le L_x$. Además, para el cómputo de estos estados hemos de tener en cuenta que existen condiciones de contorno que determinan que la función de onda electrónica debe anularse en los extremos de la caja en todas las direcciones del espacio, lo que implica que

$$\psi(y) = \psi(y + L_y) \Leftrightarrow p_y = \hbar k_y = \frac{2\pi}{L_y} n_y, \tag{4.149}$$

con n_y un número natural. Así pues, la combinación de ambas condiciones nos lleva a un número de estados permitidos por nivel de Landau, n_y,

$$\frac{2\pi}{m\omega_L L_y} n_y \le L_x \Leftrightarrow n_y \le \frac{m\omega_L L_y L_x}{2\pi\hbar}, \tag{4.150}$$

lo que conduce a

$$d\Gamma(E) = L_z \frac{dp_z}{h} \frac{eBL_y L_x}{2\pi\hbar c}. \tag{4.151}$$

Así pues, el gran potencial se escribirá en este caso como:

$$\Psi = -k_B T \ln \Xi = -g_s k_B T \sum_r \ln\left[1 + e^{-\beta(\epsilon_r - \mu)}\right]$$

$$= -\frac{k_B T V}{2\pi^2 \hbar^3} \frac{eB}{c} \int dp_z \sum_{n=0}^{\infty} \ln\left[1 + e^{-\beta(\frac{p_z^2}{2m} + \hbar\omega_L(n+1/2) - \mu)}\right]. \tag{4.152}$$

Aplicando la serie de McLaurin a la función

$$G(x) = \int dy \ln\left(1 + e^{\beta(x - \frac{p_z^2}{2m})}\right), \tag{4.153}$$

tenemos

$$\Psi = \frac{k_B 5m}{2\pi^2 \hbar^3} V \left\{ \int_{-\infty}^{\mu} dy g(y) - \frac{(\hbar\omega_0)^2}{24} \left[\frac{d}{dy} g(y)\right]_\mu \right\}, \tag{4.154}$$

lo que conduce a:

$$\Psi = \Psi_0(\tau, \mu) - \frac{\hbar^2 e^2 B^2}{24 m^2 c^2} \frac{\partial^2}{\partial\mu^2} \Psi_0(\tau, \mu). \tag{4.155}$$

de modo que

$$M = -\frac{\partial\Psi}{\partial B} = \frac{e^2 \hbar^2}{12 m^2 c^2} B \frac{\partial^2 \Psi_0}{\partial\mu^2}, \tag{4.156}$$

y consecuentemente

$$\chi_{\text{Landau}} = \frac{\partial M}{\partial B} = \frac{e\hbar^2}{12 m^2 c^2} \frac{\partial^2 \Psi_0}{\partial\mu^2} = \frac{1}{3} \mu_B^2 \frac{\partial^2 \Psi_0}{\partial\mu^2}. \tag{4.157}$$

Teniendo en cuenta que en ausencia de campo magnético

$$\Psi_0(T, \mu) = -g_s k_B T \sum_r \ln\left[1 + e^{-\beta(\epsilon_r - \mu)}\right] \quad (g_s = 2),$$

$$\frac{\partial \Psi_0(T, \mu)}{\partial \mu} = -2 \sum_r \bar{u}_r,$$

$$\frac{\partial^2 \Psi_0}{\partial \mu^2} = 2 \sum_r \frac{\partial \bar{n}_r}{\partial \varepsilon_r} \longrightarrow -2g(\epsilon_F) \tag{4.158}$$

Consecuentemente

$$\chi_{\text{Landau}} = -\frac{1}{3}\chi_{\text{Pauli}}, \tag{4.159}$$

y por tanto, para el gas de electrones[14]

$$\chi_{tot} = \chi_{\text{Landau}} + \chi_{\text{Pauli}} = \frac{2}{3}\chi_{\text{Pauli}}. \tag{4.160}$$

4.3.4. Gas ideal relativista: gas de fotones

En esta sección, al igual que en la siguiente, trataremos gases ideales cuánticos de partículas o cuasipartículas asociadas a campos. Concretamente, analizaremos el gas de fotones, que es el modelo cuántico del campo electromagnético. Desde el punto de vista clásico el campo electromagnético no es más que una superposición de ondas planas transversales:

$$\boldsymbol{E}(\boldsymbol{r}, t) = \boldsymbol{E}_0 e^{i(\boldsymbol{k}\boldsymbol{r} - \omega t)}, \tag{4.161}$$

$$\boldsymbol{k}\boldsymbol{E}_0 = 0.$$

Por otro lado, cuánticamente, el campo electromagnético es un sistema que se modela como un gas de fotones ($m = 0, s = 1$). Las propiedades de este gas pueden deducirse de las propiedades de las ondas electromagnéticas clásicas:

i) La indistinguibilidad de las ondas planas conlleva que los fotones sean partículas idénticas, diferenciándose únicamente por el estado cuántico en el que se encuentran (polarización y momento). En lo que respecta al momento de los fotones, lógicamente, se aplica la relación de de Broglie: $\boldsymbol{p} = \hbar\boldsymbol{k}$. Además, debido a la transversalidad de las ondas electromagnéticas, a cada estado de traslación ($\boldsymbol{k}$) le corresponden dos fotones [ver Ec. (4.73)].

ii) La velocidad de propagación de las ondas electromagéticas es la de la luz en el vacío ($v = c$), por lo que los fotones han de poseer una <u>masa nula</u> ($m = 0$), como se deduce de :

$$E = m\gamma c^2 = \frac{mc^2}{\sqrt{1 - v^2/c^2}}, \tag{4.162}$$

---

[14]Si se tiene en cuenta la presencia de la red, el electrón debe considerarse que presenta una masa efectiva $m^* \neq m$. No obstante es frecuente la aproximación $\frac{m}{m^*} \simeq 1$.

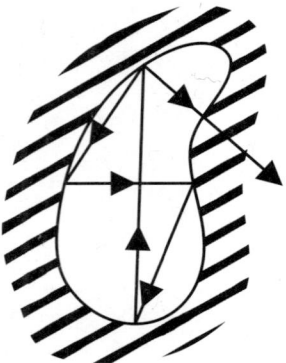

Figura 4.10: Cavidad de volumen V a la temperatura T (*hohlraum*).

$m \to 0$ para que E finita cuando $v \to c$. Usando la relación entre la masa y el cuadrimomento:

$$P_\mu P^\mu = m^2 c^2 \ \Leftrightarrow \ E^2 = m^2 c^4 + p^2 c^2 \ \Rightarrow \ E_\gamma = pc, \qquad (4.163)$$

por lo que los fotones son partículas ultrarelativistas con masas 0.

iii) Las amplitudes de la ondas electromagnéticas son totalmente arbitrarias, de lo que se deduce que el número de fotones que pueden existir en un mismo estado es ilimitado. Los fotones son, pues, bosones. De hecho los fotones tienen $s = 1$.

iv) De acuerdo con el principio de superposición, dos ondas EM actúan aditivamente en una determinada región del espacio, por lo que se deduce que los fotones son partículas independientes.

v) Las ondas electromagnéticas son constantemente emitidas y absorbidas por la materia, por lo que el número de fotones en un sistema no es constante, incluso cuando el sistema es cerrado (campo en una cavidad). Cuando las variables del sistema son la temperatura y el volumen, la condición de equilibrio termodinámico es:

$$dF = -S dT - \bar{p} dV + \mu d\bar{N} = 0,$$

$$\left\{ \begin{array}{c} T, V \quad \text{ctes} \Rightarrow dF = \mu d\bar{N} = 0 \\ d\bar{N} \neq 0 \end{array} \right\} \Rightarrow \mu = 0 \qquad (4.164)$$

Así pues, El potencial químico de un gas de fotones debe ser nulo para que sea posible el equilibrio termodinámico del sistema. Luego, el número medio de fotones por estado cuántico de energía vendrá dado por la distribución de Bose-Einstein con $\mu = 0$:

$$\bar{n}_r = \frac{1}{e^{\beta \epsilon_r} - 1} \ \Leftrightarrow \ \bar{n}(\epsilon) = \frac{1}{e^{\beta \epsilon} - 1}. \qquad (4.165)$$

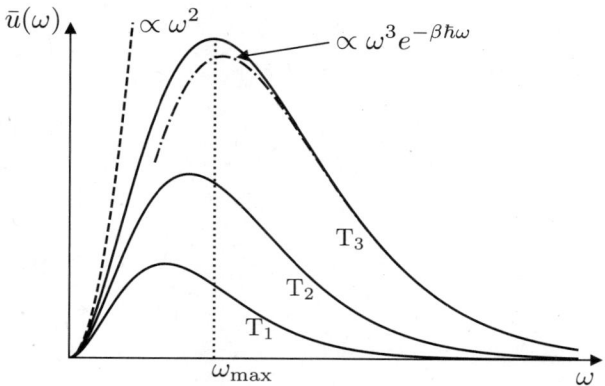

Figura 4.11: Distribución espectral de Planck.

Para un sistema macroscópico, la función de distribución de fotones, $f(\epsilon)$, i.e. la densidad de fotones con energías en $(\epsilon, \epsilon + d\epsilon)$, es:

$$f(\epsilon)d\epsilon = g(\epsilon)\bar{n}(\epsilon)d\epsilon = \frac{V}{\pi^2\hbar^3c^3}\frac{\epsilon^2}{e^{\beta\epsilon}-1}d\epsilon. \tag{4.166}$$

Cada partícula en el intervalo $(\epsilon, \epsilon + d\epsilon)$ porta una energía ϵ, por lo que la densidad de energía transportada por fotones con energía entre ϵ y $\epsilon + d\epsilon$ será:

$$\bar{u}(\epsilon)d\epsilon = f(\epsilon)\epsilon d\epsilon = \frac{V}{\pi^2\hbar^3c^3}\frac{\epsilon^3}{e^{\beta\epsilon}-1}d\epsilon. \tag{4.167}$$

En el espacio de frecuencias $(\epsilon = \hbar\omega)$ tenemos:[15]

$$\bar{u}(\omega)d\omega = \frac{V\hbar}{\pi^2c^3}\frac{\omega^3}{e^{\beta\hbar\omega}-1}d\omega \Leftrightarrow \bar{u}(\omega) = \frac{V\hbar}{\pi^2c^3}\frac{\omega^3}{e^{\beta\hbar\omega}-1}. \tag{4.168}$$

Veamos algunos casos límite, especialmente interesantes:

(a) $\omega \to 0$: En este límite recuperamos la ley de Rayleigh-Jeans

$$\omega \to 0: \ \bar{u}(\omega) \approx \frac{V}{\beta\pi^2c^3}\omega^2 \tag{4.169}$$

(b) $\omega \to \infty$: Este límite (Ec. 4.168) conduce a la denominada ley de Wien

$$\omega \to \infty: \ \bar{u}(\omega) \approx \frac{V\hbar}{\pi^2c^3}\omega^3e^{-\beta\hbar\omega}$$

---

[15]Para cambiar a cualquier otra variable es necesario transformar la expresión completa, $\bar{n}(\epsilon)d\epsilon$.

(c) Ley de desplazamiento de Wien, que ser recupera fácilmente de Ec. 4.168

$$\frac{d\bar{u}(\omega)}{d\omega} = \frac{V\hbar}{\pi^2 c^3} \frac{3\omega^2(e^{\beta\hbar\omega}-1) - \beta\hbar\omega^3 e^{\beta\hbar\omega^3}}{(e^{\beta\hbar\omega}-1)^2} = 0 \;\Leftrightarrow\; \{x = \beta\hbar\omega\}$$

$$\Leftrightarrow\; (3-x)e^x = 3 \Rightarrow \omega_{max} = \frac{2,85 k_B}{\hbar}T. \tag{4.170}$$

La ley de Planck permitió unificar todos los resultados conocidos en la época acerca de la radiación del cuerpo negro, y constituyó uno de los grandes logros de la temprana Física Estadística, además de inaugurar la propia Mecánica Cuántica.

Aún es posible derivar la distribución espectral de energía de otra manera alternativa. En efecto, consideremos la energía interna del gas de fotones:

$$\bar{E} = \int_0^\infty g(\epsilon)\bar{n}(\epsilon)\epsilon d\epsilon = \int_0^\infty f(\epsilon)\epsilon d\epsilon = \frac{V}{\pi^2\hbar^3 c^3}\int_0^\infty \frac{\epsilon^3}{e^{\beta\epsilon}-1}d\epsilon. \tag{4.171}$$

Si introducimos la densidad de energía entre ϵ y $\epsilon + d\epsilon$, $\bar{u}(\epsilon)$, podemos escribir:

$$8\bar{E} = \int_0^\infty \bar{u}(\epsilon)d\epsilon, \tag{4.172}$$

y comparando ambas ecuaciones tenemos:

$$\bar{u}(\epsilon)d\epsilon = \frac{V}{\pi^2\hbar^3 c^3}\frac{\epsilon^3}{e^{\beta\epsilon}-1}d\epsilon \;\Leftrightarrow\; \bar{u}(\omega)d\omega = \frac{V\hbar}{\pi^2 c^3}\frac{\omega^3}{e^{\beta\hbar\omega}-1}d\omega, \tag{4.173}$$

recuperando la distribución espectral de la energía correspondiente a la ley de Planck (Fig. 4.11).

Propiedades termodinámicas del gas de fotones

Utilizando la función de partición para un sistema macroscópico de bosones con $\mu = 0$ $(\lambda = 1)$:[16]

$$\ln\Xi = -\int_0^\infty g(\epsilon)\ln\left(1 - e^{-\beta\epsilon}\right)d\epsilon,$$

y sustituyendo la densidad de estados de fotón [Ec. (4.73)], obtenemos:

$$\ln\Xi = -\frac{V}{\pi^2\hbar^3 c^3}\int_0^\infty \epsilon^2 \ln\left(1 - e^{-\beta\epsilon}\right)d\epsilon. \tag{4.174}$$

Integrando por partes la ecuación anterior $[u = ln(1 - e^{-\beta\epsilon}), v = \epsilon^3/3]$, se obtiene:

$$\ln\Xi = \frac{V}{3\pi^2\hbar^3 c^3\beta^3}\int_0^\infty \frac{(\beta\epsilon)^3}{e^{\beta\epsilon}-1}d(\beta\epsilon). \tag{4.175}$$

---

[16]Veremos posteriormente que $\bar{N} \to 0$ cuando $T \to 0$, por lo que no es necesario individualizar la contribución del estado fundamental.

Usando la definición de la función zeta de Riemann, vemos que ($x = \beta\epsilon$):

$$\int_0^\infty \frac{x^3}{e^x - 1} dx = 6\zeta(4) = \frac{\pi^4}{15},$$

con lo cual la gran-función de partición del gas de fotones será:[17]

$$\ln \Xi = \frac{V\pi^2}{45\hbar^3 c^3} \frac{1}{\beta^3} = -\frac{\psi(T, V)}{k_B T}. \tag{4.176}$$

A partir de la ecuación anterior es inmediato obtener la termodinámica del gas de fotones (i.e., del campo electromagnético)

i) Energía interna: Como de costumbre

$$\bar{E} = -\left(\frac{\partial \ln \Xi}{\partial \beta}\right)_V = \frac{V\pi^2 k_B^4}{15c^3\hbar^3} T^4 = V\sigma T^4, \tag{4.177}$$

     recuperando la ley de Stephan-Boltzmann.

ii) Ecuación de estado térmica:

$$\bar{p} = k_B T \left(\frac{\partial \ln \Xi}{\partial V}\right)_\beta = \frac{\pi^2}{45c^3\hbar^3} \frac{1}{\beta^3} = \frac{\bar{E}}{3V} \Leftrightarrow \bar{p}V = \frac{\bar{E}}{3}. \tag{4.178}$$

     Esta misma ecuación[18] puede obtenerse en general para un gas ideal relativista de forma análoga a la que se obtuvo la Ec. (4.105), usando la densidad de estados de la Ec. (4.73).

iii) Entropía del gas de fotones:

$$S = k_B \ln \Xi + \frac{\langle E \rangle}{T} - \mu \frac{\langle N \rangle}{T} = \{\mu = 0\} = \frac{V\pi^2 k_B^4}{45c^3\hbar^3} T^3 + \frac{V\pi^2 k_B^4}{15c^3\hbar^3} T^3 \Rightarrow$$

$$S = \frac{4}{3} V\sigma T^3. \tag{4.179}$$

iv) Número medio de fotones: Dado que $\mu = 0$ no podemos utilizar las relaciones convencionales de la Mecánica Estadística y hemos de integrar de manera directa la función de distribución de partículas:

$$\bar{N} = \sum_r \bar{n}_r = \int_0^\infty f(\omega)d\omega = \int_0^\infty g(\omega)\bar{n}(\omega)d\omega = \{x = \beta\hbar\omega\}$$

$$= \frac{V}{\pi^2 c^3 \hbar^3} \frac{1}{\beta^3} \int_0^\infty dx \frac{x^2}{e^x - 1} \cong \frac{2{,}404V}{\pi^2 c^3 \hbar^3} \frac{1}{\beta^3}. \tag{4.180}$$

     Como vemos el número medio de fotones no es una variable independiente, sino que depende de las condiciones exteriores de volumen y temperatura. Además, cuando $T \to 0$, $\bar{N} \to 0$, por lo que el sistema no experimenta condensación de Bose-Einstein.

---

[17] $\frac{\partial \psi}{\partial \mu} = 0$ (gas de fotones).

[18] Notemos la diferencia con la ecuación de Bernouilli para partículas no relativistas [Ec. (4.105)]: $\bar{p}V = \frac{2}{3}\bar{E}$

v) Fluctuaciones en el número de fotones: En general, en el colectivo gran-canónico:

$$\left(\frac{\overline{\Delta N}}{\bar{N}}\right)^2 = \frac{n}{\bar{N}}k_B T k_T,$$

$$k_T = -\frac{1}{V}\left(\frac{\partial V}{\partial \bar{p}}\right)_T,$$

$$n = \frac{\bar{N}}{V}. \tag{4.181}$$

Evidentemente:

$$\left(\frac{\partial V}{\partial \bar{p}}\right)_T^{-1} = \left(\frac{\partial \bar{p}}{\partial V}\right)_T = \frac{1}{3}\left(\frac{\partial(\bar{E}/V)}{\partial V}\right)_T = \left\{\frac{\bar{E}}{V} = \frac{\pi^2 k_B^4}{15c^3\hbar^3}T^4\right\} = 0$$

$$\Rightarrow \; k_T \to \infty \;\Rightarrow\; \frac{\overline{\Delta N}}{\bar{N}} \to \infty \tag{4.182}$$

El resultado anterior es perfectamente lógico debido a que, cuando $\mu = 0$, no tiene coste alguno (energético) la destrucción o creación de un fotón, creándose y destruyéndose estos de manera continua en el interior del sistema, lo que favorece fluctuaciones enormes en su número medio.

Conviene resaltar que, como yas sabemos de teoría de campos, el gas de fotones puede tratarse también como un conjunto de osciladores armónicos. En efecto, según la electrodinámica cuántica el campo electromagnético no es sino un conjunto de infinitos osciladores armónicos cada uno de ellos correspondiente a una frecuencia posible de la radiación.[19] Según el formalismo de la segunda cuantización el hamiltoniano del sistema puede escribirse en términos de los modos normales como:

$$\hat{H} = \sum_{i=0}^{\infty}\left(a_i^\dagger a_i + \frac{1}{2}\right)\hbar\omega_i,$$

$$\epsilon_{n,i} = \left(n_i + \frac{1}{2}\right)\hbar\omega_i \quad n_i = 0, 1, 2... \tag{4.183}$$

Un estado del campo puede escribirse como $|n_1 n_2 ... n_k ...\rangle$ donde n_1 representa el número de fotones con frecuencia ω_i y energía $\hbar\omega_i$. Despreciando la energía del punto cero podemos escribir la energía de una configuración como:

$$E(n_i) = \sum_i n_i \hbar\omega_i. \tag{4.184}$$

Dado que en caso del gas de fotones el número total de partículas no es constante, podemos calcular la función de partición canónica del sistema (donde Z coincide con Ξ para $\mu = 0$):

$$Z = \sum_{\{n_i\}} e^{-\beta E(n_i)} = \sum_{\{n_i\}} e^{-\beta \sum_i n_i \beta \hbar\omega_i} = \prod_i \sum_{n_i=0}^{\infty} e^{-\beta n_i \hbar\omega_i},$$

---

[19]Notemos que la presencia de la cavidad de volumen V -responsable de la emisión y absorción de radiación electromagnética asociada a su temperatura T- impone una restricción a los vectores de onda de las ondas que pueden existir en el interior de la misma.

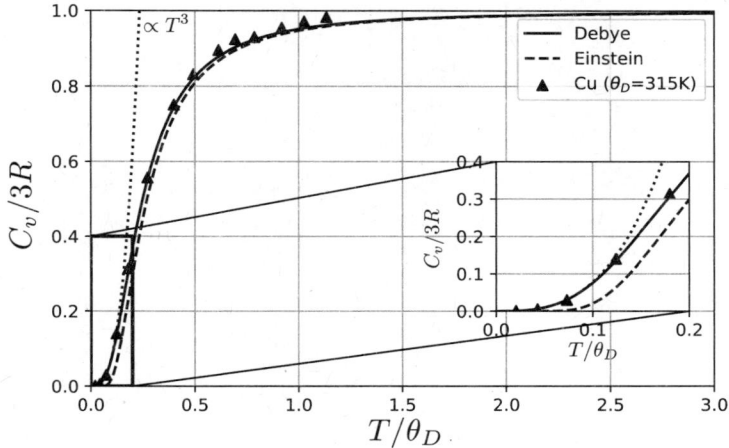

Figura 4.12: Capacidad calorífica del Cu a bajas temperaturas (datos obtenidos de Stevens & Boerio-Goates (2004)).

con lo cual tenemos:

$$\ln Z = -\sum_i \ln\left(1 - e^{-\beta\hbar\omega_i}\right) \equiv \{\mu = 0\} \equiv \ln \Xi, \qquad (4.185)$$

recuperando por lo tanto la expresión de la función de partición de un gas de bosones para un sistema de osciladores con $\mu = 0$.

4.4. Propiedades térmicas de los sólidos a baja temperatura: gas de fonones

En primera aproximación puede verse el sólido como un conjunto ordenado de átomos, cada uno de ellos fijo en los nodos de una red que oscila en torno a su posición de equilibrio sometido a un potencial armónico. Los primeros intentos de calcular las propiedades termodinámicas del sistema fueron clásicos y, por tanto, incapaces de reproducir la capacidad calorífica de los sólidos en la zona de bajas temperaturas. Einstein y Debye demostraron que es necesario tratar el sólido cuánticamente para obtener correctamente su capacidad calorífica. Trataremos en primer lugar el sólido como un conjunto de osciladores tanto en el modelo de Debye como en el modelo de Einstein, para finalmente demostrar la equivalencia de este enfoque con la del gas de fonones (bosones con $\mu = 0$).

4.4.1. Teoría del sólido de Einstein

Einstein propuso la primera formulación teórica que permitió obtener un comportamiento cualitativamente correcto de la capacidad calorífica del sóli-

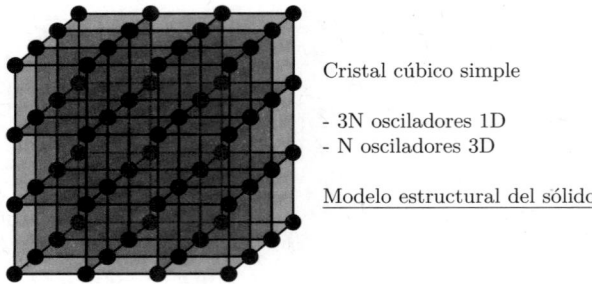

Cristal cúbico simple

- 3N osciladores 1D
- N osciladores 3D

Modelo estructural del sólido

Figura 4.13: Modelo de Einstein del sólido.

dos a bajas temperaturas, suponiendo que el sólido está compuesto osciladores armónicos localizados en los nodos de red (a modo semejante al propuesto por Drude en 1900) y por tanto distinguibles, aunque independientes. El hamiltoniano de un oscilador armónico cuántico con una energía propia H_0 es

$$\hat{H} = H_0 + \left(a^\dagger a + \frac{1}{2}\right)\hbar\omega = E_0 + \left(\hat{N} + \frac{1}{2}\right)\hbar\omega, \qquad (4.186)$$

y su espectro de energía está dado por,

$$\epsilon_n = \left(n + \frac{1}{2}\right)\hbar\omega, \qquad n = 0, 1, 2... \qquad (4.187)$$

donde se ha hecho $E_0 = 0$ sin pérdida de generalidad. Por tanto, la función de partición del sistema total del modelo de Einstein será:[20]

$$Z = z^{3N} = \left[\sum_{n=0}^{\infty} e^{-\beta(n+\frac{1}{2})\hbar\omega}\right]^{3N} \Rightarrow \ln Z = -3N \ln\left[2\sinh\left(\frac{\beta\hbar\omega}{2}\right)\right]. \quad (4.188)$$

Luego, la energía interna del sistema podemos obtenerla de la manera usual:

$$\langle E \rangle \equiv \bar{E} = -\left(\frac{\partial \ln Z}{\partial \beta}\right) = 3N\frac{\hbar\omega}{2}\frac{1}{2\sinh\left(\frac{\beta\hbar\omega}{2}\right)}2\cosh\left(\frac{\beta\hbar\omega}{2}\right)$$

$$= 3N\frac{\hbar\omega}{2}\coth\left(\frac{\beta\hbar\omega}{2}\right), \qquad (4.189)$$

con lo cual, la capacidad calorífica del sistema de osciladores es:

$$C_V = \frac{\partial\langle E\rangle}{\partial T} = \frac{\partial\langle E\rangle}{\partial\beta}\frac{\partial\beta}{\partial T} = -\frac{1}{k_B T^2}\frac{\partial\bar{E}}{\partial\beta} = 3Nk_B\left(\frac{\beta\hbar\omega}{2}\right)^2\frac{1}{\sinh^2\left(\frac{\beta\hbar\omega}{2}\right)}. \qquad (4.190)$$

---

[20]Observemos que obtendríamos el mismo resultado suponiendo que el sólido está compuesto de N osciladores tridimensionales independientes: $\epsilon_{n_x,n_y,n_z} = (n_x + n_y + n_z + \frac{3}{2})\hbar\omega \Rightarrow z = \sum_{n_x=0}^{\infty}\sum_{n_y=0}^{\infty}\sum_{n_z=0}^{\infty} e^{-\beta(n_x+n_y+n_z+\frac{3}{2})\hbar\omega}$.

Definiendo la denominada temperatura de Einstein, $\theta_E = \frac{\hbar\omega}{k_B}$, la ecuación anterior puede expresarse de la forma:

$$C_V = 3Nk_B \frac{\left(\frac{\theta_E}{T}\right)^2 e^{\theta_E/T}}{\left(e^{\theta_E/T} - 1\right)^2}. \tag{4.191}$$

<u>Casos límite</u>

(a) $T \to 0$:

$$C_V \cong 3Nk_B \left(\frac{\theta_E}{T}\right)^2 e^{-\theta_E/T} \to 0 \quad (3^{\underline{a}} \text{ Ley})$$

Como vemos, $C_V \to 0$ exponencialmente cuando $T \to 0$, no recuperándose la ley T^3 experimentalmente detectable.

(b) $T \to \infty$:

$$C_V \cong 3Nk_B = 3nR \quad \text{(Dulong-Petit)}$$

recuperándose el resultado correspondiente a N osciladores tridimensionales clásicos.

4.4.2. Teoría del sólido de Debye

Al igual que Einstein, Debye supone también que el sólido está compuesto por N osciladores armónicos tridimensionales ($3N$ unidimensionales), aunque incorpora al modelo la existencia de acoplamiento entre los mismos. El hamiltoniano del sistema toma ahora la forma:

$$\hat{H}\left(\bar{q}^N, \bar{p}^N\right) = \sum_{i=1}^{3N} \frac{p_i^2}{2m} + \sum_{i,j}^{3N} A_{ij} q_i q_j. \tag{4.192}$$

La información sobre las interacciones entre partículas está contenida en la matriz real y simétrica A_{ij}. Como es bien sabido, hamiltoniano de la forma (4.192) puede diagonalizarse siempre. Haciendo una transformación canónica a las coordenadas normales del sistema:

$$(q_i, p_i) \to (Q_i, P_i) \qquad 3N \text{ i=1...3N} \tag{4.193}$$

el hamiltoniano del sistema se expresa de la forma:

$$\hat{H}\left(Q^N, P^N\right) = \sum_{i=1}^{3N} \left(\frac{P_i^2}{2m} + \frac{1}{2}m\omega_i^2 Q_i^2\right), \tag{4.194}$$

donde ω_i es la frecuencia propia del modo i−ésimo. Este hamiltoniano representa un conjunto de $3N$ osciladores independientes, relacionado con los autovalores de la matriz de modos colectivos del sistema que permiten describir las propiedades térmicas de los sólidos. Cuantizando el hamiltoniano anterior de la manera usual tenemos:

$$\hat{H} = \sum_{i=1}^{3N} \left(\hat{N}_i + \frac{1}{2}\right)\hbar\omega_i \; ; \quad \hat{N}_i = a_i^+ a_i \quad \hat{N}_i \left|n_i\right\rangle = n_i \left|n_i\right\rangle, \tag{4.195}$$

de tal manera que podemos interpretar el conjunto de osciladores acoplados que forman el sólido en términos de unas cuasipartículas independientes denominadas fonones correspondientes a excitaciones de los modos colectivos del sistema que corresponden a estados de energía $\epsilon_i = \hbar\omega_i$ definidos por los $3N$ modos normales del sistema.[21] A bajas temperaturas el número de fonones es pequeño y el gas de fonones puede considerarse ideal. Evidentemente, en este sistema la función de partición canónica del sistema toma la forma:

$$Z(T,V) = \prod_{i=1}^{3N} \sum_{n_i=0}^{\infty} e^{-\beta\hbar\left(n_i+\frac{1}{2}\right)\omega_i}. \qquad (4.196)$$

La teoría de Debye ignora la estructura discreta del cristal y lo considera como un medio isótropo y continuo[22] y, por tanto, con una relación de dispersión a baja frecuencia $\omega = kc$, donde c representa en este caso la velocidad de propagación del sonido. De esta relación de dispersión es inmediato obtener del modo usual la densidad de estados de fonón:[23]

$$N(k) = \frac{V}{6\pi^2}k^3 \quad \Rightarrow \quad N(\omega) = \frac{V}{6\pi^2 c^3}\omega^3 \quad \Rightarrow \quad g(\omega) = \frac{V}{2\pi^2 c^3}\omega^2 \quad (4.197)$$

En general, existen dos modos transversales y uno longitudinal en el sólido tridimensional, por lo que:

$$g(\omega) = \frac{V}{2\pi^2}\left(\frac{2}{c_t^3} + \frac{1}{c_l^3}\right)\omega^2, \qquad (4.198)$$

donde c_t es la velocidad de propagación de los modos transversales y c_l la de los modos longitudinales. Como vemos, y a diferencia del sistema de fotones, en este caso tenemos un número máximo de modos normales (i.e., estados de fonón):

$$N_{max} = 3N. \qquad (4.199)$$

Combinando este resultado con la expresión usual:

$$3N = \int_{\Lambda} g(\omega)d\omega = \int_{\Lambda} \frac{V}{2\pi^2}\left(\frac{2}{c_t^3} + \frac{1}{c_l^3}\right)\omega^2 d\omega, \qquad (4.200)$$

nos lleva a la conclusión de que la región de integración (Λ) debe estar acotada, y por lo tanto es necesario que exista un *cut-off* de frecuencia que se denomina

---

[21]Como vemos, la idea de describir un sistema de muchos cuerpos en términos de un gas de excitaciones de sus modos colectivos (partículas o cuasipartículas) permite desacoplar sistemas de muchos grados de libertad acoplados, lo que la convierte en una de las más fértiles de la Física actual.

[22]La longitud de onda de las excitaciones de baja frecuencia en un gas ideal de cuasipartículas ($T \to 0$) es mayor que la distancia interatómica en la red.

[23]Esta es la densidad de modos normales, que no coinciden con los fonones, sino que son estados de fonón. Estas cuasipartículas son ondas sonoras que corresponden a las excitaciones de los modos normales de la red, y están siendo continuamente emitidas y absorbidas por esta, de la misma manera que los fotones del campo EM en una cavidad lo son por la materia que compone la cavidad. Sin embargo, a diferencia de estos últimos, los fonones no pueden existir con independencia de la red cristalina, razón por la cual se denominan cuasipartículas.

frecuencia de Debye, y que marca el límite superior de frecuencia de los modos. Esta frecuencia puede calcularse utilizando la Ec. (4.200):

$$3N = \int_0^{\omega_D} \frac{V}{2\pi^2}\left(\frac{2}{c_t^3}+\frac{1}{c_l^3}\right)\omega^2 d\omega \quad \Rightarrow \quad \omega_D^3 = \frac{18N\pi^2}{V}\left(\frac{2}{c_t^3}+\frac{1}{c_l^3}\right)^{-1}.$$

(4.201)

Finalmente, la energía media del sistema podemos calcularla a partir de la función de partición (4.196):

$$Z = \prod_{i=1}^{3N}\frac{1}{1-e^{-\beta\hbar\omega_i}} \quad \Rightarrow \quad \ln Z = -\sum_{i=1}^{3N}\ln\left(1-e^{-\beta\hbar\omega_i}\right).$$

(4.202)

Como vemos, la expresión anterior es idéntica a la correspondiente a un gas de bosones con $\mu = 0$, lo que refleja el hecho de que el número de fonones en el sólido no es constante aún sin intercambio con el exterior. Luego, teniendo en cuenta, como de costumbre, que para un sistema macroscópico

$$\sum_{i=1}^{3N} \longrightarrow \int_0^{\omega_D} g(\omega)d\omega,$$

(4.203)

se obtiene

$$\ln Z = -\int_0^{\omega_D} g(\omega)\ln\left(1-e^{-\beta\hbar\omega}\right)d\omega$$

$$= -\frac{V}{2\pi^2}\left(\frac{2}{c_t^3}+\frac{1}{c_l^3}\right)\int_0^{\omega_D}\omega^2\ln\left(1-e^{-\beta\hbar\omega}\right)d\omega,$$

(4.204)

con lo cual:

$$\bar{E} = -\frac{\partial\ln Z}{\partial\beta} = \frac{V\hbar}{2\pi^2}\left(\frac{2}{c_t^3}+\frac{1}{c_l^3}\right)\int_0^{\omega_D}\frac{\omega^3}{e^{\beta\hbar\omega}-1}d\omega = \{x=\beta\hbar\omega\}$$

$$= \frac{V\hbar}{2\pi^2}\left(\frac{2}{c_t^3}+\frac{1}{c_l^3}\right)\frac{1}{(\beta\hbar)^4}\int_0^{\beta\hbar\omega_D}\frac{x^3}{e^x-1}dx.$$

(4.205)

En el límite $T \to 0$, el límite superior de la integral en la ecuación anterior diverge, con lo cual:

$$\bar{E} = \frac{V\hbar}{2\pi^2}\left(\frac{2}{c_t^3}+\frac{1}{c_l^3}\right)\frac{1}{(\beta\hbar)^4}\underbrace{\int_0^{\infty}\frac{x^3}{e^x-1}dx}_{6\zeta(4)=\pi^4/15} = \frac{V\pi^2 k_B^4}{30\hbar^3}\left(\frac{2}{c_t^3}+\frac{1}{c_l^3}\right)T^4,$$

(4.206)

expresión equivalente a la ley de Stephan-Boltzmann. Usando la expresión de la frecuencia de Debye en la Ec. (4.201) obtenemos, para la energía interna del sólido de Debye:

$$\bar{E} = \frac{18N\pi^4 k_B^4}{30\hbar^3\omega_D^3}T^4 = \frac{3}{5}N\pi^4 k_B\frac{T^4}{\theta_D^3},$$

(4.207)

donde se ha introducido la temperatura de Debye:

$$k_B\theta_D = \hbar\omega_D.$$

Finalmente, la capacidad calorífica del sólido a baja temperatura es:

$$C_V = \left(\frac{\partial \bar{E}}{\partial T}\right)_V = \frac{12}{5} N\pi^4 k_B \frac{T^3}{\theta_D^3} \quad \propto \quad T^3, \qquad (4.208)$$

obteniéndose el comportamiento experimentalmente correcto de esta magnitud. Cuando $T \to \infty$, recuperamos Dulong-Petit a partir de la Ec. (4.205) - como puede verse en la Fig. (4.11).

Como hemos mencionado, las propiedades térmicas del sólido a baja temperatura pueden analizarse mediante la aplicación de la estadística de Bose-Einstein al gas ideal de fonones, cuantos del campo de ondas sonoras de un cuerpo macroscópico que aparecen de manera totalmente análoga a los fotones en la cuantización del campo electromagnético. De la misma manera que en el caso de los fotones en una cavidad, también los fonones son constantemente emitidos y absorbidos por la red, por lo que en este caso también se verifica que $\mu = 0$. Utilizando la función de partición de un sistema de bosones con $\mu = 0$:

$$\ln Z = \ln \Xi = -\int_0^\infty g(\omega) \ln\left(1 - e^{-\beta\hbar\omega}\right) d\omega, \qquad (4.209)$$

podemos recuperar las teorías de Einstein y Debye expuestas anteriormente sin más que hacer:

(a) Modelo de Einstein: En este caso hay un único modo excitado; por lo que:

$$g(\omega) = 3N\delta(\omega - \omega_0) \qquad (4.210)$$

(b) Debye: la densidad de estados es:

$$g(\omega) = \begin{cases} 9N\omega^2/\omega_D^3, & \omega < \omega_D \\ 0, & \omega > \omega_D \end{cases} \qquad (4.211)$$

Finalmente, la Ec. (4.208) permite hacer una comparación de la capacidad calorífica de los electrones y la red del metal, en el que $C_v = AT + AT^3$, donde $A = \frac{12\pi^4}{5} N k_B$ y $\gamma = \frac{\pi}{2} z N k_B \frac{1}{T_F}$, siendo z la valencia nominal. Además,

$$\frac{C_V^{el}}{C_V^{red}} = \frac{5}{24\pi^2} z \frac{\theta_D^3}{T^2 T_F}. \qquad (4.212)$$

Así, la temperatura a la que ambas contribuciones se igualan será:

$$T_0/ \quad C_V^{red} = C_V^{el} \Rightarrow T_0 = 0{,}145 \left(\frac{z\theta_D}{T_F}\right)^{1/2} \theta_D \qquad (4.213)$$

Ejemplo 4.5

Para el **Cu** metálico tenemos:

$\theta_D = 315K$

$T_F \cong 84.058 \text{ K}$

$\epsilon_F = 1{,}16 \cdot 10^{-18} J$

Luego, la contribución electrónica es mayor que la de la red a temperaturas inferiores a $T_0 \approx 2{,}8 \ K$.

4.5. Ejercicios relacionados

Ejercicio 4.1:

Calcúlese la entropía de un gas de bosones y apliquense las relaciones termodinámicas para demostrar que en la Ec. (4.53), $\beta = \frac{1}{k_B T}$ y $\alpha = -\frac{\mu}{k_B T}$.

Ejercicio 4.2:

Demuéstrese la relación de la Ec. (4.136).

Ejercicio 4.3:

Escríbase la función de partición canónica de un sistema formado por dos partículas cada una de las cuales presenta un espectro de tres niveles de energías 0, ε y 2ε, en el caso de que sean: i) partículas clásicas localizadas, ii) partículas clásicas no localizadas, iii) bosones, iv) fermiones.

Ejercicio 4.4:

Obténganse las fluctuaciones del número medio de partículas por estado cuántico para un sistema ideal de partículas idénticas, y demuéstrese que

$$s_{n_i}^2 = \overline{(n_i - \bar{n}_i)^2} = \bar{n}_i \left(1 \mp \bar{n}_i\right),$$

donde el signo superior (inferior) corresponde al caso de un gas de fermiones (bosones). ¿Qué sucede en el límite clásico?

Ejercicio 4.5:

i) Demuéstrese la Ec. (4.116) y verifíquese que en la temperatura de condensación tanto el potencial químico como su primera derivada varían de manera continua.

ii) Pruébese que en $T = T_B$

$$\left(\frac{\partial C_V}{\partial T}\right)_{T_B} = AVT_B^{3/2}\mu_B'' \int\limits_0^\infty \frac{x^{3/2}e^x}{(e^x-1)^2}dx = -3{,}66\frac{\bar{N}}{T_B}k_B. \tag{4.214}$$

¿De qué orden sería según esto la transición de fase que denominamos condensación de Bose-Einstein?

Ejercicio 4.6:

Gas de Bose en un campo externo: Usando que la energía de las partículas de un gas de Bose sometido a la acción de un campo externo $V(z)$ es:

$$\epsilon = \frac{p^2}{2m} + V(z), \tag{4.215}$$

a) Obténgase la densidad de estados de partícula en una caja de volumen V.

b) Obténgase un expresión para la capacidad calorífica del sistema a $V =$ cte.

c) Calcúlese la temperatura de condensación y el salto en la capacidad calorífica del sistema en $T = T_B$ cuando: a)$V(z) = \alpha z$, b) $V(z) = \alpha z^2$.

Ejercicio 4.7:

Obténganse las propiedades termodinámicas de:

a) Electrones ultrarrelativistas en una caja.

b) Electrones no relativistas en un potencial armónico.

Ejercicio 4.8:

Pruébese la Ec. (4.155).

Ejercicio 4.9:

Considérese un gas ideal de bosones no relativista. Analícese si tiene lugar el fenómeno de la condensación de Bose-Einstein en una caja de una o dos dimensiones.

Ejercicio 4.10:

En el laboratorio la condensación de Bose-Einstein de un sistema diluido de átomos de masa m se consigue confinándolos en una trampa magnética que da lugar a un potencial armónico para cada partícula de la forma:

$$H = \frac{(p_x^2 + p_y^2 + p_z^2)}{2m} + \frac{m}{2}\left(\omega_x^2 x^2 + \omega_y^2 y^2 + \omega_z^2 z^2\right),$$

donde ω_x, ω_y, ω_z representan las frecuencias de la trampa en las diferentes direcciones del espacio.

a) Si el sistema tiene una energía muy superior a la de los intervalos entre diferentes estados de energía (lo que sucede trivialmente para sistemas de dimensiones macroscópicas), podemos considerar que el espectro de estados de energía forma un continuo con una densidad de estados $g(\varepsilon)$. Encuéntrese una expresión para la densidad de estados del sistema del ejercicio, tanto en el límite clásico como de manera estrictamente cuántica.

b) Suponiendo que tenemos un total de N átomos en la trampa magnética, calcúlese una expresión para la fugacidad de los bosones, y utilícese el resultado anterior para calcular la temperatura de Bose (T_B) del sistema. Interprétese físicamente el resultado.

c) Calcúlese la fracción de bosones en el condensado a $T < T_B$ y la energía interna del sistema a $T = T_B$.

d) Obténgase la temperatura de condensación en un experimento en el cual se usan $N = 10^7$ átomos de Rb_{37}^{87} confinados en trampa de frecuencias $\frac{1}{2\pi}\left(\omega_x, \omega_y, \omega_z\right) = (250, 670, 7)$ Hertz.

Ejercicio 4.11:

Dada la densidad numérica n y la energía de Fermi de un gas ideal de electrones a $T = 0$ K, E_F, demuéstrese que su compresibilidad isoterma a esta temperatura es:

$$\kappa_T = \frac{3}{2nE_F}$$

Ejercicio 4.12:

Consideremos un gas ideal cuántico tridimensional formado por N electrones ultrarrelativistas en un recinto de volumen V de dimensiones macroscópicas.

a) Calcúlese la densidad de estados del sistema y represéntese el resultado.

b) Obténgase la expresión de la energía de Fermi del sistema.

c) Obténgase la energía interna del gas a temperatura nula como función del número medio de partículas.

d) Analícese la dependencia en la densidad de partículas de la presión del gas a $T = 0$. ¿Es una dependencia más fuerte o más débil que en el gas no-relativista?

e) Considérese que el gas anterior representa los electrones en el interior de una enana blanca compuesta de partículas α_2^4 (núcleos de He_2^4 completamente ionizados) y electrones. Exprésese la energía cinética en términos de la masa total de la estrella M y de su radio R. Teniendo en cuenta que la autoenergía potencial gravitatoria de una estrella de radio R y densidad uniforme es $E_p = -\frac{3}{5}GM^2/R$, donde G es la constante gravitacional, ¿qué podemos decir de la estabilidad mecánica de la estrella en este modelo?

Ejercicio 4.13:

Calcúlese la dependencia con la temperatura del potencial químico de un gas de electrones, de su energía interna, presión y capacidad calorífica.

Ejercicio 4.14:

Supóngase que el universo es una cavidad de radio 10^{26} m y paredes impenetrables. Suponiendo que la temperatura en el interior de la cavidad es de 3 K, estímese el número total de fotones en el universo y el contenido energético de estos.

Ejercicio 4.15:

Recupérese la ley de Dulong y Petit a partir de la expresión de la energía del modelo de Debye.

Ejercicio 4.16:

A bajas temperaturas, la densidad de modos normales de las vibraciones cuantizadas de la magnetización (ondas de espín o magnones) en un cristal ferromagnético sigue una ley de la forma $g(\omega) = A\sqrt{\omega}$. Calcúlese la contribución de las ondas de espín a la capacidad calorífica del sistema.

Ejercicio 4.17:

Estúdiense las oscilaciones de la susceptibilidad magnética de un gas de electrones con el campo magnético (efecto de Haas-van Alphen)

4.6. Lecturas complementarias

- Anderson, W. (1984). *Basic Notions Of Condensed Matter Physics*. Basic Notions of Condensed Matter Physics Series. Basic Books.

- Anderson, P. (1997). *Concepts in Solids: Lectures on the Theory of Solids*. Advanced book classics series. World Scientific.

- Greiner, W., Rischke, D., Neise, L., & Stöcker, H. (2012). *Thermodynamics and Statistical Mechanics*. Classical Theoretical Physics. Springer New York.

- Schwabl, F., & Brewer, W. (2006). *Statistical Mechanics*. Advanced Texts in Physics. Springer Berlin Heidelberg.

Capítulo 5

Gas de Maxwell-Boltzmann

Introduciremos en este capítulo el tratamiento de sistemas formados por partículas independientes y no localizadas en el límite diluido, i.e., en condiciones de temperatura y densidad tales que puede describirse su estado mecánico clásicamente despreciando los efectos cuánticos derivados del principio de incertidumbre y de la indistinguibilidad de las partículas. Esto es lo que se denomina gas de Maxwell-Boltzmann. Comenzaremos por el tratamiento de la termodinámica del gas ideal monoatómico (i.e., sin grados de libertad internos) en las diferentes colectividades, para tratar posteriormente sistemas de gases poliatómicos como ejemplo de aplicación de aproximación adiabática.

5.1. Gas ideal monoatómico en el límite clásico

En el capítulo anterior vimos que en el límite diluido ($n_r \ll 1$) recuperamos e número medio de partículas por estado cuántico está gobernado por la estadística de Maxwell-Boltzmann

$$\bar{n}_r = e^{-\beta(\epsilon_r - \mu)}. \tag{5.1}$$

Las condiciones de validez de esta distribución de números medios de ocupación (i.e., alta temperatura y/o baja densidad) son equivalentes a la condiciones de validez de la descripción clásica de los microestados del sistema físico, por lo que

$$
\begin{aligned}
r &\rightarrow (\boldsymbol{r}, \boldsymbol{p}), \\
\epsilon_r &\rightarrow H(\boldsymbol{r}, \boldsymbol{p}), \\
\Gamma &= \frac{1}{N!} \prod_{i=1}^{N} \frac{d\boldsymbol{r}_i d\boldsymbol{p}_i}{h^3},
\end{aligned} \tag{5.2}
$$

y, consecuentemente, las sumas sobre estados

$$\sum_r \longrightarrow \int d\epsilon\, g(\epsilon) \; ; \; \int \frac{d\boldsymbol{r} d\boldsymbol{p}}{h^3}. \tag{5.3}$$

Analizaremos en las secciones siguientes las propiedades termodinámicas del gas ideal de Maxwell-Boltzmann (gas ideal clásico) en las diferentes colectividades.

5.1.1.   Tratamiento microcanónico

Consideremos un gas ideal monoatómico constituido por N partículas independientes y por lo tanto puntuales (caso de tener un volumen finito deberían preservarlo interaccionando con las demás partículas del sistema) aisladas en un volumen V. Supongamos que cada partícula tiene una masa m y que la energía total del sistema es E, constante por tratarse de un sistema aislado. Como se trata de partículas no interaccionantes el potencial de interacción es nulo ($V = 0$) y, por lo tanto, el hamiltoniano del sistema contiene únicamente términos cinéticos

$$H(q,p) = \frac{1}{2m} \sum_{i=1}^{N} \boldsymbol{p}_i^2. \tag{5.4}$$

Nuevamente se usará la notación abreviada $(q_1...q_N; p_1...p_N) = (q^N, p^N) = (q, p)$. Además, como se trata de un sistema con ligaduras holónomas únicamente, el hamiltoniano coincide con la energía total del sistema y por lo tanto

$$E = H(q,p) = \frac{1}{2m} \sum_{i=1}^{N} \boldsymbol{p}_i^2. \tag{5.5}$$

La obtención de la entropía del sistema -y por lo tanto de toda la Termodinámica del mismo- depende de la obtención del volumen fásico o de la densidad de estados y de la subsiguiente aplicación del principio de Boltzmann. Como sabemos, el volumen fásico $\Gamma(E, V, N)$ es el número de microestados de un sistema de volumen V y número de partículas N, con energía menor o igual que un determinado valor E.

$$\Gamma(E, V, N) = \int \cdots \int_{H \leq E} d\Gamma, \tag{5.6}$$

donde, como de costumbre, el volumen fásico elemental cuantizado es

$$d\Gamma = \frac{1}{h^{3N}} d\boldsymbol{p}_1...d\boldsymbol{p}_N d\boldsymbol{r}_1 \ldots d\boldsymbol{r}_N. \tag{5.7}$$

Evidentemente, la integral en las coordenadas de posición da lugar a un término V^N por lo que[1]

$$\Gamma(E, V, N) = \frac{V^N}{h^{3N}} \int \cdots \int_{0 \leq H \leq E} d\boldsymbol{p}_1...d\boldsymbol{p}_N. \tag{5.8}$$

Por su parte, para un gas ideal la integral en el espacio de momentos es igual al volumen de una hiperesfera de radio $\sqrt{2mE}$ en el espacio $3N$-dimensional

---

[1]Fijémonos que estamos omitiendo aquí el término $N!$ correspondiente al número de microestados idénticos derivados de permutaciones de partículas indiscernibles, y lo hacemos por razones pedagógicas que se comprenderán más adelante en este capítulo.

de momentos.[2] Así en el espacio de las fases: El volumen de una hiperesfera en f dimensiones viene dado por (véase la sección D.3 del apéndice matemático):

$$V_f(R) = \frac{\pi^{f/2}}{(f/2)!} R^D.$$ (5.9)

Por lo tanto,

$$\int \cdots \int_{0 \le H \le E} d\boldsymbol{p}_1 ... d\boldsymbol{p}_N = V_f(\sqrt{2mE}) = \frac{\pi^{f/2}}{(f/2)!} (2mE)^{f/2},$$ (5.10)

obteniendo, por lo tanto, que el volumen fásico de un gas ideal es ($f = 3N$)

$$\Gamma(E, V, N) = \frac{\pi^{3N/2}}{(3N/2)!} \frac{V^N}{h^{3N}} (2mE)^{3N/2}.$$ (5.11)

Esta expresión contiene toda la información estadística microcanónica del sistema. A partir de la misma podemos obtener la expresión de la entropía -y, consecuentemente, toda la información termodinámica del sistema a través de la ecuación fundamental de dicha representación- aplicando el principio de Boltzmann. Previamente obtendremos la densidad de estados, $g(E)$:

$$g(E, V, N) = \left[\frac{\partial \Gamma(E, V, N)}{\partial E} \right]_{V,N}$$

$$= \frac{\pi^{\frac{3N}{2}}}{\left(\frac{3N}{2} - 1 \right)!} \frac{V^N}{h^{3N}} (2m)^{\frac{3N}{2}} E^{\frac{3N}{2} - 1}.$$ (5.12)

Como podemos comprobar en las expresiones anteriores, tanto el volumen fásico como la densidad de estados de partículas encerradas en una caja (gas ideal), son funciones extremadamente crecientes de la energía, en consonancia con lo utilizado en el tema anterior. Esta es, como sabemos, una característica general de los denominados sistemas normales.

A partir de la Ec. (5.11) podemos obtener la entropía microcanónica de un gas ideal aplicando el principio de Boltzmann

$$S(E, V, N) = k_B \ln \Gamma(E, V, N) = k + \frac{3N}{2} \ln E,$$ (5.13)

donde k es una constante independiente de la energía del sistema. Es interesante darse cuenta que podríamos recuperar la igualdad anterior usando la densidad de estados en lugar del volumen fásico del sistema.[3] Así:

$$S(E, V, N) = k_B \ln g(E, V, N) = \phi(V, N) + \left(\frac{3N}{2} - 1 \right) k_B \ln E$$

$$\simeq \phi(V, N) + \frac{3N}{2} k_B \ln E.$$ (5.14)

---

[2]Como se trata de partículas puntuales únicamente posee tres grados de libertad cada una de ellas, los correspondientes a la traslación del centro de masas.

[3]En un sistema termodinámico ($N \to \infty$, $V \to \infty$ y V/N finito) siempre es posible hacer la aproximación anterior y, por lo tanto, $\ln \Gamma(E, V, N) \simeq \ln \Omega(E, V, N)$. Luego, se puede obtener la entropía estadística indistintamente a partir de la densidad de estados o del volumen fásico del sistema.

Como sabemos, a partir de la Ec. (5.14) para la entropía del sistema podemos obtener toda la Termodinámica del gas ideal. Comenzaremos obteniendo la propia expresión de la entropía en función de sus variables extensivas naturales (ecuación fundamental en representación entropía). A partir de las Ecs. (5.12) y (A.31) se obtiene, trivialmente:

$$S(E,V,N) = k_B \left[\frac{3N}{2} \ln \pi - \frac{3N}{2} \ln \frac{3N}{2} + \frac{3N}{2} + N \ln V + \frac{3N}{2} \ln(2mE) \right],$$
(5.15)

donde se ha utilizado una vez más la conocida relación de Stirling $\ln N! \simeq N \ln N - N$, válida para valores muy grandes de N. Introduciendo la constante $\sigma = 3/2 \left[\ln(2m\pi k_B) + 1 \right]$ la ecuación anterior puede reexpresarse de la forma:

$$S(E,V,N) = N k_B \left[\frac{3}{2} \ln\left(\frac{2E}{3N k_B} \right) + \ln V + \sigma \right].$$
(5.16)

A partir de esta ecuación podemos obtener toda la información termodinámica del sistema, aplicando las relaciones de la Termodinámica convencional:

1. Temperatura microcanónica: En la representación entropía la temperatura microcanónica $1/T^* = (\partial S/\partial E)_{V,N}$ por lo que, usando las relaciones anteriores se obtiene:

$$\beta^* = \frac{1}{k_B T^*} = \left[\frac{\partial \ln \Gamma(E,V,N)}{\partial E} \right]_{V,N} = \frac{3N}{2E},$$
(5.17)

que podemos reexpresar de la forma:

$$E = \frac{3N}{2} k_B T^*,$$
(5.18)

relación que expresa el hecho de que a cada partícula le corresponde una energía promedio de $3/2 k_B T^*$, i.e., $1/2 k_B T^*$ por cada grado de libertad. Este enunciado constituye lo que se denomina teorema de equipartición de la energía , que será objeto de una demostración mucho más detallada posteriormente.

2. Ecuación térmica de estado: Como se ha mostrado en diferentes lugares de esta obra, las variables promediadas en el formalismo estadístico corresponden a las magnitudes clásicas de la Termodinámica. Sea $\overline{P}$ la presión promedio o estadística del sistema. En virtud de la equivalencia que acabamos de mencionar, podemos escribir la ecuación:

$$\overline{P} = T^* \left(\frac{\partial S}{\partial V} \right)_{E,N} = k_B T \left(\frac{\partial \ln \Gamma(E,V,N)}{\partial V} \right)_{E,N}.$$
(5.19)

Sustituyendo la ecuación del volumen fásico o, equivalentemente, la de la entropía del sistema, en la relación anterior, obtenemos:

$$\overline{P} V = N k_B T^*.$$
(5.20)

Si comparamos la ecuación obtenida con la relación usual de Clapeyron para la presión de un gas ideal, podemos obtener una relación para la constante de Boltzmann:

$$Nk_B = nR \Leftrightarrow k_B = \frac{R}{N_A} = 1,38 \times 10^{-23} J/K \qquad (5.21)$$

valor que garantiza la recuperación de los resultados de la teoría clásica de los gases, además de otorgar dimensiones a la entropía estadística.

5.1.2. Paradoja de Gibbs: recuento correcto de Boltzmann

Evidentemente, la entropía que se obtiene a través de la aplicación del principio de Boltzmann ha de cumplir las propiedades de la entropía termodinámica, particularmente la de ser una función de estado que verifica el segundo principio de la Termodinámica y tratarse de una magnitud extensiva (aditividad). Precisamente en base a la necesidad impuesta por el principio de aditividad de la entropía se ha definido la misma como una función logarítmica del número de microestados del sistema (volumen fásico) e, igualmente, en la teoría de la información garantiza la aditividad de la información contenida en los caracteres de un mensaje. De esta forma, para dos sistemas estadísticamente independientes ($\Gamma_{tot}(E = E_1 + E_2) = \Gamma_1(E_1)\Gamma_2(E_2)$):

$$\begin{aligned} S_{tot} &= k_B \ln \Gamma_{tot}(E = E_1 + E_2) = k_B \ln \left[\Gamma_1(E_1)\Gamma_2(E_2) \right] \\ &= k_B \ln \Gamma_1(E_1) + k_B \ln \Gamma_2(E_2) = S_1 + S_2. \end{aligned} \qquad (5.22)$$

Lógicamente, esta propiedad genérica de la entropía no puede destruirse por una deficiente modelización de la densidad de estados (equivalentemente del volumen fásico) del sistema. Precisamente en esto consiste la paradoja de Gibbs para el gas ideal clásico. Notemos que la expresión obtenida para la entropía estadística de este sistema en la Ec. (5.16) no corresponde a una magnitud extensiva. Para ello hagamos una transformación de escala en las variables extensivas de dicha función ($X \rightarrow X' = \alpha X$). Esta dilatación en el espacio termodinámico nos conduce a:

$$\begin{aligned} S' &= \alpha N k_B \left[\frac{3}{2} \ln \left(\frac{2E}{3Nk_B} \right) + \ln \alpha V + \sigma \right] \\ &= \alpha S + \alpha N k_B \ln \alpha, \end{aligned} \qquad (5.23)$$

en lugar de $S' = \alpha S$ como correspondería a la ley de transformación de una magnitud homogénea de grado 1. Veamos, pues, cuál es la deficiencia de la modelización del volumen fásico del gas ideal que nos conduce a dicha paradoja.

Como sabemos de los temas anteriores, calcular el volumen fásico del sistema estadístico no es sino obtener el número de microestados del mismo compatibles con una energía dada E. Al realizar dicho contaje para el gas ideal clásico hemos incluido todas las posibles configuraciones de las N partículas pues hemos integrado a todo el volumen fásico sin exclusión alguna. Sin embargo, es evidente que este recuento es demasiado "fino", ya que incluye microestados que únicamente se diferencian en permutaciones de las partículas del sistema. Desde una perspectiva estrictamente clásica del problema esto no es ningún impedimento, ya que las partículas son clásicamente distinguibles, y por tanto permutaciones de las mismas conducen a microestados físicamente distinguibles del sistema. En cambio, cuando se tiene en cuenta la realidad intrínsecamente cuántica de las partículas que componen el sistema, la realidad cambia drásticamente, debido al principio de indistinguibilidad, que establece que dos estados de un sistema físico que se diferencian únicamente en una permutación de dos partículas idénticas son indistinguibles. Por lo tanto, es obvio que han incluido estados "de más" en el cálculo del volumen físico del gas ideal clásico, y que han de descontarse los microestados idénticos debidos a las $N!$ permutaciones de las N partículas. De esta forma, el nuevo volumen físico será:

$$\Gamma'(E, V, N) = \frac{\Gamma(E, V, N)}{N!}, \tag{5.24}$$

recuperando de manera obligada el término de permutaciones de partículas indiscernibles. Aplicando la relación de Boltzmann a la nueva densidad de estados es fácil ver que:

$$S(E, V, N) = N k_B \left[\frac{3}{2} \ln \left(\frac{2E}{3 N k_B} \right) + \ln \frac{V}{N} + \sigma \right]. \tag{5.25}$$

Hemos usado, además, la relación (5.18) para obtener la ecuación anterior, denominada ecuación de Sackur-Tetrode, que permite el cálculo de la entropía de un gas ideal a partir de consideraciones microscópicas. Como acabamos de ver, la paradoja de Gibbs marca los límites últimos del formalismo estadístico clásico, obligándonos a introducir la indistinguibilidad de las partículas, aún cuando en el marco de la Mecánica Clásica no se puede interpretar correctamente dicha innovación conceptual.

5.1.3. Tratamiento canónico

El cálculo de la función de partición de un gas ideal en el límite clásico se reduce a la obtención de la función de partición individual de cada una de las partículas constituyentes del sistema. Como vimos en el tema anterior, en el límite diluido ($n_r \ll 1$, i.e., alta temperatura y/o baja densidad) recuperamos la estadística de Maxwell-Boltzmann:

$$n_r = e^{-\beta(\epsilon_r - \mu)} \Leftrightarrow \Xi_{MB} = \sum_{N=0}^{\infty} e^{\beta \mu N} Z_N, \tag{5.26}$$

donde la función de partición canónica de N partículas es:

$$Z_N = \frac{1}{N!} \left[\sum_r e^{-\beta \varepsilon_r} \right]^N. \tag{5.27}$$

Ya vimos, además, que en estas condiciones es posible hacer

$$\sum_r \longrightarrow \int d\epsilon \, g(\epsilon) \; ; \; \int \frac{d\boldsymbol{r} d\boldsymbol{p}}{h^3} \tag{5.28}$$

La termodinámica de un gas ideal monoatómico en esta colectividad está contenida, como sabemos, en la función de partición. Los niveles de energía (estados estacionarios) correspondientes a un átomo del gas son los de una partícula encerrada en una caja de volumen V igual al del gas. De esta manera, y como vimos

$$\epsilon_r = \frac{\pi^2 \hbar^2}{2m} \left[\left(\frac{n_x}{a_x} \right)^2 + \left(\frac{n_y}{a_y} \right)^2 + \left(\frac{n_z}{a_z} \right)^2 \right]. \tag{5.29}$$

Sumar a todos los microestados del sistema para obtener la función de partición es equivalente a sumar sobre todos los posibles valores de los números cuánticos n_i. Así:

$$z = \sum_{n_x=1}^{\infty} \sum_{n_y=1}^{\infty} \sum_{n_z=1}^{\infty} \exp \left\{ -\beta \frac{\pi^2 \hbar^2}{2m} \left[\left(\frac{n_x}{a_x} \right)^2 + \left(\frac{n_y}{a_y} \right)^2 + \left(\frac{n_z}{a_z} \right)^2 \right] \right\}$$

$$= \sum_{n_x=1}^{\infty} \exp \left[-\beta \frac{\pi^2 \hbar^2 n_x^2}{2ma_x^2} \right] \sum_{ny=1}^{\infty} \exp \left[-\beta \frac{\pi^2 \hbar^2 n_y^2}{2ma_y^2} \right] \sum_{n_z=1}^{\infty} \exp \left[-\beta \frac{\pi^2 \hbar^2 n_z^2}{2ma_z^2} \right]. \tag{5.30}$$

La variación del exponente entre dos niveles consecutivos de energía viene dada por

$$\Delta_{n_i} = \beta \left(\epsilon_{n_i+1} - \epsilon_{n_i} \right) = \beta \frac{\pi^2 \hbar^2 (2n_i + 1)}{2ma_i^2}. \tag{5.31}$$

En un sistema de dimensión macroscópica Δ_{n_i} es del orden de 10^{-20}, con lo cual, aún para números cuánticos macroscópicos muy altos $\Delta\epsilon_n \ll k_B T$. Por ello, podemos tomar el espectro de niveles como un continuo y sustituir las sumas por las integrales en la expresión anterior. Luego:

$$\sum_{n_i=1}^{\infty} \exp \left[-\beta \frac{\pi^2 \hbar^2 n_i^2}{2ma_i^2} \right] \simeq \int_0^{\infty} dn_i \exp \left[-\beta \frac{\pi^2 \hbar^2 n_i^2}{2ma_i^2} \right]$$

$$= \frac{a_i}{h} \left(2\pi m k_B T \right)^{1/2}. \tag{5.32}$$

Por lo tanto la función de partición canónica individual de cada una de las partículas será:

$$z = \frac{V}{h^3} \left(2\pi m k_B T \right)^{3/2}, \tag{5.33}$$

donde se ha usado que el volumen de la caja es $V = a_x a_y a_z$. La función de partición canónica del sistema de N partículas se obtiene a partir de la Ec. (5.27) de la forma:

$$Z_N = \frac{V^N}{N! h^{3N}} \left(2\pi m k_B T \right)^{3N/2}, \tag{5.34}$$

que es la función de partición canónica de un sistema de partículas idénticas e indiscernibles en el límite clásico. La función de partición en esta descripción semiclásica se obtiene también integrando sobre este espacio de las fases "parcelado" por el principio de indeterminación:

$$Z_N = \frac{1}{N! h^{3N}} \int d^{3N} q \, d^{3N} p \, e^{-\beta \sum_i p_1^2/2m} = \frac{V^N}{N! h^{3N}} \left(2\pi m k_B T \right)^{3N/2}, \tag{5.35}$$

lo que es únicamente posible cuando es válida la descripción del sistema en el límite clásico, pues de lo contrario no podrían determinarse simultáneamente la posición y el momento de las partículas. Es posible hablar por lo tanto indistintamente de límite clásico cuando estemos realizando sumas a niveles discretos en la aproximación de Maxwell-Boltzmann, o cuando estemos sumando de manera semiclásica en el espacio de las fases. Fijémonos, por último en la diferencia cualitativa que existe entre la expresión clásica de la función de partición y la expresión en el límite clásico.

Observemos que podríamos haber obtenido el mismo resultado si hubiésemos empleado el cambio al espacio de energías (límite cuasicontinuo):

$$z_i = \sum_r e^{-\beta \epsilon_r} = \int_0^\infty g(\epsilon) e^{-\beta \epsilon} d\epsilon$$

$$= \int_0^\infty \frac{4\pi V}{h^3} \left(2m^3\right)^{1/2} \epsilon^{1/2} e^{-\beta \epsilon} d\epsilon$$

$$= V \left(\frac{2\pi m k_B T}{h^2}\right)^{3/2},$$

donde hemos usado la expresión de la densidad de estados de energía de partícula en una caja tridimensional.

A partir de la expresión anterior podemos obtener la termodinámica del gas ideal. En particular, la energía libre de Helmholtz será:

$$F = U - TS = -k_B T \ln Z_N$$

$$= -k_B T \left[N \ln \frac{V}{N} + \frac{3N}{2} \ln \left(\frac{2m\pi}{h^2}\right) - \frac{3N}{2} \ln \beta + N \right], \qquad (5.36)$$

potencial termodinámico que es la conexión entre el colectivo canónico y la Termodinámica. A partir de esta expresión es inmediato obtener las propiedades termodinámicas del sistema:

1. **Ecuación de estado calórica** La expresión de la energía interna del sistema se obtiene a partir de la función de partición canónica de la forma habitual:

$$\bar{E} = -\frac{\partial \ln Z_N}{\partial \beta} = \frac{3N}{2\beta} = \frac{3}{2} N k_B T. \qquad (5.37)$$

2. **Ecuación de estado térmica. Presión estadística:** La presión se obtiene a partir de las relaciones termodinámicas convencionales de la forma,

$$\bar{P} = -\left(\frac{\partial F}{\partial V}\right)_{T,N} = k_B T \left(\frac{\partial \ln Z_N}{\partial V}\right)_{T,N} = \frac{N k_B T}{V}, \qquad (5.38)$$

recuperándose de esta forma la ecuación de Clapeyron.

3. **Potencial químico:** Evidentemente, la completitud termodinámica de la función de partición permite obtener cualquier información requerida, por

lo que, en particular, es posible obtener la ecuación de estado $\mu = \mu(T, V)$ para el potencial químico en función de la temperatura y el volumen. Usando la definición termodinámica de potencial químico

$$\mu = \left(\frac{\partial F}{\partial N}\right)_{T,V} = -k_B T \left(\frac{\partial \ln Z_N}{\partial N}\right)_{T,V}, \tag{5.39}$$

en combinación con la Ec. (5.36) para la función de partición de un gas ideal, obtenemos:

$$\begin{aligned} \mu &= -k_B T \left[\ln \frac{V}{N} - 1 + \frac{3}{2}\ln\left(\frac{2m\pi}{h^2}\right) - \frac{3}{2}\ln\beta + 1\right] \\ &= \mu^0(T) + k_B T \ln \frac{N}{V}, \end{aligned} \tag{5.40}$$

donde se ha usado, como de costumbre, la aproximación de Stirling.

4. **Entropía del sistema:** La entropía del sistema se obtiene a partir de la relación usual de la colectividad canónica:

$$\begin{aligned} S &= k_B \ln Z_N + \frac{\bar{E}}{T} \\ &= k_B N \left[\ln \frac{V}{N} + \frac{3}{2}\ln\left(\frac{2m\pi}{h^2}\right) - \frac{3}{2}\ln\beta + 1\right] + \frac{3Nk_B}{2}. \end{aligned} \tag{5.41}$$

Equivalencia entre los tratamientos canónico y microcanónico

Ya se ha visto que las colectividades estadísticas son, en general, equivalentes. En concreto, la función de partición canónica no es sino la transformada de Laplace de la densidad de estados:

$$Z(T, V, N) = \sum_i g_i e^{-\beta\epsilon_i} = \int\limits_0^\infty d\epsilon\, g(\epsilon) e^{-\beta\epsilon}. \tag{5.42}$$

No obstante, existe otra forma de comprobar que ambos colectivos conducen a los mismos resultados para las diversas magnitudes de un cuerpo en contacto con un foco térmico a la temperatura T. Para ello se partió de un sistema en contacto con un termostato a dicha temperatura. La probabilidad de un microestado dado de este sistema viene dada por la distribución de Gibbs:

$$\rho(q, p) = \frac{1}{Z} e^{-\beta H(q, p)}, \tag{5.43}$$

donde T es la temperatura canónica del sistema (i.e., la microcanónica del termostato ya que el cuerpo no provoca, por definición, cambios en la temperatura del mismo). Se impone ahora la condición microcanónica al sistema, de tal forma que su energía $E = H(q, p)$ quede comprendida entre E y $E + dE$, despreciando cualquier estado fuera de dicho intervalo. La densidad de probabilidad de que el sistema tenga una energía comprendida dentro de la banda anterior será:

$$P(E) = \rho(q, p) g(E), \tag{5.44}$$

donde $g(E)$ es la densidad de estados del sistema evaluada en la energía del intervalo de referencia. Así, usando la distribución de Gibbs y el principio de Boltzmann

$$g(E) = \exp\left(\frac{S^*}{k_B}\right), \tag{5.45}$$

se obtiene la siguiente relación para la densidad de probabilidad $P(E)$:

$$P(E) = \exp\left(\frac{S^*}{k_B}\right) \frac{1}{Z} e^{-\beta H(q,p)}. \tag{5.46}$$

Tomando en consideración el hecho de que en la banda considerada $H(q,p) = E$, tenemos:

$$P(E) = \frac{1}{Z} e^{-\beta(E - TS^*(E))}. \tag{5.47}$$

En el estado que maximiza la anterior distribución de probabilidad (estado de equilibrio) se verifica:

$$\frac{d \ln P(E)}{dE} = -\frac{1}{k_B T} + \frac{1}{k_B} \frac{dS^*(E)}{dE} = 0 \Longleftrightarrow$$
$$\frac{dS^*(E)}{dE} = \frac{1}{T} \tag{5.48}$$

o lo que es lo mismo, usando la definición de temperatura microcanónica:

$$T^* = T \tag{5.49}$$

Esta relación prueba que, en la situación canónica, la temperatura canónica del sistema es la misma que la temperatura microcanónica del termostato, por lo que ambos colectivos conducen, necesariamente, a las mismas conclusiones físicas (como no podría ser de otra manera). Dado un cuerpo en contacto con un foco térmico a una determinada temperatura, es indiferente analizar sus propiedades en el colectivo canónico o en el microcanónico. En particular, los valores medios coinciden en ambas colectividades.

Teorema de equipartición de la energía

Consideremos un sistema descrito por un hamiltoniano $H(q^N, p^N)$ que admite una descomposición de la forma:

1. $H = \epsilon_i(p_i) + H'(q^N; p_1, ..., p_{i-1}, p_{i+1}, ..., p_N)$.

2. $\epsilon_i(p_i) = b p_i^2$.

Entonces, la energía media asociado al grado de libertad p_i es $\epsilon_i(p_i) = k_B T/2$. En base a lo anterior podemos formular el teorema de equipartición de la energía de la forma: *"Cada término cuadrático independiente del hamiltoniano contribuye al valor medio de la energía con $k_B T/2$."* Hemos de interpretar la independencia anterior en el sentido de que el resto del hamiltoniano no exhiba dependencia alguna de dicha variable asociada a un grado de libertad:

$$\frac{\partial H'}{\partial p_i} = 0 \tag{5.50}$$

Veamos la demostración del teorema anterior. Calculemos el valor medio de $\epsilon_i(p_i)$ en el colectivo canónico:

$$\bar{\epsilon}_i = \frac{\int e^{-\beta H} \epsilon_i dq^N dp^N}{\int e^{-\beta H} dq^N dp^N} = \frac{\int e^{-\beta \epsilon_i} \epsilon_i dp_i \int e^{-\beta H'} dq^N dp^N}{\int e^{-\beta \epsilon_i} dp_i \int e^{-\beta H'} dq^N dp^N} =$$

$$= \frac{\int e^{-\beta \epsilon_i} \epsilon_i dp_i}{\int e^{-\beta \epsilon_i} dp_i} = -\frac{\partial}{\partial \beta} \ln \left(\int e^{-\beta \epsilon_i} dp_i \right). \tag{5.51}$$

Es evidente que es indiferente que $\epsilon_i(p_i)$ sea función de cualquier variable generalizada. Usando la expresión $\epsilon_i(p_i) = bp_i^2$ tenemos:

$$\bar{\epsilon}_i = -\frac{\partial}{\partial \beta} \ln \left(\int e^{-\beta b p_i^2} dp_i \right) = \{\beta p_i^2 = y^2\} \tag{5.52}$$

$$= -\frac{\partial}{\partial \beta} \left(-\frac{1}{2} \ln \beta + \ln \int e^{-by_i^2} dy \right) = \frac{1}{2\beta} \quad c.s.q.d.$$

Aún es posible probar una versión más general del anterior teorema. Si x_i y x_j son variables dinámicas sometidas a la condición de que H sea ∞ en los extremos del intervalo de valores que toma x_j es posible demostrar que se verifica la siguiente relación:

$$\left\langle x_i \frac{\partial H}{\partial x_j} \right\rangle = k_B T \delta_{ij}, \tag{5.53}$$

relación que constituye la expresión matemática del denominado *teorema de equipartición generalizado*. En efecto, en el colectivo canónico,

$$\left\langle x_i \frac{\partial H}{\partial x_j} \right\rangle = \frac{1}{Z} \int dx_1...dx_f dx_{f+1}...dx_{2f} e^{-\beta H} x_i \frac{\partial H}{\partial x_j} =$$

$$= -\frac{1}{\beta Z} \int dx_1...dx_f dx_{f+1}...dx_{2f} \, x_i \frac{\partial e^{-\beta H}}{\partial x_j}, \tag{5.54}$$

donde f es el número de grados de libertad del problema dinámico. Integrando por partes la ecuación anterior tenemos:

$$\int dx_j \, x_i \frac{\partial e^{-\beta H}}{\partial x_j} = \left[e^{-\beta H} x_i \right]_{\text{ínf } x_j}^{\text{sup } x_j} - \int dx_j e^{-\beta H} x_i \frac{\partial x_i}{\partial x_j} = -\delta_{ij} \int dx_j e^{-\beta H}. \tag{5.55}$$

Luego, el valor medio buscado será:

$$\left\langle x_i \frac{\partial H}{\partial x_j} \right\rangle = \frac{1}{Z} \int dx_1...dx_f dx_{f+1}...dx_{2f} e^{-\beta H} x_i \frac{\partial H}{\partial x_j} =$$

$$= \frac{1}{\beta Z} \delta_{ij} \int dx_1...dx_f dx_{f+1}...dx_{2f} \, e^{-\beta H} =$$

$$= k_B T \delta_{ij} \quad c.s.q.d. \tag{5.56}$$

Es inmediato probar que la versión generalizada del teorema de equipartición recupera la versión original. En efecto, consideremos $x_i = x_j = x$. Tenemos, por aplicación del resultado anterior:

$$\left\langle x\frac{\partial H}{\partial x}\right\rangle = \langle x \cdot 2bx \rangle = k_B T \Rightarrow \langle \epsilon \rangle = \langle bx^2 \rangle = \frac{k_B T}{2}, \qquad (5.57)$$

de lo que se concluye que la versión tradicional es un caso particular del teorema generalizado. Este admite dos versiones principales:

1. *Teorema de equipartición*: Las variables elegidas son los momentos: $x_i = x_j = p \Longrightarrow \left\langle p\frac{\partial H}{\partial p}\right\rangle = k_B T$

2. *Teorema del virial*: Las variables elegidas son las posiciones generalizadas: $x_i = x_j = q \Longrightarrow \left\langle q\frac{\partial H}{\partial q}\right\rangle = k_B T$

Veamos qué motiva estos nombres:

1. Teorema de equipartición

$$H(p_i, q_i) = \sum_i p_i\dot{q}_i - L(q_i, \dot{q}_i) = \sum_i p_i\frac{\partial H}{\partial p_i} - L(q_i, \dot{q}_i) \Rightarrow$$

$$\Longrightarrow \sum_i p_i\frac{\partial H}{\partial p_i} = H(p_i, q_i) + L(q_i, \dot{q}_i) = T + V + T - V =$$

$$= 2T \Longrightarrow \frac{1}{2}\sum_i p_i\frac{\partial H}{\partial p_i} = T \qquad (5.58)$$

2. Teorema del virial

$$\frac{1}{2}\sum_i q_i\frac{\partial H}{\partial q_i} = -\frac{1}{2}\sum_i q_i\dot{p}_i \qquad (5.59)$$

expresión que se conoce como *teorema del virial de Clausius*.

Distribución de velocidades de Maxwell: análisis canónico

Como veremos posteriormente, el problema central de la teoría cinética de los gases es la explicación de las propiedades físicas de un gas diluido en contacto con un termostato a la temperatura T, por lo que es evidente que se encuentra en lo que hemos denominado situación canónica. Por tanto, admite una descripción en términos de los resultados de dicho colectivo. El hamiltoniano de las partículas del sistema es:

$$H(\boldsymbol{r}, \boldsymbol{p}; \boldsymbol{r}_{int}, \boldsymbol{p}_{int}) = \frac{\boldsymbol{p}^2}{2m} + H_{int}(\boldsymbol{r}_{int}, \boldsymbol{p}_{int}), \qquad (5.60)$$

donde hemos incluido la posibilidad de que las partículas que componen el gas tengan grados de libertad internos (partículas poliatómicas), aunque por ahora prescindiremos de los mismos sin pérdida alguna de generalidad. En el colectivo canónico la densidad de probabilidad $\rho(\boldsymbol{r}, \boldsymbol{p})$ de que la partícula tenga unas coordenadas espaciales $\boldsymbol{r}$ y $\boldsymbol{r} + d\boldsymbol{r}$ y un momento entre $\boldsymbol{p}$ y $\boldsymbol{p} + d\boldsymbol{p}$ es:

$$\rho(\boldsymbol{r}, \boldsymbol{p}) = \frac{1}{Z}e^{-\beta H(\boldsymbol{r}, \boldsymbol{p})}. \qquad (5.61)$$

Introducimos ahora la función de densidad de partículas, $f(\boldsymbol{r}, \boldsymbol{v})$ a partir del número de partículas cuyo centro de masas se encuentra entre $\boldsymbol{r}$ y $\boldsymbol{r} + d\boldsymbol{r}$ y su velocidad entre $\boldsymbol{v}$ y $\boldsymbol{v} + d\boldsymbol{v}$, $f(\boldsymbol{r}, \boldsymbol{v}) d\boldsymbol{r} d\boldsymbol{v}$. La relación de la función densidad anterior con la densidad de probabilidad canónica es:

$$f(\boldsymbol{r}, \boldsymbol{p}) d\boldsymbol{r} d\boldsymbol{p} = N\rho(\boldsymbol{r}, \boldsymbol{p}) d\boldsymbol{r} d\boldsymbol{p}, \tag{5.62}$$

donde N es el número total de partículas del sistema. Sustituyendo la expresión de la densidad de probabilidad canónica en la ecuación anterior tenemos:

$$f(\boldsymbol{r}, \boldsymbol{p}) d\boldsymbol{r} d\boldsymbol{p} = \frac{N}{Z} e^{-\beta \frac{p^2}{2m}} d\boldsymbol{r} d\boldsymbol{p}, \tag{5.63}$$

o, en función de la velocidad de las partículas:

$$f(\boldsymbol{r}, \boldsymbol{v}) d\boldsymbol{r} d\boldsymbol{v} = CN e^{-\beta \frac{mv^2}{2}} d\boldsymbol{r} d\boldsymbol{v}, \tag{5.64}$$

que es la denominada distribución de velocidades de Maxwell.[4] Normalizando la expresión anterior obtenemos la constante C:

$$\int d\boldsymbol{r} \int d\boldsymbol{v} f(\boldsymbol{r}, \boldsymbol{v}) = N \Longrightarrow C = \left(\frac{2\pi}{m} k_B T\right)^{-3/2} \frac{1}{V}, \tag{5.65}$$

con lo que la ley de distribución de velocidades de Maxwell nos queda:

$$f(\boldsymbol{r}, \boldsymbol{v}) d\boldsymbol{r} d\boldsymbol{v} = \frac{N}{V} \left(\frac{2\pi}{m} k_B T\right)^{-3/2} e^{-\beta \frac{mv^2}{2}} d\boldsymbol{r} d\boldsymbol{v}. \tag{5.66}$$

La función de distribución anterior, correspondiente a un gas en equilibrio, es homogénea, no depende de la posición y tampoco es función de la dirección de la velocidad debido a la isotropía del espacio (en la situación de equilibrio no existe ninguna dirección privilegiada).

A partir de la distribución vectorial de velocidades es inmediato obtener la denominada distribución escalar, sin más que integrar las coordenadas angulares de la anterior, para obtener la distribución original

$$F(v) dv = \int_{\Omega(\theta, \phi)} d\boldsymbol{v} f(\boldsymbol{v}) = 4\pi v^2 f(v) dv. \tag{5.67}$$

Luego, el número de partículas cuya velocidad tiene un módulo entre v y $v + dv$ será:

$$F(v) dv = 4\pi \frac{N}{V} \left(\frac{2\pi}{m} k_B T\right)^{-3/2} v^2 e^{-\beta \frac{mv^2}{2}} dv. \tag{5.68}$$

A partir de la distribución anterior es inmediato obtener la velocidad más probable -valor de v que maximiza la distribución anterior-, la velocidad media y la función de distribución de energías (realizando el cambio de variable $E = mv^2/2$).

---

[4]Veremos en el tema 12 que no es sino la solución de equilibrio de la ecuación de transporte de Boltzmann

(a) *Velocidad media*:

$$\bar{v} = \int_0^\infty F(v)v\,dv = \sqrt{\frac{8k_BT}{m\pi}}. \tag{5.69}$$

(b) *Velocidad más probable*:

$$\frac{dF(v)}{dv} = 0 \Longrightarrow v_m = \sqrt{\frac{2k_BT}{m}}. \tag{5.70}$$

(c) *Función de distribución de energías*: Transformando la función de distribución de velocidades a la variable $\epsilon = mv^2/2$, tenemos para el número de moléculas con energías comprendidas entre ϵ y $\epsilon + d\epsilon$, $G(\epsilon)$:

$$
\begin{aligned}
G(\epsilon)d\epsilon &= F(\epsilon)\left|\frac{dv}{d\epsilon}\right|d\epsilon \\
&= 4\pi\frac{N}{V}\left(\frac{2\pi}{m}k_BT\right)^{-3/2}\frac{2\epsilon}{m}e^{-\beta\epsilon}\frac{1}{m}\frac{d\epsilon}{\sqrt{\frac{2\epsilon}{m}}} \\
&= \frac{2}{\sqrt{\pi}}\left(\frac{1}{k_BT}\right)^{3/2}\epsilon^{1/2}e^{-\beta\epsilon}d\epsilon.
\end{aligned}
\tag{5.71}
$$

La energía más probable es la que maximiza la expresión anterior:

$$\epsilon_m = \frac{k_BT}{2}, \tag{5.72}$$

que no coincide con la energía de las moléculas que tienen la velocidad más probable: $mv_m^2/2 = k_BT$.

5.1.4. Tratamiento gran-canónico

Como sabemos el hamiltoniano de un gas ideal de N partículas es:

$$H = \frac{1}{2m}\sum_{i=1}^N p_i^2 \tag{5.73}$$

por lo que la gran-función de partición es

$$
\begin{aligned}
\Xi &= \sum_{N=0}^\infty \frac{e^{\beta\mu N}}{N!}\int\frac{d^{3N}p\,d^{3N}q}{h^{3N}}e^{-\beta\sum_{i=1}^N\frac{p_i^2}{2m}} \\
&= \sum_{N=0}^\infty \frac{e^{\beta\mu N}}{N!}\frac{V^N}{h^{3N}}\left(\frac{2\pi m}{\beta}\right)^{3N/2}.
\end{aligned}
\tag{5.74}
$$

Luego:

$$\Xi = \exp\left[e^{\beta\mu}\frac{V}{h^3}\left(\frac{2\pi m}{\beta}\right)^{3/2}\right]. \tag{5.75}$$

Como de costumbre a partir de la función de distribución anterior se pueden obtener todas las propiedades termodinámicas del sistema, puesto que el gran potencial se escribe de la forma:

$$\Psi = -k_B T \ln \Xi = -k_B T \frac{e^{\beta\mu} V}{h^3} \left(\frac{2\pi m}{\beta} \right)^{3/2} \equiv \Psi(T, V, \mu), \qquad (5.76)$$

de modo que

$$d\Psi = -S dT - \bar{p} dV - \bar{N} d\mu. \qquad (5.77)$$

Aplicando las relaciones diferenciales convencionales tenemos:

$$\bar{p} = -\left(\frac{\partial \Psi}{\partial V} \right)_{T,\mu} = k_B T e^{\beta\mu} \left(\frac{2\pi m}{h^2 \beta} \right)^{3/2}, \qquad (5.78)$$

para la presión del gas, y para el número medio de partículas

$$\bar{N} = -\left(\frac{\partial \Psi}{\partial \mu} \right)_{T,V} = \frac{e^{\beta\mu}}{h^3} \left(\frac{2\pi m}{\beta} \right)^{3/2} V. \qquad (5.79)$$

De estas dos ecuaciones anteriores se obtiene:

$$\bar{p} = \bar{N} \frac{k_B T}{V}. \qquad (5.80)$$

Obtengamos a continuación la ecuación de la energía:

$$
\begin{aligned}
\bar{E} &= TS + \mu\bar{N} - \bar{p}V = T\bar{N}k_B \left[\frac{5}{2} + \ln \frac{V}{\bar{N}} + \frac{3}{2} \ln \left(\frac{2m\pi}{h^2} \right) - \frac{3}{2} \ln \beta \right] \\
&+ \bar{N}k_B T \ln \left[\frac{\bar{N} h^3}{V \left(\frac{2\pi m}{\beta} \right)^{3/2}} \right] - \bar{N} k_B T \\
\Rightarrow \quad \bar{E} &= \frac{5}{2} \bar{N} k_B T - \bar{N} k_B T = \frac{3}{2} \bar{N} k_B T
\end{aligned}
\qquad (5.81)
$$

lo que, naturalmente, podríamos haber obtenido a partir de

$$\bar{E} = -\left(\frac{\partial \ln \Xi}{\partial \beta} \right)_{\beta\mu, V, N}. \qquad (5.82)$$

En lo referente a la entropía también podemos obtenerla a partir de la ecuación del gran-potencial:

$$
\begin{aligned}
S &= -\left(\frac{\partial \Psi}{\partial T} \right)_{V,\mu} = k_B \bar{N} + \frac{3}{2} \bar{N} k_B - \frac{\bar{N}\mu}{T} \\
&\equiv k_B \ln \Xi + \frac{\bar{E}}{T} - \frac{\bar{N}\mu}{T}.
\end{aligned}
\qquad (5.83)
$$

Debemos encontrar una expresión para $\frac{\bar{N}\mu}{T}$. Teniendo en cuenta $-k_B T \ln \Xi = -\bar{p}V = -\bar{N}k_B T \Leftrightarrow \ln \Xi = \bar{N}$ tenemos:

$$\ln \Xi = \frac{e^{\beta\mu}V}{h^3}\left(\frac{2\pi m}{\beta}\right)^{3/2} \Leftrightarrow$$

$$\mu = k_B T \ln\left[\frac{\bar{N}h^3}{V\left(\frac{2\pi m}{\beta}\right)^{3/2}}\right], \tag{5.84}$$

y por lo tanto:

$$S = \bar{N}k_B\left[\frac{5}{2} + \ln\frac{V}{N} + \frac{3}{2}\ln\left(\frac{2m\pi}{h^2}\right) - \frac{3}{2}\ln\beta\right], \tag{5.85}$$

recuperando la ecuación de Sackur-Tetrode.

5.2. Aproximación adiabática: gas ideal diatómico

Consideraremos ahora, como caso particular de un sistema con grados de libertad internos, la termodinámica de un gas ideal formado por moléculas diatómicas. La principal diferencia con el caso tratado en las secciones anteriores es la existencia de grados de libertad internos asociados a los movimientos de rotación y de vibración de los núcleos que componen la molécula, además del movimiento de traslación del centro de masas. El tratamiento general consistiría en escribir la ecuación de Schrödinger para los dos núcleos y los n electrones y resolver esta ecuación obteniendo los autovalores y autovectores correspondientes, aunque la solución de este problema más allá de la molécula de H_2 es muy compleja. Afortunadamente caben aproximaciones relevantes que permiten simplificar considerablemente este problema.

La denominada aproximación adiabática, que establece que la reacción detallada de un sistema a una perturbación dependiente del tiempo depende de la escala temporal de la perturbación (τ_p) y de los propios tiempos característicos del sistema (τ). La perturbación influye energéticamente en el sistema sólo en el caso de que los tiempos característicos de ambos sean comparables ($\tau_p/\tau \simeq 1$), no provocando reacción alguna en caso contrario. Esto recoge el hecho de que los sistemas no responden a perturbaciones excesivamente rápidas, por lo que no absorben energía de las mismas. En este contexto, citaremos también (aunque sin demostración) el denominado teorema adiabático, que establece que si el hamiltoniano H_i de un sistema inicialmente en su estado propio n-ésimo cambia gradualmente a H_f, el estado propio se transforma en el estado n-ésimo de este último.

Estos resultados tienen un enorme número de implicaciones en Física, pero aquí nos interesa resaltar el hecho de que en el caso de que en un sistema se encuentren activos diferentes grados de libertad, unos pueden verse como perturbaciones actuando sobre los otros, lo que nos lleva a la conclusión de que serán tratables como independientes o desacoplados cuando sus tiempos característicos sean muy diferentes entre si.

La aproximación de Born-Oppenheimer es un caso particular que consiste en desacoplar el movimiento nuclear y el electrónico en moléculas que, por sus muy diferentes energías características, se pueden tratar independientemente. Esto es debido a que el movimiento electrónico es mucho más rápido que el nuclear de manera que los electrones se mueven en un campo generado por cargas nucleares esencialmente estáticas. En espectroscopía molecular esta aproximación consiste también en considerar la energía molecular como la suma de una serie de otras contribuciones independientes, $H = H_{spin\ nuc} + H_{el} + H_{vib} + H_{rot} + H_{trasl}$, lo que puede hacerse esencialmente porque los tiempos característicos (i.e., las energías características) de estos movimientos son muy diferentes. La contribución del spin nuclear es prácticamente despreciable y suele omitirse.[5] De este modo, la función de partición del sistema factoriza, como vimos en el capítulo 3, por lo que:

$$Z_N = \frac{z_1^N}{N!} \ ; \ z_1 = z_{trasl} z_{rot} z_{vib} z_{el}. \tag{5.86}$$

De acuerdo con lo anterior, el estado de movimiento de una molécula se especifica mediante seis grados de libertad, tres por cada núcleo. Tres se asocian al movimiento del centro de masas de la molécula, dos a la rotación de la molécula y un grado de libertad vibracional (distancia entre núcleos). Algunos de estos grados de libertad se deben tratar cuánticamente, mientras que otros son susceptibles de aproximación clásica. En primer lugar, consideremos los grados de libertad correspondientes a la traslación del centro de masas. Ya hemos visto con anterioridad en este tema que la distancia entre niveles de energía es muy pequeña, relativa la energía térmica, en cajas de tamaño macroscópico y por tanto el espectro se puede tratar como un continuo. No obstante, es posible ver también que la temperatura característica para el movimiento de traslación es muy pequeña, y por tanto, a temperatura ambiente, podemos despreciar el efecto de la cuantización y tratar estos grados de libertad como clásicos. En efecto, la diferencia de energía entre el primer y segundo niveles de una partícula en un pozo cuadrado infinito unidimensional de lado a es:

$$\Delta E = \frac{\pi^2 \hbar^2}{2ma^2}, \tag{5.87}$$

que para $m = 10^{-26}$ kg y $L = 1$ cm resulta en una temperatura característica

$$\theta_t = \frac{\Delta E}{k_B} \simeq 10^{-14} \text{ K} \tag{5.88}$$

Esto quiere decir que a las temperaturas a las que usualmente se considera la termodinámica de los gases diatómicos, los grados de libertad traslacionales se pueden tratar clásicamente. Usando los resultados de la sección anterior,

$$z_{trasl} = \frac{V}{h^3} \left[\frac{2(m_1 + m_2)\pi}{\beta} \right]^{3/2}. \tag{5.89}$$

---

[5]En principio, deberían ser considerados también (y esto es válido para el caso monoatómico) otros grados de libertad intranucleares además del spin, aunque a las temperaturas donde tiene lugar la mayor parte de la Física molecular, la probabilidad de excitación de dichos grados de libertad es ínfima y pueden considerarse esencialmente congelados.

En cuanto a los grados de libertad rotacionales, debemos analizar en primer lugar si deben ser tratados cuánticamente. Asumiremos el modelo de rotor rígido, según el cual

$$H_{rot} = \frac{\boldsymbol{J}^2}{2I},$$ (5.90)

cuyos autoestados son los habituales $|J, m_J\rangle$, de tal manera que el espectro de rotación es

$$E_J = \frac{\hbar^2 J(J+1)}{2I}, \quad J = 0, 1, 2...$$ (5.91)

con una degeneración $g_J = 2J + 1$ correspondiente a todos los posibles valores de la tercera componente del momento angular. La diferencia de energía entre dos niveles consecutivos de energía es

$$\Delta(E) = \frac{\hbar^2(J+1)}{2I},$$ (5.92)

que nos lleva a una energía de excitación típica de $\hbar^2/I$. Para momentos de inercia típicos de 10^{-39} kg.m^2 esto conduce a:

$$\Delta(E) = k_B \theta_{rot},$$ (5.93)

donde $\theta_{rot} = \frac{\hbar^2}{2k_B I}$. En este caso, $\theta_{rot} = 10$ K, lo que a priori demanda un tratamiento cuántico de estos grados de libertad. Consecuentemente, la función de partición de partícula asociada a los grados de libertad rotacionales es

$$\begin{aligned} z_{rot} &= \sum_{J=0}^{\infty} g_J e^{-\beta E_J} = \sum_{J=0}^{\infty} (2J+1) e^{-\beta \frac{\hbar^2 J(J+1)}{2I}} \\ &= \sum_{J=0}^{\infty} (2J+1) e^{-\frac{\theta_r J(J+1)}{T}}. \end{aligned}$$ (5.94)

Aunque pueden realizarse ciertas precisiones a este respecto, esta suma puede sustituirse por una integral cuando el exponente de la exponencial es suficientemente pequeño, $\theta_r/T \ll$, en cuyo caso, $J \to x$

$$\begin{aligned} z_{rot} &\simeq \int_0^{\infty} (2x+1) e^{-\frac{\theta_r x(x+1)}{T}} dx \\ &\simeq \int_0^{\infty} 2x e^{-\frac{\theta_r}{T} x^2} dx \simeq \frac{T}{\theta_r}. \end{aligned}$$ (5.95)

Finalmente, consideraremos los grados de libertad vibracionales. Las bandas típicas de vibraciones internas de las moléculas se encuentran en el rango de centenares a miles de THz, lo que equivale a energías de transición típicas en $\Delta = 10^{-20} - 10^{-19}$ J, o lo que es lo mismo temperaturas características de $\theta_{vib} = \Delta/k_B = 10^3 - 10^4$ K. A temperaturas ordinatias es por tanto necesario el tratamiento cuántico de estos grados de libertad. Así, recuperando el espectro de un oscilador armónico unidimensional de frecuencia ω tratado en el capítulo 2 de este libro, podemos escribir:

$$z_{vib} = \sum_{n=0}^{\infty} e^{-\beta(n+\frac{1}{2})\hbar\omega} = \frac{1}{e^{\beta\hbar\omega/2} - e^{-\beta\hbar\omega/2}}$$

$$= \frac{1}{2\sinh\left(\frac{\beta\hbar\omega}{2}\right)}. \tag{5.96}$$

Finalmente, consideraremos la contribución de los grados de libertad electrónicos a la función de partición,

$$z_{el} = \sum_n e^{-\beta E_n}, \tag{5.97}$$

donde la suma se extiende a los estados electrónicos de la molécula. En general, los únicos niveles que contribuyen de manera efectiva a la función de partición electrónica a temperaturas intermedias son el estado fundamental y la del primer estado excitado, por lo que podemos hacer:

$$z_{el} \simeq e^{-\beta E_0} + e^{-\beta E_1}, \tag{5.98}$$

con lo que, sustituyendo esta ecuación, junto con las Ecs. (5.89), (5.95) y (5.96) en la Ec. (5.86) permite obtener la función de partición completa del gas ideal diatómico.

5.3. Ejercicios relacionados

Ejercicio 5.1:

Demuéstrese la Ec. (5.25) y compruébese que la entropía obtenida verifica el principio de Boltzmann, ya que no presenta la paradoja de Gibbs debido al nuevo término $-Nk_B \ln N$ introducido por el recuento correcto de los microestado (*recuento correcto de Boltzmann*).

Ejercicio 5.2:

Determinar la función de partición de un gas ideal en el límite clásico formado por N partículas ultrarrelativistas contenidas en un recinto de volumen V a la temperatura T. El hamiltoniano del gas es:

$$H_N = c \sum_{i=1}^{N} |\mathbf{p}_i|$$

donde c es la velocidad de la luz. Calcular la energía media y la ecuación de estado del gas.

Ejercicio 5.3:

Determinar la función de partición de un gas ideal clásico de N partículas de masa m en un campo gravitatorio g contenido en una caja R de sección horizontal A y cuyas caras inferior y superior están situadas en $z = z_0$ y

$z = z_L$, respectivamente, con $z_L - z_0 = L$. Calcular la energía media y el calor específico. Obtener las ecuaciones de estado correspondientes a los parámetros externos z_0 y z_L e interpretar el resultado.

Ejercicio 5.4:

Considérese un gas ideal paramagnético formado por N dipolos iguales de momento magnético μ en el seno de un campo magnético **B** y en contacto con un termostato a la temperatura T. Admitiendo que todos los grados de libertad del sistema se pueden tratar clásicamente, calcúlese la imanación por unidad de volumen $\mathbf{M} = N\mu/V$. Analizar los casos límite: (i) B grande y T baja, (ii) altas temperaturas y campo débil.

Ejercicio 5.5:

Cuando se hace girar un gas en una centrifugadora, las moléculas están sometidas a una fuerza centrífuga $m\omega^2 r$, siendo ω la velocidad angular de la centrifugadora y r la distancia al centro. Considerando el modelo del gas ideal monoatómico en el límite clásico, calcúlese la densidad del gas en función de su distancia al centro, $\rho(r)$.

Ejercicio 5.6:

Para un hamiltoniano, $H = \sum_{i=1}^{S_N} [a_i p_i^\alpha + b_i q_i^\gamma]$, demuéstrese, usando el teorema de equipartición generalizado, que:

$$\left\langle p_i \frac{\partial H_N}{\partial p_i} \right\rangle = \alpha \left\langle a_i p_i^\alpha \right\rangle = k_B T,$$

$$\left\langle q_i \frac{\partial H_N}{\partial q_i} \right\rangle = \gamma \left\langle b_i q_i^\gamma \right\rangle = k_B T.$$

Aplíquese el resultado anterior para determinar el valor medio $\langle H_1 \rangle$ de cada uno de los siguientes hamiltonianos:

(a) $H_1 = \frac{p_x^2 + p_y^2 + p_z^2}{2m}$

(b) $H_1 = \frac{p_x^2 + p_y^2 + p_z^2}{2m} + mgz$

(c) $H_1 = \frac{p_x^2 + p_y^2}{2m} + \frac{K}{2}\left(x^2 + y^2\right)$

(d) $H_1 = cp = c\sqrt{p_x^2 + p_y^2 + p_z^2}$

Ejercicio 5.7:

A temperatura finita T un semiconductor contiene electrones (banda de conducción, BC) y huecos (banda de valencia, BV) que, debido a sus bajos números de ocupación hasta la temperatura de fusión del material, pueden considerarse como gases ideales no degenerados (cuasiclásicos). Asúmase que el volumen del semiconductor es V y que los electrones y huecos tienen la misma masa efectiva, $m_e = m_h = m$. Los electrones de la banda de conducción tienen, además de la energía de traslación en el interior del semiconductor, una energía Δ correspondiente al gap entre la banda de valencia y la de conducción (Fig. 1), mientras los huecos tienen únicamente energía cinética de traslación.

i) Calcúlense las funciones de partición canónicas de los gases de electrones y huecos.

ii) Teniendo en cuenta que la aniquilación de un electrón y un hueco libera una energía Δ,

$$e + h \rightleftharpoons \Delta,$$

podemos considerar que la condición de equilibrio termodinámico entre ambas especies es $\mu_e = -\mu_h$. Calcúlense a partir de la energía libre de Helmholtz, expresiones para los potenciales químicos de ambas especies y obténgase la siguiente relación para las densidades volúmicas de equilibrio de electrones y huecos ($n_i = N_i/V$):

$$n_e n_h = e^{-\beta\Delta} \left(\frac{2m\pi}{h^2\beta} \right)^3$$

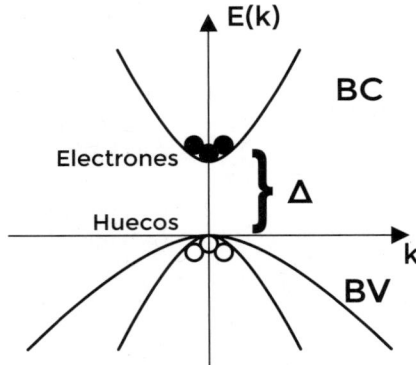

Ejercicio 5.8:

Considérese un gas ideal de N partículas contenido en un volumen V a la temperatura T. Demuéstrese, por medio de la colectividad gran canónica, que la probabilidad de encontrar N' partículas en un subvolumen abierto V' viene dada por la distribución de Poisson.

Ejercicio 5.9:

Termodinámica de un gas de vórtices. Los tubos de flujo magnético topológicamente cuantizado en un superconductor reciben el nombre de *vórtices*, y permiten describir la física esencial de estos materiales en estados mixtos en los que coexisten la fase normal y la superconductora. Un modelo sencillo de vórtices en acoplamiento crítico los considera como un gas ideal clásico formado por N vórtices de radio $\sqrt{2}$ y masa π contenidos en una caja bidimensional de área A (N. S. Manton, Nuc. Phys. B400 [FS] (1993), 624-632). Obténgase:

a) El área excluida por vórtice, calculando explícitamente el área excluida por todos los posibles pares de vórtices del gas. Úsese que en el límite termodinámico $N \gg 1$.

b) La función de partición canónica del gas de vórtices y su energía libre de Helmholtz.

c) La ecuación de estado térmica del gas de vórtices, $p = p(T, A, N)$.

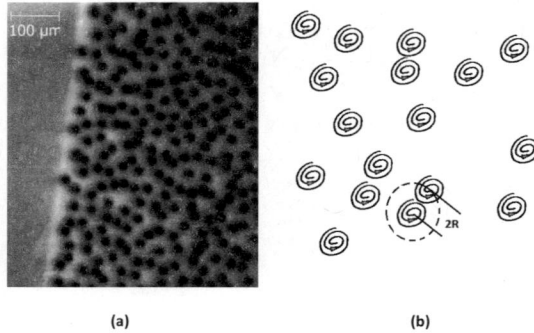

(a) (b)

Figura 5.1: (a) Imagen de microscopía SQUID de barrido de vórtices en un film de YBCO de 200 nm de espesor (Rep. de F. S. Wells *et al.*, Sci. Rep. (2015) 5 8677). (b) Representación de un par de vórtices en un gas de vórtices.

Ejercicio 5.10:

Consideremos un gas formado por N partículas independientes que se desplazan en el interior de un volumen V en equilibrio térmico con un foco a la temperatura T. Supóngase además que las partículas tienen los siguientes grados de libertad internos:

1. Sistema con número finito de niveles de energía $\epsilon_n = n\epsilon$, $n = 0, 1, \ldots, s$.

2. Oscilador armónico isótropo tridimensional.

Suponiendo que los grados de libertad traslacionales y los grados de libertad internos están desacoplados (aproximación adiabática), y admitiendo que el movimiento de traslación admite una descripción clásica, calcúlese la función de partición de cada partícula y la del sistema global, y obténgase la energía interna del sistema, la capacidad calorífica del mismo y la ecuación de estado térmica en cada uno de los dos casos anteriores.

Nota: Obsérvese que, debido a la independencia estadística de los grados de libertad traslacionales y los grados de libertad internos, las contribuciones de estos a la energía interna y a la capacidad calorífica del sistema permanecen desacopladas.

Ejercicio 5.11:

Obténganse las propiedades termodinámicas de un gas ideal diatómico: energía interna, energía libre de Helmholtz, entropía, capacidad calorífica y ecuación de estado térmica.

5.4. Lecturas complementarias

- Griffiths, D. (2004). *Introduction to Quantum Mechanics.* Cambridge University Press

- Reif, F., Peris, J., & de la Rubia Pacheco, J. (1969). *Física estadística.* Berkeley Physics Course. Reverté

Parte III

Mecánica Estadística de Sistemas en Interacción

Capítulo 6

Gases Reales

6.1. Introducción

Sin duda, uno de los mayores logros de la Mecánica Estadística ha sido la teoría de fluídos clásicos en interacción, cuyos pormenores trataremos en lo que sigue. Consideremos ahora un gas (por simplicidad monoatómico) en el cual las interacciones interatómicas no pueden ignorarse, lo que da lugar a la aparición de una energía potencial $U(\boldsymbol{r}_1, ..., \boldsymbol{r}_N)$ en el hamiltoniano. Partamos para el tratamiento de este sistema de la gran función de partición del correspondiente sistema cuántico:

$$e^{-\beta\psi} = \Xi(T, V, \mu) = \sum_{N=0}^{\infty} e^{\beta\mu N} \sum_{i\ niveles} e^{-\beta E_i^{(N)}} g_i^{(N)}. \tag{6.1}$$

Para la obtención de la ecuación de estado de estos sistemas clásicos es suficiente con considerar los grados de libertad traslacionales, ignorando todos los grados de libertad internos. Consecuentemente, la cuantización de los niveles de energía es irrelevante y podemos pasar al límite clásico, reemplazando la degeneración

$$g_i^{(N)} \longrightarrow \frac{d\Gamma_N}{h^{3N} N!} = \frac{\prod_i d\boldsymbol{r}_i d\boldsymbol{p}_i}{h^{3N} N!}, \tag{6.2}$$

y la energía del sistema

$$E_i^{(N)} \longrightarrow E_N(\boldsymbol{r}, \boldsymbol{p}) = \sum_{i=1}^{N} \frac{\boldsymbol{p}_i^2}{2m} + U_N(\boldsymbol{r}_1 \dots \boldsymbol{r}_N) \equiv H(\boldsymbol{p}^N, \boldsymbol{r}^N), \tag{6.3}$$

por sus expresiones clásicas. Integrando sobre los momentos se obtiene:

$$\Xi(T, V, \mu) = \sum_{N=0}^{\infty} \left(\frac{e^{\beta\mu}}{\lambda^3}\right)^N \frac{Z_N(T, V, N)}{N!}, \tag{6.4}$$

donde

$$\lambda = \left(\frac{h^2\beta}{2\pi m}\right)^{1/2},$$

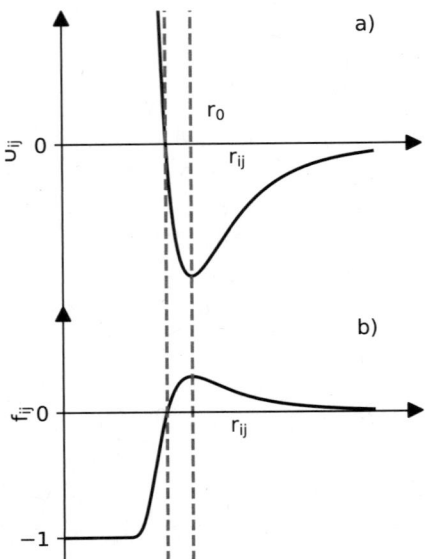

Figura 6.1: (a) Potencial intermolecular físico, (b) correspondiente función de Mayer

es la longitud de onda de de Broglie $\left(\bar{E} = \frac{3}{2} k_B T\right)$ y

$$Z_N\left(T, V, N\right) = \int d\boldsymbol{r}^N e^{-\beta U(\vec{r}_1 \dots \boldsymbol{r}_N)} , \qquad (6.5)$$

es la denominada integral configuracional. Si fuera posible calcular esta integral, se podrían obtener todas las propiedades termodinámicas del sistema en interacción. Aunque no es en general posible calcular esta integral por tratarse de un complicado problema de $3N$ dimensiones, un análisis formal de la integral es muy revelador. Considérese para ello que el gas se encuentra suficientemente enrarecido como para poder despreciar las interacciones (colisiones) de orden superior al segundo (ternarias, cuaternarias, etc.) y suponer que la interacción únicamente involucra colisiones binarias. Así:

$$U\left(\boldsymbol{r}_1 \dots \boldsymbol{r}_N\right) \approx \sum_{i<j}^{N} u\left(r_{ij}\right) . \qquad (6.6)$$

Los potenciales pares se supondrán, sin pérdida de generalidad, centrales (lo que es exacto para un sistema monoatómico, naturalmente), y suelen presentar una cola atractiva -en Mecánica Cuántica se prueba que $u_{att} \propto r^{-6}$- y una parte repulsiva de corto alcance de gran intensidad (generalmente se supone $\propto r^{-12}$ o se modeliza mediante una exponencial), aunque también se usa un *core* de esfera dura, $u_{rep}(r) \longrightarrow +\infty$, $r \to 0$ (Fig. 6.1).

6.2. Teoría de clusters de Mayer

En términos de los potenciales pares anteriormente introducidos se puede escribir la integral configuracional como

$$Z_N\,(T,V,N) = \int d\boldsymbol{r}^N e^{-\beta \sum_{i<j}^N u(r_{ij})}\,. \tag{6.7}$$

Introduciendo las funciones de Mayer, $f(r_{ij})$, cuyo aspecto típico es el que se puede ver en la Fig. 6.1,

$$f_{ij} = e^{-\beta u(r_{ij})} - 1\,, \tag{6.8}$$

se puede reescribir la integral configuracional como

$$Z_N\,(T,V,N) = \int d\boldsymbol{r}^N \prod_{i<j}^N (1 + f_{ij})$$

$$= \int d\boldsymbol{r}^N [1 + (f_{12} + f_{13} + \ldots + f_{n-1;N}) + (f_{12}f_{13}\cdots) + \ldots]\,, \tag{6.9}$$

que admite la expresión:

$$Z_N\,(T,V,N) = \int d\boldsymbol{r}^N \left(1 + \sum_{i<j} f_{ij} + \sum_{i<j}\sum_{k<l} f_{ij}f_{kl} + \ldots \right)\,. \tag{6.10}$$

En términos de las funciones de Mayer el efecto de las colisiones intermoleculares se ve con mayor claridad. [1] En ausencia de interacción todas las $f = 0$, con lo cual $Z = V^N$. Además, si se tiene en cuenta que estas funciones decaen rápidamente a cero para todos los potenciales de corto alcance, podemos ver que cada término f_{ij} limita de manera efectiva la integral $\int d\boldsymbol{r}_i d\boldsymbol{r}_j$ en la integral configuracional a un volumen del orden r_0^3 ($r_0 \equiv$ alcance de las interacciones para ij; $r_0 \sim$ radio atómico).Así, a los diferentes términos de la expansión de la integral configuracional contribuyen diferentes regiones del espacio de configuraciones de modo efectivo:

- $\int d\boldsymbol{r}_1 \ldots d\boldsymbol{r}_N$: contribuye todo el espacio de configuraciones.

- $\int d\boldsymbol{r}_1 \ldots d\boldsymbol{r}_N \sum_{i<j} f_{ij}$: solo aquellas regiones del espacio de configuraciones en las que $|\boldsymbol{r}_{ij}| \lesssim r_0$ tienen una contribución efectiva i.e., colisiones binarias.

---

[1] f_{ij} toma el valor cero fuera de la región de interacción, a diferencia de u_{ij}, por lo que es mucho mejor como parámetro de expansión.

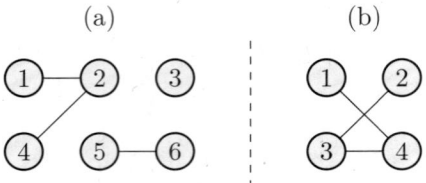

Figura 6.2: Representación diagramática de dos expansiones de clusters de Mayer.

- $\int d\boldsymbol{r}_1 \ldots d\boldsymbol{r}_N \sum_{i<j} f_{ij} \sum_{k<l} f_{kl}$: colisiones moleculares triples (k ó l igual a j ó i) o colisiones de dos pares de átomos (i con j y k con l), en regiones de orden $|r_{ij}| \lesssim r_0$, y así sucesivamente.

Para sistemas suficientemente enrarecidos, es de esperar que esta expansión converja rápidamente. La estructura de la Ec. (6.10) puede visualizarse de manera muy intuitiva si se tiene en cuenta que contiene todos los términos correspondientes a combinaciones de átomos, desde cero hasta $\frac{N(N-1)}{2}f$, i.e., la Ec. (6.10) está compuesta por todos los sumandos formados por N átomos con todas las posibles interacciones entre ellos. Asignando a cada variable $\boldsymbol{r}_i$ un círculo y a cada término f_{ij} una línea conectando los nodos i y j, podemos identificar.

$$\text{(i)}\!-\!\text{(j)} = \int d\boldsymbol{r}_j \boldsymbol{r}_i f_{ij} \, . \tag{6.11}$$

De este modo, a cada sumando de la Ec. (6.10) le corresponde un diagrama denominado generalmente grafo. Por ejemplo, es posible representar el término

$$\int d\boldsymbol{r}_1 \ldots d\boldsymbol{r}_6 f_{12} f_{24} f_{56} \, ,$$

de la integral configuracional en la Ec. (6.10) mediante un grafo de la forma representada en la Figura 6.2.a: Para cada diagrama particular, las moléculas que se encuentran conectadas directa o indirectamente mediante líneas se dice que forman un clúster, por lo que la Ec. (6.10) recibe el nombre de expansión de clusters de Mayer.

Los grafos pueden subdividirse en grafos conexos en los que todos los círculos están conectados entre sí, y grafos no conexos, en los que un grupo de círculos o círculos individuales están aislados. Por ejemplo, el grafo de la Fig. 6.2.a es no conexo, mientras que el de la Fig. 6.2.b sería un grafo conexo:

$$\int d\boldsymbol{r}_1 \ldots d\boldsymbol{r}_4 f_{14} f_{34} f_{23} = \quad .$$

Si se introducen las denominadas integrales de clúster:

$$b_j (T, V) = \frac{1}{j!V} \int \sum \prod_{i \leqslant j \ l \geqslant 1} f_{il} d\boldsymbol{r}_1 \ldots d\boldsymbol{r}_j \, , \tag{6.12}$$

donde $\sum$ es la suma sobre todos los diagramas, es posible reexpresar la integral configuracional (i.e. la función de partición de un sistema cerrado) como:

$$Z_N = \sum_{m_l} \frac{N!}{\prod_l (l!)^{m_l} m_l!} \prod_l (l! V b_l)^{m_l} = \sum_{m_l} \xi \prod_l (l! V b_l)^{m_l} , \qquad (6.13)$$

donde $\sum_l l m_l = N$ y el factor ξ computa el número de formas de colocar los N átomos (o moléculas) en grupos de m_1 moléculas aisladas, m_2 pares, m_3 ternas, ..., m_l conjuntos de l moléculas, etc. Así pues, teniendo en cuenta que sólo son válidos términos con $\sum_{j=1}^{N} j m_j = N$:

$$Z_N = \sum_{m_l} \prod_l \frac{(V b_l)^{m_l}}{m_l!} N!, \qquad (6.14)$$

de tal manera que la gran función de partición es:

$$\Xi = \sum_{N=0}^{\infty} \frac{e^{\beta \mu N}}{\lambda^{3N}} \frac{Z_N}{N!} = \sum_{m_l=0}^{\infty} \prod_l \frac{1}{m_l!} \left(\frac{V e^{\beta \mu}}{\lambda^3} \right)^{m_l} b_l^{m_l} = \exp \left(\frac{V}{\lambda^3} \sum_{l=1}^{\infty} b_l(V,T) z^l \right) , \qquad (6.15)$$

donde

$$z = e^{\beta \mu}, \qquad (6.16)$$

que para sistemas macroscópicos ($V \to \infty$):

$$\ln \Xi = V \sum_{j \geq 1} b_j(V,T) \left(\frac{Z}{\lambda^3} \right)^j . \qquad (6.17)$$

Aunque la Ec. (6.17) supone únicamente una reordenación respecto a la Ec. (6.10), es sin embargo mucho más conveniente para su uso práctico. En particular, puede verse que las integrales de cluster (b_j) son los coeficientes de $\frac{p}{k_B T}$ en serie de potencias de la actividad.

Por otro lado, en Mecánica Estadística nos interesa el logaritmo de la función de partición,

$$\ln Z_N = \ln \left\langle \prod_{i>j} (1 + f_{ij}) \right\rangle = \frac{1}{V^N} \int d\boldsymbol{r}_1 \ldots d\boldsymbol{r}_N \prod_{i>j} (1 + f_{ij}) , \qquad (6.18)$$

donde el promedio está definido sobre el espacio fásico como

$$\langle \cdot \rangle = \frac{1}{V^N} \int d\boldsymbol{r}_1 \ldots d\boldsymbol{r}_N . \qquad (6.19)$$

Este logaritmo de un promedio puede calcularse mediante una expansión de cumulantes, lo que permite interpretar las integrales de cluster en términos de los cumulantes.

Utilizando el resultado anteriormente demostrado, $\beta p = \sum_{j \geq 1} b_j(T) z^j$, y haciendo una expansión de la actividad en potencias de la densidad tenemos:

$$\beta p = \sum_{j \geq 1} b_j(T) \left(\rho + a_2 \rho^2 + a_3 \rho^3 + \ldots \right)^j . \qquad (6.20)$$

Teniendo en cuenta que

$$\bar{N} = k_B T \left(\frac{\partial \ln \Xi}{\partial \mu}\right)_{T,V} = Z \left(\frac{\partial \ln \Xi}{\partial z}\right)_{T,V}, \tag{6.21}$$

y que, $\beta p = \sum_{j \geqslant 1} b_j z^j$, es posible obtener

$$\frac{\bar{N}}{V} = \rho = \sum_{j \geqslant 1} j b_j z^j, \tag{6.22}$$

por lo que

$$\sum_{j \geqslant 1} j b_j z^j - \rho = 0 \Rightarrow \begin{cases} a_2 = -2b_2 \\ a_3 = -3b_3 - 4a_2 b_2 = 3b_3 + 8b_2^2 \\ (\dots) \end{cases} \tag{6.23}$$

Luego:

$$\beta p = \sum_{j \geqslant 1} b_j(T) \left[\rho - 2b_2 \rho^2 + \left(-3b_3 + 8b_2^2\right) \rho^3 + \dots\right]^j. \tag{6.24}$$

Dado que $b_1 = \frac{1}{V} \int d^3 \boldsymbol{r}_1 = 1$, se obtiene

$$\beta p = \rho - 2b_2 \rho^2 + \left(-3b_3 + 8b_2^2\right) \rho^3 + b_2 \rho^2 + \dots$$
$$= \rho - b_2 \rho^2 + \left(4b_2^2 - 2b_3\right) \rho^3 + \dots \tag{6.25}$$

con lo cual,

$$\frac{\beta p}{\rho} = 1 - b_2 \rho + \left(4b_2^2 - 2b_3\right) \rho^2 + \dots \tag{6.26}$$

Esta expresión ha de compararse con la conocida ecuación de estado del virial

$$\frac{\beta p}{\rho} = 1 + B_2(T)\rho + B_3(T)\rho^2 + \dots, \tag{6.27}$$

de la que resulta que

$$B_2(T) = -b_2$$
$$B_3(T) = 4b_2^2 - 2b_3 \tag{6.28}$$
$$(\dots),$$

i.e., los diferentes coeficientes del virial están relacionados con las integrales de clusters de orden igual o inferior al coeficiente, esto es, con interacciones en clusters de partículas con número igual o inferior al orden del coeficiente.

Para concluir esta sección, se calculan el segundo coeficiente del virial y la ecuación de estado asociada a este nivel de aproximación:

$$\frac{\beta p}{\rho} \simeq 1 + B_2(T)\rho, \tag{6.29}$$

válido para un gas suficientemente diluido como para tener un cuenta únicamente colisiones binarias. A partir de la Ec. (6.28):

$$B_2(T) = -b_2 = -\frac{1}{2!V}\int \sum \prod f_{il}d\boldsymbol{r}_1 d\boldsymbol{r}_2 =$$

$$= -\frac{1}{2!V}\int f_{12}(r_{12})d\boldsymbol{r}_1 d\boldsymbol{r}_2 \quad \left(\approx \frac{-1}{2V}\;\bullet\!\!-\!\!\bullet\right)^2. \qquad (6.30)$$

Pasando a las coordenadas de centro de masas ($\boldsymbol{R}_{\mathrm{CDM}}$) y relativa ($\boldsymbol{r}_{12}$), tenemos:

$$B_2(T) = -\frac{1}{2!V}\int d\boldsymbol{R}_{\mathrm{CDM}}d\boldsymbol{r}_{12}f_{12}(r_{12})$$

$$= -\frac{1}{2!}\int d\boldsymbol{r}_{12}f_{12}(r_{12})$$

$$= -\frac{4\pi}{2!}\int_0^\infty r_{12}^2 f_{12}(r_{12})d\boldsymbol{r}_{12} = -2\pi\int_0^\infty r^2 f_{12}(r)dr. \qquad (6.31)$$

Como puede verse, el segundo coeficiente del virial se encuentra asociado a clusters de dos partículas, i.e., a colisiones binarias de moléculas. Si se tiene en cuenta que $f_{12}(r_{12}) = \exp\left[-\beta u\left(r_{12}\right)\right] - 1$ y que, en general, entre 0 y $2r_0$ ($r_0 \equiv$ radio de las partículas en interacción) la interacción $u(r_{12})$ es, en general, muy grande (e.g., esferas duras), podemos descomponer de manera conveniente el dominio de integración en dos regiones $(0, r_0)$ y (r_0, ∞).

$$B_2(T) = -2\pi\left\{\int_0^{r_o} r^2\left(e^{-\beta U(r)} - 1\right)dr + \int_{r_o}^\infty r^2\left(e^{-\beta U(r)} - 1\right)dr\right\}$$

$$\simeq -2\pi\left\{-\int_0^{r_o} r^2\,dr + \int_{r_o}^\infty r^2\left(-\beta U(r)\right)dr\right\}$$

$$= 2\pi\left\{\frac{r_o^3}{3} - \beta\int_{r_o}^\infty r^2\,|U(r)|\,dr\right\}$$

$$= b - \frac{a}{k_BT}, \qquad (6.32)$$

con

$$b = \frac{2\pi}{3}r_o^3 = \frac{16\pi}{3}\left(\frac{r_o}{2}\right)^3,$$

$$a = 2\pi\int_{r_o}^\infty |U(r)|\,r^2\,dr. \qquad (6.33)$$

Consecuentemente, en esta aproximación de baja densidad en la que únicamente contribuyen las colisiones binarias de moléculas

$$\frac{\beta p}{\rho} \simeq 1 + B_2(T)\rho = 1 + \left(b - \frac{a}{k_BT}\right)\rho$$

$$\Rightarrow p \simeq \frac{Nk_BT}{V}\left[1 + \frac{bN}{V} - \frac{aN}{k_BVT}\right]$$

$$\Rightarrow \left(p + \frac{aN^2}{V^2}\right) \simeq \frac{Nk_BT}{V}\left(1 + \frac{bN}{V}\right) \simeq \frac{Nk_BT}{V\left(1 - \frac{bN}{V}\right)}. \qquad (6.34)$$

Por lo tanto,

$$\left(p + \frac{aN^2}{V^2}\right)(V - Nb) = Nk_BT, \tag{6.35}$$

recuperando la conocida ecuación de estado de van der Waals.

Análogamente podríamos calcular el tercer coeficiente del virial que contiene las contribuciones de tripletes de partículas:

$$B_3(T) = 4b_2^2 - 2b_3 = -\frac{V}{3}\int dr_1 dr_2 dr_3 \left[f_{12}f_{23}f_{31}\left(1 + f_{12}\right)\left(1 + f_{23}\right)\left(1 + f_{31}\right)\right] =$$

$$= -\frac{1}{3V\rho^3}\left[\,\text{}\, + \,\text{}\, + 3\,\text{}\, + 3\,\text{}\, + \,\text{}\,\right], \tag{6.36}$$

donde el diagrama sombreado representa una función de Mayer de tres cuerpos:

$$f_{123} = \exp\left[-\beta u^{(3)}\left(r_1, r_2, r_3\right)\right] - 1 = \text{} \tag{6.37}$$

Los coeficientes del virial de ordenes 4 y 5 pueden encontrarse en su forma diagramática en Lee (2016).

$$B_4 = -\frac{1}{8V\rho^4}\left[3\,\text{} + 6\,\text{} + \text{}\right]$$

$$B_5 = \frac{1}{30V\rho^5}\left[12\,\text{} + 60\,\text{} + 10\,\text{} + 60\,\text{}\right.$$

$$\left. +30\,\text{} + 10\,\text{} + 15\,\text{} + 30\,\text{}\right.$$

$$\left. +10\,\text{} + \text{}\right]$$

6.3.   Teoría de funciones de distribución

La finalidad fundamental de la teoría de líquidos es la comprensión de las fases particulares de los fluidos que son estables en función de la temperatura y la densidad, y relacionar este comportamiento con magnitudes específicas de sus constituyentes, señaladamente el potencial de interacción. A continuación

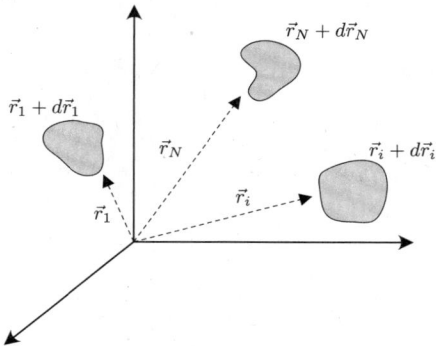

Figura 6.3: Sistema de coordenadas para el cálculo de funciones de distribución

presentaremos algunas de los métodos teóricos más importantes para el cálculo de la función de distribución par, a partir de la cual es posible obtener la termodinámica del fluido a través de las ecuaciones de la energía, del virial o de la compresibilidad.

6.3.1. Factor estático de estructura: densidades de partículas de equilibrio y funciones de distribución.

Una manera completa pero compacta de describir la estructura de un fluido es usar las funciones de distribución de partículas, que también permiten calcular, como veremos, la termodinámica del sistema. En la colectividad canónica la probabilidad de encontrar n partículas en las posiciones $\boldsymbol{r}_1, \ldots, \boldsymbol{r}_n$ (i.e., en intervalos $(\boldsymbol{r}_1, \boldsymbol{r}_1 + d\boldsymbol{r}_1) \ldots (\boldsymbol{r}_n, \boldsymbol{r}_n + d\boldsymbol{r}_n))$ con independencia de las posiciones de las demás partículas y de los momentos de todas ellas es:

$$P_n(\boldsymbol{r}_{1 \ldots r_n}) d\boldsymbol{r}_1 \ldots d\boldsymbol{r}_n = \frac{\int d\boldsymbol{r}^{N-n} d\boldsymbol{p}^N e^{-\beta \mathcal{H}(\boldsymbol{r}^N, \boldsymbol{p}^N)}}{\int d\boldsymbol{r}^N d\boldsymbol{p}^N e^{-\beta \mathcal{H}(\boldsymbol{r}^N, \boldsymbol{p}^N)}} d\boldsymbol{r}_1 \ldots d\boldsymbol{r}_n. \qquad (6.38)$$

Por su parte, la densidad de partículas de orden n (n-particle density) es igual a la densidad de probabilidad anterior multiplicada por el número de formas de situar n partículas del total de N en esos elementos de volumen, que se calcula como el número de modos de elegir n partículas en un total de N, $\binom{N}{n}$, por el número de formas de situar las n partículas en las n posiciones ($n!$). Luego, la densidad de partículas de orden n es:

$$\rho_N^{(n)}(\boldsymbol{r}_1 \ldots \boldsymbol{r}_n) = n! \binom{N}{n} \rho_n(\boldsymbol{r}_1 \ldots \boldsymbol{r}_n)$$

$$= \frac{N!}{(N-n)!} \frac{\int d\boldsymbol{r}^{N-n} d\boldsymbol{p}^N e^{-\beta \mathcal{H}(\boldsymbol{r}^N, \boldsymbol{p}^N)}}{\int d\boldsymbol{r}^N d\boldsymbol{p}^N e^{-\beta \mathcal{H}(\boldsymbol{r}^N, \boldsymbol{p}^N)}}. \qquad (6.39)$$

Evidentemente, esta función está normalizada de tal modo que:

$$\int d\boldsymbol{r}^{\,n} \rho_N^{(n)}(\boldsymbol{r}^{\,n}) = \frac{N!}{(N-n)!}.$$

(6.40)

En particular,

$$\int d\boldsymbol{r}\rho_N^{(1)}(\boldsymbol{r}) = \frac{N!}{(N-1)!} = N.$$

(6.41)

Para sistemas homogéneos ($\rho = cte$):

$$\int d\boldsymbol{r}\rho_N^{(1)}(\boldsymbol{r}) = \rho_N^{(1)}\int d\boldsymbol{r} = V\rho_N^{(1)}(\boldsymbol{r}) = N \Rightarrow$$

$$\Rightarrow \rho_N^{(1)}(\boldsymbol{r}) = \frac{N}{V} = \rho.$$

(6.42)

Para un gas ideal,

$$\rho_N^n(\boldsymbol{r}^{\,n}) = \frac{N!}{(N-n)!}\frac{V^{N-n}}{V^N} = \frac{1}{V^n}\frac{N!}{(N-n)!}$$

$$= \rho^n \frac{N!}{N^n(N-n)!} = \rho^n\left[1 + O\left(\frac{n}{N}\right)\right].$$

(6.43)

A partir de las funciones de densidad de n partículas se pueden obtener las denominadas funciones de distribución de n-partículas,

$$g_N^{(n)}(\boldsymbol{r}^{\,n}) = \frac{\rho_N^{(n)}(\boldsymbol{r}^{\,n})}{\prod_{i=1}^n \rho_N^{(1)}(\boldsymbol{r}_i)},$$

(6.44)

que para un sistema homogéneo ($\rho = cte$) se pueden escribirse como:

$$\rho^n g_N^n(\boldsymbol{r}^{\,n}) = \rho_N^{(n)}(\boldsymbol{r}^{\,n}).$$

(6.45)

Estas funciones de distribución de n-partículas miden hasta qué punto el sistema se aleja de la aleatoriedad. Una particularmente importante es la denominada función de distribución radial, $g_N^{(2)}(\boldsymbol{r}_1, \boldsymbol{r}_2)$.

$$g_N^{(2)}(\boldsymbol{r}_1, \boldsymbol{r}_2) = \frac{\rho_N^{(2)}(\boldsymbol{r}_1, \boldsymbol{r}_2)}{\rho_N^{(1)}(\boldsymbol{r}_1)\rho_N^{(2)}(\boldsymbol{r}_2)}.$$

(6.46)

Si el sistema es homogéneo e isótropo la función de distribución par es función únicamente de la distancia entre partículas:

$$\rho^2 g(r) = \rho_N^{(2)}(r),$$

(6.47)

y mide la probabilidad condicionada de que teniendo una partícula en el origen, haya otra a una distancia r. Cuando la separación entre las partículas tiende a infinito, $r \longrightarrow \infty$, debe tender a su límite ideal (i.e., no correlacionado)

$$g_N^{(2)}(\boldsymbol{r}_1, \boldsymbol{r}_2) \underset{r_{12}\to\infty}{\sim} 1 - \frac{1}{N}.$$

(6.48)

Esta función tiene una gran importancia en la teoría de fluidos debido a que:

1. Es medible experimentalmente, pues como veremos está directamente conectada al denominado factor estático de estructura y este directamente a la intensidad obtenida experimentalmente mediante *scattering* de radiación.

2. Para potenciales pares, $g(r)$ permite calcular toda la termodinámica del fluido.

Estas funciones de distribución pueden ser convenientemente representadas en términos de la correlación de la densidad local de partículas:

$$\rho(\boldsymbol{r}) = \sum_{i=1}^{N} \delta(\boldsymbol{r} - \boldsymbol{r}_i). \tag{6.49}$$

Así,

$$\langle \rho(\boldsymbol{r}) \rangle = \sum_{i=1}^{N} \langle \delta(\boldsymbol{r} - \boldsymbol{r}_i) \rangle = N \langle \delta(\boldsymbol{r} - \boldsymbol{r}_1) \rangle, \tag{6.50}$$

y, por lo tanto,

$$
\begin{aligned}
\langle \rho(\boldsymbol{r}) \rangle &= N \frac{\int d\boldsymbol{r}_1 \dots d\boldsymbol{r}_N \delta(\boldsymbol{r} - \boldsymbol{r}_1) e^{-\beta U_N(\boldsymbol{r}^N)}}{\int d\boldsymbol{r}_1 \dots d\boldsymbol{r}_N e^{-\beta U_N(\boldsymbol{r}^N)}} \\
&= \frac{N}{Z_N} \int d\boldsymbol{r}_2 \dots d\boldsymbol{r}_N e^{-\beta U_N(\boldsymbol{r}, \boldsymbol{r}_2 \dots \boldsymbol{r}_N)} \\
&= \rho_N^{(1)}(\boldsymbol{r}).
\end{aligned}
\tag{6.51}
$$

De la misma manera, se verifica:

$$\rho_N^{(2)}(\boldsymbol{r}, \boldsymbol{r}') = \left\langle \sum_{i=1}^{N} \sum_{j=1}^{N} \delta(\boldsymbol{r} - \boldsymbol{r}_i) \delta(\boldsymbol{r}' - \boldsymbol{r}_j) \right\rangle. \tag{6.52}$$

De modo que

$$\rho_N^{(2)}(\boldsymbol{r}, \boldsymbol{r}') = \sum_{i,j=1}^{N} \langle \delta(\boldsymbol{r} - \boldsymbol{r}_i) \delta(\boldsymbol{r}' - \boldsymbol{r}_j) \rangle = \rho_N^{(1)}(\boldsymbol{r}) \rho_N^{(1)}(\boldsymbol{r}') g_N^{(2)}(\boldsymbol{r} - \boldsymbol{r}'), \tag{6.53}$$

por lo que la función de distribución radial aparece como correlación de las posiciones de dos partículas en el seno del sistema. Para sistemas homogéneos e isótropos de un solo componente:

$$\rho^2 g(\boldsymbol{r_{12}}) = \sum_{i,j=1}^{N} \langle \delta(\boldsymbol{r}_1 - \boldsymbol{r}_i) \delta(\boldsymbol{r}_2 - \boldsymbol{r}_j) \rangle = \rho^2 g(r). \tag{6.54}$$

Otra propiedad muy notable de la función de distribución radial es la derivada del hecho de que su integral proporciona el número de vecinos en una región determinada:

$$4\pi \int_a^b r^2 g(r) \rho \, dr = N_{ab}. \tag{6.55}$$

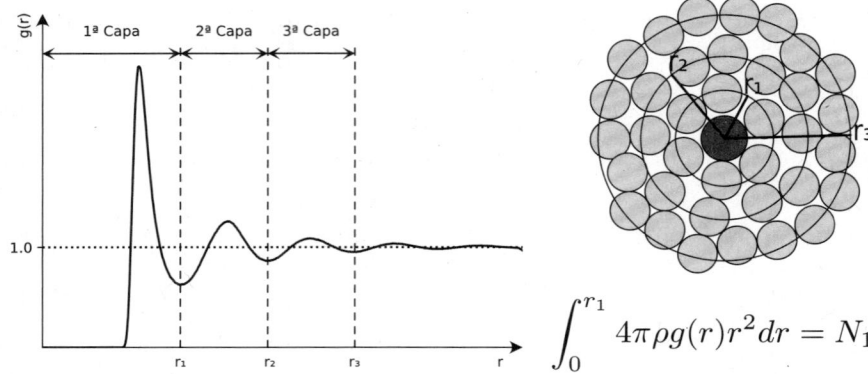

$$\int_0^{r_1} 4\pi\rho g(r)r^2 dr = N_1$$

Figura 6.4: Izquierda: Función de distribución radial. Derecha: Esquema de las capas de solvatación.

El número de coordinación, o número de vecinos más próximos se obtiene integrando la función de distribución radial $J(r) = 4\pi\rho r^2 g(r)$ hasta el primer mínimo de la función $g(r)$:

$$N_{coord} \equiv N_1 \equiv \int_0^{r_1} 4\pi r^2 \rho g(r)\, dr. \tag{6.56}$$

Es posible demostrar que la función de distribución radial se puede escribir como:

$$g(r) = \frac{N(N-1)}{\rho^2} \frac{\int dr_3 \dots dr_N \prod_{i>j}(1+f_{ij})}{\int dr_1 \dots dr_N \prod_{i>j}(1+f_{ij})}, \tag{6.57}$$

lo que abre las puertas a una expansión diagramática de la forma

$$g(r) = 1 + \text{①---②} + \cdots$$

que implica que:

$$g(r) = 1 + f_{12} + \begin{cases} \text{Suma de todos los diagramas conexos topológi-} \\ \text{camente diferentes con dos 1-círculos blancos} \\ \text{y sin articulaciones} \end{cases}$$

$$\text{①---②} \rightarrow f(\boldsymbol{r}_{12})$$

$$\rightarrow \rho \int d\boldsymbol{r}_3 f(\boldsymbol{r}_{13}) f(\boldsymbol{r}_{32})$$

$$\rightarrow \rho^2 \int d\boldsymbol{r}_3 d\boldsymbol{r}_4 f(\boldsymbol{r}_{13}) f(\boldsymbol{r}_{34}) f(\boldsymbol{r}_{42})$$

Una función de considerable interés es el denominado potencial de la fuerza media, $W(r)$, definido por:

$$\langle F \rangle = -\frac{dW(r)}{dr}, \tag{6.58}$$

y cuya relación con la función de distribución radial es:

$$g(r) = e^{-\beta W(r)}. \tag{6.59}$$

6.3.2.   Otras funciones de correlación.

Además de la función de distribución radial, que como vemos puede relacionarse con la correlación par de partículas, hay otras funciones de gran interés en la teoría de líquidos:

a) **Función de correlación total**, $h(r)$, definida por:

$$h(\boldsymbol{r_1}, \boldsymbol{r_2}) = g(\boldsymbol{r_1}, \boldsymbol{r_2}) - 1. \tag{6.60}$$

En fluidos isótropos -ausencia de campo externo- tenemos:

$$h(\boldsymbol{r_1}, \boldsymbol{r_2}) = h(|\boldsymbol{r_1} - \boldsymbol{r_2}|) = h(r) = g(r) - 1. \tag{6.61}$$

A bajas densidades puede verse que $g(r) \sim e^{-\beta u(r)}$ y por tanto $h(r) \sim e^{-\beta u(r)} - 1$. Para un sistema ideal, $g(r) = 1 \Rightarrow h(r) = 0$. Como indica su nombre, esta función de correlación mide la correlación total (directa + indirecta) entre una partícula situada en $r = 0$ y otra a una distancia r.

b) **Función de correlación directa.** Originariamente introducida por Ornstein-Zernike, $c(r)$ se define mediante la ecuación

$$h(\boldsymbol{r_1}, \boldsymbol{r_2}) = c(\boldsymbol{r_1}, \boldsymbol{r_2}) + \rho \int d\boldsymbol{r_3} h(\boldsymbol{r_1}, \boldsymbol{r_3}) c(\boldsymbol{r_3}, \boldsymbol{r_2}), \tag{6.62}$$

denominada de Ornstein-Zernike, y que constituye el resultado fundamental de la Mecánica Estadística de líquidos. Para fluidos isótropos con invariancia traslacional,

$$h(r) = c(r) + \rho \int d\boldsymbol{r}' c(|\boldsymbol{r} - \boldsymbol{r}'|) h(\boldsymbol{r}')$$

$$= c(r) + \rho \int d\boldsymbol{r}' c(\boldsymbol{r}') h(|\boldsymbol{r} - \boldsymbol{r}'|). \tag{6.63}$$

c) **Función de correlación directa singlete.**, que se define como

$$c^{(1)}(\boldsymbol{r}) = \ln \left[\rho^{(1)}(\boldsymbol{r}) \lambda^3 \right] + \beta \left[W(r) - \mu \right]. \tag{6.64}$$

Lebowitz y Percus demostraron que

$$\frac{\delta c^{(1)}(\boldsymbol{r_1})}{\delta \rho^{(1)}(\boldsymbol{r_2})} = c^{(2)}(\boldsymbol{r_1}, \boldsymbol{r_2}) \equiv c(\boldsymbol{r_1}, \boldsymbol{r_2}), \tag{6.65}$$

lo que permite interpretar esta función de correlación como el análogo inhomogéneo del potencial químico, i.e., el potencial químico de un sistema en el que existen variaciones de la densidad espacial (inhomogeneidades).

d) Factor de estructura estático.

La función que se obtiene en experimentos de dispersión está relacionada con la función de correlación total mediante una transformada de Fourier

$$\rho h(r) = \frac{1}{(2\pi)^3} \int d\boldsymbol{k} e^{i\boldsymbol{k}\boldsymbol{r}} \left[S(\boldsymbol{k}) - 1\right]$$

$$= \frac{1}{2\pi^2 r} \int k dk \sin(kr) \left[S(k) - 1\right]. \tag{6.66}$$

donde $S(k)$ se denomina factor de estructura estático.

6.3.3. Teoría de ecuaciones integrales. Ecuaciónde Ornstein-Zernike. Relaciones de cierre.

La obtención de las funciones de correlación de un fluido, y con ellas de su estructura, implica, en general, la resolución de la ecuación fundamental de la Mecánica Estadística de líquidos, la ecuación de Ornstein-Zernike:[3]

$$h(r) = c(r) + \rho \int c\left(|\boldsymbol{r} - \boldsymbol{r}\,'|\right) h(\boldsymbol{r}\,') d\boldsymbol{r}\,'. \tag{6.67}$$

Esta ecuación integral puede resolverse analíticamente mediante diversas técnicas, de las cuales probablemente la más utilizada es la de transformarla por Fourier, lo que la convierte en una relación algebraica:

$$h(k) = c(k) + \rho c(k) h(k), \tag{6.68}$$

$$h(k) = \frac{c(k)}{1 - \rho c(k)}. \tag{6.69}$$

Naturalmente, la ecuación de Ornstein-Zernike contiene dos incógnitas funcionales, por lo que hemos de suministrar alguna relación adicional entre $h(r)$ y $c(r)$, denominada relación de cierre. Existen diversas relaciones de cierre, todas con ventajas e inconvenientes y cada una especialmente adecuada para un tipo de sistema. No obstante, las más conocidas son:

a) Aproximación esférica media (MSA).

Propuesta por Lebowitz y Percus a partir de modelo de Ising, consiste en suponer:

$$h(r) = -1, \quad r < \sigma \tag{6.70}$$

$$c(r) \approx -\beta U(r), \quad r > \sigma \tag{6.71}$$

lo que implica que la correlación directa entre partículas está dada por el potencial de interacción par. Combinando la ecuación anterior con la de Ornstein-Zernike tenemos información suficiente para obtener $g(r)$ fuera del *core* de esfera dura y $c(r)$ en el interior de esta región.

---

[3]Otros métodos son: la simulación por computadora (MC o MD, que veremos en los capítulos finales de este libro), o experimentos de scattering.

b) Relación de Percus-Yevick (PY).

$$
\begin{aligned}
c(r) &= g_{\text{total}}(r) - g_{\text{indirecto}}(r) \\
&= e^{-\beta W(r)} - e^{-\beta[W(r)-U(r)]} \\
&= e^{-\beta W(r)}\left[1 - e^{\beta U(r)}\right] = e^{-\beta W(r)}e^{\beta U(r)}\left[e^{-\beta U(r)} - 1\right],
\end{aligned}
\tag{6.72}
$$

con $f(r) = e^{-\beta U(r)}$. Introduciendo la función, $y(r) = e^{\beta U(r)}g(r)$ tenemos:

$$
c(r) = y(r)f(r),
\tag{6.73}
$$

lo que nos permite reescribir la ecuación de Ornstein-Zernike como:

$$
y(r_{12}) = 1 + \rho \int f(r_{13})y(r_{13})h(r_{23})d\boldsymbol{r}_3,
\tag{6.74}
$$

que se conoce como ecuación de Percus-Yevick (1958).

c) Aproximación de la cadena hiperreticulada (HNC).
En esta aproximación se supone que

$$
c(r) = h(r) - \ln y(r).
\tag{6.75}
$$

d) Ecuación YBG y jerarquía BBGKY.
La jerarquía de Born-Bogoliubov-Green-Kirkwood-Yoon (BBGKY) es una relación exacta que conecta una función de correlación con otra de orden superior. Se obtiene diferenciando la densidad de n partículas $\rho^{(n)}$ respecto a la posición de la primera de ellas

$$
\begin{aligned}
\frac{\partial \rho_N^n}{\partial \boldsymbol{r}_1} &= \frac{1}{Z_N}\frac{N!}{(N-n)!}\int d\boldsymbol{r}_{n+1}\ldots d\boldsymbol{r}_N e^{-\beta U_N}\left[\sum_{j=2}^{N} -\beta\frac{\partial u(r_{1j})}{\partial \boldsymbol{r}_1}\right] \\
&= \frac{1}{Z_N}\frac{N!}{(N-n)!}\int d\boldsymbol{r}_{n+1}\ldots d\boldsymbol{r}_N e^{-\beta U_N}\left[\sum_{j=2}^{n}\left(-\beta\frac{\partial u}{\partial \boldsymbol{r}_1}\right) + \sum_{j=n+1}^{N}\left(-\beta\frac{\partial u}{\partial \boldsymbol{r}_1}\right)\right] \\
&= -\rho^n(\boldsymbol{r}^{\,n})\sum_{j=2}^{n}\beta\frac{\partial u(r_{1j})}{\partial \boldsymbol{r}_1} - \beta\int d\boldsymbol{r}_{n+1}\ldots d\boldsymbol{r}_N\rho^{(n+1)}(\boldsymbol{r}^{\,n+1})\frac{\partial u(r_{1,n+1})}{\partial \boldsymbol{r}_1}.
\end{aligned}
\tag{6.76}
$$

Para fluidos homogéneos,

$$
\frac{\partial g^{(n)}(\boldsymbol{r}^{\,n})}{\boldsymbol{r}_1} = -g^{(n)}(\boldsymbol{r}^{\,n})\sum_{j=2}^{n}\beta\frac{\partial u(r_{1j})}{\partial \boldsymbol{r}_1} - \rho\int d\boldsymbol{r}_{n+1}\beta\frac{\partial u(r_{1,n+1})}{\partial \boldsymbol{r}_1}g^{n+1}(\boldsymbol{r}^{\,n+1}).
\tag{6.77}
$$

Las Ecs. (6.76) y (6.77) constituyen la denominada jerarquía BBGKY. A partir de la jerarquía anterior, y usando la **aproximación de superposición** para las **funciones de correlación de tripletes** (Kirkwood).

$$
g^{(3)}(\boldsymbol{r}_1, \boldsymbol{r}_2, \boldsymbol{r}_3) = g^{(2)}(\boldsymbol{r}_1, \boldsymbol{r}_2)g^{(2)}(\boldsymbol{r}_2, \boldsymbol{r}_3)g^{(2)}(\boldsymbol{r}_3, \boldsymbol{r}_1),
\tag{6.78}
$$

obtenemos la denominada ecuación de YBG o de Yvon-Born-Green.

$$\frac{\partial \ln y(\boldsymbol{r}_1, \boldsymbol{r}_2)}{\partial \boldsymbol{r}_1} \simeq -\rho \int d\boldsymbol{r}_3 \beta \frac{\partial u(r_{13})}{\partial \boldsymbol{r}_1} g(\boldsymbol{r}_1, \boldsymbol{r}_3) h(\boldsymbol{r}_3, \boldsymbol{r}_2). \tag{6.79}$$

Ecuación de Kirkwood.

Otra ecuación integral, estrechamente relacionada con la YBG, es la denominada ecuación de Kirkwood:

$$-\ln y(r_{12}) = \rho \int_0^1 d\xi \int d\boldsymbol{r}_3 \beta u(r_{13}) g(r_{13}, \xi) h(r_{32}), \tag{6.80}$$

donde $0 \leqslant \xi \leqslant 1$ es un parámetro de acoplamiento que liga la molécula 1 a todas las demás.

$$U(\boldsymbol{r}^N, \xi) = \sum_{i=2}^{N} \xi u(r_{12}) + \sum_{i=2}^{N-1} \sum_{j=i+1}^{N} u(r_{ij})$$

$$= \sum_{i=2}^{N} \xi u(r_{12}) + \sum_{i<j} \sum u(r_{ij}). \tag{6.81}$$

Si $\xi = 0$, la molécula 1 se retira del sistema y con $\xi = 1$ la molécula se reintroduce completamente otra vez.

6.3.4. Microtermodinámica: ecuaciones de estado de la energía, virial y compresibilidad.

Como hemos mencionado anteriormente, el conocimiento de $g(r)$ permite obtener las propiedades termodinámicas de un fluido en el que sus constituyentes interactúan mediante potenciales pares de interacción:

$$U_N(\boldsymbol{r}^N) = \sum_{i<j} \sum u(r_{ij}). \tag{6.82}$$

Evidentemente,

$$\langle E \rangle \equiv U = -\frac{\partial \ln Q_N}{\partial \beta} Q_N \quad = \int \frac{d\boldsymbol{r}^N d\boldsymbol{p}^N}{h^{3N} N!} e^{-\beta \left[\sum_i \frac{p_i^2}{2m} + U_N(\boldsymbol{r}^N)\right]}, \tag{6.83}$$

por lo que,

$$Q_N = \frac{1}{h^{3N} N!} \int d\boldsymbol{p}^N e^{-\beta \sum_i \frac{p_i^2}{2m}} \int d\boldsymbol{r}^N e^{-\beta U_N(\boldsymbol{r}^N)} = \frac{1}{h^{3N} N!} Z_N^{id} Z_N. \tag{6.84}$$

Consecuentemente:

$$\langle E \rangle = -\frac{\partial \ln Z_N^{id}}{\partial \beta} - \frac{\partial \ln Z_N}{\partial \beta} = U^{id} + U^{ex}, \tag{6.85}$$

donde

$$U^{id} = \frac{3}{2} N k_B T, \tag{6.86}$$

y

$$U^{ex} = -\frac{\partial}{\partial \beta} \ln \int d\boldsymbol{r}^N e^{-\beta \sum_{i<j}^{N} \sum u(r_{ij})}$$

$$= \frac{1}{Z_N(T,V)} \int d\boldsymbol{r}^N \sum_{i<j}^{N} \sum u(r_{ij}) e^{-\beta U_N(\boldsymbol{r}^N)}$$

$$= \frac{N(N-1)}{2Z_N(T,V)} \int u(r_{12}) \left(\int e^{-\beta U_N(\boldsymbol{r}^N)} d\boldsymbol{r}_3 \dots d\boldsymbol{r}^N \right) d\boldsymbol{r}_1 d\boldsymbol{r}_2$$

$$= \frac{1}{2} \int u(r_{12}) \rho^2 g(r_{12}) d\boldsymbol{r}_1 d\boldsymbol{r}_2. \tag{6.87}$$

Suponiendo que el fluido es homogéneo e integrando en las coordenadas del centro de masas:

$$U^{ex} = \frac{N^2}{2V} \int u(r)g(r)d\boldsymbol{r} . \tag{6.88}$$

Por tanto,

$$\langle E \rangle \equiv U = \frac{3}{2}Nk_BT + \frac{N^2}{2V^2} \int u(r)g(r)d\boldsymbol{r}, \tag{6.89}$$

ecuación que se conoce como **ecuación de la energía**. La energía de exceso por partícula puede escribirse, a partir del resultado anterior, como:

$$u^{ex} = \frac{U^{ex}}{N} = 2\pi\rho \int_0^\infty u(r)g(r)r^2 \, dr \tag{6.90}$$

De un modo análogo, podemos obtener la ecuación de estado para la presión:

$$P = -\left(\frac{\partial F}{\partial V} \right)_{T,N} = k_BT \left(\frac{\partial \ln Q_N}{\partial V} \right)_{T,N}$$

$$= k_BT \left(\frac{\partial \ln Z_N^{id}}{\partial V} \right)_{T,N} + k_BT \left(\frac{\partial \ln Z_N}{\partial V} \right)_{T,N}$$

$$= \frac{Nk_BT}{V} + k_BT \left(\frac{\partial \ln Z_N}{\partial V} \right)_{T,V}. \tag{6.91}$$

La última derivada puede calcularse como

$$\left(\frac{\partial \ln Z_N}{\partial V} \right)_{T,N} = \frac{1}{Z_N} \int d\boldsymbol{r}^N \left(-\beta \sum_{i<j} \frac{\partial u(r_{ij})}{\partial V} \right) e^{-\beta U_N(\boldsymbol{r}^N)}, \tag{6.92}$$

y

$$\frac{\partial u(r_{ij})}{\partial V} = \frac{\partial u(r_{ij})}{\partial r_{ij}} \frac{\partial r_{ij}}{\partial V}. \tag{6.93}$$

Asumiendo un volumen cúbico, sin pérdida alguna de generalidad,

$$V \sim \left(\frac{r_{ij}}{r_{ij}^*} \right)^3 \quad ; \quad r_{ij}^* = \frac{r_{ij}}{L} \tag{6.94}$$

Con lo que

$$\frac{\partial r_{ij}}{\partial V} = \frac{\partial}{\partial V}\left(V^{1/3}r_{ij}^*\right) = \frac{1}{3}V^{-2/3}r_{ij}^* = \frac{r_{ij}}{3V}, \tag{6.95}$$

y por lo tanto,

$$\left(\frac{\partial \ln Z_N}{\partial V}\right)_{T,N} = -\frac{\beta}{Z_N}\int d\dot{r}^N \sum_{i<j}^N u'(r_{ij})\frac{r_{ij}}{3V}e^{-\beta U_N(\boldsymbol{r}^N)}. \tag{6.96}$$

Todos los sumandos $\left(\frac{N(N-1)}{2}\right)$ contribuyen el mismo valor, por lo que podemos escribir:

$$\left(\frac{\partial \ln Z_N}{\partial V}\right)_{T,N} = -\frac{\beta}{6V}\int d\boldsymbol{r}^N \frac{N(N-1)}{Z_N}u'(r_{12})r_{12}e^{-\beta U_N(\boldsymbol{r}^N)}$$

$$= -\frac{\beta}{6V}\int d\boldsymbol{r}_1 d\boldsymbol{r}_2 u'(r_{12})r_{12}\int d\boldsymbol{r}_3\ldots d\boldsymbol{r}_N \frac{N(N-1)}{Z_N}e^{-\beta U_N(\boldsymbol{r}^N)}$$

$$= -\frac{\beta}{6V}\int d\boldsymbol{r}_1 d\boldsymbol{r}_2 u'(r_{12})r_{12}\rho^{(2)}(\boldsymbol{r}_1,\boldsymbol{r}_2)$$

$$= -\frac{\beta}{6V}\int d\boldsymbol{R}_{CDM}dr_{12}\frac{du(r_{12})}{dr_{12}}r_{12}\rho^2 g(r_{12}). \tag{6.97}$$

lo que conduce finalmente a

$$\frac{PV}{Nk_BT} = 1 - \frac{\rho}{6k_BT}\int dr_{12}r_{12}\frac{du(r_{12})}{dr_{12}}g(r_{12}), \tag{6.98}$$

o bien

$$\frac{\beta P}{\rho} = 1 - \frac{\beta\rho}{6}\int dr 4\pi r^3 \frac{du(r)}{dr}g(r), \tag{6.99}$$

ecuación que se conoce como ecuación del virial o de la presión.

Finalmente es posible aún obtener una ecuación de estado adicional conocida como ecuación de estado de la compresibilidad. A diferencia de las dos anteriores, no depende de la hipótesis de aditividad de los potenciales y no puede obtenerse en cualquier colectividad, ya que al depender de las fluctuaciones en el número de partículas ha de obtenerse en la colectividad gran-canónica. En efecto, considérese la igualdad

$$\int \left[\rho^{(2)}(\boldsymbol{r}_1,\boldsymbol{r}_2) - \rho^{(1)}(\boldsymbol{r}_1)\rho^{(2)}(\boldsymbol{r}_2)\right]d\boldsymbol{r}_1 d\boldsymbol{r}_2 = \langle N^2\rangle - \langle N\rangle - \langle N\rangle^2. \tag{6.100}$$

Ejercicio 6.1

Demostrar la igualdad anterior. Téngase en cuenta la Ec. (6.40).

Así, en un sistema homogéneo:

$$\langle N\rangle + \int \left[\rho^2 g^{(2)}(\boldsymbol{r}) - \rho^2\right]d\boldsymbol{r}_1 d\boldsymbol{r}_2 = \langle N^2\rangle - \langle N\rangle^2, \tag{6.101}$$

y por tanto:

$$\langle N \rangle + \frac{\langle N \rangle^2}{V^2} V \int \left[g^{(2)}(\boldsymbol{r}) - 1 \right] d\boldsymbol{r} = \langle N^2 \rangle - \langle N \rangle^2 \,, \qquad (6.102)$$

o lo que es lo mismo:

$$1 + \rho \int \left[g^{(2)}(\boldsymbol{r}) - 1 \right] d\boldsymbol{r} = \frac{\langle N^2 \rangle - \langle N \rangle^2}{\langle N \rangle} \,. \qquad (6.103)$$

Consecuentemente:

$$1 + \rho \int h(\boldsymbol{r}) d\boldsymbol{r} = \rho k_B T \kappa_T \,, \qquad (6.104)$$

obteniéndose la ecuación de estado de la compresibilidad.

6.4. Ejercicios relacionados

Ejercicio 6.1:
     Demostrar la igualdad 6.13.
Ejercicio 6.2:
     Probar la Ec. (6.17) y que $\beta p = \sum_{j \geqslant 1} b_j(T) z^j$.
Ejercicio 6.3:
     Obténgase la expansión de la energía libre:

$$-\beta F_{N'} = \ln \left\langle e^{-\beta U_N} \right\rangle = \ln \left[\frac{1}{V^N} \int d\boldsymbol{r}_1 \ldots d\boldsymbol{r}_N e^{-\beta U_N(\boldsymbol{r}_1 \ldots \boldsymbol{r}_N)} \right] \,,$$

en funciones cumulantes de cluster, y demuéstrese que:

$$-\beta F_{N'} = N \sum_{n=1} \frac{\beta_n}{n+1} \left(\frac{V}{N} \right)^{-n} \,,$$

donde la integral de cluster irreducible β_n se define como (Kubo (1962)).

$$\sum_{ij} \left\langle \prod_{i>j} f_{ij} \right\rangle^{(n+1)}_{conexo} = \frac{n!}{V^n} \beta_n \,.$$

Ejercicio 6.4:
     Teniendo en cuenta la definición de las integrales irreducibles de cluster introducidas en este capítulo, pruébese que (Hill (1986)):

$$B_n(T) = -\frac{n-1}{n} \beta_{n-1} \,.$$

Ejercicio 6.5:
     Obténgase el segundo coeficiente del virial de un gas ideal monoatómico en el seno de un campo externo, $U(\boldsymbol{r}_i)$.
Ejercicio 6.6:

Pruébese la Ec. (6.48).

Ejercicio 6.7:

Pruébese la igualdad de la Ec. 6.52.

Ejercicio 6.8:

Escríbanse las expresiones de la función de distribución radial de sistemas multicomponentes.

Ejercicio 6.9:

Demuéstrese que la intensidad dispersada por un medio en el que existen N centros de dispersión (*scattering*), i.e. N partículas.

$$I_c(Q) = |\Psi_{out}|^2 = \sum_{i=1}^{N} f_i e^{iQ\boldsymbol{r}_i} \sum_{j=1}^{N} f_j e^{-iQ\boldsymbol{r}_j},$$

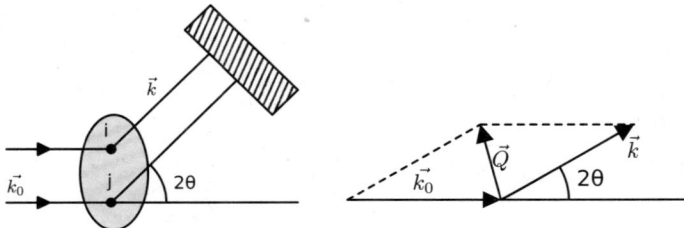

donde los f_k's son los factores atómicos de scattering de los átomos de tipo k y $\boldsymbol{Q} = -\boldsymbol{k}_0 + \boldsymbol{k}$, se puede escribir como $S(Q) = \frac{I_c(Q)}{Nf^2}$ para sistemas de un solo componente $f_i = f_j = f$.

Ejercicio 6.10:

Obténgase la solución de la Ec. (6.74) para el potencial de **esfera dura**:

$$c\left(\frac{r}{R}\right) = -\frac{(1+2\eta)^2 - 6\eta(1+\eta/2)^2(r/R) + \eta(1+2\eta)^2 \frac{(r/R)^3}{2}}{(1-\eta)^4}$$

$$\frac{\beta P}{\rho} = \frac{1+\eta+\eta^2}{(1-\eta)^3}, \quad \eta = \frac{\pi}{6}\rho R^3$$

donde R es el diámetro de esfera dura.

Ejercicio 6.11:

Demuéstrese que, en la colectividad gran-canónica, se verifica que:

$$\frac{S^2}{\langle N \rangle} = \frac{\langle N^2 \rangle - \langle N \rangle^2}{\langle N \rangle} = \rho k_B T \kappa_T,$$

donde

$$\kappa_T = -\frac{1}{V}\left(\frac{\partial V}{\partial P}\right)_T = \frac{1}{\rho}\left(\frac{\partial \rho}{\partial P}\right)_T.$$

6.5. Lecturas complementarias

- Hill, T. L. (1986). *An introduction to statistical thermodynamics*. Courier Corporation.

- Lee, L. L. (2016). *Molecular thermodynamics of nonideal fluids.* Butterworth-Heinemann.

Capítulo 7

Teorías de Campo Medio

Lo característico de una teoría de campo medio es que permite el desacoplamiento de un sistema de muchos cuerpos en interacción en términos de uno equivalente de constituyentes independientes sometidos a en un campo efectivo creado por todo el resto del sistema, que se superpone a un eventual campo externo. Esta idea aparece por vez primera en Física en el marco de los estudios de las transiciones de fase magnéticas de Pierre Curie y Pierre Weiss y hoy se aplica de manera generalizada a cualquier problema con múltiples constituyentes acoplados. El reemplazamiento de las interacciones sobre un determinado componente del sistema por un campo promedio o efectivo, denominado en ocasiones *campo molecular* (en terminología de Weiss), reduce el problema de muchos cuerpos a un problema efectivo de un cuerpo. En este sentido puede verse como una técnica general de tratamiento de sistemas acoplados, en muchas ocasiones un primer paso en su tratamiento estadístico. La teoría de campo medio se conoce con nombres muy diversos en diferentes campos: teoría de van der Waals, aproximación de Bragg-Williams, modelos en una red de Bethe, teoría de Landau, aproximación de Weiss, teoría de disolución de Flory-Huggins, teoría de Schentjen-Fleer, etc.

Las teorías de campo medio pueden verse como una *expansión de orden cero* de *una teoría de campos en torno a la media del campo. Todas las fluctuaciones de éste se desprecian* y se *reemplaza el campo por su valor medio* $\varphi \to \langle \varphi \rangle$. A pesar de esta simplificación, normalmente el campo medio proporciona una buena primera aproximación cualitativa a la fenomenología del sistema acoplado, y se usa como primera aproximación al problema general de su termodinámica. Esta aproximación suele producir mejores resultados a medida que aumenta el número de cuerpos acoplados, lo que sucede al incrementar la dimensionalidad del espacio o el rango espacial de las interacciones.

La quiebra de la validez de un modelo de campo medio (i.e., el punto a partir del cual la importancia de las fluctuaciones no es despreciable) se evalúa usando el criterio de Ginzburg, como veremos en el tema siguiente, lo que obliga a considerar las fluctuaciones.

7.1. Base formal de las teorías de campo medio. Desigualdad de Gibbs-Bogoliubov

La base formal de la teoría de campo medio es la denominada desigualdad de Gibbs-Bogoliubov (o simplemente desigualdad de Bogoliubov), que establece que la energía libre de un sistema cuyo hamiltoniano es de la forma $H = H_0 + \Delta H$ tiene una cota superior dada por:

$$F \leq F_0 + \langle \Delta H \rangle_0 = \langle H \rangle_0 - TS_0, \tag{7.1}$$

donde el subíndice 0 indica que el promedio se calcula con la colectividad de equilibrio del sistema de referencia con hamiltoniano H_0 y función de densidad

$$\rho_0 = \frac{1}{Z} e^{-\beta H_0}. \tag{7.2}$$

Por su interés demostremos a continuación este resultado, auténtica base de las teorías variacionales.

7.1.1. Desigualdad de Gibbs-Bogoliubov

Teniendo en cuenta que $\rho \propto e^{-\beta(H_0 + \Delta H)}$, la expansión perturbativa de la función de densidad del sistema, $\rho = e^{-\beta(H_0 + \Delta H)}$, es (véase Apéndice D.5)

$$
\begin{aligned}
e^{-\beta(H_0 + \Delta H)} = & e^{-\beta H_0} - \int_0^\beta e^{-(\beta - u)H_0} \Delta H e^{-u H_0} du \\
& + \int_0^\beta \int_0^{u_1} du_1 du_2 e^{-(\beta - u_2)H_0} \Delta H \cdot e^{-(u_2 - u_1)H_0} \Delta H e^{-u_1 H_0} \ldots
\end{aligned}
\tag{7.3}
$$

Tomando la traza del operador anterior $Ce^{-\beta F} = \operatorname{Tr}\left[e^{-\beta(H_0 + \Delta H)}\right]$ y usando el hecho de que $\operatorname{Tr}(AB) = \operatorname{Tr}(BA)$, tenemos:

$$
\begin{aligned}
e^{-\beta F} = & e^{-\beta F_0} - \int_0^\beta du \operatorname{Tr}\left(e^{-\beta H_0} \Delta H\right) \\
& + \int_0^\beta \int_0^{u_1} du_1 du_2 \operatorname{Tr}\left[e^{-\beta H_0} e^{-(u_1 - u_2)H_0} \Delta H e^{-(u_2 - u_1)H_0} \Delta H\right] + \ldots
\end{aligned}
\tag{7.4}
$$

Haciendo $w = u_1 - u_2$ y promediando, obtenemos:

$$e^{-\beta F} = e^{-\beta F_0} - \beta \operatorname{Tr}\left[e^{-\beta H_0} \Delta H\right] + \frac{\beta}{2} \int_0^\beta dw \operatorname{Tr}\left[e^{-\beta H_0} e^{-w H_0} \Delta H e^{w H_0} \Delta H\right] + \ldots \tag{7.5}$$

Sean $|m\rangle$ y $|n\rangle$ los autoestados de H_0 y E_m y E_n sus respectivos autovalores. Así, teniendo en cuenta que

$$\operatorname{Tr}\left[e^{-\beta H_0} \Delta H\right] = \sum_n \langle n| e^{-\beta H_0} \Delta H |n\rangle = \sum_n e^{-\beta E_n} \Delta H_{nn}, \tag{7.6}$$

y

$$\text{Tr}\left[e^{-\beta H_0}e^{-wH_0}\Delta H e^{wH_0}\Delta H\right] = \sum_{nm}e^{-\beta E_n}e^{-w(E_n-E_m)}\Delta H_{nm}\Delta H_{mn}, \quad (7.7)$$

donde se ha usado que $\sum_m |m\rangle \langle m| = 1$, la Ec. (7.5) se convierte en:

$$e^{-\beta F} = e^{-\beta F_0} - \sum_n \beta e^{-\beta E_n}\Delta H_{nn} + \frac{\beta}{2}\sum_{mn}\frac{e^{-\beta E_m}-e^{-\beta E_n}}{E_n-E_m}|\Delta H_{mn}|^2 + \dots \quad (7.8)$$

Además, si $m = n$,

$$\frac{e^{-\beta E_m}-e^{-\beta E_n}}{E_n-E_m} = \beta e^{-\beta E_n}. \quad (7.9)$$

Si F_i es un componente de la energía libre del orden i en el parámetro perturbativo, es posible realizar una expansión perturbativa de la energía libre de la forma $F = F_0 + F_1 + F_2 + \dots$, entonces

$$e^{-\beta F} = e^{-\beta F_0}e^{-\beta(F_1+F_2+\dots)}$$

$$= e^{-\beta F_0}\left[1 - \beta F_1 - \beta F_2 + \frac{\beta^2}{2}(F_1+F_2+\dots)^2 + \dots\right]$$

$$= e^{-\beta F_0}\left[1 - \beta F_1 + \left(\frac{\beta^2}{2}F_1^2 - \beta F_2\right) + \dots\right], \quad (7.10)$$

donde se han incluido términos de segundo orden. Identificando los diferentes sumandos de las Ecs. (7.8) y (7.10), tenemos:

$$-e^{-\beta F_0}F_1 = \sum_n \beta e^{-\beta E_n}\Delta H_{nn},$$

$$e^{-\beta F_0}\left(\frac{\beta^2}{2}F_1^2 - \beta F_2\right) = \frac{\beta}{2}\sum_{mn}\frac{e^{-\beta E_m}-e^{-\beta E_n}}{E_n-E_m}|\Delta H_{mn}|^2. \quad (7.11)$$

Resolviendo estas ecuaciones obtenemos:

$$F_1 = \frac{\text{Tr}\,\Delta H e^{-\beta H_0}}{\text{Tr}\,e^{-\beta H_0}} = \langle\Delta H\rangle_{H_0}, \quad (7.12)$$

$$F_2 = \frac{\beta}{2}\left(\frac{\sum_n \Delta H_{nn}e^{-\beta E_n}}{\sum_n e^{-\beta E_n}}\right)^2 - \frac{e^{\beta F_0}}{2}\sum_{m\neq n}\frac{e^{-\beta E_m}-e^{\beta E_n}}{E_n-E_m}|\Delta H_{nn}|^2$$

$$- \frac{\beta}{2}\frac{\sum_n|\Delta H_{nn}|^2 e^{-\beta E_n}}{\sum_n e^{-\beta E_n}}. \quad (7.13)$$

Utilizando ahora la desigualdad de Cauchy-Schwartz,

$$\left|\sum_n a_n b_n\right|^2 \leq \left|\sum_n |a_n|^2\right|\left|\sum_n |b_n|^2\right|, \quad (7.14)$$

podemos probar que para cualquier conjunto de números ω_n positivos

$$\left|\frac{\sum_n \omega_n a_n}{\sum_n \omega_n}\right|^2 = \left|\frac{\sum_n \omega_n^{\frac{1}{2}} \omega_n^{\frac{1}{2}} a_n}{\sum_n \omega_n}\right|^2 \overset{\text{C.-S.}}{\lesssim} \frac{\sum_n \left|\omega_n^{\frac{1}{2}} a_n\right|^2 \sum_n \left|\omega_n^{\frac{1}{2}}\right|^2}{\left(\sum_n \omega_n\right)^2} = \frac{\sum_n \omega_n |a_n|^2}{\sum_n \omega_n}.$$
(7.15)

Aplicando (7.15) a los términos primero y tercero del miembro de la derecha de la Ec. (7.13) obtenemos:

$$F_2 \leq -\frac{1}{2} e^{\beta F_0} \sum_{m \neq n} \frac{e^{-\beta E_m} - e^{-\beta E_n}}{E_n - E_m} \leq 0,$$
(7.16)

pues todos los sumandos son positivos necesariamente. Consideremos ahora que H se escribiese como función de un parámetro perturbativo λ

$$H(\lambda) = H_0 + \lambda \Delta H,$$
(7.17)

de tal manera que

$$F(\lambda) = F_0 + \lambda F_1 + \lambda^2 F_2 + O(\lambda^3).$$
(7.18)

En este caso $F'(0) = F_1$. Además, es fácil ver que $F''(\lambda) \leq 0 \ \forall \lambda$ usando el siguiente argumento. Sea:

$$F(\lambda + \gamma) = F(\lambda) + \gamma F_1(\lambda) + \gamma F_2(\lambda) + O(\gamma^3).$$
(7.19)

Si usamos que $H(\lambda) = H_0$ y que $H(\lambda + \gamma) = \Delta H$, la Ec. (7.15) nos garantiza que $F_2 \leq 0$ y por tanto:

$$F''(\lambda) = \left.\frac{d^2 F(\lambda + \gamma)}{d\gamma^2}\right|_{\gamma=0} = 2F_2 \leq 0.$$
(7.20)

Así pues, en la expansión perturbativa (7.18)

$$F(\lambda) \leq F_0 + \lambda F_1 \ \forall \lambda F \equiv F(1) = F_0 + F_1 + \dots (\lambda = 1) \leq F_0 + \langle \Delta H \rangle_{H_0}.$$
(7.21)

Usando ahora que $F_0 = \langle H_0 \rangle_{H_0} - TS_0$, tenemos

$$F \leq \langle H_0 \rangle_{H_0} + \langle \Delta H \rangle_{H_0} - TS_0 = \langle H \rangle_{H_0} - TS_0,$$
(7.22)

lo que prueba finalmente la desigualdad.

7.2. Aproximación de campo medio

Una vez demostrada la desigualdad, trataremos ahora de calcular el sistema desacoplado efectivo que mejor aproxima a uno de un sistema acoplado con colisiones binarias:

$$\begin{aligned} H_N &= H_0 + U(\xi_1, \dots \xi_N) \\ &= H_0 + \Delta H = H_0 + \frac{1}{2} \sum_{(i,j)} V_{ij}(\xi_i, \xi_j), \end{aligned}$$
(7.23)

donde el hamiltoniano de referencia corresponde a un sistema no interaccionante

$$H_0 = \sum_{i=1}^{N} h_{0i}\left(\xi_i\right), \tag{7.24}$$

siendo ξ_i los grados de libertad asociados al componente i-ésimo del sistema, y hemos supuesto -como en la mayoría de los casos interesantes- colisiones binarias. En estas condiciones, nuestro problema equivale a encontrar el sistema de referencia que, usando únicamente términos monoparticulares asociados a grados de libertad de componentes individuales, optimice la aproximación a la termodinámica del sistema. Este será aquel que minimice el miembro de la derecha de la desigualdad de Gibbs-Bogoliubov, aproximándose de esta manera lo máximo posible al sistema real acoplado. Este sistema de referencia que buscamos es el que constituye la denominada aproximación de campo medio al sistema real, y corresponde a sustituir el sistema original por uno formado por partículas independientes pero sometidas a un campo efectivo resultado de las interacciones con el resto del sistema. Procedamos ahora al cálculo de este campo efectivo en condiciones muy generales usando la desigualdad de Gibbs-Bogoliubov.

Para el hamiltoniano en la Ec. (7.23) la energía libre del sistema de referencia -correspondiente a H_0, el hamiltoniano del sistema ideal- se escribirá de la forma

$$F_0 = \text{Tr}_N\left[H_0\left(\xi_1...\xi_N\right)\rho_0\left(\xi_1...\xi_N\right)\right] + k_BT\,\,\text{Tr}_N\left[\rho_0\left(\xi_1...\xi_N\right)\log\rho_0\left(\xi_1...\xi_N\right)\right], \tag{7.25}$$

donde Tr_N representa la traza calculada sobre los grados de libertad de los N componentes del sistema y ρ_0 está dado por:

$$\rho_0\left(\xi_1...\xi_N\right) = \frac{e^{-\beta H_0(\xi_1...\xi_N)}}{Z_0} = \frac{1}{Z_0}e^{-\beta\sum_i h_{0i}(\xi_i)} = \otimes_i\frac{1}{z_{oi}}e^{-\beta h_i(\xi_i)} = \otimes_i\rho_0\left(\xi_i\right), \tag{7.26}$$

donde $\otimes$ representa el producto de Kronecker de los operadores monoparticulares.[1] Por lo tanto, de acuerdo con la desigualdad de Gibbs-Bogoliubov la energía libre del sistema acoplado verifica

$$F \leq F_0 + \langle\Delta H\rangle_0$$

$$= \text{Tr}_N\left[H_0\left(\xi_1...\xi_N\right)\underset{i}{\otimes}\rho_0\left(\xi_i\right)\right] + \text{Tr}_N\left[\sum_{(i,j)}V_{ij}\left(\xi_i\xi_j\right)\underset{i}{\otimes}\rho_0\left(\xi_i\right)\right]$$

$$+ k_BT\,\,\text{Tr}_N\left[\underset{i}{\otimes}\rho_0\left(\xi_i\right)\ln\left(\underset{i}{\otimes}\rho_0\left(\xi_i\right)\right)\right], \tag{7.27}$$

---

[1] Recordemos que la traza de un producto de Kronecker es el producto de trazas,

$$\text{Tr}\underset{i}{\otimes}A_i = \prod_i \text{Tr}\,A_i.$$

lo que es lo mismo, teniendo en cuenta que $\text{Tr}\,\rho_0(\xi_i) = 1$,

$$F \leq \sum_i \text{Tr}_i[\rho_0(\xi_i)h_{0i}(\xi_i)] + \frac{1}{2}\sum_{i,j}\text{Tr}_{ij}\left[V_{ij}\left(\xi_i,\xi_j\right)\rho_0\left(\xi_i\right)\rho_0\left(\xi_j\right)\right]$$

$$+ k_B T \sum_{i=1}^{N}\text{Tr}_i\left[\rho_0\left(\xi_i\right)\ln\rho_0\left(\xi_i\right)\right]. \tag{7.28}$$

Es evidente entonces que el sistema (i.e., el operador densidad) que mejor aproximará la termodinámica del sistema real será aquel que minimice el lado derecho de la ecuación anterior sometido a la restricción $\sum_i \text{Tr}_i\,\rho_0(\xi_i) = N$, que garantiza la normalización apropiada del operador densidad obtenido. Si construimos el lagrangiano,

$$L\left\{\rho_{0i}(\xi_i)\right\} \leq \sum_i \text{Tr}_i[\rho_0(\xi_i)h_{0i}(\xi_i)] + \frac{1}{2}\sum_{i,j}\text{Tr}_{ij}\,V_{ij}\left(\xi_i,\xi_j\right)\rho_0\left(\xi_i\right)\rho_0\left(\xi_j\right))$$

$$+ k_B T \sum_{i=1}^{N}\text{Tr}_i\,\rho_0\left(\xi_i\right)\ln\rho_0\left(\xi_i\right) + \alpha\sum_i\text{Tr}_i\,\rho_0(\xi_i), \tag{7.29}$$

y hacemos $\delta L = 0$, tendremos:

$$\frac{\partial L}{\partial \rho_0(\xi_k)} = \sum_i \text{Tr}_i[\rho_0(\xi_i)h_{0i}(\xi_i)]\delta_{ik}$$

$$+ \frac{1}{2}\sum_{i,j}\text{Tr}_{ij}\left\{V_{ij}\left(\xi_i,\xi_j\right)\left[\delta_{ik}\rho_0\left(\xi_i\right)\rho_0\left(\xi_j\right) + \delta_{jk}\rho_0\left(\xi_i\right)\rho_0\left(\xi_j\right)\right]\right\}$$

$$+ k_B T \sum_{i=1}^{N}\text{Tr}_i\left[\rho_0\left(\xi_i\right)\ln\rho_0\left(\xi_i\right)\right]\delta_{ik} + \alpha\sum_i\text{Tr}_i\,\rho_0(\xi_i)\delta_{ik} = 0,\ \forall k \tag{7.30}$$

lo que, usando la simetría de $V_{ij}\left(\xi_i,\xi_j\right)$ nos conduce inmediatamente a que la función densidad que mejor aproxima la termodinámica del sistema acoplado es:

$$\rho\left(\xi_1,\xi_2,...,\xi_N\right) = \frac{1}{Z_N}e^{-\beta H_{eff}(\xi_1,\xi_2,...,\xi_N)} = \prod_{i=1}^{N}\rho_i\left(\xi_i\right),$$

$$\rho_i\left(\xi_i\right) = \frac{1}{Z}e^{-\beta h_i^{MF}(\xi_i)},$$

$$h_i^{MF}\left(\xi_i\right) = h_{oi}(\xi_i) + \sum_{\{j|(i,j)\in P\}}\text{Tr}_j\left[V_{ij}\left(\xi_i,\xi_j\right)\rho_0^{(j)}\left(\xi_j\right)\right], \tag{7.31}$$

con la suma extendida al conjunto de pares en interacción (P). Como vemos este operador densidad corresponde a un sistema de partículas no interaccionantes bajo la acción de un potencial efectivo generado por el resto del sistema, siendo el último término de la ecuación anterior el que condensa la interacción de todo el resto del sistema sobre una partícula del medio, promediada sobre la distribución de equilibrio.

Apliquemos a continuación los resultados anteriores al tratamiento de diferentes sistemas de particular importancia en la aproximación de campo medio.

7.3. Sistemas reales en la aproximación de campo medio

7.3.1. Gas real clásico: ecuación de estado de van der Waals

Consideremos un sistema en el que existen N partículas de masa m en un recipiente de volumen V que interaccionan mediante potenciales de corto alcance, dando lugar a una energía potencial $U(q_1...q_N)$. Considerando que el sistema puede tratarse clásicamente

$$H = \sum_{i=1}^{N} \frac{p_i}{2m} + U(q_1...q_N), \tag{7.32}$$

$$Z_N = \frac{1}{N!h^{3N}} \int dp^N dq^N e^{-\beta H(p^N, q^N)}. \tag{7.33}$$

Supondremos, además, sistemas de baja densidad por lo que únicamente hemos de considerar interacciones de dos cuerpos simultáneamente (i.e., colisiones binarias), por lo que, como es habitual:

$$U(q_1...q_N) = \sum_{i<j} v_{ij}(q_{ij}). \tag{7.34}$$

Por simplicidad, las partículas las se considerarán sin estructura interna, por lo que los potenciales dependerán únicamente de la distancia entre partículas y no de la orientación de las mismas:

$$v_{ij} = v_{ij}(|r_{ij}|). \tag{7.35}$$

Un fluido que puede describirse en términos de potenciales, pares, centrales y de corto alcance se denomina fluido simple.

Aproximación de campo medio

Consideremos una partícula determinada del gas. Las $N-1$ restantes están repartidas uniformemente en el volumen del recipiente y se nos aparecen como un medio prácticamente continuo. Si despreciamos la influencia del movimiento browniano de la partícula "central" sobre este medio, dicha partícula está sometida a una energía potencial $U_{eff}(q_i)$ dependiente únicamente de su posición. Como hemos visto con anterioridad, este campo se denomina campo medio y es el resultado de la actuación sobre cada una de ellas de las restantes partículas del sistema. Como vimos en la sección anterior, en esta aproximación la energía potencial multicorpuscular $U(q_1...q_N)$ se puede expresar como una suma de *términos monoparticulares* (dependientes únicamente de los grados de libertad de una partícula, en este caso las posiciones):

$$U(q_1...q_N) \simeq \underbrace{\frac{1}{2}\sum_{i=1}^{N} U_{eff}(q_i)}_{\text{campo externo efectivo}} \Rightarrow \text{Monoparticular} \tag{7.36}$$

De alguna manera, la aproximación de campo medio "desprecia" las correlaciones entre partículas convirtiendo un problema multicorpuscular (debido a la existencia de interacciones) en un problema de partículas independientes. En efecto, la Ec. (7.36) implica que, *en la aproximación de campo medio, el sistema se comporta como un conjunto de partículas independientes en un campo efectivo*. Esta es la base de la aproximación de campo medio: *Suponer que todas las correlaciones entre partículas pueden subsumirse en un campo efectivo en el seno del cual fluctúan, de manera independiente, las partículas del sistema.* Las correlaciones se reparten entre todo el volumen del sistema, perdiéndose la información sobre las mismas.

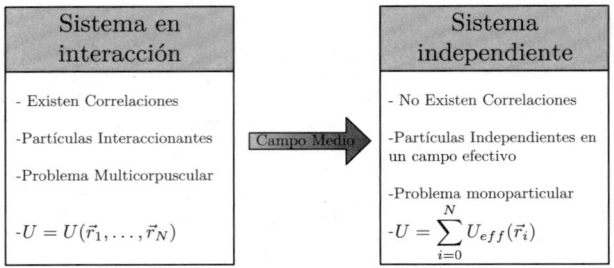

Como en cualquier otro sistema de partículas independientes, la función de partición factoriza en la aproximación de campo medio:

$$Z_N = \frac{1}{N!h^{3N}} \int dp^N e^{-\beta \sum_i \frac{p_i}{2m}} \int dq^N e^{-\frac{\beta}{2} \sum_{i=1}^N U_{eff}(q_i)}. \qquad (7.37)$$

Considerando que el entorno es similar para las N partículas

$$
\begin{aligned}
Z_N &= \frac{1}{N!h^{3N}} (2\pi m k_B T)^{\frac{3N}{2}} \left[\int dq e^{-\frac{\beta}{2} U_{eff}(q)} \right]^N \\
&= \frac{Z_{id}^{lc}}{V^N} \left[\int dq e^{-\frac{\beta}{2} U_{eff}(q)} \right]^N, \qquad (7.38)
\end{aligned}
$$

donde Z_{id}^{lc} es la función de partición del sistema ideal en el límite clásico.

Por otro lado, debido a las interacciones de volumen excluido con las moléculas vecinas, una molécula puede ocupar un volumen menor que el volumen total de la caja. Existe un volumen V_0 prohibido para la partícula. Además, en el interior de dicho volumen, y debido a efectos de compensación de las diferentes interacciones, podemos considerar que el potencial efectivo es una constante. Luego:

$$U_{eff}(q) = U_0 \qquad (7.39)$$

y, por tanto, la función de partición (7.38) queda:

$$Z_N = \frac{Z_{id}^{lc}}{V^N} \left[e^{-\frac{\beta U_0}{2}} \int_{V=V_0} dq \right]^N = \frac{Z_{id}^{lc}}{V^N} e^{\frac{-\beta N U_0}{2}} (V - v_0)^N \qquad (7.40)$$

donde v_0 es el volumen excluido por partícula. A partir del modelo de esferas duras, podemos evaluar el volumen excluido. El potencial de interacción en este modelo es:

$$v\left(r\right) = \begin{cases} \infty & r < 2R \\ 0 & \text{resto} \end{cases} \tag{7.41}$$

El potencial anterior puede considerarse como el límite de los potenciales intermoleculares (e.g. Lennard-Jones) y, en general, como el modelo de potencial repulsivo. El volumen excluido por par de partículas es $\frac{4}{3}\pi\left(2R\right)^3$. El número de pares que podemos formar con las N partículas es $\begin{pmatrix} N \\ 2 \end{pmatrix} = \frac{(N-1)N}{2}$. Luego, el volumen excluido total es:

$$V_0 = \frac{N\left(N-1\right)}{2} \cdot \frac{4}{3}\pi\left(2R\right)^3 \simeq \frac{2}{3}N^2\pi\left(2R\right)^3 = \frac{2}{3}\pi N^2\rho_1^3 \equiv bN^2, \tag{7.42}$$

donde $\rho_i = 2R$ es la distancia de máximo acercamiento/aproximación entre partículas en un potencial de esferas duras.

$N = 6 \cdot 10^{23}$	$r\left(\text{Å}\right)$	$v_0\left(m^3\right) \cdot 10^{-7}$
He	0.92	9.8
Ne	0.71	4.5
Ar	0.98	11.2
Kr	1.12	17.7
Xe	1.31	28.0

Tabla 7.1: Radios de van der Waals y volumen excluido por partícula de diferentes gases atómicos

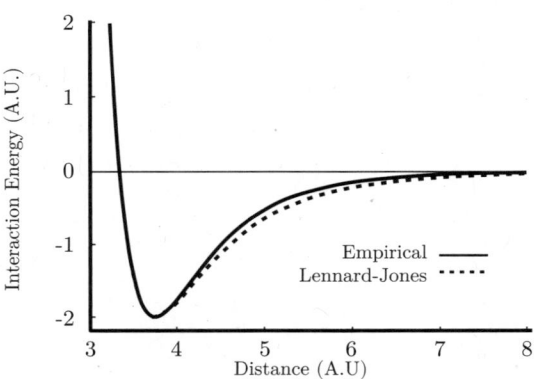

Figura 7.1: Potencial de Lennard-Jones

Por lo tanto,

$$Z_N = \frac{1}{N!}\left(\frac{2\pi m k_B T}{h^2}\right)^{\frac{3N}{2}} e^{-\beta\frac{U_0 N}{2}} \left(V - \frac{V_0}{N}\right)^N \tag{7.43}$$

$$= \frac{1}{N!}\left(\frac{2\pi m k_B T}{h^2}\right)^{\frac{3N}{2}} e^{-\beta\frac{U_0 N}{2}} \left(V - v_0\right)^N, \tag{7.44}$$

donde $v_0 = \frac{V_0}{N} = \frac{2}{3}\pi\rho_1 N = bN$ es el volumen excluido por partícula. Para la evaluación de U_0 usamos como modelo el potencial representado en la Fig. 7.1, conocido como potencial de Lennard-Jones. En general:

$$U_0 = \int n\left(\boldsymbol{r}\right) U\left(\boldsymbol{r}\right) d\boldsymbol{r}, \tag{7.45}$$

donde $u\left(\boldsymbol{r}\right)$ es la densidad local de partículas del fluido. En nuestro caso, suponiendo impenetrabilidad por debajo de $r = \rho_1 = 2R$ y distribución homogénea en el resto, tendremos

$$n\left(\boldsymbol{r}\right) = \begin{cases} 0 & r < 2R \\ \frac{N-1}{V} \simeq \frac{N}{V} & r > 2R \end{cases} \tag{7.46}$$

Luego:

$$U_0 = \int_{2R}^{\infty} \frac{N}{V} U\left(\boldsymbol{r}\right) d\boldsymbol{r} = \frac{4\pi N}{V} \int_{2R}^{\infty} r^2 U\left(\boldsymbol{r}\right) dr. \tag{7.47}$$

Usando el potencial intermolecular típico de Lennard-Jones, el potencial efectivo es

$$U_0^{LJ} = -\frac{8}{3} N \tilde{u}_0 \frac{4\pi}{3V} \rho_1^3 = \frac{-64}{3} N U_0 \frac{v_0}{V} = -2a\frac{N}{V}, \tag{7.48}$$

donde hemos usado que el parámetro U_0 del potencial LJ es independiente de r, y hemos definido $a = \frac{32}{3} u_0 v_0$. Así, la función de partición será:

$$Z_N = \frac{Z_{id}^{lc}}{V^N} (V - bN)^N e^{\frac{aN^2}{k_B TV}} = Z_{id}^{lc} \left(1 - \frac{bN}{V}\right)^N e^{\frac{aN^2}{k_B TV}}, \tag{7.49}$$

de manera que

$$Z_N = Z_{id}^{lc} \left(1 - \frac{bN}{V}\right)^N e^{\frac{aN^2}{k_B TV}}, \tag{7.50}$$

que es la función de partición de un gas real en la aproximación de campo medio de Van der Waals. La energía libre de Helmholtz del sistema será:

$$F = -k_B T \ln Z_N = -k_B T \ln Z_{id}^{lc} - N K_B T \ln\left(1 - \frac{bN}{V}\right) - \frac{aN}{V}. \tag{7.51}$$

A partir de aquí podemos calcular la presión del sistema de la forma habitual

$$\bar{p} = -\left(\frac{\partial F}{\partial V}\right)_{T,N} = k_B T \left(\frac{\partial \ln Z_N}{\partial V}\right)_{T,N} = \frac{N k_B T}{V - bN} - \frac{aN^2}{V^2}, \tag{7.52}$$

lo que conduce a la conocida ecuación de estado de van der Waals (1873):

$$\left(\bar{p} + \frac{aN^2}{V^2}\right)(V - bN) = N k_B T. \tag{7.53}$$

De la misma manera podemos obtener la energía interna como

$$\bar{E} = -\frac{\partial \ln Z_N}{\partial \beta} = \frac{3}{2} N k_B T - \frac{aN^2}{V}, \tag{7.54}$$

donde el primer sumando del derecha se corresponde con la contribución de la energía cinética y el segundo con la energía potencial.

7.3.2. Teoría de Debye-Hückel: interacciones de largo alcance.

En el caso de sistemas de partículas cargadas en las que existen interacciones coulombianas el tratamiento anteriormente tratado para el gas de van der Waals no es válido. Consideremos como sistema modelo un gas de partículas cargadas completamente ionizadas, denominado *plasma completamente ionizado*. En general se verifica la condición de electroneutralidad

$$\sum_\alpha N_\alpha q_\alpha = 0, \tag{7.55}$$

donde q_α es la carga de una partícula de la especie α. Esta condición es necesaria para la estabilidad del sistema en fase homogénea. Dos partículas i y j del plasma de cargas q_i y q_j situadas en los puntos r_i y r_j del fluido interaccionan mediante la ley de Coulomb

$$u_{ij}\left(r_{ij}\right) = \frac{1}{4\pi\epsilon}\frac{q_i q_j}{|r_i - r_j|}, \tag{7.56}$$

donde ϵ es la constante dieléctrica del medio en que se encuentran inmersos los iones. Este método puede describir tanto gases ionizados, como disoluciones electrolíticas, donde en primera aproximación podemos considerar el disolvente como un medio continuo sin estructura (modelo primitivo) que únicamente aporta al problema sus propiedades dieléctricas.

La función de partición del sistema es, en el límite clásico,

$$Z_N = \frac{Z_{id}^{ec}}{V^N}\int dr^N e^{-\beta U\left(r^N\right)}. \tag{7.57}$$

Supondremos, como de costumbre, la aditividad de la energía potencial y colisiones binarias

$$U\left(r^N\right) = \frac{1}{2}\sum_{i\neq j}^{N} u_{ij}\left(r_{ij}\right) = \frac{1}{2}\sum_{i\neq j}\frac{q_i q_j}{4\pi\epsilon|r_i - r_j|}, \tag{7.58}$$

que podemos reescribir como

$$U\left(r^N\right) = \frac{1}{2}\sum_{i=1}^{N} q_i\varphi_i\left(r_i\right), \tag{7.59}$$

donde $\varphi_i\left(r_i\right)$ es el potencial creado sobre el ión i en la posición r_i por los $N-1$ restantes, dado por:

$$\varphi_i\left(r_i\right) = \sum_{j\neq i}\frac{q_j}{4\pi\epsilon|r_i - r_j|}. \tag{7.60}$$

Debido a que la interacción es de largo alcance, la integral de la función de partición, que hace intervenir las posiciones de todas las partículas que interaccionan con una dada, es divergente. Sin embargo, como veremos, el apantallamiento de carga que va a tener lugar en el seno del plasma permitirá resolver el problema, ya que los potenciales efectivos serán de corto alcance.

Debido al hecho de que no podemos obtener una función de partición para el sistema nos vemos obligados a calcular directamente valores medios. Aplicando el principio de superposición, la energía media (interna) del sistema puede escribirse como el de un sistema de cargas independientes

$$\bar{E} = U_{int} = \frac{1}{2} \sum_{i=1}^{N} q_i \bar{\psi}_i \left(r \right) \text{(Principio de Superposición)} \qquad (7.61)$$

donde $\bar{\psi}_i$ es el potencial promedio creado por el sistema sobre el ion i. De la Ec. (7.61) deducimos que es necesario calcular el potencial promedio que "ve" el ion i, creado por el resto del sistema. Este es el objetivo principal de la denominada teoría de Debye-Hückel, que se configura así como una teoría de campo medio. La hipótesis fundamental de ésta es la posibilidad de reducir el efecto del entorno a la creación de un campo promedio. En efecto, en un instante determinado, una partícula interacciona con todas las demás del plasma, o con un número suficientemente grande de ellas, lo que provoca que el campo total sea el resultado del medio en pleno. Este es el fundamento de la aplicabilidad de la hipótesis de campo medio y de la consecuente independencia estadística de las partículas del plasma.

Para el cálculo de $\bar{\Psi}_i \left(r \right)$, potencial promedio creado por el ion i en el seno del sistema, i.e., el creado por el sistema sobre dicho ion (salvo una constante aditiva)[2], Debye y Hückel supusieron la validez microscópica de la ecuación de Poisson

$$\nabla^2 \bar{\Psi}_i \left(r \right) = -\frac{\bar{\rho}_i \left(r \right)}{\epsilon}. \qquad (7.62)$$

Se supone, asimismo, que una de las especies iónicas forma un fondo neutralizante sin estructura por lo que el plasma queda reducido a una única especie. La densidad de carga en la ecuación anterior está relacionada con la energía potencial en las inmediaciones de un determinado ion. La densidad de carga promedio a una distancia r de uno i será

$$\bar{\rho}_i \left(r \right) = q_i \delta(\boldsymbol{r}) + \sum_j n_{ij} q_j = q_i \delta(\boldsymbol{r}) + \sum_j q_j n g_{ij}(r) = q_i \delta(\boldsymbol{r}) + \sum_j q_j n_j e^{-\beta W_{ij}(r)}, \qquad (7.63)$$

donde $W_{ij} \left(r \right)$ es el potencial de la fuerza media entre el ion i y el j en el seno del sistema. El ion j "ve" el campo medio creado por el i, $\bar{\psi}_i \left(r \right)$, a esa distancia, por lo que es posible aproximar

$$W_{ij} \left(r \right) \approx q_j \bar{\psi}_i \left(r \right) . \qquad (7.64)$$

Por lo tanto, la densidad de carga en las inmediaciones de la partícula i será

$$\bar{\rho}_i \left(r \right) = q_i \delta(\boldsymbol{r}) + \sum_j q_j n_j e^{-\beta q_j \bar{\psi}_i(r)} , \qquad (7.65)$$

---

[2]El equilibrio mecánico en el seno del sistema exige que $\boldsymbol{F}_{im} = -\boldsymbol{F}_{mi}$ y por tanto $\bar{\psi}_i + \bar{\psi}'_i =$ cte, $\bar{\psi}'_i$: potencial. promedio creado por el medio sobre i

lo que nos lleva a la siguiente expresión para el potencial

$$\nabla^2 \bar{\psi}_i(r) = -\frac{1}{\epsilon} \sum_j q_j n_j e^{-\beta q_j \bar{\psi}_i(r)}, \tag{7.66}$$

ecuación que se conoce como de Poisson-Boltzmann. Naturalmente, en condiciones de alta temperatura y alta difusión, esta ecuación puede linealizarse de modo que

$$\nabla^2 \bar{\psi}_i(r) \approx -\frac{1}{\epsilon} \sum_j q_j^2 n_j \bar{\psi}_i(r)\beta. \tag{7.67}$$

A la ecuación anterior debe añadírsele la contribución del propio ion central, de modo que (7.66) y (7.67) se modifica de la forma:

$$\nabla^2 \bar{\psi}_i(r) = -\frac{1}{\epsilon} \left[\sum_j q_j n_j e^{-\beta q_j \bar{\psi}_i(r)} + q_i \delta(\boldsymbol{r}) \right], \tag{7.68}$$

$$\nabla^2 \bar{\psi}_i(r) \approx \frac{1}{\epsilon} \left[\sum_j \beta q_j^2 n_j \bar{\psi}_i(r) + q_i \delta(\boldsymbol{r}) \right]. \tag{7.69}$$

Prescindiendo del subíndice i podemos escribir:

$$\begin{aligned}
\nabla^2 \bar{\psi}_i(r) &= -\frac{q}{\epsilon}\delta(\boldsymbol{r}) + \frac{\beta}{\epsilon} \sum_j n_j q_j^2 \bar{\psi}(r) \\
&= -\frac{q}{\epsilon}\delta(\boldsymbol{r}) + k_D^2 \bar{\psi}(r),
\end{aligned} \tag{7.70}$$

donde hemos introducido el parámetro de Debye

$$k_D^2 = \frac{\beta}{\epsilon} \sum_j q_j^2 n_j. \tag{7.71}$$

Transformando por Fourier la Ec. (7.70), tenemos:

$$-k^2 \bar{\psi}(k) = -\frac{q}{\epsilon(2\pi)^3} + k_D^2 \bar{\psi}(k), \tag{7.72}$$

$$\bar{\psi}(k) = \frac{q}{\epsilon(2\pi)^3} \frac{1}{k^2 + k_D^2}. \tag{7.73}$$

La obtención del potencial promedio en el espacio real obliga a invertir la transformada de Fourier anterior:

$$\begin{aligned}
\bar{\psi}(r) &= \int e^{i\boldsymbol{kr}} \bar{\psi}(k)\, d\boldsymbol{k} \\
&= \frac{q}{(2\pi)^3 \epsilon} 2\pi \int_0^\infty \frac{k^2 dk}{k^2 \psi k_D^2} \int_0^\pi \sin\theta e^{ikr\cos\theta} d\theta \\
&= \frac{q}{4\pi^2 \epsilon i r} \int_0^\infty \frac{k\, dk}{k^2 + k_D^2} \left[e^{ikr} - e^{-ikr} \right] \\
&= \frac{q}{4\pi^2 \epsilon i r} \int_{-\infty}^\infty \frac{k e^{ikr}}{k^2 + k_D^2} dk.
\end{aligned} \tag{7.74}$$

Extendiendo la integral anterior al plano complejo $(k \to \mathrm{Re}(k) + i\mathrm{Im}\,(k))$ y aprovechando que el integrando se anula cuando $|k| \to \infty$ hacemos:

$$\int_{-\infty}^{\infty} dk \frac{k e^{ikr}}{k^2 + k_D^2} = \oint_{\gamma} \frac{k e^{ikr}}{k^2 + k_D^2} dk, \tag{7.75}$$

en la curva de la Fig. 7.2.

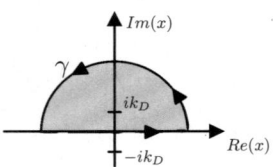

Figura 7.2: Trayectoria de integración de la Ec. (7.75)

Usando el teorema de los residuos y que el integrando tiene un único polo dentro de la trayectoria γ $(k = ik_D)$, tenemos:

$$\begin{aligned}
\bar{\psi}\,(r) &= \frac{q}{4\pi^2 \epsilon i r} \oint_{\gamma} \frac{k e^{ikr}}{k^2 + k_D^2} dk = \frac{q}{4\pi^2 \epsilon i r} \,(2\pi i) \sum_k \mathrm{Res}\,(f\,(z_k)) \\
&= \frac{q}{4\pi^2 \epsilon r} 2\pi \lim_{k \to ik_D} \frac{k}{k^2 + k_D^2} e^{ikr}\,(k - ik_D) \\
&= \frac{q}{4\pi \epsilon r} e^{-k_D r}
\end{aligned} \tag{7.76}$$

que es la expresión de un potencial efectivo igual a un potencial coulombiano apantallado por el efecto de las interacciones de la partícula central con el resto del sistema y k_D^{-1} representa el alcance de la interacción, i.e., el radio de la atmósfera iónica en torno al ion central. En el cálculo del potencial promedio anterior hemos incluido la propia partícula central. Para calcular la energía media de un ion en el medio hemos de conocer el campo creado por el sistema sobre la misma, i.e., descontar su contribución propia (autoenergía). Así, usando el principio de superposición en la Ec. (7.61) tenemos

$$\bar{\psi}'\,(r) = \frac{q}{4\pi \epsilon r} \left(e^{-k_D r} - 1\right) \simeq \frac{-q k_D}{4\pi \epsilon}, \tag{7.77}$$

lo que nos lleva a una energía interna

$$U^{\alpha p} = \frac{-N q^2}{4\pi \epsilon} k_D. \tag{7.78}$$

7.3.3. Teoría de Thomas-Fermi y teoría del funcional de la densidad

El tratamiento de sistemas multielectrónicos en el marco de la teoría del funcional de la densidad (DFT por sus siglas en inglés) es un buen ejemplo de teoría de campo medio autoconsistente, pues el problema de N partículas interactuantes entre ellas, y confinadas en un cierto potencial externo $v(\mathbf{r})$, se redefine (en el modelo de Kohn-Sham) en términos de un sistema artificial donde las partículas no interactúan si no que se mueven bajo la acción de un potencial efectivo, $v_{\text{eff}}(\mathbf{r})$, que debe modelar los efectos de la interacción del sistema físico original de forma que ambos problemas sean equivalentes (i.e., tengan la misma distribución de densidad y por lo tanto la misma energía).

La base formal de la teoría del funcional de la densidad son los denominados teoremas de Hohenberg y Kohn (1964), que establecen que:

1. La densidad electrónica en el estado fundamental $n(\mathbf{r})$ es un funcional del potencial $U(\mathbf{r})$.

2. El potencial $U(\mathbf{r})$ es un funcional único (salvo una constante) de la densidad electrónica $n(\mathbf{r})$.

La demostración de estos teoremas puede encontrarse en Hohenberg & Kohn (1964).

Así pues, estas dos magnitudes se determinan recíprocamente y la energía del estado fundamental es un mínimo respecto a variaciones en la densidad electrónica, $n(\mathbf{r})$. En ausencia de campo, tenemos cinco términos que contribuyen al estado fundamental del sistema multielectrónico.

1. La energía cinética.

2. La energía potencial "externa" que procede de la interacción con el entorno, $U(\mathbf{r})$.

3. La energía electrostática en la aproximación de campo medio de Hartree, $V_H(\mathbf{r})$, correspondiente al resto de los electrones.

4. La energía de intercambio, $V_x(\mathbf{r})$.

5. La energía de correlación, $V_c(\mathbf{r})$.

Las dos últimas se tratarán en el tema correspondiente a la teoría del funcional de la densidad. Veamos ahora la construcción del resto de términos separadamente.

1. Energía cinética: De la mecánica cuántica sabemos que la energía cinética de un sistema de N partículas libres está dada por:

$$K = \frac{\hbar^2}{2m} \int d\mathbf{r} \sum_{j=1}^{N} \boldsymbol{\nabla}\psi_j^\dagger(\mathbf{r})\boldsymbol{\nabla}\psi_j(\mathbf{r}), \qquad (7.79)$$

que, de acuerdo con los teoremas de Hohenberg-Kohn, debe poder expresarse en términos de un funcional de la densidad, aunque no se haya conseguido hasta la fecha. Para sistemas con densidades que varían lentamente en el espacio, un método habitual y aproximado de realizar esto es usar la teoría *orbital-free* de Thomas-Fermi, muy inspirada en la manera en la que Slater evalúa la energía de intercambio a partir de los resultados para fermiones no interaccionantes. Así, teniendo en cuenta que la energía cinética por partícula de un gas homogéneo de fermiones no interactuantes etá dado por la Ec. (4.129)

$$K = \frac{3}{5}\epsilon_F = \frac{3\hbar^2 k_F^2}{10m}, \tag{7.80}$$

donde el vector de onda de Fermi es $k_F = (3\pi^2 n_0)^{1/3}$, y asumiendo que estas formas funcionales se mantienen para el sistema no uniforme (hipótesis de homogeneidad local), se puede reescribir la energía cinética local del sistema electrónico acoplado inhomogéneo como

$$K(\boldsymbol{r}) = \frac{3\hbar^2}{10m} \left[3\pi^2 n(\boldsymbol{r})\right]^{2/3}, \tag{7.81}$$

de modo que la contribución total de la distribución electrónica es (en Rydbergs):

$$T = \int d\boldsymbol{r} n(\boldsymbol{r}) K(\boldsymbol{r}) = \frac{3h^2}{10m_e} \left(\frac{3}{8\pi}\right)^{2/3} \int n(\boldsymbol{r})^{5/3} d\boldsymbol{r}. \tag{7.82}$$

Las predicciones de este término pueden mejorarse utilizando el término de Weizsacker (1935),

$$T_W = \frac{1}{8}\frac{\hbar^2}{m} \int d\boldsymbol{r} \frac{|\boldsymbol{\nabla} n(\boldsymbol{r})|^2}{n(\boldsymbol{r})}. \tag{7.83}$$

2. Energía potencial $U(\boldsymbol{r})$: Evidentemente este término puede escribirse como un acoplamiento del campo con la densidad electrónica

$$E_{ext} = \int d\boldsymbol{r} n(\boldsymbol{r}) U(\boldsymbol{r}). \tag{7.84}$$

3. Energía potencial electrostática en la aproximación de Hartree, V_H, que puede escribirse como,

$$V_H = \int d\boldsymbol{r}_1 d\boldsymbol{r}_2 n(\boldsymbol{r}_1) V(\boldsymbol{r}_1 - \boldsymbol{r}_2) n(\boldsymbol{r}_2) = \int d\boldsymbol{r}_1 d\boldsymbol{r}_2 \frac{n(\boldsymbol{r}_1) n(\boldsymbol{r}_2)}{|\boldsymbol{r}_1 - \boldsymbol{r}_2|}. \tag{7.85}$$

A partir de los términos anteriores es posible obtener la celebrada ecuación de Thomas-Fermi que regula la dinámica de un sistema multicorpuscular de electrones en términos de su densidad y se considera un precedente de la moderna DFT. En efecto, si minimizamos el funcional de energía de Thomas-Fermi que agrupa las contribuciones de los tres términos anteriores,

$$E_{TF}[n(\boldsymbol{r})] = \frac{3}{5}(3\pi^2)^{2/3} \int n(\boldsymbol{r})^{5/3} d\boldsymbol{r} + \int d\boldsymbol{r} n(\boldsymbol{r}) U(\boldsymbol{r}) + \int d\boldsymbol{r}_1 d\boldsymbol{r}_2 \frac{n(\boldsymbol{r}_1) n(\boldsymbol{r}_2)}{|\boldsymbol{r}_1 - \boldsymbol{r}_2|}, \tag{7.86}$$

y lo igualamos al potencial químico del sistema, tenemos:

$$\mu = \frac{\delta E_{TF}}{\delta n(\boldsymbol{r})} = \left[3\pi^2 n(\boldsymbol{r})\right]^{2/3} + U(\boldsymbol{r}) + V_H(\boldsymbol{r}),$$

$$V_H(\boldsymbol{r}) = \int d\boldsymbol{r}' \frac{n(\boldsymbol{r}')}{|\boldsymbol{r} - \boldsymbol{r}'|}, \tag{7.87}$$

que conduce a la conocida ecuación de Thomas-Fermi:

$$\nabla^2 V_H(\boldsymbol{r}) = -8\pi n(\boldsymbol{r}) = -\frac{5}{3\pi}\left[\mu - U(\boldsymbol{r}) - V_H(\boldsymbol{r})\right]^{3/2}. \tag{7.88}$$

Esta teoría semiclásica de la estructura electrónica es una precursora de la teoría del funcional de la densidad. Como vemos su hipótesis fundamental es que, en cada elemento de volumen del sistema los electrones se distribuyen localmente de manera uniforme, aunque su densidad varía en el espacio de un punto a otro. Evidentemente, esta teoría no contiene la energía de canje asociada al principio de exclusión de Pauli, para lo que Dirac introdujo un término en 1928. Asimismo, desprecia las correlaciones electrónicas, lo que, según probó Teller, no permite describir enlaces moleculares. Trataremos este término posteriormente.

Por lo que respecta al apantallamiento de la interacción electrostática en el seno del gas de electrones, puede obtenerse de manera directa como sigue. Consideremos la variación de la energía de Fermi debida a la variación de la densidad asociada a un potencial externo, φ, se escribe de la forma

$$\frac{\delta n}{n} = \frac{3}{2}\frac{\delta\epsilon_F}{\epsilon_F} = \frac{3}{2}\frac{e\varphi}{\epsilon_F}, \tag{7.89}$$

donde hemos usado que la densidad del gas de electrones no relativistas en una caja es, $\hat{N} \sim 2\epsilon_F^{3/2}/3$, y $\delta\epsilon_F = e\varphi$. Usando ahora la ecuación de Gauss, podemos escribir:

$$\boldsymbol{D} = \epsilon_0\boldsymbol{E} + \boldsymbol{P} = \epsilon_0\boldsymbol{E} + \rho_{pol} = \epsilon_0\boldsymbol{E} - e\delta n\delta(\boldsymbol{r}),$$

$$-i\boldsymbol{k}\boldsymbol{D}(\boldsymbol{k}) = -i\boldsymbol{k}\boldsymbol{E}(\boldsymbol{k}) - e\delta n,$$

$$= -k^2\varphi(\boldsymbol{k}) - \frac{3}{2}\frac{e^2\varphi(\boldsymbol{k})}{\epsilon_F}n.$$

Teniendo en cuenta que $\boldsymbol{D}(\boldsymbol{k}) = \epsilon(\boldsymbol{k})\boldsymbol{E}(\boldsymbol{k}) = -i\boldsymbol{k}\epsilon(\boldsymbol{k})\varphi(\boldsymbol{k})$, tenemos:

$$k^2\epsilon(\boldsymbol{k})\varphi(\boldsymbol{k}) = -k^2\varphi(\boldsymbol{k}) - \frac{3}{2}\frac{e^2\varphi(\boldsymbol{k})}{\epsilon_F}n,$$

$$\epsilon(\boldsymbol{k}) = 1 + \frac{3}{2}\frac{ne^2}{k^2\epsilon_F}. \tag{7.90}$$

A partir de esta función dieléctrica podemos obtener de manera inmediata el comportamiento espacial del potencial creado por una distribución electrónica. En efecto, para un electrón en el interior del sistema la ecuación de Poisson conduce a

$$k^2 \varphi(\boldsymbol{k}) = \frac{e}{\epsilon(\boldsymbol{k})} \Rightarrow \varphi(\boldsymbol{k}) = \frac{e}{k^2 + k_{TF}^2},$$

$$\varphi(\boldsymbol{r}) = \frac{e}{4\pi} \frac{e^{-k_{TF} r}}{r}, \tag{7.91}$$

donde

$$k_{TF}^2 = \frac{3}{2} \frac{ne^2}{\epsilon_F}. \tag{7.92}$$

7.3.4. Teoría de Bragg-Williams

Consideremos ahora el problema de la adsorción de moléculas en una red unidimensional[3] con M sitios equivalentes[4] ($M \to \infty$). Cada uno de ellos puede estar ocupado o vacante y consideremos que la función de partición de cada partícula adsorbida es $q(\tau)$. Entre las partículas adsorbidas puede (o no) haber interacción de energía ω. Como vimos en el tema 3, en el caso de sistemas sin interacción se obtiene de manera directa la isoterma de Langmuir o la BET para adsorbatos ideales. Cuando existe una energía de interacción entre partículas vecinas adsorbidas (ω) obtenemos un problema que puede ser resuelto de manera analítica en el caso unidimensional. Así, la energía potencial de una configuración con N_{11} pares de vecinos más próximos ocupados es $N_{11}\omega$. Este número puede relacionarse con el de pares ocupado-desocupado (N_{10}) como

$$2N = 2N_{11} + N_{01}, \tag{7.93}$$
$$2(M - N) = 2N_{00} + N_{01}. \tag{7.94}$$

Así pues, una configuración con N moléculas adsorbidas en M sitios y N_{01} pares 01 (nivel energía) tendrá una energía

$$E(N_{01}) = N_{11}\omega = \left(N - \frac{N_{01}}{2}\right)\omega. \tag{7.95}$$

Sea $g(N, M, N_{01})$ el número de estados con esa energía. Entonces:

$$Z(N, M, T) = \sum_{N_{01}} g(N, M, N_{01}) q^N e^{-\beta N_{11}\omega}$$

$$= \sum_{N_{01}} g(N, M; N_{01}) q^N e^{-\beta\left(N - \frac{N_{01}}{2}\right)\omega}$$

$$= \left[q(\tau) e^{-\beta\omega}\right]^N \sum_{N_{01}} g(N, M, N_{01}) e^{\beta \frac{N_{01}}{2}\omega}. \tag{7.96}$$

Así pues, el problema se reduce a calcular el factor de degeneración (densidad de estados, véanse ejercicios 7.1 y 7.2)

$$g(N, M, N_{01}) = \frac{N!(M - N)!}{\left[N - \frac{N_{01}}{2}\right]! \left[M - N - \frac{N_{01}}{2}\right]! \left(\frac{N_{01}}{2}\right)!}, \tag{7.97}$$

---

[3]Un buen modelo con $\omega \neq 0$ es la adsorción de partículas en sitios de adsorción repartidos por la cadena de un polímero.

[4]Aunque formulemos la teoría en este marco, podríamos usar cualquier otro problema isomorfo de una red (gas reticular, Ising, etc.)

lo que lleva a que

$$\frac{N_{01}^*}{2M} = \frac{2\theta\,(1-\theta)}{\beta+1}\beta = \left[1 - 4\theta\,(1-\theta)\left(1 - e^{-\beta\omega}\right)\right]^{\frac{1}{2}}. \tag{7.98}$$

Notemos, además, que podemos reescribir la expresión del ejercicio 7.2 como la expresión de la constante de equilibrio de una reacción

$$2\,(01) \rightleftharpoons (11) + (00), \tag{7.99}$$

$$\frac{N_{11}^* N_{00}^*}{2N_{01}^{*2}} = \frac{e^{-\beta\omega}}{4}. \tag{7.100}$$

El potencial químico se puede calcular a partir de la función de partición como:

$$\ln Z_N = N\ln q e^{-\beta\omega} + \ln\left[g \cdot e^{\frac{\beta}{2}\omega N_{01}^*}\right], \tag{7.101}$$

$$-\beta\mu = \left(\frac{\partial \ln Z_N}{\partial N}\right)_{T,M} = \ln q \cdot e^{-\beta\omega} + \left(\frac{\partial \ln g}{\partial N}\right)_{N_{01}^*,T,M}. \tag{7.102}$$

Luego,

$$y = \lambda q e^{-\omega k_B T}; \quad y = \frac{\beta - 1 + 2\theta}{\beta + 1 - 2\theta} \tag{7.103}$$

Este modelo ha sido resuelto analíticamente para dimensión $D > 1$ únicamente en el caso $D = 2$ y para $N = \frac{M}{2}$. En general, al igual que en otros problemas de N cuerpos acoplados, hemos de acudir a aproximaciones para tratar el sistema. La aproximación de Bragg-Williams es posiblemente la más simple de todas ellas y es el equivalente al modelo de campo medio de van der Waals en la teoría de gases imperfectos y líquidos. En esta aproximación el cálculo de la degeneración configuracional y de la energía promedio derivada de las interacciones entre vecinos próximos se manejan de manera que se supone una distribución aleatoria de moléculas en los sitios (de adsorción, en este caso). En este supuesto la aproximación de campo medio implica que

$$Z_N\,(N, M, T) = \sum_{N_{01}} g\,(N, M, N_{01})\, q^N e^{-\beta N_{11}\omega}$$

$$\simeq \sum_{N_{01}} g\,(N, M, N_{01})\, q^N e^{-\beta \bar{N}_{11}\omega}, \tag{7.104}$$

donde se supone que todas las configuraciones con la misma N tienen el mismo número promedio de pares en interacción $(\bar{N}_{11})$. Así:

$$Z_N\,(N, M, T) = e^{-\beta \bar{N}_{11}\omega} q^N \sum_{N_{01}} g\,(N, M, N_{01})$$

$$= \frac{M!}{N!\,(M-N)!} q^N e^{-\beta \bar{N}_{11}\omega}. \tag{7.105}$$

Naturalmente, si tenemos una distribución aleatoria de partículas adsorbidas en la red,

$$\bar{N}_{11} = \frac{ZN}{2M}N = \frac{zN^2}{2M} \Rightarrow$$

$$zN(N, M, T) = \frac{M!}{N!\,(M-N)!}q^N e^{-\beta\frac{z\bar{N}^2}{2M}\omega}. \tag{7.106}$$

Fijémonos que este resultado es idéntico al obtenido para la energía de interacción al caso de gas de van der Waals $\left(\frac{aN^2}{V}\right)$, por lo que podemos decir que,

$$\frac{z\bar{N}}{2M}\omega,$$

es la energía asociada a un campo efectivo creado por todo el sistema sobre cada partícula adsorbida en el polímero. Consecuentemente,

$$\ln Z_N = -\beta F = M\ln M - N\ln N - (M-N)\ln(M-N) + N\ln q - \frac{cN^2\omega}{2Mk_BT}, \tag{7.107}$$

$$S = \ln Z_N + \tau\left(\frac{\partial\ln Z_N}{\partial T}\right)_{N,M} = \ln\left(\frac{M!}{N!\,(M-N)!}\right) + N\left(\ln q + \tau\frac{d\ln q}{d\tau}\right), \tag{7.108}$$

$$\beta\Phi = \left(\frac{\partial\ln Q}{\partial M}\right)_{N,T} = \frac{z\omega\theta^2}{2k_BT} - \ln(1-\theta), \tag{7.109}$$

$$\beta\mu = -\left(\frac{\partial\ln Z_N}{\partial N}\right)_{M,T} = \ln\theta\frac{e^{\frac{\omega z\theta}{k_BT}}}{(1-\theta)\,q}. \tag{7.110}$$

Así pues,

$$\theta = \frac{qe^{\beta\mu}e^{\beta\mu z\theta}}{1 + qe^{\beta\mu}e^{\beta\mu z\theta}}. \tag{7.111}$$

7.3.5. Teoría de Flory-Huggins

Esta teoría es una generalización directa de la teoría de Bragg-Williams para soluciones binarias. Esta última es apropiada para moléculas de aproximadamente el mismo tamaño, algo que no se cumple en absoluto en el caso de una disolución polimérica. Por lo demás, salvo esta asimetría, la hipótesis de mezcla aleatoria en una red se mantiene. Analicemos en primer lugar la teoría de Bragg-Williams para una disolución binaria convencional. Consideremos una disolución incompresible con N_A moléculas de tipo A y N_B moléculas de tipo B que llenan el conjunto de celdas de manera tal que no tenemos sitios vacantes, $N_A + N_B = M$. De la misma manera que escribimos la función de partición del gas de red, podemos escribir la función de partición de la disolución como

$$Z(N_A, N_B, T) = q_A^{N_A}(\tau)\,q_B^{N_B}(\tau)\sum_{N_{AB}} g(N_A, N_A + N_B, N_{AB})\,e^{-\beta W}, \tag{7.112}$$

donde:

$$W = N_{AA}\omega_{AA} + N_{BB}\omega_{BB} + N_{AB}\omega_{AB}. \tag{7.113}$$

Conocidos N_A y N_B, N_{AB} determina completamente el microestado, ya que

$$zN_A = 2N_{AA} + N_{AB}, \tag{7.114}$$

$$zN_B = 2N_{BB} + N_{AB}. \tag{7.115}$$

Definiendo $\omega = \omega_{AA} + \omega_{BB} - 2\omega_{AB}$ tenemos:

$$W = -\frac{\omega}{2}N_{AB} + z\frac{N_A}{2}\omega_{AA} + z\frac{N_B}{2}\omega_{BB}, \tag{7.116}$$

con lo que:

$$Z\left(N_A, N_B, T\right) = \left(q_A e^{-\beta z \frac{\omega_{AA}}{2}}\right)^{N_A} \left(q_B e^{-\beta z \frac{\omega_{BB}}{2}}\right)^{N_{BB}} \sum_{N_{AB}} g e^{\frac{\beta}{2}\omega N_{AB}}. \tag{7.117}$$

El siguiente paso en la aproximación de Bragg-Williams, en la cual las moléculas se suponen distribuidas en el retículo de manera aleatoria, a pesar de las interacciones moleculares es substituir el número de pares AB y la energía de interacción por su valor medio, de modo que

$$E \to E_{eff} = \bar{N}_{AB}\omega, \tag{7.118}$$

$$\bar{N}_{AB} = z\frac{N_A N_B}{M}. \tag{7.119}$$

Luego:

$$
\begin{aligned}
Z\left(N_A, N_B, T\right) &= \left(q_A e^{-\beta z \omega_{AA}/2}\right)^{N_A} \left(q_B e^{-\beta z \omega_{BB}/2}\right)^{N_{BB}} e^{\frac{\beta}{2}\omega \bar{N}_{AB}} \sum_{N_{AB}} g(N_A, N_B, N_{AB}) \\
&= \left(q_A e^{-\beta z \omega_{AA}/2}\right)^{N_A} \left(q_B e^{-\beta z \omega_{BB}/2}\right)^{N_{BB}} e^{\frac{\beta}{2}\omega \bar{N}_{AB}} \frac{(N_A + N_B)!}{N_A! N_B!}.
\end{aligned}
\tag{7.120}
$$

Por lo tanto el potencial químico de la disolución es

$$\beta\mu_A = -\left(\frac{\partial \ln Z}{\partial N_A}\right)_{N_B, T} = \ln x = \ln q_A e^{\frac{-\beta}{2} z \omega_{AA}} - \frac{z\omega\left(1 - x_A\right)^2}{2k_B T}, \tag{7.121}$$

donde x_i representa la fracción molar de la especie i-ésima de la mezcla.

Volvamos ahora a la teoría de Flory-Huggins. En una disolución polimérica, debido a la gran asimetría de tamaño, x_i no es una variable adecuada y es preferible usar la fracción de volumen del componente i-ésimo

$$\varphi_1 = \frac{N_1}{N_1 + MN_2}, \tag{7.122}$$

$$\varphi_2 = \frac{MN_2}{N_1 + MN_2}, \tag{7.123}$$

donde ahora M representa el número de celdas en que dividimos la disolución. Evaluemos en primer lugar la entropía de la mezcla aleatoria del disolvente y de la cadena polimérica. En este caso la aproximación de Bragg-Williams conduce a:

$$\frac{\Delta S_m}{k_B} = -N_1 \ln \varphi_1 - N_2 \ln \varphi_2, \tag{7.124}$$

y por otro lado, a partir de la Ec. (7.120) se obtiene trivialmente

$$\Delta E_m = -c\frac{M_0 \varphi_1 \varphi_2 \omega}{2} = \chi M_0 \varphi_1 \varphi_2, \tag{7.125}$$

por lo que,

$$\Delta F_m = \Delta E_m - T\Delta S_m = N_1 \ln \varphi_1 + N_2 \ln \varphi_2 + \chi M_0 \varphi_1 \varphi_2. \tag{7.126}$$

7.3.6. Aproximación cuasiquímica

La esencia de esta aproximación consiste en suponer que los pares de vecinos más próximos pueden tratarse como independientes, aunque obviamente están correlacionados pues se superponen. A partir de esta aproximación se puede evaluar la función $g(N, M, N_{01})$ de degeneración. Obviamente, el número total de pares del sistema formado por N partículas en una red total de M posiciones es:

$$N_{11} = \frac{zN}{2} - \frac{N_{01}}{2}; \quad N_{01} = N_{10} \quad N_{00} = z\frac{(M-N)}{2} - \frac{N_{01}}{2}. \tag{7.127}$$

El número de formas de tomar pares de las cuatro categorías anteriores es:

$$\omega(N, M, N_{01}) = \frac{\left(\frac{zM}{2}\right)!}{N_{11}! \, (N_{01}!)^2 \, N_{00}!}. \tag{7.128}$$

Normalizando

$$g(N, M, N_{01}) = c(N, M)\,\omega(N, M, N_{01}),$$

$$\sum_{N_{01}} g = \frac{M!}{N!\,(M-N)!} = c(N, M) \sum_{N_{01}} \omega(N, M, N_{01}). \tag{7.129}$$

Aproximando la suma anterior por su valor máximo

$$\frac{\partial \ln \omega(N, M, N_{01}^*)}{\partial N_{01}} = 0 \Rightarrow \frac{N_{01}^*}{2} = \frac{N(M-N)}{2M}, \tag{7.130}$$

por lo que

$$\omega(N, M, N_{01}^*) = \left[\frac{M!}{N!\,(M-N)!}\right]^z, \tag{7.131}$$

y por tanto

$$c(N, M) = \left[\frac{M!}{N!\,(M-N)!}\right]^{1-Z}. \tag{7.132}$$

7.3.7. Modelo de Ising en la aproximación de campo medio

Trataremos ahora este influyente modelo reticular de magnetismo. Este modelo fue propuesto como tema de tesis a Ernst Ising por Wilhelm Lenz para probar la transición de fase ferromagnética en una dimensión, aunque lo que demostró fue su no existencia en una dimensión (resultado que hoy sabemos correcto), lo que le llevó a una profunda desmoralización y a abandonar la física estadística. Aunque un tratamiento exacto de este modelo lo veremos en el capítulo siguiente, en este punto introduciremos la solución de campo medio de un sistema formado por una red de momentos magnéticos μ asociados al espín $s = \pm 1$ de los iones, acoplados a sus vecinos más próximos mediante una interacción J_{ij}. El hamiltoniano de este sistema en un campo magnético externo B es el denominado modelo de Ising:

$$H = -\sum_{(i,j)} J_{ij} s_i s_j - \mu B \sum_{i=1}^{N} s_i, \qquad (7.133)$$

donde la suma se extiende a los vecinos más próximos (i,j) y cada término se considera una sola vez. La energía media de una determinada configuración de los espines es, entonces:

$$E_l = -\sum_{(i,j)} J_{ij} s_i s_j - \mu B \sum_{i=1}^{N} s_i, \qquad (7.134)$$

de tal modo que la energía del espín i-ésimo en esta configuración es:

$$E(s_i) = -s_i \sum_{(j/in.n.)} J_{ij} s_j - \mu B s_i, \qquad (7.135)$$

donde la suma se extiende a los vecinos más próximos de i. Si promediamos el entorno de ese spin (sustituyendo $s_i \to \langle s_i \rangle$) en lo que constituye el núcleo de la aproximación de campo medio, tenemos:

$$
\begin{aligned}
E_{cm}(s_i) &= -s_i \sum_{(j/in.n.)} J_{ij} \langle s_j \rangle - \mu B s_i = -h_{cm} s_i, \\
h_{cm} &= \mu B + z J \langle m \rangle, \qquad (7.136)
\end{aligned}
$$

donde $\langle m \rangle = \langle s_i \rangle$, $\forall i$ es la magnetización media por espín. Naturalmente, en la Ec. (7.136) vemos que en la aproximación de campo medio el sistema se ha convertido en uno de espines independientes en el seno de un campo efectivo, por lo que:

$$
\begin{aligned}
Z_N &= z_1^N = 2\cosh^N(\beta h_{cm}), \\
\langle E \rangle &= -N \tanh(\beta h_{cm}), \\
\langle M \rangle &= N \tanh(\beta h_{cm}), \qquad (7.137)
\end{aligned}
$$

expresión esta de la magnetización que constituye la denominada ecuación de campo medio:

$$\langle m \rangle = \tanh\left[\beta(\mu B + zJ\langle m \rangle)\right], \tag{7.138}$$

que conduce a una magnetización espontánea (i.e., a $B = 0$) si $\beta z J \geq 1$, definiendo una temperatura crítica de transición a la fase ferromagnética $T_c = zJ/k_B$. Usando que $\tanh^{-1} x \simeq x + x^3/3$, a acoplamientos débiles ($\beta z J \ll k_B T$ la Ec. (7.136) toma la conocida forma:

$$\beta \mu B = \frac{T - T_c}{T}\langle m \rangle + \frac{1}{3}\langle m \rangle^3. \tag{7.139}$$

7.4. Ejercicios relacionados

Ejercicio 7.1:

Demuéstrese que (Hill (1986)):

$$g\left(N, M, N_{01}\right) = \frac{N!\,(M-N)!}{\left[N - \frac{N_{01}}{2}\right]!\,\left[M - N - \frac{N_{01}}{2}\right]!\,\left(\frac{N_{01}}{2}\right)!}. \tag{7.140}$$

Nótese que $\displaystyle\sum_{N_{01}} g\left(N, M, N_{01}\right) = \frac{M!}{N!\,(M-N)!} = \binom{M}{N}$.

Ejercicio 7.2:

Usando el método de suma por el término máximo, demuéstrese que

$$\frac{(\theta - \alpha)\,(1 - \theta - \alpha)}{\alpha^2} = e^{-\beta\omega}, \quad \theta = \frac{N}{M}; \quad \alpha = \frac{N_{01}^*}{2M}, \tag{7.141}$$

donde N_{01}^* es el valor del número de pares 01 que nos da el mayor valor de los sumandos de la función de partición canónica

Ejercicio 7.3:

Pruébese la expresión 7.103.

Ejercicio 7.4:

Demuéstrese que la isoterma de adsorción de la Ec. 7.111 (denominada isoterma de Frunkin) se obtiene a partir de la isoterma de Langmuir (véanse los problemas relacionados del capítulo 3) suponiendo que el campo externo que "ve" una partícula adsorbida es un potencial químico efectivo:

$$\mu_{eff} = \mu_0 + \lambda\theta = \mu_{id} + \lambda\theta, \tag{7.142}$$

con $\lambda = \omega z$.

Ejercicio 7.5:

Demuéstrese a partir de las ecuaciones de estado que la aproximación de Bragg-Williams (campo medio) predice una transición de fase en sistemas unidimensionales.

Ejercicio 7.6:

Estúdiese las propiedades termodinámicas en la teoría de Flory-Huggins del sistema ideal ($\omega = 0$), en el que las partículas tienen indiferencia por el tipo de par al que pertenecen.

Ejercicio 7.7:

Pruébese que, en la aproximación de Bragg-Williams, las propiedades de mezcla toman los valores

$$\Delta F_m = x_A \ln x_A + x_B \ln F_B - \frac{z\omega}{2k_BT} x_A x_B, \qquad (7.143)$$

$$\frac{\Delta S_m}{Mk_B} = -x_A \ln x_A - x_B \ln x_B, \qquad (7.144)$$

$$\frac{\Delta E_m}{Mk_BT} = -\frac{z\omega}{2k_BT} x_A x_B. \qquad (7.145)$$

Ejercicio 7.8:

Demuéstrense las expresiones 7.124-7.125 evaluando: (T.L. Hill p. 403)

$$\Delta S_m = k_B \ln \frac{\Omega(N_1, N_2)}{\Omega(0, N_2)}. \qquad (7.146)$$

Ejercicio 7.9:

Pruébese que en la aproximación cuasiquímica

$$y = \lambda q e^{-\frac{\beta z\omega}{2}} = \left(\frac{1-\theta}{\theta}\right)^{z-1} \left(\frac{\theta-\alpha}{1-\theta-\alpha}\right)^{\frac{z}{2}} \qquad (7.147)$$

teniendo en cuenta que $\alpha = \frac{N_{01}^*}{zM}$ y pruébese que la ecuación de estado es:

$$\frac{\Phi}{k_BT} = \ln\left\{ \left[\frac{(\beta+1)(1-\theta)}{\beta+1-2\theta}\right]^{\frac{z}{2}} \frac{1}{1-\theta} \right\}. \qquad (7.148)$$

7.5.   Lecturas complementarias

- Hill, T. L. (1986). *An introduction to statistical thermodynamics*. Courier Corporation.

Capítulo 8

Teoría de Ginzburg-Landau

8.1. Introducción

La aproximación de campo medio, aunque fundamentalmente proporciona una primera imagen de un fenómeno realista, desprecia las fluctuaciones de las magnitudes físicas correspondientes. Estas fluctuaciones son especialmente importantes en las inmediaciones de las transiciones de fase. Por ello, debemos introducir un método sistemático para tenerlas en cuenta. La teoría fenomenológica de Ginzburg y Landau proporciona este método general de tratamiento de transiciones de fase continuas, aunque en origen fue introducido para desarrollar una teoría fenomenológica de la superconductividad (1950).

La idea central de esta teoría es obtener el hamiltoniano $H_{GL}[\varphi]$ dependiente de uno o varios campos o variables de campo que controlan la probabilidad de una determinada configuración de estas variables aleatorias $[\varphi]$. Esto nos proporciona una teoría de campos efectiva (clásica) cuyos campos – $\varphi(\boldsymbol{r})$ en el formalismo continuo- representan promedios espaciales, definidos en dominios suficientemente grandes del parámetro (parámetros) de orden, que es una magnitud fluctuante. Este concepto de una teoría de campos efectiva que representa fluctuaciones "de grano grueso" (coarse-grained) promediadas sobre escalas características progresivamente mayores, es también la idea central de la teoría de grupo de renormalización de Wilson. La estrategia de Ginzburg y Landau fue desarrollar la energía libre "coarse-grained" efectiva $S[\varphi]$ de modo fenomenológico en las inmediaciones del punto crítico.

Comenzaremos construyendo la denominada aproximación de Landau en el caso del problema del ferromagnetismo en una situación reticular de sitio único, para luego generalizar los resultados a N sitios y, posteriormente, a un problema continuo, antes de construir la teoría de campos exacta. Finalmente, derivaremos el criterio de Ginzburg para evaluar la validez de la teoría de Landau tras analizar las transiciones de fase en el marco de esta última.

8.1.1. Transiciones de fase continuas: Puntos λ

Como hemos dicho, la teoría de Ginzburg-Landau fue especialmente diseñada para representar transiciones de fase de segundo orden con ruptura espontánea de simetría y variación continua de un parámetro de orden que adopta valores no nulos en la fase estable por debajo de la temperatura crítica y valores nulos por encima. Estudiemos el comportamiento de la energía libre y de las susceptibilidades termodinámicas en las inmediaciones de dicho punto crítico. En ausencia de campo externo aplicado que se acople al parámetro de orden y para un sistema con simetría bajo inversión del parámetro de orden ($\varphi \to -\varphi$) (e.g. sistemas ferromagnéticos a $\boldsymbol{B} = 0$), dicha energía será, en general, una función de la temperatura y del propio parámetro de orden, por lo que,

$$F(T, \boldsymbol{\varphi}) = F_0(T) + \frac{r_0(T)}{2!}\varphi^2 + \frac{u_0(T)}{4!}\varphi^4 + \ldots \tag{8.1}$$

con $u_0(T) > 0$ para garantizar la estabilidad termodinámica. Teniendo en cuenta que los extremos de la función anterior son

$$\left(\frac{\partial F(T, \varphi)}{\partial \varphi}\right)_T = 0 \Leftrightarrow \begin{cases} \varphi = 0 \\ \varphi = \pm\sqrt{-\frac{6r_0(T)}{u_0(T)}} \end{cases} \tag{8.2}$$

y que por encima de la temperatura crítica debemos tener un único mínimo a $\varphi = 0$ y por debajo uno no trivial, entonces $r_0(T)$ debe ser positiva por encima de la temperatura crítica (T_c) y negativa por debajo. Esto se verifica trivialmente si $r_0(T) = r_0(T - T_c)$. Con estos parámetros la energía libre es:

$$\begin{aligned} (T > T_c) \quad F(T) &= F_0(T), \\ (T < T_c) \quad F(T) &= F_0(T) - \frac{3}{2}\frac{r_0^2(T - T_c)^2}{u_0}, \end{aligned} \tag{8.3}$$

que muestra el comportamiento de la Fig. 8.2.

Estamos ahora en condiciones de analizar las diferentes magnitudes termodinámicas del sistema en la región crítica. En particular, la capacidad calorífica del sistema será:

$$\begin{aligned} C &= -T\frac{\partial^2 F(T, \varphi)}{\partial T^2} \simeq -T_c\frac{\partial^2 F(T, \varphi)}{\partial T^2}, \\ C_> &= -T_c\frac{\partial^2 F_0(T, \varphi)}{\partial T^2}, \\ C_< &= -T_c\frac{\partial^2 F_0(T, \varphi)}{\partial T^2} + T_c\frac{3r_0^2}{u_0}, \end{aligned} \tag{8.4}$$

donde hemos supuesto que, dado que, en general, $u_0(T)$ varía lentamente, en la región crítica, $u_0(T) \simeq u_0$. Así pues, en $T = T_c$ se produce un salto en la capacidad calorífica,

$$\Delta C = 3T_c\frac{r_0^2}{u_0}, \tag{8.5}$$

de acuerdo con las observaciones experimentales (Fig. 8.1).

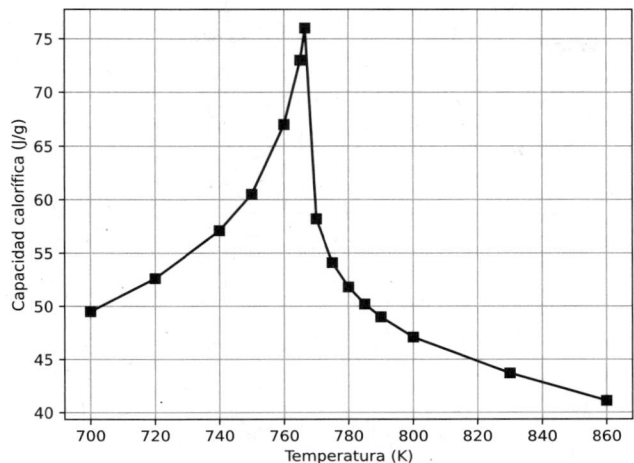

Figura 8.1: Dependencia en la temperatura de la capacidad calorífica del α-Fe, datos procedentes de Kohlhaas et al. (1966).

8.2. Hamiltoniano de Ginzburg-Landau y aproximación de Landau

8.2.1. Caso de un solo sitio: Magnetismo en un sistema reticular

Para construir el nuevo hamiltoniano $H_{GL}[\varphi] \equiv H[\varphi]$, $\varphi = \langle M \rangle$, se usan argumentos fenomenológicos que permitan reproducir la ecuación de campo medio

$$\beta \mu B = \langle M \rangle \left(\frac{T - T_c}{T} \right) + \frac{1}{3} \langle M \rangle^3 , \tag{8.6}$$

preservando determinadas propiedades de simetría del modelo de Ising. Así, es lógico pensar que $H(\varphi)$ adopte una forma polinómica y que los términos φ^n, con n impar, se anulen, dado que de lo contrario no recuperaríamos la simetría $H(\varphi) = H(-\varphi)$ asociada a la invariancia del modelo de Ising bajo la transformación $S_i \to -S_i$. Luego, al orden más bajo (no trivial) en φ, correspondiente a una expansión en torno al punto crítico de $H(\varphi)$ obtenemos:

$$H(\varphi) = \frac{1}{2!} r_0 \varphi^2 + \frac{1}{4!} u_0 \varphi^4 . \tag{8.7}$$

Este hamiltoniano permite, como puede verse, en la Fig. 8.2, descubrir dos fases de simetrías diferentes y, por tanto, un proceso espontáneo de ruptura de simetría que tendrá lugar en el sistema en determinadas condiciones.

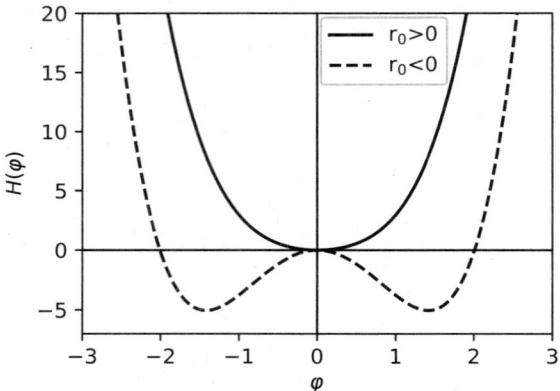

Figura 8.2: Comportamiento hamiltoniano con rotura de simetría

Añadiendo un término de acoplamiento del campo (parámetro de orden) con un campo externo, $-B\varphi$, se obtiene finalmente,

$$H_B(\varphi) = \frac{1}{2!}r_0\varphi^2 + \frac{1}{4!}u_0\varphi^4 - B\varphi = H(\varphi) - B\varphi, \tag{8.8}$$

lo que conduce a una función de partición:

$$Z = \sum_{\{\varphi_i\}} e^{-\beta E\{\varphi_i\}} \equiv \int d\varphi e^{\beta H_B(\varphi)} = \int d\varphi e^{\beta[H(\varphi)-B\varphi]}. \tag{8.9}$$

Como advierte Le Bellac, al movernos en las inmediaciones del punto crítico, $T \simeq T_c$ y por lo tanto es poible sustituir β_c en la definición de H.
La aproximación de Landau consiste en utilizar el método de Laplace (*steepest descent, saddle point approximation*) y reemplazar la integral en (8.9) por el valor en el máximo del integrando:

$$Z \simeq e^{-\beta[H(\varphi_0)-B\varphi_0]}, \tag{8.10}$$

$$\varphi_0/H'(\varphi_0) = B. \tag{8.11}$$

A partir de la función de partición (8.11) se puede, claro está, obtener toda la termodinámica del sistema. Centrándose esencialmente en el propio parámetro de orden $\varphi_0 \equiv <M>$, la energía libre de Helmholtz del sistema es:

$$F = -k_B T \log Z = H(\varphi_0) - B\varphi_0. \tag{8.12}$$

Teniendo en cuenta que $F = F(S, B)$, tenemos :

$$\langle M \rangle = -\frac{\partial F}{\partial B} = H'(\varphi_0)\frac{\partial \varphi_0}{\partial B} + \varphi_0 + B\frac{\partial \varphi_0}{\partial B}, \tag{8.13}$$

y usando (8.11) tenemos, $\langle M \rangle = \varphi_o$. Por otro lado, la energía libre de Gibbs es la transformada de Legendre de la energía libre de Helmholtz respecto al campo magnético,

$$G = G(S, <M>) = F + <M> B, \tag{8.14}$$

$$dG = -SdT + Bd<M> \Rightarrow B = \left(\frac{\partial G}{\partial \langle M \rangle} \right)_T. \tag{8.15}$$

Así pues, dado que

$$G = H(\varphi_0) - B\varphi_0 + B\varphi_0 = H(\varphi_0), \tag{8.16}$$

entonces:

$$B = \frac{\partial G}{\partial \langle M \rangle} = H'(\langle M \rangle) = r_0 \langle M \rangle + \frac{1}{3!} u_0 \langle M \rangle^3, \tag{8.17}$$

recuperando la ecuación de campo medio siempre que r_0 se anule a una determinada temperatura T_0, lo que puede garantizarse imponiendo la condición $r_0 = \tilde{r}_0 (T - T_0)$. Luego, la aproximación de Landau es equivalente a la de campo medio, que implica que ignora las fluctuaciones y sustituye toda la complejidad campo por su valor promediado $\varphi \to \varphi_0 \equiv \langle M \rangle$.

8.2.2. Generalización a N sitios

A cada sitio $\boldsymbol{x_i}$ se le asigna un campo $\varphi(\boldsymbol{x_i}) \equiv \varphi_i$ [1] y es posible introducir acoplamiento entre spines/campos/parámetros de orden en posiciones contiguas $\varphi(\boldsymbol{x_i} + \boldsymbol{\mu})$, donde $\boldsymbol{\mu}$ recorre los sitios de los vecinos más próximos al campo spin i-ésimo. Así, la interacción entre spines puede describirse como:

$$-\sum_i \varphi(\boldsymbol{x_i} + \boldsymbol{\mu})\varphi(\boldsymbol{x_i}) = \frac{1}{2} \sum_i [\varphi(\boldsymbol{x_i} + \boldsymbol{\mu}) - \varphi(\boldsymbol{x_i})]^2 - \sum_i \varphi(\boldsymbol{x_i})^2. \tag{8.18}$$

Teniendo en cuenta que el último término contribuye con una cantidad que equivale a una redefinición $r_0(T)$, podemos considerar únicamente el primer término del miembro de la derecha de la relación anterior y escribir la interacción como (siendo $a \equiv$ la distancia de red):

$$\frac{1}{a^2} \sum_{i,\boldsymbol{\mu}} [\varphi(\boldsymbol{x_i} + \boldsymbol{\mu}) - \varphi(\boldsymbol{x_i})]^2 := \sum_i [\nabla\varphi(\boldsymbol{x_i})]^2, \tag{8.19}$$

donde hemos definido el gradiente discreto del campo $\varphi(\boldsymbol{x_i})$. Siguiendo las líneas de razonamiento anteriores, podemos escribir el hamiltoniano de Ginzburg-Landau como:

$$H_{GL}[\varphi(\boldsymbol{x_i})] = a^D \sum_{i=1}^{N} \left\{ \frac{1}{2} [\nabla\varphi(\boldsymbol{x_i})]^2 + \frac{1}{2} r_0(T)\varphi(\boldsymbol{x_i})^2 + \frac{1}{4!} u_0 \varphi(\boldsymbol{x_i})^4 \right\}. \tag{8.20}$$

---

[1] A diferencia de la teoría de Landau que supone que el parámetro de orden es constante en todo el sistema, la teoría de Ginzburg-Landau supone que es un campo $\varphi(\boldsymbol{x_i})$ con una longitud característica mucho mayor que cualquier dimensión atómica.

Como vemos, el término $[\nabla\varphi(\boldsymbol{x_i})]^2$ representa la interacción entre vecinos próximos en la expansión de Ginzburg-Landau. Al igual que en el caso de un sistema con un único spin, la función de partición es:

$$Z = \int \prod_{i=1}^{N} d\varphi_i e^{-\beta H_{GL}[\varphi(\boldsymbol{x_i})]}. \tag{8.21}$$

8.2.3. Formulación continua

El cálculo de la función de partición en la Ec. (8.21) está definido en un conjunto discreto de nodos. En el caso un campo que varía de manera continua en el espacio D dimensional ocupado por el sistema físico,

$$\boldsymbol{x_i} \to \boldsymbol{x}; \varphi(\boldsymbol{x_i}) \to \varphi(\boldsymbol{x}) \tag{8.22}$$

$$a^D \sum_i \to \int d\boldsymbol{x} \tag{8.23}$$

Así pues:

$$H_{GL}[\varphi(\boldsymbol{x_i})] = \int d\boldsymbol{x} \left\{ \frac{1}{2}[\nabla\varphi]^2 + \frac{1}{2}r_0(T)\varphi^2 + \frac{1}{4!}u_0\varphi^4 \right\}, \tag{8.24}$$

que se conoce como hamiltoniano de Ginzburg-Landau, aunque fue introducido por Landau con anterioridad a la publicación del ya clásico artículo de Ginzburg y Landau en 1950. De esta forma, podemos escribir la función de partición como la integral funcional[2]

$$
\begin{aligned}
Z &= \int D\varphi(x)e^{-H_{GL}[\varphi(\boldsymbol{x})]} \\
&= \int D\varphi(x)\exp\left\{ -\int d\boldsymbol{x}\left\{ \frac{1}{2}[\nabla\varphi]^2 + \frac{1}{2}r_0(T)\varphi^2 + \frac{1}{4!}u_0\varphi^4 \right\} \right\},
\end{aligned} \tag{8.25}
$$

donde[3]

$$D\varphi(x) \sim \lim_{a\to 0} N(a) \prod_{i=1}^{N} d\varphi_i, \tag{8.26}$$

es la medida de integración de la integral funcional. Evitaremos en esta obra las sutilezas de una definición matemática rigurosa de esta integral funcional[4] y simplemente diremos que equivale a la suma de todas las posibles configuraciones del campo $\varphi(\boldsymbol{x})$.

Funciones de correlación

Obtengamos ahora la correlación del parámetro de orden en diferentes puntos de la muestra usando la derivada funcional

$$G(\boldsymbol{x}, \boldsymbol{y}) = \frac{\delta M(\boldsymbol{x})}{\delta B(\boldsymbol{y})}. \tag{8.27}$$

---

[2]Se incluye $\beta \approx \beta_c$ en la definición de H_{GL}
[3]Le Bellac (1992), p.47
[4]Remitimos al lector a Le Bellac (1992) y a textos más especializados

Calculando el campo magnético a partir de la expresión (8.14) de la energía libre de Gibbs, y de (8.20)

$$\boldsymbol{B}(\boldsymbol{x}) = \frac{\delta G\left[M(\boldsymbol{x})\right]}{\delta M(\boldsymbol{x})} = -\bigtriangledown^2 M + r_0(T)M + \frac{u_0}{6}M^3, \tag{8.28}$$

y diferenciando con respecto a $B(\boldsymbol{y})$,

$$-\bigtriangledown_x^2 \left(\frac{\delta M(\boldsymbol{x})}{\delta B(\boldsymbol{y})}\right) + r_0(T)\frac{\delta M(\boldsymbol{x})}{\delta B(\boldsymbol{y})} + \frac{u_0}{6}3M^2\frac{\delta M(\boldsymbol{x})}{\delta B(\boldsymbol{y})} = \frac{\delta B(\boldsymbol{x})}{\delta B(\boldsymbol{y})}, \tag{8.29}$$

o, equivalentemente,

$$\left(-\bigtriangledown_x^2 + r_0(T) + \frac{u_0}{2}M^2\right)G(\boldsymbol{x}, \boldsymbol{y}) = \delta(\boldsymbol{x} - \boldsymbol{y}). \tag{8.30}$$

Transformando por Fourier la ecuación anterior:

$$\left(k^2 + r_0(T) + \frac{u_0}{2}M^2\right)\hat{G}(\boldsymbol{k}) = 1 \tag{8.31}$$

es posible obtener la función de correlación en el espacio real

$$G(\boldsymbol{k}) = \int \frac{d\boldsymbol{x}}{(2\pi)^D}\frac{e^{-i\boldsymbol{k}\boldsymbol{x}}}{k^2 + r_0(T) + \frac{u_0}{2}M^2}. \tag{8.32}$$

Expresando $G(\boldsymbol{k})$ como:

$$G(\boldsymbol{k}) = \frac{1}{q^{2-\eta}}f(q\xi), \tag{8.33}$$

donde ξ es la longitud de correlación $\xi \sim |T - T_c|^{\nu}$, cuyos exponentes críticos a $T > T_c$ y $T < T_c$ en la aproximación de Landau son $\eta = 0$, $\nu = 1/2$, que son los denominados valores clásicos de los exponentes críticos (ver ejercicio 8.3). Tal

Exp	Landau	D=2 (Exacta)	D=3 (Numérica)
η	0	0,25	$0,0375 \pm 0,0025$
ν	1/2	1	$0,6305 \pm 0,0015$

Tabla 8.1: Tabla de exponentes críticos, Le Bellac (1992)

y como podemos ver en la tabla 8.1, la predicción de los exponentes críticos de Landau mejora con la dimensionalidad del espacio. La diferencia es debida a fluctuaciones ignoradas en estos formalismos.

8.2.4. Teoría exacta de campo efectivo

Los resultados anteriores pueden recuperarse de un modo más formal como desarrollo de la acción efectiva exacta. Construyamos esta acción para el modelo de Ising. En este modelo podemos escribir la función de partición de forma matricial como:

$$Z = \sum_{\{Si\}}\exp\left\{\frac{\beta}{2}\sum_{ij}J_{ij}S_iS_j + \beta B\sum_i S_i\right\} = \sum_{\{S_i\}}e^{\frac{1}{2}\boldsymbol{S}^T J\boldsymbol{S} + \boldsymbol{h}^T\boldsymbol{S}}, \tag{8.34}$$

que puede reexpresarse como,

$$Z = \frac{\prod_{i=1}^{N} \int_{-\infty}^{\infty} \frac{dn_i}{\sqrt{2\pi}} e^{-\frac{1}{2}\boldsymbol{x}^T J^{-1}\boldsymbol{x}} \sum_{\{S_i\}} e^{(\boldsymbol{B}+\boldsymbol{x})^T \boldsymbol{s}}}{\prod_{i=1}^{N} \int_{-\infty}^{\infty} \frac{dn_i}{\sqrt{2\pi}} e^{-\frac{1}{2}\boldsymbol{x}^T J^{-1}\boldsymbol{x}}}, \tag{8.35}$$

donde hemos utilizado la desigualdad de Hubbard-Stratonovich,

$$e^{\frac{1}{2}\boldsymbol{S}^T J \boldsymbol{S}} = \frac{\prod_{i=1}^{N} \int_{-\infty}^{\infty} \frac{dx_i}{\sqrt{2\pi}} e^{-\frac{1}{2}\boldsymbol{x}^T J^{-1}\boldsymbol{x}+\boldsymbol{x}^T \boldsymbol{S}}}{\prod_{i=1}^{N} \int_{-\infty}^{\infty} \frac{dx_i}{\sqrt{2\pi}} e^{-\frac{1}{2}\boldsymbol{x}^T J^{-1}\boldsymbol{x}}}. \tag{8.36}$$

Definiendo

$$\int D[x] = \prod_{i=1}^{N} \int_{-\infty}^{\infty} \frac{dx_i}{\sqrt{2\pi}}, \tag{8.37}$$

y teniendo en cuenta que

$$\sum_{\{S_i\}} e^{(\boldsymbol{h}+\boldsymbol{x})^T \boldsymbol{S}} = \prod_{i=1}^{N} \sum_{S_i=\pm 1} e^{(\beta B+x_i)S_i} = \prod_{i=1}^{N} 2\cosh(\beta B + x_i)$$

$$= \exp\left\{\sum_{i=1}^{N} \ln\left[2\cosh(\beta B + x_i)\right]\right\}. \tag{8.38}$$

Así pues, la función de partición del modelo de Ising podemos escribirla como:

$$Z = \frac{\int D[x] e^{-S[x]}}{\int D[x] e^{-\frac{1}{2}\boldsymbol{x}^T J^{-1}\boldsymbol{x}}} = \frac{1}{\sqrt{\det J}} \int D[x] e^{-S[x]}, \tag{8.39}$$

donde la acción efectiva:

$$S[x] = \frac{1}{2}\boldsymbol{x}^T J^{-1}\boldsymbol{x} - \sum_{i=1}^{N} \ln[2\cosh(\beta B + x_i)]. \tag{8.40}$$

Entonces, definiendo el campo $\boldsymbol{\varphi} = J^{-1}\boldsymbol{x}$, cuyo valor medio es:

$$\langle\boldsymbol{\varphi}\rangle = \langle J^{-1}\boldsymbol{x}\rangle = J^{-1}J\langle\boldsymbol{S}\rangle = \langle\boldsymbol{S}\rangle \equiv \boldsymbol{M}, \tag{8.41}$$

y sustituyendo en la expresión (8.39) para la función de partición tenemos:

$$Z = \frac{\int D[\varphi] e^{-S[\varphi]}}{\int D[\varphi] e^{-\frac{1}{2}\boldsymbol{\varphi}^T J^{-1}\boldsymbol{\varphi}}} = \sqrt{\det J} \int D[\varphi] e^{-S[\varphi]}, \tag{8.42}$$

cuya acción efectiva $S[\varphi] \equiv S[x] \to J\varphi$ es:

$$S[\varphi] = \frac{\beta}{2}\sum_{ij} J_{ij}\varphi_i\varphi_j - \sum_{i=1}^{N} N \ln\left[2\cosh\left[\beta\left(B + \sum_{i=1}^{N} J_{ij}\varphi_i\right)\right]\right]. \tag{8.43}$$

Esta integral funcional ($N \to \infty$) con una acción efectiva $S[\varphi]$ define una teoría de campos efectiva clásica para las fluctuaciones del parámetro de orden del modelo de Ising, cuyos campos son los $\boldsymbol{\varphi} = \{\varphi_i\}$.

Expansión de la acción efectiva: teoría φ^4

La acción efectiva en (8.43) es formalmente exacta, pero también muy complicada de resolver la (8.42) con ella. Supongamos que esta integral está dominada por valores de φ muy pequeños, lo que sucede en las inmediaciones del punto crítico, donde la magnetización es pequeña. Reteniendo únicamente términos hasta el cuarto orden en la expansión de $S[\varphi]$ en potencias del parámetro de orden, obtenemos:

$$
S[\varphi] = -N\ln 2 + \frac{\beta}{2}\sum_{ij} J_{ij}\varphi_i\varphi_j - \frac{\beta^2}{2}\sum_i \left[B + \sum_j J_{ij}\varphi_j \right]^2
$$

$$
+ \frac{\beta^4}{12}\sum_i \left[B - \sum_j J_{ij}\varphi_j \right]^4 + \vartheta(\varphi_i^6).
$$

(8.44)

Transformando por Fourier la expansión anterior tenemos: [5]

$$
S[\varphi] = -N\ln 2 - \beta^2 J(0)\sqrt{N}\varphi(0) + \frac{\beta}{2}\sum_k J_k(1-\beta J_k)\varphi(-k)\varphi(k)
$$

$$
+ \frac{\beta^4}{12N}\sum_{k_1,k_2,k_3,k_4} \delta(k_1+k_2+k_3+k_4)J(k_1)J(k_2)J(k_3)J(k_4)\varphi(k_1)\varphi(k_2)\varphi(k_3)\varphi(k_4)
$$

$$
+ \vartheta(\varphi^6, h^2, h\varphi_i^3).
$$

(8.45)

La cual puede escribirse en las inmediaciones del punto crítico como (ver ejercicio 8.5)

$$
S_{\Lambda_0}[\varphi] = Vf_0 - h_0\varphi(0) + \frac{1}{2}\int (r_0 + c_0 k^2)\varphi(-k)\varphi(k)
$$

$$
+ \frac{u_0}{4!}\int dk_1...dk_4 (2\pi)^D \delta(k_1+k_2+k_3+k_4)\varphi(k_1)\varphi(k_2)\varphi(k_3)\varphi(k_4),
$$

(8.46)

donde se entiende que las integrales tienen un cut-off ultravioleta $k < k_c$ Esta acción describe las fluctuaciones de longitud de onda larga del parámetro de orden del modelo de Ising D-dimensional, y se conoce como acción de Ginzburg-Landau-Wilson. Su expresión en el espacio real puede obtenerse de manera directa como:

$$
S_{\Lambda_0}[\varphi] = \int dr \left[f_0 + \frac{r_0}{2}\varphi^2(r) + \frac{c_0}{2}\left[\nabla\varphi(r) \right]^2 - h_0\varphi(r) \right].
$$

(8.47)

La densidad de probabilidad de observar una configuración del campo (parámetro de orden) $\varphi(r)$ es proporcional a $\exp[S_{\Lambda_0}[\varphi]]$, por lo que lo que la

---

[5] $\varphi(k) = \frac{1}{\sqrt{N}}\sum_k e^{ikr_i}\varphi(r)$, donde se realiza la suma de las k de la primera zona de Brillouin

función de partición está dada por la suma de esta contribución a todas las posibles configuraciones de dicho campo (8.43). Evaluemos ahora, con el fin de recuperar los resultados de campo medio, la integral funcional (8.43) en la aproximación de Laplace (*saddle point approximation*). Esto consiste en reemplazar la integral funcional por su valor en la configuración del campo constante φ_0 que minimiza la acción, $S_{\Lambda_0}[\varphi]$. Pasando a un campo homogéneo:[6]

$$Z \simeq \int_{-\infty}^{\infty} \frac{d\varphi}{\sqrt{2\pi}} e^{S_{\Lambda_0}[\varphi]}$$
$$S_{\Lambda_0}[\varphi] = V \left[f_0 + \frac{r_0}{2}\varphi^2 + \frac{u_0}{4!}\varphi^4 - h\varphi \right]. \tag{8.48}$$

Minimizando esta acción

$$\left(\frac{\partial S_{\Lambda_0}[\varphi]}{\partial \varphi} \right)_{\varphi_0} = r_0\varphi_0^2 + \frac{u_0}{6}\varphi_0^3 - h = 0, \tag{8.49}$$

que es el resultado de campo medio. En suma, la aproximación de Landau o campo medio puede obtenerse a partir de una teoría funcional ignorando las fluctuaciones espaciales del parámetro de orden. La aproximación del punto de silla (*saddle point*) es equivalente a la ecuación de campo medio.

Criterio de Ginzburg

Obtengamos las condiciones de validez de la aproximación de Landau. Esta será valida cuando las fluctuaciones del parámetro de orden sean despreciables frente a su valor medio. En el lenguaje de la magnetización que venimos utilizando esto implica que:

$$\frac{\langle (\triangle M)^2 \rangle}{\langle M \rangle^2} = \frac{S_M^2}{\langle M \rangle^2} << 1. \tag{8.50}$$

Usando la ecuación de campo medio (8.49) con $\varphi_0 = M = \frac{\mu}{V}$, tendremos, para B=0:

$$B = 0 = r_0 \frac{\mu}{V} + \frac{1}{3!}u_0 \left(\frac{\mu}{V} \right)^3 \Rightarrow \mu^2 = -\frac{6r_0}{u_0}V^2 = -\frac{6\tilde{r}_0}{u_0}(T - T_0)V^2. \tag{8.51}$$

Usando que:

$$(\triangle \mu)^2 = \int d\boldsymbol{x}d\boldsymbol{y}[\langle \varphi(\boldsymbol{x})\varphi(\boldsymbol{y}) \rangle - \langle \varphi(\boldsymbol{x}) \rangle \langle \varphi(\boldsymbol{y}) \rangle] = V \int d\boldsymbol{x}G(\boldsymbol{x}), \tag{8.52}$$

y que,

$$\xi^2 \sim \int d\boldsymbol{x}G(\boldsymbol{x}) \sim \int \frac{r^{D-1}}{r^{D-2}} e^{-\frac{r}{\xi}} \sim \frac{1}{\tilde{r}_0(T_0 - T)}, \tag{8.53}$$

tenemos:

$$\frac{\langle (\triangle \mu)^2 \rangle}{\mu^2} = \frac{\mu_0/6}{\tilde{r}_0{}^2 V(T_0 - T)^2} \frac{u_0}{6} \tilde{r}_0{}^{\frac{D}{2}-2}(T_0 - T)^{\frac{D}{2}-2}, \tag{8.54}$$

donde se ha asumido que $V \sim \xi^D$.

---

[6]Lo que implica ignorar las fluctuaciones espaciales del parámetro de orden

a) $D > 4 \Rightarrow \frac{\langle (\Delta\mu)^2 \rangle}{\mu^2}$, se anula cuando $T \to T_0$.

b) $D < 4$: $(T - T_0)^{D/2-2}$ diverge cuando $T \to T_0$. Puede encontrarse un rango de temperatura en el cual $\langle (\Delta\mu)^2 \rangle \ll \mu^2$.

Aproximación gaussiana

Esta aproximación retiene únicamente fluctuaciones cuadráticas en torno al punto de silla, en el cual se evalúa la integral funcional en $Z[\varphi]$ en la aproximación de campo medio. Así pues, es la corrección de orden más bajo a la aproximación de campo medio en una expansión en serie de potencias de las fluctuaciones. Esta aproximación es únicamente válida si la dimensionalidad del sistema excede un determinado valor D_c, y en lenguaje de la teoría de campos, corresponde a describir las fluctuaciones en términos de una teoría de campo libre.

Volvamos a la acción de Ginzburg-Landau-Wilson en la Ec. (8.47), y descompongamos el campo como:

$$\varphi(\boldsymbol{r}) = \bar{\varphi}_0 + \delta\varphi(\boldsymbol{r}), \tag{8.55}$$

$$\varphi(\boldsymbol{k}) = (2\pi)^D \delta(\boldsymbol{k})\bar{\varphi}_0 + \delta\varphi(\boldsymbol{k}), \tag{8.56}$$

donde $\bar{\varphi}_0$ es el valor de campo medio del parámetro de orden que satisface la ecuación del punto silla, y $\delta\varphi(\boldsymbol{r})$ describe las fluctuaciones inhomogéneas en torno a ese valor. Insertando la expresión anterior en la acción efectiva de la Ec. (8.47), tenemos

$$S_{\Lambda_0}[\bar{\varphi} + \delta\varphi] \simeq V \left[f_0 + \frac{r_0}{2}\bar{\varphi}_0{}^2 + \frac{u_0}{4!}\bar{\varphi}_0{}^4 \right] + \left[r_0\bar{\varphi}_0 + \frac{u_0}{6}\bar{\varphi}_0{}^3 \right] \delta\varphi(\boldsymbol{k} = 0)$$
$$+ \frac{1}{2} \int \frac{d\boldsymbol{k}}{(2\pi)^D} \left[r_0 + \frac{u_0}{2}\bar{\varphi}_0{}^2 + c_0 k^2 \right] \delta\varphi(-\boldsymbol{k})\delta\varphi(\boldsymbol{k}), \tag{8.57}$$

donde hemos retenido únicamente términos en $(\delta\varphi)^2$. Esta es la expresión denominada aproximación gaussiana para la acción de Ginzburg-Landau-Wilson. Teniendo en cuenta que, para $B = 0$, $r_0\bar{\varphi}_0 = -\frac{u_0}{6}\bar{\varphi}_0^3$, y que $\bar{\varphi}_0$ es la solución de campo medio:

$$\bar{\varphi}_0 = \begin{cases} 0, & r_0 > 0 \\ \sqrt{\frac{-6r_0}{u_0}} & r_0 < 0 \end{cases} \tag{8.58}$$

entonces, en el espacio de Fourier:

- $T > T_c$

$$S_{\Lambda_0}[\varphi] = V f_0 + \frac{1}{2} \int \frac{d\boldsymbol{k}}{(2\pi)^D} (r_0 + c_0 k^2)\varphi(-\boldsymbol{k})\varphi(\boldsymbol{k}). \tag{8.59}$$

- $T < T_c$; $r_0 < 0$

$$S_{\Lambda_0}[\varphi] = V \left[f_0 + \frac{3r_0^2}{2u_0} \right] + \frac{1}{2} \int \frac{d\boldsymbol{k}}{(2\pi)^D} \left[-2r_0 + c_0 k^2 \right] \delta\varphi(\boldsymbol{k})\delta\varphi(-\boldsymbol{k}), \tag{8.60}$$

ya que:

$$\frac{r_0}{2}\bar{\varphi}^2 + \frac{u_0}{4!}\bar{\varphi}^4 = -\frac{3}{2}\frac{r_0^2}{u_0},$$
$$r_0 + \frac{u_0}{2}\bar{\varphi}^2 = -2r_0. \tag{8.61}$$

Finalmente, mencionaremos que es posible obtener las correcciones gaussianas al exponente crítico de la capacidad calorífica (vease Kopietz et al. (2010), p.41 y 55). La función de correlación del parámetro de orden se escribe como:

$$G(\boldsymbol{r_i} - \boldsymbol{r_j}) = a^{2-D} \langle \delta\varphi_i\delta\varphi_j \rangle_S = a^{2-D}\frac{\int D[\varphi]e^{-S[\varphi]}\delta\varphi_i\delta\varphi_j}{\int D[\varphi]e^{-S[\varphi]}}. \tag{8.62}$$

y en la aproximación gaussiana, $G_0(\boldsymbol{k})$ es

$$G_0(\boldsymbol{k}) = \frac{1}{A_\Lambda r_0 + c_0\boldsymbol{k}^2}, \tag{8.63}$$

recuperando, por tanto, los exponentes críticos son $\eta = 0$, y $\nu = 1/2$, los valores de Landau.

8.3. Ginzburg-Landau para superfluidos neutros.

El descubrimiento de la existencia de dos fases del ^{4}He líquido por debajo del punto lambda ($T = 2{,}172$ K), una de ellas de viscosidad nula, fue realizado experimentalmente en 1938 por Piotr Kapitsa (Premio Nobel de Física de 1978) e, independientemente, por John Allen y Don Misener, aunque sólo el primero demostró la ausencia de viscosidad en la fase que se denominó superfluida que fluye sin fricción dentro de los límites de la incertidumbre experimental, lo que permite el sostenimiento indefinido de corrientes en el interior de circuitos cerrados. A esta propiedad fundamental de la fenomenología de un superfluido hay que añadir una conductividad térmica varios órdenes de magnitud superior al valor de su fase normal y mayor que la de los mejores conductores metálicos, así como el hecho de que la fase superfluida se detiene en el interior de un recipiente en rotación a medida que el conjunto se enfría hacia el cero absoluto. En el caso de que las partículas del fluido estén cargadas, el flujo de corriente se produciría sin disipación en el caso de la fase superfluida, lo que se denomina superconductividad. En ambos casos, estamos ante un fenómeno de origen cuántico. Esta fenomenología fue explicada por Landau mediante una teoría fenomenológica de campo medio que la abordaremos en las secciones siguientes de este capítulo, dejando para el siguiente la teoría microscópica de la superfluidez y de la superconductividad.

La descripción mediante la teoría de Ginzburg-Landau (GL) de la transición de fase superfluida exige la adecuada elección, como de costumbre, de un parámetro de orden para la construcción del funcional de energía libre. En este caso dicho parámetro de orden es la función de onda de la fase superfluida, $\psi(\boldsymbol{r})$, que por supuesto se define en una región del fluido suficientemente grande en la escala atómica (coarse graining). En esta situación de inhomogeneidad la energía libre se escribe como:

$$F\left[\psi\right] = \int d\boldsymbol{r} \left[\gamma \boldsymbol{\nabla}\psi^* \boldsymbol{\nabla}\psi + \alpha \left|\psi\right|^2 + \frac{\beta}{2}\left|\psi\right|^4\right], \tag{8.64}$$

donde hemos cambiado, por conveniencia, las definiciones de $r_0(t)$ y $u_0(t)$. Si $\psi(\boldsymbol{r})$ es una función de onda es natural identificar el término proporcional a $\boldsymbol{\nabla}\psi^*\boldsymbol{\nabla}\psi$ con una energía cinética y escribir $\gamma = \frac{\hbar^2}{2m^*}$, de modo que

$$F\left[\psi\right] = \int d\boldsymbol{r} \left[\frac{1}{2m^*}\left|\frac{\hbar}{i}\boldsymbol{\nabla}\psi\right|^2 + \alpha\left|\psi\right|^2 + \frac{\beta}{2}\left|\psi\right|^4\right]. \tag{8.65}$$

Nótese que $\gamma = \frac{\hbar^2}{2m^*} > 0$ y $\beta > 0$, de modo que se penalizan situaciones fuertemente inhomogéneas o un crecimiento espontáneo de la fase ordenada (supercondensado). La fase de equilibrio (i.e., el estado de campo medio) es está asociada al parámetro de orden minimiza la energía libre $F\left[\psi\right]$, $\delta F = 0$. De este modo, una variación en torno a ψ_0

$$\psi(\boldsymbol{r}) = \psi_0(\boldsymbol{r}) + \xi(\boldsymbol{r}), \tag{8.66}$$

no puede producir ninguna variación de primer orden en el funcional $F\left[\psi\right]$, i.e., $F\left[\psi\right] = F\left[\psi_0\right]$ a primer orden en ξ. Así pues:

$$\begin{aligned} F\left[\psi_0 + \xi\right] &= F\left[\psi_0\right] + \delta F(\xi) + \mathcal{O}(\xi, \xi^*)^2 \\ &= F\left[\psi_0\right] + \mathcal{O}(\xi, \xi^*)^2. \end{aligned} \tag{8.67}$$

Sustituyendo (8.66) en (8.65), tenemos

$$\begin{aligned} F\left[\psi_0 + \xi\right] &= \int d\boldsymbol{r} \left[\frac{1}{2m^*}\left|\frac{\hbar}{i}\boldsymbol{\nabla}(\psi_0 + \xi)\right|^2 + \alpha(\psi_0 + \xi)s^*(\psi_0 + \xi)\right. \\ &\qquad\qquad \left. + \frac{\beta}{2}\left[(\psi_0 + \xi)^*(\psi_0 + \xi)\right]^2\right] \\ &= \int d\boldsymbol{r} \left[\frac{1}{2m^*}\left|\frac{\hbar}{i}(\boldsymbol{\nabla}\psi_0) + \frac{\hbar}{i}(\boldsymbol{\nabla}\xi)\right|^2 + \alpha\psi_0^*\psi_0 + \alpha\psi_0^*\xi + \alpha\psi_0\xi^*\right. \\ &\qquad\qquad \left. + \alpha\left|\xi\right|^2 + \frac{\beta}{2}\left[\psi_0^*\psi_0 + (\psi_0^*\xi + \psi_0\xi^*) + \xi^*\xi\right]^2\right]. \end{aligned} \tag{8.68}$$

De este modo podemos escribir

$$F\left[\psi_0 + \xi\right] = \int d\boldsymbol{r} \quad \left[\frac{1}{2m^*}\left|\frac{\hbar}{i}(\boldsymbol{\nabla}\psi_0)\right|^2 + \alpha\psi_0^*\psi_0 + \frac{\beta}{2}\left|\psi_0^*\psi_0\right|^2\right]$$

$$+ \int d\boldsymbol{r}\left[\frac{\hbar^2}{2m^*}\left(\boldsymbol{\nabla}\psi_0^*\boldsymbol{\nabla}\xi + \boldsymbol{\nabla}\psi_0\boldsymbol{\nabla}\xi^*\right) + \alpha\left(\psi_0^*\xi + \xi^*\psi_0\right)\right.$$

$$+ \beta\left(\psi_0^*\xi + \psi_0\xi^*\right)\psi_0^*\psi_0\Big] + \mathcal{O}\left(\xi,\xi\right)^2$$

$$=F\left[\psi_0\right] \; + \int d\boldsymbol{r}\left[\frac{\hbar^2}{2m^*}\left(\boldsymbol{\nabla}\psi_0^*\boldsymbol{\nabla}\xi + \boldsymbol{\nabla}\psi_0\boldsymbol{\nabla}\xi^*\right) + \alpha\left(\psi_0^*\xi + \xi^*\psi_0\right)\right.$$

$$+ \beta\left(\psi_0^*\xi + \xi^*\psi_0\right)\psi_0\psi_0^*\Big] + \mathcal{O}\left(\xi,\xi\right)^2 . \qquad (8.69)$$

Integrando la integral del miembro de la derecha por partes, tendremos:

$$F\left[\psi_0 + \xi\right] = F\left[\psi_0\right] + \int d\boldsymbol{r}\Big\{\frac{-\hbar^2}{2m^*}\left[\left(\boldsymbol{\nabla}^2\psi_0\right)^*\xi\right] - \frac{\hbar^2}{2m}\left[\xi^*\boldsymbol{\nabla}^2\psi_0\right]$$

$$+ \alpha\left(\psi_0^*\xi + \xi^*\psi_0\right)$$

$$+ \beta\left(\psi_0^*\xi + \xi^*\psi_0\right)\psi_0^*\psi_0\Big\} + \mathcal{O}\left(\xi,\xi\right)^2 , \qquad (8.70)$$

donde $\mathcal{O}\left(\xi,\xi\right)^2$ incluye también los términos $\boldsymbol{\nabla}^2\xi$. Si tenemos en cuenta que la integral del miembro de la derecha debe anularse por ser proporcional a ξ o ξ^* para que $\delta F = 0$, tenemos que los coeficientes de ξ y ξ^* deben ser nulos. Así,

$$\frac{-\hbar^2}{2m^*}\boldsymbol{\nabla}^2\psi_0 + \alpha\psi_0^* + \beta\left|\psi_0\right|^2\psi_0 = 0, \qquad (8.71)$$

o, equivalentemente,

$$\frac{-\hbar^2}{2m^*}\boldsymbol{\nabla}^2\psi_0 + \alpha\psi_0 + \beta\left|\psi_0\right|^2\psi_0 = 0. \qquad (8.72)$$

Esta ecuación se denomina de Gross-Pitaevskii y es, en esencia, una ecuación de Schrödinger con un término no lineal, y proporciona la solución de equilibrio (i.e., de campo medio) para la función de onda de la fase superfluida. La solución general en 3 dimensiones requiere funciones elípticas jacobianas, pero en 1 dimensión admite una solución analítica, como veremos a continuación.

Un caso habitual de solución de este tipo de ecuación es el de un superfluido confinado en el semiespacio $x > 0$ (i.e., un superfluido en las inmediaciones de su caja confinante). En este caso, las condiciones de contorno implican que (ψ_0 se denota por ψ por simplicidad en adelante):

$$\psi(0) = 0 \; ; \; \psi(x)\underset{x\to\infty}{=}\sqrt{-\frac{\alpha}{\beta}} \; ; \; \alpha > 0 \, , \, \beta > 0 \qquad (8.73)$$

ya que se recupera asintóticamente la situación uniforme. De este modo la ecuación de Gross-Pitaevskii se puede escribir como:

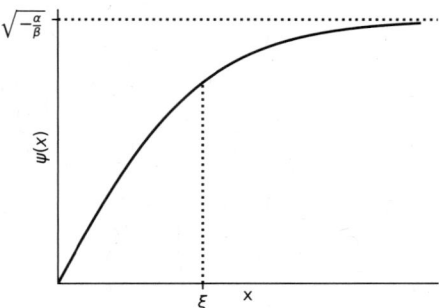

Figura 8.3: Una de las posibles soluciones a la ecuación de Gross-Pitaevskii

$$\frac{-\hbar^2}{2m^*}\frac{d^2\psi(x)}{dx^2} + \alpha\psi(x) + \beta\,|\psi|^2\,\psi = 0 \;\Rightarrow\; \left\{\psi(x) = \sqrt{-\frac{\alpha}{\beta}}f(x)\right\}, \qquad (8.74)$$

$$\frac{-\hbar^2}{2m^*\alpha}f''(x) + f(x) - [f(x)]^3 = 0 \;;\; \frac{-\hbar^2}{2m^*\alpha} > 0 \qquad (8.75)$$

Si suponemos una solución de la forma

$$f(x) = \tanh(ax), \qquad (8.76)$$

se obtiene

$$\frac{\hbar^2 a^2}{m^*\alpha}\frac{\tanh(ax)}{\cosh^2(ax)} + \tanh(ax) - [\tanh(ax)]^3 = 0 \;\Leftrightarrow \qquad (8.77)$$

$$\frac{\hbar^2 a^2}{m^*\alpha}\frac{1}{\cosh^2(ax)} + 1 - \tanh^2(ax) = \left(\frac{\hbar^2 a^2}{m^*\alpha} + 1\right)\frac{1}{\cosh^2(ax)} = 0. \qquad (8.78)$$

Lo que implica que

$$a^2 = -\frac{m^*\alpha}{\hbar^2} \;\Rightarrow\; \frac{\sqrt{m^*\alpha_0(T_c - T)}}{\hbar} = a\,, \qquad (8.79)$$

por lo que la solución de la ecuación de Gross-Pitaevskii en este caso es: (Fig. 8.3):

$$\psi(x) = \sqrt{\frac{-\alpha}{\beta}}\tanh\left(\frac{x}{\xi}\right) \;;\; \xi = \frac{\hbar}{\sqrt{m^*\alpha_0\,(T_c - T)}}, \qquad (8.80)$$

con ξ una longitud característica denominada longitud de coherencia de Ginzburg-Landau.

Es posible también estudiar las fluctuaciones del parámetro de orden en torno a la solución de campo medio (o de equilibrio) del modo siguiente. Supongamos que se registran desviaciones del valor de equilibrio de la forma:

$$\psi(\boldsymbol{r}) = \psi_0 + \delta\psi(\boldsymbol{r}, t), \qquad (8.81)$$

donde ψ_0 es el valor uniforme de campo medio. Consideremos independientemente los casos $T > T_c$ y $T < T_c$:

1. $T > T_c$. En este caso la solución de campo medio es $\psi_0 = 0$ y $\psi(r,t) = \delta\psi(r,t)$. Para evaluar la probabilidad de una fluctuación escribamos la función de partición

$$Z = \int D\varphi e^{-\beta H[\psi]}, \tag{8.82}$$

donde $\int D\varphi$ representa una suma sobre configuraciones del campo (integral funcional) y $H[\varphi] \cong F[\varphi]$ en las escalas de tamaño de los elementos de volumen en los que se promedia el parámetro de orden. De este modo:

$$\int D\varphi e^{-\beta F[\psi]}, \tag{8.83}$$

donde obviamente,

$$F_{GL}[\psi] = \int dr \left\{ \frac{1}{a^2 m^*} \left(\frac{\hbar}{-i}\nabla\psi(r) \right)^* \left[\frac{\hbar}{i}\nabla\psi(r) \right] + \alpha\psi^*(r)\psi(r) \right.$$
$$\left. + \frac{\beta}{2}|\psi^*(r)\psi(r)|^2 \right\}. \tag{8.84}$$

La integral funcional (8.83) es muy compleja si usamos la forma completa del funcional de Ginzburg-Landau $F_{GL}[\varphi]$. No obstante, si nos restringimos a términos de segundo orden en el parámetro de orden y usamos

$$\psi(r) = \frac{1}{\sqrt{V}}\sum_k \psi_k e^{-ikr}, \tag{8.85}$$

podemos aproximar la energía libre de la forma:

$$F_{GL}[\psi] = \frac{1}{V}\int dr \frac{-\hbar^2}{2m^*}\sum_{kk'}\psi_k^*\psi_{k'}e^{-i(k'-k)r} + \frac{2}{V}\int dr\sum_{kk'}\psi_k^*\psi_{k'}e^{-i(k'-k)r}$$
$$= \sum_k \left(\frac{\hbar^2 k^2}{2m^*} + \alpha \right)\psi_k^*\psi_{k'}, \tag{8.86}$$

que constituye un caso particular del teorema de Parseval y donde hemos usado que

$$\delta(k'-k) = \frac{1}{V}\int dr e^{-i(k'-k)r}. \tag{8.87}$$

La expresión (8.86), correspondiente a restringir la energía libre a términos de segundo orden se corresponde con la aproximación gaussiana. Esta es razonable a $T > T_c$ ya que el término $\sim |\psi|^4$ no es necesario para estabilizar la teoría ya que $F[\psi] \longrightarrow \infty$ si $|\psi| \longrightarrow \infty$ en este caso. En el marco de esta aproximación:

$$Z \simeq \int \prod_k d^2\psi_k e^{-\beta\sum_k \left(\alpha + \frac{\hbar^2 k^2}{2m^*}\right)\psi_k^*\psi_k} = \prod_k \int d^2\psi_k e^{-\beta\left(\alpha + \frac{\hbar^2 k^2}{2m^*}\right)\psi_k^*\psi_k}$$
$$= \prod_k \frac{\pi k_B T}{\left(\alpha + \frac{\hbar^2 k^2}{2m^*}\right)}, \tag{8.88}$$

donde hemos usado las habituales integrales gaussianas. De la Ec. (8.86) vemos que el espectro de las excitaciones es de la forma

$$H \sim F = \sum_{\boldsymbol{k}} \varepsilon(\boldsymbol{k}) \psi_{\boldsymbol{k}}^* \psi_{\boldsymbol{k}} \sum_{\boldsymbol{k}} \left(\frac{\hbar^2 k^2}{2m^*} + \alpha \right) \psi_{\boldsymbol{k}}^* \psi_{\boldsymbol{k}} \Rightarrow \varepsilon(k) = \alpha + \frac{\hbar^2 k^2}{2m^*},$$

(8.89)

de modo que para cada $\boldsymbol{k}$ existen dos modos de fluctuación que corresponden respectivamente a la parte real e imaginaria de $\psi_{\boldsymbol{k}}$. Como vemos, el espectro de las excitaciones incluye un gap de energía $\alpha = \alpha_0(T - T_0) > 0$.

Por otro lado, del conocimiento de la función de partición (Ec. (8.88)), podemos obtener de manera directa diferentes magnitudes termodinámicas. A título de ejemplo incluímos la derivación de la capacidad calorífica. En efecto, teniendo en cuenta que $F = -k_B T \ln Z$, tenemos que:

$$\langle E \rangle = -\frac{\partial \ln Z}{\partial \beta} = +k_B T^2 \frac{\partial \ln Z}{\partial T},$$

(8.90)

de modo que:

$$C = \frac{\partial \langle E \rangle}{\partial T} = 2k_B T \frac{\partial \ln Z}{\partial T} + k_B T^2 \frac{\partial^2 \ln Z}{\partial T^2}.$$

(8.91)

Teniendo en cuenta que

$$\ln Z = \sum_{k} \left[\ln\left(\pi k_B T\right) - \ln\left(\alpha + \frac{\hbar^2 k^2}{2m^*} \right) \right],$$

y que únicamente la parte en $\ln \alpha$ contiene información relevante sobre la transición crítica superfluida, podemos hacer

$$C_{crit} \simeq -k_B T^2 \sum_{\boldsymbol{k}} \frac{\partial^2}{\partial T^2} \ln\left(\alpha + \frac{\hbar^2 k^2}{2m^*} \right)$$

$$= -k_B T^2 \sum_{\boldsymbol{k}} \frac{\partial}{\partial T} \left[\frac{1}{\alpha + \frac{\hbar^2 k^2}{2m^*}} \alpha' \right],$$

(8.92)

$$\{\alpha = \alpha'(T - T_c)\} = k_B T^2 \sum_{\boldsymbol{k}} \frac{[\alpha']^2}{\left(\alpha + \frac{\hbar^2 k^2}{2m^*} \right)^2}$$

$$= k_B T^2 \left(\frac{2m^*}{\hbar^2} \right)^2 (\alpha')^2 \sum_{\boldsymbol{k}} \frac{1}{\left(\alpha^2 + \frac{2m^* \alpha}{\hbar^2} \right)^2}.$$

(8.93)

Si pasamos al límite termodinámico ($V \longrightarrow \infty$), $\sum_{\boldsymbol{k}} \sim V \int \frac{d\boldsymbol{k}}{(2\pi)^3}$, tenemos:

$$C_{crit} \simeq \frac{k_B T^2}{2\sqrt{2}\pi} \frac{(m^*)^{3/2}}{\hbar^3} (\alpha')^2 \frac{V}{\sqrt{\alpha}} \sim (T - T_c)^{-1/2},$$

(8.94)

comportamiento característico de fluctuaciones gaussianas.

2. $T < T_c$. La situación por debajo de la temperatura crítica es notablemente diferente. Ahora no tenemos una solución de equilibrio $\psi_0 = 0$, sino que todas las posibles soluciones con $\psi_0 = \sqrt{-\frac{\alpha}{\beta}}$ son soluciones admisibles. Así, podemos escribir para las fluctuaciones

$$\psi = (\psi_0 + \delta\psi) e^{i\delta}, \tag{8.95}$$

donde ψ_0 y $\delta\psi$ son reales y δ es una fase. Si escribimos la energía libre de Ginzburg-Landau en términos del parámetro de orden en Ec. (8.95), tenemos:

$$F[\psi] = \int d\boldsymbol{r} \left\{ \alpha \left(\psi_0 + \delta\psi\right)^2 + \frac{\beta}{2} \left(\psi_0 + \delta\psi\right)^4 \right.$$
$$+ \frac{1}{2m^*} \left[\frac{\hbar}{i} \left(\nabla\delta\psi\right) e^{i\delta} + \hbar \left(\psi_0 + \delta\psi\right) \nabla\delta e^{i\delta} \right]^*$$
$$\left. \left[\frac{\hbar}{i} \left(\nabla\delta\psi\right) e^{i\delta} + \hbar \left(\psi_0 + \delta\psi\right) \nabla\delta e^{i\delta} \right] \right\}. \tag{8.96}$$

Reteniendo únicamente los términos cuadráticos en las fluctuaciones, de acuerdo con la aproximación gaussiana, tenemos que

$$F[\delta\psi] \cong \int d\boldsymbol{r} \left\{ \alpha\delta\psi^2 + 3\beta\psi_0^2\delta\psi^2 + \frac{1}{2m^*} \left(\frac{\hbar}{i}\right)^2 \left(\nabla\delta\psi\right)^2 \right.$$
$$+ \frac{1}{2m^*} \left[\left(\frac{\hbar}{i}\nabla\delta\psi\right)^* \hbar\psi_0\nabla\delta + \left(\hbar\psi_0\nabla\delta\right)^* \frac{\hbar}{i}\nabla\delta\psi \right]$$
$$\left. + \frac{1}{2m^*} \left(\hbar\psi_0\nabla\delta\right)^* \hbar\psi_0\nabla\delta \right\}. \tag{8.97}$$

Usando que $\psi_0 = \sqrt{-\frac{\alpha}{\beta}}$, tenemos:

$$F[\delta\psi] \simeq \int d\boldsymbol{r} \left\{ -2\alpha\delta\psi^2 + \frac{1}{2m^*} \left(\frac{\hbar}{i}\nabla\delta\psi\right)^* \left(\frac{\hbar}{i}\nabla\delta\psi\right) \right.$$
$$\left. - \frac{\hbar^2}{2m^*} \frac{\alpha}{\beta} \left(\nabla\delta\right)^* \nabla\delta \right\}. \tag{8.98}$$

Pasando, como de costumbre al espacio de Fourier haciendo

$$\delta\psi = \delta\psi_{\boldsymbol{k}} e^{-i\boldsymbol{k}\boldsymbol{r}} \; ; \; \delta = \delta_{\boldsymbol{k}} e^{-i\boldsymbol{k}\boldsymbol{r}}, \tag{8.99}$$

tenemos

$$F[\delta\psi] = \sum_{\boldsymbol{k}} \left[\left(-2\alpha + \frac{\hbar^2 k^2}{2m^*} \right) \delta\psi_{\boldsymbol{k}}^* \delta\psi_{\boldsymbol{k}} - \frac{\alpha}{\beta} \frac{\hbar^2 k^2}{2m^*} \delta_{\boldsymbol{k}}^* \delta_{\boldsymbol{k}} \right], \tag{8.100}$$

que nos conduce a fluctuaciones masivas (con gap) de amplitud, $E_{gap} = -2\alpha = -2\alpha'(T - T_c) > 0$, y fluctuaciones de fase sin masa con espectro:

$$\epsilon\delta(\boldsymbol{k}) = -\frac{\alpha}{\beta} \frac{\hbar^2 k^2}{2m^*}. \tag{8.101}$$

Estas fluctuaciones son los denominados modos de Goldstone, característicos de sistemas con ruptura espontánea de simetría.

8.4. Teoría de Ginzburg-Landau para superfluidos cargados: superconductividad.

En el caso de que las partículas del superfluido estén cargadas se registra el fenómeno de la superconductividad (asociado a la fase superfluida del sistema). La teoría es netamente similar a la de superfluidos neutros introducidos en el apartado anterior con las siguientes modificaciones:

1. El momento de las partículas es ahora el momento canónico:

$$\frac{\hbar}{i}\boldsymbol{\nabla} \longrightarrow \frac{\hbar}{i}\boldsymbol{\nabla} - q\boldsymbol{A}. \tag{8.102}$$

2. La energía libre debe contener la energía del campo magnético, $\mathbf{B} = \boldsymbol{\nabla} \times \mathbf{A}$, que es $\frac{B^2}{2\mu_0}$. En este caso, considerando la energía del propio campo como electromagnética, el funcional de Ginzburg-Landau se escribe de la forma:

$$F\left[\psi, \boldsymbol{A}\right] = \int d\boldsymbol{r}\left[\alpha\left|\psi\right|^2 + \frac{\beta}{2}\left|\psi\right|^4 + \frac{1}{2m^*}\left|\left(\frac{\hbar}{i}\boldsymbol{\nabla} - q\boldsymbol{A}\right)\psi\right|^2 + \frac{B^2}{2\mu_0}\right]. \tag{8.103}$$

Teniendo en cuenta que el operador momento es hermítico $\left(\frac{\hbar}{i}\boldsymbol{\nabla}\right)^* = \frac{\hbar}{i}\boldsymbol{\nabla}$, podemos escribir el funcional anterior de la forma:

$$F\left[\psi, \boldsymbol{A}\right] = \int d\boldsymbol{r}\left[\alpha\left|\psi\right|^2 + \frac{\beta}{2}\left|\psi\right|^4 + \frac{1}{2m^*}\psi^*\left(\frac{\hbar}{i}\boldsymbol{\nabla} - q\boldsymbol{A}\right)^2\psi + \frac{B^2}{2\mu_0}\right]. \tag{8.104}$$

Minimizando este funcional de energía libre respecto al parámetro de orden y al potencial vector obtenemos las ecuaciones que definirán el estado de equilibrio.

1. Minimización respecto al parámetro de orden ψ.

   Esta minimización conduce a la misma ecuación que obtuvimos en el caso de un superfluido neutro, pero el momento canónico $\left(\frac{\hbar}{i}\boldsymbol{\nabla} - q\boldsymbol{A}\right)$ sustituye ahora al momento lineal convencional.

$$\frac{1}{2m^*}\left(\frac{\hbar}{i}\boldsymbol{\nabla} - q\boldsymbol{A}\right)^2\psi + \alpha\psi + \beta\left|\psi\right|^2\psi = 0. \tag{8.105}$$

2. Minimización respecto al potencial vector, $\boldsymbol{A}$.

   En este caso, para una perturbación del campo electromagnético $\boldsymbol{A}(\boldsymbol{r}) = \boldsymbol{A}_0(\boldsymbol{r}) + \delta\boldsymbol{A}(\boldsymbol{r})$ obtenemos lo siguiente:

$$\begin{aligned} F\left[\psi, \boldsymbol{A}_0 + \delta\boldsymbol{A}\right] =&\, F\left[\psi, \boldsymbol{A}_0\right] + \int d\boldsymbol{r}\left\{\frac{1}{2m^*}\left[\left(\frac{\hbar}{i}\boldsymbol{\nabla} - q\boldsymbol{A}_0\right)\psi\right]^*\left(-\frac{q}{c}\delta\boldsymbol{A}\right)\psi \right. \\ &+ \frac{1}{2m^*}\left[\left(-\frac{q}{c}\delta\boldsymbol{A}\right)\psi\right]^*\left(\frac{\hbar}{i}\boldsymbol{\nabla} - q\boldsymbol{A}_0\right)\psi \\ &+ \left. \frac{\left(\boldsymbol{\nabla}\times\boldsymbol{A}_0\right)\left(\boldsymbol{\nabla}\times\delta\boldsymbol{A}\right)}{\mu_0}\right\} + O\left(\delta\boldsymbol{A}\right)^2. \end{aligned} \tag{8.106}$$

Teniendo en cuenta que[1] $(\nabla \times a)(\nabla \times b) = b(\nabla \times \nabla \times a) - \nabla [(\nabla \times a) \times b]$, y en el gauge de Coulomb ($\nabla A = 0$), obtenemos de manera directa:

$$F[\psi, A_0 + \delta A] = F[\psi, A_0] + \int dr \left\{ -\frac{q}{2m^*} \left[-\left(\frac{\hbar}{i}\nabla\psi\right)^* + \psi^*\frac{\hbar}{i}\nabla\psi \right] \delta A \right.$$
$$\left. + \frac{q^2}{m^*} |\psi|^2 A_0 \delta A + \frac{1}{\mu_0} (\nabla \times B_0) \delta A \right\} + O(\delta A)^2.$$
$$(8.107)$$

Para la obtención de esta ecuación hemos usado también que $\nabla \times A_0 = B_0$ y el teorema de Gauss. Anulando el coeficiente del término proporcional a δA, tenemos:

$$-\frac{i\hbar}{2m^*} q (\nabla\psi^*\psi - \psi^*\nabla\psi) + \frac{q^2}{m^*} |\psi|^2 A + \frac{1}{\mu_0} \nabla \times B = 0. \qquad (8.108)$$

Por otro lado, usando ahora la ley de Ampère:

$$\frac{1}{\mu_0} \nabla \times B = j = i\frac{q\hbar}{2m^*} (\nabla\psi^*\psi - \psi^*\nabla\psi) - \frac{q^2}{m^*} |\psi|^2 A, \qquad (8.109)$$

podemos escribir la densidad de corriente superconductora como[2]

$$j = \frac{q}{m^*} Re \left[\psi^* \left(\frac{\hbar}{i}\nabla - qA \right) \psi \right]. \qquad (8.110)$$

El conjunto de las Ecs. (8.105) y (8.109-8.113) constituyen las denominadas ecuaciones de Ginzburg-Landau de la superconductividad:

$$\alpha\psi + \beta |\psi|^2 \psi + \frac{1}{2m^*} \left(\frac{\hbar}{i}\nabla - qA \right) \psi = 0, \qquad (8.111)$$

$$j = \frac{q}{m^*} Re \left[\psi^* \left(\frac{\hbar}{i}\nabla - qA \right) \psi \right]. \qquad (8.112)$$

La primera de las ecuaciones determina el parámetro de orden. La segunda define la densidad de corriente superconductora.

Naturalmente, en el caso uniforme la densidad de corriente se simplifica y toma el valor

$$j = -\frac{q^2}{m^*} |\psi|^2 A. \qquad (8.113)$$

La ecuación de Landau postula para la densidad de corriente superconductora

$$\nabla \times j_S = -\frac{n_S e^2}{m} B, \qquad (8.114)$$

---

[1] $\nabla(A \times B) = B(\nabla \times A) - A(\nabla \times B)$.

[2] Nótese que $j = q\langle v \rangle_\psi = q\langle \psi | \frac{p}{m} | \psi \rangle = q\langle \psi | \frac{\hbar}{i}\nabla - qA | \psi \rangle$.

y que combinada con $\frac{\partial \boldsymbol{j}_S}{\partial t} = \frac{n_S e^2}{m} \boldsymbol{E}$ y la ley de Faraday $\boldsymbol{\nabla} \times \boldsymbol{E} = -\frac{\partial \boldsymbol{B}}{\partial t}$, conduce a:

$$\boldsymbol{j}_S = -\frac{n_S e^2}{mc} \boldsymbol{A}. \tag{8.115}$$

Para que sea posible un fenómeno de condensación de Bose-Einstein, es lógico pensar que $q = -2e$ y que $m^* = 2m_e$, por lo que, para que (8.110) y (8.115) sean compatibles debe verificarse que

$$\frac{q^2 |\psi|^2}{m^*} = \frac{e^2 n_S}{m_e} \tag{8.116}$$

$$2 |\psi|^2 = n_S. \tag{8.117}$$

8.5.   Ejercicios relacionados

Ejercicio 8.1:

Demuéstrese que, para una función dos veces diferenciable, $f(x)$, la integral

$$\int_a^b e^{M f(x)} dx \simeq \sqrt{\frac{2}{M |f''(x_0))|}} e^{M f(x_0)}, M \to \infty, \tag{8.118}$$

donde $x_0/f'(x_0) = 0$ es un punto estacionario (método de Laplace). Además, $f''(x_0) < 0$, por lo que x_0 debe ser un máximo.

Ejercicio 8.2:

Demuéstrese que en tres dimensiones:

$$G(\boldsymbol{x}) = \frac{1}{4\pi r} e^{-\frac{r}{\xi}}, \tag{8.119}$$

y analícese la dependencia térmica de la longitud de correlación por debajo y por encima de la temperatura crítica.

Ejercicio 8.3:

Obtengase la expresión (8.33) a partir de (8.32) y obténganse los exponentes críticos en la aproximación de Landau.

Ejercicio 8.4:

Pruébese que el valor medio del campo de Hubbard-Stratonovich, $\boldsymbol{x}$, verifica que: $\langle \boldsymbol{x} \rangle_S = J \langle \boldsymbol{S} \rangle$.

Ejercicio 8.5:

Pruébese que en las inmediaciones del punto crítico, para un sistema de volumen $V \to \infty$ ($V = Na^D$) en el cual podemos escribir: $\frac{1}{V} \sum_{\boldsymbol{k}} \to \int \frac{d\boldsymbol{k}}{(2\pi)^D}$

$f_0 = -a^{-D} \ln 2$; $u_0 = 2a^{D-4}(\beta J(0))^4$; $r_0 = \frac{T-T_c}{a^2 T_c}$; $c_0 = \frac{1}{2D}$.

Ejercicio 8.6:

Demuéstrese la igualdad (8.47).

Ejercicio 8.7:

Obténganse las ecuaciones de Ginzburg-Landau del superfluido neutro y cargado por aplicación de las ecuaciones de Euler-Lagrange a las respectivas densidades de energía libre.

Ejercicio 8.8:

Evaluando de la manera que se hizo para el superfluido las fluctuaciones del parámetro de orden y del campo electromagnético, demuéstrese que, en la aproximación gaussiana

$$F\left[\delta\psi, \boldsymbol{A}\right] = \sum_{\boldsymbol{k}} \left(-2\alpha + \frac{\hbar^2 \boldsymbol{k}^2}{2m^*}\right) \delta\psi_k^* \delta\psi_k + \sum_{\boldsymbol{k}} \frac{1}{8\pi} \left[\frac{1}{\lambda^2} \boldsymbol{A}_k^* \boldsymbol{A}_k + k^2 \boldsymbol{A}_k^* \boldsymbol{A}_k \right.$$
$$\left. - (\boldsymbol{k}\boldsymbol{A}_k^*)(\boldsymbol{k}\boldsymbol{A}_k)\right],$$

donde $\lambda = \sqrt{\frac{m^*}{\mu_0 q^2 \left(-\frac{\alpha}{\beta}\right)}}$ es la profundidad de penetración. Demuéstrese que las fluctuaciones del campo se pueden escribir como

$$F\left[\boldsymbol{A}\right] \simeq \sum_{\boldsymbol{k}} \left[-\frac{\alpha}{\beta}\frac{q^2}{2m^*c^2} A_{\boldsymbol{k}}^{''*} A_{\boldsymbol{k}}^{''} - \frac{\alpha}{\beta}\frac{q^2}{2m^*c^2} A_{\boldsymbol{k}}^{\perp*} A_{\boldsymbol{k}}^{\perp} + \frac{1}{8\pi} k^2 A_{\boldsymbol{k}}^{\perp*} A_{\boldsymbol{k}}^{\perp}\right], \quad (8.120)$$

de modo que todas las componentes tienen un término constante de masa que implica que el campo electromagnético es masivo en el interior del superconductor. Este es el denominado mecanismo de Higgs-Anderson.

8.6. Lecturas complementarias

- Bruus, H., & Flensberg, K. (2004). *Many-Body Quantum Theory in Condensed Matter Physics: An Introduction.* Oxford Graduate Texts. OUP Oxford.

- Ma, S. (1976). *Modern Theory of Critical Phenomena.* Frontiers in physics. W. A. Benjamin, Advanced Book Program.

- Toulouse, G., & Pfeuty, P. (1977). *Introduction to the Renormalization Group and to Critical Phenomena.* A Wiley-interscience publication. Wiley.

- White, R., & Geballe, T. (1979). *Long Range Order in Solids.* Solid state physics: Suppl 15. Academic Press.

Capítulo 9

Líquidos Cuánticos

Lev Landau denominó líquido cuántico a todo sistema en el que "la interacción entre sus átomos es particularmente débil, conservándose líquido hasta llegar a temperaturas a las que comienzan a cobrar importancia los efectos cuánticos (líquido cuántico), después de lo cuál no tiene ya por qué ocurrir la solidificación". Recordemos que los efectos cuánticos cobran importancia a densidades de materia suficientemente altas y/o temperaturas suficientemente bajas.

La definición actual[1] de líquido cuántico es la de un sistema de muchas partículas en la que los efectos de la mecánica cuántica y también los de la estadística cuántica son esenciales. Es por ello necesario que, además de que el sistema se encuentre degenerado, i.e., en condiciones en las que debe aplicarse una descripción cuántica de su comportamiento mecánico, se haya perdido la información sobre la identidad concreta de las partículas. Por ello, además de que muestra los efectos sustanciales de la mecánica cuántica (e.g., cuantización de los niveles de energía), las partículas "perciben"que son indistinguibles. Esta condición de indistinguibilidad no se sigue de manera automática de otros efectos cuánticos como la cuantización de los niveles de energía. Es necesario que las partículas puedan cambiar de posición, i.e., deben existir grados de libertad traslacionales que permitan colisionar a las partículas entre si, de manera que el proceso de colisión induzca la perdida irreversible de la información sobre la identidad de las partículas (Fig 9.1).

Como vimos en el capítulo 1, para que un sistema pueda ser considerado como un líquido cuántico es necesario, en primer lugar, que se verifique la condición $\bar{l} \leq \lambda_B$, i.e., que la distancia media entre ellas sea menor que su longitud de onda de de Broglie (Fig. 9.1 a), pero también que las partículas tengan libertad para moverse e intercambiar posiciones hasta solapar sus esferas de interacción. La segunda condición no se sigue necesariamente de la primera. Por tanto, es necesaria la no localización. Un líquido cuántico compuesto de átomos o moléculas debe estar, pues, en estado gaseoso o líquido, incluso aunque se mueva en un *background* sólido, como los electrones libres de conducción de los metales.

---

[1] vease Leggett et al. (2006)

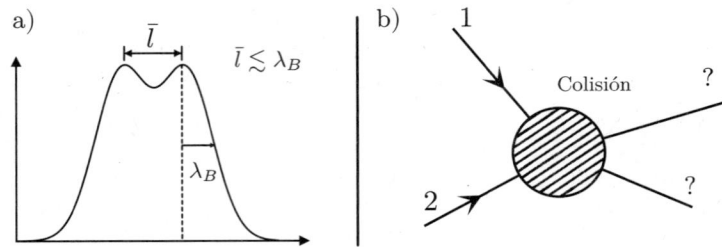

Figura 9.1: (a) Solapamiento de las funciones de onda de dos partículas; (b) Esquema de la pérdida de información sobre la identidad de las partículas tras una colisión.

Los líquidos cuánticos en la actualidad incluyen:

1. Electrones en metales líquidos o sólidos.

2. Cualquier colección de átomos o moléculas que verifiquen la condición $\bar{l} \leq \lambda_B$ y se encuentren en estado líquido o gaseoso:

   a) Isótopos líquidos del helio (^{4}He,^{3}He).

   b) Gases diluidos de metales alcalinos.

   c) Fase gaseosa del He atómico metaestable.

3. Núcleos de estrellas de neutrones.

Sistema	Estadística	Densidad (cm^{-3})	Tc (K)
Electrones en metales clásicos	Fermi	$\sim 10^{23}$	$1 - 25$
He^4 líquido	Bose	$\sim 10^{22}$	2,17
He^3 líquido	Fermi	$\sim 10^{22}$	$2 \cdot 10^{-3}$
Cupratos y otros exóticos	Fermi	$\sim 10^{21}$	$1 - 160$
Gases alcalinos de Bose	Bose	$\sim 10^{15}$	$10^{-7} - 10^{-5}$
Gases alcalinos de Fermi	Fermi/Bose	$\sim 10^{12}$	10^{-6}

Tabla 9.1: Líquidos cuánticos terrestres en orden de descubrimiento junto a sus densidades típicas y la temperatura crítica de superfluidez. [Adaptado de Leggett et al. (2006)]

En el tratamiento de estos sistemas, el objetivo esencial es obtener el espectro de las excitaciones (cuasipartículas) a bajas temperaturas, así como el número de ellas que se produce en las proximidades del cero absoluto a T finita.

Varios son los formalismos que se han utilizado para ello, desde el formalismo fenomenológico original de Landau -quien introduce el concepto de cuasipartícula en la descripción del líquido de Fermi- hasta la teoría diagramática de perturbaciones (expansión diagramática de la gran función de partición), pasando por el formalismo basado en la teoría de perturbaciones con métodos de segunda cuantización (teoría de Bogoliubov del líquido de Bose). En este texto introductorio haremos una breve descripción de los principales resultados de cada uno de estos enfoques, pretendiendo proporcionar una visión panorámica de un campo por lo demás vastísimo y de casi imposible resumen en un manual introductorio como este.

9.1.   Teoría fenomenológica de Landau

Originalmente fue introducida en el marco del estudio de fermiones interaccionantes, aunque, como veremos, sus ideas básicas son también válidas para la descripción de sistemas bosónicos (líquidos de Bose). Las ideas fundamentales detrás de la descripción de Landau son la adiabaticidad y el principio de exclusión. Landau sugiere describir los estados débilmente excitados de sistemas de partículas en interacción estableciendo una correspondencia 1-1 con los estados del correspondiente sistema ideal, mediante la "conexión" de la interacción. De esta manera, el estado fundamental del gas ideal se transformará adiabáticamente en el estado fundamental del sistema en interacción.

Comencemos con un estado de un sistema ideal de fermiones y añadamos una partícula en el estado $(\boldsymbol{p},\sigma)$ (σ puede hacerse cero sin pérdida de generalidad para sistemas bosónicos), y "conectemos" las interacciones entre partículas. La partícula se "vestirá" por su interacción con las demás,[2] lo que da lugar a un estado excitado de momento $\boldsymbol{p}$ y spin σ. En este proceso no se conserva la energía (pues cambia el hamiltoniano), y las excitaciones producidas tienen una vida media finita, ya que se desexcitarán en una colección de estados más complicados (e.g. excitaciones de pares de partícula-hueco en el mar de Fermi para sistemas fermiónicos). Luego, estos estados no son auténticos estados propios del hamiltoniano en interacción, aunque tengan números cuánticos definidos, y se denominan cuasi-excitaciones o cuasipartículas.

Landau (1958) introduce la idea de que cualquier estado débilmente excitado de un cuerpo macroscópico puede considerarse en mecánica cuántica como un conjunto de excitaciones elementales individuales correspondientes al sistema en su conjunto, pues no podemos considerar en ningún caso estados de partícula individual debido a la interacción. Estas excitaciones se propagan por el cuerpo condensado y se les puede atribuir energías e impulso concretos. Esto es lo que significan las cuasipartículas, excitaciones de larga vida media. En sistemas fermiónicos $\hbar/\tau_s \ll \epsilon_F$. Además, mientras el número de estas cuasipartículas permanezca suficientemente bajo podemos considerar que no interactúan entre sí y por ello pueden ser descritas como un gas perfecto. El

---

[2]Este concepto de partícula "vestida" se ha usado también en sistemas iónicos densos y permite una extensión de Debye-Hückel. En el fondo implica una renormalización de grados de libertad, de la carga $q \to q^*$ y de la interacción.

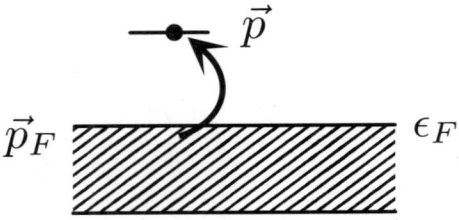

Figura 9.2: *Scattering* de una partícula desde el mar de Fermi

tiempo característico de la interacción, τ_s, que permite definir las cuasipartículas debe ser apropiado. En particular, la energía asociada ha de ser pequeña en la escala de energías correspondiente[3], y τ_s debe ser menor que el tiempo de vida de las cuasi-partículas que produce para que éstas no decaigan durante su propia producción. Así, en un sistema fermiónico el tiempo de vida media de una cuasipartícula de momento p producida por *scattering* de una partícula desde el mar de Fermi, puede obtenerse mediante la regla de oro de Fermi y sigue la relación $\tau^{-1} \sim (p - p_F)^2$, pues la partícula y la cuasipartícula deben dispersarse en una banda de anchura $(p - p_F)$ cerca de la energía de Fermi. Luego, las cuasipartículas estarán bien definidas únicamente si $p \rightarrow p_F$. Esto mismo puede concluirse (§ Landau (1958)) si consideramos las condiciones para que podamos definir la energía de las cuasipartículas, $\epsilon(p)$, lo que puede hacerse cuando la indeterminación del impulso es pequeño comparado con el propio impulso y con la anchura de la banda fronteriza de la distribución en la cual $n(p)$ difiere poco de la función escalón de Fermi-Dirac.

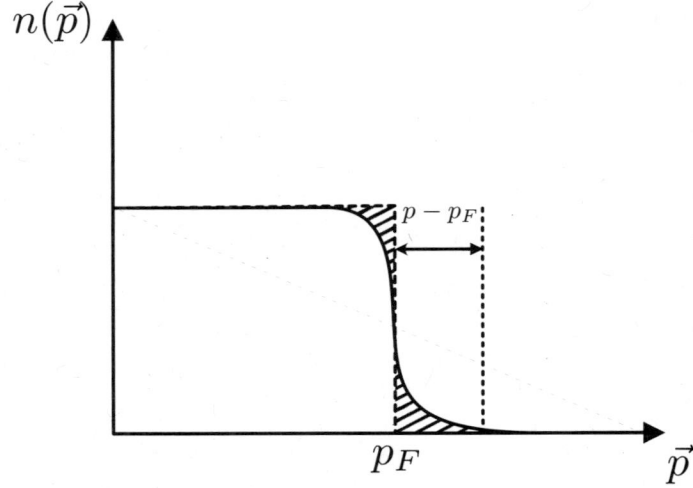

Figura 9.3: Modificación de la distribución de Fermi-Dirac por *scattering* de una partícula de momento p desde el mar de Fermi.

---

[3]Desacoplamiento adiabático ($\hbar/\tau_s \ll \epsilon_F$)

Desarrollando $\epsilon(p)$ en torno a ϵ_F a primer orden:

$$\epsilon(p) \simeq \epsilon(p_F) + \left(\frac{\partial \epsilon}{\partial p}\right)_{p=p_F} (p - p_F)$$

$$= \mu(T = 0) + v_F(p - p_F), \tag{9.1}$$

lo que permite definir, además, la masa efectiva de las cuasipartículas como

$$m^* = p_F/v_F. \tag{9.2}$$

No obstante, hay que señalar que la energía total del sistema en interacción (líquido) no es en ningún caso la suma de las energías de las cuasipartículas, ya que E es un funcional de la función de distribución que no se reduce a $\int n\epsilon d\epsilon$ como en el caso de los sistemas ideales. La energía de las cuasipartículas se define a partir de la variación de energía debida a las interacciones como (§ Landau, vol 5, p. 68):

$$\frac{\delta E}{V} = \int \epsilon(\boldsymbol{p}) \delta n \frac{d\boldsymbol{p}}{(2\pi\hbar)^3} \Rightarrow \epsilon(\boldsymbol{p}) = \frac{\delta E}{\delta n}, \tag{9.3}$$

por lo que $\epsilon(\boldsymbol{p})$ aparece como un funcional de la propia densidad de cuasipartículas en el sistema, siendo ϵ la variación de energía cuando se añade una cuasipartícula de impulso $\boldsymbol{p}$. No obstante, podemos escribir para un número suficientemente pequeño de cuasipartículas:

$$\frac{E - E_0}{V} = \int \frac{d\boldsymbol{p}}{h^3} \epsilon(\boldsymbol{p}) \delta n, \tag{9.4}$$

donde E_0 es la energía del sistema en estado fundamental y δn es la variación de la función de distribución respecto a la del sistema en equilibrio:

$$n_0 = \frac{1}{e^{\beta(\epsilon-\mu)} + 1}. \tag{9.5}$$

Se puede ver que para las cuasipartículas en un sistema fermiónico

$$n = \frac{1}{e^{\beta(\epsilon(n)-\mu)} + 1}. \tag{9.6}$$

Landau trata también el espectro energético de tipo Bose, postulando un espectro del tipo del representado en la Fig. 9.4. El espectro de líquidos bosónicos está caracterizado porque las excitaciones pueden aparecer o desaparecer de una en una, ya que al poder variar los momentos cinéticos del sistema cuántico (aquí todo el líquido) únicamente en número enteros, las excitaciones elementales deben tener momentos cinéticos enteros y, por tanto, obedecer, en este caso, la estadística de Bose. Este es un tipo de espectro universal que ha de presentar todo líquido compuesto por partículas que obedezcan a la estadística de Bose a p's bajos.

Veamos brevemente alguna de las principales condiciones de los argumentos fenomenológicos de Landau para este de tipo de espectros. La ley de dispersión $\epsilon(\boldsymbol{p})$ es la característica más importante de las cuasipartículas. A bajos valores

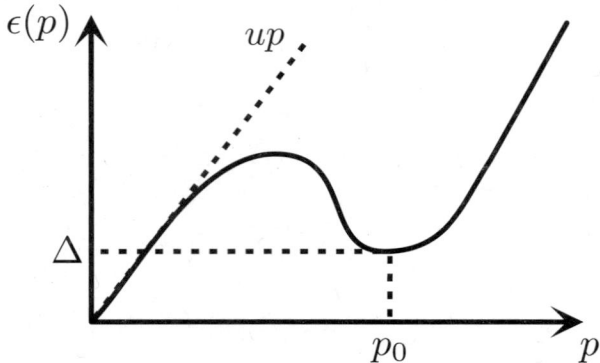

Figura 9.4: Espectro de excitaciones elementales del He^4.

del momento (i.e., a baja T), este espectro coincidirá con el de excitaciones acústicas ordinarias, i.e., fonones, por lo que $p \to 0$ y $\epsilon(p) \sim u \cdot p$, donde u es la velocidad del sonido en el líquido. Con esta ley de dispersión, podemos obtener la termodinámica de cualquier líquido de Bose a muy baja T sin más que usar las expresiones convencionales del gas de fonones, que tratamos en el capítulo 4.

$$\Delta F = -\frac{V\pi^2 T^4}{90\hbar^3 c^3} \qquad \frac{U - U_0}{V} = \frac{\pi^2 T^4}{30\hbar^3 c^3},$$
$$C = V\frac{2\pi^2 T^3}{15\hbar^3 c^3} \sim T^3. \tag{9.7}$$

A medida que $\boldsymbol{p}$ crece, irán observándose desviaciones de la linealidad límite debidas a la producción de nuevas excitaciones (denominadas en este caso rotones), y a valores $p \to \infty$, $\epsilon(p)$ no puede existir, ya que las cuasipartículas se vuelven inestables. Además, de acuerdo con las predicciones de Landau, a un momento correspondiente a la distancia interpartícular ($p_0 \propto a^{-1}$) el espectro debe mostrar un mínimo. Esto conduce a un espectro como el de la Fig. 9.4, aunque la obtención del espectro de las cuasipartículas en el régimen de momentos intermedios es compleja. Para ello puede utilizarse el siguiente argumento debido a Abrikosov et al. (2012). La energía de un fluido

$$E(\rho, \boldsymbol{v}) = \frac{1}{2}\int \rho\boldsymbol{v}^2 d\boldsymbol{r} + U(\rho), \tag{9.8}$$

es un funcional de la densidad que, en primera aproximación de pequeñas oscilaciones, podemos escribir como $\rho(\boldsymbol{r}) = \bar{\rho} + \delta\rho(\boldsymbol{r})$. La parte no dependiente de la velocidad se puede escribir, al orden más bajo, en serie de potencias de las perturbaciones de la densidad

$$U(\rho) = U(\bar{\rho}) + \int d\boldsymbol{r}\psi(\boldsymbol{r})\delta\rho(\boldsymbol{r}) + \frac{1}{2}\int \delta\rho(\boldsymbol{r})\delta\rho(\boldsymbol{r}')\phi(\boldsymbol{r}, \boldsymbol{r}')d\boldsymbol{r}d\boldsymbol{r}', \tag{9.9}$$

donde $\psi(\boldsymbol{r})$ y $\phi(\boldsymbol{r}, \boldsymbol{r}')$ representan, respectivamente, un posible campo externo y el potencial de interacción par interno del sistema. En el sistema homogéneo e isótropo ($\Psi(r) = cte.$), dado que las fluctuaciones de la densidad deben promediar a cero,

$$\int dr \delta\rho(r) = 0, \tag{9.10}$$

luego, el segundo sumando del miembro de la derecha debe anularse. Además, en esta situación $\phi(r, r\,') = \phi(|r - r\,'|)$. Teniendo en cuenta la ecuación de continuidad que relaciona la densidad con el campo de velocidades en el fluido

$$\dot{\rho} + \nabla(\rho v) = 0, \tag{9.11}$$

y su expansión de primer orden en ρ y v, $\dot{\rho} + \bar{\rho}\nabla v = 0$, y transformando estas magnitudes por Fourier,

$$\delta\rho(r) = \frac{1}{V} \sum_p \rho_p e^{ipr}, \tag{9.12}$$

$$v(r) = \frac{1}{V} \sum_p v_p e^{ipr}, \tag{9.13}$$

$$\phi(r) = \frac{1}{V} \sum_p \phi_p e^{ipr}, \tag{9.14}$$

la energía del fluido se expresa de la forma:

$$E(\rho, v) = U(\bar{\rho}) + \frac{1}{2V} \sum_p |v_p|^2 + \frac{1}{2V} \sum_p \phi_p \rho_p^2, \tag{9.15}$$

donde hemos usado la definición usual de función delta de Dirac

$$\frac{1}{V} \int dr e^{i(p'-p)r} = \delta(p' - p). \tag{9.16}$$

Transformando por Fourier la ecuación de continuidad,[4]

$$\dot{\rho}_p = -i\bar{\rho}p v_p \Leftrightarrow v_p = i\frac{\dot{\rho}_p p}{\bar{\rho}p^2}, \tag{9.18}$$

y combinándola con la Ec. (9.15), obtenemos de manera directa

$$\begin{aligned} E(\rho, v) &= U(\bar{\rho}) + \frac{1}{2V} \sum_p \bar{\rho}|v_p|^2 + \frac{1}{2V} \sum_p \phi_p \rho_p^2 \\ &= U(\bar{\rho}) + \frac{1}{V} \sum_p \left[\bar{\rho}\frac{|\dot{\rho}_p|^2 p^2}{2\bar{\rho}^2 p^4} + \frac{1}{2}\phi_p \rho_p^2 \right] \\ &= U(\bar{\rho}) + \frac{1}{V} \sum_p \left[\frac{|\dot{\rho}_p|^2}{2\bar{\rho}p^2} + \frac{1}{2}\phi_p \rho_p^2 \right], \end{aligned} \tag{9.19}$$

---

[4]Hay que tener en cuenta que si $f(r) = \nabla g(r)$, entonces

$$\hat{f}(p) = -ip\hat{g}(p). \tag{9.17}$$

que no es sino la ecuación de un oscilador armónico para la densidad del fluido, de frecuencia $\omega_p^2 = \bar{\rho} p^2 \phi_p$. De este modo vemos que las pequeñas oscilaciones de un fluido pueden escribirse como un conjunto de excitaciones armónicas independientes, con energías $\varepsilon_p = (n+1/2)\hbar\omega_p$, cuya relación de dispersión es, obviamente, $\varepsilon(\boldsymbol{p}) = \hbar\omega_p$. La energía del estado fundamental del fluido de Bose puede expresarse entonces como:

$$E_0 = U(\bar{\rho}) + \frac{1}{2}\sum_p \hbar\omega_p, \tag{9.20}$$

lo que implica que

$$\frac{1}{2}V\omega_p = \frac{\overline{|\dot{\rho}_p|^2}}{2\bar{\rho}p^2} + \frac{1}{2}\phi_p\overline{\rho_p^2} = \phi_p\overline{\rho_p^2}. \tag{9.21}$$

De este modo, podemos expresar la relación de dispersión de las excitaciones del fluido de Bose como

$$\varepsilon(\boldsymbol{p}) = \hbar\omega_p = \frac{p^2}{2mS(\boldsymbol{p})}, \tag{9.22}$$

donde

$$S(\boldsymbol{p}) = \frac{\phi_p\overline{\rho_p^2}}{Vm\bar{\rho}}, \tag{9.23}$$

es la transformada de Fourier de la función de correlación de las fluctuaciones de la densidad numérica de partículas del fluido $(mn(\boldsymbol{r}) = \rho(\boldsymbol{r}))$,

$$S(\boldsymbol{r} - \boldsymbol{r}\,') = \frac{\overline{[n(\boldsymbol{r}) - \bar{n}][n(\boldsymbol{r}\,') - \bar{n}]}}{\bar{n}}, \tag{9.24}$$

i.e., el factor estático de estructura del sistema. Esta relación fue obtenida por primera vez por Feynman (1954), aunque el argumento que presentamos es debido a Abrikosov et al. y, como los propios autores señalan, no cree que sea menos general que el de Feynman y sí mucho más sencillo. En la región de momentos pequeños (longitudes de onda largas), el factor de estructura es lineal en el momento, $S(\boldsymbol{p}) \sim p/2mu$, siendo u la velocidad del sonido en el medio. Por otro lado, a longitudes de onda pequeñas, podemos hacer $S(\boldsymbol{r}) = \delta(\boldsymbol{r}) + \nu(\boldsymbol{r})$, aislando la singularidad en el origen $(p \to \infty)$, de modo que $S(\boldsymbol{p}) = 1 + \nu(\boldsymbol{p}) \sim 1$ y, por tanto, $S(\boldsymbol{p}) \sim p^2/2m$, de forma que el espectro de las excitaciones elementales según la Ec. (9.22) es la correspondiente a una partícula libre del fluido. Estos límites del espectro de la excitaciones elementales necesitan ser complementados con alguna conjetura sobre el comportamiento de $\varepsilon(\boldsymbol{p})$ a momentos intermedios para construir el espectro que puede verse en la Fig. 9.4. En este régimen el factor estático de estructura puede crecer monótonamente entre 0 y 1 o tener algún máximo asociado a un patrón estructural (adyacencia). Como se dijo, Landau (1941, 1947) introdujo la hipótesis de que este máximo se produce en el momento $p_0 \sim 1/a$ asociado al inverso de la distancia entre partículas, lo que conduce a un mínimo en el espectro de las excitaciones elementales. Así, en la región de pequeños momentos (muy bajas temperaturas), el espectro corresponde a excitaciones elementales acústicas, i.e., fonones.

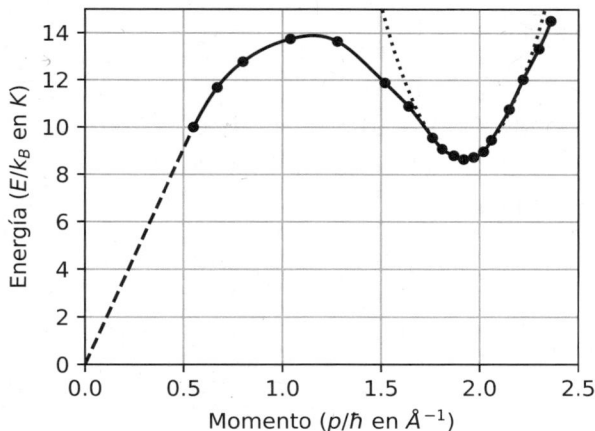

Figura 9.5: Espectro experimental de excitaciones elementales del He^4 líquido a 1.1 K. Datos procedentes de Yarnell et al. (1959). La linea de rayas corresponde al espectro de fonones y la punteada con el ajuste a la Ec. (9.26).

A momentos del orden de p_0 dominan las excitaciones que presentan una relación de dispersión que puede obtenerse mediante una expansión en serie de potencias en torno a p_0:

$$\epsilon(p) \simeq \epsilon(p_0) + \left(\frac{\partial \epsilon}{\partial p}\right)_{p=p_0} (p - p_0) + \frac{1}{2}\left(\frac{\partial^2 \epsilon}{\partial p^2}\right)_{p=p_0} (p - p_0)^2 + \mathrm{O}(p - p_0)^3. \quad (9.25)$$

Definiendo $\varepsilon(p_0) = \Delta$ y teniendo en cuenta que $\varepsilon(p_0)$ es un mínimo local del espectro, $(\frac{\partial \epsilon}{\partial p})_{p_0} = 0$, obtenemos, al orden más bajo en el momento,

$$\varepsilon(p) = \Delta + \frac{(p - p_0)^2}{2\mu} \qquad (9.26)$$

donde μ tiene dimensiones de masa y es constante. A las cuasipartículas que muestran espectros de este tipo Landau las denominó rotones. Así pues, la fenomenología termodinámica del ^{4}He puede describirse a $T \to 0$ como un gas de rotones que, a densidades de estos suficientemente pequeñas, será un gas ideal. Experimentalmente se demuestra, determinando $S(\boldsymbol{p})$, mediante dispersión de neutrones que el espectro de cuasipartículas del He^4 es de la forma mostrada en la Fig. 9.4 (véase Fig. 9.5).

9.2. Superfluidez

La propiedad más interesante de los fluidos de Bose es la denominada superfluidez, que consiste en el flujo del fluido a través de capilares sin disipación de energía por fricción (viscosidad nula). Es posible ver que un líquido cuántico que presenta un espectro del tipo (9.26) debe presentar esta propiedad.[5]

[5]Kapitza (1938)

Landau lo demuestra mediante argumentos fenomenológicos que por su interés reproduciremos brevemente a continuación.

Consideremos un gas de bosones en equilibrio en el que se introduce un cuerpo con velocidad $\boldsymbol{v}$. Si el gas presenta viscosidad, el cuerpo debe perder energía, que se transforma siempre que sea posible, en cuasipartículas del fluido. Supongamos que el cuerpo pierde una energía ΔE y un momento $\Delta \boldsymbol{P}$, y que esto da lugar a la aparición de un número de cuasipartículas $n(\boldsymbol{p})$ de diferentes momentos $\boldsymbol{p}$. Así:

$$\Delta \boldsymbol{P} = \sum_{\boldsymbol{p}} n(\boldsymbol{p})\boldsymbol{p} = \sum_{\boldsymbol{k}} n(\boldsymbol{k})\hbar \boldsymbol{k}, \tag{9.27}$$

$$\Delta E = \sum_{\boldsymbol{k}} n(\boldsymbol{k})\epsilon(\boldsymbol{k}). \tag{9.28}$$

Por otro lado, la energía y el momento que pierde un cuerpo en movimiento se expresan como

$$\Delta E = \delta(p^2/2m) = \frac{2\boldsymbol{p}}{2m}\delta \boldsymbol{p} = \boldsymbol{v} \cdot \Delta \boldsymbol{p} = \boldsymbol{v} \cdot \sum_{\boldsymbol{k}} n(\boldsymbol{k})\hbar \boldsymbol{k}, \tag{9.29}$$

por lo que, comparando las dos ecuaciones anteriores

$$\sum_{\boldsymbol{k}} n(\boldsymbol{k})\left[\epsilon(\boldsymbol{k}) - \hbar \boldsymbol{v} \cdot \boldsymbol{k}\right] = 0. \tag{9.30}$$

Dado que esta ecuación ha de verificarse para cualesquiera distribuciones de cuasipartículas, i.e., para $n(\boldsymbol{k})$ arbitrarios:

$$\epsilon(\boldsymbol{k}) = \hbar \boldsymbol{v}\boldsymbol{k} = \hbar vk \cos(\boldsymbol{v}, \boldsymbol{k}), \tag{9.31}$$

o lo que es lo mismo:

$$v = \frac{\epsilon(\boldsymbol{k})}{\hbar k \cos(\boldsymbol{v}, \boldsymbol{k})} \geqslant v_{crit} \equiv \frac{\epsilon(\boldsymbol{k})}{\hbar k}, \tag{9.32}$$

ya que $0 \leq \cos(\boldsymbol{v}, \boldsymbol{k}) \leq 1$. Así, para una velocidad del cuerpo por debajo de v_{crit}, igual a la velocidad del sonido en el sistema, no es posible la ralentización del fluido disipando energía del cuerpo a costa de la generación de cuasipartículas en el líquido cuántico, por lo que no existen mecanismos de fricción en el fluido. Es evidente que la propiedad de superfluidez estará presente siempre que $v_{crit} > 0$, lo que implica que no hay ningún punto en el espectro $\epsilon(\boldsymbol{p})$ en el cual $\frac{\epsilon(\boldsymbol{k})}{\hbar \boldsymbol{k}} = 0$. Dejando de lado situaciones muy improbables en las que esto se produzca a $\boldsymbol{p} \neq 0$, la superfluidez implica que en el origen la curva no sea tangente al eje k, ya que $\epsilon(\boldsymbol{k})/\hbar k$ representa la recta secante a $\epsilon(\boldsymbol{k})$ en un punto de la curva. Luego la superfluidez exige que el espectro de cuasipartículas a valores $k \to 0$ sea de naturaleza fonónica, i.e., $\epsilon(\boldsymbol{k}) = \omega_s k$, condición que, como hemos visto, verifica el espectro de ^{4}He.

Estudiaremos a continuación con más detalle el espectro de cuasipartículas y los fenómenos de superfluidez en fluidos cuánticos neutros y cargados.

9.3. Teoría de Bogoliubov del líquido de Bose

La teoría de Ginzburg-Landau que vimos en el tema anterior es una descripción fenomenológica de la transición de fase y del comportamiento de la superfluidez. Introduciremos ahora descripciones microscópicas de la superfluidez -y en la próxima sección la teoría BCS de la superconductividad- que proporcionan el fundamento microscópico de esas teorías.

La teoría de campo medio de gases de Bose débilmente interaccionantes fue desarrollada en 1947 por Nikolai N. Bogoliubov (Bogoliubov (1947); Bogoliubov & Zubarev (1955)). Como veremos a continuación, utilizando el formalismo de la segunda cuantización es posible calcular la termodinámica de estos sistemas mediante teoría de perturbaciones, obteniendo el espectro de los estados débilmente excitados y el número de partículas en ellos, resultado de las interacciones en el sistema. Consideraremos, para ello, gases débilmente imperfectos, i.e., aquellos en los que el radio de la interacción es considerablemente menor que la distancia media entre partículas, $a \ll \bar{l}$, o lo que es lo mismo, $ka \ll 1$, donde k es el número de onda de las partículas del gas. Por otro lado, y consecuentemente, únicamente tendremos en cuenta colisiones binarias siendo la energía potencial de interacción entre dos cualesquiera de ellas $u_{12}(r)$. Como es sabido, Ref. Merzbacher (1998), suponiendo colisiones lentas (Landau) podemos escribir la amplitud de dispersión a partir de la aproximación de Born,[6]

$$f(r) = -\frac{m}{4\pi\hbar^2} \int u_{12}(r)e^{-i\boldsymbol{qr}}d\boldsymbol{r},$$

$$-f(r) \simeq \frac{m}{4\pi\hbar^2} \int u_{12}(r)d\boldsymbol{r} = \frac{m}{4\pi\hbar^2}U_0, \qquad (9.33)$$

donde hemos tenido en cuenta que $u_{12}(r)$ es despreciable lejos de la región de colisión y además en esta región $\boldsymbol{qr} <<$. La ecuación anterior determina completamente las colisiones binarias, y por tanto también debe determinar completamente la termodinámica del sistema en esta aproximación. Así, podremos sustituir la función $u_{12}(r)$ -que puede tomar valores muy grandes cuando la distancia entre las partículas es muy pequeña, lo que impide la aplicación de la teoría de perturbaciones-, por otra que permita dicha aproximación a la vez que preserva la amplitud de dispersión. Esta aplicación de la teoría de perturbaciones junto con el formalismo de la segunda cuantización constituye el núcleo de la teoría de Bogoliubov del gas de Bose debilmente interaccionante.

Obtengamos ahora el espectro de los estados debilmente excitados de un gas de Bose débilmente interaccionante, aplicando teoría de perturbaciones y el formalismo de segunda cuantización. El hamiltoniano de un sistema en interacción con colisiones binarias en ausencia de campo externo puede escribirse

---

[6]La sección eficaz de dispersión se obtiene como el módulo al cuadrado de esta amplitud.

como:

$$\hat{H} = \sum_i \frac{\hat{p}_i^2}{2m} + \frac{1}{2} \sum_{i \neq j} \hat{U}(r_{ij}). \tag{9.34}$$

Al no estar fijadas las posiciones de las partículas y ser, por tanto, indistinguibles por no localizadas, se hace natural la introducción del formalismo de la segunda cuantización. Obtengamos la expresión del hamiltoniano anterior en dicho formalismo (i.e. en una representación de números de ocupación de estados). En general, un operador de 1-partícula, $\hat{A}$, puede expresarse en la representación de ocupación en términos de los operadores de campo en operadores función de onda, $\hat{\psi}(\boldsymbol{r})$, como:

$$A = \int \hat{\psi}^\dagger(\boldsymbol{r}) \hat{A} \hat{\psi}(\boldsymbol{r}) d\boldsymbol{r}. \tag{9.35}$$

Desarrollando los operadores de campo u operadores función de onda en una base de autovectores de A (que supondremos sin pérdida de generalidad ortonormal), tenemos:

$$\hat{\psi}(\boldsymbol{r}) = \sum_s \hat{a}_s \varphi_s(\boldsymbol{r}), \qquad \hat{\psi}^\dagger(\boldsymbol{r}) = \sum_s \hat{a}_s^\dagger \varphi_s^*(\boldsymbol{r}), \tag{9.36}$$

de tal manera que:

$$\begin{aligned}
A &= \int \sum_s \hat{a}_s^\dagger \varphi_s^*(\boldsymbol{r}) \hat{A} \sum_r \hat{a}_r \varphi_r(\boldsymbol{r}) d\boldsymbol{r} \\
&= \sum_s \sum_r \hat{a}_r \hat{a}_s^\dagger \int d\boldsymbol{r} \varphi_s^*(\boldsymbol{r}) \hat{A} \varphi_r(\boldsymbol{r}) \\
&= \sum_s \sum_r \hat{a}_r \hat{a}_s^\dagger \int d\boldsymbol{r} \varphi_s^*(\boldsymbol{r}) A \varphi_r(\boldsymbol{r}) \\
&= \sum_s \sum_r \hat{a}_r \hat{a}_s^\dagger A_{rs}, \tag{9.37}
\end{aligned}$$

donde $A_{rs} = \langle \varphi_s(\boldsymbol{r}) | \hat{A} | \varphi_r(\boldsymbol{r}) \rangle$. Si la base es ortonormal, $A_{rs} = A_s \delta_{rs}$, y entonces

$$A = \sum_s \sum_r \hat{a}_r \hat{a}_s^\dagger A_s \delta_{sr} = \sum_s A_s \hat{a}_s \hat{a}_s^\dagger = \sum_s A_s \hat{n}_s. \tag{9.38}$$

En particular, el operador energía cinética puede expresarse por aplicación de lo anterior como

$$\hat{T} = \sum_i \frac{\hat{p}_i^2}{2m} = \sum_k \frac{\hbar^2 k^2}{2m} \hat{a}^\dagger(\boldsymbol{k}) \hat{a}(\boldsymbol{k}) \tag{9.39}$$

$$= \sum_k \frac{\hbar^2 k^2}{2m} \hat{n}(\boldsymbol{k}), \tag{9.40}$$

donde los $\hat{a}^\dagger(\boldsymbol{k}), \hat{a}(\boldsymbol{k})$ son, respectivamente, los operadores de creación y destrucción de partículas de momento $\boldsymbol{k}$.

De la misma manera que se acaba de hacer para operadores de una partícula, podemos obtener la expresión en términos de operadores de ocupación para operadores de dos partículas

$$\hat{B} = \frac{1}{2} \sum_{i \neq j} B_{ij}. \tag{9.41}$$

Para los actuales propósitos, el caso más importante de este tipo de operadores de la energía total de interacción

$$H^{int} \equiv \hat{U} = \frac{1}{2} \sum_{i \neq j} \hat{U}(r_{ij}). \tag{9.42}$$

Su expresión en términos de los operadores función de onda es:

$$\hat{U} = \frac{1}{2} \int \int \hat{\psi}^\dagger(\boldsymbol{r}_1)\hat{\psi}^\dagger(\boldsymbol{r}_2)\hat{U}(r_{ij})\hat{\psi}(\boldsymbol{r}_2)\hat{\psi}(\boldsymbol{r}_1)d\boldsymbol{r}_1 d\boldsymbol{r}_2$$
$$= \frac{1}{2V^2} \sum_{\boldsymbol{k}_1,\boldsymbol{k}_2} \sum_{\boldsymbol{k}_1',\boldsymbol{k}_2'} U(\boldsymbol{k}_1,\boldsymbol{k}_2,\boldsymbol{k}_1',\boldsymbol{k}_2')\hat{a}^\dagger(\boldsymbol{k}_1')\hat{a}^\dagger(\boldsymbol{k}_2')\hat{a}(\boldsymbol{k}_1)\hat{a}(\boldsymbol{k}_2), \tag{9.43}$$

donde

$$U(\boldsymbol{k}_1,\boldsymbol{k}_2,\boldsymbol{k}_1',\boldsymbol{k}_2') = \int U(r_{12})e^{i(\boldsymbol{k}_1\boldsymbol{r}_1+\boldsymbol{k}_2\boldsymbol{r}_2-\boldsymbol{k}_1'\boldsymbol{r}_1-\boldsymbol{k}_2'\boldsymbol{r}_2)}d\boldsymbol{r}_1 d\boldsymbol{r}_2, \tag{9.44}$$

son los elementos de matriz del operador energía total de interacción en la base de autoestados del momento lineal:

$$\varphi_{\boldsymbol{k}}(\boldsymbol{r}) = \frac{1}{\sqrt{V}}e^{i\boldsymbol{k}\boldsymbol{r}}. \tag{9.45}$$

Así pues, usando la Ec. (9.43) se puede escribir el hamiltoniano de un sistema de bosones débilmente interaccionante como (véanse ejercicios 9.2 y 9.3):

$$\hat{H} = \sum_{\boldsymbol{k}} \frac{\hbar^2 k^2}{2m}\hat{a}^\dagger(\boldsymbol{k})\hat{a}(\boldsymbol{k}) + \frac{1}{2V} \sum_{\boldsymbol{k}_1,\boldsymbol{k}_2,\boldsymbol{k}} U(k)\hat{a}^\dagger(\boldsymbol{k}_1+\boldsymbol{k})\hat{a}^\dagger(\boldsymbol{k}_2-\boldsymbol{k})\hat{a}(\boldsymbol{k}_2)\hat{a}(\boldsymbol{k}_1).$$
$$\tag{9.46}$$

En el límite de interacciones débiles, la fracción de partículas que abandona el condensado debido a interacciones (a $T = 0$, N) es muy pequeña respecto al número total de bosones:

$$N_{ex} = \sum_{\boldsymbol{k} \neq 0} \langle \hat{a}^\dagger(\boldsymbol{k})\hat{a}(\boldsymbol{k}) \rangle \ll N, \tag{9.47}$$

lo que implica que $N_0 \simeq N$. En particular, esto significa que los términos del conmutador

$$\left[\hat{a}^\dagger(0), \hat{a}(0) \right] = \hat{a}^\dagger(0)\hat{a}(0) - \hat{a}(0)\hat{a}^\dagger(0) = 1, \tag{9.48}$$

son ambos proporcionales a $N_0 = N - N_{\text{exc}}$ y, por lo tanto, mucho mayores que el propio conmutador, ya que, dado que a $T = 0$ todo el sistema está en el condensado y la fracción excitada debido a la débil interacción es muy pequeña,[7] $a_0^\dagger a_0 = N_0 \simeq N$. Por ello es posible despreciar el valor del conmutador y suponer que a_0 y $a_0^\dagger$ son C-números iguales a $\sqrt{N_0}$. Usando esta aproximación es posible hacer una expansión en $\frac{N-N_0}{N}$ del hamiltoniano del sistema, teniendo en cuenta que el término de energía cinética no tiene contribución del estado $\boldsymbol{k} = 0$ y singularizando la contribución de $\hat{a}^\dagger(0)$ y $\hat{a}(0)$ al hamiltoniano de interacción. Considerando, además, la conservación del momento lineal obtenemos

$$
\hat{H}^{int} = \frac{1}{2V} \Big\{ U(0) \left[\hat{a}^\dagger(0)\hat{a}(0) \right]^2
$$
$$
+ \sum_{\boldsymbol{k}\neq 0} [U(0) + U(\boldsymbol{k})] \left[\hat{a}^\dagger(\boldsymbol{k})\hat{a}(\boldsymbol{k}) + \hat{a}^\dagger(-\boldsymbol{k})\hat{a}(-\boldsymbol{k}) \right] \hat{a}^\dagger(0)\hat{a}(0)
$$
$$
+ \sum_{\boldsymbol{k}\neq 0} U(\boldsymbol{k})\{|\hat{a}(0)|^2 \hat{a}^\dagger(\boldsymbol{k})\hat{a}^\dagger(-\boldsymbol{k}) + \left[\hat{a}^\dagger(0)\right]^2 \hat{a}(\boldsymbol{k})\hat{a}(-\boldsymbol{k})\} \Big\} \tag{9.49}
$$

mas términos lineales y de orden 0 en $\hat{a}^\dagger(0)$ y $\hat{a}(0)$. La expresión anterior puede aproximarse, preservando únicamente los términos de orden más alto en N_0:

$$
H^{int} \simeq \frac{U(0)N_0^2}{2V} + \frac{U(0)N_0}{2V} \sum_{\boldsymbol{k}\neq 0} \left[\hat{a}^\dagger(\boldsymbol{k})\hat{a}(\boldsymbol{k}) + \hat{a}^\dagger(-\boldsymbol{k})\hat{a}(-\boldsymbol{k}) \right]
$$
$$
+ \frac{N_0}{2V} \sum_{\boldsymbol{k}\neq 0} U(\boldsymbol{k}) \Big[\hat{a}^\dagger(\boldsymbol{k})\hat{a}(\boldsymbol{k}) + \hat{a}^\dagger(-\boldsymbol{k})\hat{a}(-\boldsymbol{k})
$$
$$
+ \hat{a}^\dagger(\boldsymbol{k})\hat{a}^\dagger(-\boldsymbol{k}) + \hat{a}(\boldsymbol{k})\hat{a}(-\boldsymbol{k}) \Big]. \tag{9.50}
$$

Teniendo en cuenta que el número total de partículas puede escribirse como:

$$
N = N_0 + \frac{1}{2} \sum_{\boldsymbol{k}\neq 0} \left[\hat{a}^\dagger(\boldsymbol{k})\hat{a}(\boldsymbol{k}) + \hat{a}^\dagger(-\boldsymbol{k})\hat{a}(-\boldsymbol{k}) \right], \tag{9.51}
$$

y que $N \simeq N_0$ podemos reexpresar la parte de interacción del hamiltoniano como:

$$
H^{int} \simeq \frac{U(0)N^2}{2V} + \frac{N_0}{2V} \sum_{\boldsymbol{k}\neq 0} U(\boldsymbol{k}) \Big[\hat{a}^\dagger(\boldsymbol{k})\hat{a}(\boldsymbol{k}) + \hat{a}^\dagger(-\boldsymbol{k})\hat{a}(-\boldsymbol{k})
$$
$$
+ \hat{a}^\dagger(\boldsymbol{k})\hat{a}^\dagger(-\boldsymbol{k}) + \hat{a}(\boldsymbol{k})\hat{a}(-\boldsymbol{k}) \Big]. \tag{9.52}
$$

Consecuentemente, podemos expresar el hamiltoniano total como:

$$
H = \frac{U(0)N^2}{2V} + \frac{1}{2} \sum_{\boldsymbol{k}\neq 0} \left[U(\boldsymbol{k})\frac{N_0}{V} + \epsilon(\boldsymbol{k}) \right] \left[\hat{a}^\dagger(\boldsymbol{k})\hat{a}(\boldsymbol{k}) + \hat{a}^\dagger(-\boldsymbol{k})\hat{a}(-\boldsymbol{k}) \right]
$$
$$
+ \frac{1}{2} \sum_{\boldsymbol{k}\neq 0} \frac{U(\boldsymbol{k})N_0}{V} \left[\hat{a}^\dagger(\boldsymbol{k})\hat{a}^\dagger(-\boldsymbol{k}) + \hat{a}(\boldsymbol{k})\hat{a}(-\boldsymbol{k}) \right], \tag{9.53}
$$

---

[7]Esta aproximación no es otra cosa que sustituir los operadores por sus valores medios, lo que convierte a la teoría de Bogoliubov en una aproximación de campo medio

donde $\epsilon(\boldsymbol{k}) = \hbar^2 k^2/2m$. El tercer término de esta ecuación describe la posible creación y aniquilación de pares de partículas con momentos $\boldsymbol{k}$ y $-\boldsymbol{k}$, que dejan el condensado (el estado con momento $\boldsymbol{k} = 0$ y energía $\epsilon = 0$) debido a las interacciones, siempre que se conserve el momento lineal en la colisiones binarias. Hagamos ahora una transformación canónica (denominada transformación de Bogoliubov) que permita diagonalizar el hamiltoniano anterior para calcular el espectro de las excitaciones del gas de bosones débilmente interaccionante. Esto se consigue mediante una transformación lineal de los operadores $\hat{a}(\boldsymbol{k})$ y $\hat{a}^\dagger(\boldsymbol{k})$ a unos nuevos operadores $\alpha(\boldsymbol{k})$ y $\alpha^\dagger(\boldsymbol{k})$ de la forma:

$$\alpha(\boldsymbol{k}) = u_k \hat{a}(\boldsymbol{k}) + v_k \hat{a}^\dagger(-\boldsymbol{k}), \tag{9.54}$$

$$\alpha^\dagger(\boldsymbol{k}) = u_k \hat{a}^\dagger(\boldsymbol{k}) + v_k \hat{a}(-\boldsymbol{k}), \tag{9.55}$$

que, lógicamente, deberán verificar las mismas condiciones de conmutación que los bosones originales:

$$[\alpha(\boldsymbol{k}), \alpha(\boldsymbol{k}')] = [\alpha^\dagger(\boldsymbol{k}), \alpha^\dagger(\boldsymbol{k}')] = 0,$$

$$[\alpha(\boldsymbol{k}), \alpha^\dagger(\boldsymbol{k}')] = \delta_{\boldsymbol{k},\boldsymbol{k}'}. \tag{9.56}$$

Sustituyendo (9.55) en (9.56) podemos demostrar de manera inmediata que:

$$[u_k \hat{a}(\boldsymbol{k}) + v_k \hat{a}^\dagger(-\boldsymbol{k}), u_k \hat{a}^\dagger(\boldsymbol{k}) + v_k \hat{a}(-\boldsymbol{k})] = u_k^2 [\hat{a}(\boldsymbol{k}), \hat{a}^\dagger(\boldsymbol{k})] + v_k[\hat{a}^\dagger(-\boldsymbol{k}), \hat{a}(-\boldsymbol{k})]$$
$$= u_k^2 - v_k^2 = 1, \tag{9.57}$$

lo que sugiere funciones hiperbólicas para los coeficientes u_k y v_k. Por otro lado, despejando los $\hat{a}(\boldsymbol{k})$, $\hat{a}^\dagger(\boldsymbol{k})$ en términos de los $\alpha(\boldsymbol{k})$, $\alpha^\dagger(\boldsymbol{k})$, tendremos un hamiltoniano

$$H = \frac{U(0)N^2}{2V} + \sum_{\boldsymbol{k} \neq 0} \left[\epsilon(\boldsymbol{k}) + \frac{N_0}{V}U(\boldsymbol{k})v_k^2 - \frac{N_0}{V}U(\boldsymbol{k})v_k \right]$$

$$+ \frac{1}{2} \sum_{\boldsymbol{k} \neq 0} \left[\epsilon(\boldsymbol{k}) + \frac{N_0}{V}U(\boldsymbol{k})(u_k^2 + v_k^2) - 2\frac{2N_0}{V}U(\boldsymbol{k})u_k v_k \right] \left[\alpha^\dagger(\boldsymbol{k})\alpha(\boldsymbol{k}) + \alpha^\dagger(-\boldsymbol{k})\alpha(-\boldsymbol{k}) \right]$$

$$+ \frac{1}{2} \sum_{\boldsymbol{k} \neq 0} \left[\frac{N_0}{V}U(\boldsymbol{k})(u_k^2 + v_k^2) - 2[\epsilon(\boldsymbol{k}) + \frac{N_0}{V}U(\boldsymbol{k})]u_k v_k \right] \left[\alpha^\dagger(\boldsymbol{k})\alpha^\dagger(-\boldsymbol{k}) + \alpha(\boldsymbol{k})\alpha(-\boldsymbol{k}) \right]. \tag{9.58}$$

Eligiendo u_k y v_k de manera que eliminemos el último término del hamiltoniano (el único no diagonal), obtendremos de manera directa un H diagonal, con lo que la obtención del espectro de energías de las excitaciones será inmediato. Así:

$$\frac{2u_k v_k}{u_k^2 + u_k^2} = \frac{N_0 U(\boldsymbol{k})}{V[\epsilon(\boldsymbol{k}) + \frac{N_0}{V}U(\boldsymbol{k})]}. \tag{9.59}$$

Como hemos mencionado anteriormente, la condición que garantiza que $u_k^2 - v_k^2 = 1$ es que:

$$u_k = \cosh \phi_k, v_k = \operatorname{senh} \phi_k, \tag{9.60}$$

y, por tanto, la condición de diagonalización implica que ($n_0 \equiv \frac{N_0}{V}$)

$$\tanh(2\phi_k) = \frac{n_0 U(\boldsymbol{k})}{\epsilon(\boldsymbol{k}) + n_0 U(\boldsymbol{k})}, \tag{9.61}$$

$$\cosh(2\phi_k) = u_k^2 + v_k^2 = \frac{\epsilon(\boldsymbol{k}) + n_0 U(\boldsymbol{k})}{E_k}, \tag{9.62}$$

$$\operatorname{senh}(2\phi_k) = 2u_k v_k = \frac{n_0 U(\boldsymbol{k})}{E_k}. \tag{9.63}$$

Con estas relaciones podemos reescribir el hamiltoniano de la forma:

$$H = E_0 + \sum_{\boldsymbol{k} \neq 0} E_k \alpha^\dagger(\boldsymbol{k}) \alpha(\boldsymbol{k}), \tag{9.64}$$

donde

$$E_0 = \frac{U(0) N^2}{2V} - \frac{1}{2} \sum_{\boldsymbol{k} \neq 0} \left[\epsilon(\boldsymbol{k}) + \frac{N_0}{V} U(\boldsymbol{k}) - E_k \right], \tag{9.65}$$

y

$$E_k = \sqrt{[\epsilon(\boldsymbol{k}) + n_0 U(\boldsymbol{k})]^2 - [n_0 U(\boldsymbol{k})]^2}$$

$$= \sqrt{\frac{\hbar^2 k^2}{2m} \left[2n_0 U(\boldsymbol{k}) + \frac{\hbar^2 k^2}{2m} \right]}. \tag{9.66}$$

Por tanto, cerca del cero absoluto, la energía de un sistema de Bose débilmente interaccionante se puede expresar como la suma de un término del estado fundamental (E_0) y la energía de cuasipartículas independientes de energías $E_k = E(\boldsymbol{k})$, creadas y destruidas por $\alpha^\dagger(\boldsymbol{k})$ y $\alpha(\boldsymbol{k})$, respectivamente. Con esto queda completamente explicitado el espectro energético de los estados débilmente excitados del gas de bosones, que corresponde a un espectro de tipo Bose.

Analicemos ahora el comportamiento del espectro de cuasipartículas en los límites $k \to 0$ y $k \to \infty$.

1. $k \to 0$. En este caso

$$E(k) \simeq \sqrt{\frac{N_0 \epsilon(0)}{mV}} \hbar k, \tag{9.67}$$

   i.e., fonones de velocidad $\sqrt{\frac{N_0 \epsilon(0)}{mV}} \hbar$. El comportamiento lineal en $\boldsymbol{k}$ a bajos valores del momento lineal es esencial, como ya vimos, para el fenómeno de la superfluidez.

2. $k \to \infty$. En este régimen el comportamiento del espectro está dominado por la función $U(\boldsymbol{k})$. Si $U(\boldsymbol{k})$ decrece o crece de manera más lenta que k^2, entonces se tiene un comportamiento de partícula libre:

$$E(k) \simeq \frac{\hbar^2 k^2}{2m}. \tag{9.68}$$

   Además, es posible elegir $U(k)$ de manera que se recupere el comportamiento fenomenológico predicho por Landau, como se ve en el ejercicio 9.4.

Por otro lado, es posible hacer el cálculo de la energía del estado fundamental del gas de Bose débilmente interactuante. Para ello, se parte de la Ec. (9.65) y sustituyendo la suma por una integral en el espacio de momentos

$$\sum_{\boldsymbol{k} \neq 0} \to V \int \frac{d\boldsymbol{p}}{h^3}, \tag{9.69}$$

se tiene (considerando únicamente colisiones binarias):[8]

$$E_0 = \frac{2\pi\hbar^2}{m}a\frac{N^2}{V}\left[1 + \frac{128}{15\sqrt{\pi}}\sqrt{\frac{a^3N}{V}}\right].$$ (9.70)

Por otro lado, el número de partículas que se encuentran en estados excitados del gas de Bose con interacción débil viene dado por

$$N_{exc} = N - N_0 = \sum_{k\neq 0}\langle\psi_0|\hat{a}^\dagger(\boldsymbol{k})\hat{a}(\boldsymbol{k})|\psi_0\rangle$$

$$= \sum_{k\neq 0}\langle\psi_0|\left[u_k\alpha^\dagger(\boldsymbol{k}) - v_k\alpha(-\boldsymbol{k})\right]\left[u_k\alpha(\boldsymbol{k}) - v_k\alpha^\dagger(-\boldsymbol{k})\right]|\psi_0\rangle,$$ (9.71)

$$\sum_{k\neq 0}v_k^2 = \sum_{k\neq 0}\frac{1}{2}\left[\frac{\epsilon(\boldsymbol{k}) + n_0U(\boldsymbol{k})}{E_k} - 1\right].$$ (9.72)

Reemplazando $E(k)$ por $\epsilon(\boldsymbol{k})$ e integrando,

$$N_{exc} = \frac{V}{(2\pi)^3}4\pi\int_0^\infty k^2 dk\frac{1}{2}\left[\frac{\hbar^2k^2/2m + n_0g}{\sqrt{\frac{\hbar^2k^2}{2m}\left(2n_0g + \frac{\hbar^2k^2}{2m}\right)}}\right],$$ (9.73)

donde se ha tenido en cuenta que: $E(k) \simeq \epsilon(k)$, $\left(\frac{\epsilon(\boldsymbol{k})+n_0U(\boldsymbol{k})}{E_k} - 1\right) \simeq 1$, lo que implica que es posible substituir $U(\boldsymbol{k})$ por $U(0) = g$, excepto en la parte lineal del espectro. Haciendo $y = \sqrt{\frac{\hbar^2k^2}{2mn_0g}}$, se tiene:

$$\frac{N_{exc}}{N_0} = \frac{1}{4\pi^2}\frac{1}{n_0}\left(\frac{2mn_0g}{\hbar^2}\right)^{3/2}\int_0^\infty y^2\left(\frac{y^2+1}{(y^4+2y^2)^{1/2}} - 1\right)dy.$$ (9.74)

La integral se puede calcular de forma analítica, obteniendo al final que,

$$\frac{N_{exc}}{N_0} = \frac{8}{3}\left(\frac{n_0a^3}{\pi}\right)^{1/2},$$ (9.75)

siendo $a = \frac{mg}{4\pi\hbar^2}$ la longitud de *scattering*.

9.4. Superconductividad. Teoría BCS

Como se acaba de ver, un gas de bosones (ideal o en interacción) puede condensarse en el espacio de momento y sufrir una transición de fase. Para un líquido de Fermi podemos obtener también una condensación de este tipo si existe una atracción entre los fermiones que da lugar a estados bosónicos. Si además, estamos ante partículas cargadas, la superfluidez conduce a la superconductividad, que consiste en la aparición de corrientes superfluidas en el sistema. Por ejemplo, entre los electrones de un metal esta atracción la proporciona la red de iones a través de sus fonones, que se acoplan con el gas de electrones. La implicación de este mecanismo, hoy generalmente admitida, fue propuesta en 1950 por Herbert Frölich, largo tiempo después del descubrimiento de la superconductividad por Kamerlingh-Onnes (1911). Aproximadamente por esas mismas fechas se descubre el efecto isotópico, un efecto sobre la

---

[8]Lee-Yang (1957)

temperatura crítica inducido por la masa de los núcleos del cristal, que confirmaba las sospechas de Frölich.

Los primeros intentos (infructuosos) de obtener la superconductividad en metales fueron realizados por Bardeen y Frölich usando teorías de perturbaciones del estado fundamental normal. De la misma manera que no puede obtenerse el estado ferromagnético como perturbación del paramagnético sin alineamiento de espines en el estado normal metaestable, no es posible obtener el estado superconductor sin la correspondiente inestabilidad, los pares de Cooper.

En lo que sigue proporcionaremos los detalles fundamentales de la teoría BCS (Bardeen-Cooper-Schrieffer) de la superconductividad, que no es sino la condensación de momento en un líquido fermiónico cargado débilmente interaccionante. Usaremos para ello el formalismo de la segunda cuantización con términos muy similares a los de la teoría de Bogoliubov del gas de Bose débilmente interaccionante que acabamos de ver en la sección anterior.

9.4.1. Interacción electrón-fonón

Frölich propuso un hamiltoniano de interacción de los electrones con la red particularmente apropiado para problemas de transporte y superconductividad. Aunque en la sección siguiente lo trataremos con más detalle, proporcionamos aquí los elementos fundamentales del modelo. La hipótesis básica es que, dada su pequeña masa (4 órdenes de magnitud menor a la de los iones de la red), los electrones siguen de manera inmediata las fluctuaciones de densidad de carga de la red de iones asociadas a las vibraciones fonónicas. Este movimiento pretende compensar los campos eléctricos generados durante las vibraciones ondulatorias de la red. De esta manera podemos

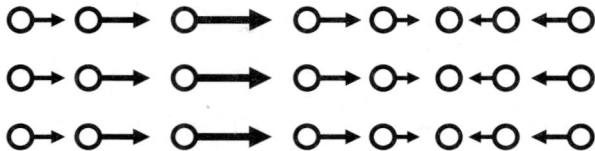

Figura 9.6: Esquema de las vibraciones fonónicas de la red

suponer que las desviaciones de la densidad electrónica tienen forma de onda plana (de aquí en adelante q será el número de onda asociado a los fonones, mientras que k representará el asociado a los electrones):

$$C_q e^{-i\omega_q t + iqr}. \tag{9.76}$$

Dado que los electrones siguen la onda vibracional de manera inmediata para todos los ω_q $C_q \neq C_q(\omega_q)$, i.e., no existe dispersión de los estados electrónicos debida a su interacción con la red. Además, asumiendo que C_q es lineal en el producto escalar $qu_q = qu_q$, y en la propia densidad electrónica, es posible escribir

$$C_q = A_q q u_q n(r), \tag{9.77}$$

siendo $n(r)$ la densidad de electrones y u_q el desplazamiento de los átomos de la red. Esta aproximación se denomina aproximación del potencial de deformación, y A_q es necesariamente complejo.

Estamos ahora en condiciones de construir un hamiltoniano de interacción electrón-fonón, que tenga dimensiones de energía y sea hermítico. Lógicamente, debemos hacerlo acoplando la perturbación ondulatoria procedente de las vibraciones de la red (campo de fonones), con la densidad electrónica,[9] $\hat{\psi}^\dagger(\boldsymbol{r})\hat{\psi}(\boldsymbol{r}) \sim |\hat{\psi}(\boldsymbol{r})|^2$. Frölich propuso para el hamiltoniano asociado a este acoplamiento

$$H^{int} = \int d\boldsymbol{r} \sum_q \frac{1}{2} \left[A_q q u_q e^{i q r} \hat{\psi}^\dagger(\boldsymbol{r})\hat{\psi}(\boldsymbol{r}) + c.c. \right]. \tag{9.78}$$

Usando el formalismo de la segunda cuantización podemos reescribir el hamiltoniano en términos de los operadores de creación y destrucción de fonones ($\hat{a}^\dagger(\boldsymbol{q})$, $\hat{a}(\boldsymbol{q})$) y electrones ($\hat{c}^\dagger(\boldsymbol{k})$, $\hat{c}(\boldsymbol{k})$), que deben verificar las relaciones de conmutación adecuadas a su naturaleza:

1. Fermiones:

$$\left\{ \hat{c}(\boldsymbol{k}), \hat{c}^\dagger(\boldsymbol{k}') \right\} = \delta_{\boldsymbol{k}\boldsymbol{k}'}, \qquad \{ \hat{c}(\boldsymbol{k}), \hat{c}(\boldsymbol{k}') \} = \{ \hat{c}^\dagger(\boldsymbol{k}), \hat{c}^\dagger(\boldsymbol{k}') \} = 0 \tag{9.79}$$

2. Bosones:

$$\left[\hat{a}(\boldsymbol{q}), \hat{a}^\dagger(\boldsymbol{q}') \right] = \delta_{\boldsymbol{q}\boldsymbol{q}'}, \qquad [\hat{a}(\boldsymbol{q}), \hat{a}(\boldsymbol{q}')] = \left[\hat{a}^\dagger(\boldsymbol{q}), \hat{a}^\dagger(\boldsymbol{q}') \right] = 0 \tag{9.80}$$

Es posible reescribir el hamiltoniano de interacción, H^{int}, de la Ec. (9.78) en el formalismo de la segunda cuantización, conocido como hamiltoniano de Frölich,

$$H^{int} = \frac{1}{2} \sum_k \sum_q \left[V_q \hat{c}^\dagger(\boldsymbol{k}+\boldsymbol{q})\hat{c}(\boldsymbol{k})\hat{a}(\boldsymbol{q}) + c.c \right], \tag{9.81}$$

siendo $V_q = i A_q q \sqrt{\frac{\hbar}{2\omega_q}}$ y donde se han expresado los desplazamientos u_q en términos de los operadores $\hat{a}^\dagger(\boldsymbol{q})$ y $\hat{a}(\boldsymbol{q})$.

9.4.2. Interacción electrón-fonón. Potencial efectivo

Una obtención más detallada del hamiltoniano de Frölich en la Ec. (9.78) se puede obtener de la siguiente forma para la interacción de los electrones del sólido con fonones acústicos, i.e., aquellos asociados al desplazamiento en fase de los iones de la celda unidad[1] La presencia de estas deformaciones de la red debidas a la vibración de los iones $\vec{d_e}$ inducirá la aparición de un potencial perturbativo en el hamiltoniano electrónico

$$H_{int} = V\left[\boldsymbol{r}\left(\boldsymbol{u}_l\right)\right] - V\left(\boldsymbol{r}\right), \tag{9.82}$$

respecto al potencial periódico $V(\boldsymbol{r})$ en la red perfecta a $T = 0\ K$. Naturalmente, las vibraciones de la red $\boldsymbol{d}_l$ pueden expresarse como combinación de sus modos normales:

$$\boldsymbol{d}_l = \frac{1}{\sqrt{N}} \sum_q \boldsymbol{d}_q e^{iql} = \frac{1}{2\sqrt{N}} \sum_q \left(\boldsymbol{d}_q e^{iql} + \boldsymbol{d}_q^+ e^{-iql} \right), \tag{9.83}$$

---

[9]La densidad electrónica $n(\boldsymbol{r}) = \hat{\psi}^\dagger(\boldsymbol{r})\hat{\psi}(\boldsymbol{r})$, donde los $\hat{\psi}^\dagger(\boldsymbol{r})$,$\hat{\psi}(\boldsymbol{r})$ son operadores de campo de creación y destrucción respectivamente que satisfacen las reglas de anticonmutación de fermiones.

[1]Los cálculos aquí presentados son, en esencia, válidos también para fonones ópticos, ópticos polarizables y piezoeléctricos. El tratamiento detallado de estos otros tipos de fonones puede verse, por ejemplo, en Van Vliet (2008).

expresión esta última que garantiza la hermiticidad del operador $\boldsymbol{u}_l$. De la definición usual de los operadores escalón a_q, a_q^+,

$$a_{q_j}^+ = \frac{1}{\sqrt{2m\hbar\omega_q}} \left(m\omega_q Q_{+q_j} - i\rho_{-q_j} \right), \tag{9.84}$$

$$a_{q_j} = \frac{1}{\sqrt{2m\hbar\omega_q}} \left(m\omega_q Q_{-q_j} + i\rho_{q_j} \right), \tag{9.85}$$

tenemos que $\boldsymbol{d_q} = \sqrt{\frac{\hbar}{2m\omega_q}} \left(a_{-q}^+ + a_q \right) \hat{e}_q$. Así pues, sustituyendo en (9.83), tenemos:

$$\boldsymbol{d}_l = \frac{1}{2\sqrt{N}} \sum_q \sqrt{\frac{\hbar}{2m\omega_q}} \hat{e}_q \left[\left(a_{-q}^+ + a_q \right) e^{iql} + \left(a_{-q} + a_q^+ \right) e^{-iql} \right]$$

$$= \frac{1}{2} \sum_q \sqrt{\frac{\hbar}{2mN\omega_q}} \hat{e}_q \left[\left(a_{-q}^+ e^{iql} + a_q^+ e^{-iql} \right) + \left(a_q e^{iql} + a_{-q} e^{-iql} \right) \right]$$

$$= \frac{1}{2} \sum_q \sqrt{\frac{\hbar}{2mN\omega_q}} \hat{e}_q 2 \left(a_q e^{iql} + a_q^+ e^{-iql} \right)$$

$$= \sum_q \sqrt{\frac{\hbar}{2mN\omega_q}} \hat{e}_q \left(a_q e^{iql} + a_q^+ e^{-iql} \right). \tag{9.86}$$

Si pasamos al continuo el campo de desplazamiento en el interior del cristal toma la forma:

$$\boldsymbol{d}(\boldsymbol{r}) = \sum_q \sqrt{\frac{\hbar}{2mN\omega_q}} \left(a_q e^{iqr} + a_q^+ e^{-iqr} \right) \hat{e}_q. \tag{9.87}$$

Por otro lado, las vibraciones producen tensiones y deformaciones en el interior del sólido que pueden describirse mediante el denominado tensor de deformaciones:

$$\varepsilon_{ij} = \frac{\partial u_i}{\partial x_j} \equiv \boldsymbol{\nabla} \boldsymbol{d}. \tag{9.88}$$

La modificación de las bandas electrónicas debida a la existencia de estas deformaciones en el interior del cristal puede escribirse en términos del tensor anterior como

$$\varepsilon'(\boldsymbol{k}) = \varepsilon(\boldsymbol{k}) + \sum_{ij} \varepsilon_{ij} E_{ij}(\boldsymbol{k}), \tag{9.89}$$

donde $E_{ij}(\boldsymbol{k})$ es un tensor de segundo orden que puede expandirse a bajos vectores de onda de la forma

$$E_{ij}(\boldsymbol{k}) = E_{ij}^0 + \sum_{ml} \beta_{ijml} k_m k_l, \tag{9.90}$$

de modo que

$$H_{int} = \varepsilon'(\boldsymbol{k}) - \varepsilon(\boldsymbol{k}) = \sum_{ij} \varepsilon_{ij} \left[E_{ij}^0 + \sum_{ml} \beta_{ijml} k_m k_l \right], \tag{9.91}$$

separando las partes diagonal y no diagonal de este tensor, tenemos:

$$H_{int} = c_1 \mathbb{1}_d \otimes \bar{\varepsilon} + c_2 \left(\hat{k} \cdot \hat{k} \otimes \bar{\varepsilon} - \frac{1}{3} \mathbb{1}_d \otimes \bar{\varepsilon} \right), \tag{9.92}$$

donde $\hat{k}$ es un vector unitario en la dirección de $\hat{\boldsymbol{k}}$ e $\mathbb{1}_d$ es el tensor identidad. Así:

$$H_{int} = c_1 \sum_{ij} \delta_{ij}\varepsilon_{ij} + c_2 \sum_i \left(\hat{k}^2 - \frac{1}{3}\right)\varepsilon_{ii} + c_2 \sum_{ij} \varepsilon_{ij}k_ik_j. \tag{9.93}$$

Teniendo en cuenta que $\sum_{ij} \delta_{ij}\varepsilon_{ij} = \sum_i \varepsilon_{ii} = \boldsymbol{\nabla}\cdot\boldsymbol{d}$, el segundo sumando del miembro de la derecha se anula en el sistema de ejes propios de ε_{ij}. Además, para cristales cúbicos el último sumando se anula al no existir tensión de cizalladura, tenemos que:

$$H_{int} \simeq c_1 \boldsymbol{\nabla}\cdot\boldsymbol{d}. \tag{9.94}$$

Usando la Ec. (9.87) del campo de desplazamiento la perturbación inducida por las vibraciones acústicas de la red puede escribirse como:

$$H_{int} = i \sum_q \sqrt{\frac{\hbar}{2mN\omega_q}}c_1\left(\boldsymbol{q}\cdot\hat{e}_q\right)\left(a_{\boldsymbol{q}}e^{i\boldsymbol{qr}} - a_{\boldsymbol{q}}^+ e^{-i\boldsymbol{qr}}\right). \tag{9.95}$$

En la mayoría de las situaciones de interés el acoplamiento con fonones acústicos longitudinales prevalece, de modo que $\boldsymbol{q}\hat{e}_q = q$. Finalmente,

$$H_{int} = i \sum_q \sqrt{\frac{\hbar}{2mN\omega_q}}c_1 q\left(a_{\boldsymbol{q}}e^{i\boldsymbol{qr}} - a_{\boldsymbol{q}}^+ e^{-i\boldsymbol{qr}}\right). \tag{9.96}$$

Esta perturbación puede considerarse como un campo externo actuando sobre los electrones del sólido. Así, la expresión de H_{int} en el formalismo de segunda cuantización es:

$$\hat{H}_{int} = \sum_{\boldsymbol{k}\boldsymbol{k}'} c_{\boldsymbol{k}'}^+ c_{\boldsymbol{k}}\langle\boldsymbol{k}'|H_{int}|\boldsymbol{k}\rangle, \tag{9.97}$$

donde

$$|\boldsymbol{k}\rangle = \frac{1}{\sqrt{N}}e^{-i\boldsymbol{k}\boldsymbol{r}} \;\Rightarrow\; \langle\boldsymbol{k}'|e^{\pm i\boldsymbol{qr}}|\boldsymbol{k}\rangle = \delta_{\boldsymbol{k}',\boldsymbol{k}\pm\boldsymbol{q}}. \tag{9.98}$$

Finalmente, teniendo en cuenta explícitamente el spin (σ), recuperamos el hamiltoniano de Frölich

$$H_{int} = i \sum_{\boldsymbol{q},\boldsymbol{k},\sigma} F(q)\left(c_{\boldsymbol{k}+\boldsymbol{q},\sigma}^+ c_{\boldsymbol{k}\sigma}a_{\boldsymbol{q}} - c_{\boldsymbol{k}-\boldsymbol{q},\sigma}^+ c_{\boldsymbol{k},\sigma}a_{\boldsymbol{q}}^+\right), \tag{9.99}$$

donde

$$F(q) = \sqrt{\frac{\hbar}{2mN\omega_q}}qc_1 = \sqrt{\frac{\hbar q}{2V_0\rho u}}c_1, \tag{9.100}$$

siendo ρ la densidad del sólido y u la velocidad del sonido en el mismo. H_{int} puede expresarse pues, como $[g_{\boldsymbol{k},\boldsymbol{q}} = iF(\boldsymbol{q})]$

$$\begin{aligned}
H_{int} &= \sum_{\boldsymbol{q},\boldsymbol{k},\sigma} g_{\boldsymbol{k},\boldsymbol{q},\sigma}\left(c_{\boldsymbol{k}+\boldsymbol{q}}^+ c_{\boldsymbol{k}\sigma}a_{\boldsymbol{q}} - c_{\boldsymbol{k}-\boldsymbol{q},\sigma}^+ c_{\boldsymbol{k}\sigma}a_{\boldsymbol{q}}^+\right) \\
&\equiv \sum_{\boldsymbol{q},\boldsymbol{k},\sigma} g_{\boldsymbol{k},\boldsymbol{q},\sigma}c_{\boldsymbol{k}+\boldsymbol{q},\sigma}^+ c_{\boldsymbol{k}\sigma}\left(a_{\boldsymbol{q}} - a_{-\boldsymbol{q}}^+\right),
\end{aligned} \tag{9.101}$$

que diagramáticamente corresponde a los procesos elementales de interacción electrón-fonón de la Fig. 9.7. Así pues, el hamiltoniano completo del sistema electrones +

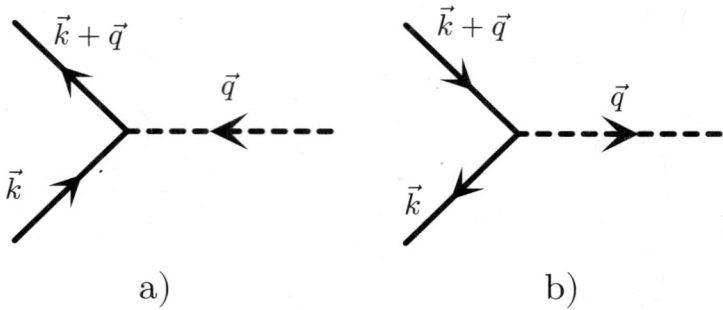

Figura 9.7: Interacción fonón-electrón

fonones en el sólido será

$$H = H_e + H_{ph} + H_{e-ph} = \sum_{k\sigma} \varepsilon(\boldsymbol{k}) c_{k\sigma}^+ c_{k\sigma} + \sum_q \left(a_q^+ a_q + \frac{1}{2} \right) \hbar\omega_q$$

$$+ \sum_{q,k,\sigma} g_{\boldsymbol{k},\boldsymbol{q},\sigma} c_{\boldsymbol{k}+\boldsymbol{q},\sigma}^+ c_{k\sigma} \left(a_q - a_{-q}^+ \right), \qquad (9.102)$$

con $\varepsilon(\boldsymbol{k}) = \frac{\hbar^2 k^2}{2m}$, recuperando (9.78) y (9.81). Probaremos a continuación que este hamiltoniano puede expresarse de la forma:

$$H = \sum_{k,\sigma} \varepsilon(\boldsymbol{k}) c_{k\sigma}^+ c_{k\sigma} + \frac{1}{2} \sum_{kk\sigma,\sigma'} V_{eff}(\boldsymbol{q}) c_{\boldsymbol{k}+\boldsymbol{q}}^+ c_{\boldsymbol{k}'-\boldsymbol{q}}^+ c_{\boldsymbol{k}'\sigma} c_{k\sigma}, \qquad (9.103)$$

donde $V_{eff}(\boldsymbol{q})$ es la interacción efectiva entre electrones mediada por fonones de la red. Veremos, además, que la forma de $V_{eff}(\boldsymbol{q})$ conlleva la aparición de interacciones atractivas entre electrones mediadas por fonones que permiten vencer la interacción Coulombiana apantallada (Thomas-Fermi) y, por tanto, permiten la aparición de pares de electrones apareados/acoplados (pares de Cooper).

En lo que sigue, por simplicidad notacional, prescindiremos de los grados de libertad de spin. Notemos que H_{int} en la Ec. (9.102) puede escribirse de la forma $H = H_0 + \lambda H_{int}$, donde λ es un parámetro perturbativo. Con el fin de obtener un modelo efectivo de baja energía se utilizará la habitual transformación que permite diagonalizar perturbativamente H a primer orden en la interacción. Consideramos para ello la transformación canónica de generador S

$$\hat{H} = e^{-\lambda S} H e^{\lambda S}, \qquad (9.104)$$

de modo que

$$\hat{H} = H + \lambda\left[H, S\right] + \frac{\lambda^2}{2} \left[\left[H, S\right], S\right] + 0(\lambda^3)$$

$$= H_0 + \lambda\left(H_{int} + \left[H_0, S\right]\right) + \frac{\lambda^2}{2} \left[\left[H_0, S\right], S\right] + 0(\lambda^3). \qquad (9.105)$$

Tomando como generador de la transformación aquel que verifica $H_{int} + \left[H_0, S\right] = 0$, el hamiltoniano transformado diagonal al orden más bajo es

$$\hat{H} = H_0 + H_{eff} + 0(\lambda^3), \qquad (9.106)$$

$$H_{eff} = \frac{\lambda^2}{2} \left[H_{int}, S\right]. \qquad (9.107)$$

Este método se usa habitualmente para desacoplar las excitaciones de alta energía de las de baja energía y construir un modelo efectivo de baja energía, proporcionando un modo perturbativo de estudiar el régimen de acoplamiento fuerte de hamiltonianos cuánticos *many-body*.

Aplicando este método al problema de acoplamiento electrón-fonón, H es el hamiltoniano de Fröhlich en la Ec. (9.102) y H_{int} corresponde a H_{e-ph}. Para el generador de la transformación, S, se supone que

$$S = \sum_{k,q} g_{k,q} c_{k+q}^+ c_k \left(x_{k,q} a_q + y_{k,q} a_{-q}^+ \right), \tag{9.108}$$

donde los parámetros $x_{k,q}$ e $y_{k,q}$ se determinarán para verificar $H_{int} + [H_0, S] = 0$. Así, calculando los conmutadores $[H_e, S]$ y $[H_{ph}, S]$, tenemos:

$$[H_e, S] = H_e S - S H_e = \sum_{k'} \varepsilon(k') c_{k'}^+ c_{k'} \sum_{kq} g_{kq} c_{k+q}^+ c_k \left(x a_q + y a_{-q}^+ \right)$$

$$- \sum_{kq} g_{kq} c_{k+q}^+ c_k \left(x a_q + y a_{-q}^+ \right) \sum_{k'} \varepsilon(k') c_{k'}^+ c_{k'}$$

$$= \sum_{kk'q} g_{kq} \varepsilon(k') \left(c_{k'}^+ c_{k'} c_{k+q}^+ c_k - c_{k+q}^+ c_k c_{k'}^+ c_{k'} \right) \left(x a_q + y a_{-q}^+ \right). \tag{9.109}$$

Usando las relaciones de autoconmutación usuales $\{ c_k^+, c_{k'} \} = \delta_{kk'}$,

$$c_{k'}^+ c_{k'} c_{k+q}^+ c_k = c_{k'}^+ \left\{ \delta_{k',k+q} - c_{k+q}^+ c_{k'} \right\} c_k$$

$$= c_{k+q}^+ \delta_{k',k+q} c_k - c_{k+q}^+ c_{k'}^+ c_{k'} c_k$$

$$= c_{k+q}^+ \delta_{k',k+q} c_k - c_{k+q}^+ \left(\delta_{k'k} - c_k c_{k'}^+ \right) c_{k'}$$

$$= c_{k+q}^+ c_k \left(\delta_{k',k+q} - \delta_{k',k} \right) + c_{k+q}^+ c_k c_{k'}^+ c_{k'}. \tag{9.110}$$

Finalmente, sustituyendo en el conmutador $[H_e, S]$, tenemos:

$$[H_e, S] = \sum_{k,k',q} g_{kq} \varepsilon(k') \left(\delta_{k',k+q} - \delta_{k'k} \right) c_{k+q}^+ c_k \left(x_{kq} a_q + y_{kq} a_{-q}^+ \right)$$

$$= \sum_{k,q} g_{kq} \left[\varepsilon(k+q) - \varepsilon(k) \right] c_{k+q}^+ c_k \left(x_{kq} a_q + y_{kq} a_{-q}^+ \right). \tag{9.111}$$

Del mismo modo, es posible probar que

$$[H_{ph}, S] = \hbar \sum_{k,q} g_{kq} c_{k+q}^+ c_k \left(-x_{kq} a_q \omega_q + y_{kq} \omega_{-q} a_{-q}^+ \right), \tag{9.112}$$

donde se han usado ahora las relaciones de conmutación de los operadores bosónicos $\left[a_{q'}^+, a_{q'} \right] = \delta_{qq'}$.

Utilizando los resultados (9.111) y (9.112), y la expresión de H_{int} en la Ec. (9.102), tenemos que

$$H_{int} + [H_0, S] = \sum_{k,q} g_{kq} c_{k+q}^+ c_k \{ [1 + [\varepsilon(k+q) - \varepsilon(k) - \hbar\omega_q] x_{k,q}] a_q$$

$$+ [1 + [\varepsilon(k+q) - \varepsilon(k) + \hbar\omega_q] y_{k,q}] a_{-q}^+ \}, \tag{9.113}$$

expresión que se anula si los coeficientes $x_{k,q}$ e $y_{k,q}$ verifican

$$x_{k,q} = [\varepsilon(k) + \hbar\omega_q - \varepsilon(k+q)]^{-1},$$

$$y_{k,q} = [\varepsilon(k) - \varepsilon(k+q) - \hbar\omega_q]^{-1}. \tag{9.114}$$

lo que completa el cálculo del generador de la transformación. Usando este resultado, el operador transformado diagonal a primer orden es

$$\hat{H} = H_0 + \frac{\lambda^2}{2} [H_{int}, S] \Leftrightarrow H_{eff} = \frac{\lambda^2}{2} [H_{int}, S], \tag{9.115}$$

que en este caso toma la forma

$$\hat{H} = \frac{\lambda^2}{2} \left[\sum_{kq} g_{kq} c_{k+q}^+ c_k \left(a_q - a_{-q}^+ \right) \sum_{k'q'} g_{k'q'} c_{k'+q'}^+ c_{k'} \left(x_{k'q'} a_{q'} + y_{k'q'} a_{-q'}^+ \right) \right]. \tag{9.116}$$

Es relativamente sencillo darse cuenta de que el conmutador anterior $[H_{int}, S]$ puede escribirse de la forma $[A\xi_1, B\xi_2]$, donde $A, B \propto c^+ c$ y $\xi_1, \xi_2 \propto xa + ya^\dagger$. Si tenemos en cuenta la relación

$$[A\xi_1, B\xi_2] = AB[\xi_1, \xi_2] + [A, B]\xi_1\xi_2 - [A, B][\xi_1, \xi_2], \tag{9.117}$$

es evidente que la Ec. (9.116) contiene tres tipos de términos:

1. $AB[\xi_1, \xi_2]$, proporcional a dos operadores electrónicos de creación y dos de destrucción y a un c-número resultado del conmutador de operadores de creación o destrucción bosónicos. Así pues, este término corresponde a una interacción electrón-electrón mediada por fonones.

2. $[A, B]\xi_1\xi_2$, que corresponde a procesos no lineales asociados a la emisión o absorción de dos fonones.

3. $[A, B][\xi_1, \xi_2]$, que es un operador de un sólo electrón, dado que $[\xi_1, \xi_2]$ es un c-número y $[A, B] \propto c^+ c$, que tiene una contribución nula.

Por tanto, despreciando procesos no lineales, de baja probabilidad a bajas energías, podemos aproximar el hamiltoniano efectivo como

$$H_{eff} = \frac{\lambda^2}{2} \sum_{k,k',q} g_{k,q} g_{k',q'} c_{k+q}^+ c_k c_{k'-q}^+ c_{k'} \left(y_{k'-q} - x_{k'-q} \right), \tag{9.118}$$

lo que se deja como ejercicio para el lector. Así pues, si tenemos en cuenta que en el caso del hamiltoniano de Fröhlich $\lambda = 1$, tenemos:

$$H_{eff} = \frac{1}{2} \sum_{k,k',q} g_{k,q} g_{k',-q} c_{k+q}^+ c_k^+ c_{k'-q} c_{k'} \left[\frac{1}{\varepsilon(k') - \varepsilon(k' - q) - \hbar\omega_q} \right.$$

$$\left. - \frac{1}{\varepsilon(k') - \varepsilon(k' - q) + \hbar\omega_q} \right]$$

$$= \sum_{k,k',q} V_{eff}(k, k', q) c_{k+q}^+ c_k c_{k'-q}^+ c_{k'}, \tag{9.119}$$

con

$$V_{eff}(k, k', q) = g_{k,q} g_{k',-q} \frac{\hbar\omega_q}{[\varepsilon(k') - \varepsilon(k' - q)]^2 - \hbar^2\omega_q^2}, \tag{9.120}$$

que corresponde a un proceso como el de la Fig. 9.8.b . En el caso particular de la superconductividad es especialmente importante el caso de electrones de momentos

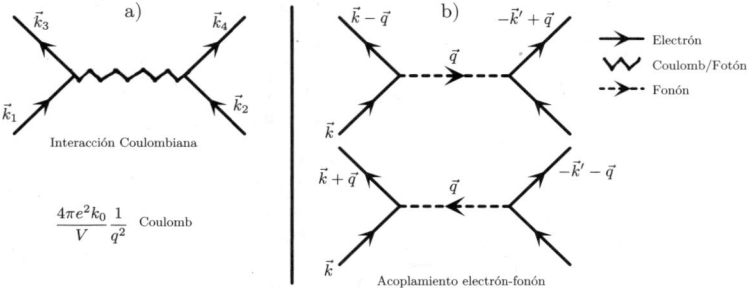

Figura 9.8: Representación diagramática de las interacciones entre pares de electrones por medio de un fonón.

opuestos con energías próximas a la de Fermi. Así:

$$V_{eff}(\boldsymbol{q}) = g_{\boldsymbol{k},\boldsymbol{q}} g_{-\boldsymbol{k},-\boldsymbol{q}} \frac{\hbar\omega_q}{\left[\varepsilon(\boldsymbol{k}) - \varepsilon(\boldsymbol{k}+\boldsymbol{q})\right]^2 - \hbar^2\omega_q^2}$$

$$\left\{ g_{-\boldsymbol{k},-\boldsymbol{q}} = g_{\boldsymbol{k},\boldsymbol{q}}^* \right\} = \left| g_{\boldsymbol{k},\boldsymbol{q}} \right|^2 \frac{\hbar\omega_q}{\left[\varepsilon(\boldsymbol{k}) - \varepsilon(\boldsymbol{k}+\boldsymbol{q})\right]^2 - \hbar^2\omega_q^2}$$

$$= \left| F(q) \right|^2 \frac{\hbar\omega_q}{\left[\varepsilon(\boldsymbol{k}) - \varepsilon(\boldsymbol{k}+\boldsymbol{q})\right]^2 - \hbar^2\omega_q^2}$$

$$= \frac{\hbar c_1^2 q^2}{2mN\omega_q} \frac{\hbar\omega_q}{\left[\varepsilon(\boldsymbol{k}) - \varepsilon(\boldsymbol{k}+\boldsymbol{q})\right]^2 - \hbar^2\omega_q^2}. \tag{9.121}$$

Esta interacción presenta características muy interesantes:

1. La interacción efectiva entre electrones depende de la energía del fonón, $\hbar\omega_q$.

2. La interacción depende de la diferencia de la energía electrónica antes y después de la transición, $(\epsilon(\boldsymbol{k}+\boldsymbol{q}) - \epsilon(\boldsymbol{k}))$.

3. Si $|\epsilon(\boldsymbol{k}+\boldsymbol{q}) - \epsilon(\boldsymbol{k})| < \hbar\omega_q$, entonces la interacción efectiva $V_{eff}(\boldsymbol{q})$ es atractiva.

4. La energía de interacción entre electrones es máxima cuando $\epsilon(\boldsymbol{k}+\boldsymbol{q}) = \epsilon(\boldsymbol{k})$, i.e., cuando el momento del fonón es paralelo a la superficie de Fermi de energía constante.

   Así pues, como vemos en la Ec. (9.119), con esta energía de interacción efectiva el hamiltoniano de interacción se expresa como un conjunto de pares independientes, cuyos operadores de creación y destrucción son

$$\hat{b}(\boldsymbol{k}) = \hat{c}(-\boldsymbol{k})\hat{c}(\boldsymbol{k}), \qquad \hat{b}^\dagger(\boldsymbol{k}) = \hat{c}^\dagger(\boldsymbol{k})\hat{c}^\dagger(-\boldsymbol{k}).$$

De esta manera, podemos ver que la interacción electrón-electrón es atractiva cuando los dos estados acoplados están próximos en energías (i.e., cuando ambos están suficientemente cerca de la esfera de Fermi), y el rango en el cual la interacción es atractiva está limitado al orden de la energía de Debye, $\hbar\omega_D$. Dentro de esta banda, la aproximación más simple al problema supone que la energía de acoplamiento es constante, y cero fuera de ella, en analogía con el truncamiento aproximado de la energía de interacción que da lugar a los pares de Cooper. Por tanto, la energía de interacción es no despreciable únicamente cuando los momentos $\boldsymbol{k}_1$ y $\boldsymbol{k}_2$ de los electrones interaccionantes se encuentran en una capa cerca de la esfera de Fermi de espesor del orden v_D/v_{max} ($v_{max} = v_F$). Además, las proyecciones del spin deben ser opuestas,

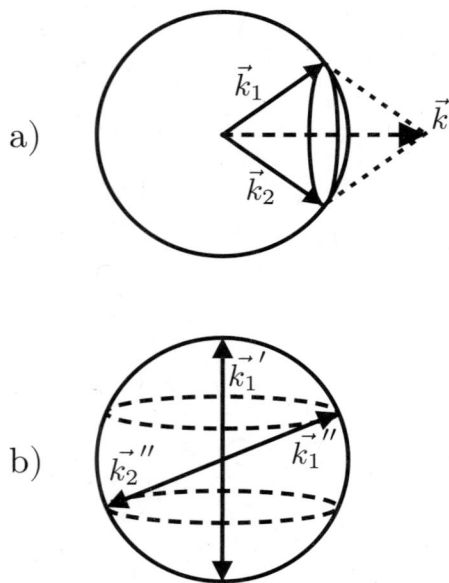

Figura 9.9: Composición de momentos en la interacción entre dos electrones mediada por un fonón.

pues de lo contrario la probabilidad de que los electrones se aproximen dentro del alcance de la interacción es despreciable. De este modo, considerando que únicamente interaccionan los electrones en una banda pequeña en torno a la energía de Fermi, que sólo los electrones con espines opuestos lo hacen y con momentos opuestos e iguales, e ignorando la repulsión electrostática entre los electrones, podemos escribir el hamiltoniano BCS como

$$H = \sum_{\boldsymbol{k},\lambda} \frac{\hbar^2 k^2}{2m} \hat{c}_\lambda^\dagger(\boldsymbol{k}) \hat{c}_\lambda(\boldsymbol{k}) + \sum_{\boldsymbol{k},\boldsymbol{k}'} V_{\boldsymbol{k},\boldsymbol{k}'} \hat{c}_+^\dagger(\boldsymbol{k}) \hat{c}_-^\dagger(-\boldsymbol{k}) \hat{c}_-(-\boldsymbol{k}') \hat{c}_+(\boldsymbol{k}') , \qquad (9.122)$$

donde $V_{\boldsymbol{k},\boldsymbol{k}'}$ es una funcion real y simétrica de sus argumentos. Como vemos, la interacción destruye un par de partículas de momentos $\boldsymbol{k}'$ y $-\boldsymbol{k}'$ y genera un par con momentos $\boldsymbol{k}$ y $-\boldsymbol{k}$, de espines opuestos. Estos pares electrónicos con momentos opuestos y proyecciones de espín opuestas se denominan pares de Cooper.

Los cálculos del espectro se vuelven más simples cuando se realizan para sistemas con número de partículas variable, lo que implica reemplazar la energía $\epsilon(\boldsymbol{k})$ por $\epsilon(\boldsymbol{k}) - \mu$ en la distribución de Gibbs. Dentro del formalismo de la segunda cuantización, esto implica $H \to H - \mu N$, donde

$$N = \sum_{\boldsymbol{k}} \left[\hat{c}_+^\dagger(\boldsymbol{k}) \hat{c}_+(\boldsymbol{k}) + \hat{c}_-^\dagger(-\boldsymbol{k}) \hat{c}_-(-\boldsymbol{k}) \right] . \qquad (9.123)$$

Luego, podemos escribir:

$$H = \sum_k \epsilon'(\boldsymbol{k}) \left[\hat{c}_+^\dagger(\boldsymbol{k})\hat{c}_+(\boldsymbol{k}) + \hat{c}_-^\dagger(-\boldsymbol{k})\hat{c}_-(-\boldsymbol{k}) \right]$$
$$- \frac{1}{V} \sum_{\boldsymbol{k},\boldsymbol{k}'} V_{\boldsymbol{k}\boldsymbol{k}'} \hat{c}_+^\dagger(\boldsymbol{k})\hat{c}_-^\dagger(-\boldsymbol{k})\hat{c}_-(-\boldsymbol{k}')\hat{c}_+(\boldsymbol{k}'), \tag{9.124}$$

donde $\epsilon'(\boldsymbol{k}) = \epsilon(\boldsymbol{k}) - \mu = \frac{\hbar^2 k^2}{2m} - \frac{\hbar^2 k_{max}^2}{2m}$. En términos de los operadores:

$$\Delta(\boldsymbol{k}) = \frac{1}{2V} \sum_{\boldsymbol{k}'} V_{\boldsymbol{k}\boldsymbol{k}'} \hat{c}_-(-\boldsymbol{k}')\hat{c}_+(\boldsymbol{k}'), \tag{9.125}$$

$$\Delta^\dagger(\boldsymbol{k}) = \frac{1}{2V} \sum_{\boldsymbol{k}'} V_{\boldsymbol{k}\boldsymbol{k}'} \hat{c}_+^\dagger(\boldsymbol{k}')\hat{c}_-^\dagger(-\boldsymbol{k}'), \tag{9.126}$$

podemos reescribir el hamiltoniano de la forma:

$$H = \sum_k \epsilon'(\boldsymbol{k})[\hat{c}_+^\dagger(\boldsymbol{k})\hat{c}_+(\boldsymbol{k}) + \hat{c}_-^\dagger(-\boldsymbol{k})\hat{c}_-(-\boldsymbol{k})]$$
$$- \sum_k \left[\hat{c}_+^\dagger(\boldsymbol{k})\hat{c}_-^\dagger(-\boldsymbol{k})\Delta(\boldsymbol{k}) + \hat{c}_-(-\boldsymbol{k})\hat{c}_+(\boldsymbol{k})\Delta^\dagger(\boldsymbol{k}) \right]. \tag{9.127}$$

Tal y como puede verse en el ejercicio 9.7, podemos considerar $\Delta(\boldsymbol{k})$ y $\Delta(\boldsymbol{k})$ como números complejos ordinarios. Asumiendo, además, que $\Delta(\boldsymbol{k})$ toma valores reales, podemos reescribir el hamiltoniano como:

$$H = \sum_k \epsilon'(\boldsymbol{k})[\hat{c}_+^\dagger(\boldsymbol{k})\hat{c}_+(\boldsymbol{k}) + \hat{c}_-^\dagger(-\boldsymbol{k})\hat{c}_-(-\boldsymbol{k})]$$
$$- \sum_k \Delta(\boldsymbol{k})[\hat{c}_+^\dagger(\boldsymbol{k})\hat{c}_+^\dagger(-\boldsymbol{k}) + \hat{c}_-(-\boldsymbol{k})\hat{c}_+(\boldsymbol{k})]. \tag{9.128}$$

Introduzcamos ahora las cuasipartículas mediante una transformación de Bogoliubov que preserve las relaciones de conmutación de fermiones. Como ya vimos, esta transformación permite obtener el hamiltoniano de las cuasipartículas del sistema, denominadas bogolones, y nos permitirá reducir el sistema de fermiones débilmente interactuantes a un gas ideal de bogolones. Para ello, tomemos una transformación lineal de los operadores $\hat{c}_\lambda^\dagger(\boldsymbol{k})$ y $\hat{c}_\lambda(\boldsymbol{k})$ a unos nuevos operadores $\hat{\gamma}_\lambda^\dagger(\boldsymbol{k})$ y $\hat{\gamma}_\lambda(\boldsymbol{k})$ definidos por

$$\hat{c}_+(\boldsymbol{k}) = u_k^* \hat{\gamma}_0(\boldsymbol{k}) + v_k \hat{\gamma}_1^\dagger(\boldsymbol{k}),$$
$$\hat{c}_-^\dagger(-\boldsymbol{k}) = -v_k^* \hat{\gamma}_0(\boldsymbol{k}) + u_k v_k \hat{\gamma}_1^\dagger(\boldsymbol{k}), \tag{9.129}$$

e imponemos que los nuevos operadores verifiquen las relaciones de anticonmutación de fermiones (i.e., que garanticen que estamos ante una transformación canónica)

$$\{\gamma_{\boldsymbol{k}\lambda}, \gamma_{\boldsymbol{k}'\lambda'}^\dagger\} = \delta_{\boldsymbol{k}\boldsymbol{k}'}\delta_{\lambda\lambda'}, \tag{9.130}$$

con todos los demás anticonmutadores nulos. De esta relación obtenemos así que $|u_k|^2 + |v_k|^2 = 1$, lo que en este caso sugiere funciones trigonométricas ordinarias para estos coeficientes. Así, haciendo $u_k = \cos\phi(\boldsymbol{k})$ y $v_k = \sin\phi(\boldsymbol{k})$ y escribiendo el hamiltoniano (9.128) en función de los nuevos operadores de creación y destrucción de las cuasipartículas del sistema débilmente interactuante obtenemos:

$$H = \sum_{k} \left\{ \epsilon'(\boldsymbol{k})[1 - \cos 2\phi(\boldsymbol{k})] - \Delta(\boldsymbol{k}) \sin 2\phi(\boldsymbol{k}) \right\}$$
$$+ \sum_{k} [\epsilon'(\boldsymbol{k}) \cos 2\phi(\boldsymbol{k}) + \Delta(\boldsymbol{k}) \sin 2\phi(\boldsymbol{k})][\gamma_0^\dagger(\boldsymbol{k})\gamma_0(\boldsymbol{k}) + \gamma_1^\dagger(\boldsymbol{k})\gamma_1(-\boldsymbol{k})]$$
$$+ \sum_{k} [\epsilon'(\boldsymbol{k}) \sin 2\phi(\boldsymbol{k}) - \Delta(\boldsymbol{k}) \cos 2\phi(\boldsymbol{k})][\gamma_0^\dagger(\boldsymbol{k})\gamma_1(\boldsymbol{k}) + \gamma_1^\dagger(-\boldsymbol{k})\gamma_0(\boldsymbol{k})] . \quad (9.131)$$

Si elegimos $\phi(\boldsymbol{k})$ de manera que el último sumando se anule, tenemos un hamiltoniano diagonal para el gas de bogolones de espines diferentes, $\gamma_0^\dagger(-\boldsymbol{k})$ y $\gamma_1^\dagger(-\boldsymbol{k})$. Entonces, los procesos de creación y aniquilación simultánea de estados de bogolón de spines diferentes se cancelan y los elementos diagonales nos proporcionan el espectro de energía de las excitaciones del sistema electrónico (cuasipartículas). Hemos pasado así nuevamente de un gas real de electrones a un gas ideal de cuasipartículas (bogolones) cuyos operadores de creación y destrucción son los $\gamma_{\boldsymbol{k},\lambda\dagger}$ y $\gamma_{\boldsymbol{k},\lambda}$, respectivamente.[10] La función $\phi(\boldsymbol{k})$ que permite este cambio es

$$\tan 2\phi(\boldsymbol{k}) = \frac{\Delta(\boldsymbol{k})}{\epsilon'(\boldsymbol{k})}, \quad (9.132)$$

y si hacemos

$$\sin 2\phi(\boldsymbol{k}) = \frac{\Delta(\boldsymbol{k})}{E(\boldsymbol{k})}, \quad (9.133)$$

$$\cos 2\phi(\boldsymbol{k}) = \frac{\epsilon'^2(\boldsymbol{k})}{E(\boldsymbol{k})}, \quad (9.134)$$

donde $E(\boldsymbol{k}) = \sqrt{\epsilon'^2(\boldsymbol{k}) + \Delta^2(\boldsymbol{k})}$, el hamiltoniano queda

$$H^{int} = \sum_{k} E(\boldsymbol{k})[\gamma_0^\dagger(\boldsymbol{k})\gamma_0(\boldsymbol{k}) + \gamma_1^\dagger(-\boldsymbol{k})\gamma_1(\boldsymbol{k})]$$
$$= \sum_{k\lambda} E(\boldsymbol{k})\gamma_\lambda^\dagger(\boldsymbol{k})\gamma_\lambda(\boldsymbol{k}), \quad (9.135)$$

donde $E(\boldsymbol{k})$ es el espectro de las cuasipartículas independientes del sistema, que puede describirse como una superposición lineal de pares de Cooper con espines opuestos y momento total nulo.

La obtención de la termodinámica del superconductor exige calcular el valor medio de H para un estado de temperatura definida, lo que conlleva promediar mediante la distribución de Gibbs los elementos diagonales del hamiltoniano para los estados con números de cuasipartículas más probable,[11] que viene dado por la distribución de Fermi-Dirac:

$$n(\boldsymbol{k}, T) = \frac{1}{e^{\beta V_{\boldsymbol{k}\boldsymbol{k}'}} + 1}. \quad (9.136)$$

Usando la hipótesis de potencial constante en una banda de anchura $\Delta\epsilon$ en torno a la energía de Fermi

$$V_{\boldsymbol{k}\boldsymbol{k}'} = \begin{cases} -V_0 & \text{si } \left|\mu - \frac{\hbar^2 k^2}{2m}\right| \text{ y } \left|\mu - \frac{\hbar^2 k'^2}{2m}\right| \leqslant \Delta\epsilon \\ 0 & \text{resto} \end{cases} \quad (9.137)$$

---

[10]$\gamma_{\boldsymbol{k},\lambda\dagger}$ incrementa el momento del sistema en un una cantidad $\boldsymbol{k}$ y cambia el espín en una cantidad $\pm\hbar$ cuando $\lambda = 1, 0$.

[11]Recordemos que el número de cuasipartículas no es constante a diferencia del número de electrones del sistema.

tenemos que (véase ejercicio 9.8):

$$\Delta(\boldsymbol{k}) = V_0 \sum_{\boldsymbol{k}'} \frac{\Delta(\boldsymbol{k}')}{E(\boldsymbol{k}')} \tanh\left[\frac{\beta E(\boldsymbol{k}')}{2}\right] = \Delta(T), \qquad (9.138)$$

que es función exclusivamente de la temperatura. La suma está restringida a un intervalo $\Delta\epsilon$ en torno a la superficie de Fermi. No obstante, es una función bastante complicada debido a que $E(\boldsymbol{k})$ es función de $\Delta(\boldsymbol{k})$. La suma está restringida a los vectores de onda en el *gap* $\Delta\epsilon$ en torno a la superficie de Fermi. Luego:

$$\Delta(\boldsymbol{k}) = \begin{cases} \Delta(T) & \text{si } |\epsilon'_{\boldsymbol{k}} - \mu| \leqslant \Delta\epsilon \\ 0 & \text{resto} \end{cases} \qquad (9.139)$$

Suponiendo que el volumen del sistema es suficientemente grande podemos reemplazar la suma por una integral

$$\Delta(T) = V_0 V \int \frac{d\boldsymbol{k}}{(2\pi)^3} \frac{\Delta(T)}{E(\boldsymbol{k})} \tanh\left[\frac{\beta E(\boldsymbol{k})}{2}\right] \Leftrightarrow$$

$$1 = V_0 \frac{V}{2\pi^2} \int k^2 dk \frac{1}{E(\boldsymbol{k})} \tanh\left[\frac{\beta E(\boldsymbol{k})}{2}\right]. \qquad (9.140)$$

Haciendo un cambio de variable $k \to \xi(\boldsymbol{k})$, y suponiendo que $k^2 \simeq k_F^2$ en la banda de energía $\Delta\epsilon$ en torno a la energía de Fermi, tenemos:

$$1 = \frac{V_0 V k_F^2}{2\pi^2} \int_{-\Delta\epsilon}^{\Delta\epsilon} \left(\frac{\partial k}{\partial \epsilon'(\boldsymbol{k})}\right)_{k_F} \frac{\tanh\left[\frac{\beta}{2}\sqrt{\epsilon'^2(\boldsymbol{k}) + \Delta^2(T)}\right]}{\sqrt{\epsilon'^2(\boldsymbol{k}) + \Delta^2(T)}} d\epsilon(\boldsymbol{k}). \qquad (9.141)$$

Teniendo en cuenta que

$$\frac{\partial \epsilon'(\boldsymbol{k})}{\partial k} = \frac{\hbar k}{m} \simeq \frac{\hbar k_F}{m}, \qquad (9.142)$$

podemos escribir:

$$1 = V_0 N(0) \int_0^{\Delta\epsilon} d\epsilon(\boldsymbol{k}) \frac{\tanh\left[\frac{\beta}{2}\sqrt{\epsilon'^2(\boldsymbol{k}) + \Delta^2(T)}\right]}{\sqrt{\epsilon'^2(\boldsymbol{k}) + \Delta^2(T)}}, \qquad (9.143)$$

donde hemos hecho $\epsilon'(\boldsymbol{k}) \to \epsilon(\boldsymbol{k}) = \frac{\hbar^2 k^2}{2m} - \mu$ y hemos usado que el integrando es par

$$N(0) = \frac{mvVk_F}{\pi^2\hbar^2}, \qquad (9.144)$$

es la densidad de estados en la energía de Fermi. La ec. (9.143) determina la energía del *gap* $\Delta(T)$ y puede usarse para calcular la temperatura de transición superconductora. La excitación de bogolones de energía $E(\boldsymbol{k}) = \sqrt{\epsilon^2(\boldsymbol{k}) + \Delta^2(T)}$ implica una energía finita, con independencia de su momento (i.e., incluso a $\boldsymbol{k} = 0$), esto es, existe un *gap* en su espectro de energía. En la temperatura crítica, T_c, el *gap* se anula y el espectro de las excitaciones es el del gas ideal:

$$1 = N(0)V_0 \int_0^{\Delta\epsilon} d\epsilon(\boldsymbol{k}) \frac{\tanh\left[\frac{\beta_c \epsilon(\boldsymbol{k})}{2}\right]}{\epsilon(\boldsymbol{k})}$$

$$= N(0)V_0 \int_0^{\beta_c\Delta\epsilon/2} dx \frac{\tanh x}{x}$$

$$= \left\{\int_0^a \frac{\tanh x}{x} dx = \ln(2,26a)\right\} = N(0)V_0 \ln(1,13\beta_c\Delta\epsilon). \qquad (9.145)$$

El *gap* a $T = 0$ K puede calcularse a partir de la Ec. (9.143) como

$$1 = N(0)V_0 \int_0^{\Delta\epsilon} d\epsilon(\boldsymbol{k}) \frac{1}{\sqrt{\epsilon^2(\boldsymbol{k}) + \Delta^2(0)}} N(0)V_0 \operatorname{senh}^{-1} \frac{\Delta\epsilon}{\Delta(0)}. \tag{9.146}$$

Para sistemas débilmente acoplados $N(0)V_0 << 1$, por lo que

$$\Delta(0) \simeq 2\Delta\epsilon e^{-\frac{1}{N(0)V_0}}. \tag{9.147}$$

Comparando esta ecuación con la Ec. (9.145) tenemos:

$$\frac{\Delta(0)}{k_B T_c} = 1{,}764 \tag{9.148}$$

La existencia del *gap* implica que hay una energía mínima de las excitaciones colectivas, por lo que $\epsilon(\boldsymbol{k}) \geq \Delta(T)$ lo que conlleva

$$\frac{\epsilon(\boldsymbol{k})}{k} \geq \frac{\Delta(T)}{k} \geq 0, \tag{9.149}$$

garantizando la existencia de superfluidez, que se manifiesta en el gas de electrones como superconductividad. Este *gap*, además, puede usarse como parámetro de orden de la fase condensada. Su dependencia en la temperatura puede calcularse resolviendo numéricamente la Ec. (9.143), y su dependencia cerca de la temperatura crítica es

$$\frac{\Delta(T)}{\Delta(0)} = 1{,}74 \left(1 - \frac{T}{T_c}\right)^{1/2}, \tag{9.150}$$

por lo que el exponente crítico del *gap* es $1/2$. Por otro lado, la entropía y la capacidad calorífica del gas ideal de bogolones puede calcularse como:

$$S = -2k_B \sum_{\boldsymbol{k}} \{n(\boldsymbol{k}) \ln n(\boldsymbol{k}) + [1 - n(\boldsymbol{k})] \ln [1 - n(\boldsymbol{k})]\}, \tag{9.151}$$

$$C = T \left(\frac{\partial S}{\partial T}\right)_T = 2\beta k_B \sum_{\boldsymbol{k}} \frac{\partial n(\boldsymbol{k})}{\partial \beta} \ln \left[\frac{n(\boldsymbol{k})}{1 - n(\boldsymbol{k})}\right]$$

$$= -2\beta k_B \sum_{\boldsymbol{k}} \frac{\partial n(\boldsymbol{k})}{\partial E(\boldsymbol{k})} \left(E^2(\boldsymbol{k}) + \frac{1}{2}\beta \frac{\partial \Delta^2}{\partial \beta}\right), \tag{9.152}$$

lo que conlleva una discontinuidad en la capacidad calorífica a $T = T_c$ (transición de fase de segundo orden o continua, con ruptura espontánea de simetría), pues el *gap* no es diferenciable a esta temperatura. Así, en las inmediaciones de T_c donde podemos hacer $E(\boldsymbol{k}) \simeq \epsilon(\boldsymbol{k})$, tendremos:

$$C_< = -2\beta_c k_B \sum_{\boldsymbol{k}} \frac{\partial n(\boldsymbol{k})}{\partial \epsilon(\boldsymbol{k})} \left[\epsilon^2(\boldsymbol{k}) + \frac{1}{2}\beta_c \frac{\partial \Delta^2}{\partial \beta}\right]_{T_c}, \tag{9.153}$$

$$C_> = -2\beta_c k_B \sum_{\boldsymbol{k}} \frac{\partial n(\boldsymbol{k})}{\partial \epsilon(\boldsymbol{k})} \left[\epsilon^2(\boldsymbol{k})\right]_{T_c}, \tag{9.154}$$

por lo que hay una discontinuidad en la capacidad calorífica a la temperatura crítica:

$$\Delta C = C_< - C_> = -\beta_c^2 k_B \sum_{\boldsymbol{k}} \frac{\partial n(\boldsymbol{k})}{\partial \epsilon(\boldsymbol{k})} \left(\frac{\partial \Delta^2}{\partial \beta}\right)_{T_c} = N(0) \left(-\frac{\partial \Delta^2}{\partial T}\right)_{T_c}. \tag{9.155}$$

9.5. Ejercicios relacionados

Ejercicio 9.1:

Teoría de Landau del He II (superfluido): gas de rotones. Como acabamos de ver, según el modelo de Landau de la fase superfluida del He^4 (1941), esta puede considerarse como un fluido en el cero absoluto al que se le superponen excitaciones elementales (fonones y rotones). De acuerdo con las observaciones de dispersión de neutrones, el espectro de los fonones es lineal, $\epsilon = pu$, donde u es la velocidad del sonido en el He II, mientras que para rotones la relación de dispersión presenta un mínimo en torno a un momento p_0 de la forma

$$\epsilon = \Delta + \frac{(p - p_0)^2}{2m_0}. \tag{9.156}$$

Ambas excitaciones de spin nulo se pueden considerar independientes y se encuentran en el sistema cerrado en número indeterminado. Calcúlese:

i) La energía libre de Helmholtz de fonones y rotones.

ii) La energía interna de las dos excitaciones.

iii) La capacidad calorífica en las regiones fonónica y rotónica, demostrando que

$$c_V = c_{V,ph} + c_{V,rot}, \tag{9.157}$$

$$c_{V,ph} = \frac{16\pi^5 k_B^4 V}{15 h^3 c^3} T^3, \tag{9.158}$$

$$c_{V,rot} = \frac{4\pi p_0^2 k_B V}{h^3} (2\pi m_0)^{1/2} \left(\frac{1}{k_B T} \right)^{3/2} \Delta^2 e^{-\beta \Delta} \left[1 + \frac{k_B T}{\Delta} + \frac{3}{4} \left(\frac{k_B T}{\Delta} \right)^2 \right]. \tag{9.159}$$

Nota: Puede ser conveniente tener en cuenta que en las condiciones del ejercicio $\sum_l \to \frac{V}{h^3} \int d\boldsymbol{p}$ o $\sum_l \to \int g(\epsilon) d\epsilon$, y que, en la región considerada $\Delta / k_B T \gg 1$, siendo además $ln(1-x) \simeq -x$. Además, téngase en cuenta que en la región de temperaturas relevantes $-\beta p_0^2 / 2m \to -\infty$ y que

$$\int_0^{+\infty} p^2 e^{-\beta \frac{(p-p_0)^2}{2m_0}} \, dp \simeq p_0^2 \int_0^{+\infty} e^{-\beta \frac{(p-p_0)^2}{2m_0}} \, dp.$$

Ejercicio 9.2:

Pruébese que es posible escribir la expresión de $\hat{U}$ en (9.43) como:

$$\hat{U} = \frac{1}{2V} \sum_{\boldsymbol{k}_1, \boldsymbol{k}_2, \boldsymbol{k}} U(k) \hat{a}^\dagger(\boldsymbol{k}_1 + \boldsymbol{k}) \hat{a}^\dagger(\boldsymbol{k}_2 - \boldsymbol{k}) \hat{a}(\boldsymbol{k}_2) \hat{a}(\boldsymbol{k}_1).$$

Nota: puede ser útil pasar al sistema centro de masas y coordenada relativa.

Ejercicio 9.3:

Obténgase la expresión en la representación de números de ocupación de la contribución al hamiltoniano del acoplamiento con un campo externo $U(\boldsymbol{r})$.

$$\hat{U} = \frac{1}{V} \sum_{\boldsymbol{k}', \boldsymbol{k}} U(\boldsymbol{k} - \boldsymbol{k}') \hat{a}^\dagger(\boldsymbol{k}') \hat{a}(\boldsymbol{k}).$$

Ejercicio 9.4:

Demuéstrese que si $U(k) = A - Bk$ se recupera el espectro de Landau y por tanto que este gas muestra la propiedad de superfluidez. Demuéstrese que la función obtenida tiene un máximo y mínimo. Exprésense los parámetros A, p_0 y m^* de la ecuación de Landau, válida en la vecindad del mínimo de $\epsilon(\mathbf{k})$, en función de las constantes A y B. ¿A qué potencial correspondería en el espacio real?

Ejercicio 9.5:

Probar la Ec. 9.70 utilizando:

$$a = \frac{m}{4\pi\hbar^2} U(0) \left(1 - \frac{U(0)}{V} \sum_{\mathbf{k}\neq 0} \frac{m}{k^2} \right).$$

Ejercicio 9.6:

Demuéstrese la Ec. (9.112).

Ejercicio 9.7:

Demuéstrese que, a orden r_0^3/V, donde r_0 es el radio de interacción del electrón, cuando $V \to \infty$, los operadores $\Delta(\mathbf{k})$ y $\Delta^\dagger(\mathbf{k})$, conmutan con $\hat{c}_+(\mathbf{r}), \hat{c}_+^\dagger(\mathbf{r}), \hat{c}_-(\mathbf{r})$ y $\hat{c}_-^\dagger(\mathbf{r})$, y consecuentemente con cualquier función de esos operadores.

Ejercicio 9.8:

Demuéstrese que

$$\Delta(\mathbf{k}) = -\sum_{\mathbf{k}'} V_{\mathbf{k}\mathbf{k}'} \frac{\Delta(\mathbf{k}')}{E(\mathbf{k}')} \tanh\left[\frac{\beta E(\mathbf{k}')}{2}\right]. \tag{9.160}$$

9.6. Lecturas complementarias

- Annett, J. (2004). *Superconductivity, Superfluids and Condensates*. Oxford Master Series in Physics. OUP Oxford.

- Lancaster, T., & Blundell, S. (2014). *Quantum Field Theory for the Gifted Amateur*. OUP Oxford.

Capítulo 10

Transiciones de fase. Teorías de orden-desorden

En los capítulos anteriores hemos considerado diversos aspectos del tratamiento estadístico de sistemas en interacción, que no son reductibles por ningún medio a sistemas ideales. Estos sistemas se denominan en ocasiones cooperativos, ya que presentan al menos un fenómeno cooperativo denominado transición de fase (e.g., condensación en gases, ferromagnetismo, condensación de Bose debido a interacciones implícitas en la simetría de la función de onda, ...). En estas transiciones de fase los sistemas adquieren una propiedad emergente que no poseían antes de la transición de fase. Además, en las inmediaciones de las transiciones de fase continuas las funciones termodinámicas y las funciones de correlación del sistema presentan una fenomenología descrita por leyes de escala con exponentes universales independientes de los detalles particulares del sistema debido a la existencia de fluctuaciones del parametro de orden en todos las escalas posibles. En este capítulo se realiza una breve introducción a los problemas de transición de fase y a su fenomenología, definiendo los exponentes críticos y discutiendo las leyes de *scaling* relevantes.

Además, tratando de entender los mecanismos fundamentales que dan lugar a la transición de fase, utilizamos los métodos de la mecánica estadística de equilibrio para estudiar una serie de modelos en los cuales se produce una transición de un estado ordenado a un estado desordenado. Y lo haremos considerando modelos que no implican movimientos de átomos sino únicamente sus posiciones en una red. Ejemplos paradigmáticos de este tipo de problemas son los modelos de aleaciones o de sistemas ferromagnéticos. Comenzaremos introduciendo el modelo de Ising, sin duda el más importante de todos los que abordan situaciones de este tipo, para introducir a continuación brevemente sus principales extensiones.

10.1. Clasificación de las transiciones de fase

Tal como sabemos de la Termodinámica, el comportamiento de un sistema físico en el límite termodinámico puede obtenerse a partir del potencial termodinámico relevante. En el caso de un sistema cuántico cuyo hamiltoniano es H acoplado a un foco térmico a la temperatura T y a una fuente de partículas de potencial químico μ, este es el gran potencial $\psi(T, V, \mu)$ y se calcula a partir de la gran función de partición

$Z(T, V, \mu)$ como

$$Z(T, V, \mu) = e^{-\beta \psi(T, V, \mu)} = \text{Tr}\left[e^{-\beta(H - \mu N)}\right], \tag{10.1}$$

donde N es aquí el operador número de partículas del sistema y la traza se calcula en el espacio de Fock relevante. En el límite termodinámico es de esperar que se alcance un límite independiente tanto del volumen como del número de partículas, en el cual todas las propiedades del sistema estén dadas por un conjunto de constantes de acoplamiento $(g_1, \ldots, g_k)$ de modo que

$$Z(g_1, \ldots, g_k) = e^{-\beta f(g_1, \ldots, g_k)}, \tag{10.2}$$

donde $f(g_1, \ldots, g_k)$ es la densidad de energía libre del sistema. Esta función es casi en todo el espacio analítica, pero en sistemas macroscópicos puede que existan conjuntos de dimensión menor que k en los que la densidad de energía libre presente algún tipo de no analiticidad. Estos conjuntos constituyen las fronteras entre las *fases del sistema*, las regiones en las cuales $f(g_1, \ldots, g_k)$ es analítica. De acuerdo con Ehrenfest, las transiciones de fase se clasifican en función del orden de la derivada de la energía libre que presenta alguna discontinuidad. Actualmente las transiciones de fase se dividen en dos categorías, denominadas de manera similar a las de Ehrenfest:

1. *Transiciones de primer orden*: son aquellas que implican la existencia de un calor latente. Durante la transición, el sistema absorbe o libera una cantidad fija de energía por unidad de volumen. Durante este proceso, la temperatura del sistema se mantendrá constante a medida que se agregue calor: el sistema está en un régimen mixto en el que algunas partes del sistema han completado la transición y otras no (e.g. transiciones líquido-vapor y sólido-líquido). La transformación se completa en un rango finito de temperaturas, registrándose histéresis en los ciclos térmicos y pudiendo registrar rupturas espontáneas de simetría o no.

2. *Transiciones de segundo orden (o continuas)*: La curva de energía libre cambia en estas transiciones de manera continua y siempre se rompe una simetría. Estas fluctuaciones se caracterizan por una susceptibilidad divergente, una longitud de correlación infinita y un decaimiento potencial de las correlaciones cerca del punto crítico que conlleva la aparición de un orden de largo alcance en el sistema. Ejemplos de este tipo de transiciones de fase son la transición ferromagnética, la transición superfluida superconductora (para un superconductor de tipo I, la transición de fase es de segundo orden en un campo externo cero y para un superconductor de tipo II la transición de fase es de segundo orden para ambos estados estado mixto y estado superconductor).

3. Existen también transiciones conocidas como transiciones de fase de orden infinito. Son transiciones continuas pero no se produce en ellas ruptura de simetría. El ejemplo más conocido es la transición de Kosterlitz-Thouless en el modelo XY bidimensional. Muchas transiciones de fase cuántica, por ejemplo, en gases de electrones bidimensionales, pertenecen a esta clase.

Es relativamente normal que las diferentes fases exhiban simetrías diferentes ya que el paso de una a otra implica un proceso de ruptura espontánea de simetría (transiciones orden-desorden), lo que permite caracterizarlas mediante un *parámetro de orden*, que usualmente se toma como cero en la fase de menor simetría. Esto constituye la base del denominado modelo estándar de las transiciones de fase, debido a Landau.

Ejemplo 10.1

Transición paramagnético-ferromagnético. Un ejemplo característico de transición de fase continua es aquel en el que un aislante magnético transita a una fase con magnetización no nula (orden ferromagnético de largo alcance) en ausencia de campo externo. El parámetro de orden es la magnetización espontánea del sistema, m, que no es sino el valor esperado del operador magnetización $\langle M \rangle$ en el límite termodinámico y en ausencia de campo externo:

$$m = \lim_{h \to 0} \frac{\partial f(T, h)}{\partial h} = \lim_{h \to 0} \left[\lim_{V \to \infty} \frac{\langle M \rangle}{V} \right]. \tag{10.3}$$

Esta magnitud se anula a alta temperatura (fase desordenada) debido a la orientación aleatoria de los espines inducida por la agitación térmica del sistema, que se impone a la energía térmica. Por debajo de una determinada temperatura, T_c, la energía térmica ya no es suficiente para superar a la energía de acoplamiento de los espines, que tienden a alinearse en el mismo sentido, dando lugar a la formación de dominios ordenados de magnetización en el sistema, que culminan con la aparición de una magnetización macroscópica (fase ordenada de baja temperatura). Además, en la vecindad del punto crítico de transición a la fase ferromagnética (de baja temperatura), la magnetización sigue una ley universal

$$m(T) \propto (T_c - T)^{-\beta}, \tag{10.4}$$

donde β es un exponente universal compartido por toda una clase de sistemas y que depende únicamente de características muy generales como la dimensionalidad o la simetría.

Ejemplo 10.2

La transición de fase líquido-vapor es una transición de fase de primer orden, debido a que las derivadas de la energía libre en la frontera de fases son discontinuas, concretamente la densidad y la entropía.

10.2. Scaling y universalidad en transiciones de fase continuas

En las inmediaciones de una transición de fase cada vez un mayor número de grados de libertad del sistema se van acoplando progresivamente, dando lugar a la aparición de orden de largo alcance en el sistema. El tamaño de las regiones de este en las que los grados de libertad se encuentran fuertemente correlacionados se denomina *longitud de correlación*, ξ, y diverge en el punto crítico en transiciones de fase de segundo orden, produciéndose fluctuaciones de todas las escalas en el sistema. Es fácil ver que esta invariancia de escala exige que las magnitudes termodinámicas sean funciones homogéneas de las variables relevantes, de manera que deben seguir leyes potenciales en estas variables. En efecto, la invariancia de escala impone que una determinada magnitud $\psi(x)$ cambie únicamente con una cantidad multiplicativa cuando su variable x se transforma como $x \to \lambda x$,

$$\psi(\lambda x) = \alpha(\lambda)\psi(x), \quad \forall \lambda \tag{10.5}$$

Esto significa que la función $\psi(x)$ es una función homogénea. Derivando ambos miembros de la expresión anterior con respecto a λ, tenemos:

$$x\psi'(\lambda x) = \alpha'(\lambda)\psi(x). \tag{10.6}$$

Haciendo $\lambda = 1$ en la expresión anterior e integrado, es inmediato ver que la magnitud ψ sigue una ley potencial: $\psi(x) \sim \text{const.} \times x^{\alpha'(1)}$. En el caso termodinámico, los exponentes que controlan las diferentes magnitudes termodinámicas y la función de correlación en las inmediaciones de las transiciones de fase se denominan *exponentes críticos*.

Ejemplo 10.3

En el caso de la transición paramagnético-ferromagnético las principales magnitudes termodinámica se comportan de la forma:

1. Calor específico: $C(t) \propto |t|^{-\alpha}$.

2. Magnetización espontánea: $m(t) \propto (-t)^{\beta}$, $t \leq 0$.

3. Susceptibilidad magnética: $\chi(t) \propto |t|^{-\gamma}$.

4. Isoterma crítica ($m(h)$ a $T = T_c$): $m(h) \propto |h|^{1/\delta} sgn(h)$, $t = 0$.

5. Longitud de correlación: $\xi(t) \propto |t|^{-\nu}$.

6. Función de correlación: $G(\boldsymbol{r}) \propto |\boldsymbol{r}|^{D-2+\eta}$.

donde hemos introducido la temperatura reducida, $t = (T - T_c)/T_c$, que mide la distancia al punto crítico.

Estos exponentes críticos son universales en el sentido de que clases enteras de sistemas siguen leyes con los mismos exponentes a pesar de las diferencias que existan entre su composición, estructura y dinámica microscópicas. Esto permite definir clases de universalidad caracterizadas por los mismos exponentes críticos, que dependen únicamente de características como la dimensionalidad, la simetría o el rango de alcance de las interacciones en el sistema.

Exponente	Ising (2D)	Ising (3D)	XY (3D)	Heisenberg (3D)
α	0 (logarítmico)	0,110(1)	$-0{,}015$	$-0{,}10$
β	1/8	0,32655(3)	0,35	0,36
γ	7/8	1,2372(5)	1,32	1,39
δ	15	4,789(2)	4,78	5,11
ν	1	0,6301(4)	0,67	0,70
η	1/4	0,0364(5)	0,038	0,027

Tabla 10.1: Exponentes críticos de las clases de universalidad de Ising, XY y Heisenberg. Valores tomados de la Ref. Kopietz et al. (2010).

10.2.1. Hipótesis de scaling

A través de la hipótesis de *scaling* de la energía libre (Widom, 1965) y de la función de correlación (Kadanoff, 1966) pueden obtenerse las denominadas relaciones de *scaling*, que a su vez permiten obtener los coeficientes independientes entre si, que únicamente son cuatro de los α, β, γ, δ, y η. En un capítulo próximo se tratará la obtención microscópica de los coeficientes de *scaling* del sistema usando las técnicas del grupo de renormalización. Por simplicidad notacional, trataremos la hipótesis de *scaling* en el marco del problema de la transición de fase paramagnético-ferromagnético.

Comenzando con la hipótesis de scaling de Widom, en las inmediaciones del punto crítico podemos descomponer la energía libre en la suma de una parte regular, $f_{\mathrm{reg}}(t, h)$, que no cambia a medida que nos aproximamos al punto crítico, y una parte singular, $f_{\mathrm{sing}}(t, h)$ que contiene todo el comportamiento termodinámicamente relevante en las inmediaciones del punto crítico

$$f(t, h) = f_{\mathrm{reg}}(t, h) + f_{\mathrm{sing}}(t, h). \tag{10.7}$$

La hipótesis de *scaling* de Widom establece que la parte singular de la energía libre es una función homogénea de todas sus variables.[1] Para expresar esta hipótesis de forma matemática tengamos en cuenta ahora que el comportamiento termodinámico de cualquier sistema que presente un comportamiento crítico de simetria apropiada podrá expresarse en términos parecidos a los del sistema ferromagnético-paramagnético. En virtud de la hipótesis de scaling, un cambio de escala de la temperatura t y el campo externo h, $(t, h) \rightarrow (t', h')$, debe producir una transformación de la energía libre

$$f_{\mathrm{sing}}(t', h') = \lambda^D f_{\mathrm{sing}}(t, h). \tag{10.8}$$

Evidentemente, dado que la transformación de escala no debe cambiar el comportamiento crítico del sistema, los dos problemas deben de acercarse a la criticalidad conjuntamente, lo que implica que la relación entre las variables originales y las transformadas debe ser a lo sumo una relación de proporcionalidad

$$\begin{aligned} t' &= \lambda_t t = \lambda^{y_t} t, \\ h' &= \lambda_h h = \lambda^{y_h} h, \end{aligned} \tag{10.9}$$

donde hemos permitido que ambas variables se transformen de manera desacoplada para preservar la diferente simetría que tienen las dos variables bajo inversiones de los momentos magnéticos. Además, hemos reescrito las constantes de proporcionalidad en términos de los multiplicadores de la constante de red, independientes de λ. Combinando la ecuación anterior con la Ec. (10.8) tenemos

$$f_{\mathrm{sing}}(t, h) = \lambda^{-D} f_{\mathrm{sing}}(t', h') = \lambda^{-D} f_{\mathrm{sing}}(t\lambda^{y_t}, h\lambda^{y_h}), \tag{10.10}$$

que es la expresión buscada de la hipótesis de *scaling* de la parte singular de la energía libre y constituye el núcleo del denominado *scaling* de Widom, ya que permite calcular los exponentes α, β, γ y δ introducidos anteriormente. Aún es conveniente hacer una transformación más para obtener una expresión más manejable de la hipótesis de *scaling* anterior. Usando que λ es un parámetro arbitrario podemos hacer $\lambda^{y_t} = 1/|t|$, con lo que la ecuación anterior se puede reescribir como:

$$f_{\mathrm{sing}}(t, h) = |t|^{D/y_t} \Phi_{\pm} \left(\frac{h}{|t|^{y_h/y_t}} \right), \tag{10.11}$$

---

[1]Seguimos la notación del Cap. 1 de Kopietz et al. (2010) o del cap. 12 de Kadanoff (2000), entre las múltiples que se pueden encontrar en la literatura.

donde hemos introducido las funciones de *scaling* $\Phi_{\pm}(x) = f_{sing}(\pm 1, x)$. A partir de esta expresión, derivando respecto a las variables correspondientes se pueden obtener los exponentes de *scaling* en términos de la dimensionalidad D y de y_h e y_t.

Estas expresiones han sido probadas experimentalmente para sistemas magnéticos por Green et al. (1967) y para fluidos (ver Ho & Litster (1969)). La obtención de relaciones similares para los exponentes críticos que afectan al comportamiento de la función de correlación, ν y η, precisan de la introducción de una hipótesis de *scaling* adicional sobre la función de correlación, el denominado scaling de Kadanoff.

Para obtener relaciones que involucren los exponentes críticos ν y η necesitamos una hipótesis de *scaling* adicional sobre el comportamiento de la función de correlación $G(\boldsymbol{r}, \boldsymbol{r}') = \langle m(\boldsymbol{r})m(\boldsymbol{r}')\rangle - \langle m(\boldsymbol{r})\rangle\langle m(\boldsymbol{r}')\rangle$ en las inmediaciones del punto critico. Esta fue introducida por Kadanoff (1966) y establece que la función de correlación en la región crítica, está dominada por su parte singular, que es una función homogénea de sus variables:

$$G_{\text{sing}}\left(\boldsymbol{r}; t, h\right) = \lambda^{-2(D-y_h)} G_{\text{sing}}\left(\frac{|\boldsymbol{r}|}{\lambda}; \lambda^{y_t}t, \lambda^{y_h}h\right), \tag{10.12}$$

que, para $h = 0$ y haciendo $\lambda = |t|^{1/y_t}$ puede reexpresarse de la forma

$$\begin{aligned}
G_{\text{sing}}\left(\boldsymbol{r}; t, 0\right) &= |t|^{\frac{2(D-y_h)}{y_t}} G_{\text{sing}}\left(\frac{|\boldsymbol{r}|}{|t|^{-1/y_t}}; 1, 0\right) \\
&= |t|^{\frac{2(D-y_h)}{y_t}} \Psi_{\pm}\left(\frac{|\boldsymbol{r}|}{|t|^{-1/y_t}}\right), \tag{10.13}
\end{aligned}$$

donde hemos introducido las funciones de *scaling* de la función de correlación $\Psi_{\pm(x)} = G_{\text{sing}}(x; \pm, 0)$.

Estas relaciones de hiperscaling únicamente son válidas si $D < D_{up}$ según Kopietz et al. (2010), región en la cual se verifican las relaciones de scaling:

$$\alpha = 2 - D\nu,$$
$$\beta = \frac{\nu}{2}(D - 2 + \eta),$$
$$\gamma = \nu(2 - \eta),$$
$$\delta = \frac{D + 2 - \eta}{D - 2 + \eta}. \tag{10.14}$$

Finalmente, como puede verse en Kopietz et al. (2010), si consideramos un fenómeno dinámico en las inmediaciones de la región crítica, el tiempo de correlación (o tiempo característico de atenuación de las fluctuaciones del parámetro de orden temporal sigue una ley potencial,

$$\tau_c \propto \xi^z \propto |t|^{-\nu z}, \tag{10.15}$$

donde z es el exponente dinámico. Este fenómeno consistente en que la correlación temporal de las fluctuaciones del parámetro de orden se atenúa de forma más y más lenta a medida que nos acercamos a la región crítica $|t| \to 0$, lo que se denomina ralentización crítica.

Aún podríamos estudiar aquí el comportamiento de escala de las magnitudes termodinámicas y de correlación en las inmediaciones de un punto crítico cuántico, asociados a transiciones de fase a $T = 0$ que se producen por la variación de parámetros no térmicos como la densidad o algún campo externo acoplado al sistema. Referimos para ello al lector a Kopietz et al. (2010) y a las referencias allí contenidas.

Tal y como podemos ver en la Tabla 10.2, la predicción de los exponentes críticos de la teoría de Landau mejora con la dimensionalidad del espacio. La diferencia es debida a fluctuaciones ignoradas en estos formalismos.

Exp	Landau	D=2 (Exacta)	D=3 (Numérica)
η	0	0,25	$0,0375 \pm 0,0025$
ν	1/2	1	$0,6305 \pm 0,0015$

Tabla 10.2: Exponentes críticos de la teoría de Landau

10.3. Modelo de Ising

Consideremos una red compuesta por dos tipos de objetos, A y B, y supongamos que interaccionan únicamente con sus vecinos más próximos. Sea V_{ij} la energía de interacción entre objetos de tipo i y objetos de tipo j $(i, j = A, B)$. Es fácil darse cuenta de que a $T = 0$ (i.e., en ausencia de energía térmica que aleatorice el sistema), tenemos únicamente dos situaciones diferentes:

(a) $V_{AB} > (V_{AA} + V_{BB})/2$: En este caso el sistema se separa en dos dominios macroscópicos que contienen únicamente objetos de tipo A y objetos de tipo B.

(a) $V_{AB} < (V_{AA} + V_{BB})/2$: En este caso se produce una mezcla homogénea de objetos de tipo A y objetos de tipo B que se alternan en la red.

Las dos situaciones anteriores son estados ordenados, que se destruyen en cuanto existe energía térmica disponible (i.e. a $T \neq 0$) que tiende a producir estados mezcla aleatorios hasta que se produzca la fusión del sistema reticular y se alcance un estado completamente desordenado.

Dado que podemos expresar la energía de un microestado del sistema de la forma

$$E_l = \sum_{(i,j)} V_{ij}, \tag{10.16}$$

donde la suma se extiende a todos los pares de vecinos próximos en el microestado l, la función de partición del sistema se escribe como:

$$Z_N(T) = \sum_l e^{-\beta \sum_{(i,j)} V_{ij}}, \tag{10.17}$$

Esta es la función de partición del denominado *modelo de Ising*, que fue originalmente introducido por E. Ising en 1924 como modelo para el ferromagnetismo en el marco de su tesis doctoral. No obstante, este modelo puede usarse para describir problemas de gases reticulares, aleaciones binarias, etc. Este modelo predice la existencia de una transición entre una fase ordenada y una desordenada en dimensión $D \geq 2$, aunque analíticamente sólo puede resolverse en una y, en ausencia de campo externo aplicado, dos dimensiones (Onsager).

Reformulemos el modelo anterior para obtener una expresión más explícita para la función de partición del modelo de Ising, y lo haremos ya en el marco del ferromagnetismo, problema usualmente abordado en la literatura. Si asociamos a objetos tipo A una variable $s_i = +1$ y a los tipo B $s_i = -1$, y denotamos $V_{ij} \equiv -J_{ij}$, y suponemos que el sistema se encuentra en el seno de un campo externo h que lo acopla mecánicamente a su entorno, tendremos

$$E_l = -\frac{1}{2} \sum_{i,j=1}^{N} J_{ij} s_i s_j - h \sum_{i=1}^{N} s_i. \tag{10.18}$$

En el problema del ferromagnetismo, los índices i y j denotan las posiciones $\mathbf{r}_i$ y $\mathbf{r}_j$ de una red hipercúbica con N sitios de red donde se encuentran los espines s_i y s_j, J_{ij} denota la energía de canje entre los espines i y j, y h es la energía de Zeeman asociada con un campo magnético externo en dirección Z que se acopla a los spines. Debido al decrecimiento exponencial de las funciones de onda localizadas las integrales de canje tras J_{ij} son distintas de cero únicamente cuando i y j denotan vecinos más próximos. Por simplicidad, consideramos el caso en el que la energía de intercambio entre vecinos más próximos es siempre la misma, $J_{ij} = J$, para obtener:

$$E_l = -J \sum_{\langle ij \rangle} s_i s_j - h \sum_{i=1}^{N} s_i, \tag{10.19}$$

donde $\langle ij \rangle$ denota pares de vecinos mas próximos. A partir de esta expresión podemos obtener los observables termodinámicos calculando la función de partición:

$$
\begin{aligned}
Z(T,h) \;&=\; e^{-\beta G(T,h)} = \sum_{\{i\}} e^{-\beta H} \\
&=\; \prod_{i}^{N} \sum_{s_i = \pm 1} \exp\left[\beta J \sum_{\langle ij \rangle} s_i s_j - h \sum_{i=1}^{N} s_i \right].
\end{aligned} \tag{10.20}
$$

En $D = 1$ es relativamente sencillo realizar la suma anterior, como veremos a continuación. En $D = 2$ el problema fue resuelto por L. Onsager (1944) para $h = 0$. La solución analítica para h$\neq$ 0 no se conoce y para $D \geq 3$ no hay soluciones analíticas disponibles, por lo que ha de recurrirse a aproximaciones como la de Bragg-Williams de campo medio ya tratada en el capítulo 7 de esta obra.

10.3.1. Soluciones exactas del modelo de Ising

Como hemos dicho, el modelo de Ising ha sido resuelto de forma exacta para una y dos dimensiones (en este último caso únicamente a $h = 0$). Presentaremos en esta sección el caso de una dimensión y un breve esquema de la solución de Onsager para $D = 2$.

Consideremos en primer lugar el caso en el que nuestros espines se encuentren en una red unidimensional periódica que contiene N sitios de red. Las condiciones de contorno periódicas imponen que $s_{N+1} = s_1$. La energía total para una determinada configuración se puede escribir como

$$E\{s_i\} = -J \sum_{i=1}^{N} s_i s_{i+1} - h \sum_{i=1}^{N} s_i, \tag{10.21}$$

donde se ha supuesto una interacción constante entre vecinos más próximos. Consecuentemente, la función de partición del sistema es

$$Z_N(T) = \prod_{i}^{N} \sum_{s_i = \pm 1} \exp\left[\beta J \sum_{i=1}^{N} s_i s_{i+1} + \frac{1}{2} h(s_i + s_i + 1) \right]. \tag{10.22}$$

Introduciendo la denominada *matriz de transferencia*, $\mathbf{A}$, definida por:

$$\mathbf{A} = \begin{pmatrix} e^{\beta(J+h)} & e^{-\beta J} \\ e^{-\beta J} & e^{\beta(J-h)} \end{pmatrix}, \tag{10.23}$$

cuyos elementos de matriz son

$$A_{ij} = \langle s_i | \mathbf{A} | s_j \rangle = e\beta \left[J s_i s_j + h(s_i + s_j)/2 \right], \tag{10.24}$$

podemos reescribir la función de partición como

$$\begin{aligned}
Z_N(T) &= \sum_{s_1 = \pm 1} \cdots \sum_{s_i = \pm 1} \prod_{i=1}^{N} \langle s_i | \mathbf{A} | s_{i+1} \rangle \\
&= \sum_{s_i = \pm 1} \langle s_i | \mathbf{A^N} | s_i \rangle = Tr(\mathbf{A^N}) = \lambda_+^N + \lambda_-^N, \tag{10.25}
\end{aligned}$$

donde $\lambda_\pm$ son los autovalores de la matriz $\mathbf{A}$:

$$\lambda_\pm = e^{\beta J} \left[\cosh(\beta h) \pm \sqrt{\cosh^2(\beta h) - 2e^{-2\beta J} \sinh(2\beta J)} \right]. \tag{10.26}$$

En el límite termodinámico, cuando $N \to \infty$, única situación en la que, como veremos, puede presentarse una transición de fase, únicamente contribuye el mayor de los autovalores de $\mathbf{A}$, por lo que podemos expresar la densidad de energía libre de Gibbs por spin como:

$$g(T,h) = \lim_{N \to \infty} G(T,h) = -k_B T \lim_{N \to \infty} \ln Z_N(T,h) = -k_B T \ln \lambda_+. \tag{10.27}$$

Cuando $h = 0$, la densidad de energía libre toma el valor

$$\beta g(T,h) = -\ln \left(e^{\beta J} + e^{-\beta J} \right), \tag{10.28}$$

que obviamente es una función analítica en todo su dominio de definición. Así pues, a diferencia de los resultados de campo medio, el modelo de Ising unidimensional no puede exhibir una transición de fase espontánea si $T \neq 0$. Este resultado ha sido generalizado por Peierls, quien probó que, en ausencia de interacciones de largo alcance, ningún sistema unidimensional puede mostrar una transición de fase. También podríamos demostrar lo anterior calculando la magnetización por espín, que actúa como parámetro de orden del sistema

$$\langle s \rangle = -\left(\frac{\partial g(T,h)}{\partial h} \right)_T = \frac{\sinh \beta J}{\sqrt{\cosh^2(\beta h) - 2e^{-2\beta J} \sinh(2\beta J)}}, \tag{10.29}$$

que tiende a cero en el límite de campo externo nulo.

Calcularemos también la *función de correlación* de dos espines de la red antes de abordar brevemente la solución en el caso bidimensional. Puede verse de manera sencilla que efectivamente existe esta influencia mutua debido a las interacciones entre los espines contiguos sin más que calcular la probabilidad condicionada de que el espín j tome el valor s_j cuando el espín i toma el valor s_i (ver ejercicio 10.4).

La interacción favorece el alineamiento paralelo ($J > 0$) de los espines, mientras que la agitación térmica tiende aleatorizar las orientaciones. Así pues, esperamos una correlación que disminuya con la distancia y que esa distancia se incremente con la disminución de la temperatura.

La función de correlación G_{ij} es una medida de la influencia que ejerce un espín sobre otro de la red y, en el caso general, se define como la covarianza de ambas variables estadísticas

$$G_{ij} = \text{cov}(s_i, s_j) = \langle s_i s_j \rangle - \langle s_i \rangle \langle s_j \rangle. \tag{10.30}$$

Analizaremos en este punto únicamente el primer término de la función de correlación en ausencia de campo externo

$$G_{ij} \equiv \langle s_i s_j \rangle = \langle s_i s_j \rangle = \frac{1}{Z_N} \sum_{\{s_l\}} s_i s_j e^{-\beta H} = \frac{1}{Z_N} \sum_{\{s_l\}} s_i s_j e^{\beta J \sum_{i=1}^{N-1} s_i s_{i+1}}$$

$$= \frac{1}{Z_N} (\cosh \beta J)^{N-1} \sum_{\{s_l\}} s_i s_j \prod_{i=1}^{N-1} (1 + s_i s_{i+1} \tanh \beta J), \qquad (10.31)$$

donde hemos usado la identidad,

$$e^{J s_i s_{i+1}} = \cosh \beta J + s_i s_{i+1} \sinh \beta J.$$

El resultado final es, pues,

$$G_{ij} = \frac{1}{Z_N} (\cosh \beta J)^{N-1} 2^N (\tanh \beta J)^{|i-j|} = (\tanh \beta J)^{|i-j|}. \qquad (10.32)$$

Esta expresión puede reescribirse de una manera mucho más intuitiva en función de la distancia de red, a como:

$$G_{ij} = e^{-r_{ij}/\xi}, \qquad (10.33)$$

donde $r_{ij} = a|i - j|$ y la longitud de correlación

$$\xi = \frac{a}{|\ln \tanh \beta J|}. \qquad (10.34)$$

Como puede verse la correlación entre dos espines, i.e. la influencia que ejercen uno sobre otro, decae de manera exponencial con la distancia entre ellos, lo que responde a la intuición de que hay dominios de longitud decreciente con la temperatura en la que todos los espines adoptan la misma orientación.

10.4. Otros modelos reticulares

Hay una gran variedad de modelos similares al modelo de Ising para describir problemas de transiciones orden-desorden en sistemas reticulares. Tratamos a continuación brevemente los más comúnmente utilizados.

10.4.1. Modelos de Heisenberg y XY

El modelo de Ising describe sistemas acoplados (en particular magnéticos) que muestran una anisotropía uniaxial extrema. En cambio, el denominado *modelo de Heisenberg* se formuló para describir sistemas magnéticos completamente simétricos. En este modelo se consideran todas las componentes espaciales del espín $s_i = (s_{ix}, s_{iy}, s_{iz})$, por lo que en el tratamiento clásico son vectores tridimensionales y en el cuántico son los correspondientes operadores cuánticos.

Por su parte el modelo XY describe sistemas con magnetización en el plano XY: (s_{ix}, s_{iy}), $s_{iz} = 0$, y, consiguientemente, un caso particular del modelo de Heisenberg. Hay dos posibilidades: que el campo externo h sea perpendicular al plano de magnetización (modelo XY en un campo transversal), o que esté en el plano de magnetización (modelo XY en un campo longitudinal).

Tanto el modelo de Heisenberg como sus casos particulares, los modelos de Ising y XY pueden representarse con el hamiltoniano:

$$H = \frac{1}{2} \sum_{\langle ij \rangle} J_{ij} \left[a s_i s_j + (1 - a) s_{iz} s_{jz} \right] - h \sum_{i=1}^{N} s_{iz}. \qquad (10.35)$$

con $\in [0, 1]$. Cuando $a = 1$ este hamiltoniano es el propio modelo de Heisenberg isótropo. Cuando $a = 0$ o $a = 1/2$, describe los modelos de Ising y XY respectivamente.
Otros valores intermedios permiten describir modelos de Heisenberg anisótropos. A
diferencia del modelo de Ising, en el que $s_i = \pm 1$, en el tratamiento clásico de los
modelos XY y de Heisenberg los espines pueden rotar sometidos a la condición de
normalización $|s_i|^2 = 1$. En el modelo de Heisenberg, esto implica que los vectores
de espín están en la esfera unidad, y en el modelo XY en la circunferencia unidad. A
menudo todos los modelos que verifican esta condición de normalización se denominan
modelos tipo-Ising.

10.4.2.   Modelo vectorial de n-componentes u $O(n)$

Este modelo, introducido por Stanley (1968) es una generalización del modelo de
Heisenberg a un número arbitrario $n \geq 3$ de componentes del espín. En este caso los
spines son vectores n-dimensionales y el hamiltoniano, en ausencia de campo externo,
puede escribirse

$$H = \frac{1}{2} \sum_{\langle ij \rangle} J_{ij} s_i s_j, \tag{10.36}$$

donde, como de costumbre, la suma se extiende a pares de espines más próximos. Este
modelo, que se utiliza para describir sistemas magnéticos con estructura compleja o
con transiciones de fase estructurales, permite recuperar un buen número de casos
particulares:

- $n = 0$ Camino aleatorio sin contacto (*self-avoiding walk*). La equivalencia fue
  descubierta por de Gennes (1972).

- $n = 1$ modelo de Ising.

- $n = 2$ modelo XY.

- $n = 3$ modelo de Heisenberg.

- $n \to \infty$ modelo esférico o gaussiano (ver abajo).

10.4.3.   Modelo de Potts de k-estados

Este modelo describe una red en cuyos nodos se sitúan espines que pueden tomar k
orientaciones diferentes distribuidas uniformemente en la circunferencia con ángulos:

$$\theta_k = \frac{2\pi n}{k}; \ n = 1, \dots, k \tag{10.37}$$

Originalmente se formuló el denominado modelo de Potts vectorial, en el que la interacción entre espines más próximos depende de la orientación relativa entre ellos:

$$H = -J_c \sum_{\langle ij \rangle} cos \left(\theta_{s_i} - \theta_{s_j} \right), \tag{10.38}$$

donde las variables s_i pueden tomar k valores posibles. Sin embargo, en lo que hoy día
se conoce como modelo de Potts, el hamiltoniano es más simple, ya que únicamente
los vecinos más próximos con orientaciones coincidentes interaccionan entre si:

$$H = -J_c \sum_{\langle ij \rangle} \delta \left(s_i - s_j \right). \tag{10.39}$$

En este modelo la energía de interacción va asociada al hecho de que los vecinos sean
semejantes o no.

10.4.4. Modelo gaussiano o esférico

En 1952 Berlin y Kac introdujeron una versión simplificada del modelo de Ising en el cual, relajando la ligaduras del modelo de Ising ($s_i = \pm 1$) o del de Heisenberg ($|\boldsymbol{s}_i|^2 = \pm 1$), se pueden obtener soluciones analíticas en un número arbitrario de dimensiones. La nueva ligadura del modelo esférico es:

$$\sum_{i=1}^{N} s_i{}^2 = 1, \tag{10.40}$$

por la cual las variables s_i pueden tomar cualquier valor con tal de que se verifique la ligadura esférica anterior. Este modelo corresponde con el modelo n-vectorial en el límite $n \to \infty$. Además, es interesante mencionar que en este modelo los espines toman un rango continuo de valores sometidos a una distribución de probabilidad gaussiana:

$$P(s_m) = e^{-\frac{b}{2} \sum_m s_m^2}, \tag{10.41}$$

siendo b una constante arbitraria, que asigna la máxima probabilidad al valor $s = 0$.

10.4.5. Modelo de Blume, Emery y Griffiths (BEG)

Este modelo fue introducido por los autores citados en 1971 Blume et al. (1971) para explicar la separación de fase en mezclas He³-H⁴, y su hamiltoniano es:

$$H = -J \sum_{\langle ij \rangle} s_i s_j \left[1 + a s_i s_j \right] + \Delta \sum_i s_i, \tag{10.42}$$

donde J es la constante de acoplamiento habitual, aJ con $a > 0$ es la constante del acoplamiento bicuadrático y Δ representa la interacción de los spines $\sigma_i = 0, \pm 1$ con el campo del cristal en cada punto i. Cuando $a = 0$ se recupera el modelo de Ising con una interacción con el campo del cristal, lo que se conoce a menudo como modelo de Blume-Capel.

10.5. Introducción al grupo de renormalización.

En un sistema estadístico en interacción -representada por un conjunto de constantes de acoplamiento $\vec{K}$- existen correlaciones entre grados de libertad que se encuentran dentro del rango de alcance de la interacción. Esto provoca que los grados de libertad que se encuentran dentro de una esfera de radio igual a la longitud de correlación, ξ, acoplen sus fluctuaciones. Esta longitud es, habitualmente, de una o varias distancias interparticulares, salvo que nos acerquemos a un punto crítico del sistema. En este, $\xi \to \infty$ y se registran, por tanto, fluctuaciones en todas las escalas posibles del sistema, dando lugar a un fenómeno colectivo con aparición de propiedades emergentes. Este fenómeno de acoplamiento colectivo provoca la inexistencia de escala característica para el fenómeno y que el sistema manifieste invariancia de escala y autosimilaridad, como ya hemos visto. En esta situación es evidente que:

i) La aplicación de métodos perturbativos -diseñados para situaciones en las que se acopla un número pequeño de grados de libertad- es imposible.

ii) Existen grados de libertad en escalas pequeñas del sistema que necesariamente deben ser irrelevantes para la descripción de la física del fenómeno colectivo.

Sobre la base de estas premisas K. G. Wilson desarrolló en los años 70 un formalismo para la integración sistemática de estos grados de libertad, que constituye la idea central de la denominada teoría del grupo de renormalización. En esta, la aplicación sistemática de transformaciones que cambian la escala del sistema permite identificar la situación en la que este manifiesta invariancia de escala. Así, el punto crítico se manifiesta como un punto fijo de la correspondiente transformación del grupo de renormalización (TGR).

Estas transformaciones cambian la escala del sistema por una cierta cantidad λ, lo que, para mantener invariante la termodinámica del mismo,[2] debe ir acompañado de un cambio en la constante de acoplamiento, $\vec{K}$. Así, denotamos por $\vec{R}(\lambda, \vec{K})$ una TGR de parámetro λ que transforma $\vec{K}$ a $\vec{K}'$:

$$\vec{K}' = \vec{R}(\lambda, \vec{K}). \tag{10.43}$$

Como vemos, la aplicación sucesiva de la TGR genera un flujo en el espacio de constantes de acoplamiento $\vec{K} \to \vec{K}' \to \vec{K}'' \to \vec{K}''' \to \cdots \to \vec{K}^{(n)}$ que se denomina flujo de renomalización, y en el cual la longitud de correlación $\xi \to \xi' = \lambda^{-1}\xi \to \xi'' = \lambda^{-2}\xi \to \cdots \to \xi^n = \lambda^{-n}\xi$. Naturalmente,

$$\vec{K}^* = \lim_{n \to \infty} \vec{K}^{(n)}, \tag{10.44}$$

definirá el punto crítico, lo que obviamente conlleva

$$\vec{R}(\lambda, \vec{K}^*) = \vec{K}^*. \tag{10.45}$$

Naturalmente, cerca del punto crítico puede escribirse

$$\delta\vec{K}' = \vec{K} - \vec{K}^* = \vec{R}(\lambda, \vec{K}) - \vec{R}(\lambda, \vec{K}^*) \simeq M(\vec{K} - \vec{K}^*) = M\delta\vec{K}, \tag{10.46}$$

donde hemos retenido únicamente términos de primer orden en la expansión en serie de Taylor de $\vec{R}(\lambda, \vec{K})$ en las inmediaciones del punto crítico. Además,

$$M_{ij} = \frac{\partial R_i(\lambda, \vec{K}^*)}{\partial K_j}. \tag{10.47}$$

Esta matriz no tiene por qué ser simétrica, y por tanto sus autovectores por la derecha y por la izquierda en general no coinciden. No obstante, si $\vec{v}^T$ son los autovalores por la izquierda y definimos los campos de scaling:

$$U_\mu = \vec{v}_\mu^T \delta\vec{K} = \sum_j v_{\mu j}\delta K_j \qquad \mu = 1, 2..., \tag{10.48}$$

podemos ver que estos se transforman bajo una TGR como

$$U'_\alpha = \vec{v}_\alpha^T \delta\vec{K}' = \vec{v}_\alpha^T \vec{R}(\lambda, \vec{K})\delta\vec{K}, \tag{10.49}$$

que en las inmediaciones del punto crítico conduce a:

$$U'_\alpha \simeq \vec{v}_\alpha^T M(\lambda, \vec{K}^*)\delta\vec{K} = \gamma_\alpha(\lambda)\vec{v}_\alpha^T \delta\vec{K}, \tag{10.50}$$

donde $\gamma_\alpha(\lambda)$ es el autovalor de M asociado a $\vec{v}_\alpha^T$:

$$\vec{v}_\alpha^T M(\lambda, \vec{K}^*) = \gamma_\alpha(\lambda)M(\lambda, \vec{K}^*). \tag{10.51}$$

---

[2]La función de partición del sistema debe ser invariante bajo TGRs.

Así pues, la Ec. (10.50) indica que los campos de scaling se transforman como

$$U'_\alpha = \gamma_\alpha(\lambda)U_\alpha, \tag{10.52}$$

lo que implica que las TGR no mezclan los campos de scaling, sino que estos únicamente se transforman mediante una transformación de escala.

Teniendo en cuenta que las TGR forman un semigrupo,[3] la ley de composición implica que

$$\vec{R}(\lambda', \vec{R}(\lambda, \vec{K})) = \vec{R}(\lambda'\lambda, \vec{K}) = \vec{R}(\lambda\lambda', \vec{K}) = \vec{R}(\lambda, \vec{R}(\lambda, \vec{K})). \tag{10.53}$$

Linealizando en torno a un punto fijo del espacio de constantes de acoplamiento, $\vec{K}^*$, tendremos que:

$$M(\lambda, \vec{K}^*)M(\lambda', \vec{K}^*) = M(\lambda', \vec{K}^*)M(\lambda, \vec{K}^*), \tag{10.54}$$

i.e., las matrices conmutan y, por tanto, tienen autovalores comunes e independientes del parámetro de escala. Lógicamente, esto implica que los $\gamma_\alpha(\lambda)$ verifican que

$$\gamma_\alpha(\lambda\lambda') = \gamma_\alpha(\lambda)\gamma_\alpha(\lambda'), \tag{10.55}$$

lo que conlleva que los γ_α sean de la forma

$$\gamma_\alpha(\lambda) = \lambda^{y_\alpha}, \tag{10.56}$$

y que, por tanto, la transformación de los campos de scaling sea de la forma

$$U'_\alpha = \lambda^{y_\alpha}U_\alpha. \tag{10.57}$$

Si hacemos ahora la relación anterior en términos de una variable continua l, de modo que $\lambda = e^l$ (transformación infinitesimal), tenemos:

$$U'_\alpha = e^{ly_\alpha}U_\alpha \Rightarrow \frac{dU_\alpha}{dl} = y_\alpha U_\alpha, \tag{10.58}$$

lo que conduce a

$$U_\alpha(l) = U_\alpha(0)e^{ly_\alpha}. \tag{10.59}$$

Los y_α reciben el nombre de índices críticos, y determinan el comportamiento del flujo en torno al punto crítico.

Veamos ahora una aplicación del formalismo general de la TGR al caso ferromagnético: los campos de scaling relevantes en este caso se construyen a partir de las variables de temperatura y campo magnético, como se sabe de las evidencias experimentales:

$$U_1 \equiv t = \frac{T - T_c}{T_c} \; ; \; U_2 = h, \tag{10.60}$$

cuyos exponentes críticos son y_t e y_n. En el caso de existir otros campos de scaling, son irrelevantes y no afectan al comportamiento en las inmediaciones del punto crítico, lo que constituye el principal fundamento de la universalidad de fenómenos críticos. Apliquemos a continuación estos conceptos al problema del ferromagnetismo.

---

[3]En muchas ocasiones se pierde irreversiblemente la información, por lo que no existe inversa. Sólo se verifican las propiedades interna y asociativa.

10.5.1. Relación con los parámetros de scaling

La relación de las TGR con los exponentes críticos introducidos anteriormente puede obtenerse de manera sencilla teniendo en cuenta que mediante una transformación de escala λ, la posición, el momento y el número de grados de libertad se transforman como

$$x \to x' = \lambda^{-1}x, \qquad p \to p' = \lambda p, \qquad N \to N' = \frac{N}{\lambda^D} = \lambda^{-D}N, \qquad (10.61)$$

por lo que las dimensiones de escala son $x_x = -1$, $x_p = 1$ y $x_N = -D$. La energía libre del sistema $\beta F = -\log Z_N$ se transforma con dimensión de escala nula $x_F = 0$, dada la invariancia de Z_N bajo la TGR, por lo que la F por grado de libertad se transforma como

$$\frac{F}{N} = f \longrightarrow f' = \lambda^D f \Longrightarrow x_f = D. \qquad (10.62)$$

Esto implica que (usando nuevamente el lenguaje magnético) $f(t, h)$ debe transformarse de acuerdo con

$$f(t, h) \longrightarrow f' = f(t', h') = \lambda^D f(t, h), \qquad (10.63)$$

o

$$f(t, h) = \lambda^{-D} f(\lambda^{y_t} t, \lambda^{y_h} h), \qquad (10.64)$$

lo que constituye la base de la hipótesis de scaling de Widom tratadas con anterioridad. Análogamente, la longitud de correlación

$$\xi' = \lambda^{-1} \xi \Longrightarrow \xi(t, h) = \lambda \xi(\lambda^{y_t} t, \lambda^{y_h} h), \qquad (10.65)$$

lo que fundamenta el scaling de Kadanoff. Vemos así que las TGR están en la base de la teoría de scaling, permitiendo recuperar a partir de ellas las relaciones de scaling que hemos visto con anterioridad en este capítulo. Apliquemos a continuación este formalismo al estudio del modelo de Ising en $D = 1$.

10.5.2. Modelo de Ising unidimensional

Consideremos un modelo de Ising unidimensional

$$H = -J \sum_l \sigma_l \sigma_{l+1}, \qquad (10.66)$$

cuya constante de acoplamiento adimensional es $K = \beta J$. En el caso de condiciones de contorno periódicas

$$Z_N = \text{Tr}(e^{-\beta H}) = \sum_{\sigma_l = \pm 1} e^{K \sum_l \sigma_l \sigma_{l+1}}. \qquad (10.67)$$

Usando un proceso de decimación consistente en sumar únicamente a cada segundo spin (véase Fig. 10.1), el término típico de la función de partición.

$$\sum_{\sigma_l = \pm 1} e^{K \sigma_l (\sigma_{l-1} + \sigma_{l+1})} = 2 \cosh K(\sigma_{l-1} + \sigma_{l+1}), \qquad (10.68)$$

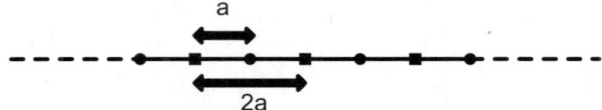

Figura 10.1: Proceso de decimación en una dimensión.

debe permanecer invariante en la TGR ($a \to 2a, K \to K'$):

$$2 \cosh K(\sigma_{l-1} + \sigma_{l+1}) = e^{2g + K'\sigma_{l-1}\sigma_{l+1}}, \tag{10.69}$$

donde g y la nueva constante de acoplamiento K' deben ser determinados. Así, para $\sigma_{l-1} = -\sigma_{l+1}$:

$$2 = e^{2g - K'},$$

y para $\sigma_{l-1} = \sigma_{l+1}$, $2 \cosh 2K = e^{2g + K'}$. A partir de estos resultados es inmediato ver que se obtienen las relaciones de recurrencia

$$K' = \frac{1}{2} \log \cosh 2K,$$

$$g = \frac{1}{2}(\log 2 + K'). \tag{10.70}$$

Iterando la decimación n veces se obtiene:

$$K^{(n)} = \frac{1}{2} \log \cosh 2K^{(n-1)},$$

$$g(K^{(n)}) = \frac{1}{2}(\log 2 + \frac{1}{2}K^{(n)}). \tag{10.71}$$

Como puede verse, el proceso de decimación conduce a un modelo de Ising con una constante $K^{(n)}$ y un término aditivo en la energía $g(K^{(n)})$. A partir de la Ec. (10.71) es posible determinar el punto fijo K^*, que se alcanza cuando

$$K^* = \frac{1}{2} \log(\cosh 2K^*), \tag{10.72}$$

que únicamente tiene soluciones $K^* = 0$ y $K^* \to \infty$, lo que implica que el único punto fijo es el sistema ideal, i.e., no hay transición de fase en el modelo 1D, salvo a $T \to 0$ ($K^* \to \infty$).

10.5.3. Modelo de Ising 2D

En este caso el hamiltoniano del problema es

$$\beta H = -\sum_{\langle ij \rangle} K\sigma_i \sigma_j,$$

donde la suma se extiende a los vecinos más próximos únicamente. En este caso el proceso de decimación consiste en sumar los spines señalados con un cuadrado (lo que equivale a hacer un paso $a \to 2a$, Fig. 10.2), en ambas direcciones del espacio.

Si nos fijamos en un determinado spin σ y denotamos por $\{\sigma_1 \cdots \sigma_4\}$ sus cuatro vecinos más próximos, la contribución de estos a la función de partición será

$$\sum_{\sigma = \pm 1} e^{K(\sigma_1 + \sigma_2 + \sigma_3 + \sigma_4)\sigma} = e^{\log(2 \cosh K(\sigma_1 + \sigma_2 + \sigma_3 + \sigma_4))}. \tag{10.73}$$

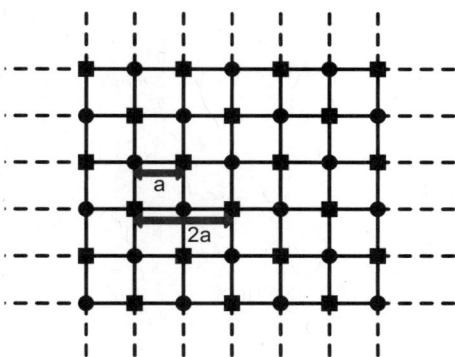

Figura 10.2: Proceso de decimación en dos dimensiones.

Naturalmente, este proceso debe conducir a una nueva constante de acoplamiento de vecinos próximos K', pero también da lugar a nuevas interacciones entre segundos vecinos (L') y entre grupos de 4 vecinos (M'). De acuerdo con los principios generales del grupo de renormalización, las TGR no deben modificar la termodinámica del sistema, por lo que la función de partición debe ser un invariante de las mismas. Así:

$$e^{\log(2\cosh K(\sigma_1+\sigma_2+\sigma_3+\sigma_4))} = e^{\left[A'+\frac{1}{2}K'(\sigma_1\sigma_2+\cdots+\sigma_3\sigma_4)+\frac{1}{2}L'(\sigma_1\sigma_3+\sigma_2\sigma_4)+M'\sigma_1\sigma_2\sigma_3\sigma_4\right]},$$

lo que, siguiendo el método del apartado anterior, conduce a unas relaciones

$$A'(K) = \log 2 + \frac{1}{8}\left\{\log\cosh K + 4\log\cosh 2K\right\},$$

$$K'(K) = \frac{1}{4}\log\cosh 4K,$$

$$L'(K) = \frac{1}{2}K'(K),$$

$$M'(K) = \frac{1}{8}\left\{\log\cosh 4K - 4\log\cosh 2K\right\}. \tag{10.74}$$

El cálculo de los puntos fijos de estas relaciones va más allá de los límites de este libro, pero puede verse en cualquier manual especializado que existen tres

$$K^* = L^* = 0\ ;\ K^* = L^* = \infty,$$

$$K_c^* = \frac{1}{3}\ ;\ L_c^* = \frac{1}{9}, \tag{10.75}$$

correspondiendo este último al punto crítico no trivial del modelo.

10.6.   Ejercicios relacionados

Ejercicio 10.1:

Demuéstrese en el marco de un sistema magnético que los exponentes críticos verifican las relaciones de *scaling*:

$$\alpha = 2 - \frac{D}{y_t},$$

$$\beta = \frac{D - y_h}{y_t},$$

$$\gamma = \frac{2y_h - D}{y_t},$$

$$\delta = \frac{y_h}{D - y_h},$$

por lo que se verifican las siguientes relaciones entre los exponentes críticos

$$2 - \alpha = 2\beta + \gamma,$$
$$2 - \alpha = \beta(\delta + 1).$$

Ejercicio 10.2:

Teniendo en cuenta que el comportamiento de la función de correlación $G_{\mathrm{sing}}\left(|\boldsymbol{r}|; t, 0\right)$ debe: i) ser $\propto \exp\left(-|\boldsymbol{r}|/\xi\right)$, cuando $|t| \neq 0$ y $|\boldsymbol{r}| \to \infty$, y ii) que cuando $|t| \to 0$ $G_{sing}\left(|\boldsymbol{r}|; 0, 0\right)$ debe ser finita, obténganse las relaciones

$$\nu = \frac{1}{y_t},$$
$$\eta = D + 2 - 2y_h.$$

$$(10.76)$$

A partir de las relaciones anteriores obténganse las denominadas relaciones de hiperscaling (pues conectan las singularidades termodinámicas con las de la función de correlación):

$$2 - \alpha = D\nu,$$
$$\gamma = (2 - \eta\nu).$$

$$(10.77)$$

Ejercicio 10.3:

Función de correlación y exponentes críticos a $T > T_c$ y $T < T_c$. Expresando $G(\boldsymbol{k})$ como:

$$G(\boldsymbol{k}) = \frac{1}{q^{2-\eta}} f(q\xi),$$

$$(10.78)$$

donde ξ es la longitud de correlación $\xi \sim |T - T_c|^{\nu}$, obténganse los exponentes críticos a $T > T_c$ y $T < T_c$ en la aproximación de Landau $\eta = 0$, $\nu = 1/2$, que son los denominados valores clásicos de los exponentes críticos.

Ejercicio 10.4:

Demuéstrese que la probabilidad condicionada en al solución exacta del modelo de Ising es:

$$P(s_j|s_i) = \frac{1}{2}(1 + \langle s_i s_j \rangle).$$

$$(10.79)$$

Ejercicio 10.5:

a) Obténganse la susceptibilidad magnética $\chi(T)$ y el calor específico del sistema.

b) Obténgase una función de scaling para el modelo de Ising unidimensional, sus autovalores de scaling y_x e $y_{\tilde{h}}$ (donde $x = \exp(-4\beta J)$ y $\tilde{h} = \beta h$ y las relaciones de scaling para los exponentes críticos termodinámicos. Compárese con los resultados obtenidos en el apartado anterior.

Ejercicio 10.6:

Modelo del gas de red El modelo de gas de red es un modelo sobresimplificado de un fluido que es isomorfo al modelo de Ising. Consiste en dividir el volumen de un gas en celdas de tamaño a, y asignar al centro de cada celda una etiqueta i. En cada celda únicamente podemos tener 0 o 1 partícula y el potencial de interacción entre dos celdas puede escribirse de la forma:

$$u_i j = \begin{cases} \infty & \text{para } i = 0 \\ -u_o & \text{si } i \text{ y } j \text{ son vecinos más próximos} \\ 0 & \text{en otro caso} \end{cases} \tag{10.80}$$

Escríbase el hamiltoniano del sistema y demuéstrese su equivalencia con el modelo de Ising.

Ejercicio 10.7:

Obténganse los exponentes críticos del gas de van der Waals estudiado en el capítulo 2.

10.7. Lecturas complementarias

- Grosso, G., & Parravicini, G. (2013). *Solid State Physics*. Elsevier Science

- Goldenfeld, N. (1993). *Lectures on Phase Transitions and the Renormalization Group*. Perseus Books Group.

- Huang, K. (1987b). *Statistical Mechanics*. Wiley.

- Ma, S. (1985). *Statistical Mechanics*. World Scientific.

- Palmer, R. G. (1982). Broken ergodicity. *Advances in Physics*, *31*(6), 669–735.

- Parisi, G. (1988). *Statistical Field Theory*. Basic Books.

Parte IV

Sistemas Fuera del Equilibrio

Capítulo 11

Termodinámica de procesos irreversibles

En la termodinámica convencional se estudian los estados y procesos de equilibrio (cuasiestáticos) de cuerpos macroscópicos desde una perspectiva fenomenológica. El equilibrio es aquella situación estacionaria que se establece en el sistema cuando las magnitudes no dependen del tiempo y, además, el sistema es homogéneo e isótropo. Esto sucede en las situaciones terminales de procesos termodinámicos. Fuera de ellas existe una serie de causas que pueden desviar del equilibrio a un sistema termodinámico y dar lugar a la producción de procesos irreversibles, por ejemplo un gradiente de temperatura, un gradiente de potencial eléctrico, un gradiente de concentración o un gradiente de afinidad química. Todas estas causas provocan la desviación del sistema de su situación de equilibrio y dan lugar a la evolución temporal de las variables termodinámicas del sistema, resultando en un proceso cronológico que trata de restablecer el estado de equilibrio.[1] En el caso de que se mantengan constantes las causas desde el exterior, se alcanzará un estado denominado estacionario en el que no hay evolución temporal de los flujos en el sistema. Estas causas se denominan generalmente *fuerzas* en termodinámica de procesos irreversibles (TPI), y se denotan mediante los símbolos F_i $(i = 1, 2, \ldots, n)$. Los fenómenos irreversibles que se establecen en el sistema bajo la influencia de las fuerzas anteriores (transporte de calor, transporte difusivo de masa, transporte de carga o corriente eléctrica, ...) se denominan *flujos* y los denotaremos por J_i $(i = 1, 2, \ldots, n)$.

En la mayoría de los casos prácticos de interés los flujos en un instante t dependen de las fuerzas en ese mismo instante, ya que esta dependencia corresponde a procesos markovianos a nivel microscópico.[2] En este caso,

$$J_k = J_k(F_1, \ldots, F_n). \tag{11.1}$$

Evidentemente, cada flujo es una función de todas las fuerzas que actúan sobre el sistema en ese instante, por lo que los fenómenos irreversibles se encuentran intrínsecamente acoplados entre si. No obstante, normalmente muestran una dependencia más acusada de sus propias fuerzas asociadas. Además, dado que los flujos se anulan

---

[1] Recordemos que, como vimos en el capítulo introductorio de esta obra, en la Termodinámica convencional estos procesos se sustituyen por procesos (cuasi)estáticos equivalentes.

[2] Una posible excepción son los fenómenos eléctricos en los que existan inductancias o capacitancias.

cuando se anulan las fuerzas, podemos expandir la función anterior de la forma

$$J_k = \sum_j L_{jk} F_j + \frac{1}{2!} \sum_i \sum_j L_{ijk} F_i F_j + \ldots, \tag{11.2}$$

donde

$$L_{jk} = \left(\frac{\partial J_k}{\partial F_j} \right)_{F_{k \neq j}},$$

$$L_{ijk} = \left(\frac{\partial^2 J_k}{\partial F_i \partial F_j} \right). \tag{11.3}$$

Los L_{jk} se denominan coeficientes cinéticos o fenomenológicos y son funciones de los parámetros intensivos locales, $L_{jk} = L_{jk}(F_1, \ldots, F_n)$. Los términos diagonales de la matriz de coeficientes cinéticos, L_{ii} son, entre otros, la conductividad térmica, la conductividad eléctrica, el coeficiente de difusión, etc., y los L_{jk} están relacionados con fenómenos de interferencia (e.g. coeficiente de difusión térmica, coeficiente de Dufour, etc.). El teorema de Onsager, que establece la propiedad de simetría de estos coeficientes fenomenológicos en la región lineal, constituye el resultado central de la TPI en la región lineal en la que se desprecian términos cuadráticas y de orden superior en las F_i (Groot (1963); Kondepudi & Prigogine (1998)). Analizaremos a continuación dicho resultado.

11.1.   Teorema de Onsager

En las inmediaciones del equilibrio, donde las fuerzas F_i son suficientemente pequeñas, pueden despreciarse los términos de orden superior al primero en el desarrollo de la Ec. (11.2) y obtener

$$J_k = \sum_j L_{jk} F_j, \tag{11.4}$$

para procesos lineales markovianos. En estas condiciones el teorema de Onsager (Onsager (1931a,b)) establece que, si elegimos adecuadamente las fuerzas y los flujos, la matriz de coeficientes cinéticos es simétrica

$$L_{jk} = L_{kj}, \tag{11.5}$$

salvo que exista un campo magnético externo $\boldsymbol{B}$, en cuyo caso, como probó Casimir (1945)

$$L_{jk}(\boldsymbol{B}) = L_{kj}(-\boldsymbol{B}). \tag{11.6}$$

La importancia de este resultado en la TPI lineal es imposible de sobrevalorar. Antes de proceder a su demostración -basada esencialmente en la teoría de fluctuaciones, la reversibilidad microscópica y la hipótesis de regresión de fluctuaciones- procederemos a clarificar qué se entiende por una elección adecuada de las fuerzas y los flujos. Esencialmente estas deben ser magnitudes conjugadas entre si, i.e., deben entrar como pares acoplados en la expresión de la producción de entropía. Para comprender mejor esto, escribamos la variación de la entropía de un sistema aislado como consecuencia de una fluctuación $(\xi_1, \ldots, \xi_n)$ en torno al equilibrio como

$$\Delta S = \Delta S(\xi_1, \ldots, \xi_n), \tag{11.7}$$

donde $\xi = x_i - x_i^0$, $i = 1, \ldots, n$ representan las desviaciones de las variables termodinámicas del sistema x_i de sus valores de equilibrio, x_i^0. En torno al equilibrio podemos desarrollar la variación de entropía como

$$\Delta S = -\frac{1}{2!} \sum_{i,j} \gamma_{ij} \xi_i \xi_j + \ldots , \tag{11.8}$$

donde hemos tenido en cuenta que $\Delta S(\mathbf{0}) = 0$ y que la entropía en el equilibrio es un máximo, e introducido la matriz simétrica y definida positiva

$$\gamma_{ij} = -\frac{\partial^2 \Delta S}{\partial \xi_i \partial \xi_j}. \tag{11.9}$$

Las fuerzas que deben ser usadas en las relaciones para que el teorema de Onsager sea aplicable a los coeficientes cinéticos son aquellas que verifican

$$\begin{aligned} J_i &= \dot{\xi}_i, \\ F_i &= \frac{\partial \Delta S}{\partial \xi_i} \\ &= -\sum_{k=1}^{n} \gamma_{ik} \xi_k, \qquad (i = 1, \ldots, n) \end{aligned} \tag{11.10}$$

i.e., las que son variables conjugadas entre si. En términos de estas variables podemos escribir la producción de entropía en el proceso irreversible como:

$$\begin{aligned} \sigma \equiv \dot{\Delta S} &= \frac{\partial \Delta S}{\partial t} = -\frac{1}{2} \sum_{i,k} \gamma_{ik} \left(\dot{\xi}_i \xi_k + \xi_i \dot{\xi}_k \right) \\ &= -\sum_{i,k} \gamma_{ik} \xi_k \dot{\xi}_i = \sum_i F_i J_i, \end{aligned} \tag{11.11}$$

donde hemos tenido en cuenta la simetría del tensor γ_{ij} derivada del teorema de Cauchy-Schwartz. Además, dado que la producción de entropía debe ser positiva en virtud de la segunda ley de la Termodinámica,

$$\sum_{ik} L_{ik} F_i F_k \geq 0 \Leftrightarrow \begin{cases} L_{ii} \geq 0 \\ L_{ii} L_{kk} \geq \frac{1}{4} (L_{ik} + L_{ki})^2. \end{cases} \tag{11.12}$$

La termodinámica de procesos irreversibles lineal consiste en combinar los resultados (11.4), (11.5) y (11.11), identificando en el caso concreto las fuerzas y flujos para escribir la producción de entropía de la forma (11.11) y analizando las implicaciones de las relaciones fenomenológicas combinadas con el teorema de Onsager.

Veamos como ejemplo el tratamiento termodinámico de fenómenos termoeléctricos. Consideremos para ello un sistema con cargas móviles sometido a la acción conjunta de un campo eléctrico ($\mathbf{E} = -\nabla \varphi$), un gradiente de temperatura ($-\nabla T$) y un gradiente de concentración o de potencial químico ($-\nabla \mu$) o, en presencia de un potencial, electroquímico ($-\nabla \mu_e$; $\mu_e = \mu(T, N) + q\varphi$). Supongamos que todos ellos son suficientemente débiles como para que el sistema se encuentre en la región lineal. La ecuación fundamental en representación entropía en este caso es

$$dS = \frac{1}{T} dU - \frac{\mu_e}{T} dN,$$

por lo que las fuerzas generalizadas apropiadas para escribir la producción de entropía serán[3]

$$F_1 = \boldsymbol{\nabla}\left(\frac{1}{T}\right) \; ; \; F_2 = -\frac{1}{T}\boldsymbol{\nabla}\mu_e, \qquad (11.13)$$

asociadas respectivamente al flujo de energía ($\boldsymbol{J}_Q$) y de partículas cargadas en el interior del sistema ($\boldsymbol{J}_N$). En términos de estas fuerzas y flujos, la producción de entropía (11.11) se escribe como:

$$\sigma = \sum_i J_i F_i = \boldsymbol{J}_Q \boldsymbol{\nabla}\left(\frac{1}{T}\right) - \boldsymbol{J}_N \frac{1}{T}\boldsymbol{\nabla}\mu_e. \qquad (11.14)$$

El sistema de ecuaciones de Onsager conduce entonces a

$$\begin{aligned}
\boldsymbol{J}_Q &= L_{11}\boldsymbol{\nabla}\left(\frac{1}{T}\right) - L_{12}\frac{1}{T}\boldsymbol{\nabla}\mu_e, \\
\boldsymbol{J}_N &= L_{21}\boldsymbol{\nabla}\left(\frac{1}{T}\right) - L_{22}\frac{1}{T}\boldsymbol{\nabla}\mu_e.
\end{aligned} \qquad (11.15)$$

A partir de las ecuaciones anteriores podemos obtener los diferentes coeficientes de transporte sin más que estudiar el comportamiento en diferentes condiciones de trabajo. Así, podemos evaluar la conductividad térmica de la ley de Fourier, $\boldsymbol{J}_Q = -\kappa_T \boldsymbol{\nabla}T$, usando que, en condiciones de corriente de partículas nula ($\boldsymbol{J}_N = 0$), las ecuaciones anteriores conducen trivialmente a:

$$\begin{aligned}
\boldsymbol{J}_Q &= L_{11}\boldsymbol{\nabla}\left(\frac{1}{T}\right) - L_{12}\frac{1}{T}\left(-\frac{L_{21}}{L_{22}T}\right)\boldsymbol{\nabla}\left(\frac{1}{T}\right) \\
&= \left(L_{11} - \frac{L_{21}L_{12}}{L_{22}}\right)\boldsymbol{\nabla}\left(\frac{1}{T}\right) \\
&= -\frac{L_{11}L_{22} - L_{12}^2}{L_{22}T^2}\boldsymbol{\nabla}T \Rightarrow \kappa_T = \frac{L_{11}L_{22} - L_{12}^2}{L_{22}T^2},
\end{aligned} \qquad (11.16)$$

donde hemos usado la simetría de los coeficientes cinéticos de Onsager, que se verifica en la región lineal. Obsérvese que la conductividad térmica $\kappa_T \geq 0$ en virtud de la segunda ley de la termodinámica, que implica que $L_{11}L_{22} - L_{12}^2 \geq 0$ para que la la producción de entropía sea una forma cuadrática definida positiva. Por otro lado, en procesos isotermos el sistema (11.15) conduce a una densidad de corriente $\boldsymbol{J} = q\boldsymbol{J}_N$:

$$\boldsymbol{J} = -qL_{22}\frac{1}{T}\boldsymbol{\nabla}\mu_e = -q^2 L_{22}\frac{1}{T}\boldsymbol{\nabla}\varphi \Rightarrow \sigma = \frac{q^2 L_{22}}{T}, \qquad (11.17)$$

donde hemos usado la ley de Ohm, $\boldsymbol{J} = -\sigma\boldsymbol{\nabla}\varphi$. Si usamos ahora la definición de fuerza electromotriz, $q\varepsilon = -\boldsymbol{\nabla}\mu_e$, tenemos que

$$\varepsilon = -\frac{L_{21}}{qL_{22}T}\boldsymbol{\nabla}T.$$

Usando la definición de coeficiente Seebeck, $\varepsilon = -S\boldsymbol{\nabla}T \Leftrightarrow qS\boldsymbol{\nabla}T = -\boldsymbol{\nabla}\mu_e$, obtenemos:

$$S = \frac{1}{qT}\frac{L_{12}}{L_{22}}. \qquad (11.18)$$

---

[3]Por conveniencia se utiliza $\frac{\boldsymbol{\nabla}\mu_e}{T}$ en lugar de $\boldsymbol{\nabla}\left(\frac{\mu_e}{T}\right)$ ya que la elección de los flujos y fuerzas conjugados no está unívocamente determinada, sino que hay libertad de elección siempre que $\sigma = \sum_j F_j J_j$.

Finalmente, en condiciones isotermas, además de (11.17) se verifica también que $\boldsymbol{J}_Q = -L_{12}\boldsymbol{\nabla}\mu_e/T$, por lo que

$$\boldsymbol{J}_Q = \frac{L_{12}}{qL_{22}}\boldsymbol{J},$$

lo que permite deducir la segunda relación de Thomson del coeficiente Peltier en la relación de Thomson $\boldsymbol{J}_Q = \Pi\boldsymbol{J}$,

$$\Pi = \frac{L_{12}}{qL_{22}} = TS. \tag{11.19}$$

11.1.1. Demostración del teorema de Onsager

Demostraremos ahora el teorema de Onsager. Como se ha mencionado anteriormente, este resultado reposa sobre tres propiedades fundamentales como son la reversibilidad microscópica, la teoría de fluctuaciones y la hipótesis de regresión. En virtud de la primera de ellas el efecto que tiene una variable ξ_i a tiempo t en otra ξ_j a tiempo $t+\tau$ es la misma que debe tener en sentido contrario, i.e., $\xi_i(t+\tau)$ en $\xi_j(t)$. Así, la reversibilidad microscópica exige que se verifique la siguiente igualdad entre las funciones de correlación de las variables termodinámicas:

$$\overline{\xi_i(t)\xi_j(t+\tau)} = \overline{\xi_j(t)\xi_i(t+\tau)}. \tag{11.20}$$

Teniendo en cuenta que a primer orden $\xi_i(t+\tau) = \xi_i(t) + \tau\dot{\xi}_i(t)$, podemos reescribir la ecuación anterior de la forma:

$$\begin{aligned} \overline{\xi_i(t)\left(\xi_j(t) + \tau\dot{\xi}_j(t)\right)} &= \overline{\xi_j(t)\left(\xi_i(t) + \tau\dot{\xi}_i(t)\right)} \Rightarrow \\ \overline{\xi_i(t)\dot{\xi}_j(t)} &= \overline{\xi_j(t)\dot{\xi}_i(t)}. \end{aligned} \tag{11.21}$$

Este resultado, denominado también principio de balance detallado, guarda una obvia relación con la forma usual $P_{ml}\omega_{ml} = P_{lm}\omega_{lm}$, y constituye la base de la fundamentación teórica de la simetría de los coeficientes cinéticos. Además, implica que los flujos de las variables en cualquier instante de tiempo son iguales en ambos sentidos de transformación, i.e., en el equilibrio toda transformación de las variables se compensa por una transformación exactamente inversa. Onsager (1931a) lo expresa como "...*the assertion that transitions between two (classes of) configurations A and B should take place equally often in the directions A→B and B→A in a given time τ*."

En este punto debemos introducir una hipótesis sobre el decaimiento de las fluctuaciones microscópicas de las variables del sistema. Onsager introduce para ello la hipótesis de regresión de fluctuaciones, que establece que la atenuación de las fluctuaciones microscópicas sigue, en promedio, las leyes fenomenológicas macroscópicas:[4]

$$\dot{\xi}_i(t) = \sum_k L_{ik}F_k \tag{11.23}$$

---

[4]Por derivada temporal se entiende el cociente de diferencias

$$\dot{\xi}_i = \overline{\frac{\xi_i(t+\tau) - \xi_i(t)}{\tau}}, \tag{11.22}$$

donde $\tau_0 \ll \tau \ll \tau_r$, siendo τ_0 el tiempo molecular característico o tiempo de colisión en el que se establece el estado estacionario en el sistema, y τ_r el tiempo característico de regresión de las fluctuaciones del sistema, en el que se establece el que se reduce apreciablemente la desviación del equilibrio en el mismo.

Sustituyendo en la Ec. (11.21) tenemos:

$$\overline{\xi_i(t)\sum_k L_{jk}F_k} = \overline{\xi_j(t)\sum_k L_{ik}F_k},$$

$$\sum_k L_{jk}\overline{\xi_i(t)F_k} = \sum_k L_{ik}\overline{\xi_j(t)F_k}. \tag{11.24}$$

Para el cálculo de los promedios de equilibrio $\overline{\xi_j(t)F_k}$ se emplea la teoría de fluctuaciones de Einstein, otro de los pilares de la teoría de Onsager. De acuerdo con aquella, la probabilidad de que se produzca una fluctuación caracterizada por una variación de entropía $\Delta S(\boldsymbol{\xi})$, donde $\boldsymbol{\xi} = (\xi_1, \ldots, \xi_n)$, está dada por la Ec. (2.168):

$$P(\boldsymbol{\xi}) = \frac{e^{\frac{\Delta S(\boldsymbol{\xi})}{k_B}}}{\int d\boldsymbol{\xi} e^{\frac{\Delta S(\boldsymbol{\xi})}{k_B}}}. \tag{11.25}$$

De este modo, el promedio de equilibrio $\overline{\xi_j(t)F_k}$ buscado es

$$\overline{\xi_j(t)F_k} = \frac{\int d\boldsymbol{\xi} e^{\frac{\Delta S(\boldsymbol{\xi})}{k_B}}\xi_j F_k}{\int d\boldsymbol{\xi} e^{\frac{\Delta S(\boldsymbol{\xi})}{k_B}}}. \tag{11.26}$$

En el caso de que las fuerzas F_k sean conjugadas de las variables ξ_k podemos integrar por partes para obtener:

$$
\begin{aligned}
\overline{\xi_j(t)F_k} &= \frac{\int d\boldsymbol{\xi} e^{\frac{\Delta S(\boldsymbol{\xi})}{k_B}}\xi_j \frac{\partial \Delta S(\boldsymbol{\xi})}{\partial \xi_k}}{\int d\boldsymbol{\xi} e^{\frac{\Delta S(\boldsymbol{\xi})}{k_B}}} \\[2mm]
&= k_B \frac{1}{\int d\boldsymbol{\xi} e^{\frac{\Delta S(\boldsymbol{\xi})}{k_B}}} \int d\boldsymbol{\xi} \frac{\partial \left(e^{\frac{\Delta S(\boldsymbol{\xi})}{k_B}}\right)}{\partial \xi_k}\xi_j \\[2mm]
&= k_B \frac{1}{\int d\boldsymbol{\xi} e^{\frac{\Delta S(\boldsymbol{\xi})}{k_B}}} \left\{ \left[\xi_i e^{\frac{\Delta S(\boldsymbol{\xi})}{k_B}}\right]_{min(\xi_k)}^{max(\xi_k)} - \int d\boldsymbol{\xi} e^{\frac{\Delta S(\boldsymbol{\xi})}{k_B}}\frac{\partial \xi_j}{\partial \xi_k} \right\} \\[2mm]
&= -k_B \delta_{jk}. \tag{11.27}
\end{aligned}
$$

Consecuentemente, sustituyendo en la Ec. (11.24) tenemos trivialmente el resultado buscado, $L_{ji} = L_{ij}$, culminando la demostración del teorema de Onsager.

Es de destacar que el resultado anterior se basa en la reversibilidad de todas las fuerzas microscópicas que actúan en el sistema. No obstante, cuando está presente un campo magnético $\boldsymbol{B}$ la situación es más compleja, dado que, debido a la peculiar forma de la fuerza de Lorentz, $\boldsymbol{F} = \boldsymbol{v} \times \boldsymbol{B}$, para conseguir que las partículas reviertan sus trayectorias en el espacio de configuraciones (alternativamente su evolución temporal en Mecánica Cuántica) han de invertir, no sólo sus velocidades, sino también el campo magnético. En este caso, Casimir probó que $L_{ji}(\boldsymbol{B}) = L_{ij}(-\boldsymbol{B})$ (Casimir (1945)).

Como demostró Moreau (1975), la simetría de los coeficientes cinéticos puede obtenerse a partir de la ecuación maestra que rige la evolución temporal de la distribución de probabilidad de un sistema markoviano estacionario, $\{P_l\}_{i=1}^{\Gamma}$, y que hemos tratado ampliamente en capítulos anteriores de esta obra:

$$
\begin{aligned}
\frac{dP_m(t)}{dt} &= w_{mm}P_m(t) + \sum_s P_s(t)w_{sm} \\[2mm]
&= \sum_s [P_s(t)w_{sm} - P_m(t)w_{ms}]. \tag{11.28}
\end{aligned}
$$

donde, como de costumbre, w_{sm} es la probabilidad de transición por unidad de tiempo entre los estados s y m del sistema, de modo tal que la probabilidad de transición del sistema de (s,t) a $(m, t+\tau)$ es $K(s, m; t, t+\tau) = \delta_{sm} + w_{sm}\tau$. Así pues, la evolución del valor medio de una magnitud podemos escribirla como

$$
\begin{aligned}
\frac{d\langle\phi\rangle}{dt} &= \frac{d}{dt} \sum_l P_l \phi_l \\
&= \sum_l \left[\frac{dP_l}{dt}\phi_l + P_l \frac{\partial\phi_l}{\partial t} \right] \\
&= \langle\frac{\partial\phi}{\partial t}\rangle + \sum_l \frac{dP_l}{dt}\phi_l \\
&= \langle\frac{\partial\phi}{\partial t}\rangle + \sum_l \sum_m w_{ml}(P_m - P_l)\phi_l \\
&= \langle\frac{\partial\phi}{\partial t}\rangle + \sum_l \sum_m w_{ml}P_m(\phi_l - \phi_m),
\end{aligned}
\tag{11.29}
$$

donde hemos usado la ecuación maestra y que, para un sistema aislado, $w_{ml} = w_{lm}$. Por otro lado, si el sistema se encuentra próximo al equilibrio (región lineal), $P_l = P_l^{eq} + \delta P_l$, con $P_l^{eq} = 1/\Gamma$ y, lógicamente, por normalización $\sum_l \delta P_l = 0$. En este caso, la entropía estadística, al orden más bajo en las fluctuaciones, se expresa como:

$$
\begin{aligned}
S &= -k_B \sum_l P_l \ln P_l \\
&= k_B \ln \Gamma - \frac{\Gamma k_B}{2} \sum_l \delta P_l^2 + \frac{\Gamma^2 k_B}{6} \sum_l \delta P_l^3 \\
&\simeq k_B \ln \Gamma - \frac{\Gamma k_B}{2} \sum_l \delta P_l^2 .
\end{aligned}
\tag{11.30}
$$

Por otro lado, los valores medios de las fluctuaciones de las variables que definen el estado termodinámico -que supondremos no contienen ninguna dependencia explícita del tiempo- respecto a su valor de equilibrio $\boldsymbol{\xi}$ pueden escribirse como:

$$
\frac{d\langle\xi^i\rangle}{dt} = \frac{d}{dt} \sum_j P_j \xi_j^i = \sum_j \frac{d\delta P_j}{dt}\xi_j^i.
\tag{11.31}
$$

Por otro lado, como se ve en (11.29),

$$
\begin{aligned}
\frac{d\langle\xi^i\rangle}{dt} &= \sum_j \sum_m w_{mj} P_m \left(\xi_j^i - \xi_m^i \right) \\
&= \sum_j \sum_m w_{mj}\delta P_m \left(\xi_j^i - \xi_m^i \right).
\end{aligned}
\tag{11.32}
$$

Además, es necesario tener en cuenta que la variación de entropía puede expresarse como

$$
\begin{aligned}
\frac{dS(\boldsymbol{\xi})}{dt} &= \sum_i F^i \frac{d\langle\xi^i\rangle}{dt} = \sum_i F^i \sum_j \frac{d\delta P_j}{dt}\xi_j^i, \\
\frac{dS(\boldsymbol{\xi})}{dt} &= -\Gamma k_B \sum_j \delta P_j \frac{d\delta P_j}{dt},
\end{aligned}
\tag{11.33}
$$

donde se ha usado la Ec. (11.30). Comparando las dos ecuaciones anteriores,

$$\delta P_j = -\frac{1}{\Gamma k_B} \sum_i F^i \xi_j^i, \tag{11.34}$$

lo que, sustituyendo en la Ec. (11.32), conduce a:

$$
\begin{aligned}
\frac{d\langle \xi^i \rangle}{dt} &= \sum_j \sum_m w_{mj} \delta P_m \left(\xi_j^i - \xi_m^i \right) \\
&= -\frac{1}{\Gamma k_B} \sum_j \sum_m \sum_k F^k \xi_m^k w_{mj} \left(\xi_j^i - \xi_m^i \right).
\end{aligned} \tag{11.35}
$$

Comparando este resultado con la expresión habitual

$$\frac{d\langle \xi^i \rangle}{dt} = J^i = \sum_k L^{ik} F^k, \tag{11.36}$$

obtenemos para los coeficientes cinéticos

$$L^{ik} = -\frac{1}{\Gamma k_B} \sum_j \sum_m \xi_m^k w_{mj} \left(\xi_j^i - \xi_m^i \right), \tag{11.37}$$

que coincide con L^{ki} siempre que $w_{mj} = w_{jm}$. Nótese además que el resultado anterior proporciona una expresión para los coeficientes cinéticos en términos de las fluctuaciones microscópicas y de la matriz de probabilidades de transición.

11.2. Estados estacionarios: teorema de mínima producción de entropía y teoría de estabilidad de Lyapunov

Un estado estacionario es un estado de no equilibrio independiente del tiempo. Por ejemplo, en un cuerpo sobre el que se impone desde el exterior un gradiente constante de temperatura y en el que se establece entonces un flujo de calor independiente del tiempo. Por otro lado, un estado estacionario también puede interpretarse como aquel al que tiende un sistema en situación de no equilibrio débil y en el cual se produce entropía a la mínima tasa posible. La existencia y estabilidad de estos estados en la región lineal está garantizada por las relaciones fenomenológicas de Onsager que rigen en esta región como se trata a continuación.

11.2.1. Teorema de mínima producción de entropía.

Consideremos un sistema sobre el que actúan las fuerzas termodinámicas $F_1, \ldots, F_n$. En el caso de que el sistema se mantenga en un estado con las fuerzas exteriores $F_1, \ldots, F_k$ fijadas, el estado de mínima producción de entropía es aquel en el que los flujos $J_{k+1}, \ldots, J_n$ se anulan.

La demostración de este teorema, debida originalmente a Prigogine para sistemas con un único parámetro fijo (Prigogine (1945)), es como sigue. De acuerdo con la Ec. (11.11), la producción de entropía puede escribirse de la forma:

$$\sigma = \sum_i F_i J_i = \sum_{ij} L_{ij} F_i F_j, \tag{11.38}$$

lo que implica que para que esta función de las fuerzas sea mínima, $\boldsymbol{\nabla}\sigma(F_{k+1},\ldots,F_n) = 0$,

$$\begin{aligned}
\frac{\partial\sigma}{\partial F_m} &= \sum_{ij} L_{ij}\,(\delta_{im}F_j + \delta_{jm}F_i) \\
&= 2\sum_j L_{mj}F_j = 2J_m = 0, \qquad m \geq k+1
\end{aligned} \tag{11.39}$$

lo que prueba el resultado deseado.[5] En la región lineal, todos los sistemas evolucionan hacia un estado estacionario en el que hay una producción de entropía mínima y constante.[6] Evidentemente, los flujos asociados a las fuerzas que se mantienen constantes desde el exterior no se anulan, sino que se mantienen en un valor constante en el tiempo. Esto define un estado estacionario denominado de orden k. La estabilidad de éste está garantizada por el denominado principio de Le Chatelier, que establece que cuando sobre un sistema se realiza una perturbación de un parámetro se establece una transformación que, de poder producirse aisladamente, produciría un cambio del parámetro en cuestión en la dirección opuesta. Esto es, la transformación tiende a compensar (cancelar) la perturbación. Esto puede demostrarse de manera general como sigue. Consideremos que se produce una perturbación de una de las fuerzas que actúan sobre un sistema en el estado estacionario, F_m^0, de tal manera que $F_m = F_m^0 + \delta F_m$. En esta situación, los flujos sufren también una perturbación respecto a su valor en el estado estacionario de mínima producción de entropía, $J_m = J_m^0 + \delta J_m = J_m^0 + L_{mm}\delta F_m$. Ahora bien, de acuerdo con el teorema de mínima producción de entropía, $J_m^0 = 0$, por lo que

$$J_m = L_{mm}\delta F_m, \tag{11.40}$$

con $L_{mm} > 0$ debido al carácter positivo de la producción de entropía, $\sigma = \sum_i F_i J_i$. Singularizando el término perturbado se puede escribir

$$\begin{aligned}
\sigma &= \sum_i F_i J_i = \sum_{i\neq m} F_i^0 J_i^0 + J_m F_m \\
&= \sum_{i\neq m}\sum_j L_{ij}F_i^0 F_j^0 + \left(F_m^0 + \delta F_m\right)\left(\delta J_m\right) \\
&= \sum_{i\neq m}\sum_j L_{ij}F_i^0 F_j^0 + L_{mm}\delta F_m F_m^0 + L_{mm}\left(\delta F_m\right)^2 \\
&= \sigma^0 + L_{mm}\left(\delta F_m\right)^2,
\end{aligned}$$

donde hemos tenido en cuenta nuevamente que según el teorema de mínima producción de entropía el flujo estacionario de la fuerza no fijada verifica $J_m^0 = L_{mm}F_m^0 = 0$. Así pues,

$$\sigma - \sigma^0 = L_{mm}\left(\delta F_m\right)^2 > 0, \tag{11.41}$$

---

[5]El hecho de que $(J_1,\ldots,J_k; 0\ldots 0)$ se trata de un mínimo viene garantizado porque

$$\frac{\partial^2\sigma}{\partial F_i\partial F_j} = 2\frac{\partial\sigma}{\partial F_j} = 2\sum_m L_{im}\delta_{mj} = 2L_{ij},$$

que es una forma cuadrática definida positiva.

[6]Esto no es cierto, sin embargo, en la región no lineal en la que ya no son válidas las relaciones fenomenológicas (11.4), donde los sistemas pueden exhibir comportamientos muy complejos como oscilaciones de concentración, ondas viajeras, estructuras de Turing e incluso caos.

lo que implica que la producción de entropía en el estado estacionario σ^0 es mínima ($L_{mm} > 0$) y

$$\delta J_m \delta F_m > 0, \tag{11.42}$$

esto es, los flujos van en la dirección de las fuerzas que los producen. Esto implica, entre otras cosas, que al desconectar la fuerza aplicada ($\delta F_m < 0$) se produciría una corriente $\delta J_m < 0$ que tenderá a recuperar el estado de equilibrio, i. e., se trata de un equilibrio estable.

El estudio de la estabilidad de los estados estacionarios puede acometerse de modo más general a partir de la teoría de estabilidad de Lyapunov, que permitirá analizar la estabilidad de estados de no equilibrio, más allá de la región lineal.

11.2.2. Teoría de estabilidad de Lyapunov

La formulación de Lyapunov proporciona las condiciones de estabilidad de un determinado estado estacionario de un sistema. Consideremos un estado $\boldsymbol{X}$ de un sistema físico, cuya evolución temporal está gobernada por el sistema dinámico

$$\frac{d\boldsymbol{X}}{dt} = Z\left(\boldsymbol{X}\left(\boldsymbol{r}, t\right); \boldsymbol{\lambda}\right), \tag{11.43}$$

donde $\boldsymbol{\lambda}$ es un vector de parámetros, que pueden o no depender del tiempo, y Z es un operador diferencial parcial. El estado estacionario del sistema está dado por la solución del sistema de ecuaciones acopladas

$$\frac{d\boldsymbol{X}}{dt} = Z\left(\boldsymbol{X_s}\left(\boldsymbol{r}\right); \boldsymbol{\lambda}\right) = 0, \tag{11.44}$$

Analizando el comportamiento de este estado estacionario[7] bajo una pequeña perturbación de uno de sus parámetros δX_k, podemos comprender la estabilidad del estado estacionario. Este será estable si y sólo si, al cesar la perturbación, el sistema recupera el estado estacionario. Esto puede comprobarse definiendo una distancia del estado $\boldsymbol{X}$ al estacionario $\boldsymbol{X_s}$, y verificando que esta distancia decrece con el tiempo de manera monótona. Para un sistema dinámico no lineal del tipo de la mayoría de los que siguen los sistemas termodinámicos puede demostrarse el siguiente resultado, denominado segundo teorema de Lyapunov (1992).

Teorema 1 *El estado estacionario $\boldsymbol{X_s}$ de un sistema dinámico es asintóticamente estable ($t \to \infty$) si existe una función $L\left(\delta \boldsymbol{X}\right)$, tal que*

$$
\begin{aligned}
L\left(\delta \boldsymbol{X}\right) &> 0, \\
\frac{dL\left(\delta \boldsymbol{X}\right)}{dt} &< 0.
\end{aligned} \tag{11.45}
$$

Una función (o funcional si las variables de estado $\boldsymbol{X}$ son a su vez funciones de la posición, como por ejemplo en el caso de una reacción química con una distribución inhomogénea de los reactivos) que verifique las condiciones (11.45) se denomina funcional de Lyapunov.

En la región lineal es sencillo ver que una función de Lyapunov que determina la estabilidad de los estados estacionarios es la propia producción de entropía,

$$\mathcal{P} = \int_V \sigma dV = \int_V \sum_j F_j J_j dV \geq 0. \tag{11.46}$$

---

[7]Esta noción de estabilidad no se restringe únicamente a estados estacionarios, sino que puede aplicarse también a estados periódicos, aunque no consideraremos este caso en este texto introductorio.

Efectivamente, la producción de entropía crece a medida que nos desviamos del estado estacionario y, en virtud del segundo principio de la Termodinamica, es una cantidad definida positiva, por lo que verifica la primera de las condiciones para ser un funcional de Lyapunov. Por lo que respecta a su derivada temporal, es posible descomponerla en dos partes, una correspondiente al cambio de las fuerzas y otra al cambio de los flujos

$$\frac{d\mathcal{P}}{dt} = \int_V \sum_j \left(F_j \frac{dJ_j}{dt} + J_j \frac{dF_j}{dt} \right) dV$$

$$= \frac{d_J\mathcal{P}}{dt} + \frac{d_F\mathcal{P}}{dt}. \tag{11.47}$$

Usando las relaciones de Onsager es inmediato demostrar (ver ejercicio 3) que en la región lineal

$$\frac{d_J\mathcal{P}}{dt} = \frac{d_F\mathcal{P}}{dt} = \frac{1}{2}\frac{d\mathcal{P}}{dt}. \tag{11.48}$$

Además, es posible probar que, en todo el dominio de la termodinámica de procesos irreversibles (ver ejercicio 4), y en particular en la región lineal,

$$\frac{d_F\mathcal{P}}{dt} = \int_V \frac{\sigma}{dt} dV = \int_V dV \frac{d}{dt} \sum_j F_j J_j \leq 0, \tag{11.49}$$

siempre que las condiciones de contorno que se usen sean independientes del tiempo. Este resultado es, sin duda, uno de los más generales de la termodinámica lineal de procesos irreversibles. Esto concluye la demostración de que la producción de entropía en la región lineal es un funcional de Lyapunov para el estado estacionario. Por tanto, este estado es asintóticamente estable frente a perturbaciones y en él se registra la mínima producción de entropía compatible con las condiciones impuestas al sistema. Esto permite definir la denominada *rama termodinámica* constituida por todos los estados estacionarios estables en la región lineal, y por el propio estado de equilibrio, en el cual la producción de entropía es nula.

El criterio de estabilidad de Lyapunov puede usarse también más allá de la región lineal en la que son válidas las relaciones fenomenológicas de Onsager, pero en el caso de estos estados muy alejados del equilibrio ya no es la producción de entropía la que proporciona el funcional de Lyapunov, sino que, como demostraron Glansdorff & Prigogine (1970), la estabilidad de estados arbitrariamente alejados del equilibrio está controlada por la variación segunda de la entropía $\delta^2 S$,[8] ya que esta verifica las condiciones para ser un funcional de Lyapunov:

$$\delta^2 S \leq 0,$$

$$\frac{d\delta^2 S}{dt} = \sum_k \delta F_k \delta J_k \geq 0. \tag{11.50}$$

11.3. Ejercicios relacionados

Ejercicio 11.1:

La diferencia de presión termomolecular y el efecto termomecánico se producen cuando interaccionan un flujo de calor y otro de materia en un sistema. Considérese un sistema de un solo componente encerrado en dos recipientes I y II separados por

---

[8]$S = S_0 + \delta S + \frac{1}{2}\delta^2 S + \ldots$, donde S_0 es la entropía de un cierto estado de referencia (normalmente estable).

un capilar, un pequeño orificio, una membrana o un tabique poroso, entre los que se establecen gradientes de presión (ΔP) y temperatura (ΔT), estando el conjunto aislado adiabáticamente. Obténgase la expresión de la producción de entropía del sistema en términos de las fuerzas y los flujos adecuados y exprésese dicha cantidad en función de las diferencias de presión y de temperatura. Aplicando las relaciones fenomenológicas de Onsager, analícese i) el estado con $\Delta T = 0$ (efecto termomecánico), y ii) el estado estacionario del sistema con flujo másico nulo ($J_M = 0$), y demuéstrese que

$$\frac{\Delta P}{\Delta T} = \frac{h - U^*}{vT}, \tag{11.51}$$

donde $U^* = L_{21}/L_{11} = J_U/J_M$ es la energía de transferencia, y h y v la entalpía y volumen específicos del sistema.

Ejercicio 11.2:

Demuéstrese el principio de Le Chatelier para los estados de mínima producción de entropía cuando se perturban $n - k$ fuerzas,

$$F_m = F_m^0 + \delta F_m, \qquad k + 1 \geq m \geq n$$

Este resultado es una generalización del principio de Le Chatelier y garantiza que un sistema sobre el que actúan n fuerzas, k de ellas fijas, perturbado alcanza en un cierto tiempo un estado estacionario en el cual los parámetros asociados a las fuerzas se mantienen constantes y los demás toman el valor compatible con la mínima producción de entropía. En el caso de que se perturbe este estado con alguna δF_i, el principio de Le Chatelier garantiza que se producirá un flujo δJ_i que disminuirá δF_i, por lo que el estado estacionario es estable en el régimen lineal. Estos estados se denominan estados estacionarios de orden k.

Ejercicio 11.3:

Demuéstrese la Ec. (11.48).

Ejercicio 11.4:

Pruébese la relación en el caso de un sistema en el que tiene lugar un conjunto de reacciones químicas a T y P constantes (Glansdorff y Prigogine Glansdorff & Prigogine (1954)). Los flujos en este caso son las velocidades de reacción y las fuerzas las afinidades químicas, cuya expresión para la reacción ρ en términos de los potenciales químicos y los coeficientes estequiométricos es $A_\rho = -\sum_k \nu_{\rho k} \mu_k$.

Ejercicio 11.5:

Demuéstrense las relaciones en (11.50).

Ejercicio 11.6:

Utilícense las condiciones de estabilidad (11.50) para analizar la estabilidad de los estados estacionarios de las reacciones químicas

$$(\mathrm{i}) \qquad A + B \quad \underset{k_f}{\overset{k_r}{\rightleftharpoons}} \quad C + D$$

$$(\mathrm{ii}) \qquad 2X + Y \quad \underset{k_f}{\overset{k_r}{\rightleftharpoons}} \quad 3X,$$

y demuéstrese que el estado estacionario correspondiente al proceso autocatalítico (ii) puede volverse inestable.

11.4. Lecturas complementarias

- Groot, S. (1963). *Thermodynamics of Irreversible Processes.* Selected topics in modern physics. North-Holland Publishing Company.

- Kondepudi, D., & Prigogine, I. (1998). From heat engines to dissipative structures. *Modern Thermodynamics, John Wiley & Sons, Chichester.*

Capítulo 12

Ecuación de Transporte de Boltzmann

12.1. Introducción

Consideremos en este tema la primera fundamentación microscópica de los fenómenos de transporte, realizada por L. Boltzmann en 1871 en el contexto de sus tabajos sobre la fundamentación de la mecánica de la Termodinámica. La ecuación de transporte Boltzmann, es el resultado central de la teoría clásica de transporte junto con el teorema de Liouville. Como sabemos, este último analiza la evolución temporal de la función densidad en el espacio fásico $\rho(\boldsymbol{q}, \boldsymbol{p}, t)$, mientras que la ecuación de transporte describe la evolución temporal de la función densidad de partículas en el espacio fásico de configuración, $f(\boldsymbol{r}, \boldsymbol{v}, t)$. A diferencia del primero, que describe el comportamiento irreversible a nivel de muchos cuerpos, la segunda es válida únicamente a nivel de una partícula y exige, pues, que el sistema sea débilmente interactuante. Como veremos, uno de los principales logros de esta ecuación es que permite predecir un comportamiento irreversible sobre la base de la mecánica newtoniana, combinando la acción de fuerzas derivadas de un potencial (ponderomotrices) y fuerzas dispersivas asociadas a transferencia de momento en colisiones, si bien será necesaria la introducción ad hoc de una hipótesis, la hipótesis de caos molecular.

Sea $f(\boldsymbol{r}, \boldsymbol{v}, t)$ la densidad de partículas en un elemento de volumen $d\boldsymbol{r}d\boldsymbol{v}$ en torno a $(\boldsymbol{r}, \boldsymbol{v})$ en un instante determinado t, de modo que:

$$
\begin{aligned}
n(\boldsymbol{r}, t) &= \int f(\boldsymbol{r}, \boldsymbol{v}, t)\, d\boldsymbol{v}, \\
N(t) &= \int n(\boldsymbol{r}, t) d\boldsymbol{r}.
\end{aligned}
\tag{12.1}
$$

Dado que el número de partículas es una magnitud conservada, durante la evolución temporal (irreversible) del sistema esta función cambia de acuerdo con la ecuación de continuidad

$$
\frac{\partial f}{\partial t} + (\boldsymbol{\omega}\boldsymbol{\nabla}_\omega)\, f = 0.
\tag{12.2}
$$

Así pues, si tenemos en cuenta que el vector velocidad en el espacio de configuraciones es $\boldsymbol{\omega} = (\dot{\boldsymbol{r}}, \dot{\boldsymbol{v}})$, obtenemos

$$\frac{\partial f}{\partial t} + \boldsymbol{v}\boldsymbol{\nabla}_r f + \dot{\boldsymbol{v}}\boldsymbol{\nabla}_v f = 0 \Leftrightarrow$$
$$\frac{\partial f}{\partial t} + \boldsymbol{v}\boldsymbol{\nabla}_r f + \frac{\boldsymbol{F}}{m}\boldsymbol{\nabla}_v f = 0, \qquad (12.3)$$

donde $\boldsymbol{F}$ es la fuerza que actúa sobre el sistema en caso de que exista. Evidentemente, en el caso de que, además, existan colisiones en el sistema, el efecto de estas será modificar la densidad de partículas en un determinado elemento de volumen del espacio de configuraciones. Así, pues,

$$\frac{\partial f}{\partial t} + \boldsymbol{r}\boldsymbol{\nabla}_r f + \frac{\boldsymbol{F}}{m}\boldsymbol{\nabla}_v f = \left(\frac{\partial f}{\partial t}\right)_{col}, \qquad (12.4)$$

versión de una ecuación de continuidad en el espacio de configuración para una cantidad no conservada. Este último término puede obtenerse como un balance entre el efecto de las colisiones que dan lugar a partículas con velocidad $\boldsymbol{v}$ a partir de partículas con alguna otra velocidad $\boldsymbol{v}'$, $k^{(+)}(\boldsymbol{r}, \boldsymbol{v}', \boldsymbol{v})$, y las que producen el efecto opuesto, $k^{(-)}(\boldsymbol{r}, \boldsymbol{v}, \boldsymbol{v}')$.

$$\left(\frac{\partial f}{\partial t}\right)_{col} = \int d\boldsymbol{v}' \left[k^{(+)}\left(\boldsymbol{r}, \boldsymbol{v}', \boldsymbol{v}\right) - k^{(-)}\left(\boldsymbol{r}, \boldsymbol{v}, \boldsymbol{v}'\right)\right], \qquad (12.5)$$

lo que guarda una obvia relación con la ecuación maestra que vimos en la sección B.2.[1]

La obtención de las funciones $k^{(+)}$ y $k^{(-)}$ procede como sigue. El número de colisiones con velocidad final $\boldsymbol{v}$ en un elemento de volumen $d\boldsymbol{r}$ del espacio se obtiene como el número de partículas de cualesquiera otras velocidades que, mediante colisiones, generan una velocidad $\boldsymbol{v}$. Consideraremos únicamente colisiones binarias, lo que es lógico en sistemas diluidos (débilmente interactuantes). El número de colisiones que conducen al menos a una partícula saliente con velocidad $\boldsymbol{v}$ podemos obtenerla como la cantidad de partículas de velocidades $\boldsymbol{v}'_1$ y $\boldsymbol{v}'_2$ que conjuntamente se encuentran en la posición $\boldsymbol{r}$ multiplicado por la probabilidad de que se produzca una colisión $(\boldsymbol{v}'_1, \boldsymbol{v}'_2) \longrightarrow (\boldsymbol{v}_1, \boldsymbol{v}_2)$, $\sigma(\boldsymbol{v}'_1, \boldsymbol{v}'_2; \boldsymbol{v}_1, \boldsymbol{v}_2)$. Así:

$$k^{(+)}\left(\boldsymbol{r}, \boldsymbol{v}', \boldsymbol{v}\right) = f_2\left(\boldsymbol{v}'_1, \boldsymbol{v}'_2; \boldsymbol{r}\right) \sigma\left(\boldsymbol{v}'_1, \boldsymbol{v}'_2; \boldsymbol{v}_1, \boldsymbol{v}_2\right), \qquad (12.6)$$

y, análogamente,

$$k^{(-)}\left(\boldsymbol{r}, \boldsymbol{v}, \boldsymbol{v}'\right) = f_2\left(\boldsymbol{v}_1, \boldsymbol{v}_2; \boldsymbol{r}\right) \sigma\left(\boldsymbol{v}_1, \boldsymbol{v}_2; \boldsymbol{v}'_1, \boldsymbol{v}'_2\right). \qquad (12.7)$$

donde $\sigma(\boldsymbol{v}_1, \boldsymbol{v}_2; \boldsymbol{v}'_1, \boldsymbol{v}'_2)$ es la sección eficaz de dispersión, i.e. la probabilidad de colisiones $(\boldsymbol{v}'_1, \boldsymbol{v}'_2) \longrightarrow (\boldsymbol{v}_1, \boldsymbol{v}_2)$. Para obtener la densidad de dos partículas $f_2(\boldsymbol{v}'_1, \boldsymbol{v}'_2; \boldsymbol{r})$ se introduce la denominada hipótesis de caos molecular (*Stosszahlansatz*),

$$f_2\left(\boldsymbol{v}'_1, \boldsymbol{v}'_2; \boldsymbol{r}\right) = f\left(\boldsymbol{v}'_1, \boldsymbol{r}\right) f\left(\boldsymbol{v}'_2, \boldsymbol{r}\right), \qquad (12.8)$$

que establece la independencia de las velocidades en los elementos de volumen del fluido y la probabilidad de dispersión (scattering) en $(\boldsymbol{v}_1, \boldsymbol{v}_2)$, o, equivalentemente, en

---

[1]Nótese que la posición de las partículas no cambia debido a la corta duración de las colisiones.

el ángulo sólido correspondiente Ω, es $I\sigma(\Omega)d\Omega$, donde $\sigma(\Omega)$ es la sección eficaz e I el flujo incidente, dado por $I = |v_2' - v_1'|$. Así:

$$
\begin{aligned}
k^{(+)}\left(v', v; r\right) &= f\left(v_1', r\right) f\left(v_2', r\right) |v_2' - v_1'|\, \sigma(\Omega)d\Omega \\
&= f_1' f_2' |v_2' - v_1'|\, \sigma(\Omega)d\Omega, \\
k^{(-)}\left(v, v'; r\right) &= f\left(v_1, r\right) f\left(v_2, r\right) |v_2 - v_1|\, \sigma(\Omega)d\Omega \\
&= f_1 f_2 |v_2 - v_1|\, \sigma(\Omega)d\Omega.
\end{aligned}
\tag{12.9}
$$

Teniendo en cuenta la conservación del momento lineal y de la energía cinética en las colisiones (elásticas), $|v_1' - v_2'| = |v_1 - v_2|$, de modo que podemos escribir

$$
\left(\frac{\partial f}{\partial t}\right)_{col} = \int\int dv_2 \sigma(\Omega)d\Omega\, |v_1 - v_2|\left(f_1' f_2' - f_1 f_2\right),
\tag{12.10}
$$

que constituye el término de colisiones binarias de Boltzmann. De este modo, la célebre ecuación integro-diferencial de transporte de Boltzmann se escribe como:

$$
\left(\frac{\partial f}{\partial t}\right) + v\frac{\partial f}{\partial r} + \frac{F}{m}\frac{\partial f}{\partial v} = \int\int dv_2 \sigma(\Omega)d\Omega\, |v_1 - v_2|\left(f_1' f_2' - f_1 f_2\right).
\tag{12.11}
$$

Naturalmente, en el caso de un sistema en equilibrio $\frac{df^{(0)}}{dt} = 0$ y por tanto $f_1^{(0)} f_2^{(0)}$ es una constante en el proceso de colisión. Así:

$$
\ln f_1^{(0)} + \ln f_2^{(0)} = cte.
\tag{12.12}
$$

Teniendo en cuenta que para partículas sin spin las únicas constantes del movimiento son el momento y la energía, de modo que $\ln f^{(0)} = av + bv^2 + \ln c = A\left(v - \omega\right)^2 + \ln c$, donde A y c son constantes. Si consideramos que en ausencia de desplazamiento colectivo del fluido, la velocidad de su centro de masas es $\langle v \rangle = 0$, entonces la forma más general posible de la función de distribución de equilibrio será

$$
\ln f(v)^{(0)} = Av^2 + \ln c,
\tag{12.13}
$$

y teniendo en cuenta que

$$
\int f(v)^{(0)} dv = u,
$$

tendremos:

$$
f^{(0)}(v) = n\left(\sqrt{\frac{\pi}{A}}\right)^3 e^{-Av^2}.
\tag{12.14}
$$

La constante A está relacionada con la temperatura del gas pero será necesaria una expresión para la entropía para obtenerla.

Definamos la magnitud

$$
H(t) = \int dr dv f\left(r, v, t\right) \ln f\left(r, v, t\right),
\tag{12.15}
$$

conocida como H de Boltzmann. Un resultado central (y no trivial) de la teoría es la evolución irreversible de esta magnitud durante la evolución del sistema. En efecto, si esta evolución está gobernada por la ecuación de transporte de Boltzmann, es posible demostrar que:

$$
\frac{dH}{dt} \leq 0,
\tag{12.16}
$$

lo que se conoce como teorema H de Boltzmann. Calculemos para esta demostración

$$\frac{dH}{dt} = \int d\boldsymbol{r}d\boldsymbol{v}\frac{\partial f}{\partial t}\left(\ln f + 1\right) = \int d\boldsymbol{r}d\boldsymbol{v}\frac{\partial f}{\partial t}\ln f, \tag{12.17}$$

donde hemos usado la constancia de la densidad de partículas. La ecuación anterior puede escribirse como:

$$\frac{dH}{dt} = -\frac{1}{4}\int d\boldsymbol{r}d\boldsymbol{v}_1 d\boldsymbol{v}_2 d\theta\sigma(\Omega)\left|\boldsymbol{v}_1 - \boldsymbol{v}_2\right|\left(f_1 f_2 - f_1' f_2'\right)\ln\frac{f_1 f_2}{f_1' f_2'} \leq 0, \tag{12.18}$$

donde hemos usado la simetría del término de colisión

$$\int d\boldsymbol{v}_1 J_{12}(f_1)\Psi(\boldsymbol{v}_1) = \int d\boldsymbol{v}_1 J_{12}(f_1)\Psi(\boldsymbol{v}_2) = -\int d\boldsymbol{v}_1 J_{12}(f_1)\Psi(\boldsymbol{v}_1')$$

$$= -\int d\boldsymbol{v}_1 J_{12}(f_1)\Psi(\boldsymbol{v}_2'), \tag{12.19}$$

con

$$J_{12}(f_1) = \int d\boldsymbol{v}_2 d\Omega\sigma(\Omega)\left|\boldsymbol{v}_1 - \boldsymbol{v}_2\right|\left(f_1' f_2' - f_1 f_2\right). \tag{12.20}$$

La magnitud H se relaciona con la entropía a través de $S = -k_B H$, lo que permite deducir que la constante de la distribución de equilibrio A es:

$$A = \frac{m}{2k_B T} \quad\longrightarrow\quad f(v)^{(0)} = 4\pi N\left(\frac{m}{2\pi k_B T}\right)^{\frac{3}{2}} v^2 e^{-\frac{mv^2}{2k_B T}}. \tag{12.21}$$

Como puede verse, el teorema $\dot{H}$ fundamenta la producción irreversible de entropía hasta un máximo de equilibrio durante la relajación del sistema a este estado, siendo la distribución final alcanzada la distribución de velocidad de Maxwell.

12.2. Aproximación del tiempo de relajación

Una aproximación frecuente para el término de colisión es

$$\left(\frac{\partial f}{\partial t}\right)_{col} = -\frac{f - f^{(0)}}{\tau} = -\frac{\delta f}{\tau}. \tag{12.22}$$

La cantidad τ es el tiempo de relajación. Aunque de modo general depende del vector de onda -cada modo se relaja con un tiempo diferente- se considera en una primera aproximación constante. Naturalmente, en esta aproximación simple,

$$f(t) = f_0 + \delta f e^{-\frac{t}{\tau}}. \tag{12.23}$$

El tiempo de relajación puede relacionarse con el mecanismo que impulsa la evolución del sistema al equilibrio en ausencia de perturbaciones exteriores. En el caso del gas diluido este mecanismo lo proporcionan las colisiones binarias de partículas del gas. El tiempo de relajación puede relacionarse con la temperatura y la sección eficaz de colisión entre las partículas del siguiente modo. Calculemos la media de la velocidad relativa entre partículas del gas

$$\langle|\boldsymbol{v}_1 - \boldsymbol{v}_2|\rangle = \int d\boldsymbol{v}_1 d\boldsymbol{v}_2 f^{(0)}(\boldsymbol{v}_1)f^{(0)}(\boldsymbol{v}_2)\left|\boldsymbol{v}_1 - \boldsymbol{v}_2\right|, \tag{12.24}$$

donde hemos considerado que las velocidades de las partículas del gas son independientes entre sí y $f^{(0)}$ representa la distribución de velocidades de Maxwell obtenida

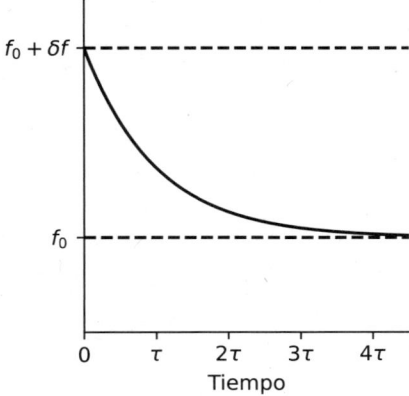

Figura 12.1: Representación de la evolución al equilibrio de una magnitud f en la aproximación del tiempo de relajación.

anteriormente. Por supuesto, este promedio corresponde al promedio de equilibrio del sistema. Usando la distribución de velocidades de Maxwell obtenida anteriormente obtenemos

$$\langle |\boldsymbol{v}_1 - \boldsymbol{v}_2| \rangle = \int d\boldsymbol{v}_1 d\boldsymbol{v}_2 \left(\frac{m}{2\pi k_B T} \right)^3 e^{-\frac{m}{2k_B T}(v_1^2 + v_2^2)} |\boldsymbol{v}_1 - \boldsymbol{v}_2|. \tag{12.25}$$

Pasando al sistema de centro de masas y coordenada relativa en el espacio de velocidades podemos probar que

$$|\boldsymbol{v}_1 - \boldsymbol{v}_2| \equiv \bar{v} = \frac{4}{\sqrt{\pi}} \left(\frac{k_B T}{m} \right)^{\frac{1}{2}}, \tag{12.26}$$

lo que se deja como ejercicio para el lector. De este modo, el recorrido libre medio es:

$$\lambda = \bar{v}\tau, \tag{12.27}$$

y la frecuencia de colisión es:

$$\frac{1}{\tau} = n\bar{v}\sigma, \tag{12.28}$$

donde σ es la sección eficaz de colisión, que en el caso de colisiones de partículas clásicas es $\sigma = \pi d^2$, con d el diámetro de partícula. De este modo:

$$\tau(T) = \frac{1}{n\bar{v}\sigma} = \frac{\sqrt{\pi}}{4n\sigma} \left(\frac{m}{k_B T} \right)^{\frac{1}{2}}. \tag{12.29}$$

Conocido el tiempo de colisión y la función de distribución de partículas podemos obtener los coeficientes de transporte del sistema en la aproximación del tiempo de relajación. Consideremos el caso de la conductividad eléctrica en un campo oscilante $\boldsymbol{E} = \boldsymbol{E}_0 e^{i\omega t}$. La ecuación de transporte de Boltzmann en la aproximación del tiempo de relajación se escribe como:

$$\frac{\partial f}{\partial t} + \boldsymbol{v}\frac{\partial f}{\partial \boldsymbol{r}} + \frac{\boldsymbol{F}}{m}\frac{\partial f}{\partial \boldsymbol{v}} = -\frac{f - f^{(0)}}{\tau}. \tag{12.30}$$

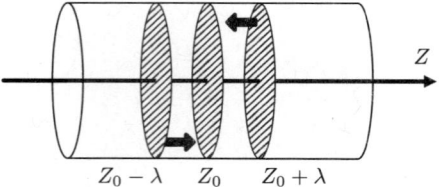

Figura 12.2: Transporte de una magnitud a través del plano $z = z_0$

Asumiendo un sistema con homogeneidad espacial

$$\frac{\partial \delta f}{\partial t} + q\frac{\boldsymbol{E}}{m}\frac{\partial \delta f}{\partial \boldsymbol{v}} = -\frac{\delta f}{\tau} \Rightarrow \left\{ \varepsilon = \frac{1}{2}m\boldsymbol{v}^2 \right\}$$

$$\Rightarrow \frac{\partial \delta f}{\partial t} + q\boldsymbol{E}\boldsymbol{v}\frac{\partial f^{(0)}}{\partial \varepsilon} = -\frac{f - f^{(0)}}{\tau} = -\frac{\delta f}{\tau}. \tag{12.31}$$

Así pues, suponiendo $\delta f(t) = \delta f(\omega)e^{-i\omega t}$, tenemos:

$$\delta f(\omega) = -q\boldsymbol{E}\boldsymbol{v}\left(\frac{\partial f^{(0)}}{\partial \varepsilon}\right)\frac{1}{1 - i\omega\tau}. \tag{12.32}$$

Consecuentemente, la densidad de corriente de partículas es:

$$\boldsymbol{j}_\alpha = \int d\boldsymbol{v}\boldsymbol{v}\delta f = -q\int d\boldsymbol{v}\boldsymbol{E}(\boldsymbol{v}\boldsymbol{v})\left(\frac{\partial f^{(0)}}{\partial \varepsilon}\right)\frac{1}{1 - i\omega\tau}. \tag{12.33}$$

De este modo, la densidad de corriente será

$$j_\alpha = \frac{q^2}{m^2 k_B T}\int f(\boldsymbol{v})^{(0)}\tau p^\alpha p^\beta E^\beta \frac{1}{1 - i\omega\tau}. \tag{12.34}$$

Teniendo en cuenta la ley de Ohm convencional $\boldsymbol{j} = \bar{\bar{\sigma}}\boldsymbol{E}$, podemos deducir de manera directa que

$$\bar{\bar{\sigma}} = \frac{q^2\tau}{m^2 k_B T}\int f(\boldsymbol{p})^{(0)}p_\alpha p_\beta \frac{1}{1 - i\omega\tau}$$

$$= \frac{nq^2\tau}{m}\frac{1}{1 - i\omega\tau}\delta_{\alpha\beta}, \tag{12.35}$$

que es el tensor conductividad eléctrica dependiente de la frecuencia.

A partir de los resultados anteriores es posible analizar el transporte de diferentes magnitudes (calor, momento lineal, carga...) en gases diluidos sometidos a perturbaciones externas o internas, obteniendo expresiones explícitas para los coeficientes de transporte en términos de magnitudes microscópicas y constantes universales. Consideremos para ello el transporte de una magnitud Ψ a través del plano $z = $ cte. de la figura adjunta (Fig. 12.2).

El transporte neto de la magnitud es el resultado de la compensación de la cantidad transportada por partículas que colisionan en $z + \lambda$ y emergen con velocidad $\vec{v}// - \hat{k}$ y la cantidad transportada por las que con velocidad $\vec{v}// + \hat{k}$ emergen de colisiones en $z - \lambda$, donde λ es el recorrido libre medio en el seno del gas. De este modo, el flujo neto de la magnitud Ψ a través del plano $z = cte$ es:

$$J_\Psi = \frac{1}{4}f(z - \lambda)v(z - \lambda)\Psi(z - \lambda) - \frac{1}{4}f(z + \lambda)v(z + \lambda)\Psi(z + \lambda)$$

$$\simeq [f(z - \lambda)\Psi(z - \lambda) - f(z + \lambda)\Psi(z + \lambda)]\bar{v}(z) \tag{12.36}$$

Ψ	ξ	Ley fenomenológica	Coeficiente
$\bar{E}(Q)$	T	$\vec{J}_Q = -\kappa_T \vec{\nabla} T$ (Fourier)	$\kappa_T = \frac{C_V}{\sigma_0} \left(\frac{mk_B T}{\pi}\right)^{1/2}$ Conductividad térmica
n	n	$\vec{J}_n = -D\vec{\nabla} n$ (Fick)	$D = \frac{1}{n\sigma_0} \left(\frac{k_B T}{\pi m}\right)^{1/2}$ Coeficiente de autodifusión
p	v_x	$\vec{J}_p = -\eta\vec{\nabla} v_x$	$\eta = \frac{(mk_B T)^{1/2}}{\pi^{1/2}\sigma_0}$ Viscosidad
q	V	$\vec{J}_q = -\sigma\vec{\nabla} V = \sigma\vec{E}$ (Ohm)	$\sigma = \frac{n_1 e^2}{n_2 m \sigma_0} \left(\frac{\pi m}{8k_B T}\right)^{1/2}$ Conductividad eléctrica

donde hemos aproximado la velocidad en las inmediaciones del plano $z = cte$ por el valor medio del gas diluido. Además, hemos usado que en un gas diluido el número de partículas que colisionan por unidad de área y tiempo contra una superficie es $\phi = \frac{1}{4}f(z)\bar{v}(z)$.

Teniendo en cuenta que $\lambda << z$ y desarrollando la expresión anterior en serie de Taylor obtenemos:

$$
\begin{aligned}
J_\Psi &= \frac{\bar{v}(z)}{4}\Big\{ f(z)\Psi(z) - \lambda \left[f'(z)\Psi(z) + f(z)\Psi'(z)\right] \\
&- f(z)\Psi(z) - \lambda \left[f'(z)\Psi(z) + f(z)\Psi'(z)\right] \Big\} + 0(\lambda^2)
\end{aligned}
\tag{12.37}
$$

Por lo tanto

$$
J_\Psi \simeq -\frac{\lambda}{2}\bar{v}(z)\frac{d}{dz}(f\Psi) = -\frac{\lambda}{2}\frac{d}{dz}(f\bar{v}\Psi)
\tag{12.38}
$$

donde hemos usado una vez más que $\bar{v}(z) \simeq cte = \bar{v}$ en las inmediaciones del plano de referencia.

Naturalmente, en una situación estacionaria el flujo de moléculas en sentido $-\hat{k}$ y $+\hat{k}$ son iguales, $(f\bar{v})_\rightarrow = (f\bar{v})_\leftarrow$, por lo que podemos aproximar

$$
J_\Psi \simeq -\frac{\lambda}{2}f(z)\bar{v}\frac{d\Psi}{dz}
\tag{12.39}
$$

Si además Ψ depende de la coordenada z indirectamente a través de la variable controlada desde el exterior y asociada a la perturbación ξ (e.g. si $\Psi = \bar{E}$ y $\xi = T$), entonces:

$$
J_\Psi \simeq -\frac{\lambda}{2}f(z)\bar{v}\frac{d\Psi}{d\xi}\frac{d\xi}{dz}
\tag{12.40}
$$

que establece la proporcionalidad del flujo de la magnitud y el gradiente de una magnitud que causa la perturbación sobre el sistema. En el cuadro adjunto podemos ver

De este modo, como vemos, usando la Ec. (12.40) y las expresiones (12.26) y (12.27) para la velocidad y el recorrido libre medio del gas diluido, recuperamos las expresiones habituales de los coeficientes de transporte.

Ejemplo 12.1

Ley de Fourier

Si se somete un cuerpo a la acción de un gradiente de temperatura ($\xi = T$), se induce un flujo de calor $\left[\Psi = \bar{E}(T)\right]$. La Ec. (12.40) conduce en este caso a:

$$\vec{J}_Q = -\frac{\lambda}{2} f(z) \bar{v} \frac{d\bar{E}}{dT} \frac{dT}{dz} \tag{12.41}$$

Si consideramos un gas diluido muy próximo as equilibrio $f(z) \simeq n$, de modo que

$$\vec{J}_Q = -\frac{\lambda}{2} n\bar{v} \frac{d\bar{E}}{dT} \frac{dT}{dz} = -\kappa_T \frac{dT}{dz},$$

lo que nos permite identificar la conductividad térmica del gas de la forma:

$$\kappa_T = \frac{\lambda}{2} n\bar{v} \frac{d\bar{E}}{dT}$$

Sustituyendo las expresiones (12.26) y (12.27) para λ y $\bar{v}$ nos queda:

$$\kappa_T = \frac{C_V}{\sigma_0} \left(\frac{mk_B T}{\pi}\right)^{1/2} \tag{12.42}$$

donde σ_0 es la sección eficaz total.

12.3. Ejercicios relacionados

Ejercicio 12.1:
Demuéstrese la expresión de la distribución de velocidades de Maxwell en la ecuación 12.21.
Ejercicio 12.2:
Demuéstrese la Ec. (12.17)
Ejercicio 12.3:
Demuéstrese la Ec. (12.22)

12.4. Lecturas complementarias

- El-Batanouny, M. (2020). *Advanced Quantum Condensed Matter Physics: One-Body, Many-Body, and Topological Perspectives*. Cambridge University Press

- Girvin, S., & Yang, K. (2019). *Modern Condensed Matter Physics*. Cambridge University Press.

Capítulo 13

Teoría de la respuesta lineal

En el presente capítulo analizaremos la respuesta de un sistema físico a perturbaciones débiles desde una perspectiva microscópica. En particular, en este marco encaja la mayoría del análisis experimental de un sistema físico. Efectivamente, son muchas las técnicas experimentales utilizadas para analizar la dinámica de los sistemas y tienen en común la utilización de perturbaciones que se acoplan débilmente al sistema. Estas técnicas pueden dividirse en dos grandes categorías, mecánicas (e.g., dispersión de luz) y térmicas (e.g., medición de la conductividad térmica). Las primeras pueden describirse mediante un hamiltoniano de interacción, mientras que las segundas deben de tratarse de modo diferente. Fenómenos de no equilibrio pueden ser la absorción de energía bajo la acción de estas perturbaciones externas o la tasa a la que el sistema se relaja al equilibrio desde un estado de no equilibrio predeterminado. Consideraremos aquí únicamente perturbaciones que apartan al sistema sólo ligeramente de su equilibrio, i.e., que lo sitúan en la región lineal en la que las desviaciones del equilibrio y los flujos de las diferentes magnitudes están linealmente relacionadas con las perturbaciones.

Cuando cesa la perturbación del sistema, éste se relaja al equilibrio termodinámico de acuerdo con una pauta temporal como la que puede verse en la Fig. 13.1, gobernado por la hipótesis de regresión de Onsager. Como vimos en el capítulo 11, esta hipótesis

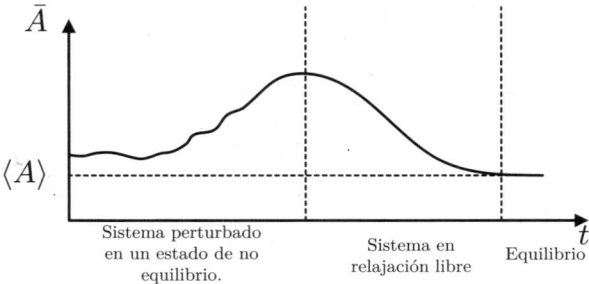

Figura 13.1: Perturbación y posterior relajación al equilibrio de un sistema físico.

es la clave de la TPI en esta región lineal, y uno de los principios fundamentales sobre los que se sostiene nuestra comprensión termodinámica y estadística de los fenómenos de no equilibrio. Es por ello necesario proporcionar una buena fundamentación de esta hipótesis. En la actualidad se considera que este resultado es consecuencia de un resultado mucho más fundamental que se denomina *teorema de fluctuación-disipación*, que establece que la respuesta lineal de un sistema a una perturbación externa se expresa en términos de las propiedades de sus fluctuaciones en equilibrio térmico. De acuerdo con Chandler (1987), Onsager conocería este resultado dos décadas antes de que Callen y Welton lo probasen en 1951.

Como veremos en este capítulo, la descripción de los coeficientes de transporte de un sistema lineal -los que proporcionan la respuesta del sistema a perturbaciones macroscópicas- está dada por las integrales temporales de las funciones de autocorrelación de los flujos microscópicos asociados. Es por ello que debemos considerar el formalismo de las funciones de correlación (y autocorrelación) temporal. La importancia de éstas en el formalismo estadístico de no equilibrio puede ponderarse adecuadamente comparándolas con las funciones de partición: si éstas proporcionan toda la información termodinámica de un sistema en equilibrio, lo mismo puede decirse de las funciones de correlación temporal en la teoría de procesos de transporte y en el comportamiento del sistema fuera del equilibrio.

En este capítulo vamos a deducir las ecuaciones de los coeficientes de transporte en términos de las funciones de correlación temporal. Como ya hemos dicho, es necesario distinguir a este respecto entre procesos de transporte inducidos por perturbaciones exteriores (expresables, en general, en términos de un hamiltoniano) y procesos asociados a fuerzas internas (o termodinámicas). La referencia básica para las primeras es el método de Kubo et al. (1957), que da nombre genérico al formalismo hasta el punto de que las ecuaciones obtenidas por este y por otros métodos se denominan fórmulas de Kubo o de Green-Kubo. Tratamientos de este método más pedagógicos que el original pueden encontrarse en Zwanzig (1965) o McQuarrie (1976). Por lo que respecta a las segundas, no existe en la actualidad modo alguno de representar el efecto de la energía térmica mediante un hamiltoniano, por lo que no es posible aplicar el método de Kubo. Una clasificación de los principales métodos utilizados para el tratamiento de este tipo de procesos de transporte de origen térmico se puede encontrar en el excelente *review* de Zwanzig (1965), y alguno de ellos lo trataremos posteriormente. Comencemos ahora el tratamiento de la respuesta a fuerzas externas de tipo hamiltoniano.

13.1. Funciones de correlación temporal

La correlación temporal de las fluctuaciones microscópicas de dos magnitudes dependientes del tiempo $A(t)$ y $B(t)$ puede hacerse en términos de la *función de correlación temporal* de las fluctuaciones de las variables (operadores en el caso cuántico) correspondientes. Trataremos inicialmente el caso clásico, mostrando posteriormente las modificaciones que precisa el caso cuántico. Consideremos dos funciones de las variables físicas $A(t; p, q) \equiv A(t)$ y $B(t; p, q) \equiv B(t)$. La función de correlación temporal de estas dos variables está dada por el promedio de equilibrio de su producto en dos instantes de tiempo diferentes

$$C_{AB}(t, t') = \langle A(t)B(t') \rangle = \int dp \, dq \, A(t)B(t')f(p, q), \qquad (13.1)$$

donde $f(p, q)$ es la función de distribución de probabilidad en el espacio fásico del sistema. Evidentemente, este es el momento de primer orden respecto al origen en las dos variables aleatorias. Suele considerarse también como función de correlación el momento central de primer orden en las dos variables (covarianza)

$$C_{\delta A \delta B}(t, t') = \langle \delta A(t) \delta B(t') \rangle = \int dp dq \, \delta A(t) \delta B(t') f(p, q), \qquad (13.2)$$

donde $\delta A(t) = A(t) - \langle A \rangle$ es la desviación en el instante t de la variable A de su valor de equilibrio independiente del tiempo. Ambas formas contienen la misma información estadística, ya que están trivialmente relacionadas entre si como $\langle \delta A(t) \delta B(t') \rangle = \langle A(t) B(t') \rangle - \langle A \rangle \langle B \rangle$.

Dado que los promedios de equilibrio son invariantes por traslación temporal, se verifica la identidad obvia

$$C_{AB}(t, t') = \langle A(t) B(t') \rangle = \langle A(0) B(t' - t) \rangle = C_{AB}(0, t' - t). \qquad (13.3)$$

Así, en un sistema de equilibrio las funciones de correlación entre variables dinámicas a tiempos diferentes deben depender únicamente del intervalo temporal y no del valor absoluto del tiempo, lo que permite escribir

$$
\begin{aligned}
C_{AB}(t) &= \langle A(0) B(t) \rangle \\
&= \langle A(-t) B(0) \rangle \\
&= C_{AB}(-t). \qquad (13.4)
\end{aligned}
$$

Otras interesantes propiedades de las funciones de correlación tienen relación con su comportamiento asintótico de tiempos largos y tiempos cortos, ya que es inmediato probar que:

$$
\begin{aligned}
\lim_{t \to 0} C_{AB}(t) &= \langle AB \rangle, \\
\lim_{t \to 0} C_{\delta A \delta B}(t) &= \mathrm{cov}(A, B), \\
\lim_{t \to \infty} C_{AB} &= 0. \qquad (13.5)
\end{aligned}
$$

Este decaimiento de las correlaciones es la denominada regresión de las fluctuaciones espontáneas a la que hace referencia la hipótesis de Onsager.

Particularmente importantes son las denominadas funciones de autocorrelación temporal, que describen las correlaciones de los valores de un observable $A(t)$ a lo largo del tiempo consigo mismo:

$$C_{AA}(t, t') = \langle A(t) A(t') \rangle = \int dp dq \, A(t) A(t') f(p, q), \qquad (13.6)$$

o, para las desviaciones del equilibrio del observable,

$$C_{\delta A \delta A}(t, t') \equiv C(t, t') = \langle \delta A(t) \delta A(t') \rangle = \int dp dq \, \delta A(t) \delta A(t') f(p, q). \qquad (13.7)$$

Para concluir esta breve introducción a las funciones de correlación temporal, mencionemos que, en sistemas ergódicos, tenemos la posibilidad de expresar los promedios de equilibrio en términos de promedios temporales, de modo que la expresión de la función de correlación temporal

$$C(t) = \langle \delta A(0) \delta A(t) \rangle = \lim_{\tau \to \infty} \frac{1}{\tau} \int_0^\tau d\bar{t} \, \delta A(\bar{t} + t') \delta A(\bar{t} + t''), \qquad (13.8)$$

con $t = t'' - t'$. Un ejemplo especialmente relevante de función de autocorrelación es la función de autocorrelación de velocidades normalizada, cuya versión normalizada al valor inicial para un fluido monoatómico es

$$C(t) = \frac{\langle \boldsymbol{v}(t) \cdot \boldsymbol{v}(0) \rangle}{\langle \boldsymbol{v}(0) \cdot \boldsymbol{v}(0) \rangle}. \tag{13.9}$$

Su aspecto típico para moléculas del cosolvente en mezclas de un disolvente molecular y un líquido iónico puede verse en la Fig. 13.2.

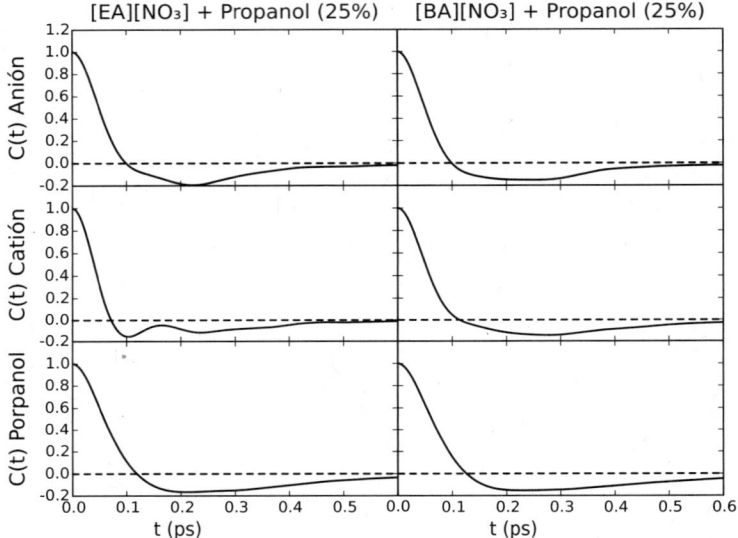

Figura 13.2: Funciones de autocorrelación de velocidades de mezclas propanol/[EA][NO3] y propanol/[BA][NO3]. Datos procedentes de Montes-Campos et al. (2017).

En términos de estas funciones de correlación temporales puede expresarse la hipótesis de regresión de fluctuaciones de Onsager de la forma siguiente. Si a tiempo $t = 0$ un sistema se ha preparado en un estado de no equilibrio y se deja relajar hacia su equilibrio, la relajación sigue la ley

$$\frac{\langle \Delta A(t) \rangle}{\langle \Delta A(0) \rangle} = \frac{C(t)}{C(0)}, \tag{13.10}$$

donde $\langle \Delta A(t) \rangle = \langle A(t) \rangle - \langle A \rangle$ es el promedio de no equilibrio de la magnitud A. Esto implica que la relajación de las perturbaciones macroscópicas externamente inducidas sigue la misma ley que la de las fluctuaciones espontáneas, por lo que puede afirmarse que no es posible distinguir entre ambas.

Las funciones de correlación temporal son esenciales en todo lo que sigue en el presente capítulo, dado que el resultado central de la teoría estadística de la respuesta lineal es que los coeficientes de transporte -relacionados con los coeficientes fenomenológicos de Onsager que se introdujeron en el capitulo anterior- van a poder expresarse en las inmediaciones del equilibrio en términos de la transformada de Fourier de funciones de este tipo[1]

$$\sigma(\omega) = \int_0^\infty dt e^{-i\omega t} \langle \dot{A}(0)\dot{B}(t)\rangle .$$
(13.11)

Finalmente, mencionaremos cómo se modifican las expresiones de los coeficientes de transporte en el caso cuántico. Para obtener estas expresiones hay que sustituir las funciones asociadas a los observables por sus correspondientes operadores asociados y las función de distribución de equilibrio en el espacio fásico por el operador de densidad. Así, los promedios de equilibrio de los observables vienen dados por

$$\langle A \rangle = \mathrm{Tr}\,(\rho A) .$$
(13.12)

Por otro lado, ha de tenerse en cuenta que el corchete de Poisson de las expresiones clásicas debe sustituirse por el conmutador de los correspondientes observables, por lo que[2]

$$\frac{dA}{dt} = \frac{i}{\hbar}\,[H, A] ,$$
(13.13)

cuya solución es

$$A(t) = e^{\frac{i}{\hbar}Ht} A e^{-\frac{i}{\hbar}Ht} .$$
(13.14)

Con estos cambios, asociados al principio de correspondencia, las funciones de correlación temporal adoptan la expresión,

$$\sigma(\omega) = \int_0^\infty dt e^{-i\omega t} \langle \tilde{\dot{A}}(0)\dot{B}(t)\rangle ,$$
(13.15)

donde se ha introducido la denominada transformada de Kubo del operador A

$$\tilde{A} = \frac{1}{\beta}\int_0^\beta d\lambda e^{\lambda H} A e^{-\lambda H} .$$
(13.16)

13.2. Teoría de la respuesta lineal

13.2.1. Respuesta a perturbaciones hamiltonianas

Consideremos un sistema perturbado por una fuerza exterior general $F(t)$, que se acopla al observable A y cuyo efecto sobre el sistema puede representarse por el hamiltoniano perturbativo

$$H_{int}(t) = -AF(t),$$
(13.17)

donde A es el observable conjugado del campo externo, i.e. $A = -\partial H/\partial F$. Si denotamos la corriente (flujo) asociada a la variación temporal de A por $J_A(t)$, la termodinámica de procesos irreversibles (TPI) conduce a la relación

$$\langle J_A(t)\rangle = L_{AA}F + O(F^2),$$
(13.18)

---

[1]Notemos que en esta expresión se considera el promedio de las derivadas temporales de los observables, i.e., de los flujos $J_A(0)$ y $J_B(t)$, no de los observables mismos.
[2]En lo que sigue, supondremos, sin pérdida de generalidad, que $\partial A/\partial t = 0$.

donde $\sigma_A = L_{AA}$ es la conductividad correspondiente y hemos supuesto que el campo aplicado es independiente del tiempo y lo suficientemente débil como para poder despreciar efectos no lineales. En el caso general de un campo externo dependiente del tiempo puede existir un retardo entre el campo y la respuesta del sistema, por lo que el valor de esta en un instante es dependiente de los valores pasados del campo. Consecuentemente, la relación anterior se transforma en

$$\langle J_A(t) \rangle = \int_0^t dt' \Phi(t - t') F(t') + O(F^2). \tag{13.19}$$

La función $\Phi(t - t')$ se denomina función de respuesta (*after-effect*). En general es una función decreciente del tiempo, aunque si la respuesta del sistema es inmediata es una delta de Dirac. En el espacio de Fourier, la ecuación anterior se convierte en una relación lineal algebraica

$$J_A(\omega) = \chi_A(\omega) F(\omega), \tag{13.20}$$

donde

$$J_A(\omega) = \int_0^\infty dt e^{-i\omega t} \langle J_A(t) \rangle,$$

$$F(\omega) = \int_0^\infty dt e^{-i\omega t} F(t),$$

$$\chi_A(\omega) = \int_0^\infty dt e^{-i\omega t} \Phi(t). \tag{13.21}$$

De la última de estas relaciones se deduce la importante propiedad de que la conductividad dependiente de la frecuencia, $\chi_A(\omega)$, que describe la relajación del sistema y la disipación de energía absorbida por el sistema del campo externo, es la transformada de Fourier de la función de respuesta. Veremos ahora cómo expresar esta conductividad (función de respuesta) en términos de funciones de correlación temporales. Como se ha dicho, este resultado, conocido comúnmente como teorema de fluctuación-disipación, es el núcleo de la teoría de la respuesta lineal. Para obtenerlo consideremos la naturaleza del proceso de medida. Este está formado por tres procesos diferentes: i) selección de una muestra en equilibrio térmico, que efectivamente consiste en la realización de un promedio en la colectividad de equilibrio, ii) conexión de un campo externo, y iii) medición de la corriente, con la obtención del promedio del operador corriente primero respecto al estado cuántico del sistema, $|\psi(t)\rangle$, y posteriormente, respecto a la distribución de estados iniciales. Traduzcamos ahora estos pasos del proceso de medida en expresiones matemáticas, considerando, con total generalidad, el caso en el que el sistema debe ser tratado cuánticamente.

Sea H_0 el hamiltoniano de equilibrio del sistema, cuyos autoestados y autovalores están dados por la ecuación de Schrödinger independiente del tiempo

$$H_0 |\psi_n\rangle = E_n |\psi_n\rangle. \tag{13.22}$$

En la representación (base) de estos estados no perturbados el operador densidad es diagonal, por lo que la colectividad de la muestra en equilibrio está gobernada por el operador

$$\hat{\rho}_{mn} = \rho_n \delta_{mn} = \frac{e^{-\beta E_n}}{\sum_n e^{-\beta E_n}} \delta_{mn}. \tag{13.23}$$

Bajo la acción del campo externo, que supondremos uniforme y en la dirección i (segunda etapa), se produce la aparición de una perturbación en el hamiltoniano del sistema por el acoplamiento del campo con la fuente (que consideraremos vectorial en el caso general) $H_{int}(t) = -\boldsymbol{A}\boldsymbol{F}(t)$, y el estado del sistema a tiempo t se obtiene resolviendo la ecuación de Schrödinger

$$i\hbar\frac{\partial |\psi(t)\rangle}{\partial t} = [H_0 + H_{int}(t)]\,|\psi(t)\rangle\,, \qquad (13.24)$$

sometida a la condición inicial $|\psi(0)\rangle = |\psi_n\rangle$ con probabilidad ρ_n. Según la teoría de perturbaciones dependientes del tiempo,[3] el estado perturbado a tiempo t puede escribirse como

$$|\psi(t)\rangle = |\psi_n\rangle\,e^{-\frac{i}{\hbar}E_n t} + \sum_{m\neq n} c_m(t)e^{-\frac{i}{\hbar}E_m t}\,|\psi_m\rangle\,, \qquad (13.25)$$

donde los $c_m(t)$ son funciones lineales del campo perturbativo dadas por

$$c_m(t) = \frac{1}{i\hbar}\int_0^t dt'\,e^{\frac{i}{\hbar}(E_m - E_n)t'}\,\langle\psi_m|\,H_{int}\,|\psi_m\rangle\,. \qquad (13.26)$$

En la tercera etapa, la corriente registrada en la dirección b dado un campo en la dirección a para un determinado estado inicial $|\psi_n\rangle$ se obtiene como promedio en el

---

[3]Si el hamiltoniano del sistema perturbado es $H = H_0 + H_{int}(t)$, entonces el estado a tiempo t del sistema verifica la ecuación de Schrödinger:

$$i\hbar\frac{d|\Psi(t)\rangle}{dt} = [H_0 + H_{int}(t)]\,|\Psi(t)\rangle\,.$$

Si desarrollamos $|\Psi(t)\rangle$ en la base de autoestados del hamiltoniano no perturbado, $\{|\psi\rangle\}, H_0\,|\psi_n\rangle = E_n\,|\psi_n\rangle$

$$|\Psi(t)\rangle = \sum_n c_n(t)\,|\psi(t)\rangle = \sum_n c_n(t)e^{-\frac{i}{\hbar}E_n t}\,|\psi_n\rangle\,.$$

Sustituyendo esta expresión en la ecuación de Schrödinger obtenemos

$$\sum_n c_n(t)e^{-\frac{i}{\hbar}E_n t}\,(E_n + H_{int})\,|\psi_n\rangle$$
$$= i\hbar\sum_n\left[\frac{dc_n(t)}{dt}e^{-\frac{i}{\hbar}E_n t}\,|\psi_n\rangle - \frac{i}{\hbar}c_n(t)E_n e^{-\frac{i}{\hbar}E_n t}\,|\psi_n\rangle\right]\,.$$

Proyectando sobre $\langle\psi_k|$ tenemos:

$$i\hbar\frac{dc_k(t)}{dt} = \sum_n c_n(t)e^{-\frac{i}{\hbar}(E_n - E_k)t}\,\langle\psi_k|\,H_{int}\,|\psi_n\rangle\,.$$

Integrando esta ecuación para el caso en el que a tiempo $t = 0$ el estado del sistema sea el estado propio del hamiltoniano no perturbado $|\psi_n\rangle$, y la perturbación suficientemente débil como para que $c_n(t) \simeq 1$ (aproximando a primer orden), entonces, recuperamos la Ec. (13.26).

estado perturbado correspondiente al estado inicial,[4]

$$
\begin{aligned}
(J_b)_n(t) \;=\;& \langle \psi(t)|\, \dot{A}_b\, |\psi(t)\rangle \\[4pt]
=\;& \langle \psi_n|\, \dot{A}_b\, |\psi_n\rangle \\[4pt]
& + \sum_{m\neq n} \frac{1}{i\hbar} \int_0^t dt'\, [e^{\frac{i}{\hbar}(E_m-E_n)(t-t')}(\dot{A}_b)_{mn}(A_a)_{nm} \\[4pt]
& - e^{\frac{i}{\hbar}(E_n-E_m)(t-t')}(\dot{A}_b)_{nm}(A_a)_{mn}]F_a + O(F^2)\,,
\end{aligned}
\qquad (13.27)
$$

donde hemos utilizado la convención habitual para los elementos de matriz de los operadores $\langle \psi_m|\, A\, |\psi_n\rangle = A_{mn}$. Evidentemente, la ecuación anterior representa la contribución del estado propio $|\psi_n\rangle$ al flujo en el estado perturbado. El flujo macroscópico total en función del campo externo se obtiene promediando mediante la distribución canónica sobre la colectividad de estados iniciales, i.e., multiplicando por el operador densidad y sumando sobre los estados $|\psi_n\rangle$, de la forma

$$
\begin{aligned}
\langle J_b(t)\rangle \;=\;& \mathrm{Tr}(\rho J_b) \\[4pt]
=\;& \int_0^t dt'\, \phi_{ba}(t-t')F_a(t') + O(F^2)\,,
\end{aligned}
\qquad (13.28)
$$

donde $\phi_{ba}(t-t')$ es una función de los flujos en las direcciones a y b (§ Ej. 2 y 3), y hemos tenido en cuenta que la corriente media en el equilibrio se anula

$$
\langle J_b\rangle_{eq} = \sum_n \rho_n \langle \psi_n|\, J_b\, |\psi_n\rangle = 0. \qquad (13.29)
$$

Usando los resultados de los ejercicios 13.1-13.3, es posible expresar finalmente la corriente promedio en la dirección b provocada por un campo en la dirección a como:

$$
\langle J_b(t)\rangle = \beta \int_0^t dt'\, \langle \tilde{J}_a(t)J_b(t-t')\rangle F_a. \qquad (13.30)
$$

Transformando por Fourier la ecuación anterior podemos identificar el tensor de conductividad en la Ec. (13.21) de manera inmediata

$$
\chi_{ba}(\omega) = \beta \int_0^\infty e^{-i\omega t} \langle \tilde{J}_a(0)J_b(t)\rangle dt\,, \qquad (13.31)
$$

lo que constituye la denominada fórmula de Kubo que establece la relación de los coeficientes de transporte con las funciones de correlación temporales de los flujos microscópicos. El inverso de esta relación se denomina teorema de fluctuación-disipación, al conectar las fluctuaciones de las variables microscópicas con la disipación de energía del campo externo que está a su vez asociada a la parte imaginaria de la susceptibilidad. En efecto, la susceptibilidad anterior es, en general, una función compleja $\chi_{ba}(\omega) = \chi'_{ba}(\omega) + i\chi''_{ba}(\omega)$, y la parte imaginaria se relaciona con la disipación de energía del campo externo asociada a la absorción y emisión de energía que el sistema lleva a cabo durante sus cambios de estado. Para demostrar esto consideremos

---

[4]Representamos, por simplicidad, la corriente asociada a la magnitud $\boldsymbol{A}$ por $\boldsymbol{J}$ a partir de este punto.

un campo externo monocromático -cualquier perturbación más general puede descomponerse en otras de este tipo- de la forma (McQuarrie (1976); Berne & Forster (1971)):

$$F(t) = \frac{1}{2} \left[F(\omega)e^{-i\omega t} + F^*(\omega)e^{+i\omega t} \right], \tag{13.32}$$

de manera que el valor medio de la respuesta (fluctuaciones) puede escribirse como

$$\langle x(t) \rangle = \frac{1}{2} \left[\chi(\omega)F(\omega)e^{-i\omega t} + \chi(-\omega)F^*(\omega)e^{+i\omega t} \right], \tag{13.33}$$

donde hemos usado que $\chi^*(\omega) = \chi(-\omega)$. Exigiendo que la respuesta sea real tenemos que

$$\langle x(t) \rangle = \text{Re} \left[\chi(\omega)F(\omega)e^{-i\omega t} \right]. \tag{13.34}$$

Por otro lado, la energía disipada del campo externo asociada a las transiciones entre los estados del sistema durante un período y por unidad de volumen, puede expresarse como el valor medio de $\partial H_{int}/\partial t$:

$$Q(\omega) = \frac{dE}{dt} = -\frac{\omega}{2\pi} \int\limits_0^{2\pi/\omega} dt \langle x(t) \rangle \frac{\partial F}{\partial t}, \tag{13.35}$$

donde hemos considerado que la magnitud fluctuante x no tiene una dependencia temporal explícita $(\partial \langle x \rangle/\partial t = 0)$. Sustituyendo la Ec. (13.33) en este último resultado tenemos

$$Q(\omega) = \frac{\omega}{2} \chi''(\omega)|F(\omega)|^2, \tag{13.36}$$

lo que demuestra que la parte imaginaria de la susceptibilidad está relacionada con la disipación de energía por unidad de tiempo en el sistema. A partir de la propiedades de analiticidad que impone la causalidad (y viceversa) es posible demostrar, además, que las dos componentes de la susceptibilidad no son independientes entre si, resultado que se conoce como relaciones de Kramers-Kronig (ver ejercicio 13.4).

A continuación obtendremos la expresión del teorema de fluctuación-disipación debida a Callen y Welton (1951). Sea $x(t)$ la desviación del equilibrio de una determinada variable, fluctuación que es debida a la actuación de un campo externo, $F(t)$, de modo que $H_{int} = -xF$. Consideremos la función de correlación

$$
\begin{aligned}
\phi(|t'-t|) &= \langle x(t')x(t) \rangle \\
&= \frac{1}{(2\pi)^2} \int\limits_{-\infty}^{\infty} \int\limits_{-\infty}^{\infty} d\omega d\omega' \langle x_\omega x_{\omega'} \rangle e^{-i(\omega' t' + \omega t)}.
\end{aligned} \tag{13.37}
$$

donde x_ω representa la transformada de Fourier de la variable $x(t)$. Para que el miembro de la izquierda solo dependa de $(t - t')$ debe pasar que

$$\langle x_\omega x_{\omega'} \rangle = 2\pi x_\omega^2 \delta(\omega + \omega') \Leftrightarrow \frac{1}{2} \langle x_\omega x_{\omega'} + x_{\omega'} x_\omega \rangle = 2\pi x_\omega^2 \delta(\omega + \omega'). \tag{13.38}$$

En particular $\phi(0) = \langle x_\omega^2 \rangle$ es la varianza del variable fluctuante. Si, como de costumbre, el sistema se encuentra inicialmente en un estado $|\psi_n\rangle$, esta expresión podemos calcularla como

$$\text{Tr} \left[\frac{\rho}{2} (x_\omega x_{\omega'} + x_{\omega'} x_\omega) \right] = \frac{1}{2} \sum_n \rho_n (x_\omega x_{\omega'} + x_{\omega'} x_\omega)_{nn}, \tag{13.39}$$

donde

$$\frac{1}{2}\left(x_\omega x_{\omega'} + x_{\omega'} x_\omega\right)_{nn} = \frac{1}{2}\sum_m \left[(x_\omega)_{nm}(x_{\omega'})_{mn} + (x_{\omega'})_{nm}(x_\omega)_{mn}\right], \qquad (13.40)$$

que expresa la contribución al espectro de la función de correlación de las fluctuaciones de las transiciones entre el estado $|\psi_n\rangle$ y otro $|\psi_m\rangle$. Teniendo en cuenta que

$$(x_\omega)_{mn} = \int\limits_{-\infty}^{\infty} x_{mn} e^{-i(\omega_{mn}+\omega)t} dt = 2\pi x_{mn}\delta(\omega_{mn}+\omega)$$

$$x_{mn}(t) = \langle\psi_m(t)|x|\psi_n(t)\rangle = x_{mn}e^{-\frac{i}{\hbar}(E_m - E_n)t}, \qquad (13.41)$$

donde x_{mn} es el elemento de matriz del operador asociado a la variable fluctuante, podemos escribir que la contribución de las fluctuaciones de las transiciones desde el estado inicial n al espectro de la correlación es

$$\frac{1}{2}\left(x_\omega x_{\omega'} + x_{\omega'} x_\omega\right)_{nn} = 2\pi^2\sum_m |x_{mn}|^2\left[\delta(\omega+\omega_{nm})\delta(\omega_{mn}+\omega')\right.$$
$$\left. + \delta(\omega'+\omega_{nm})\delta(\omega_{mn}+\omega)\right], \qquad (13.42)$$

donde hemos usado que $x_{nm} = x_{mn}^*$, pues x es real, y además $\delta(\omega+\omega_{nm})\delta(\omega_{mn}+\omega') + \delta(\omega'+\omega_{nm})\delta(\omega_{mn}+\omega) = \left[\delta(\omega+\omega_{nm}) + \delta(\omega+\omega_{mn})\right]\delta(\omega+\omega')$. Así pues, comparando con (13.38), tenemos[5]

$$(x^2)_\omega = \pi\sum_m |x_{mn}|^2\left[\delta(\omega+\omega_{nm}) + \delta(\omega+\omega_{mn})\right]\dot{.} \qquad (13.43)$$

Usando la teoría de perturbaciones dependiente del tiempo, y teniendo en cuenta que en cada transición se intercambia una energía $\hbar\omega$, la energía media intercambiada por unidad de tiempo por el sistema con el campo exterior es

$$\begin{aligned}
Q &= \sum_m W_{mn}\hbar\omega_{mn} \\
&= \frac{\pi}{2\hbar}|F|^2\sum_m |x_{mn}|^2\left[\delta(\omega+\omega_{nm}) + \delta(\omega+\omega_{mn})\right]\omega_{mn} \\
&= \frac{\pi}{2\hbar}\omega|F|^2\sum_m |x_{mn}|^2\left[\delta(\omega+\omega_{nm}) - \delta(\omega+\omega_{mn})\right], \qquad (13.44)
\end{aligned}$$

donde hemos usado la regla de oro de Fermi.[6] Comparando la expresión anterior con (13.36), tenemos de manera inmediata:

$$\chi''(\omega) = \frac{\pi}{\hbar}\sum_m |x_{mn}|^2\left[\delta(\omega+\omega_{nm}) - \delta(\omega+\omega_{mn})\right]. \qquad (13.45)$$

---

[5]Evidentemente, en el caso de sistemas macroscópicos el espectro es cuasicontinuo, por lo que hemos de sustituir las transiciones entre estados perfectamente definidos por transiciones desde un estado desde y hacia bandas definidas en torno a las energías inicial y final. Así, para las transiciones desde el estado n escribiremos:

$$(x^2)_\omega = \pi\sum_m |x_{mn}|^2\left[\delta(\omega+\omega_{nm}) + \delta(\omega+\omega_{mn})\right].$$

[6]Esta regla establece que la probabilidad de transición por unidad de tiempo entre dos estados del sistema perturbado bajo el efecto de la actuación de una perturbación exterior periódica, $H_{int} = -xF$ de frecuencia ω es

$$W_{mn} = \frac{\pi|F|^2}{2\hbar^2}|x_{mn}|^2\left[\delta(\omega+\omega_{nm}) + \delta(\omega+\omega_{mn})\right].$$

Promediando ahora a la colectividad de estados iniciales $\{|\psi_n\rangle\}$ mediante la distribución de Gibbs, tenemos:

$$
\begin{aligned}
(x^2)_\omega &= \pi \sum_n \rho_n \sum_m |x_{mn}|^2 \left[\delta(\omega + \omega_{nm}) + \delta(\omega + \omega_{mn})\right] \\
&= \pi \sum_n \sum_m (\rho_n + \rho_m)|x_{mn}|^2 \delta(\omega + \omega_{nm}) \\
&= \pi \sum_n \sum_m \rho_n \left(1 + e^{-\beta\hbar\omega_{mn}}\right) |x_{mn}|^2 \delta(\omega + \omega_{nm}) \\
&= \pi \left(1 + e^{-\beta\hbar\omega}\right) \sum_n \sum_m \rho_n |x_{mn}|^2 \delta(\omega + \omega_{nm}).
\end{aligned}
\tag{13.46}
$$

De la misma forma podemos calcular la parte imaginaria de la susceptibilidad como:

$$
\chi''(\omega) = \frac{\pi}{\hbar} \left(1 - e^{-\beta\hbar\omega}\right) \sum_n \sum_m \rho_n |x_{mn}|^2 \delta(\omega + \omega_{nm}),
\tag{13.47}
$$

lo que conduce a:

$$
(x^2)_\omega = \hbar\chi''(\omega) \coth\left(\frac{\beta\hbar\omega}{2}\right),
$$

$$
\langle x^2 \rangle = \frac{\hbar}{\pi} \int\limits_0^\infty \chi''(\omega) \coth\left(\frac{\beta\hbar\omega}{2}\right) d\omega,
\tag{13.48}
$$

expresiones que constituyen el denominado teorema de fluctuación-disipación de Greene & Callen (1951).

En el caso de que tengamos magnitudes fluctuantes, las relaciones anteriores se generalizan del siguiente modo (Landau (1958))

$$
\bar{x}_i = \sum_k \alpha_{ik} F_k,
$$

$$
\dot{Q} = \frac{1}{4}i\omega \sum_k (\alpha_{ik}^* - \alpha_{ki}) F_{\phi i} F_{\phi k}^*
\tag{13.49}
$$

y

$$
\begin{aligned}
\langle x_i x_k \rangle_\omega &= \frac{i\hbar}{e^{\beta\hbar\omega} - 1}(\alpha_{ik}^* - \alpha_{ki}) \\
&= \frac{i\hbar}{2}\coth\left(\frac{\beta\hbar\omega}{2}\right) \left[\alpha_{ik}^*(\omega, \boldsymbol{k}) - \alpha_{ki}(\omega, \boldsymbol{k})\right],
\end{aligned}
\tag{13.50}
$$

$$
\langle F_i F_k \rangle_\omega = \frac{i\hbar}{2}\coth\left(\frac{\beta\hbar\omega}{2}\right) \left[\alpha_{ik}^{-1}(\omega, \boldsymbol{k}) - \alpha_{ki}^{*-1}(\omega, \boldsymbol{k})\right].
\tag{13.51}
$$

13.2.2. Respuesta a perturbaciones no hamiltonianas. Coeficientes de transporte térmico

En la sección anterior consideramos la exposición de la teoría de la respuesta lineal, que considera perturbaciones de naturaleza mecánica o electromagnética que pueden representarse mediante un hamiltoniano. No obstante, cuando tratamos de aplicar el mismo formalismo para la descripción de los coeficientes de transporte asociados a la difusión, la viscosidad o la conductividad térmica, nos encontramos con la imposibilidad de describir estos fenómenos de origen térmico (no mecánico), en términos de un hamiltoniano, por lo que el formalismo anteriormente descrito no es de utilidad en estos casos. A pesar de ello, es posible expresar estos coeficientes (difusión, D, viscosidad, η, o conductividad térmica, λ, entre otros), en términos de integrales de ciertas funciones de correlación, aunque la estrategia a seguir sea notablemente diferente a la de la sección anterior.

Diversos formalismos se han introducido para este fin, entre ellos los debidos a Green (1952), Zwanzig (1965) o Luttinger (1964). Utilizaremos aquí para el análisis de la autodifusión -que usaremos como ejemplo de la obtención de estos coeficientes- el debido a Helfand (1961) por su carácter más simple y pedagógico.

Consideremos un soluto presente en muy bajas concentraciones en un disolvente (lo mismo podría hacerse para un fluido monoatómico), y sea $n(\boldsymbol{r}, t)$ la densidad de no equilibrio de partículas en la posición $\boldsymbol{r}$ a tiempo t, i.e. el promedio de no equilibrio de la densidad instantánea en esa posición $n(\boldsymbol{r}, t) = \bar{\rho}(\boldsymbol{r}, t)$. La autodifusión de partículas produce flujos de entrada y salida de la región en torno a $\boldsymbol{r}$. La ecuación de continuidad derivada de la conservación del número de partículas en ausencia de reacciones químicas, y la proporcionalidad de la respuesta y la fuerza, $\boldsymbol{j}(\boldsymbol{r}, t) = -D\nabla n(\boldsymbol{r}, t)$, denominada en este caso ley de Fick, conducen a la ecuación de difusión

$$\frac{\partial n(\boldsymbol{r}, t)}{\partial t} = D\nabla^2 n(\boldsymbol{r}, t). \tag{13.52}$$

De acuerdo con la hipótesis de regresión de Onsager, la respuesta de la variable macroscópica $n(\boldsymbol{r}, t)$ es idéntica a la de función de correlación a la variable microscópica asociada, $C(\boldsymbol{r}, t) = \langle \delta\rho(\boldsymbol{r}, t)\delta\rho(\boldsymbol{0}, 0)\rangle$,[7] por lo que podemos escribir directamente:

$$\frac{\partial C(\boldsymbol{r}, t)}{\partial t} = D\nabla^2 C(\boldsymbol{r}, t). \tag{13.53}$$

Esta misma ecuación puede escribirse para la probabilidad condicionada de que una partícula se encuentre a tiempo t en el punto $\boldsymbol{r}$ cuando se encontraba en el origen inicialmente, $P(\boldsymbol{r}, t)$, a la que es proporcional la función de correlación,

$$\frac{\partial P(\boldsymbol{r}, t)}{\partial t} = D\nabla^2 P(\boldsymbol{r}, t). \tag{13.54}$$

Ahora consideremos la varianza del desplazamiento de las partículas de soluto, $\langle \Delta R^2(t)\rangle = \langle |\boldsymbol{r}_1(t) - \boldsymbol{r}_1(0)|^2\rangle$, que podemos escribir como:

$$\langle \Delta R^2(t)\rangle = \int d\boldsymbol{r}\, r^2 P(\boldsymbol{r}, t), \tag{13.55}$$

y por tanto:

$$\begin{aligned}
\frac{d\langle \Delta R^2(t)\rangle}{dt} &= \int d\boldsymbol{r}\, r^2 \frac{\partial P(\boldsymbol{r}, t)}{\partial t} \\
&= \int d\boldsymbol{r}\, r^2 D\nabla^2 P(\boldsymbol{r}, t) \\
&= \int \boldsymbol{r}\boldsymbol{r} D\nabla^2 P(\boldsymbol{r}, t) d\boldsymbol{r} \\
&= 3D \int x_i^2 \nabla^2 P(\boldsymbol{r}, t) d\boldsymbol{r}, \\
&= 6D \tag{13.56}
\end{aligned}$$

---

[7]Todas la variables que intervienen en el problema de la autodifusión son clásicas, por tratarse de un fenómeno, la traslación de partículas en una caja de volumen macroscópico, que admite normalmente una descripción clásica.

donde hemos integrado por partes dos veces y usado que la función de distribución de probabilidad condicionada está normalizada en todo instante de tiempo. Así pues, integrando la ecuación anterior obtenemos la denominada *relación de Einstein*,

$$\langle \Delta R^2(t) \rangle = 6Dt. \tag{13.57}$$

Este resultado clarifica el significado físico de la constante de difusión. Más información puede extraerse si consideramos una derivación alternativa del mismo resultado. Si tenemos en cuenta que

$$\mathbf{r}_1(t) - \mathbf{r}_1(0) = \int_0^t dt' \mathbf{v}(t'), \tag{13.58}$$

y que por tanto

$$\langle \Delta R^2(t) \rangle = \int_0^t dt' \int_0^{t'} dt'' \langle \mathbf{v}(t')\mathbf{v}(t'') \rangle, \tag{13.59}$$

podemos probar que (§ Ej. 6),

$$\frac{d\langle \Delta R^2(t) \rangle}{dt} = 2 \int_0^t dt' \langle \mathbf{v}(0)\mathbf{v}(t') \rangle, \tag{13.60}$$

y finalmente, en el límite de tiempos largos,

$$D = \frac{1}{3} \int_0^\infty dt \langle \mathbf{v}(0)\mathbf{v}(t) \rangle. \tag{13.61}$$

Este resultado es otra relación de Green-Kubo, al relacionar un coeficiente de transporte con la integral de una función de autocorrelación.

Este mismo resultado podría haberse obtenido considerando el movimiento browniano a partir de la ecuación diferencial estocástica,

$$m\frac{d\mathbf{v}(t)}{dt} = -\gamma \mathbf{v}(t) + \mathbf{R}(t), \tag{13.62}$$

donde γ es el coeficiente de fricción y $\mathbf{R}(t)$ es una fuerza aleatoria. La ecuación anterior se denomina *ecuación de Langevin*. Resolver este tipo de ecuaciones diferenciales es obtener la probabilidad de que la solución -en este caso el campo de velocidades, $\mathbf{v}(t)$- tome un determinado valor en un cierto instante. Evidentemente, las condiciones de contorno en el caso del movimiento browniano son tales que:

$$P(\mathbf{v}(t), t; \mathbf{v}_0) \quad \rightarrow \quad \delta(\mathbf{v} - \mathbf{v}_0); \quad t \rightarrow 0$$

$$P(\mathbf{v}(t), t; \mathbf{v}_0) \quad \rightarrow \quad \left(\frac{m}{2\pi k_B T}\right)^{3/2} \exp\left(-\frac{mv^2}{2k_B T}\right); \quad t \rightarrow \infty \tag{13.63}$$

Esta misma ecuación diferencial estocástica gobierna en general la evolución temporal de un magnitud fluctuante $A(t)$,

$$\dot{A}(t) = -\xi A(t) + R(t), \tag{13.64}$$

donde el primer término representa el efecto sistemático de la disipación y $R(t)$ es una fuerza aleatoria con las propiedades antes citadas.

Partiendo de este resultado se obtiene el denominado segundo teorema de fluctuación-disipación (ver ejercicio 13.8):

$$\xi = \langle |A|^2 \rangle^{-1} \int\limits_0^\infty dt < R(0)R(t) >, \qquad (13.65)$$

que prueba que el coeficiente de disipación está dado por la integral de la función de autocorrelación de la fuerza aleatoria que actúa sobre la partícula. Este resultado conduce de manera muy directa e inmediata a la relación de Einstein entre el coeficiente de fricción y el de difusión. En efecto, si se considera que $A(t) = m\boldsymbol{v}(t)$ y $\xi = \gamma/m$ se obtiene

$$\gamma = (3k_B T)^{-1} \int\limits_0^\infty dt < R(0)R(t) >, \qquad (13.66)$$

y por tanto

$$\gamma^{-1} = (3k_B T)^{-1} \int\limits_0^\infty dt < \boldsymbol{v}(0)\boldsymbol{v}(t) >, \qquad (13.67)$$

Usando la Ec. (13.61), es inmediato obtener la relación de Einstein:

$$D = \frac{k_B T}{\gamma}, \qquad (13.68)$$

relación que es válida en el límite de tiempos largos, como la propia Ec. (13.61). En lo anterior hemos considerado dinámica markoviana para la evolución de la variable dinámica $A(t)$. Para estudiar el comportamiento de estas variables sin restricciones en la escala temporal, debemos generalizar la ecuación de Langevin a su versión no markoviana (Boon & Yip (1991)):

$$\dot{A}(t)dt = i\Omega_0 A(t) - \int\limits_0^t \xi(t')A(t-t')dt' + R(t), \qquad (13.69)$$

que divide la fuerza total sobre la partícula en una fuerza de arrastre, una sistemática y una aleatoria, y cuya memoria implícita en la convolución del segundo término lleva a respuestas en general complejas.

13.3. Aplicaciones del teorema de Green-Kubo

A continuación introduciremos algunas aplicaciones especialmente relevantes para este curso del teorema de Green-Kubo, incluyendo la relajación dieléctrica de sistemas de dipolos, partículas ligadas armónicamente, conductividad iónica de un gas de partículas cargadas, electrodinámica de superconductores, entre otras.

13.3.1. Relajación dieléctrica

Consideremos un sistema formado por dipolos permanentes $\boldsymbol{\mu}_i$. La función de respuesta del sistema es:

$$\phi_{ba}(t) = \frac{1}{i\hbar} Tr\left\{\rho\left[A_a, J_b(t)\right]\right\} = \beta Tr\left[\rho \dot{\tilde{A}}_a J_b(t)\right], \qquad (13.70)$$

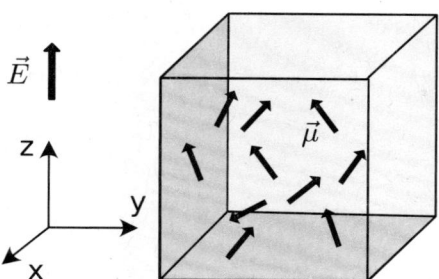

Figura 13.3: Planteamiento del problema de relajación de un material dieléctrico.

de manera que

$$\chi_{ba}(\omega) = \int_0^\infty \phi_{ba}(t)e^{-i\omega t}\, dt, \tag{13.71}$$

que, en el formalismo general corresponde a:

$$A_a = M_z; \quad J_b(t) = \dot{M}_z(t). \tag{13.72}$$

En el límite en el que el sistema se puede tratar clásicamente

$$\phi(t) = \beta \left\langle \dot{M}_z(0) M_z(t) \right\rangle = \beta \sum_{i,j} \left\langle \dot{\mu}_{z_i}(0)\mu_{z_j}(t) \right\rangle. \tag{13.73}$$

Si el sistema es lo suficientemente diluido, tendremos que $\left\langle \dot{\mu}_{z_i}(0)\mu_{z_j}(t) \right\rangle \propto \delta_{ij}$, por lo que

$$\phi(t) = N\beta \left\langle \dot{\mu}_z(0)\mu_z(t) \right\rangle = N\beta \left\langle \dot{\mu}_z(-t)\mu_z(0) \right\rangle$$

$$= N\beta \left\langle \frac{d\mu_z(-t)}{dt}\mu_z(0) \right\rangle = -N\beta \frac{d}{dt} \left\langle \mu_z(t)\mu_z(0) \right\rangle. \tag{13.74}$$

Así pues, la susceptibilidad por partícula verifica

$$\phi(t) = -\beta \frac{d}{dt} \left\langle \mu_z(t)\mu_z(0) \right\rangle, \tag{13.75}$$

sometida a la condición de contorno (inicial)

$$\phi(0) = \left\langle \mu_{z_0}^2 \right\rangle. \tag{13.76}$$

Las colisiones intermoleculares producirán un decaimiento de la correlación entre los momentos dipolares. La respuesta del sistema depende, pues, únicamente de los mecanismos microscópicos de relajación del sistema. Analicemos algunas particularmente importantes.

i) Relajación de Debye. En este marco el decaimiento de la función de correlación es exponencial

$$\langle \mu_z(t)\mu_z(0) \rangle = \mu_{z_0}^2 e^{-t/\tau}, \tag{13.77}$$

lo que corresponde a una pérdida inmediata de la memoria, de modo que (13.75) conduce a:

$$\phi(t) = \frac{\beta \mu_{z_0}^2}{\tau} e^{-t/\tau}. \tag{13.78}$$

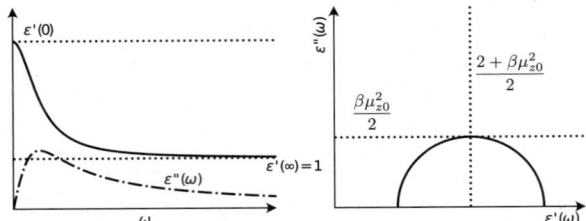

Figura 13.4: Representación de la constante dieléctrica en función de la frecuencia.

Así pues, la susceptibilidad correspondiente del sistema (polarizabilidad) es

$$
\chi(\omega) = \int_0^\infty \frac{\beta\mu_{z0}^2}{\tau} e^{-t/\tau} e^{-i\omega t} \, dt
$$
$$
= \frac{\beta\mu_{z0}^2}{\tau} \frac{1}{i\omega + 1/\tau} = \frac{\beta\mu_{z0}^2}{i\omega\tau + 1} = \frac{\beta\mu_{z0}^2}{1 + \omega^2\tau^2} \left(1 - i\omega\tau\right) , \tag{13.79}
$$

de modo que la constante dieléctrica es

$$
\varepsilon(\omega) = 1 + \chi(\omega) = 1 + \frac{\beta\mu_{z0}^2}{1 + \omega^2\tau^2} \left(1 - i\omega\tau\right) . \tag{13.80}
$$

Consecuentemente

$$
\varepsilon'(\omega) = 1 + \frac{\beta\mu_{z0}^2}{1 + \omega^2\tau^2} ,
$$
$$
\varepsilon''(\omega) = \frac{\omega\tau\beta\mu_{z0}^2}{1 + \omega^2\tau^2} , \tag{13.81}
$$

que se muestra en la Fig. 13.4. En representación Cole-Cole (ε'' vs ε') se corresponde a un semicírculo como se prueba a continuación. En efecto,

$$
\varepsilon'(\omega) = a + \frac{b - a}{1 + x^2} ,
$$
$$
\varepsilon''(\omega) = \frac{(b - a)x}{1 + x^2} , \tag{13.82}
$$

de modo que

$$
\varepsilon' - a = \frac{\varepsilon''}{x} \quad ; \quad a = \varepsilon(\omega = \infty) \quad ; \quad b = \varepsilon(0) = \varepsilon_s \tag{13.83}
$$

Así pues:

$$
\left(\varepsilon' - a\right)^2 = \left(\frac{\varepsilon''}{x}\right)^2 = \frac{(\varepsilon'')^2}{x^2} , \tag{13.84}
$$

donde hemos usado que

$$
\left(\frac{\varepsilon' - a}{b - a}\right)^{-1} = 1 + x^2 \quad \Rightarrow \quad x^2 = \left(\frac{b - a}{\varepsilon' - a}\right) - 1 . \tag{13.85}
$$

Consecuentemente

$$
\left(\varepsilon' - a\right)^2 = \frac{(\varepsilon'')^2}{\left(\frac{b-a}{\varepsilon'-a}\right) - 1} , \tag{13.86}
$$

lo que conduce a:

$$(\varepsilon'')^2 = (\varepsilon' - a)\left[(b - a) - (\varepsilon' - a)\right], \tag{13.87}$$

o lo que es lo mismo

$$(\varepsilon'')^2 = -\left[(\varepsilon' - a) - \frac{(b - a)^2}{2}\right] + \left(\frac{b - a}{2}\right)^2,$$

$$\left(\varepsilon' - \frac{a + b}{2}\right)^2 + (\varepsilon'')^2 = \left(\frac{b - a}{2}\right)^2, \tag{13.88}$$

que es la ecuación de un semicírculo centrado en $\left(\frac{a+b}{2}, 0\right)$ y de radio $\frac{b-a}{2}$. Por lo tanto el semicírculo asociado a un proceso de relajación de Debye es

$$\left[\varepsilon' - \frac{(\varepsilon_s + \varepsilon_\infty)}{2}\right]^2 + (\varepsilon'')^2 = \left(\frac{\varepsilon_s - \varepsilon_\infty}{2}\right)^2, \tag{13.89}$$

$$r = \frac{\varepsilon_s - \varepsilon_\infty}{2}, \tag{13.90}$$

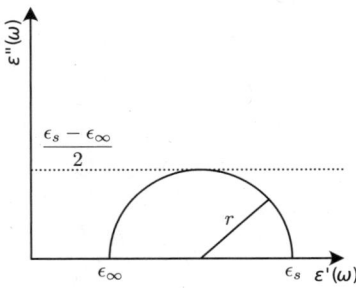

Esta relajación corresponde a procesos en los que existe únicamente un tiempo de relajación, i.e. la relajación al equilibrio se produce únicamente mediante un único proceso.

ii) Relajación de Kohlrausch-Williams-Watts. En este caso, la relajación microscópica del momento dipolar sigue lo que se denomina una *stretched exponential*

$$\langle \mu_z(t)\mu_z(0)\rangle = \mu_{z_0}^2 e^{-(t/\tau)^\beta} \tag{13.91}$$

que corresponde a la relajación de un sistema desordenado. Así, de manera aproximada obtenemos

$$\chi(\omega) \propto \frac{\mu_{z_0}^2}{[1 + (i\omega\tau)^\alpha]^\beta}, \tag{13.92}$$

que se conoce como función de respuesta de Havriliak-Negami, y donde α y β controlan asimetría y anchura del espectro. Los casos $\beta = 1$ y $\alpha = 1$ corresponden a los Cole-Cole y Cole-Davidson respectivamente.

13.3.2. Partícula ligada armónicamente

Supongamos ahora una partícula ligada armónicamente a un centro inmerso en un medio viscoso que ejerce sobre ella una fuerza aleatoria de media nula y una fuerza de fricción $\langle F_{fric}(t)\rangle = -m\gamma \langle \dot{x}(t)\rangle$. La ecuación de movimiento de la variable fluctuante es

$$m\ddot{x}(t) + m\omega_0^2 x(t) = F_{med}(t) = F_{fric}(t) + F_{ran}(t). \tag{13.93}$$

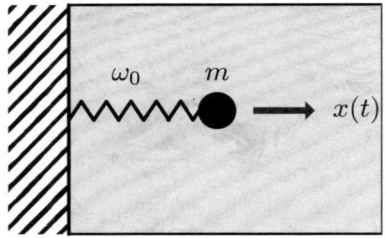

Si aplicamos una fuerza externa, tenemos:

$$m\ddot{x}(t) + m\omega_0^2 x(t) - F_{med}(t) = F_{ext}(t). \tag{13.94}$$

y promediando:

$$m \langle \ddot{x}(t) \rangle_F + m\omega_0^2 \langle x(t) \rangle_F + m\gamma \langle \dot{x}(t) \rangle_F = F_{ext}(t), \tag{13.95}$$

donde hemos usado que $\langle F_{med}(t) \rangle = 0$. Además, teniendo en cuenta que:

$$\langle x(t) \rangle = \int_{-\infty}^{+\infty} \chi(t - t') F_{ext}(t') \, dt', \tag{13.96}$$

donde $\chi(t)$ es la función de respuesta del sistema, independiente de la fuerza externa que actúa sobre el mismo. Consideremos para el cálculo una fuerza puntual, $F_{ext}(t) = F\delta(t) \quad \Rightarrow \quad \langle x(t) \rangle = \chi(t)F$. De este modo, sustituyendo en la ecuación dinámica (13.95)

$$m\ddot{\chi}(t) + m\omega_0^2\chi(t) + m\gamma\dot{\chi}(t) = \delta(t). \tag{13.97}$$

Transformando por Fourier

$$-m\omega^2\chi(\omega) + m\omega_0^2\chi(\omega) - i\omega\gamma m\chi(\omega) = 1. \tag{13.98}$$

o, equivalentemente,

$$\chi(\omega) = \frac{1}{m\left(-\omega^2 + \omega_0^2 - i\gamma\omega\right)}, \tag{13.99}$$

que presenta polos en

$$\omega = -i\gamma \pm \sqrt{4\omega_0^2 - \gamma^2} \tag{13.100}$$

De este modo, la función de respuesta del sistema es

$$\chi(t) = \frac{1}{2\pi}\int_{-\infty}^{+\infty} \chi(\omega)e^{i\omega t} \, d\omega = \Theta(t)e^{-\frac{1}{2}\gamma t}\frac{\sin\left[\left(\omega_0^2 - \frac{1}{4}\gamma^2\right)^{1/2} t\right]}{m\left(\omega_0^2 - \frac{1}{4}\gamma^2\right)^{1/2}}. \tag{13.101}$$

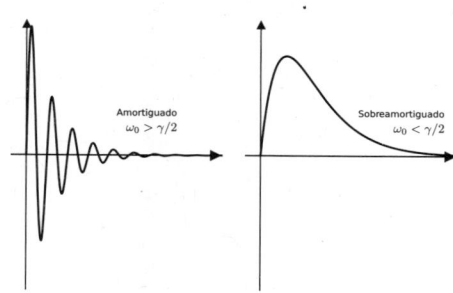

Figura 13.5: Representación de los dos regímenes posibles para la respuesta del oscilador amortiguado.

13.3.3. Conductividad de un sistema de partículas cargadas. Tensor de conductividad.

El valor medio de la densidad de corriente en un sistema diluido de partículas de carga q y masa m no localizadas es

$$\langle \boldsymbol{j} \rangle = \sum_j q \langle \boldsymbol{v}_j \rangle = \frac{q}{m} \sum_j \langle \boldsymbol{p}_j \rangle = \frac{q}{m} \sum_j \mathrm{Tr}\left(\rho \boldsymbol{p}_j\right). \tag{13.102}$$

El operador densidad que aparece en esta expresión es el operador asociado al hamiltoniano perturbado, $H = H_0 - \sum_j q\boldsymbol{r}_j \boldsymbol{E}_0 e^{i\omega t} \equiv H_0 + H_{int}(t)$. Si se apaga el campo externo, el sistema se relaja a un estado estacionario definido por un operador densidad ρ_0, y es posible describir esta evolución del operador densidad mediante la ecuación de transporte de Boltzmann en mecánica cuántica

$$\frac{d\rho}{dt} = \frac{\partial \rho}{\partial t} + \frac{1}{i\hbar}\left[\rho, H\right] = \left(\frac{\partial \rho}{\partial t}\right)_{col},$$

que, como vimos en el capítulo anterior, en la aproximación del tiempo de relajación se escribe como

$$\left(\frac{\partial \rho}{\partial t}\right)_{col} = -\left(\frac{\rho - \rho_0}{\tau}\right). \tag{13.103}$$

Así

$$\frac{\partial \rho}{\partial t} + \frac{(\rho - \rho_0)}{\tau} + \frac{1}{i\hbar}\left[\rho, H\right] = 0. \tag{13.104}$$

En la representación de Heisenberg el operador densidad es

$$\tilde{\rho} = e^{\frac{i}{\hbar}H_0 t} \rho \, e^{-\frac{i}{\hbar}H_0 t}, \tag{13.105}$$

o, lo que es lo mismo,

$$\rho = e^{-\frac{i}{\hbar}H_0 t} \tilde{\rho} \, e^{\frac{i}{\hbar}H_0 t}. \tag{13.106}$$

De este modo, la ecuación de transporte de Boltzmann se puede escribir como

$$i\hbar \frac{\partial \tilde{\rho}}{\partial t} = H_0 \tilde{\rho} - \tilde{\rho} H_0 + i\hbar e^{-\frac{i}{\hbar}H_0 t} \frac{\partial \rho}{\partial t} e^{\frac{i}{\hbar}H_0 t},$$

$$i\hbar \frac{\partial \rho}{\partial t} = \cancel{[H_0, \rho]} + i\hbar \frac{\partial \tilde{\rho}}{\partial t} = -\cancel{[\rho, H_0]} + [H_{int}, \rho] - \frac{i\hbar}{\tau}\left(\tilde{\rho} - \tilde{\rho}_0\right). \tag{13.107}$$

Así pues:

$$\frac{\partial \tilde{\rho}}{\partial t} + \frac{[\rho, H_{int}]}{i\hbar} + \frac{\tilde{\rho} - \tilde{\rho}_0}{\tau} = 0,$$

$$\frac{\partial (\tilde{\rho} - \tilde{\rho}_0)}{\partial t} + \frac{\tilde{\rho} - \tilde{\rho}_0}{\tau} = \frac{i}{\hbar} [\rho, H_{int}]. \tag{13.108}$$

Integrando la ecuación anterior, tenemos:

$$\tilde{\rho} - \tilde{\rho}_0 = \frac{i}{\hbar} e^{-t/\tau} \int_{-\infty}^{t} e^{\xi/\tau} [\hat{\rho}(\xi), H_{int}(\xi)] \, d\xi. \tag{13.109}$$

Luego, en la imagen de Schrödinger:

$$\rho - \rho_0 = \frac{i}{\hbar} e^{-t/\tau} \int_{-\infty}^{t} e^{\xi/\tau} e^{\frac{i}{\hbar} H_0(\xi-t)} [\rho(\xi), H_{int}(\xi)] e^{-\frac{i}{\hbar} H_0(\xi-t)} \, d\xi, \tag{13.110}$$

que puede expresarse en función del tiempo $\eta = t - \xi$ del modo:

$$\rho - \rho_0 = \frac{i}{\hbar} e^{-t/\tau} \int_0^\infty e^{-\eta/\tau} e^{-\frac{i}{\hbar} H_0 \eta} [\rho(t-\eta), H_{int}(t-\eta)] e^{\frac{i}{\hbar} H_0 \eta} \, d\eta. \tag{13.111}$$

A primer orden, la ecuación anterior conduce a:

$$\rho = \rho_0 + \frac{i}{\hbar} \int_0^\infty e^{-\xi/\tau} e^{-\frac{i}{\hbar} H_0 \eta} [\rho_0, H_{int}(t-\eta)] e^{\frac{i}{\hbar} H_0 \eta} \, d\eta, \tag{13.112}$$

que es la versión cuántica de la fórmula de Kubo. Aplicando esta ecuación al caso de evaluación del tensor de conductividad eléctrica el hamiltoniano es

$$H_{int}(t) = -\sum_j q_j \boldsymbol{E}_0 \boldsymbol{r}_j e^{i\omega t} = -\sum_j q_j \boldsymbol{E}_0 \boldsymbol{r}_j e^{i\omega t} \quad (q_j = q), \tag{13.113}$$

y por tanto

$$\rho = \rho_0 - \frac{iq e^{i\omega t}}{\hbar} \boldsymbol{E}_0 \int_0^\infty e^{-\eta/\tau} e^{-(i/\hbar) H_0 \eta} \sum_j [\hat{\rho}_0, \boldsymbol{r}_j] e^{-i\omega \eta + (i/\hbar) H_0 \eta} \, d\eta. \tag{13.114}$$

Naturalmente, la respuesta del sistema bajo la perturbación exterior es la densidad de corriente

$$\langle j_\alpha \rangle = \sum_j q_j \left\langle v_\alpha^j \right\rangle = \frac{1}{m} \sum_j q_j \left\langle p_\alpha^j \right\rangle = \frac{q}{m} \sum_j \text{Tr}(\rho p_\alpha^j). \tag{13.115}$$

Usando la ecuación de Green-Kubo y el desarrollo de Kubo del operador densidad tenemos que, si $\langle j_\alpha \rangle = \sigma_{\alpha\beta} E_{\alpha\beta} e^{i\omega t}$,

$$\sigma_{\alpha\beta} = -\frac{iq^2}{m\hbar} \int_0^\infty e^{-i\omega\eta - \eta/\tau} \sum_{k,j} \text{Tr} \left\{ p_\alpha^{(k)} \left[\hat{\rho}_0, e^{-(i/\hbar) H_0 \eta} x_\alpha^j e^{(i/\hbar) H_0 \eta} \right] \right\} \, d\eta. \tag{13.116}$$

Si tenemos en cuenta la propiedad cíclica de la traza ($\text{Tr}(ABC) = \text{Tr}(CAB) = \text{Tr}(BCA)$) y que $[\rho_0, H_0] = 0$, tenemos

$$\sigma_{\alpha\beta} = -\frac{iq^2}{m\hbar} \int_0^\infty e^{-i\omega\eta - \eta/\tau} \sum_{k,j} \text{Tr} \left\{ p_\alpha^{(k)} \left[\rho_0, x_\beta^{(j)} \right] \right\} \, d\eta$$

$$= -\frac{iq^2}{m\hbar} \int_0^\infty e^{-i\omega\eta - \eta/\tau} \sum_{k,j} \text{Tr} \left\{ \left[x_\beta^{(j)}, p_\alpha^{(k)} \right] \rho_0 \right\} \, d\eta. \tag{13.117}$$

Supongamos ahora que tenemos un gas de partículas no interaccionantes, de modo que:

$$\left[x_\beta^{(j)}, p_\alpha^{(k)}\right] = i\hbar\delta_{jk}\delta_{\alpha\beta}, \tag{13.118}$$

entonces

$$\sigma_{\alpha\beta} = \frac{q^2}{m}\delta_{\alpha\beta}N \int_0^\infty e^{-i\omega\eta - \eta/\tau}\,d\eta = \frac{nq^2}{m(i\omega + 1/\tau)}\delta_{\alpha\beta}. \tag{13.119}$$

Así pues, haciendo $\tau \to \infty$ obtenemos un tensor de conductividad

$$\sigma_{\alpha\beta} = \sigma\delta_{\alpha\beta} \;\; ; \;\; \sigma = \frac{nq^2}{im\omega} \;\; \Rightarrow \;\; \varepsilon(\omega) = \varepsilon - \frac{nq^2}{m\omega^2}. \tag{13.120}$$

13.3.4. Espectroscopía molecular

En el estudio de la interacción de la radiación con la materia un resultado central es la denominada ley de Lambert-Beer, una relación empírica que relaciona la absorción de luz con las propiedades del material atravesado,

$$I(x) = I_0 e^{-\alpha x}, \tag{13.121}$$

donde $\alpha = \alpha(\omega)$ está asociada a la disipación de energía en el material, y por tanto a la parte imaginaria de la constante dieléctrica,

$$\varepsilon''(\omega) = \frac{nc\alpha(\omega)}{\omega}, \tag{13.122}$$

siendo n el índice de refracción. Utilizando la teoría de perturbaciones dependientes del tiempo para un hamiltoniano $H_{int} = -\boldsymbol{\mu}\boldsymbol{E}$ y un campo armónico de frecuencia ω, $\boldsymbol{E} = E_0\hat{\boldsymbol{u}}e^{-i\omega t}$ tenemos, por aplicación de la regla de oro de Fermi, que la probabilidad de transición $i \to j$ es

$$P_{i\to f}(\omega) = \frac{\pi E_0^2}{2\hbar^2}\left|\left\langle f\left|\boldsymbol{\mu}\hat{\boldsymbol{u}}\right|\hat{\imath}\right\rangle\right|^2 \left[\delta(\omega_{if} + \omega) + \delta(\omega_{if} - \omega)\right], \tag{13.123}$$

de tal manera que la energía disipada por transiciones de $i \to f$ es $\hbar\omega_{if}P_{if}(\omega)$. Si multiplicamos por la probabilidad de mostrarse en el estado i (ρ_i) y sumamos a todos los estados del sistema del campo externo, el calor disipado por unidad de tiempo es

$$\dot{Q} = -\sum_i\sum_f \rho_i\hbar\omega_{if}P_{i\to f}(\omega)$$

$$= \frac{\pi E_0^2}{2\hbar}\sum_i\sum_f \omega_{if}\rho_i\left|\langle f\left|\boldsymbol{\mu}\hat{\boldsymbol{u}}\right|i\rangle\right|^2 \left[\delta(\omega_{if} + \omega) + \delta(\omega_{if} - \omega)\right]. \tag{13.124}$$

Siguiendo los procedimientos habituales de permutación de índices ($i \to f$) y teniendo en cuenta que $\rho_i - \rho_f = \rho_i\left(1 - e^{-\beta\hbar\omega_{fi}}\right)$, tenemos que:

$$\dot{Q} = -\frac{\pi E_0^2}{2\hbar}\left(1 - e^{-\beta\hbar\omega}\right)\omega\sum_i\sum_f \rho_i\left|\langle f\left|\boldsymbol{\mu}\hat{\boldsymbol{u}}\right|i\rangle\right|^2 \delta(\omega_{fi} - \omega). \tag{13.125}$$

Por otro lado, el flujo total de energía transportada por el campo está dado por el vector de Poynting:

$$S = \frac{cnE_0^2}{8\pi}, \tag{13.126}$$

de modo que:

$$\frac{\dot{Q}}{S} = \frac{4\pi^2}{\hbar c n} \omega \left(1 - e^{-\beta\hbar\omega}\right) \sum_i \sum_f \rho_i \left|\langle f \left|\boldsymbol{\mu}\hat{\boldsymbol{u}}\right| i\rangle\right|^2 \delta(\omega_{if} - \omega).$$ (13.127)

La línea espectral de absorción, $I(\omega)$, se define como:

$$I(\omega) = \frac{\hbar c n \alpha(\omega)}{4\pi^2\omega \left(1 - e^{-\beta\hbar\omega}\right)} = \sum_i \sum_f \rho_i \left|\langle f \left|\boldsymbol{\mu}\hat{\boldsymbol{u}}\right| i\rangle\right|^2 \delta(\omega_{if} - \omega) =$$

$$= \frac{\varepsilon''(\omega)}{4\pi^2 \left(1 - e^{-\beta\hbar\omega}\right)}.$$ (13.128)

Por otro lado, aplicando la relación de Green-Kubo:

$$\varepsilon''(\omega) = -\frac{4\pi}{2i} \int_{-\infty}^{+\infty} \phi(t) e^{-i\omega t}\, dt = -\frac{2\pi}{\hbar} \int_{-\infty}^{+\infty} Tr\left\{\rho_0 \left[\mu_z, \mu_z(t)\right]\right\}\, dt =$$

$$= -\frac{2\pi}{\hbar} \int_{-\infty}^{+\infty} Tr\left\{\mu_z(t)\mu_z\rho_0 - \mu_z\mu_z(t)\rho_0\right\} e^{-i\omega t}\, dt =$$ (13.129)

$$= \frac{2\pi \left(1 - e^{-\beta\hbar\omega}\right)}{\hbar} \int_{-\infty}^{+\infty} \langle\mu_z\mu_z(t)\rangle\, e^{-i\omega t}\, dt.$$

Así pues:

$$I(\omega) = \frac{1}{2\pi} \int_{-\infty}^{+\infty} \langle\mu_z\mu_z(t)\rangle\, e^{-i\omega t}\, dt.$$ (13.130)

Estudiemos la forma de las líneas espectrales en diferentes casos particulares simples y de gran importancia práctica.

En primer lugar, en ausencia de colisiones moleculares las moléculas rotan libremente, y consecuentemente la función de correlación dipolar es armónica, $\langle\mu_z\mu_z(t)\rangle = \mu_{0z}^2 \cos(\omega_0 t)$, de modo que:

$$I(\omega) = \frac{\mu_{0z}^2}{2\pi} \int_{-\infty}^{+\infty} \cos(\omega_0 t) e^{-i\omega t}\, dt$$

$$= \frac{\mu_{0z}^2}{2\pi} \int_{-\infty}^{+\infty} \left(\frac{e^{i\omega_0 t} + e^{-i\omega_0 t}}{2}\right) e^{-i\omega t}\, dt.$$ (13.131)

Usando que, $\int_{-\infty}^{+\infty} e^{-i\omega t}\, dt = 2\pi\delta(\omega)$, tenemos:

$$I(\omega) = \frac{\mu_{0z}^2}{2} \left[\delta(\omega - \omega_0) + \delta(\omega + \omega_0)\right],$$ (13.132)

que expresa el hecho de que, en ausencia de colisiones que destruyan las correlaciones de largo alcance temporal, el sistema soólo absorbe energía a frecuencia ω_0 (i.e. la frecuencia de las rotaciones moleculares).

Por otro lado, en presencia de colisiones moleculares la probabilidad de que durante un tiempo t una molécula no experimente una colisión que destruya la correlación entre los momentos dipolares, es $P(t) \propto e^{-t/\tau}$ donde τ es el tiempo de colisión. Por ello, es de esperar que la función de correlación de los momentos dipolares sea en este caso

$$\langle\mu_z\mu_z(t)\rangle = \mu_{0z}^2 \cos(\omega_0 t) e^{-|t|/\tau}, \quad t > 0$$ (13.133)

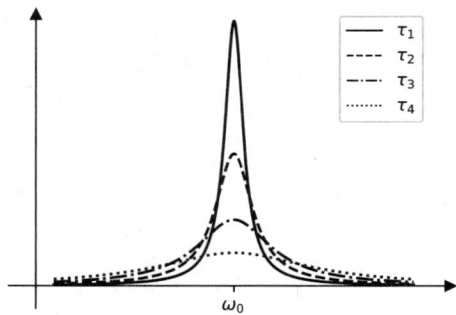

Figura 13.6: Representación de la intensidad en función de la frecuencia (Ec. (13.136)) para diferentes tiempos de colisión ($\tau_1 > \tau_2 > \tau_3 > \tau_4$).

de manera que la línea espectral será ahora:

$$I(\omega) = \frac{\mu_{0z}^2}{2\pi} Re \int_0^{+\infty} e^{-|t|/\tau} \left(\frac{e^{i\omega_0 t} + e^{-i\omega_0 t}}{2} \right) e^{-i\omega t} \, dt =$$

$$= \frac{\mu_{0z}^2}{2\pi} Re \left\{ \int_0^{+\infty} e^{[i(\omega_0 - \omega) - 1/\tau]t} \, dt + \int_0^{+\infty} e^{-i[(\omega_0 + \omega) + 1/\tau]t} \, dt \right\} =$$

$$= \frac{\mu_{0z}^2}{4\pi} Re \left[\frac{1}{i(\omega_0 + \omega) + \frac{1}{\tau}} - \frac{1}{i(\omega_0 - \omega) - \frac{1}{\tau}} \right] = \tag{13.134}$$

$$= \frac{\mu_{0z}^2}{4\pi} \left[\frac{1/\tau}{(\frac{1}{\tau})^2 + (\omega_0 + \omega)^2} + \frac{1/\tau}{(\frac{1}{\tau})^2 + (\omega_0 - \omega)^2} \right],$$

donde se ha usado que $Re \left[\frac{1}{a+ib} \right] = \frac{a}{a^2 - b^2}$. Así pues:

$$I(\omega) = \frac{\mu_{0z}^2}{4\pi\tau} \left\{ \frac{1}{(\frac{1}{\tau})^2 + (\omega_0 + \omega)^2} + \frac{1}{(\frac{1}{\tau})^2 + (\omega_0 - \omega)^2} \right\}. \tag{13.135}$$

Si $\omega > 0$ obtenemos la curva lorentziana

$$I(\omega) \simeq \frac{\mu_{0z}^2}{4\pi} \frac{1/\tau}{\frac{1}{\tau^2} + (\omega - \omega_0)^2}. \tag{13.136}$$

La anchura de la línea espectral debe definirse a partir de la altura a mitad del máximo (FWHM), dado que no están definidos los momentos de la lorentziana de orden superior al primero, $FWHM = 2/\tau$.

El efecto de las colisiones es, como vemos, el ensanchamiento de las líneas espectrales. Además, dado que $\bar{l} = \tau v_m$, la disminución de la longitud de propagación sin colisiones (recorrido libre medio) o el incremento de la velocidad media, disminuirá τ, y por tanto se incrementará la anchura de las líneas espectrales. Esta situación se produce en particular con incrementos de presión y temperatura.

13.3.5. Fluctuaciones en un plasma

Analizaremos en esta sección la respuesta lineal de un gas ionizado (plasma) al campo electromagnético. Consideremos un plasma en presencia de un campo electromagnético dado por un potencial vector $\boldsymbol{A}$. Así, aplicando el teorema de Parseval, el hamiltoniano de interacción toma la forma

$$H_{int}^{(t)} = -\int dr\, j(r,t) A(r,t)$$

$$= -\frac{1}{2} Re \sum_{k} A_k(t) j_k^+(t), \tag{13.137}$$

donde hemos usado que $j_{-k} = j_k^+$ y que $A_k(t)$ es una función armónica del tiempo. Si aplicamos el teorema de fluctuación-disipación al hamiltoniano anterior considerando magnitud fluctuante la corriente eléctrica, podemos obtener directamente la función de correlación de éstas, así como las del propio campo externo.

Usando los resultados de la sección 13.2 para un problema de varias variables fluctuantes tenemos

$$\dot{Q} = \frac{1}{4} i\omega \sum_{k} (\alpha_{ik}^* - \alpha_{ki}) F_{0i} F_{0k}^*, \tag{13.138}$$

$$\langle x_i x_k \rangle_\omega = \frac{i\hbar}{e^{\beta\hbar\omega} - 1} [\alpha_{ik}^* - \alpha_{ki}]$$

$$= \frac{i\hbar}{2} \coth\left(\frac{\beta\hbar\omega}{2}\right) [\alpha_{ik}^*(\omega, k) - \alpha_{ki}(\omega, k)]. \tag{13.139}$$

Por otro lado, teniendo en cuenta que

$$F_{i\omega} = \alpha_{ik}^{-1} x_{k\omega} \quad \Rightarrow \quad \langle F_i F_k \rangle_\omega = \alpha_{il}^{-1} \alpha_{km}^{-1} \langle x_l x_m \rangle_\omega, \tag{13.140}$$

se obtienen las fluctuaciones del campo, supuesto aleatorio, como

$$\langle F_i F_k \rangle_\omega = \frac{i\hbar}{2} \coth\left(\frac{\beta\hbar\omega}{2}\right) [\alpha_{ik}^{-1} - \alpha_{ik}^{-1*}]. \tag{13.141}$$

En el caso de un plasma de alta temperatura ($\beta\hbar\omega << 1$) podemos aproximar las expresiones anteriores como:

$$\langle j_i j_j \rangle_{k\omega} = i\frac{T}{\omega} [\alpha_{ij}^*(\omega, k) - \alpha_{ji}(\omega, k)], \quad (k_B = 1) \tag{13.142}$$

$$\langle A_i A_j \rangle_{k\omega} = i\frac{T}{\omega} [\alpha_{ij}^{-1}(\omega, k) - \alpha_{ji}^{-1}(\omega, k)]. \tag{13.143}$$

Consideremos ahora las fluctuaciones en un plasma homogéneo en equilibrio. Las ecuaciones de Maxwell en presencia de fuentes conducen a

$$\boldsymbol{\nabla} \times \boldsymbol{E} = -\frac{\partial \boldsymbol{B}}{\partial t}, \tag{13.144}$$

$$\boldsymbol{\nabla} \times \boldsymbol{H} = j + \frac{\partial \boldsymbol{D}}{\partial t} \quad \Rightarrow \quad \boldsymbol{\nabla} \times \boldsymbol{B} = \mu j + \mu\varepsilon \frac{\partial \boldsymbol{E}}{\partial t}. \tag{13.145}$$

De este modo,

$$\Rightarrow \quad \boldsymbol{\nabla} \times \boldsymbol{\nabla} \times \boldsymbol{E} = -\frac{\partial(\boldsymbol{\nabla} \times \boldsymbol{B})}{\partial t} = -\frac{\partial}{\partial t}\left[\mu j + \mu\varepsilon \frac{\partial \boldsymbol{E}}{\partial t}\right] \quad \Rightarrow$$

$$\Rightarrow \quad \boldsymbol{\nabla} \times (\boldsymbol{\nabla} \times \boldsymbol{E}) + \mu\varepsilon \frac{\partial^2 \boldsymbol{E}}{\partial t^2} = -\frac{\partial}{\partial t}\mu j, \tag{13.146}$$

o lo que es equivalente

$$\boldsymbol{\nabla}(\boldsymbol{\nabla} E) - \nabla^2 E + \mu\varepsilon \frac{\partial^2 \boldsymbol{E}}{\partial t^2} = -\mu\frac{\partial j}{\partial t}, \tag{13.147}$$

que conduce a la ecuación de las ondas electromagnéticas en presencia de fuentes.

$$\nabla^2 \boldsymbol{E} - \mu\varepsilon \frac{\partial^2 \boldsymbol{E}}{\partial t^2} = \frac{1}{\varepsilon_0}\boldsymbol{\nabla}\rho + \mu\frac{\partial \boldsymbol{j}}{\partial t}\,. \tag{13.148}$$

Transformando por Fourier la Ec. (13.146) tenemos una relación para los modos del campo $\boldsymbol{E}(\boldsymbol{k},\omega)$.

$$k_i(k_j E_j) - k^2 E_i - \mu\varepsilon\omega^2 E_i = -i\omega\mu j_i, \tag{13.149}$$

donde hemos supuesto que $\boldsymbol{E} = \boldsymbol{E}_0 e^{-i(\boldsymbol{kr}-\omega t)}$ y $\boldsymbol{j} = \boldsymbol{j}_0 e^{-i(\boldsymbol{kr}-\omega t)}$, por lo que, teniendo en cuenta que,

$$[\boldsymbol{\nabla} \times (\boldsymbol{\nabla} \times \boldsymbol{E})]_i = k_i\,(k_j E_j)\,,$$

$$(\nabla^2 \boldsymbol{E})_i = -k^2 \boldsymbol{E}_i,$$

$$\left(\frac{\partial^2 \boldsymbol{E}_i}{\partial t^2}\right) = -\omega^2 \boldsymbol{E}_i,$$

$$\left(\frac{\partial \boldsymbol{j}}{\partial t}\right)_i = +i\omega j_i\,, \tag{13.150}$$

obtenemos

$$\left[k_i k_j - k^2\delta_{ij} - \mu\varepsilon\omega^2\delta_{ij}\right]E_j = -i\omega_j j_i, \tag{13.151}$$

o lo que es lo mismo $\left(\text{usando } c^2 = \frac{1}{\mu\varepsilon}\right)$

$$\left[\delta_{ij} - \left(\delta_{ij} - \frac{k_i k_j}{k^2}\right)\frac{k^2 c^2}{\omega^2}\right]E_j = -\frac{i\omega\mu}{\omega^2}c^2 j_i, \tag{13.152}$$

Así.

$$\left[\delta_{ij} - \left(\delta_{ij} - \frac{k_i k_j}{k^2}\right)\frac{k^2 c^2}{\omega^2}\right]E_j(\boldsymbol{k},\omega) = -\frac{i\omega}{\varepsilon\omega^2}j_i(\boldsymbol{k},\omega). \tag{13.153}$$

Teniendo en cuenta que la densidad de corriente inducida se relaciona con la polarización dieléctrica de la forma:

$$\frac{\partial \boldsymbol{p}}{\partial t} = \boldsymbol{j}_{ind} \;\Rightarrow\; \boldsymbol{j}_{ind} = \frac{\partial}{\partial t}(\chi\boldsymbol{E}) = \{\varepsilon = \varepsilon_0 + \chi\} = \frac{\partial}{\partial t}(\varepsilon\mathbb{1}_d)\,\boldsymbol{E}\,, \tag{13.154}$$

tenemos que

$$\boldsymbol{j}_{ind,i} = (\varepsilon_{ij} - \delta_{ij})\frac{\partial E_j}{\partial t}. \tag{13.155}$$

El campo que experimenta una partícula en el interior del plasma es $\boldsymbol{E} = \boldsymbol{E}_{ext} + \boldsymbol{E}_{rand}$, siendo este último esencial para entender las fluctuaciones de la densidad de corriente. Así

$$j_i = (\varepsilon_{ij} - \delta_{ij})\left(\frac{\partial E_j^{ext}}{\partial t} + \frac{\partial E_j^{rand}}{\partial t}\right). \tag{13.156}$$

Teniendo además en cuenta que $\boldsymbol{B}_{ext} = \boldsymbol{\nabla} \times \boldsymbol{A} \;\Rightarrow\; \boldsymbol{E}_{ext} = -\frac{\partial \boldsymbol{A}}{\partial t}$ lo que, para campos armónicos, implica $\boldsymbol{E}^{rand} = i\omega\boldsymbol{A}^{rand},^2$ podemos escribir

$$j_i(k,\omega) = \alpha_{ij}(k,\omega)\,A_j(k,\omega)\,,$$

$$\alpha_{ij}(k,\omega) = \omega^2\left\{\Lambda_{ij}^{(0)} - \Lambda_{ik}^{(0)}\Lambda_{ik}^{-1}\Lambda_{lj}^{(0)}\right\}\,, \tag{13.157}$$

---

^{2}Esto implica que $\boldsymbol{A}$ es aleatorio, claramente.

donde $\Lambda_{ik}(k,\omega) = \varepsilon_{ik}(k,\omega) + \left(\frac{k_i k_k}{k^2} - \delta_{ik}\right)\eta^2$; $\eta^2 = \frac{k^2 c^2}{\omega^2}$. De este modo, usando la versión de alta temperatura del teorema de fluctuación-disipación, tenemos:

$$\langle j_i j_j \rangle = \frac{i\tau}{\omega}\left[\alpha_{ji}^{-1}(\omega,\boldsymbol{k}) - \alpha_{ij}^{-1}(\omega,\boldsymbol{k})\right]$$
$$= i\omega\tau\Lambda_{ik}^{(0)}\left\{\Lambda_{kl}^{-1} - (\Lambda_{lk}^{-1})^*\right\}\Lambda_{lj}^{(0)}, \tag{13.158}$$

que es la distribución espectral de las fluctuaciones de la densidad de corriente en un plasma de equilibrio con dispersión espacio temporal. Teniendo en cuenta la ecuación de continuidad

$$\omega\rho(\boldsymbol{k},\omega) = \boldsymbol{k}j(\boldsymbol{k},\omega), \tag{13.159}$$

tendremos

$$\langle \rho^2 \rangle(\boldsymbol{k},\omega) = \frac{T}{2\pi\omega}Im\left(k_i \Lambda_{ij}^{-1}k_j\right)^*, \tag{13.160}$$

y usando la conexión entre $\boldsymbol{E}(\boldsymbol{k},\omega)$ y $\boldsymbol{j}(\boldsymbol{k},\omega)$ podemos obtener finalmente las fluctuaciones del campo electromagnético en el interior del plasma

$$\langle E_i E_j \rangle(\boldsymbol{k},\omega) = i\frac{T}{\omega}\left\{\Lambda_{ij}^{-1} - (\Lambda_{ij}^{-1})^*\right\}. \tag{13.161}$$

13.3.6. Electrodinámica de un superconductor.

Analizaremos en esta sección la respuesta de un superconductor a un campo eléctrico o magnético externo aplicado. El hamiltoniano de los electrones en el superconductor en presencia de un potencial vector aplicado $\boldsymbol{A}$ es

$$H = H_0 + H_{int} = \frac{1}{2m}\sum_\sigma \int d\boldsymbol{r}\psi_\sigma^+(r)\boldsymbol{p}^2\psi_\sigma(r) + \int d\boldsymbol{r}j\boldsymbol{A}, \tag{13.162}$$

donde el momento canónico es

$$\boldsymbol{p} = -i\hbar\boldsymbol{\nabla} - \frac{q}{c}\boldsymbol{A} \quad (q \equiv e). \tag{13.163}$$

Por otro lado, la densidad de corriente en el superconductor se obtiene de la siguiente manera. Teniendo en cuenta la ecuación de continuidad de la carga y la corriente eléctrica

$$\frac{\partial\rho}{\partial t} = q\frac{\partial|\psi|^2}{\partial t} = -\boldsymbol{\nabla}\boldsymbol{j} \quad\Leftrightarrow\quad q\frac{\partial\psi^*\psi}{\partial t} = -\boldsymbol{\nabla}\boldsymbol{j} \tag{13.164}$$

y la ecuación de Schrödinger, $i\hbar\frac{\partial\psi}{\partial t} = H\psi$, tenemos que

$$q\frac{\partial\psi^*}{\partial t}\psi + q\psi^*\frac{\partial\psi}{\partial t} = -\boldsymbol{\nabla}\boldsymbol{j} \quad\Leftrightarrow\quad -\frac{q}{i\hbar}\left(H^+\psi^*\right)\psi + \frac{q}{i\hbar}\psi^*\left(H\psi\right) = -\boldsymbol{\nabla}\boldsymbol{j}. \tag{13.165}$$

Dado que en el caso no relativista $H = \frac{1}{2m}\left(\boldsymbol{p} - \frac{e}{c}\boldsymbol{A}\right)^2$, tenemos

$$-\boldsymbol{\nabla}\boldsymbol{j} = -\frac{q}{2mi\hbar}\left[\left(\boldsymbol{p} - \frac{q}{c}\boldsymbol{A}\right)^2\psi^*\right]\psi + \frac{1}{2mi\hbar}\psi^*\left(\boldsymbol{p} - \frac{q}{c}\boldsymbol{A}\right)^2\psi$$

$$= -\frac{q}{2mi\hbar}\left[\left(i\hbar\boldsymbol{\nabla} + \frac{q}{c}\boldsymbol{A}\right)^2\psi^*\right]\psi + \frac{q}{2mi\hbar}\psi^*\left(i\hbar\boldsymbol{\nabla} + \frac{q}{c}\boldsymbol{A}\right)^2\psi$$

$$= -\frac{q}{2mi\hbar}\{-\hbar^2\left(\nabla^2\psi^*\right)\psi - \frac{2iq\hbar}{c}[(\boldsymbol{\nabla}\boldsymbol{A})\psi^*]\psi + \frac{q^2\boldsymbol{A}^2}{c}\psi^*\psi +$$

$$+ \frac{q}{2mi\hbar}(i\hbar)^2\psi^*\nabla^2\psi + \frac{2iq\hbar}{c}\psi^*\left(\boldsymbol{\nabla}\boldsymbol{A}\right)\psi + \frac{q^2}{c}\psi^*A^2\psi\}, \tag{13.166}$$

Usando el habitual *gauge* de Coulomb ($\boldsymbol{\nabla A} = 0$)

$$-\boldsymbol{\nabla j} = -\frac{q\hbar}{2mi}\left[-\psi^*\nabla^2\psi + \left(\nabla^2\psi^*\right)\psi\right] + \frac{q^2}{m}\psi^*\boldsymbol{\nabla A}\psi$$

$$-\frac{q^3}{2mi\hbar c}A^2\psi^*\psi + \frac{q^3}{2mi\hbar c}\psi^*A^2\psi$$

$$= \frac{q\hbar}{2mi}\left[\boldsymbol{\nabla}\left(\psi^*\boldsymbol{\nabla}\psi - \boldsymbol{\nabla}\psi^*\psi\right)\right] + \frac{q^2}{mc}\boldsymbol{\nabla}\left[\psi^*A\psi\right]. \tag{13.167}$$

Así pues, la densidad de corriente en el estado de función de onda ψ es:

$$\boldsymbol{j} = \frac{-q\hbar}{2mi}\left[\psi^*\boldsymbol{\nabla}\psi - \boldsymbol{\nabla}\psi^*\psi\right] - \frac{q^2}{mc}\psi^*A\psi = \boldsymbol{j}_{para} + \boldsymbol{j}_{dia}. \tag{13.168}$$

En el espacio de Fourier la corriente paramagnética puede expresarse como

$$\boldsymbol{j}_{para}(\boldsymbol{q}) = \frac{q}{m}\sum_{q,\sigma}\boldsymbol{k}c^\dagger_{\boldsymbol{k}-\boldsymbol{q},\sigma}c_{\boldsymbol{k},\sigma}, \tag{13.169}$$

donde, como de costumbre, hemos usado que en el formalismo de segunda cuantización el operador función de onda es:

$$\Psi_\sigma(\boldsymbol{r}) = \sum_{k}c_{\boldsymbol{k}\sigma}\phi_k(\boldsymbol{r}) \;\; ; \;\; \phi_k(\boldsymbol{r}) = \frac{1}{\sqrt{V}}e^{-i\boldsymbol{k}\boldsymbol{r}}. \tag{13.170}$$

De este modo, a primer orden:

$$H'_{int} = \int d\boldsymbol{r}\boldsymbol{j}_{para}\boldsymbol{A} = \frac{q}{mc}\sum_{\boldsymbol{k},\sigma}\boldsymbol{q}\boldsymbol{A}(\boldsymbol{q})c^\dagger_{\boldsymbol{k}-\boldsymbol{q},\sigma}c_{\boldsymbol{k},\sigma}. \tag{13.171}$$

Definiendo la susceptibilidad del modo habitual en la región lineal como

$$\langle\boldsymbol{j}\rangle\left(\boldsymbol{q},\omega\right) = \chi\left(\boldsymbol{q},\omega\right)\boldsymbol{A}\left(\boldsymbol{q},\omega\right), \tag{13.172}$$

y usando la relación habitual de Kubo tenemos

$$\langle\boldsymbol{j}\rangle\left(\boldsymbol{q},\omega\right) = -\frac{nq^2}{mc}\boldsymbol{A} + \langle[\boldsymbol{j}_{para},\boldsymbol{j}_{para}]\rangle\left(\boldsymbol{q},\omega\right)\boldsymbol{A}\left(\boldsymbol{q},\omega\right), \tag{13.173}$$

$$\chi\left(q,\omega\right) = -\frac{nq^2}{mc} + \langle[\boldsymbol{j}_{para},\boldsymbol{j}_{para}]\rangle\left(\boldsymbol{q},\omega\right) = -i\omega\sigma\left(\boldsymbol{q},\omega\right). \tag{13.174}$$

Mediante las habituales transformaciones de Bogoliubov

$$c_{k\uparrow} = u^*_k\gamma_{\bar{k},0} + v_k\gamma_{\bar{k},1},$$

$$c^\dagger_{-k\downarrow} = -v^*_k\gamma_{k,0} + u_k\gamma^\dagger_{k,1}, \tag{13.175}$$

donde los $\gamma_{\bar{k},\sigma}$ son los operadores de cuasipartículas, podemos expresar el hamiltoniano de interacción como:

$$H_{int} = -\frac{q}{mc}\sum_{k}\boldsymbol{k}\boldsymbol{A}(\boldsymbol{q})\left[(u_k u_{k+q} + v_k v_{k+q})\left(\gamma^\dagger_{k+q,0}\gamma_{k,0} - \gamma^\dagger_{k+q,1}\gamma_{k,1}\right) + \right.$$

$$\left. + (v_k u_{k+q} - u_k v_{k+q})\left(\gamma^\dagger_{k+q,0}\gamma^\dagger_{k,1} - \gamma_{k+q,1}\gamma_{k,0}\right)\right], \tag{13.176}$$

que, en el límite de bajo vector de onda ($\boldsymbol{q}\to 0$) toma la forma:

$$H_{int}(\boldsymbol{q}\simeq 0) = -\frac{q}{mc}\sum_{k}\boldsymbol{k}\boldsymbol{A}(0)\left(\gamma^\dagger_{k,0}\gamma_{k,0} - \gamma^\dagger_{k,1}\gamma_{k,1}\right), \tag{13.177}$$

donde hemos usado que $|u_k|^2 + |v_k|^2 = 1$ por las reglas de anticonmutación habituales. De idéntica manera, en términos de los operadores de cuasipartícula la media de la densidad de corriente es:

$$\langle \boldsymbol{j}_{para}(\boldsymbol{q} = 0) \rangle = \frac{q}{m} \sum_{\boldsymbol{k}} \boldsymbol{k} \left\langle \gamma_{\boldsymbol{k},0}^\dagger \gamma_{\boldsymbol{k},0} - \gamma_{\boldsymbol{k},1}^\dagger \gamma_{\boldsymbol{k},1} \right\rangle$$

$$= \frac{q}{m} \sum_{\boldsymbol{k}} \boldsymbol{k} \left[f(E_{\boldsymbol{k}0}) - f(E_{\boldsymbol{k}1}) \right], \tag{13.178}$$

donde $f(E)$ es la función de distribución de Fermi-Dirac y $E_{\boldsymbol{k}\sigma}$ son las energías de los bogolones del sistema

$$E_{\bar{k}\sigma} = E_{\bar{k}} \mp \frac{q}{mc} \boldsymbol{k} \boldsymbol{A}(0), \tag{13.179}$$

donde el signo $-$ se corresponde a $\sigma = 0$ y el signo $+$ a $\sigma = 1$. Desarrollando en torno a $\boldsymbol{A}(0) \simeq 0$, tenemos

$$\langle \boldsymbol{j}_{para}(\boldsymbol{q} = 0) \rangle \simeq \frac{2q^2}{m^2 c} \sum_{\boldsymbol{k}} [\boldsymbol{k} \boldsymbol{A}(0)] \boldsymbol{k} \left(-\frac{\partial f}{\partial E_{\boldsymbol{k}}} \right), \tag{13.180}$$

de manera que:

$$\chi(0,0) = \frac{2q^2}{m^2 c} \sum_{\boldsymbol{k}} \boldsymbol{k} \boldsymbol{k} \left(-\frac{\partial f}{\partial E_{\boldsymbol{k}}} \right). \tag{13.181}$$

Haciendo ahora $\sum_{\boldsymbol{k}} \rightarrow \int d\epsilon_{\boldsymbol{k}} \int \frac{d\Omega}{4\pi} g(\epsilon_F)$ y usando $g(\epsilon_F) = \frac{3\eta}{4\epsilon_F}$ y $\int \frac{d\Omega}{4\pi} \boldsymbol{k} \boldsymbol{k} = k \frac{1}{3} d$, tenemos:

$$\chi(0,0) = -\frac{nq^2}{mc} \left\{ 1 - \int d\epsilon_{\boldsymbol{k}} \left(-\frac{\partial f}{\partial E_k} \right) \right\} \mathbb{1} =$$

$$= -\frac{n_s(\tau)q^2}{mc} \quad ; \quad n_s(\tau) = n - n_n(\tau), \tag{13.182}$$

donde la densidad de la fase normal del superconductor es:

$$n_n(\tau) = n \int d\epsilon_{\boldsymbol{k}} \left(-\frac{\partial f}{\partial E_k} \right). \tag{13.183}$$

13.4. Ejercicios relacionados

Ejercicio 13.1:

Demuéstrese que ϕ_{ba} puede expresarse como

$$\phi_{ba} = \frac{1}{i\hbar} \text{Tr} \left\{ \rho \left[A_a, J_b(t) \right] \right\} = \frac{1}{i\hbar} \text{Tr} \left\{ [\rho, A_a] \right\} J_b(t). \tag{13.184}$$

Ejercicio 13.2:

Utilizando la expresión de la evolución temporal de los operadores en la imagen de Heisenberg, demuéstrese que la función de respuesta del sistema puede escribirse como

$$\phi_{ba}(t) = \sum_n \sum_{m \neq n} \rho_n (J_a)_{nm} [J_b(t)]_{mn} \frac{e^{-\beta(E_m - E_n)} - 1}{E_n - E_m}. \tag{13.185}$$

Ejercicio 13.3:

Demuéstrese que la función de respuesta anterior puede reescribirse de la forma:

$$\phi_{ba}(t) = \beta \sum_m \sum_n \rho_m (\tilde{J}_a)_{mn} [J_b(t)]_{nm}, \tag{13.186}$$

donde se ha usado la transformada de Kubo del operador J introducida en la Ec. (13.16):

$$\tilde{J} = \frac{1}{\beta} \int_0^\beta d\lambda e^{\lambda H} J e^{-\lambda H}. \tag{13.187}$$

Ejercicio 13.4:

Pruébense las relaciones de Kramers-Kronig:

$$\chi'(\omega) = \frac{2}{\pi} \int_0^\infty \chi''(\omega') \frac{\omega' d\omega'}{\omega'^2 - \omega^2},$$

$$\chi''(\omega) = \frac{2\omega}{\pi} \int_0^\infty \chi'(\omega') \frac{d\omega'}{\omega'^2 - \omega^2}. \tag{13.188}$$

Ejercicio 13.5:

Demuéstrense las relaciones (13.50) y (13.51).

Ejercicio 13.6:

Demuéstrese la Ec. (13.60).

Ejercicio 13.7:

Demuéstrese que si $< \boldsymbol{R}(t) >= 0$ y $< \boldsymbol{R}(0)\boldsymbol{R}(t) >\propto \delta(t)$ la solución de la Ec. (13.63) puede escribirse como:

$$P(\boldsymbol{v}(t), t; \boldsymbol{v}_0) = \left[\frac{m}{2\pi k_B T (1 - e^{-2\gamma t/m})} \right]^{3/2} \exp\left[-\frac{m|\boldsymbol{v}^2 - \boldsymbol{v}_0^2 e^{-\gamma t/m}|^2}{2k_B T(1 - e^{-2\gamma t/m})} \right]. \tag{13.189}$$

Ejercicio 13.8:

Demuéstrese el segundo teorema de fluctuación disipación (Ec. (13.65)).

Ejercicio 13.9:

Demuéstrese la Ec. (13.169).

13.5. Lecturas complentarias

- Altland, A., & Simons, B. (2006). *Condensed Matter Field Theory*. Cambridge University Press.

- Coleman, P. (2015). *Introduction to Many-Body Physics*. Cambridge University Press.

- Jonscher, A. (1983). *Dielectric Relaxation in Solids*. Chelsea Dielectrics Press.

- Jonscher, A. (1996). *Universal Relaxation Law: A Sequel to Dielectric Relaxation in Solids*. Chelsea Dielectrics Press.

- Nolting, W., & Brewer, W. (2009). *Fundamentals of Many-body Physics: Principles and Methods*. Springer Berlin Heidelberg.

Parte V

Técnicas de Simulación en Mecánica Estadística

Capítulo 14

Simulación por el método de Monte Carlo

14.1. Introducción a las técnicas de simulación

Aunque en esta obra nos centraremos en la aplicación a las propiedades de materiales, bajo la denominación simulación por computadora se agrupa un conjunto de técnicas de muy diversa naturaleza que abarcan amplias escalas de tiempos y tamaños de los sistemas modelizados, desde los más rápidos procesos electrónicos en química cuántica o subnucleares en física de partículas, hasta la comprensión de fenómenos meteorológicos, cosmológicos o económicos. En general, podemos clasificar estas técnicas de la forma siguiente:

1. Simulación numérica de ecuaciones diferenciales que no pueden resolverse analíticamente, incluyendo sistemas continuos como fenómenos en cosmología, dinámica de fluidos (e.g., modelos climáticos, tráfico, sistemas económicos, etc.), cinética química...

2. Simulaciones estocásticas, usadas para sistemas discretos con eventos probabilísticos que no pueden describirse mediante ecuaciones diferenciales. En esta categoría se incluyen los denominados métodos de simulación por el método de Monte Carlo.

3. Simulación multicorpuscular de estructura y dinámica de materiales en múltiples escalas, con el fin de analizar sus propiedades termodinámicas y de transporte. En esta categoría se incluyen las simulaciones *ab initio* (Hartree-Fock, teoría del funcional de la densidad, dinámica molecular ab initio...), la dinámica molecular, etc.

La conveniencia de cada una de estas simulaciones depende, en gran medida, de las escalas de tiempo y tamaño que queramos abordar y de las preguntas que queramos responder. En principio, la aplicación de la teoría cuántica a la descripción de las propiedades de materiales es válida con independencia del tamaño del sistema. No obstante, cuando el número de partículas (grados de libertad) del sistema crece hasta un tamaño macroscópico estas técnicas son inviables por la extrema complejidad de los cálculos implicados, por lo que son necesarias aproximaciones. Así, más allá de unos pocos átomos, el enfoque *ab initio* debe ser abandonado completamente y sustituido por parametrizaciones empíricas del modelo utilizado, que se eligen generalmente en función de las escalas de tamaño y tiempo involucradas (Fig. 14.1), aunque no hay una "jerarquía" simple que esté conectada con aquellas.

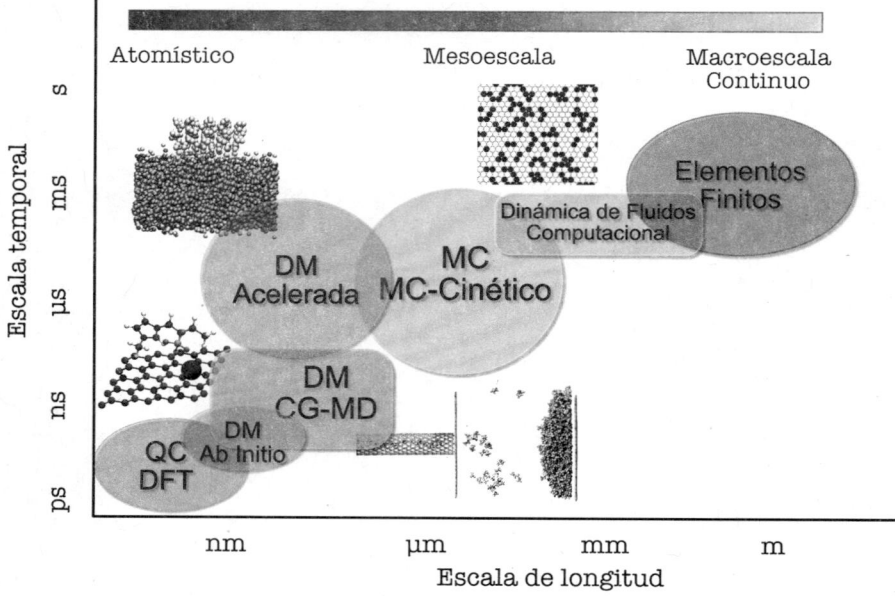

Figura 14.1: Escalas de tiempo y longitud típicas de diferentes técnicas de simulación en física de materiales: química cuántica (QC), teoría del funcional de la densidad (DFT), mecánica molecular (MM), que incluye simulaciones de dinámica molecular (DM) en sus variantes acelerada, *ab initio* y *coarse-grained* (CG), Monte Carlo (MC) y técnicas de mecánica de medios continuos incluyendo dinámica de fluidos y elementos finitos. Los rangos de las escalas de tiempo y longitud son aproximados.

Consideraremos en esta obra esencialmente tres tipos de simulaciones frecuentemente empleadas en la modelización avanzada de materiales:

1. Simulación de Monte Carlo, que utiliza la generación aleatoria de estados del espacio fásico del sistema para obtener propiedades de equilibrio o dinámicas definiendo tasas de transición entre estados del sistema (Monte Carlo cinético). Esta es una técnica de alcance completamente general -de hecho, utilizada en estadística matemática para la generación de distribuciones de probabilidad- que tiene múltiples aplicaciones más allá de la ciencia de materiales.

2. Dinámica molecular clásica, que genera trayectorias cronológicas de sistemas de partículas mediante las ecuaciones de Newton con un campo de fuerzas que incluye las interacciones intra e intermoleculares, de tal modo que las propiedades termodinámicas de equilibrio del sistema se pueden obtener como promedios temporales y, por aplicación de la teoría de la respuesta lineal, los coeficientes de transporte como correlaciones de las magnitudes microscópicas correspon-

dientes:

$$\langle A \rangle = \lim_{T \to \infty} \frac{1}{T} \int_0^T A(t) \equiv \frac{1}{N} \sum_{k=1}^N A(t_k),$$

$$C_{AB}(t) = \langle A(t-t')B(t') \rangle = \lim_{T \to \infty} \int_o^T dt' A(t-t')B(t')$$

$$\equiv \frac{1}{N} \sum_{k=1}^N \sum_{j=1}^k A(t_k - t_j)B(t_j). \tag{14.1}$$

El grado de detalle en la descripción de las espacies moleculares presentes en el sistema determina si la simulación es *fully-atomistic* -bien *all-atom* (AA) o *united-atom* (UA, con hidrógenos promediados)- o *coarse-grained*, agrupando átomos o grupos de átomos en unidades de simulación efectivas que permite extender notablemente el tamaño del sistema. Además, es posible introducir polarización electrónica en el potencial (*polarizable force field*) o tener en cuenta explícitamente los grados de libertad electrónicos, en lo que constituye la denominada dinámica molecular *ab initio*.

3. Técnicas de simulación *ab initio* de materiales a escala atómica, e.g., cálculos de estructura electrónica y dinámica molecular basados únicamente en primeros principios de la propia mecánica cuántica. Los primeros se basan en soluciones iterativas de la ecuación de Schrödinger (método de Hartree-Fock) para electrones individuales de sistemas multielectrónicos con aproximaciones sobre los potenciales, o de ecuaciones tipo-Schrödinger (ecuaciones de Kohn-Sham) en el caso de la teoría del funcional de la densidad (DFT), que admite además una generalización dependiente del tiempo en el caso de que sobre el sistema actúen campos de fuerza externos dependientes del tiempo. La combinación de técnicas *ab initio* para la descripción de los grados de libertad electrónicos con técnicas de dinámica molecular constituye la denominada dinámica molecular *ab initio*.

14.2. Método de Monte Carlo

Como es sabido, el denominado método de Monte Carlo fue introducido en la década de 1940 por Stanislaw Ulam, mientras trabajaba en proyectos de armas nucleares en el Laboratorio Nacional de Los Alamos y posteriormente John von Neumann programó la computadora ENIAC para llevar a cabo los cálculos, cuyo nombre se debe a la necesidad de mantener en secreto el programa y fue sugerido por Nicholas Metropolis, en referencia al casino de la ciudad de Monte Carlo. Posteriormente, en 1948, Harris y Kahn desarrollaron sistemáticamente la técnica. Inicialmente introducido para simular la difusión de neutrones, i.e., la distancia que viajarían en una sustancia antes de colisionar con otros núcleos atómicos, y la distribución de probabilidad de energía emitida tras las colisiones, en la actualidad se ha convertido en una técnica estándar de solución de problemas usando la aleatoriedad.

Los denominados métodos de Monte Carlo, o experimentos de Monte Carlo, forman una clase general de algoritmos basados en la generación repetida de números aleatorios para la resolución de problemas incluso deterministas. Generalmente son clasificados en problemas de optimización, integración numérica y obtención de distribuciones de probabilidad.

14.2.1. Evaluación de integrales por el Método de Monte Carlo

Uno de los usos más simples, efectivos y frecuentemente empleados de los métodos de Monte Carlo es la evaluación de integrales definidas que son intratables por técnicas analíticas, particularmente en dimensiones elevadas. La técnica usual es la comparación del número de puntos que, generados al azar, caen por encima o por debajo de una determinada función. Esta es, por tanto, una técnica de integración numérica que usa números pseudoaleatorios.

El procedimiento de integración Monte Carlo permite realizar el cálculo de una integral multidimensional definida

$$I = \int_\Gamma f(\boldsymbol{x})\, d\boldsymbol{x}, \tag{14.2}$$

donde Γ es un subconjunto de $\mathbb{R}^n$ de volumen

$$V = \int_\Gamma d\boldsymbol{x}. \tag{14.3}$$

El método más simple de integración realiza un muestreo uniforme en Γ de un total de N muestras, $\{\boldsymbol{x}_i\}_{i=1}^N$, $\boldsymbol{x}_i \in \Gamma$, de modo que la integral puede aproximarse como:

$$I_N \simeq V \frac{1}{N} \sum_{i=1}^N f(\boldsymbol{x}_i) = V \langle f \rangle. \tag{14.4}$$

Dado que la ley de los grandes números garantiza que, en el límite de grandes muestras, el valor medio y el valor exacto de la función coinciden al anularse la varianza muestral tendremos

$$\lim_{N \to \infty} I_N = \lim_{N \to \infty} V \frac{1}{N} \sum_{i=1}^N f(\boldsymbol{x}_i) = I. \tag{14.5}$$

La evaluación de la incertidumbre de la estimación Monte Carlo en la Ec. (14.4), I_N, para muestras finitas se hace de la manera habitual mediante el estimador de la varianza poblacional

$$S_f^2 \equiv \sigma_N^2 = \frac{1}{N-1} \sum_{i=1}^N \left(f(\boldsymbol{x}_i) - \langle f \rangle \right)^2, \tag{14.6}$$

que conduce a

$$S_{I_N}^2 = \frac{V^2}{N^2} \sum_{i=1}^N \mathrm{Var}(f) = V^2 \frac{\mathrm{Var}(f)}{N} = V^2 \frac{\sigma_N^2}{N}, \tag{14.7}$$

que decrece asintóticamente con N con tal de que las varianzas σ_i^2 estén acotadas. En este caso la incertidumbre que podemos asociar a la estimación de la integral I es:

$$\delta I_N \simeq \sqrt{S^2 I_N} = V \frac{\sigma_N}{\sqrt{N}} \to 0, \tag{14.8}$$

Es importante darse cuenta de que, a diferencia de los métodos deterministas utilizados habitualmente, que lo hacen exponencialmente, este resultado no depende de la dimensión de la integral. No obstante, también a diferencia de los métodos deterministas, es posible que el método de Monte Carlo no recoja bien todas las peculiaridades de la función y la incertidumbre calculada no sea una buena cota.

Ejemplo 14.1

El ejemplo por excelencia de integración por el método de Monte Carlo es la estimación de π. Si consideramos la función

$$H(x,y) = \begin{cases} 1 & \text{si } x^2 + y^2 \leq 1 \\ 0 & \text{en caso contrario} \end{cases} \tag{14.9}$$

y el conjunto $\Gamma = [-1,1] \times [-1,1]$ de área $A = 4$, tenemos

$$I_\pi = \int_\Gamma H(x,y)dxdy = \pi. \tag{14.10}$$

Por tanto, el cálculo de π con el método de Monte Carlo consiste en extraer N números aleatorios en Γ y calcular

$$I_N = 4\frac{1}{N}\sum_{i=1}^{N} H(x_i, y_i). \tag{14.11}$$

Naturalmente, existen algoritmos que usan distribuciones de muestreo específicas optimizadas para diferentes problemas, y la cuestión crucial suele ser la mejora de las estimaciones de los errores, por ejemplo con la división de la región en subvolúmenes mediante muestreo estratificado o el muestreo por importancia en distribuciones no uniformes. Por ejemplo, esta última evaluaría la integral de la Ec. (14.2), mediante la introducción de una distribución de probabilidad $h(\mathbf{x})$, conocida como distribución de muestreo por importancia, de modo que

$$I = \int_\Gamma \frac{f(\boldsymbol{x})}{h(\mathbf{x})} h(\mathbf{x}) \, d\boldsymbol{x}. \tag{14.12}$$

Esta integral se presenta como el valor medio $I = \langle f(\boldsymbol{x})/h(\mathbf{x})\rangle$, se puede aproximar, por tanto, por el estimador insesgado (fiel)

$$I_N = \frac{1}{N}\sum_{i=1}^{N} \frac{f(\boldsymbol{x}_i)}{h(\mathbf{x}_i)}, \tag{14.13}$$

cuyo valor medio coincide con I, y su varianza es:

$$\text{Var}(I_N) = \frac{1}{N}\text{Var}\left(\frac{f(\boldsymbol{x})}{h(\mathbf{x})}\right) = \frac{1}{N}\left\langle \left(\frac{f(\boldsymbol{x})}{h(\mathbf{x})} - I\right)^2 \right\rangle. \tag{14.14}$$

Ejemplo 14.2

En el caso de una integral en un volumen Γ del $\mathbb{R}^n$, si $h(\mathbf{x})$ es la distribución uniforme en dicho conjunto,

$$h(\mathbf{x}) = \frac{1}{V}\mathbb{1}_\Gamma(\mathbf{x}), \tag{14.15}$$

donde $\mathbb{1}_\Gamma$ es la función indicador, entonces el estimador de la integral toma el valor:

$$I_N \simeq V\frac{1}{N}\sum_{i=1}^{N} f(\boldsymbol{x}_i) = V\langle f\rangle, \tag{14.16}$$

recuperando el resultado anterior.

14.2.2. Muestreo de distribuciones de probabilidad

La generación de números aleatorios (o pseudoaleatorios) es un tema de gran importancia para los métodos de Monte Carlo. Existen diferentes algoritmos para la generación de números pseudoaleatorios mediante métodos computacionales. Pero la mayoría de estos algoritmos están pensados para la generación de distribuciones aleatorias en el rango $[0, 1)$. Sin embargo a menudo estamos interesados en replicar diferentes distribuciones de probabilidad, por lo que debemos resolver el problema de cómo podemos recuperar una densidad de probabilidad arbitraria $(f(y))$ a partir de una distribución homogénea.

Dada una distribución $f(y)$ definida en un dominio $[y_{min}, y_{max}]$, se busca una función biyectiva $g(x)$ tal que, si $y = g(x)$, se obtenga la distribución deseada, siendo x generada por una distribución de probabilidad uniforme. Para ello se usa la función cumulativa de la distribución problema

$$F(y) = \int_{y_{min}}^{y} f(y')dy'. \tag{14.17}$$

La función $g(x)$ será adecuada siempre y cuando la probabilidad de que $g(x) < y$ coincida con $F(y)$,

$$P\left(g(x) \le y\right) = F(y). \tag{14.18}$$

Ahora, usando la función inversa $g^{-1}(y)$ a ambos lados de la desigualdad, podemos escribir

$$P\left(x \le g^{-1}(y)\right) = F(y). \tag{14.19}$$

Dado que x es una variable uniforme se cumple, trivialmente, que la probabilidad de que sea menor que un valor z dado en el intervalo $[0, 1)$ es directamente z, con lo que podemos resolver la ecuación anterior para obtener

$$P\left(x \le g^{-1}(y)\right) = g^{-1}(y) = F(y). \tag{14.20}$$

Por lo tanto, como la función $F(y)$ es necesariamente continua y monótona creciente, será también biyectiva en el intervalo $[0, 1)$, de modo que

$$y = g(x) = F^{-1}(x), \tag{14.21}$$

es decir, la función $g(x)$ buscada será la inversa de la función cumulativa de la distribución de probabilidad deseada. Por lo tanto, en general, el proceso a seguir para generar puntos siguiendo una distribución de probabilidad arbitraria será:

1. Obtenemos la función cumulativa $F(y)$ de dicha distribución.

2. Calculamos su inversa $g(x) = F^{-1}(x)$.

3. Generamos un número aleatorio x siguiendo una distribución uniforme en $[0, 1)$.

4. Transformamos dicho valor de la forma $y = g(x)$.

Otra forma de interpretar este resultado es usando la inversa de la función cumulativa como la función cuantil, es decir, una función que dada una probabilidad x entre 0 y 1 nos devuelve la y que cumple $F(y) = x$. De esta forma el proceso para generar una distribución arbitraria consistirá en escoger aleatoriamente una probabilidad entre 0 y 1 y buscar el punto y correspondiente en la función cuantil. Es sencillo ver como este método debe generar la distribución correcta.

Ejemplo 14.3

Se dispone de un generador de números pseudoaleatorios obtenidos de una variable $X \in [0, 1]$ con una distribución uniforme. Se desea obtener una muestra de datos para una variable $Y \in [0, 2]$ cuya función de densidad de probabilidad es $f_Y(y) = \frac{\pi}{4}\sin(y\pi/2)$. Para ello, siguiendo el método de la transformada inversa, calculamos la función cumulativa de la distribución.

$$F_Y(y) = \int\limits_0^y \frac{\pi}{4}\sin(y\pi/2)\, dy' = \frac{1}{2}\left(1 - \cos(y\pi/2)\right).$$

Obtener la inversa de dicha función (conocida como función cuantil) resulta sencillo en ese caso: $F^{-1}(x) = 2/\pi \arccos(1 - 2x)$. En la Fig. 14.2 se muestra el histograma de frecuencias obtenido mediante la generación de 10000 números pseudoaleatorios usando esta transformación, junto con la función de densidad de probabilidad exacta. Como puede verse el acuerdo entre ambas es notable y las fluctuaciones entorno al valor ideal son esperables de un proceso aleatorio.

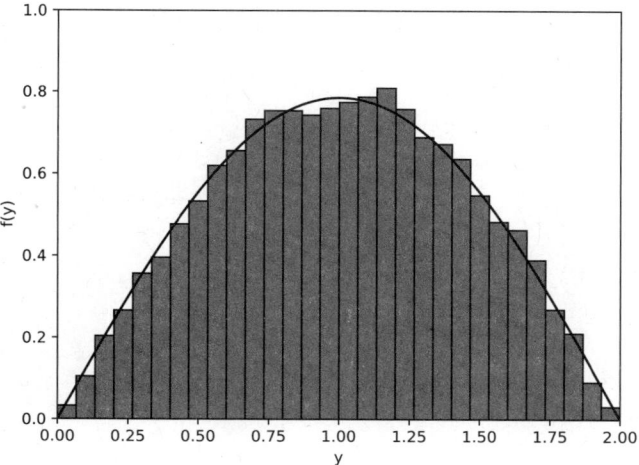

Figura 14.2: Densidad de probabilidad ideal e histograma de frecuencias de la función densidad del ejemplo 14.3.

Nótese que este método no está limitado a distribuciones definidas en un intervalo finito. Por ejemplo, podemos aplicarlo de forma sencilla a la distribución $f(y) =$

$\exp(-y)$, de forma que $g(x) = -\log(1-x)$.

Por desgracia, el método necesita que sea posible un calculo analítico de la inversa de $F(y)$, lo cual en muchos casos no es posible. Sin embargo, existe un método sencillo que sí permite generar una distribución para estos casos. Este es el algoritmo de aceptación-rechazo de von-Neumann. Dada una distribución $f(y)$ definida en un intervalo $y \in [a,b)$ y con una cota $M \geq f(y)$ $\forall y$, el algoritmo se resume en los siguientes pasos:

1. Generamos dos números aleatorios procedentes de una distribución uniforme en $[0,1)$, x y c.

2. Trasladamos el valor x al intervalo $[a,b)$; $y = a + (b-a)*x$.

3. Trasladamos el valor c al intervalo $[0,M]$; $H = Mc$.

4. Comparamos el valor de la función $f(y)$ con la cota dada por H. Si $H \leq f(y)$ aceptamos el punto y. Si es mayor rechazamos el punto y volvemos al primer paso del algoritmo. Este proceso se repite hasta que obtenemos un y válido.

Nótese que el valor de la cota M no tiene que ser igual al máximo de la distribución. Sin embargo, valores muy alejados de dicho máximo harán que se rechace una mayor cantidad de puntos y ralentizará la obtención de los puntos aleatorios. De hecho, es sencillo ver que, dado que la distribución de probabilidad está normalizada en el intervalo $[a,b)$, la eficiencia de este algoritmo será:

$$E = \frac{\text{Número de Puntos Aceptados}}{\text{Número de intentos}} = \frac{1}{M(b-a)}. \tag{14.22}$$

Resulta sencillo ver mediante la aplicación de la regla de Laplace, como este proceso genera la distribución adecuada. La principal desventaja de este método es que para generar cada punto aleatorio necesita por lo menos de 2 números aleatorios de una distribución uniforme y, en promedio, utilizará $2/E$ puntos. Además este método solo permite trabajar directamente con funciones en un intervalo finito.

Ejemplo 14.4

Vamos a generar la misma distribución que en el ejemplo 14.3 utilizando el método de von-Neumann. En este caso nuestro intervalo $[a,b)$ se corresponde con el intervalo $[0,2)$. Como cota podemos poner el valor $M = 1$, aunque usar un valor más ajustado al máximo ($\pi/4$) aumentaría la eficiencia computacional.

La Fig. 14.3 muestra el resultado de 1000 iteraciones de este algoritmo.

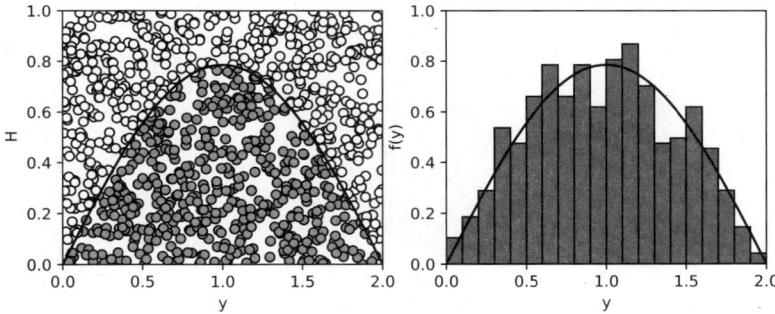

Figura 14.3: Resultado de la ejecución de 1000 iteraciones del método de aceptación-rechazo de von Neumann para generar la distribución del ejemplo 14.4. Izquierda: los 1000 puntos generados al azar en el rectángulo $[0, 2] \times [0, 1]$, en blanco los puntos rechazados y en gris los puntos aceptados. Derecha: histograma de frecuencias junto a la función de densidad de probabilidad buscada.

Finalmente, necesita mención especial una distribución para la cual no es posible calcular su función cumulativa analíticamente y está definida en un intervalo infinito, la distribución gaussiana. Existen diferentes métodos para obtener una distribución gaussiana a partir de una distribución uniforme. A continuación presentaremos uno de los métodos más utilizados, el método de Box-Muller.

El método de Box-Muller aprovecha el hecho de que una gaussiana bidimensional admite una expresión analítica de su integral para generar simultáneamente dos distribuciones gaussianas independientes. Consiste, por lo tanto, en una adaptación del método de inversión de la distribución cumulativa. Partimos, por lo tanto de una distribución gaussiana en dos dimensiones, con media 0 y varianza 1:

$$P(x, y)dxdy = \frac{1}{2\pi}e^{-\frac{1}{2}(x^2+y^2)}. \tag{14.23}$$

Para poder trabajar de forma más sencilla sobre esta distribución vamos a transformar nuestras variables x e y a un sistema de coordenadas radiales

$$x = r\cos\theta,$$
$$y = r\,\text{sen}\,\theta\,.$$

En estas coordenadas, nuestra distribución de probabilidad tiene la forma:

$$P(r, \theta)drd\theta = \frac{r}{2\pi}e^{-\frac{r^2}{2}}\,drd\theta\,. \tag{14.24}$$

Siguiendo ahora la receta del método de inversión de la distribución cumulativa, vamos a buscar dos funciones, F y G, tal que, dadas dos variable aleatorias uniformes v y w, generen las variables aleatorias $r = F(v)$ y $\theta = G(w)$ que sigan la distribución gaussiana. Vamos a comenzar con la función G, la cual obtenemos a partir de la distribución cumulativa de la probabilidad marginal

$$G^{-1}(\theta) = \int_0^\theta \int_0^\infty \frac{r}{2\pi}e^{\frac{-1}{2}(x^2+y^2)}d\bar\theta dr = \frac{\theta}{2\pi}\,. \tag{14.25}$$

Esto nos lleva al resultado que podríamos esperar intuitivamente de

$$\theta = G(w) = 2\pi w, \tag{14.26}$$

es decir, el ángulo está uniformemente distribuido. Para el cálculo de la función $F(v)$ utilizamos un proceso similar haciendo

$$F^{-1}(r) = \int_0^r \int_0^{2\pi} \frac{\bar{r}}{2\pi} e^{\frac{\bar{r}^2}{2}} \, d\bar{\theta} d\bar{r} = 1 - e^{\frac{r^2}{2}}, \tag{14.27}$$

Esta función es fácilmente invertible para obtener:

$$F(v) = \sqrt{-2 \log{(v-1)}}. \tag{14.28}$$

Podemos simplificar un poco esta expresión utilizando el hecho de que la distribución de $(v - 1)$ y de v es idéntica y, por lo tanto, podemos substituir $(v - 1)$ por v para obtener, finalmente:

$$r = F(v) = \sqrt{-2 \log(v)}. \tag{14.29}$$

Con estos dos resultados, podemos volver al sistema cartesiano substituyendo los valores de r y θ por sus expresiones correspondientes.

$$x = \sqrt{-2 \log(v)} \cos(2\pi w), \tag{14.30}$$

$$y = \sqrt{-2 \log(v)} \sin(2\pi w). \tag{14.31}$$

Donde, por construcción de la distribución gaussiana en 2 dimensiones, las variables x e y no están correlacionadas.

Resumiendo, el proceso para generar pares de puntos aleatorios que sigan la distribución gaussiana es:

1. Generamos dos valores aleatorios (w y v) siguiendo una distribución uniforme en el intervalo $[0, 1)$.

2. Calculamos dos puntos independientes (x e y) utilizando las Ecs. (14.30) y (14.31) respectivamente.

3. Si queremos que en la distribución tenga media μ y varianza σ^2, realizamos las transformaciones

$$x' = \mu + \sigma x,$$
$$y' = \mu + \sigma y.$$

En la Fig. 14.4 podemos ver un ejemplo del resultado de la aplicación de este método.

14.3. Métodos de cadenas de Markov Monte Carlo

En aplicaciones que implican la generación de números aleatorios que siguen una distribución multivariante con un elevado número de dimensiones, el método de transformación antes citado puede no ser posible y la técnica de aceptación-rechazo puede tener una eficiencia demasiado baja para ser utilizable en la práctica. Si no se requiere tener valores aleatorios independientes, sino únicamente que sigan una cierta distribución, entonces se pueden usar los denominados métodos de cadenas de Markov Monte Carlo, que son métodos de simulación que tienen como objetivo la generación

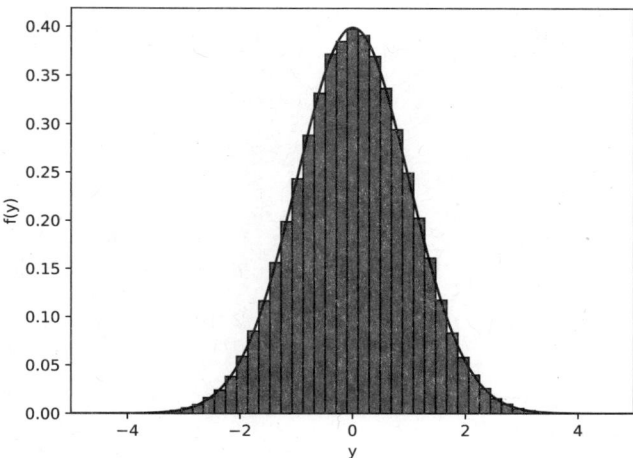

Figura 14.4: Resultado de la ejecución de 100000 iteraciones del método de Box-Muller junto con la distribución gaussiana ideal.

de muestras de distribuciones de probabilidad y la estimación de cantidades de interés a posteriori a partir de las mismas. Supongamos que queremos simular valores de una distribución a posteriori $p(\boldsymbol{x})$. La idea central de los métodos de cadenas de Markov Monte Carlo consiste en simular una cadena de observaciones $\boldsymbol{x}_1, \boldsymbol{x}_2, \ldots, \boldsymbol{x}_N$ cuya distribución estacionaria sea justamente la buscada, usando para ello una determinada densidad propuesta que, en general, será diferente de la densidad a posteriori deseada. Los valores generados dependen únicamente del último de los valores simulados, formando por lo tanto una cadena o proceso de Markov. Antes de continuar con la lectura de esta sección es recomendable estar familiarizado con los conceptos introducidos en el apéndice B del presente libro.

14.3.1. Algoritmo de Metrópolis

Hemos visto en los capítulos anteriores cómo una matriz de probabilidades de transición conduce a una determinada distribución estacionaria en el caso de que la dinámica del proceso aleatorio sea markoviana, y como, en el caso en que dispongamos de la matriz de probabilidades de transición, podemos obtener dichas distribución. Ahora se plantea el caso inverso: dada una distribución estacionaria particular, $\mathbf{P}$, ¿qué matriz de probabilidades de transición $\mathbf{K}$ conduce a ella? Ya hemos visto que la distribución estacionaria es el autoestado de valor 1 de la matriz $\mathbf{K}$, esto es,

$$\frac{d\mathbf{P}(t)}{dt} = \mathbf{W}\mathbf{P}(t) = (\mathbf{K} - \mathbb{1})\mathbf{P}(t) = 0, \tag{14.32}$$

para lo que la condición de balance detallado es una condición suficiente. Los algoritmos de generación de distribuciones por el método Monte Carlo usan generalmente esta condición. La idea básica es que si es posible encontrar una matriz $\mathbf{K}$ que verifique que:

1) $0 \leq K_{mn} \leq 1$, $\forall n, m$,

2) $\sum_n K_{mn} = 1$, $\forall m$,

3) K_{mn} sea ergódica,

4) $K_{mn}p_m = K_{nm}p_n$,

entonces el proceso markoviano producirá, a tiempos largos, estados distribuidos de acuerdo con la distribución **P**. En particular, en el algoritmo de Metropolis el proceso de transición entre estados se divide en dos etapas: probabilidad de intento de transición (τ_{mn}) y probabilidad de aceptación de dicho intento (α_{mn}), de modo que $K_{mn} = \tau_{mn}\alpha_{mn}$. En el algoritmo de Metropolis original, $\tau_{mn} = \tau_{mn}$ (que garantiza el balance detallado)

$$\alpha_{mn} = \begin{cases} 1 & \text{if } p_n \geq p_m, \\ p_n/p_m & \text{if } p_n < p_m \end{cases} \tag{14.33}$$

que puede escribirse como

$$\alpha_{mn} = \text{mín}\left(1, \frac{p_n}{p_m}\right), \tag{14.34}$$

aunque también se usa en ocasiones una opción más simétrica conocida como muestreo de Barker,

$$\alpha_{mn} = \text{mín}\left(1, \frac{p_n}{p_m + p_n}\right). \tag{14.35}$$

Naturalmente, la condición de balance detallado se cumple si la probabilidad con la que se intenta el cambio es simétrica $\tau_{mn} = \tau_{nm}$, y, evidentemente, $\sum_m \tau_{mn} = 1$. Como puede verse, en el algoritmo de Metrópolis sólo es necesario conocer las probabilidades relativas y no las absolutas, lo que resulta muy conveniente en la práctica. Existe una gran libertad a la hora de elegir la matriz τ, si más que imponer las condiciones anteriores. No obstante, se suele elegir de forma que los estados Γ_n y Γ_m estén localizados uno en la "vecindad" del otro para garantizar dirigir al proceso markoviano a regiones específicas, lo que asegura su eficiencia en problemas de alta dimensionalidad al garantizar el muestreo de regiones raras del espacio fase.

Hastings generalizó el algoritmo de Metropolis para el caso en que la probabilidad de intento de transición no sea simétrica ($\tau_{mn} \neq \tau_{mn}$), haciendo que

$$\alpha_{mn} = \begin{cases} 1 & \text{if } \tau_{nm}p_n \geq \tau_{mn}p_m, \\ p_n/p_m & \text{if } \tau_{nm}p_n < \tau_{mn}p_m \end{cases} \tag{14.36}$$

o, equivalentemente,

$$\alpha_{mn} = \text{mín}\left(1, \frac{\tau_{nm}p_n}{\tau_{mn}p_m}\right). \tag{14.37}$$

Algoritmo de Metropolis-Hastings: En este algoritmo -denominado Metrópolis inteligente o sesgado- se considera un sistema que puede estar en diferentes estados Γ_m con probabilidades p_m y establece una regla de decisión de cómo realizar intentos de transición τ_{mn} a partir de una configuración inicial determinada, $\Gamma(t = 0)$. Para realizar los cambios desde una configuración $\Gamma_m = \Gamma(t)$ dada,

1. Se elige un estado Γ_n de acuerdo con τ_{mn}.

2. Se calcula el cociente $q = \frac{\tau_{nm}p_n}{\tau_{mn}p_m}$.

3. Se genera un número aleatorio $\eta \in [0, 1]$ y, si $q \geq \eta$, se acepta el cambio y se actualiza el estado a $\Gamma(t+1) = \Gamma_n$, mientras que en caso contrario el estado no se actualiza y se repite el paso 1.

Se repite el proceso descrito un elevado número de veces, despreciando cierta cantidad de estados al principio para evitar contar estados altamente no estacionarios y calculando promedios con sus incertidumbres.

14.4. Monte Carlo cinético (KMC)

Los estados generados mediante los algoritmos de la sección anterior son adecuados para la generación de muestras aleatorias suficientemente amplias de distribuciones de probabilidad estacionarias, y permiten, por lo tanto, estudios de simulación de las propiedades de equilibrio de sistemas físicos. No obstante la trayectoria seguida en el espacio de las fases no está gobernada por la propia dinámica subyacente del sistema, sino meramente por una elección azarosa.

En los años 60, se empezaron a desarrollar diferentes técnicas para permitir la evolución dinámica entre estados del sistema, que se aplicaron en las décadas posteriores a cuestiones como difusión, adsorción superficial, daños por radiación, etc. Teóricamente, esta técnica puede proporcionar la evolución dinámica exacta del sistema, pero las simplificaciones que su implementación práctica requiere suelen disminuir la expectativas.

Naturalmente, la técnica estándar para la simulación de la dinámica de un sistema atómico descriptible mediante la mecánica clásica es la dinámica molecular. Como hemos visto en la introducción a este capítulo, ésta usa las ecuaciones clásicas del movimiento y un campo de fuerzas para producir representaciones de la dinámica del sistema, de gran calidad si se trata de un potencial realista y siempre que los efectos dinámicos cuánticos y los acoplamientos electrón-fonón (no representados por la aproximación de Born-Oppenheimer) sean despreciables. No obstante, los tiempos característicos en los que se actualizan las posiciones y momentos (paso de simulación) son usualmente del orden de 1 fs en los algoritmos más precisos de simulación, lo que conduce a tiempos totales simulados necesariamente inferiores a 1 μs para mantener los tiempos de computación en valores asequibles. Esto conduce al denominado "problema de la escala temporal" que presenta la dinámica molecular, problema que no presenta el método de Monte Carlo cinético (KMC), pues modela el sistema en conjunto y reduce su dinámica a "saltos" difusivos entre estados de su espacio fásico, permitiendo alcanzar escalas de tiempo muy largas.

A diferencia de los algoritmos estándar de Monte Carlo que generan transiciones entre estados elegidos aleatoriamente, en el método KMC las transiciones se seleccionan dependiendo de las tasas (*rate constants*) que regulan la probabilidad por unidad de tiempo de que el sistema deje su estado inicial (m) hacia uno final (n), k_{mn}, que son en general independientes del estado que previamente ocupaba el sistema (proceso markoviano). Estas constantes dependen de la forma que tienen los pozos de potencial asociados a ambos estados en el paisaje de energía y de la forma de la barrera que les separa (Fig. 14.5).

En este tipo de procesos con largos tiempos de residencia en estados del espacio fásico el sistema "olvida" su estado anterior y el movimiento que le ha conducido ahí cuando realiza el siguiente cambio de estado, de ahí que los saltos puedan considerarse independientes. Además, el tiempo entre saltos se distribuye de acuerdo con una distribución exponencial,

$$p_{mn}(t) = k_{mn}e^{-k_{mn}t}. \tag{14.38}$$

De este modo, la probabilidad total de salto de un estado m es

$$p_{mn}(t) = k_{tot}e^{-k_{tot}t} \quad ; \quad k_{tot} = \sum_n k_{mn}. \tag{14.39}$$

Evidentemente, la implementación del algoritmo KMC precisa de la generación de números distribuidos exponencialmente para simular un proceso de primer orden de tasa constante, lo que se logra generando una distribución uniforme $x \in [0, 1]$ y transformando a $y = -\ln x/k_{tot}$. El algoritmo estocástico KMC (también denominado

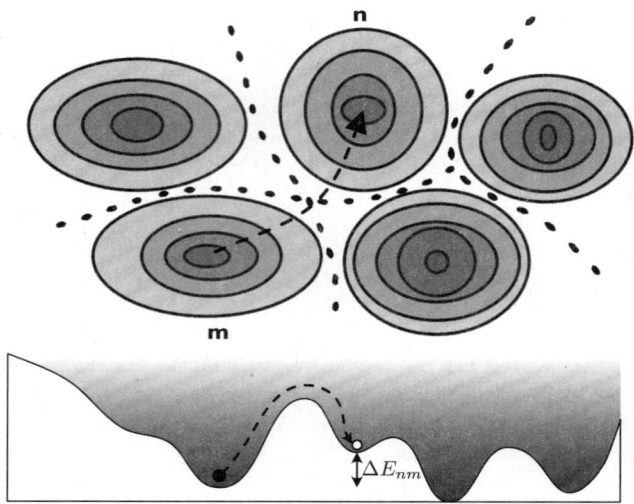

Figura 14.5: Topografía del paisaje de energía del sistema y salto difusivo entre pozos adyacentes a través de los puntos de silla (linea discontinua).

BKL, debido a Bortz, Kalos y Lebowitz (1975)) consiste en seleccionar el camino de reacción al azar y mover el tiempo también aleatoriamente a partir de la distribución exponencial (de manera desacoplada). Para ello, cuando el sistema se encuentra en un estado m se elige al azar un número en $\xi \in [0, 1]$ y se multiplica por la tasa total k_{tot}, de tal modo que se elige como camino aquel cuya tasa k_{mn} queda más próxima a ξk_{tot}, i.e., el primer camino para el cual

$$s(j) = \sum_{q}^{j} k_{mq}, \qquad (14.40)$$

es $s(j) > \xi k_{tot}$, y se avanza el tiempo en una cantidad elegida a partir de la distribución exponencial para la tasa total en (14.39).

Naturalmente, la implementación de este algoritmo no presenta mayor dificultad en el caso de que sean conocidas las tasas de reacción, que deben ser calculadas mediante algún procedimiento. Los dos más frecuentes son i) la teoría del estado de transición y ii) la teoría del estado armónico de transición, que se basan en la existencia de un estado transitorio que debe formarse en el proceso de cambio de uno a otro estado del sistema. En el primero de los casos, la tasa es justamente el flujo a través de una superficie divisoria que divide los dos estados en el espacio de las fases, y se calcula en colectividades térmicas como la probabilidad de Boltzmann de estar en la superficie divisoria frente a la de estar en cualquier otro sitio de la zona del espacio fásico. En el segundo de ellos se pesan los modos en los puntos de silla frente a los del pozo (ver Voter (2007)).

14.5. Ejercicios relacionados

Ejercicio 14.1:

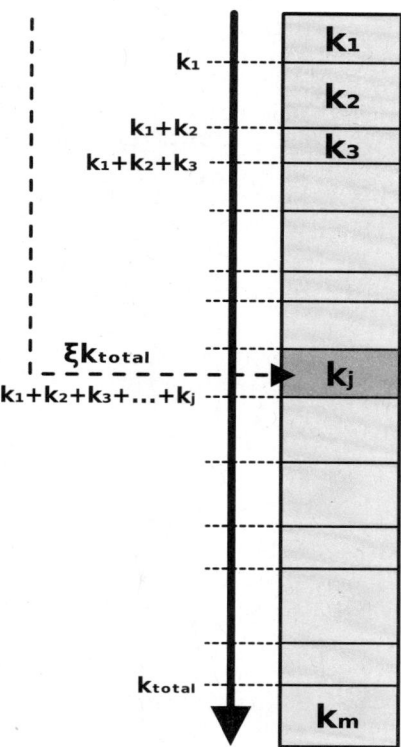

Figura 14.6: Esquema para escoger el camino de reacción que debe seguir el algoritmo estándar de KMC.

Modelo de Ising. Impleméntese, mediante el algoritmo de Metrópolis-Hastings un código para el cálculo de la dependencia en la temperatura de la magnetización media y la susceptibilidad de un sistema bidimensional de N spines $s = 1/2$.

Ejercicio 14.2:

Footloose entrepreneur. Analícese una versión libre del modelo *footloose entrepreneur* considerando un modelo simple de la actividad económica que consiste en N regiones distribuidas en un plano, y en cada una de las cuales hay un número de emprendedores N_i que pueden migrar entre las regiones en busca de mayores ingresos, mientras que los trabajadores están esencialmente inmóviles y los consumidores se distribuyen homogéneamente entre las regiones. Supóngase los costes de transporte de la actividad dependen de la distancia entre zonas de la forma $T_{ijkl} = T^{d_{ijkl}}$ donde d_{ijkl} es la distancia euclídea entre zonas, y que el beneficio de cada emprendedor en la región (ij) se obtiene como producto de la demanda por el precio, $V_{ij} = pD_{ij} - T_{ij}$, supuesto constante, con:

$$D_{ij} = \sum_{kl} d = \sum_{kl} \theta(\lambda^* - \lambda_{ij})(\lambda^* - \lambda_{ij})^{\alpha} \quad ; \quad \alpha > 1$$

$$T_{ij} = \sum_{kl} T_{ijkl} = \sum_{ij} T^{\delta_{ijkl}}, \tag{14.41}$$

donde δ_{ijkl} representa la distancia euclídea entre las regiones (ij) y (kl) y λ^* es la densidad de consumidores, supuesta constante. En cada paso, supóngase que una fracción $\beta < 1$ de los emprendedores de una región elegida al azar deciden moverse a) a la región con beneficio máximo, b) a la región con la media de beneficio. Represéntese la distribución final observada tras un número de pasos suficientemente grande.

Ejercicio 14.3:

Repetir los dos ejercicios anteriores mediante alguna implementación asimétrica de la probabilidad de intento de cambio de acuerdo con el algoritmo de Metrópolis-Hastings.

Ejercicio 14.4:

Analícese la dinámica del modelo de Ising del ejercicio 14.1 si las tasas de transición son:

- $k_{mn} = -\alpha(E_m - E_n)$
- $k_{mn} = \exp[-\alpha(E_m - E_n)]$

Capítulo 15

Dinámica Molecular

En este capítulo introduciremos la técnica de simulación por dinámica molecular, centrándonos en el tratamiento estadístico de la misma. Esta técnica aunque parte de unas bases sencillas contiene un tratamiento estadístico que está íntimamente relacionado con lo visto a lo largo de este libro. La dinámica molecular consiste, en esencia, en realizar la integración de la dinámica hamiltoniana dada por un potencial de interacción predefinido para los grados de libertad de un sistema de partículas. La versatilidad de esta técnica permite la simulación del comportamiento de sistemas con miles de átomos o moléculas, además de llegar a escalas temporales que técnicas de simulación ab initio no permiten.

15.1. Funcionamiento general de la dinámica molecular

15.1.1. Esquemas de integración

A grandes rasgos, la dinámica molecular clásica utiliza las ecuaciones de Newton para obtener una versión discretizada de la evolución temporal de un sistema de partículas. El estado mecánico de estas partículas está definido en el caso clásico por su posición y su velocidad $\{r_i, v_i\}$, y generalmente cada partícula se corresponde con un átomo del sistema que queremos simular. La dinámica molecular no trata explícitamente las atmósferas electrónicas de los átomos, ya que supone que su dinámica es mucho más rápida que la de los núcleos, y por lo tanto solo son relevantes la posición y velocidad de dicho núcleo. Estas partículas interactúan entre si mediante un potencial $U(r^N, v^N)$, que en general depende de la posición y de la velocidad de las partículas, aunque como veremos normalmente se trabaja con potenciales que dependen únicamente de la posición de las partículas. Para simplificar el tratamiento estadístico de estos sistemas a partir de ahora asumiremos que el potencial sólo depende de las posiciones de las partículas. Por lo tanto, la energía del sistema en una determinada configuración $\{p_1, \ldots, p_N; r_1, \ldots, r_N\}$ vendrá dada por

$$E = \sum_i^{3N} \frac{p_i^2}{2m_i} + U(r_1, \ldots, r_N). \tag{15.1}$$

Intentar resolver la dinámica hamiltoniana de este sistema es una labor imposible para la gran mayoría de potenciales de interacción. Por lo tanto, debemos recurrir a soluciones numéricas de las ecuaciones de Newton

$$\frac{d^2 r_i(t)}{dt^2} = -\frac{1}{m_i}\frac{\partial U(\boldsymbol{r}_1, \ldots, \boldsymbol{r}_N)}{\partial t}. \tag{15.2}$$

Para poder integrar estas ecuaciones de forma numérica es preciso realizar una discretización temporal. Por lo tanto, sólo evaluaremos las posiciones y velocidades de las partículas para tiempos $t = n\Delta t$, con n entero. Puede parecer que en virtud del Teorema del Muestreo de Nyquist-Shanon, si Δt es menor que la mitad del período del proceso más rápido de nuestro sistema, no estamos perdiendo ninguna información y sería posible reconstruir la dinámica para puntos intermedios con toda la precisión que se requiera. Existen diferentes posibles esquemas de integración, pero el análisis de las ventajas computacionales entre ellos está fuera de los objetivos de este libro. Uno de los esquemas de integración más utilizado es el algoritmo *leap-frog*

$$\boldsymbol{a}_i(t) = -\frac{1}{m_i}\frac{\partial H(\boldsymbol{r}_1 \ldots \boldsymbol{r}_N)(t)}{\partial \boldsymbol{r}_1}, \tag{15.3}$$

$$\boldsymbol{v}_i\left(t + \frac{\Delta t}{2}\right) = \boldsymbol{v}_i\left(t - \frac{\Delta t}{2}\right) + \boldsymbol{a}_i(t)\Delta t, \tag{15.4}$$

$$\boldsymbol{x}_i(t + \Delta t) = \boldsymbol{x}_i(t) + \boldsymbol{v}_i\left(t + \frac{\Delta t}{2}\right)\Delta t. \tag{15.5}$$

Nótese que en este algoritmo las posiciones y velocidades no son evaluadas en el mismo instante temporal, de ahí el nombre de *leap-frog*. Esto no es en general un problema, ya que es posible reconstruir las velocidades en los mismos instantes que las posiciones como

$$\boldsymbol{v}_i(t) = \frac{\boldsymbol{v}_i(t - \frac{\Delta t}{2}) + \boldsymbol{v}_i(t + \frac{\Delta t}{2})}{2}. \tag{15.6}$$

Usar estos esquemas de integración, junto con un potencial que no depende del tiempo garantiza además que la energía se conservará durante la simulación. Por lo tanto, estaremos trabajando en la colectividad microcanónica o, como se suele denominar en la colectividad NVE. Como resultado de la dinámica molecular obtendremos por lo tanto una colección de posiciones, velocidades y fuerzas sobre cada una de nuestras partículas. En las próximas secciones veremos cómo es posible obtener a partir de estos resultados tanto las propiedades termodinámicas del sistema como sus propiedades dinámicas y estructurales.

15.2. Propiedades en la colectividad microcanónica

15.2.1. Propiedades termodinámicas

Dado que la simulación por dinámica molecular no proporciona un acceso directo a la función de partición del sistema, necesitamos un método alternativo, basado en las posiciones, velocidades y fuerzas que actúan sobre las partículas para calcular las diferentes propiedades termodinámicas del sistema. En esta sección veremos cómo obtener la temperatura, capacidad calorífica y presión de un sistema en la colectividad microcanónica. A partir de éstas es posible obtener el resto de magnitudes termodinámicas del sistema. Como vimos en el capítulo 2, la termodinámica de la colectividad microcanónica viene dada por la entropía

$$S = k_B \ln\left(\Gamma(E)\right), \tag{15.7}$$

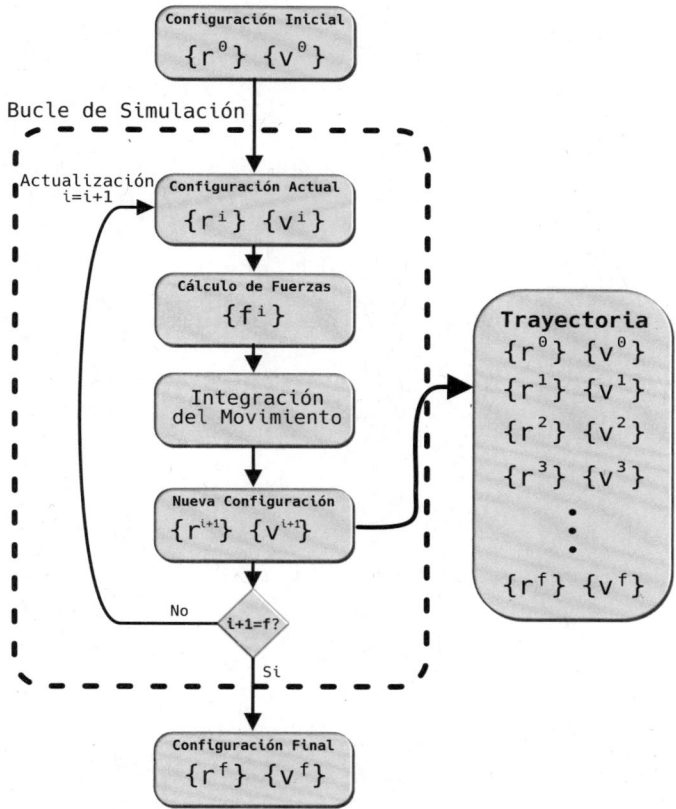

Figura 15.1: Esquema del algoritmo básico de simulación por dinámica molecular.

donde Γ representa el volumen fásico calculado como:

$$\Gamma(E) = \frac{1}{h^{3N} N!} \int\limits_{H \leq E} dr^{3N} dp^{3N} . \tag{15.8}$$

Para el caso habitual de la dinámica molecular, donde el potencial de interacción no depende de la velocidad de las partículas ($U = U(r_1, \ldots, r_N)$), podemos integrar la parte del espacio fase de los momentos de la siguiente forma:

$$\Gamma(E) = \frac{1}{h^{3N} N!} \int\limits_{(E_k + U) \leq E} dr^{3N} dp^{3N} = \frac{1}{h^{3N} N!} \int\limits_{U \leq E} dr^{3N} \int\limits_{E_k \leq E - U} dp^{3N}$$

$$= \left(\frac{2\pi m}{h^2} \right)^{3N/2} \frac{1}{\Gamma_f(3N/2 + 1)N!} \int\limits_{U \leq E} dr^{3N} (E - U)^{3N/2} , \tag{15.9}$$

donde Γ_f es la función gamma. Esta última expresión la podemos reescribir utilizando la función escalón (Θ) como:

$$\Gamma(E) = \left(\frac{2\pi m}{h^2} \right)^{3N/2} \frac{1}{\Gamma_f(3N/2 + 1)N!} \int dr^{3N} (E - U)^{3N/2} \Theta(E - U). \tag{15.10}$$

Derivando esta expresión resulta sencillo obtener la densidad de estados utilizando la propiedad de la función escalón ($d\Theta(x)/dx = \delta(x)$):

$$g(E) = \left(\frac{2\pi m}{h^2} \right)^{3N/2} \frac{1}{\Gamma_f(3N/2 + 1)N!} \left[\int dr^{3N} \frac{3N}{2} (E - U)^{3N/2 - 1} \Theta(E - U) \right.$$

$$\left. + \int dr^{3N} (E - U)^{3N/2 - 1} \delta(E - U) \right] . \tag{15.11}$$

El segundo término de la suma se anula ya que $\int f(x)\delta(x - x_0)dx = f(x_0)$ y por lo tanto

$$g(E) = \left(\frac{2\pi m}{h^2} \right)^{3N/2} \frac{1}{\Gamma_f(3N/2)N!} \int dr^{3N} (E - U)^{3N/2 - 1} \Theta(E - U). \tag{15.12}$$

Utilizando estos resultados es posible obtener la temperatura del sistema como:

$$\frac{1}{T} = \left(\frac{\partial S}{\partial E} \right)_{NV} = \left(\frac{\partial k_B \ln(\Gamma(E))}{\partial E} \right)_{NV} = \frac{k_B}{\Gamma(E)} g(E), \tag{15.13}$$

$$k_B T = \frac{\Gamma(E)}{g(E)}, \tag{15.14}$$

$$k_B T = \frac{1}{g(E)} \left(\frac{2\pi m}{h^2} \right)^{3N/2} \frac{1}{\Gamma_f(3N/2 + 1)N!} \int dr^{3N} (E - U)^{3N/2} \Theta(E - U). \tag{15.15}$$

Se puede demostrar, mediante un proceso similar al presentado en este apartado, que el valor medio de una magnitud A que solo depende de la posición de las partículas puede escribirse como:

$$\langle A \rangle = \frac{1}{g(E)} \left(\frac{2\pi m}{h^2} \right)^{3N/2} \frac{1}{\Gamma_f(3N/2 + 1)N!} \int dr^{3N} A(r) (E - U)^{3N/2 - 1} \Theta(E - U). \tag{15.16}$$

Por lo tanto, podemos reemplazar la Ec. (15.15) para obtener:

$$k_B T = \frac{2}{3N} \langle E - U \rangle = \frac{2}{3N} E_k \,, \qquad (15.17)$$

recuperando un resultado equivalente al obtenido por el teorema de equipartición de la energía en la colectividad canónica.

Podemos seguir un proceso similar para obtener la capacidad calorífica del sistema (C_v):

$$C_v = \left(\frac{\partial E}{\partial T} \right)_{NV} \Rightarrow \frac{1}{C_v} = \left(\frac{\partial T}{\partial E} \right)_{NV} . \qquad (15.18)$$

Partiendo del resultado de la Ec. (15.15) podemos ver que

$$\begin{aligned}
\frac{1}{C_v} &= \frac{1}{k_B} \left(\frac{\partial \Gamma(E)}{\partial E} \frac{1}{g(E)} - \frac{\Gamma(E)}{g(E)^2} \frac{\partial g(E)}{\partial E} \right) \\
&= \frac{1}{k_B} \left(1 - \frac{\Gamma(E)}{g(E)} \frac{1}{g(E)} \frac{\partial g(E)}{\partial E} \right) \\
&= \frac{1}{k_B} \left(1 - k_B T \frac{1}{g(E)} \frac{\partial g(E)}{\partial E} \right) . \qquad (15.19)
\end{aligned}$$

Es posible evaluar la última parte de la ecuación de la siguiente manera:

$$\begin{aligned}
\frac{1}{g(E)} \frac{\partial g(E)}{\partial E} &= \\
&= \frac{1}{g(E)} \left(\frac{2\pi m}{h^2} \right)^{3N/2} \frac{1}{\Gamma_f(3N/2)N!} \frac{\partial}{\partial E} \int dr^{3N} \, (E - U)^{3N/2-1} \, \Theta(E - U) \\
&= \frac{1}{g(E)} \left(\frac{2\pi m}{h^2} \right)^{3N/2} \frac{3N/2 - 1}{\Gamma_f(3N/2)N!} \int dr^{3N} \, (E - U)^{3N/2-2} \, \Theta(E - U) \\
&= (\frac{3N}{2} - 1) \left\langle (E - U)^{-1} \right\rangle = (\frac{3N}{2} - 1) \left\langle E_k^{-1} \right\rangle . \qquad (15.20)
\end{aligned}$$

Por lo tanto, la capacidad calorífica del sistema resulta

$$\begin{aligned}
C_v &= k_B \left[1 - \left(\frac{3N}{2} - 1 \right) k_B T \left\langle E_k^{-1} \right\rangle \right]^{-1} \\
&= k_B \left[1 - \left(1 - \frac{2}{3N} \right) \left\langle E_k \right\rangle \left\langle E_k^{-1} \right\rangle \right]^{-1} . \qquad (15.21)
\end{aligned}$$

Nótese que en el caso en el que las partículas no interactúen entre si, $E = E_k = $ cte., y por lo tanto $\langle E_k \rangle = 1 / \langle E_k^{-1} \rangle$, lo cual recupera el resultado para un gas ideal de $C_v = \frac{3N}{2} k_B$.

Finalmente, vamos a ver como podemos obtener la presión del sistema. Para ello vamos a partir del resultado de la expansión del virial de la presión que vimos en el capítulo de gases reales:

$$P = \frac{N k_B T}{V} - \left\langle \frac{\partial U}{\partial V} \right\rangle . \qquad (15.22)$$

Podemos ver que la presión depende de cómo varía la energía del sistema cuando éste varía en volumen. Esto no se puede resolver para un potencial de interacción genérico, pero es posible para el caso en el que el potencial es suma de potenciales pares, es decir cuando:

$$U(r) = \sum_{i,j} u(r_{ij}). \qquad (15.23)$$

Para este caso podemos evaluar $\partial U/\partial V$ de la siguiente manera:

$$\frac{\partial U}{\partial V} = \sum_{ij} \frac{\partial u(r_{ij})}{\partial r_{ij}} \frac{\partial r_{ij}}{\partial V} = -\sum_{ij} f_{ij} \frac{\partial r_{ij}}{\partial V}, \qquad (15.24)$$

donde f_{ij} es la fuerza que aplica la partícula i sobre la partícula j. Para evaluar como varían las distancias interparticulares r_{ij} cuando varía el volumen, vamos a suponer que trabajamos con un volumen de simulación ortorrómbico (es decir, los vectores que definen el espacio forman ángulos de 90° entre si). Sobre este volumen vamos a realizar una compresión de forma que se conserven las proporciones entre los 3 lados de la caja. De esta forma la relación $L_x = L_y/\alpha = L_z/\beta$, con α, β constantes se conservará en todo momento. La distancia entre dos partículas i, j podemos expresarla como:

$$r_{ij} = \sqrt{r_{xij}^2 + r_{yij}^2 + r_{zij}^2}. \qquad (15.25)$$

Para realizar la derivada, lo más sencillo es reexpresar las coordenadas del sistema en función de coordenadas fraccionarias relativas a las dimensiones de la caja $\bar{r}_{\gamma ij} = r_{\gamma ij}/L_\gamma$, donde γ es cualquiera de las direcciones del espacio. Estas coordenadas son invariantes frente a variaciones del volumen como la propuesta. De esta forma nos queda:

$$\begin{aligned} r_{i,j} &= \sqrt{L_x^2 \bar{r}_{xij}^2 + L_y^2 \bar{r}_{yij}^2 + L_z^2 \bar{r}_{zij}^2} = L_x \sqrt{\bar{r}_{xij}^2 + \alpha^2 \bar{r}_{yij}^2 + \beta^2 \bar{r}_{zij}^2} \\ &= \left(\frac{V}{\alpha\beta}\right)^{1/3} \sqrt{\bar{r}_{xij}^2 + \alpha^2 \bar{r}_{yij}^2 + \beta^2 \bar{r}_{zij}^2}. \end{aligned} \qquad (15.26)$$

Expresado de esta forma todo lo que está dentro de la raíz es independiente del volumen, por lo que podemos derivar directamente:

$$\begin{aligned} \frac{\partial r_{ij}}{\partial V} &= \frac{1}{3} \left(\frac{1}{V^2 \alpha\beta}\right)^{1/3} \sqrt{\bar{r}_{xij}^2 + \alpha^2 \bar{r}_{yij}^2 + \beta^2 \bar{r}_{zij}^2} \\ &= \frac{1}{3} \left(\frac{L_x^3}{V^3}\right)^{1/3} \sqrt{\bar{r}_{xij}^2 + \alpha^2 \bar{r}_{yij}^2 + \beta^2 \bar{r}_{zij}^2} \\ &= \frac{1}{3V} \sqrt{L_x^2 \bar{r}_{xij}^2 + L_y^2 \bar{r}_{yij}^2 + L_z^2 \bar{r}_{zij}^2} \\ &= \frac{1}{3V} r_{ij}. \end{aligned} \qquad (15.27)$$

Por lo tanto, finalmente, podemos expresar la presión del sistema como:

$$P = \frac{N k_B T}{V} - \sum_{i,j} f_{ij} r_{ij}, \qquad (15.28)$$

expresión que es fácilmente computable a partir de los resultados de simulación por dinámica molecular.

15.3. Dinámica molecular en la colectividad canónica

En general no estamos interesados en la simulación en la colectividad NVE, ya que la mayoría de sistemas reales están de alguna forma conectados a un termostato. Por lo tanto nos interesa realizar la simulación en la colectividad canónica, o NVT en el argot de simulación. Es cierto que, para un número de partículas relativamente grande, los resultados de una simulación NVE con temperatura promedio T reproducirá las mismas propiedades que una simulación NVT a la misma temperatura. Sin embargo, como no es posible determinar *a priori* cual será la temperatura promedio de una simulación NVE, simular una temperatura en concreto conllevaría realizar múltiples simulaciones a diferentes energías para poder ajustar la temperatura.

La forma en la que se realizan simulaciones a una temperatura prefijada es acoplando el sistema a un termostato. Estos termostatos generalmente actúan sobre las velocidades de las partículas con el fin de obtener una distribución que encaje con la distribución de Maxwell-Boltzmann para la temperatura objetivo. A continuación vamos a introducir algunos de los más usados así como su tratamiento estadístico.

15.3.1. Termostato Berendsen

Este termostato fue uno de los primeros termostatos en ser desarrollado y fue ampliamente usado debido a la sencillez de su implementación (Berendsen et al. (1984)). En este termostato se acopla el sistema a un baño térmico. Este baño térmico actuaría como una perturbación aleatoria sobre cada partícula del sistema. Sin embargo, en vez de simular la interacción de la perturbación con cada átomo, lo cual conllevaría que el momento lineal no se conservara, se calcula la interacción promedio con el total del sistema.

Para ello suponemos que cada átomo tiene una dinámica de Langevin, es decir, una dinámica con un término estocástico como los tratados en el apéndice B:

$$m_i \frac{dv_i}{dt} = F_i - m_i \gamma_i v_i + R_i(t), \tag{15.29}$$

donde γ_i es un coeficiente de rozamiento y $R_i(t)$ es una variable aleatoria que sigue una distribución de probabilidad con media 0 y varianza $2m_i \gamma_i k_B T_0$, siendo T_0 la temperatura del baño termostático. De aquí en adelante supondremos que γ_i es el mismo para todos los átomos y toma el valor γ. Estas ecuaciones del movimiento producirán un cambio en la velocidad de cada partícula entre dos instantes temporales consecutivos de valor

$$\Delta v_i(\Delta t) = \frac{1}{m_i} \int_t^{t+\Delta t} dt' \left[F_i(t') - m_i \gamma v_i(t') + R_i(t') \right]$$

$$\frac{1}{m_i} \left[\int_t^{t+\Delta t} dt' F_i(t') - \int_t^{t+\Delta t} dt' m_i \gamma v_i(t') + \int_t^{t+\Delta t} dt' R_i(t') \right]. \tag{15.30}$$

Integrando los términos dependientes de las fuerzas y las velocidades tenemos:

$$\Delta v_i(\Delta t) = \frac{1}{m_i} \left[m_i \Delta v_{Fi}(\Delta t) - m_i \gamma \Delta r_i(\Delta t) + \int_t^{t+\Delta t} dt' R_i(t') \right], \tag{15.31}$$

donde $\Delta v_{Fi}(\Delta t)$ se corresponde con el aumento en la velocidad debido al potencial inter-particular. Podemos escribir la derivada de la energía cinética del sistema acoplado al baño térmico como

$$\frac{dK}{dt} = \lim_{\Delta t \to 0} \frac{1}{2\Delta t} \sum_{i=1}^{3N} m_i \left[(v_i + \Delta v_i(\Delta t))^2 - v_i^2 \right]$$

$$= \lim_{\Delta t \to 0} \frac{1}{2\Delta t} \sum_{i=1}^{3N} m_i \left[v_i \Delta v_i(\Delta t) + \Delta v_i(\Delta t)^2 \right]. \tag{15.32}$$

Sustituyendo los valores de la Ec. (15.31) se obtiene

$$\frac{dK}{dt} = \lim_{\Delta t \to 0} \frac{1}{2} \sum_{i=1}^{3N} \left[\frac{m_i \Delta v_{Fi}}{\Delta t} v_i - m_i \gamma \frac{\Delta r_i(\Delta t)}{\Delta t} v_i + \frac{1}{\Delta t} v_i \int_t^{t+\Delta t} dt' R_i(t') \right.$$

$$+ m_i \frac{\Delta v_{Fi}}{\Delta t} \Delta v_{Fi} - m_i \gamma \frac{\Delta v_{Fi}}{\Delta t} \Delta r_i(\Delta t) + m_i \frac{\Delta v_{Fi}}{\Delta t} \int_t^{t+\Delta t} dt' R_i(t')$$

$$+ m_i \gamma^2 \frac{\Delta r_i(\Delta t)}{\Delta t} \Delta r_i(\Delta t) - m_i \gamma \frac{\Delta r_i(\Delta t)}{\Delta t} \int_t^{t+\Delta t} dt' R_i(t')$$

$$\left. + \frac{1}{m_i} \int_t^{t+\Delta t} \int_t^{t+\Delta t} dt' dt'' R_i(t') R_i(t'') \right]. \tag{15.33}$$

Utilizando ahora que, por definición,

$$\lim_{\Delta t \to 0} \frac{m_i \Delta v_{Fi}(\Delta t)}{\Delta t} = F_i, \qquad \lim_{\Delta t \to 0} \Delta v_{Fi}(\Delta t) = 0, \tag{15.34}$$

$$\lim_{\Delta t \to 0} \frac{\Delta r_i(\Delta t)}{\Delta t} = v_i, \qquad \lim_{\Delta t \to 0} \Delta r_i(\Delta t) = 0, \tag{15.35}$$

podemos reducir la Ec. (15.33) a

$$\frac{dK}{dt} = \lim_{\Delta t \to 0} \frac{1}{2} \sum_{i=1}^{3N} \left[F_i v_i - m_i \gamma v_i^2 + \frac{1}{\Delta t} v_i \int_t^{t+\Delta t} dt' R_i(t') \right.$$

$$\left. - m_i \gamma v_i \int_t^{t+\Delta t} dt' R_i(t') + \int_t^{t+\Delta t} \int_t^{t+\Delta t} dt' dt'' R_i(t') R_i(t'') \right]. \tag{15.36}$$

Utilizando, finalmente, que $R_i(t)$ no esta correlacionada ni con las posiciones ni con las velocidades de partículas, y que, por definición, tiene una varianza de $2m_i \gamma k_B T_0$, obtenemos que la variación de la energía cinética por unidad de tiempo es

$$\frac{dK}{dt} = \sum_{i=1}^{3N} v_i F_i + 2\gamma \left(\frac{3N}{2} k_B T_0 - K \right). \tag{15.37}$$

Podemos ver que el primero es el término de variación de energía debido a las interacciones del potencial inter-particular mientras que el segundo es el término debido al contacto con el baño termostático. Por lo tanto, la variación de la temperatura debida al termostato será

$$\frac{dT}{dt} = 2\gamma (T_0 - T). \tag{15.38}$$

Una vez tenemos este resultado para el efecto causado por el baño sobre cada átomo podemos intentar replicar ese mismo resultado sin tener que introducir un término aleatorio. Para ello es fácil ver que la siguiente dinámica

$$m_i \frac{dv_i}{dt} = F_i - m_i \gamma \left(\frac{T_0}{T} - 1 \right) v_i, \tag{15.39}$$

tendrá la misma evolución en temperatura que la dinámica que actúa sobre cada átomo de forma aleatoria. Esta dinámica puede resolverse a primer orden como un factor de escala que actúa sobre las velocidades de las partículas. De esta forma, en cada paso temporal calcularemos la temperatura actual del sistema y multiplicaremos las velocidades por un factor

$$\lambda = \left[1 + \frac{\Delta t}{\tau} \left(\frac{T_0}{T} - 1 \right) \right]^{1/2}, \tag{15.40}$$

donde τ es el tiempo de relajación del termostato. Este termostato tiene una implementación práctica muy sencilla y por ello su adopción fue bastante generalizada. Sin embargo, este termostato no reproduce correctamente la colectividad canónica, ya que no está obligado a seguir de forma estricta la distribución de Boltzmann. Como es sabido, las fluctuaciones relativas de la energía en la colectividad canónica son $\sim 1/\sqrt{N}$. Por lo tanto, para sistemas de pocas partículas, la ausencia de fluctuaciones de la energía cinética es especialmente relevante haciendo que este termostato no reproduzca correctamente sus propiedades.

15.3.2. Termostato V-Rescale

El termostato V-Rescale (Bussi et al. (2007)) es una alternativa al termostato Berendsen que reproduce de forma correcta la distribución canónica. La idea fundamental detrás de este termostato es similar a la del termostato Berendsen. Dada una energía cinética (temperatura) objetivo $\bar{K} = N_f/2\beta$, aplicaremos un factor de escala a las velocidades, que modifique su energía para que se acerque a la energía objetivo. La diferencia con el termostato Berendsen, es que en este caso, la energía cinética objetivo, en vez de una constante, será obtenida de la distribución canónica. De esta forma garantizamos que el sistema reproduzca de forma correcta la distribución canónica.

Para escoger esta energía cinética objetivo utilizaremos un proceso estocástico que reproduzca la distribución canónica. Como puede verse en B.3.1, los procesos activados térmicamente (que siguen la distribución de Boltzmann) pueden ser modelados mediante un proceso de Wiener. Este tipo de procesos están además regidos por la ecuación de Fokker-Planck. Además, hemos visto que para distribuciones estacionarias (como es la distribución de Boltzmann, ya que no cambia con el tiempo) existe una solución general que describe la evolución de una magnitud bajo estas condiciones.

$$dz(t) = \left[B(z)\frac{\partial \log(P(z))}{\partial z} + \frac{\partial \log(B(z))}{\partial z}B(z) \right]dt + \sqrt{2B(z)dW}, \qquad (15.41)$$

donde z es la magnitud que queremos observar, $P(z)$ es la distribución que queremos seguir, $B(z)$ es una función arbitraria y dW es un proceso estocástico de Wiener. En este caso, se pretende obtener la evolución de la energía cinética y por lo tanto

$$dK = \left[B(K)\frac{\partial \log(P(K))}{\partial K} + \frac{\partial \log(B(K))}{\partial z}B(K) \right]dt + \sqrt{2B(z)dW}. \qquad (15.42)$$

Para obtener $P(K)$ debemos usar que estamos en la distribución canónica y, por lo tanto,

$$P(K)dK \propto g(K)e^{-\beta K}dK = g(K)e^{-N_f K/2\bar{K}}, \qquad (15.43)$$

donde $g(K)$ es la densidad de estados de energía K. El valor de $g(K)$ para este caso es el de N_f grados de libertad desacoplados en una caja y, por lo tanto, se corresponde con el de una partícula libre en una caja N_f-dimensional. Por lo tanto,

$$P(K)dK \propto K^{N_f/2-1}e^{-N_f K/2\bar{K}}dK. \qquad (15.44)$$

Llevando esta distribución a la Ec. (15.42) obtenemos

$$dK = \left[\frac{N_f B(K)}{2\bar{K}K}\left(\bar{K} - K \right) - \frac{B(K)}{K} + \frac{\partial B(K)}{\partial K} \right] + \sqrt{2B(K)}dW. \qquad (15.45)$$

Se podría construir un termostato con cualquier función $B(K)$, y solo afectaría a la velocidad a que llegamos a la temperatura de equilibrio. De forma arbitraria se escoge la siguiente función

$$B(K) = \frac{2K\bar{K}}{N_f \tau}, \tag{15.46}$$

lo cual proporciona una expresión relacionada con la media geométrica de la temperatura actual y la objetivo dividida entre un factor τ que regulará la velocidad a la que llegamos al equilibrio. Metiendo esta forma funcional en la Ec. (15.45) obtenemos directamente la dinámica de la energía cinética

$$dK = (\bar{K} - K)\frac{dt}{\tau} + 2\sqrt{\frac{K\bar{K}}{N_f \tau}}dW. \tag{15.47}$$

Podemos ver cómo esta ecuación tiene un término determinista, que coincide con el del termostato de Berendsen y un termino estocástico. Además, cuando K y $\bar{K}$ son muy diferentes podemos ver cómo el término determinista domina sobre el estocástico, mientras que una vez se ha alcanzado la temperatura objetivo, el término estocástico comienza a dominar y se recuperan las fluctuaciones de energía cinética características de la colectividad canónica y que el termostato de Berendsen no es capaz de reproducir.

Para obtener el factor de escala, podemos integrar la expresión a primer orden, con un paso temporal Δt y obtenemos:

$$\Delta K = (\bar{K} - K)\frac{\Delta t}{\tau} + 2\sqrt{\frac{K\bar{K}}{N_f \tau}}W(\Delta t). \tag{15.48}$$

A partir de aquí es sencillo obtener el factor de escala de la energía cinética

$$\frac{\Delta K}{K} = \left(\frac{\bar{K}}{K} - 1\right)\frac{\Delta t}{\tau} + 2\sqrt{\frac{\bar{K}}{KN_f \tau}}W(\Delta t), \tag{15.49}$$

y, por lo, tanto el factor λ que multiplica a las velocidades es

$$\lambda = \left[1 + \left(\frac{\bar{K}}{K} - 1\right)\frac{\Delta t}{\tau} + 2\sqrt{\frac{\bar{K}}{KN_f \tau}}W(\Delta t)\right]^{1/2}, \tag{15.50}$$

donde otra vez podemos comprobar que es idéntico al de Berendsen excepto por la contribución estocástica.

Comparada con la colectividad NVE, el cálculo de propiedades termodinámicas en la colectividad NVT es mucho más sencilla. De hecho, podemos utilizar directamente las expresiones obtenidas en los primeros capítulos de este libro. Las propiedades más interesantes que podemos calcular son:

- Energía del sistema. La energía del sistema podemos obtenerla directamente como el promedio de todas las configuraciones obtenidas durante la simulación.

$$\langle E \rangle = \frac{1}{T}\sum_{t=0}^{T}\Delta t E(t). \tag{15.51}$$

- Capacidad calorífica. La capacidad calorífica a volumen constante puede obtenerse de forma sencilla a partir de las fluctuaciones de la energía del sistema, tal y como hemos visto en capítulos anteriores.

$$C_V = \frac{1}{k_B T^2}\left(\langle E^2 \rangle - \langle E \rangle^2\right). \tag{15.52}$$

- Presión. La presión la podemos calcular de la misma forma que en la colectividad microcanónica.

$$P = \frac{Nk_BT}{V} - \sum_{ij} f_{ij}r_{ij}. \tag{15.53}$$

15.4. Ejercicios relacionados

Ejercicio 15.1:
   Demuéstrese la Ec. (15.16).
Ejercicio 15.2:
   Demostrar que la ecuación del movimiento (15.39) conlleva la misma evolución de la temperatura que la Ec. (15.38).

15.5. Lecturas complementarias

- Tuckerman, M. (2010). *Statistical Mechanics: Theory and Molecular Simulation*. Oxford Graduate Texts. OUP Oxford.

- Allen, M., & Tildesley, D. (2017). *Computer Simulation of Liquids*. Oxford science publications. Oxford University Press.

Capítulo 16

Simulación por el método del funcional de la densidad

Es este capitulo introduciremos los denominados métodos de simulación *ab initio*. Este término fue introducido por Robert Parr y colaboradores en un estudio semiempírico sobre los estados excitados del benceno, e indica cálculos "desde primeros principios", i.e., las únicas entradas utilizadas en estos cálculos *ab initio* son constantes físicas. Estos métodos intentan resolver la ecuación de Schrödinger dadas las posiciones de los núcleos y el número de electrones del sistema para suministrar información sobre densidades electrónicas, energías y otras propiedades del mismo. Estas técnicas han permitido a los químicos teóricos resolver una enorme cantidad y variedad de problemas, lo que llevó a la concesión del premio Nobel a John Pople y Walter Kohn.

Comenzaremos con el tipo más simple de cálculo de estructura electrónica *ab initio*, el denominado método de Hartree-Fock (HF), en el que no se tiene en cuenta la repulsión instantánea coulombiana electrón-electrón, sino únicamente su efecto promediado, lo que la confirma como una teoría de campo medio. Se trata de un procedimiento variacional, por lo que las energías aproximadas obtenidas, expresadas en términos de la función de onda del sistema, serán siempre mayores o iguales que su valor exacto y tienden a un valor límite llamado límite de Hartree-Fock a medida que aumenta el tamaño de la base. Existen otros muchos métodos que corrigen un cálculo de Hartree-Fock introduciendo las repulsiones o correlaciones electrónicas. Estos métodos, conocidos como post Hartree-Fock incluyen, entre otros, la teoría de perturbación de Møller-Plesset (MPn) y la teoría de clusters acoplados (CC).

Posteriormente se tratará la teoría del funcional de la densidad (DFT), que proporciona principalmente una buena descripción de la estructura electrónica, tratando, por lo tanto, escalas de longitud del orden de las de un enlace químico, es decir $\leq 10^{-9}$ metros, y con escalas de tiempo del orden de las características de las vibraciones atómicas, es decir, $\leq 10^{-12}$ segundos.

16.1. Método de Hartree-Fock

El problema considerado para la introducción de este método es el de las propiedades electrónicas de un material. El hamiltoniano para M núcleos y N electrones que interactúan mediante interacciones coulombianas es:

$$\mathcal{H} = \sum_{A=1}^{M} \sum_{B>A}^{M} \frac{Z_A Z_B}{4\pi\epsilon_0 R_{AB}} e^2 - \sum_{A=1}^{M} \frac{1}{2M_A} \nabla_A^2$$
$$- \sum_{i=1}^{N} \frac{1}{2} \nabla_i^2 - \sum_{i=1}^{N} \sum_{A=1}^{M} \frac{Z_A}{r_{iA}} + \sum_{i=1}^{N-1} \sum_{j>i}^{N} \frac{1}{r_{ij}}. \qquad (16.1)$$

donde $\vec{R}_A$ representa la posición del núcleo A y $\vec{r}_i$ la del electrón i-ésimo. Así, la ecuación de Schrödinger,

$$\mathcal{H}\Phi = E_{\text{tot}}\Phi, \qquad (16.2)$$

conduce a autoestados del sistema de la forma, $\Phi(\{\boldsymbol{R}_A\}, \{\boldsymbol{r}_i\}, \{\boldsymbol{\sigma}_i\})$. Utilizando la aproximación de Born-Oppenheimer (como sabemos un caso particular de la aproximación adiabática) podemos desacoplar el hamiltoniano anterior de la forma:

$$\mathcal{H} = \mathcal{H}_e + e^2 \sum_{A=1}^{M} \sum_{B>A}^{M} \frac{Z_A Z_B}{R_{AB}} - \sum_{A=1}^{M} \frac{1}{2M_A} \nabla_A^2, \qquad (16.3)$$

donde la parte electrónica del hamiltoniano $\mathcal{H}_e$ contiene un término correspondiente a la acción de un campo externo que se puede expresar por un potencial fijo, $U(\boldsymbol{r})$. Si se trata de un sistema atómico, este potencial U es el del núcleo, mientras que en un material (como en este caso) puede ser el potencial (periódico en un cristal) creado por los núcleos de la red:

$$U(\boldsymbol{r}) = - \sum_{i=1}^{N} \sum_{A=1}^{M} \frac{Z_A}{r_{iA}}. \qquad (16.4)$$

Una vez desacoplados de los núcleos atómicos, el hamiltoniano para el sistema de N electrones es, por lo tanto,

$$\mathcal{H}_e = \sum_{j} \left(\frac{p_j^2}{2m} + U(\boldsymbol{r}_j) \right) + \frac{e^2}{8\pi\epsilon_0} \sum_{i,j} \frac{1}{|\boldsymbol{r}_i - \boldsymbol{r}_j|}, \qquad (16.5)$$

y los autoestados del sistema, dado un conjunto de posiciones moleculares $\{\boldsymbol{R}_A\}$, pueden expresarse de la forma:

$$\Phi(\{\boldsymbol{R}_A\}; \{\boldsymbol{r}_i\}, \{\boldsymbol{\sigma}_i\}) = \Phi_e(\{\boldsymbol{R}_A\}; \{\boldsymbol{r}_i\}, \{\boldsymbol{\sigma}_i\}) \Phi_0(\{\boldsymbol{R}_A\}). \qquad (16.6)$$

En particular, el estado fundamental es aquel que, entre todas las posibles funciones de onda normalizadas, minimiza

$$E_{\text{tot}} = \langle\Phi| \mathcal{H} |\Phi\rangle. \qquad (16.7)$$

El autoestado con la segunda energía más baja se puede obtener minimizando E_{tot} bajo la restricción de que la función de onda sea ortogonal a la del estado fundamental, y así sucesivamente.

El hamiltoniano (16.5) es válido para interacciones electrónicas no relativistas, lo que constituye el caso general en la teoría de materiales, y proporciona el punto de partida riguroso para el cálculo de las propiedades de sistemas multielectrónicos en estas condiciones. No obstante, salvo en sistemas formados por un número muy pequeño de electrones, la solución de este hamiltoniano es excesivamente compleja y deben realizarse aproximaciones que, generalmente, tratan de producir un hamiltoniano de campo medio para electrones independientes con precisión suficiente. En este sentido, una aproximación particularmente importante es la debida a Hartree (1928), en la que el potencial interelectrónico se sustituye por una interacción efectiva creada por el movimiento de otros electrones:

$$\mathcal{H}_e = \sum_j \left(\frac{p_j^2}{2m} + U(\boldsymbol{r}_j) \right) + V_H(\boldsymbol{r}), \tag{16.8}$$

donde el potencial de Hartree, $V_H(\boldsymbol{r})$, está dado en función de la densidad electrónica $n(\boldsymbol{r})$ como

$$V_H(\boldsymbol{r}) = e^2 \int \frac{n(\boldsymbol{r}\,')}{|\boldsymbol{r} - \boldsymbol{r}\,'|} d\boldsymbol{r}\,', \tag{16.9}$$

y para cuya solución se considera usualmente que $n(\boldsymbol{r})$ es la densidad total de electrones, incluyendo la contribución del propio electrón cuya función de onda se calcula. Esta puede resultar despreciable, como en el cálculo de las bandas de un sólido -donde contribuye un término de orden $O(1/N)$-, pero si debe sustraerse se puede hacer de la forma $n_\lambda(\boldsymbol{r}) = n(\boldsymbol{r}) - |\psi_\lambda(\boldsymbol{r})|^2$.

Esta aproximación fue completada posteriormente por Fock (1930), quien corrige el hecho de que la aproximación de Hartree no considera el hecho de que los electrones son fermiones y, por lo tanto, desprecia una importante contribución derivada de la antisimetría de la función de onda del sistema, lo que actualmente se denomina intercambio. Esta propiedad, procedente del teorema spin-estadística de la teoría cuántica de campos, implica que estados con dos electrones en el mismo estado cuántico deben tener probabilidad nula. Al tener esto en cuenta se obtiene la conocida aproximación de Hartree-Fock, según la cual:

$$
\begin{aligned}
V_\lambda(\boldsymbol{r})\psi_\lambda(\boldsymbol{r}) &= (U(\boldsymbol{r}) + V_H(\boldsymbol{r}))\,\psi_\lambda(\boldsymbol{r}) + \sum_{\lambda'} \delta_{\sigma,\sigma'} V_{\lambda\lambda'}(\boldsymbol{r})\psi_{\lambda'}(\boldsymbol{r}), \\
V_{\lambda\lambda'} &= -e^2 \int \frac{\psi_{\lambda'}^\dagger(\boldsymbol{r}\,')\psi_\lambda(\boldsymbol{r})}{|\boldsymbol{r} - \boldsymbol{r}\,'|} d\boldsymbol{r}\,',
\end{aligned} \tag{16.10}
$$

donde σ y σ' representan el estado de spin de los electrones λ y λ', respectivamente (esto en la práctica restringe la suma a electrones de spin paralelo). El término adicional, que convierte a la ecuación de Schrödinger en una ecuación integrodiferencial nolineal y multidimensional de muy compleja solución, da lugar a una repulsión entre electrones con spines idénticos, de modo que cada electrón puede entenderse como rodeado de un "hueco" que evitan los electrones de idéntico estado de spin.

Ejemplo 16.1

En el caso de un gas de electrones homogéneo en la base de ondas planas, $\psi_\lambda(\boldsymbol{r}) = e^{i\boldsymbol{kr}}$, el término de intercambio fue calculado por Mahan (1990) como

$$\Sigma_x(\boldsymbol{k}) = -\frac{1}{V} \sum_q n_{\boldsymbol{k}+\boldsymbol{q}} \frac{e^2}{4\pi\epsilon_0 q^2}, \tag{16.11}$$

donde V es el volumen del sistema y $n_{\boldsymbol{k}}$ el número de ocupación del orbital $\boldsymbol{k}$. Pasando la suma a una integral, se puede obtener la autoenergía de intercambio

$$\Sigma_x(\boldsymbol{k}) = -\frac{e^2 k_F}{\pi} S(k/k_F),$$

$$S(y) = -\left(1 + \frac{1-y^2}{2y} \ln\left|\frac{1+y}{1-y}\right|\right). \tag{16.12}$$

La autoenergía del sistema de electrones, por otra parte es:

$$E_x = \frac{1}{2V} \sum_k n_{\boldsymbol{k}} \Sigma_x(k),$$

$$E_x = -\frac{3e^2 k_F}{4\pi}. \tag{16.13}$$

Además, como destacan Mahan & Subbaswamy (2013), la resolución de esta ecuación proporciona autofunciones y energías que son compatibles con átomos demasiado grandes y energías demasiado pequeñas. Wigner (1938) introduce un término de energía de correlación para englobar los términos adicionales a los de Hartree-Fock asociados a las interacciones entre los electrones, lo que suministra una autoenergía por electrón $\Sigma_c(k)$, que promediada sobre el estado de todos los electrones del sistema, conduce a la contribución de la correlación a los niveles del sistema E_c. En palabras de Mahan & Subbaswamy (2013):

"*The many-electron problem can now be stated in a simple way. The Hamiltonian for N electrons is solved by first deriving and then solving a differential equation for each occupied electron orbital. This differential equation has the appearance of a Schrödinger equation, with an effective potential. The effective potential must include the effects of exchange and correlation.*"

Slater introdujo una forma aproximada de tener en cuenta los efectos del intercambio en un potencial, $V_x(\boldsymbol{r})$, que define la energía electrónica debida a la antisimetría de la función de onda total del sistema de N electrones, a partir de la expresión de la autoenergía del gas homogéneo de electrones libres, Ec. (16.13), y de la energía de Fermi construida con la densidad electrónica real, $n(r)$, en el marco de la teoría de Thomas-Fermi, i.e.,

$$V_x = -\alpha \frac{e^2 k_F}{\pi} = -\alpha \frac{e^2 [3\pi^2 n(\boldsymbol{r})]^{1/3}}{\pi}, \tag{16.14}$$

de modo que la ecuación de Schrödinger se escribe como

$$\left[\frac{1}{2m}\nabla^2 + U(\boldsymbol{r}) + V_H(\boldsymbol{r}) + V_x(\boldsymbol{r})\right]\psi_\lambda = \epsilon_\lambda \psi_\lambda,$$

$$V_x(\boldsymbol{r}) = -\alpha[a_0^2 n(\boldsymbol{r})]^{1/3},$$

$$n(\boldsymbol{r}) = \sum_\lambda n_\lambda |\psi_\lambda(\boldsymbol{r})|^2, \tag{16.15}$$

donde n_λ es el número de ocupación del orbital ψ_λ. Slater supuso que $\alpha = 3/2$, pero se utilizó la variación del parámetro α para mejorar las predicciones de estos cálculos, lo que otorga un cierto aire de arbitrariedad al potencial V_x.

En resumen, el método de Hartree-Fock se usa para la resolución aproximada de la ecuación de Schrödinger de un sistema multielectrónico. Dada la naturaleza no lineal del sistema de ecuaciones integro-diferenciales acopladas definidas por el sistema (16.10) es necesaria la utilización de técnicas numéricas de iteración, lo que conduce a que se conozca como método de campo autoconsistente. El método de resolución de las ecuaciones de Hartree-Fock se basa en cinco simplificaciones principales:

1. La aproximación Born-Oppenheimer, que desacopla la dinámica nuclear de la electrónica.

2. La no consideración de efectos relativistas.

3. La solución variacional de la función de onda se supone que es una combinación lineal de una base formada por un número finito de funciones, que generalmente (pero no siempre) se eligen para ser ortogonales. Se supone que el conjunto de bases finitas es aproximadamente completo.[1]

4. Se supone que cada función propia se puede describir mediante un solo determinante de Slater, un producto antisimétrico de funciones de onda de un electrón (es decir, de orbitales), que introduciremos a continuación.

5. La aproximación de campo medio implícita en el método. Estrictamente, el método solamente desprecia los efectos de correlación procedentes de la interacción coulombiana, dado que los procedentes de correlaciones debidas a la necesaria antisimetría de las funciones de onda están (aunque sea aproximadamente) contenidas en el funcional de intercambio. Asimismo, este método tampoco describe bien las interacciones de van der Waals.

La relajación de las dos últimas aproximaciones da lugar a muchos de los llamados métodos post-Hartree-Fock. Como hemos dicho, en el método de Hartree-Fock, la primera aproximación utilizada es tratar cada electrón interactuando por separado con una distribución promedio de los otros electrones (campo medio). Para la solución se eligen funciones electrónicas basadas en las soluciones del átomo de hidrógeno, que son exactas, para un electrón en los orbitales atómicos de un átomo de hidrógeno. Por lo tanto, podemos considerar para la solución de las ecuaciones de Hartree-Fock (16.10) un producto de funciones de onda monoelectrónicas $\psi(r)$ que interactúan con un campo medio de todos los demás electrones

$$\Psi(r) = \psi_1(r_1)\psi_2(r_2)\psi_3(r_3)... = \prod_i^N \psi_i(r_i)\,, \qquad (16.16)$$

aunque, naturalmente, sólo nos sirvan este tipo de combinaciones cuando tengan la (anti)simetría correcta, lo que se garantiza si se construye un determinante de Slater:

$$
\begin{aligned}
\langle 1|\Psi(\boldsymbol{r}_1, \ldots, \boldsymbol{r}_N) &= \langle \boldsymbol{r}_1, \ldots, \boldsymbol{r}_N|\Psi\rangle \\
&= \frac{1}{\sqrt{N!}}
\begin{vmatrix}
\psi_1(\boldsymbol{r}_1) & \psi_2(\boldsymbol{r}_1) & \ldots & \psi_N(\boldsymbol{r}_1) \\
\psi_1(\boldsymbol{r}_2) & \psi_2(\boldsymbol{r}_2) & \ldots & \psi_N(\boldsymbol{r}_2) \\
\vdots & \vdots & \ddots & \vdots \\
\psi_1(\boldsymbol{r}_N) & \psi_2(\boldsymbol{r}_N) & \ldots & \psi_N(\boldsymbol{r}_N)
\end{vmatrix}
\end{aligned}
\qquad (16.17)
$$

---

[1]Véase e.g., https://www.basissetexchange.org/

Esto significa que podemos escribir un conjunto de ecuaciones para las funciones de onda de un electrón,

$$\left[-\sum_i \nabla_i^2 - \sum_{A,i} \frac{Z_A}{r_{Ai}} + v_{HF}(i)\right]\psi_i(r_i) = \sum_j \epsilon_{ij}\psi_i(r_i), \qquad (16.18)$$

donde el potencial de Hartree-Fock, como vimos anteriormente, incluye la repulsión coulombiana entre los electrones y el término de canje debido a la indistinguibilidad de electrones del mismo spin que reduce la energía del sistema

$$
\begin{aligned}
v_{HF}(i) &= \sum_j [2\mathcal{J}_j - \mathcal{H}_j] \\
&= \sum_j \left[2\int \psi_j^*(r_j)\frac{1}{r_{ij}}\psi_j(r_j)dr - \int \psi_j^*(r_j)\frac{1}{r_{ij}}\psi_i(r_i)dr\right]. \quad (16.19)
\end{aligned}
$$

Habitualmente, los otros dos términos de la Ec. (16.18) se agrupan bajo la denominación $\mathcal{H}_{core}$, ya que contienen las contribuciones cinética y potencial del sistema aislado, lo que nos permite reescribir las ecuaciones de Hartree-Fock (o de Pople-Nesbet) de la forma:

$$\left[\mathcal{H}_{core} + \sum_j (2\mathcal{J}_j - \mathcal{H}_j)\right]\psi_i(r_i) = \sum_j \epsilon_{ij}\psi(r_i) \Leftrightarrow f_i\psi_i = \epsilon_i\psi_i. \qquad (16.20)$$

Ahora es necesario escribir las funciones de ondas monoelectrónicas de estos electrones promediados de manera que se encuentren deslocalizados en el conjunto del sistema, i.e., que ocupen orbitales moleculares (teoría del orbital molecular). La forma más común de conseguir esto es utilizar orbitales de átomo de hidrógeno, $\phi_i(\boldsymbol{r})$, centrados en la posición de cada uno de los electrones como base de los orbitales $\psi_i(\boldsymbol{r})$, de tal modo que cada uno de estos se escriba como combinación lineal de orbitales atómicos (LCAO, por sus siglas en inglés)

$$\psi_i(r_i) = \sum_k c_k\phi_k(r_i). \qquad (16.21)$$

Teniendo en cuenta el principio variacional, esta aproximación incrementará la energía del sistema y podrá mejorarse optimizando los parámetros c_k.

Inicialmente las bases que se usan para el desarrollo son orbitales tipo Slater (STO) que proporcionan soluciones exactas para el átomo de hidrógeno y muy adecuadas para muchas moléculas, y orbitales de tipo gaussiano (GTOs) que reducen el coste computacional desarrollando los STO en sumas de gaussianas contraídas (CGF):

$$
\begin{aligned}
\phi^{STO}(r) &= \left(\frac{\zeta^3}{\pi}\right)^{1/2} e^{-\zeta r} \qquad \text{Slater primer orbital} \\
\phi_{a,b,c}^{STO}(x,y,z) &= Nx^a y^b z^c e^{-\zeta r} \qquad N = \text{normalización}; L = a+b+c \\
\phi^{GF}(r) &= \left(\frac{2\alpha}{\pi}\right)^{3/4} e^{-\alpha r^2} \\
\phi^{GF}(x,y,z) &= Nx^a y^b z^c e^{-\alpha r^2} \\
\phi_{STO\text{-}nG}^{CGF}(x,y,z) &= \sum_{k=1}^n d_k\phi_k^{GF}(x,y,z) \qquad\qquad (16.22)
\end{aligned}
$$

La implementación práctica de este método implica el uso de funciones de onda multielectrónicas y la resolución de un complejo procedimiento iterativo, que va más allá de los límites de esta obra y para lo lo que se refiere al lector a algún manual especializado.

16.2. Teoría de Kohn-Sham. Aproximación de densidad local

En el capítulo 7 tratamos la teoría del funcional de la densidad, que se completará en esta sección con las contribuciones que componen la denominada teoría de Kohn-Sham. La aportación principal de ésta, sin duda el segundo resultado más importante a la teoría hoy denominada DFT tras la de los teoremas de Hohenberg-Kohn, es la construcción de una nueva y mejorada expresión para la energía cinética y de un término de intercambio y correlación, $E_{xc}[n(\boldsymbol{r})]$, que se añaden a los términos de potencial exterior y de Hartree, de modo que la Ec. (7.86) queda como

$$E_G = T + \int d\boldsymbol{r}n(\boldsymbol{r})U(\boldsymbol{r}) + \int d\boldsymbol{r}_1 d\boldsymbol{r}_2 \frac{n(\boldsymbol{r}_1)n(\boldsymbol{r}_2)}{|\boldsymbol{r}_1 - \boldsymbol{r}_2|} + E_{xc}. \qquad (16.23)$$

En cuanto al primero de ellos, Khon y Sham propusieron simplemente usar la descripción de autofunciones

$$T = \int d\boldsymbol{r} \sum_{j=1}^{N} \boldsymbol{\nabla}\psi_j^{\dagger}(\boldsymbol{r})\boldsymbol{\nabla}\psi_j(\boldsymbol{r}), \qquad (16.24)$$

y para el término de intercambio y correlación, E_{xc}, al modo de Slater en el método X_α, usaron la generalización del término correspondiente al gas ideal de electrones con una densidad homogénea

$$E_{xc} = \int d\boldsymbol{r}n_0\epsilon_{xc}(n_0) \to E_{xc}[n(\boldsymbol{r})] = \int d\boldsymbol{r}n(\boldsymbol{r})\epsilon_{xc}n(\boldsymbol{r}), \qquad (16.25)$$

que es un funcional únicamente de la densidad local de partículas, lo que da lugar al nombre (por sus siglas en inglés) LDA. Se espera que para densidades que varían lentamente en el espacio esta aproximación sea muy adecuada, aunque en la práctica parece ser adecuada incluso en situaciones en las que varían con cierta rapidez. No obstante tiene tendencia a favorecer sistemas demasiado homogéneos y ligar excesivamente moléculas y sólidos.

La LDA trata separadamente la energía de intercambio y la de correlación $E_{xc} = E_x + E_c$, de modo que los potenciales asociados también son aditivos

$$
\begin{aligned}
V_x &= \frac{\delta E_x}{\delta n(\boldsymbol{r})}, \\
V_c &= \frac{\delta E_c}{\delta n(\boldsymbol{r})}.
\end{aligned}
\qquad (16.26)
$$

La energía de intercambio se obtiene generalizando al caso no uniforme el resultado para el gas homogéneo de fermiones,

$$
\begin{aligned}
E_x &= \int d\boldsymbol{r}n(\boldsymbol{r})\epsilon(\boldsymbol{r}) = -\frac{3}{2\pi}(3\pi^2)^{1/3}\int d\boldsymbol{r}n(\boldsymbol{r})^{4/3}, \\
V_x &= \frac{\delta E_x}{\delta n(\boldsymbol{r})} = -\frac{2}{\pi}\left[3\pi^2 n(\boldsymbol{r})\right]^{1/3},
\end{aligned}
\qquad (16.27)
$$

y, como de costumbre, la de correlación es desconocida, aunque se ha simulado para el gas de fermiones homogéneo mediante Monte Carlo cuántico y se ha aproximado por una serie de funciones analíticas que se conocen como funcionales LDA. De este modo, el sistema multielectrónico con energía de interacción electrón-electrón puede sustituirse por un sistema de electrones independientes con un potencial efectivo:

$$V(\boldsymbol{r}) = U(\boldsymbol{r}) + \int \frac{e^2 n(\boldsymbol{r}')}{|\boldsymbol{r} - \boldsymbol{r}'|}\, \mathrm{d}^3 r' + V_{\mathrm{XC}}[n](\boldsymbol{r}), \tag{16.28}$$

cuyo último término contiene todas las interacciones multicorpusculares. Para obtener la densidad en el estado fundamental (y por tanto sus propiedades), debemos resolver las denominadas ecuaciones de Kohn-Sham de este sistema no interactuante auxiliar

$$\left[-\frac{\hbar^2}{2m}\nabla^2 + U(\boldsymbol{r}) + V_H(\boldsymbol{r}) + V_{xc}(\boldsymbol{r}) \right] \varphi_i(\boldsymbol{r}) = \varepsilon_i \varphi_i(\boldsymbol{r}), \tag{16.29}$$

lo que conduce a los orbitales moleculares $\varphi_i(\boldsymbol{r})$ que reproducen la densidad del sistema original, $n(\boldsymbol{r})$, como

$$n(\boldsymbol{r}) \stackrel{\text{def}}{=} n_{\mathrm{s}}(\boldsymbol{r}) = \sum_{i}^{N} |\varphi_i(\boldsymbol{r})|^2 . \tag{16.30}$$

Naturalmente, en todo el proceso de variación de la densidad (o, equivalentemente de las autofunciones de los orbitales moleculares asociados) debe someterse a la condición de conservación del número de partículas:

$$\int d\boldsymbol{r}\, n(\boldsymbol{r}) = N \; ; \quad \frac{\delta N}{\delta \varphi_j^\dagger} = 0. \tag{16.31}$$

La Ec. (16.29) es una ecuación tipo Schrödinger de un sistema ficticio de electrones no interactuantes que genera la misma densidad que el sistema de electrones reales interactuantes. Naturalmente, esto recuerda los fundamentos de aproximación de campo medio. La función de onda KS es el determinante de Slater construido con las $\varphi_i(\boldsymbol{r})$ que corresponden a las soluciones de menor energía. Así, es conveniente recordar que las energías ϵ_i calculadas a partir de las ecuaciones de Kohn-Sham (16.29) no corresponden a ningún tipo de niveles de energía de electrones individuales, pues estos no existen de manera efectiva en el sistema real. Estos autovalores y sus autofunciones asociadas son únicamente magnitudes auxiliares para calcular la densidad electrónica del sistema. Las autofunciones que se obtienen de la solución de la ecuación tipo Schrödinger en las ecuaciones no lineales de Kohn-Sham (16.29) se usan para calcular la densidad electrónica, que a su vez se usa para recalcular los potenciales de la propia ecuación, y así sucesivamente hasta obtener la convergencia.

Para la determinación del funcional de intercambio y correlación se suelen introducir aproximaciones analíticas que permitan el cálculo computacional de modo sencillo, que habitualmente se expresan en términos de la denominada escala característica de la densidad (Mahan & Subbaswamy (2013)),

$$\frac{4\pi}{3} n_0 a_0^3 r_s^3 = 1, \tag{16.32}$$

con a_0 representa aquí el radio de Bohr. En términos de este parámetro la energía de intercambio del gas de electrones libres se puede escribir como

$$\begin{aligned} k_F a_0 &= (3\pi^2 n_0)^{1/3} a_0 = \left(\frac{9\pi}{4}\right)^{1/3} \frac{1}{r_s}, \\ \epsilon_x &= -\frac{3}{2\pi} k_F a_0 = -\frac{3}{2\pi}\left(\frac{9\pi}{4}\right)^{1/3}\frac{1}{r_s} = -\frac{0{,}91632}{r_s}, \\ V_x &= -\frac{2}{\pi}\left(\frac{9\pi}{4}\right)^{1/3}\frac{1}{r_s} = -\frac{1{,}2218}{r_s}. \end{aligned} \tag{16.33}$$

De hecho, es en términos de este parámetro que se suele expresar la energía de correlación en los cálculos DFT.

Ejemplo 16.2

Cuatro funcionales de correlación habitualmente usados pueden verse en Mahan & Subbaswamy (2013), junto con los cálculos que conducen a ellos:

1. Singwi-Sjölander:

$$\epsilon_c = -0{,}112 + 0{,}0335 \ln r_s - \frac{0{,}027}{0{,}1 + r_s},$$

$$V_c = \epsilon_c - \frac{r_s}{3} \frac{\partial \epsilon_c}{\partial r_s}$$

$$= -0{,}123 + 0{,}0335 \ln r_s - \frac{0{,}027}{0{,}1 + r_s} + \frac{0{,}027}{(0{,}1 + r_s)^2}. \tag{16.34}$$

2. Esquema de interpolación de Gordon & Kim (1972): En este esquema se considera que una interpolación entre los valores límite de alta y baja densidad de la energía y el potencial de correlación,

$$\lim_{r_s \to \infty} \epsilon_c = -\frac{0{,}876}{r_s} + \frac{2{,}650}{r_s^{3/2}} - \frac{2{,}94}{r_s^2} - \frac{0{,}8}{r_s^{5/2}} + O(r_s^{-3}),$$

$$\lim_{r_s \to 0} \epsilon_c = 0{,}0622 \ln r_s - 0{,}096 + 0{,}018 \ln r_s - 0{,}02 r_s + \dots \tag{16.35}$$

de modo que:

$$\epsilon_c = -0{,}12312 + 0{,}03796 \ln r_s,$$

$$V_c = -0{,}13577 + 0{,}03796 \ln r_s. \tag{16.36}$$

3. Funcional de intercambio y correlación de Gunnarsson & Lundqvist (1976): calculando la autoenergía del electrón para un gas de electrones homogéneo y evaluándolo en una energía de Fermi dependiente de la densidad al estilo de la aproximación de Thomas-Fermi, Gunnarson y Lundqvist obtuvieron una aproximación frecuentemente utilizada en cálculos LDA:

$$\epsilon_c = -0{,}0666 \left[(1+x)^3 \ln(1 + 1/x) + x/2 - x^2 - 1/3 \right] \quad ; \quad x = r_s / 11{,}4$$

$$V_c = -0{,}0666 \ln \left(\frac{1+x}{x} \right). \tag{16.37}$$

4. Funcional de Ceperley & Alder (1980), que emplearon métodos de MC cuántico para calcular la energía del estado fundamental del sistema de N partículas, lo que, posteriormente condujo a Perdew & Zunger (1981) a la evaluación de la energía de correlación en tres valores diferentes de densidad y a una interpolación entre ellas de la forma:

$$\epsilon_c = \frac{\gamma}{1 + \beta_1 \sqrt{r_s} + \beta_2 r_s},$$

$$V_c = \frac{\gamma \left(1 + \frac{\gamma}{6} \beta_1 \sqrt{r_s} + \frac{4}{3} \beta_2 r_s \right)}{\left(1 + \beta_1 \sqrt{r_s} + \beta_2 r_s \right)^2}. \tag{16.38}$$

con $\gamma = -0{,}1423$, $\beta_1 = 1{,}0529$, y $\beta_2 = 0{,}3334$.

Como acabamos de ver, el problema central de la DFT es la determinación del funcional de intercambio y correlación, que de manera rigurosa no se conoce más que para el gas de electrones libres. La aproximación que originalmente usaron Kohn y Sham suponía que era un funcional únicamente de la densidad fermiónica local (LDA), aunque existen aproximaciones más sofisticadas, como la (*local spin density approximation*, LSDA),

$$E_{xc}^{\text{LSDA}}[n_\uparrow, n_\downarrow] = \int d\boldsymbol{r} n(\boldsymbol{r}) \epsilon_{xc}(n_\uparrow, n_\downarrow). \tag{16.39}$$

El potencial LDA es local, es decir, el valor del potencial en la posición $\boldsymbol{r}$ depende únicamente del valor de las densidades en esa posición, lo que provoca una cierta tendencia a subestimar la energía de intercambio y sobreestimar la energía de correlación. No obstante, frecuentemente los errores debidos a las partes de intercambio y correlación tienden a compensarse entre sí hasta cierto punto, lo que explica las buenas predicciones de esta aproximación en muchos casos.

Para mejorar estos resultados, es frecuente introducir términos dependientes en el gradiente de la densidad en el funcional de energía, para dar cuenta de la no homogeneidad de la densidad real de electrones:

$$E_{xc}^{\text{GGA}}[n_\uparrow, n_\downarrow, \boldsymbol{\nabla} n_\uparrow, \boldsymbol{\nabla} n_\downarrow] = \int d\boldsymbol{r} n(\boldsymbol{r}) \epsilon_{xc}^{\text{GGA}}(n_\uparrow, n_\downarrow, \boldsymbol{\nabla} n_\uparrow, \boldsymbol{\nabla} n_\downarrow). \tag{16.40}$$

Esto permite correcciones en los funcionales de energía (y en los correspondientes potenciales) derivadas en los cambios en la densidad lejos de la coordenada. Estas expansiones se denominan aproximaciones de gradiente generalizadas (GGA). Una forma teóricamente más precisa de esta es la denominada aproximación meta-GGA que tiene en cuenta derivadas segundas de la densidad de fermiones:

$$E_{xc}^{\text{MGGA}}[n_\uparrow, n_\downarrow, \boldsymbol{\nabla} n_\uparrow, \boldsymbol{\nabla} n_\downarrow] = \int d\boldsymbol{r} n(\boldsymbol{r}) \epsilon_{xc}^{\text{MGGA}}(n_\uparrow, n_\downarrow, \boldsymbol{\nabla} n_\uparrow, \boldsymbol{\nabla} n_\downarrow, \boldsymbol{\nabla}^2 n_\uparrow, \boldsymbol{\nabla}^2 n_\downarrow).$$
$$\tag{16.41}$$

También muy frecuentemente se utilizan los denominados funcionales híbridos que incorporan un componente de la energía de intercambio exacta calculada a partir de la teoría de Hartree-Fock para evaluar la energía de intercambio y correlación. El resto de la energía de de intercambio y correlación procede de otras fuentes (cálculo *ab initio* o estimaciones empíricas).

Ejemplo 16.3

1. B3LYP (Becke, 3-parameter, Lee–Yang–Parr) es probablemente el funcional de intercambio y correlación más popular

$$\begin{aligned} E_{xc}^{\text{B3LYP}} &= E_x^{\text{LDA}} + a_0(E_x^{\text{HF}} - E_x^{\text{LDA}}) + a_x(E_x^{\text{GGA}} - E_x^{\text{LDA}}) + E_c^{\text{LDA}} \\ &+ a_c(E_c^{\text{GGA}} - E_c^{\text{LDA}}), \end{aligned} \tag{16.42}$$

con $a_0 = 0,20$, $a_x = 0,72$, y $a_c = 0,81$. E_x^{GGA} and E_c^{GGA} son funcionales GGA: el funcional de intercambio Becke 88 Becke (1988) y el funcional de correlación de Lee, Yang and Parr para B3LYP Lee et al. (1988), y E_c^{LDA} es el funcional de correlación VWN de la LDA Vosko et al. (1980). Estos parámetros fueron los obtenidos originalmente por Becke ajustando un conjunto de energías de atomización, potenciales de ionización y afinidades protónicas, así como energías atómicas totales.

2. PBE0, que mezcla las energías de intercambio de Perdew-Burke-Ernzerhof (PBE) y de Hartree-Fock (HF) en proporciones 3:1

$$E_{xc}^{PBE0} = \frac{1}{4}E_x^{HF} + \frac{3}{4}E_x^{PBE} + E_c^{PBE}, \qquad (16.43)$$

donde E_x^{HF} en el funcional de intercambio exacto de Hartree-Fock, E_x^{PBE} es el funcional de intercambio PBE, y E_c^{PBE} el de correlación.

3. HSE El funcional de Heyd–Scuseria–Ernzerhof usa un potencial de Coulomb apantallado para calcular la proporción de energía de intercambio y mejorar la eficiencia computacional en sistemas metálicos

$$E_{xc}^{\omega PBEh} = aE_x^{HF,SR}(\omega) + (1-a)E_x^{PBE,SR}(\omega) + E_x^{PBE,LR}(\omega) + E_c^{PBE}, \quad (16.44)$$

donde a es el parámetro de mezcla y ω un parámetro ajustable controlando la proporción de las interacciones de corto alcance.

Mas información sobre funcionales: `https://en.wikipedia.org/wiki/Hybrid_functional`

16.3. Teoría del funcional de la densidad dependiente del tiempo

La teoría funcional de densidad dependiente del tiempo (TDDFT, por sus siglas en inglés) es una teoría cuántica que permite el cálculo de propiedades dinámicas de sistemas de muchos cuerpos en presencia de potenciales dependientes del tiempo, como campos eléctricos o magnéticos (teoría de la respuesta lineal y no lineal): energías de excitación, propiedades de respuesta dependientes de la frecuencia y espectros de fotoabsorción. El desarrollo teórico de esta rama de la teoría de la densidad funcional es conceptualmente muy similar a la de la propia DFT, encontrando, en este caso, su base formal en el denominado teorema de Runge-Gross, que establece que, para sistemas de muchos cuerpos existe una correspondencia unívoca entre el potencial externo (dependiente del tiempo), $U(r,t)$, y la densidad electrónica, $n(r,t)$. Esto es, del mismo modo que en el caso de la DFT los teoremas de Hohenberg-Kohn establecen que toda la información relevante sobre las propiedades de equilibrio en estado fundamental se encuentra contenida en la densidad electrónica, $n(r)$, el teorema de Runge-Gross garantiza que la información sobre la respuesta del sistema se encuentra en la densidad dependiente del tiempo $n(r,t)$.

A continuación se construye un también esquema tipo Kohn-Sham dependiente del tiempo para un sistema auxiliar de electrones no interactuantes sujetos a un potencial local externo, V_{KS}. El teorema de Runge-Gross aplicado al sistema no interaccionante garantiza que este potencial es único, y se elige de tal modo que la densidad de electrones de Kohn-Sham es la misma que la densidad del sistema acoplado original. Estos electrones de Kohn-Sham obedecen la ecuación de Schrödinger dependiente del tiempo.

$$i\hbar\frac{\partial \varphi(\boldsymbol{r},t)}{\partial t} = H_{KS}\varphi(\boldsymbol{r},t),$$

$$H_{KS} = -\frac{\hbar^2}{2m}\nabla^2 + V_{KS}[n(\boldsymbol{r},t)]$$

$$= -\frac{\hbar^2}{2m}\nabla^2 + U(\boldsymbol{r},t) + V_H[n](\boldsymbol{r},t) + V_{xc}[n](\boldsymbol{r},t), \quad (16.45)$$

donde, obviamente,

$$V_H[n](\boldsymbol{r},t) = \int d\boldsymbol{r}' \frac{n(\boldsymbol{r}',t)}{|\boldsymbol{r}-\boldsymbol{r}'|}, \tag{16.46}$$

y, como de costumbre, $V_{xc}[n](\boldsymbol{r},t)$ contiene todos los efectos no triviales de muchos cuerpos, y tiene una dependencia funcional extremadamente compleja, no local y dependiente del tiempo de la densidad, esencialmente desconocida, i.e., dependiente del instante t y la posición $\boldsymbol{r}$ en todas las posiciones y todos los instantes anteriores, lo que garantiza la causalidad. No obstante, una mayor profundización en este problema se encuentra más allá del alcance de esta obra.

16.4. Lecturas complementarias

- Mahan, G. D., & Subbaswamy, K. (2013). *Local density theory of polarizability*. Springer Science & Business Media.

Apéndice A

Introducción a la estadística matemática.

En el presente apéndice realizaremos una introducción a la estadística matemática, herramienta fundamental para el presente libro, comenzando desde niveles muy elementales hasta la introducción de la estadística de procesos estables o el cálculo estocástico. Todo ello nos será de gran utilidad en temas posteriores del presente libro. En particular tratamos detalladamente la estadística gaussiana, de mucha relevancia en diversas ramas de la Física, con especial atención al cálculo de valores medios de productos de variables gaussianas en el denominado teorema de Wick.

A.1. Introducción a la teoría de probabilidades.

Consideremos un determinado fenómeno aleatorio cuyo espacio muestral, i.e., el conjunto de todos los posibles sucesos aleatorios asociados a dicho fenómeno, es

$$\Omega = \{A/\ A \text{ suceso aleatorio posible}\} \tag{A.1}$$

Una $\sigma-$álgebra Σ sobre Ω es una familia no vacía de subconjuntos de Ω que verifica la propiedad de que el vacío pertenece a dicha familia ($\emptyset \in \Sigma$) y es cerrada bajo complementaciones y uniones numerables de sus elementos. En virtud de las leyes de de Morgan, es entonces cerrada también bajo intersecciones numerables (e.g. $\sigma-$álgebra trivial $\Sigma = \{\emptyset, \Omega\}$).

Una medida de probabilidad en esta $\sigma-$álgebra es toda función

$$P:\ \begin{array}{ccc} \Sigma \to & [0,1] \\ A \to & P(A) \end{array}, \tag{A.2}$$

que verifique los denominados axiomas de Kolmogorov,

i) $\quad 0 \leq P(A) \leq 1,\ \forall\ A \in \Omega,$

ii) $\quad \displaystyle\sum_{A \in \Omega} P(A) = 1,$

iii) $\quad A_i \cap A_j = \emptyset \Longrightarrow P(\cup_j A_j) = \displaystyle\sum_j P(A_j).$ $\tag{A.3}$

Por su parte, la terna (Ω, Σ, P) se denomina espacio de probabilidad o espacio de medida de probabilidad, y es un importante caso particular de espacio de medida.

Una función definida en X y rango $rg(X)$, $X : (\Omega, \Sigma, P) \to rg(X) \subset \mathbb{R}$ es una variable aleatoria real de un espacio de probabilidad si y sólo si $\{A \ / \ X(A) \leq k\} \in \Sigma \ \forall \ k \in \mathbb{R}$. En el caso de que la función X pueda tomar únicamente un número finito o infinito numerable de valores, la variable aleatoria se denomina discreta y, en caso contrario, estamos ante una variable aleatoria continua. Obviamente, podemos identificar las probabilidades de un suceso A del espacio muestral con la probabilidad de que la variable aleatoria tome el valor asociado a dicho suceso, $X(A) = x$:

$$P(A) = P(X = X(A)) = P(X = x). \tag{A.4}$$

La distribución de probabilidad asociada a una variable aleatoria discreta, $P(X = x_i) = P(x_i)$, se denomina función de probabilidad. Por su parte, la probabilidad de que una variable aleatoria continua tome un valor en el intervalo $(x, x + dx)$, $dp(x)$, se puede escribir en términos de la función densidad de probabilidad, $f : rg(X) \to \mathbb{R}$, de la forma $dp(x) = f(x)dx$. En ambos casos la probabilidad acumulada, $F(x_0) = P(X \leq x_0)$, recibe el nombre de función de distribución de probabilidad.[1]

La función densidad de probabilidad y la función de distribución de probabilidad verifican, entre otras, las siguientes propiedades:

1. $f(x) \geq 0$, $\forall x \in rg(X)$.

2. $\int\limits_{rg(X)} f(x)dx = 1$ (normalización).

3. $P(a \leq x \leq b) = \int\limits_a^b f(x)dx$.

La función de distribución de probabilidad o función de distribución acumulativa de probabilidad se define de la forma

$$F(x_0) = P(X \leq x_0) = \int_{-\infty}^{x_0} dp(x) = \int_{-\infty}^{x_0} f(x)dx, \tag{A.5}$$

y verifica las propiedades de ser monótonamente creciente y $\lim_{x \to +\infty} F(x) = 1$; $\lim_{x \to -\infty} F(x) = 0$. Por su parte, el momento de la distribución de probabilidad de orden r respecto al punto c es:

$$m_r(c) = \int_{-\infty}^{+\infty} f(x)(x - c)^r dx, \tag{A.6}$$

por lo que el valor esperado de la variable aleatoria[2] $(\langle x \rangle)$ y su varianza $(s^2(x))$ son,

---

[1]En lo que sigue, trabajaremos preferentemente con variables aleatorias continuas. La transformación de uno a otro formalismo es trivial si tenemos en consideración que

$$p(x_i) \quad \to \quad dp(x) = f(x)dx,$$
$$\sum_{x_i \in \Omega} \quad \to \quad \int_{\Omega} dp(x).$$

[2]En la literatura se pueden encontrar diferentes notaciones para esta magnitud: $\langle x \rangle$, $\bar{x}$ etc.

respectivamente,

$$\langle x \rangle = m_1(0) = \int_{-\infty}^{+\infty} f(x)xdx,$$

$$s^2 = m_2(\langle x \rangle) = \int_{-\infty}^{+\infty} f(x)\left(x - \langle x \rangle\right)^2 dx. \tag{A.7}$$

Obviamente, el valor esperado de cualquier función de la variable aleatoria, $\lambda(x)$ se obtiene de la forma

$$\langle \lambda(x) \rangle = \int_{-\infty}^{+\infty} dp(x)\lambda(x) = \int_{-\infty}^{+\infty} f(x)\lambda(x)dx.$$

Por su parte, la asimetría y curtosis de la distribución de probabilidad de la variable aleatoria se pueden calcular por los procedimientos usuales:

$$A_F = \frac{m_3(\langle x \rangle)}{s^3} \text{ (coeficiente de asimetría de Fisher)},$$

$$g_2 = \frac{m_4(\langle x \rangle)}{s^4} \begin{cases} g_2 < 3 & \text{platicúrtica} \\ g_2 = 3 & \text{gaussiana} \\ g_2 > 3 & \text{leptocúrtica} \end{cases}. \tag{A.8}$$

Una interesante cuestión es ver cómo se transforman las distribuciones de probabilidad mediante adiciones de las variables aleatorias. Sean x_1 y x_2 variables aleatorias independientes con funciones de densidad asociadas $f_1(x_1)$ y $f_2(x_2)$, respectivamente, y que, como de costumbre, toman valores en toda la recta real. La función de densidad de probabilidad asociada a la variable $y = x_1 + x_2$ puede obtenerse a partir del siguiente argumento. La densidad de probabilidad de que la variable aleatoria tome el valor y será

$$f(y) = \int_{\Omega_1} f(x_1, y - x_1)dx_1$$

$$= \int_{-\infty}^{+\infty} f_1(x_1)f_2(y - x_1)dx_1$$

$$= (f_2 * f_1)(y), \tag{A.9}$$

que no es sino la probabilidad de que la primera variable aleatoria tome cualquiera de sus valores posibles, x_1, y, simultáneamente, la segunda tome el valor necesario para que la suma permanezca igual al valor deseado de la variable $y = x_1 + x_2$, que obviamente es $x_2 = y - x_1$. Hemos introducido también la operación de convolución de funciones:

$$(f_2 * f_1)(y) = \int f_1(x_1)f_2(y - x_1)dx_1. \tag{A.10}$$

Como vemos, la función de densidad de probabilidad asociada a la suma de dos variables aleatorias es la convolución de las funciones de densidad de probabilidad de estas últimas. Así pues, la adición de variables aleatorias modifica, en general, la distribución de probabilidad de las variables sumadas.

A.1.1. Distribuciones multivariantes

En el caso de que analicemos simultáneamente dos o más variables aleatorias X e Y (que supondremos en lo que sigue continuas), podemos introducir la función de densidad de probabilidad conjunta de que las variables tome simultáneamente valores en $(x, x + dx)$ e $(y, y + dy)$ como

$$dp(x, y) = f(x, y)dxdy. \tag{A.11}$$

Lógicamente, la distribución así definida debe verificar las mismas propiedades que cualquier otra distribución de probabilidad (axiomas de Kolmogorov):

i) $f(x, y) \geq 0, \forall (x, y) \in \Omega = \Omega(x) \times \Omega(y)$.

ii) $\iint_\Omega f(x, y)dxdy = 1$.

iii) $p(a \leq x \leq b, c \leq y \leq d) = \int_a^b \int_c^d f(x, y)dxdy$.

iv) $F(x, y) = \int_{-\infty}^x \int_{-\infty}^y f(x', y')dx'dy'$ (función de distribución acumulativa de probabilidad).

v) $g(x) = \int_{-\infty}^{+\infty} f(x, y)dy$; $h(y) = \int_{-\infty}^{+\infty} f(x, y)dx$ (funciones de densidad marginales).

v) Probabilidad condicionada y sucesos estadísticamente independientes. Se define la densidad de probabilidad de que la variable aleatoria X tome un valor en $(x, x+dx)$, condicionada a que la variable aleatoria Y tome un valor en $(y, y + dy)$ como

$$f(x|y) = \frac{f(x, y)}{h(y)}. \tag{A.12}$$

Análogamente, la densidad de probabilidad de que la variable aleatoria Y tome un valor en $(y, y + dy)$ condicionada a que la variable aleatoria X tome un un valor en $(x, x + dx)$ será

$$f(y|x) = \frac{f(x, y)}{g(x)}. \tag{A.13}$$

Evidentemente, las correspondientes probabilidades condicionadas serán

$$\begin{aligned} P(y|x) &= f(y|x))dy, \\ P(x|y) &= f(x|y)dx. \end{aligned} \tag{A.14}$$

Dos variables estadísticas X e Y son estadísticamente independientes si la realización de la una no condiciona la de la otra, esto es si y solo si

$$\begin{aligned} f(x|y) &= g(x), \\ f(y|x) &= h(y), \end{aligned} \tag{A.15}$$

lo que equivale a que

$$f(x, y) = f(x|y)h(y) = g(x)h(y). \tag{A.16}$$

vi) Momentos de una distribución de probabilidad multivariante. Se define el momento de orden r, s respecto a los puntos c y d de la distribución de probabilidad $f(x, y)$ como:

$$m_{r,s}(c, d) = \int_\Omega f(x, y) (x - c)^r (y - d)^s dxdy. \tag{A.17}$$

Evidentemente el valor esperado y la varianza de la distribución podemos obtenerlos a partir de los momentos anteriores de la forma

$$
\begin{aligned}
\langle X \rangle &= m_{1,0}(0,d) = \int_\Omega f(x,y)x\,dx\,dy, \\
\langle Y \rangle &= m_{0,1}(c,0) = \int_\Omega f(x,y)y\,dx\,dy, \\
s_x^2 &= m_{2,0}(\langle X \rangle, 0) = \int_\Omega f(x,y)\left(x - \langle X \rangle\right)^2 dx\,dy, \\
s_Y^2 &= m_{2,0}(\langle Y \rangle, 0) = \int_\Omega f(x,y)\left(y - \langle Y \rangle\right)^2 dx\,dy.
\end{aligned}
\tag{A.18}
$$

La covarianza de las variables aleatorias se obtiene a partir del momento central de primer orden en ambas variables

$$
\begin{aligned}
cov(X,Y) &= m_{1,1}(\langle X \rangle, \langle Y \rangle) \\
&= \int_\Omega f(x,y)\left(x - \langle X \rangle\right)\left(y - \langle Y \rangle\right) dx\,dy \\
&= \langle \left(X - \langle X \rangle\right)\left(Y - \langle Y \rangle\right) \rangle.
\end{aligned}
\tag{A.19}
$$

Esta medida característica de la función de distribución de probabilidad nos proporciona una medida del grado de relación lineal de ambas variables aleatorias.

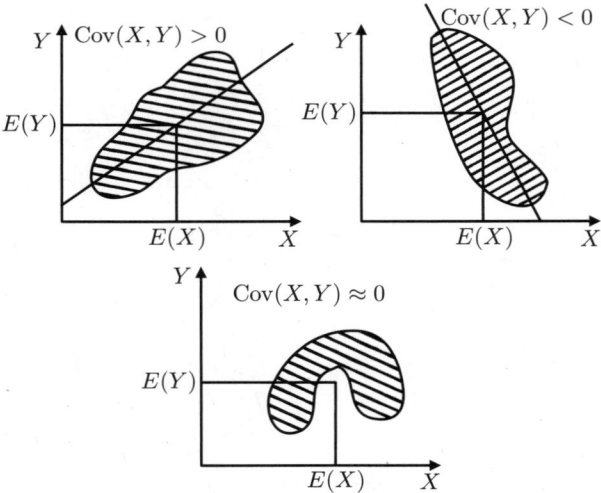

Figura A.1: Ejemplos de distribuciones con diferentes valores de covarianza

Evidentemente,

$$
\begin{aligned}
cov(X,Y) &= \langle XY \rangle - \langle Y \rangle \langle Y \rangle, \\
cov(X,X) &= \langle X^2 \rangle - (\langle X \rangle)^2 = s_X^2, \\
cov(Y,Y) &= \langle Y^2 \rangle - (\langle Y \rangle)^2 = s_Y^2.
\end{aligned}
\tag{A.20}
$$

Cuando dos variables son estadísticamente independientes,

$$
cov(X,Y) = 0 \Leftrightarrow \langle XY \rangle = \langle X \rangle \langle Y \rangle.
\tag{A.21}
$$

Efectivamente,

$$
\begin{aligned}
\langle XY \rangle &= \int_{\Omega} f(x,y) xy \, dx \, dy \\
&= \int_{\Omega} g(x) h(y) xy \, dx \, dy \\
&= \int_{-\infty}^{+\infty} g(x) x \, dx \int_{-\infty}^{+\infty} h(y) y \, dy \\
&= \langle X \rangle \langle Y \rangle .
\end{aligned}
\tag{A.22}
$$

La covarianza anteriormente definida, que proporciona una medida del grado de correlación lineal de dos variables aleatorias, es conocida en diferentes ramas de la Física con el nombre de función de correlación de los observables asociados a las variables o funciones aleatorias. Así, cuando en mecánica estadística de partículas interaccionantes se describe la correlación de las posiciones de dos partículas del sistema se usa la función de correlación

$$
g_{ij}(\boldsymbol{r}, \boldsymbol{r}') \sim \langle \delta(\boldsymbol{r} - \boldsymbol{r}_i) \delta(\boldsymbol{r}' - \boldsymbol{r}_j) \rangle,
\tag{A.23}
$$

conocida como función de distribución radial. Del mismo modo, cuando se pretende describir el grado de influencia del valor de un observable a tiempo t en el de otro a tiempo t', concepto de importancia central en la respuesta lineal de sistemas a perturbaciones en Mecánica Estadística del no equilibrio, se usa una función de correlación

$$
C_{AB}(t, t') = \langle A(t) B(t') \rangle,
\tag{A.24}
$$

que no es sino el momento de órdenes $(1,1)$ respecto al origen $(0,0)$ de la función de distribución de probabilidad que gobierna el valor simultáneo de los observables A y B. También se suele utilizar la correlación de las fluctuaciones (o desviaciones respecto al equilibrio) $\delta A(t) = A(t) - \langle A \rangle$ y $\delta B(t') = B(t') - \langle B \rangle$ que no es sino

$$
\begin{aligned}
C_{\delta A \delta B}(t, t') &= \langle (A(t) - \langle A \rangle)(B(t') - \langle B \rangle) \rangle \\
&= \mathrm{cov}(A(t), B(t')).
\end{aligned}
\tag{A.25}
$$

A.1.2. Función característica de una distribución de probabilidad

Consideremos una variable aleatoria X que toma valores en toda la recta real y cuya función de densidad de probabilidad asociada sea $f(x)$. Se define la función característica de la distribución de probabilidad como

$$
\phi(k) = \left\langle e^{ikx} \right\rangle = \int_{-\infty}^{+\infty} f(x) e^{ikx} \, dx,
\tag{A.26}
$$

donde la integral se extiende a todos los valores posibles de la variable aleatoria (i.e., a todo el espacio muestral del fenómeno aleatorio).

Entre las diversas utilidades que presenta la función característica de una distribución de probabilidad, probablemente la más importante de todas ellas es que permite la obtención de los momentos de la distribución de probabilidad, ya que:

$$
\langle X^n \rangle = \frac{1}{i^n} \frac{d^n \phi(k=0)}{dk^n}.
\tag{A.27}
$$

Efectivamente,

$$\frac{d^n\phi(k)}{dk^n} = \frac{d^n}{dk^n}\int\limits_{-\infty}^{+\infty} f(x)e^{ikx}dx = \int\limits_{-\infty}^{+\infty} f(x)\frac{\partial^n e^{ikx}}{\partial k^n}dx$$

$$= \int\limits_{-\infty}^{+\infty} f(x)\frac{\partial^n e^{ikx}}{\partial k^n}dx = i^n\int\limits_{-\infty}^{+\infty} x^n f(x)e^{ikx}dx, \qquad (A.28)$$

expresión que evaluada en $k=0$ conduce al resultado deseado[3]

$$\frac{d^n\phi(k=0)}{dk^n} = i^n\int\limits_{-\infty}^{+\infty} x^n f(x)dx = i^n\langle X^n\rangle. \qquad (A.30)$$

También podríamos haber obtenido el resultado anterior teniendo en cuenta el desarrollo de Taylor de la exponencial

$$e^{ikx} = \sum_{n=0}^{\infty}\frac{(ikx)^n}{n!},$$

que conduce a

$$\phi(k) = \sum_{n=0}^{\infty}\frac{(ik)^n}{n!}\int\limits_{-\infty}^{+\infty} f(x)x^n dx$$

$$= \sum_{n=0}^{\infty}\frac{(ik)^n}{n!}\langle X^n\rangle. \qquad (A.31)$$

Además, esta expresión permite reconstruir la función de distribución de probabilidad (o lo que es lo mismo su transformada de Fourier) a partir del conocimiento de sus momentos. Lógicamente, la expresión anterior únicamente tiene sentido cuando los momentos de órdenes elevados son suficientemente pequeños como para que la serie sea convergente.

Para finalizar esta sección, trataremos el importante caso de la función característica de la distribución de probabilidad de una suma de variables aleatorias. Ya hemos visto en la sección anterior que la adición de variables aleatorias transforma la función de distribución, de tal modo que la función de densidad de probabilidad de la variable resultante $y = x_1 + x_2$ es la convolución de las funciones de densidad de las variables parciales,

$$f(y) = (f_2 * f_1)(y) = \int\limits_{-\infty}^{+\infty} f_1(x_1)f_2(y-x_1)dx_1. \qquad (A.32)$$

---

[3]De la misma forma puede probarse inmediatamente que, en el caso de una distribución de probabilidad multivariante, $f(\boldsymbol{x})$,

$$\langle x_1 x_2 \ldots x_n\rangle = -\frac{1}{i^n}\frac{\partial^n\phi(\boldsymbol{k}=0)}{\partial k_1\ldots\partial k_n}, \qquad (A.29)$$

resultado que ha de tener una gran importancia cuando se estudie la teoría de campos, donde este valor medio se conoce como función de Green de n puntos, función de n puntos o simplemente función de correlación (§ sección A.3).

Entonces, la función característica asociada a la variable aleatoria resultante será

$$
\begin{aligned}
\Phi(k) &= \left\langle e^{iky} \right\rangle = \int_{-\infty}^{+\infty} f(y) e^{iky} dy \\
&= \int_{-\infty}^{+\infty}\int_{-\infty}^{+\infty} f_1(x_1) f_2(y - x_1) e^{ik(x_1+x_2)} dx_1 dy \\
&= \int_{-\infty}^{+\infty} f_1(x_1) e^{ikx_1} dx_1 \int_{-\infty}^{+\infty} f_2(x_2) e^{ikx_2} dx_2 \\
&= \phi_1(k)\phi_2(k).
\end{aligned}
\tag{A.33}
$$

Llegamos así a la importante propiedad que establece que la función característica de la distribución de probabilidad de una suma de variables aleatorias independientes es el producto de las funciones características de dichas variables aleatorias. Esto no es más que una consecuencia de la propiedad que establece que la transformada de Fourier de una convolución de funciones es el producto de transformadas de Fourier de dichas funciones.

El resultado anterior es inmediatamente generalizable para el caso de un conjunto de variables aleatorias independientes $\{x_i\}_{i=1}^{n}$. La función característica de la distribución de probabilidad de la variable resultante $S = \sum_{i=1}^{n} x_i$ es

$$
\Phi(k) = \prod_{i=1}^{n} \phi_i(k) \Leftrightarrow \ln \Phi(k) = \sum_{i=1}^{n} \ln \phi_i(k).
\tag{A.34}
$$

A.1.3. Cumulantes. Función generatriz de cumulantes

En ocasiones resulta útil escribir la función característica en términos de una expansión de cumulantes en lugar de expandirla directamente en términos de los momentos. Se define el cumulante de orden n de la función de distribución asociada a la variable X, $c_n(X)$, como

$$
\phi(k) = \exp\left\{ \sum_{n=1}^{\infty} \frac{(ik)^n}{n!} c_n \right\}.
\tag{A.35}
$$

Evidentemente, si expandimos la ecuación anterior en serie de potencias e igualamos los coeficientes con los de la expresión (A.31) obtenemos de manera inmediata

$$
\begin{aligned}
c_1 &= \langle X \rangle, \\
c_2 &= \left\langle X^2 \right\rangle - (\langle X \rangle)^2 = s_X^2, \\
c_3 &= \left\langle X^3 \right\rangle - 3 \langle X \rangle \left\langle X^2 \right\rangle + 2 (\langle X \rangle)^3. \\
&\quad\ldots
\end{aligned}
\tag{A.36}
$$

La función generatriz de cumulantes es simplemente el logaritmo de la función característica

$$
\ln \phi(k) = \sum_{n=1}^{\infty} \frac{(ik)^n}{n!} c_n,
\tag{A.37}
$$

a partir de la cual podemos obtener de manera directa

$$c_n = \frac{1}{i^n} \frac{d^n \ln \phi(k=0)}{dk^n} .$$ (A.38)

Esta relación permite unificar una gran cantidad de expresiones en Física, que no hacen sino utilizar esta propiedad de la función generatriz de cumulantes. Así, la función de partición de la Mecánica Estadística puede verse como una función característica, pues

$$Z_N(\beta) = \langle e^{-\beta E} \rangle.$$ (A.39)

Además, su logaritmo neperiano (i.e., esencialmente la energía libre) sería una función generatriz de cumulantes dado que

$$\langle E \rangle = -\frac{\partial \ln Z_N}{\partial \beta},$$

$$S_E^2 = \langle E^2 \rangle - \langle E \rangle^2 = \frac{\partial^2 \ln Z_N}{\partial \beta^2} .$$ (A.40)

De la misma forma puede verse que la función de partición de la teoría cuántica de campos

$$\mathcal{Z}(J) = \int \mathcal{D}\phi \, \exp\left\{ \frac{i}{\hbar} \left[S[\phi] + \int d^4 x J(x)\phi(x) \right] \right\},$$ (A.41)

es una función generatriz de cumulantes, puesto que mediante derivación funcional es posible obtener la función de Green o de correlación de n puntos

$$G(x_1, \ldots, x_n) = \langle x_1 \ldots x_n \rangle \equiv \langle \Omega | T\{\phi(x_1) \cdots \phi(x_n)\} | \Omega \rangle$$
$$= \frac{\int \mathcal{D}\phi \, \phi(x_1) \cdots \phi(x_n) \exp(iS[\phi]/\hbar)}{\int \mathcal{D}\phi \, \exp(iS[\phi]/\hbar)},$$ (A.42)

donde T representa el producto ordenado utilizado para calcular los elementos de la matriz S (scattering), puede obtenerse mediante la función generatriz $\mathcal{Z}[J]$ (J se denomina en este contexto *corriente*), de la forma

$$G(x_1, \ldots, x_n) = (-i\hbar)^n \frac{1}{\mathcal{Z}(0)} \frac{\delta^n \mathcal{Z}(J)}{\delta J(x_1) \ldots \delta J(x_n)} .$$ (A.43)

Asimismo, el concepto de función generatriz de cumulantes tiene también un gran interés en la teoría de fluidos clásica, donde está directamente conectada con la expansión de clusters de Mayer (ver. ref. Kubo (1962) para este y otros ejemplos de aplicaciones físicas de la expansión de cumulantes).

De la misma manera que se hizo en la sección anterior para el caso de la función característica de una suma de variables independientes, podemos ver que el cumulante de orden n de la función de distribución asociada a una suma de variables aleatorias independientes no es sino la suma de los cumulantes de orden n de las diferentes variables. En efecto, consideremos un conjunto de variables aleatorias independientes $\{X_i\}_{i=1}^n$. Dado que la función generatriz de cumulantes no es sino el logaritmo de la función característica, y usando la Ec. (A.34), tenemos que el cumulante de orden m de la función de distribución de probabilidad asociada a $S = \sum_{i=1}^n x_i$ es

$$c_m(S) = \frac{1}{i^m} \frac{d^m \ln \phi(k=0)}{dk^m} = \frac{1}{i^m} \frac{d^m}{dk^m} \sum_{i=1}^n \ln \phi_i(k=0)$$

$$= \frac{1}{i^m} \sum_{i=1}^n \frac{d^m \ln \phi_i(k=0)}{dk^m} = \sum_{i=1}^n c_m(X_i) .$$ (A.44)

Como vemos, los cumulantes son aditivos para adiciones de variables aleatorias independientes.

Como conclusión a la presente sección mencionaremos que los momentos (o los cumulantes) de una distribución de probabilidad no están definidos de manera general. Condición necesaria para que se encuentre definido el momento de orden n de la distribución de probabilidad de una función de densidad de probabilidad $f(x)$ es que esta decaiga más rápidamente que $|x|^{-(n+1)}$, i.e. que

$$\lim_{x \to \pm\infty} f(x)x^n = 0 \,, \tag{A.45}$$

ya que, de lo contrario, la integral

$$m_n(c) = \int\limits_{-\infty}^{+\infty} (x - c)^n f(x)dx, \tag{A.46}$$

diverge. En particular, cuando tenemos una distribución de probabilidad cuyo comportamiento asintótico se adecúa a una ley potencial[4]

$$f(x) \sim \frac{A_\pm}{|x|^{1+\mu}}, \tag{A.49}$$

todos los momentos con $n \geq \mu$ son infinitos. En concreto, una distribución como esta no tiene varianza finita cuando $\mu \leq 2$, por lo que estamos ante un proceso sin escala característica, i.e. son fenómenos que muestran una enorme variabilidad, teniendo lugar eventos de todos los tamaños posibles. Observemos finalmente que para $\mu \leq 1$ ni siquiera la media de la distribución de probabilidad se encuentra definida.

---

[4]En la práctica todas las distribuciones de escala o potenciales comúnmente empleadas forma parte de la clase de las distribuciones subexponenciales, que son aquellas cuyas colas decaen más lentamente que cualquier exponencial:

$$[1 - f(x)] / e^{-\epsilon x} \to \infty \text{ cuando } x \to \infty, \quad \forall \epsilon > 0 \tag{A.47}$$

Todas las distribuciones subexponenciales son de cola larga (i.e. $\lim_{x\to\infty} P[X > x + t | X > x] = 1 \, \forall t > 0$) aunque lo contrario no es cierto. Además, todas estas distribuciones son de cola gruesa

$$\lim_{x \to \infty} e^{\lambda x} P[X > x] = \infty, \quad \forall \lambda > 0 \tag{A.48}$$

Las distribuciones potenciales son aquellas distribuciones $F(x)$ para las que

$$P(X > x) = 1 - F(x) \sim cx^{-\alpha},$$

donde el parámetro α recibe el nombre de índice de cola. Estas distribuciones presentan una serie de propiedades de invariancia (estas distribuciones son esencialmente invariantes bajo transformaciones como la agregación, mezcla, maximización y marginalización) que las hacen muy útiles para la descripción de un gran número de fenómenos naturales y sociales. En efecto, las propiedades dinámicas de muchos sistemas dependen de la evolución de un enorme número de subsistemas acoplados entre sí mediante interacciones locales. Estos sistemas suelen exhibir comportamientos libres de escala asociados a la existencia de algún tipo de simetría a través de los diferentes órdenes de magnitud en los que se registra su dinámica. Esta invariancia de escala de los observables del sistema se describe mediante una ley potencial, ya que si $f(x) \sim x^{-(1+\alpha)}$, entonces una transformación de escala $x \to x' = \lambda x$ conlleva únicamente

$$\begin{aligned} f(x') &\sim \lambda^{-(1+\alpha)} x^{-(1+\alpha)} \\ &\sim \lambda^{-(1+\alpha)} f(x). \end{aligned}$$

A.1.4. Procesos estables de Lévy y teoremas límite

Como hemos visto en secciones anteriores, la adición de variables aleatorias modifica, en general, las funciones de distribución de probabilidad, pero existe una clase de distribuciones, las denominadas distribuciones estables, en la que esto no sucede. Esta invariancia confiere a estas distribuciones una enorme importancia práctica y su estudio es el objeto de esta sección.

Diremos que $\{x_i\}_{i=1}^n$ forma un conjunto de variables aleatorias independientes e idénticamente distribuidas (iid) cuando todas ellas tengan la misma distribución de probabilidad, $f_i(x_i) = f(x)$ y $f(x_i|x_j) = f(x_i)$ $\forall x_i, x_j$. Por otro lado, diremos que un proceso aleatorio[5] S es infinitamente divisible cuando puede representarse como una suma de n variables iid $\{x_i\}_{i=1}^n$ de la forma:

$$S_n = \sum_{i=1}^n x_i, \quad \forall n \in \mathbb{N}.$$

Es inmediato demostrar que la función de distribución de un proceso es infinitamente divisible cuando su función característica $\Phi(k)$ puede expresarse como una potencia de alguna función característica, $\phi(k)$. En efecto, de acuerdo con la Ec. (A.34)

$$\Phi(k) = \prod_{i=1}^n \phi_i(k) = [\phi(k)]^n, \tag{A.50}$$

donde hemos usado que, dado que se trata de variables iid, $\phi_i(k) = \phi(k)$ $\forall i = 1...n$. De la misma forma podríamos ver que la Ec. (A.44) se simplifica, en el caso de variables aleatorias iid, a $c_m(x) = n c_m(x_i)$.

Son muchas la situaciones prácticas en las que esto se produce, y como muestra basten los siguientes ejemplos.

(A)   (B)

Figura A.2: Izquierda: Movimiento browniano. Derecha: Vuelo de Lévy.

---

[5]Notemos que es equivalente hablar de proceso y de fenómeno aleatorio, puesto que todo fenómeno es, en el tiempo, un proceso.

Ejemplo A.1

1. Tamaño de un objeto, que es la suma de las contribuciones de la de los tamaños de sus constituyentes fundamentales (átomos, moléculas, etc.), cuyo número puede ser macroscópicamente grande.

Ejemplo A.2

Desplazamiento de una partícula en un fluido, gobernado por las colisiones de la partícula con las moléculas del fluido que producen una probabilidad no nula de desplazarse en un sentido u otro en cada una de las tres direcciones del espacio (movimiento browniano). Tras n colisiones, (Fig. A.2)

$$\Delta r = \sum_{i=1}^{n} r_i.$$

Dados los tiempos característicos de los movimientos atómicos o moleculares en el seno del fluido, es evidente que el número colisiones en intervalos de tiempo del orden de nuestro tiempo de observación es muy grande ($n \to \infty$).

Ejemplo A.3

Variación del precio de las acciones de una compañía en el mercado financiero, que tras n intervalos de cotización será el resultado de lo que haya variado en cada uno de los intervalos por separado, δY_i

$$\Delta Y = \sum_{i=1}^{n} \delta Y_i.$$

Ejemplo A.4

Fluctuaciones de una magnitud en un sistema físico: Consideremos por ejemplo, la medición de la magnitud física en las que las sucesivas medidas de la misma realizadas con instrumentos de la precisión suficiente fluctúan en torno a un valor medio (masas en una balanza, presión en un manómetro, intensidad en un circuito...).

Las **distribuciones estables o de Lévy** son aquellas distribuciones de probabilidad funcionalmente invariantes bajo una operación de convolución consigo mismas, lo que conlleva que al sumar dos variables aleatorias gobernadas por una misma función de distribución de probabilidad estable la distribución de la variable aleatoria resultante sea funcionalmente idéntica a la de las de entrada.[6] Esto implica que la función característica de una distribución estable debe ser de una determinada forma que analizaremos a continuación. Antes de introducir estas distribuciones de manera general, veamos algunos ejemplos sencillos.

Ejemplo A.5

Distribución de Cauchy o lorentziana. Consideremos dos variables aleatorias iid, x_1 y x_2, distribuidas de acuerdo con la distribución de Cauchy

$$f(x) = \frac{\gamma}{\pi} \frac{1}{\gamma^2 + x^2}.$$

De acuerdo con la Ec. (A.50), la función característica asociada a la distribución de probabilidad de la variable aleatoria $x = x_1 + x_2$ será

$$\Phi(k) = [\phi(k)]^2,$$

donde la función característica de la distribución de Cauchy es

$$
\begin{aligned}
\phi(k) &= \frac{\gamma}{\pi} \int_{-\infty}^{+\infty} \frac{e^{ikx}}{\gamma^2 + x^2} dx \\
&= \frac{\gamma}{\pi} \oint_{\chi} \frac{e^{ikz}}{\gamma^2 + z^2} dz \\
&= \frac{\gamma}{\pi} 2\pi i \operatorname{Res}_{z=i\gamma} g(z) = \frac{\gamma}{\pi} 2\pi i \frac{1}{2i\gamma} e^{-\gamma k} \\
&= e^{-\gamma k}.
\end{aligned}
$$

Para obtener este resultado hemos realizado una extensión al plano complejo y aplicado el teorema de los residuos a la trayectoria cerrada con $R \to \infty$ mostrada en la Fig. A.3.

La distribución de probabilidad asociada a la suma de variables aleatorias tiene entonces una función característica asociada

$$\Phi(k) = [\phi(k)]^2 = e^{-2\gamma k}, \qquad (A.51)$$

que corresponde nuevamente a una distribución de Cauchy. esta vez de parámetro 2γ. Efectivamente, invirtiendo la transformada de Fourier de la expresión anterior obtendríamos sin dificultad

$$
\begin{aligned}
f(x) &= \frac{1}{2\pi} \int_{-\infty}^{+\infty} e^{-ikx} e^{-2\gamma k} dx. \\
&= \frac{2\gamma}{\pi} \frac{1}{4\gamma^2 + x^2}
\end{aligned}
$$

---

[6]Los procesos aleatorios cuya variable asociada está gobernada en un determinado intervalo infinitesimal de tiempo por una distribución estable o de Lévy se denominan procesos de Lévy o procesos aleatorios estables (Fig. 1.2.B).

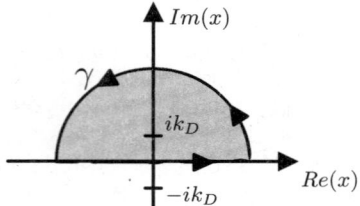

Figura A.3: Contorno de integración para el cálculo de la función característica de la distribución de Cauchy.

Luego, la distribución de Cauchy es una distribución estable.

2. Distribución gaussiana: Consideremos dos variables aleatorias iid, x_1 y x_2, distribuidas de acuerdo con la distribución gaussiana centrada en el origen y de desviación típica σ, $N(0,\sigma)$:

$$f(x) = \frac{1}{\sqrt{2\pi}\sigma} e^{-\frac{x^2}{2\sigma^2}}.$$

Nuevamente, la Ec. (A.50) conduce a una función característica asociada a la distribución de probabilidad de la variable aleatoria $x = x_1 + x_2$

$$\Phi(k) = [\phi(k)]^2$$

donde, en este caso,[7]

$$\phi(k) = \frac{1}{\sqrt{2\pi}} \int_{-\infty}^{+\infty} e^{-\frac{x^2}{2}} e^{ikx} dx$$

$$= e^{-\frac{\sigma^2}{2}k^2}.$$

---

[7]Se ha utilizado en la obtención de esta función característica la conocida integral gaussiana

$$I = \int_{-\infty}^{+\infty} e^{-(ax^2+bx+c)} dx \quad a > 0$$

$$I = e^{-c} e^{\frac{b^2}{4a}} \int_{-\infty}^{+\infty} e^{-a(x-b/2a)^2} dx = e^{-c} e^{\frac{b^2}{4a}} \sqrt{\frac{\pi}{a}}$$

Observemos que la función característica asociada a la distribución gaussiana es funcionalmente idéntica a la propia distribución. De este hecho derivan algunas de las principales propiedades de esta importante distribución de probabilidad.

Luego, la función característica asociada a la sumas de variables x_1 y x_2 es

$$\Phi(k) = e^{-\sigma^2 k^2},$$

que corresponde a una distribución gaussiana de desviación típica $\sqrt{2}\sigma$,

$$f(x) = \frac{1}{\sqrt{4\pi}\sigma} e^{-\frac{x^2}{4\sigma^2}}.$$

Concluimos, por tanto, que la distribución gaussiana es también una distribución estable.

En los casos particulares anteriores hemos visto que las funciones características de las distribuciones lorentziana y gaussiana tienen la forma funcional

$$\phi(k) = e^{-\gamma |k|^\alpha} \quad \begin{array}{l} \alpha = 1 \text{ lorentziana} \\ \alpha = 2 \text{ gaussiana} \end{array} \tag{A.52}$$

Lévy y Khintchine demostraron que la forma funcional más general de la función característica de una distribución estable es

$$\ln \phi(k) = \begin{cases} i\mu k - \gamma |k|^\alpha \left[1 - i\beta \frac{k}{|k|} \tan\left(\frac{\pi}{2}\alpha\right) \right] & \alpha \neq 1 \\ i\mu k - \gamma |k| \left[1 - i\beta \frac{k}{|k|} \frac{2}{\pi} \ln |k| \right] & \alpha = 1 \end{cases} \tag{A.53}$$

donde $0 < \alpha \leq 2$ es un factor de escala positivo que parametriza la clase de las distribuciones estables, μ es la media de la distribución, $\gamma > 0$ es un parámetro de escala y β un parámetro de asimetría en $[-1, 1]$. En el caso de una distribución simétrica ($\beta = 0$) centrada en el origen ($\mu = 0$), $\ln \phi(k) = -\gamma |k|^\alpha$, lo que explica el resultado obtenido anteriormente para las distribuciones lorentziana y gaussiana. Como vemos, dado que $\alpha \in [0, 2] \subset \mathbb{R}$, existe un conjunto infinito no numerable de distribuciones estables. Estas distribuciones estables no tienen una expresión analítica en el espacio real salvo en los siguientes casos:

a) $\alpha = 1/2$; $\beta = 1$ $\quad f(x) = \sqrt{\frac{c}{2\pi}} \frac{e^{-c/2x}}{x^{3/2}}$ (dist. Lévy-Smirnov)

b) $\alpha = 1$; $\beta = 0$ $\quad f(x) = \frac{\gamma}{\pi} \frac{1}{\gamma^2 + x^2}$ (dist. Cauchy)

c) $\alpha = 2$; $\quad f(x) = \frac{1}{\sqrt{2\pi}\sigma} e^{-\frac{x^2}{2\sigma^2}}$ (dist. gaussiana) $\tag{A.54}$

Dado que no es posible, en general, obtener la transformada de Fourier de la función característica para recuperar analíticamente las distribuciones estables en el espacio real, cobra especial relevancia conocer el comportamiento asintótico ($|x| \to \infty$) de estas distribuciones. En lo que resta de la sección consideraremos únicamente, sin perdida alguna de generalidad, procesos simétricos ($\beta = 0$) de media nula ($\mu = 0$). La parte real de la función de densidad asociada a una variable aleatoria x distribuida de acuerdo con una distribución estable será entonces:

$$f(x) \equiv \operatorname{Re} f(x) = \operatorname{Re} \left[\frac{1}{2\pi} \int\limits_{-\infty}^{+\infty} e^{-ikx} \phi(k) dk \right]$$

$$= \frac{1}{2\pi} \int\limits_{-\infty}^{+\infty} \cos(kx) e^{-\gamma |k|^\alpha} \, dk$$

$$= \frac{1}{\pi} \int\limits_{0}^{+\infty} \cos(kx) e^{-\gamma |k|^\alpha} \, dk. \tag{A.55}$$

Cuando $\gamma = 1$ una expansión en serie válida para $|x| \to \infty$ es

$$f(x) = -\frac{1}{\pi} \sum_{j=1}^{n} \frac{(-1)^j}{j!} \frac{\Gamma(j\alpha+1)}{|x|^{j\alpha+1}} \sin\left(\frac{j\pi\alpha}{2}\right) + R(|x|), \tag{A.56}$$

donde $\Gamma(x)$ es la función gamma de Euler y el residuo $R(|x|) \sim |x|^{-\alpha(n+1)-1}$. Nótese que para $\alpha = 2$ todos los términos de la suma se anulan. Por lo tanto, para $\alpha \neq 2$ el término de mayor alcance (i.e. de menor orden en $|x|$) en la expansión anterior corresponde a $j=1$, por lo que la expresión asintótica de $f(x)$ es

$$f(x) \sim \frac{\Gamma(\alpha+1)}{\pi |x|^{\alpha+1}} \sin\left(\frac{\pi\alpha}{2}\right) \sim |x|^{-(\alpha+1)}. \tag{A.57}$$

Como vemos, la forma asintótica de las distribuciones estables es una ley potencial, lo que tiene importantísimas repercusiones en los momentos de estas distribuciones. Efectivamente, como hemos visto con anterioridad, el momento de orden r de una distribución de probabilidad $f(x)$ diverge cuando la integral

$$m_r(c) = \int\limits_{-\infty}^{+\infty} f(x) (x-c)^r \, dx \to \infty.$$

En el caso de una distribución estable esto implica que

$$m_r(c) \sim \int\limits_{-\infty}^{+\infty} |x|^{-(\alpha+1)} (x-c)^r \, dx, \tag{A.58}$$

que convergerá únicamente cuando $\alpha < r$. Observemos que el hecho de que $0 \leq \alpha \leq 2$ implica que las distribuciones estables o de Lévy presentan algún momento infinito, salvo en el caso $\alpha = 2$ que corresponde a la distribución gaussiana, única distribución estable con todos sus momentos finitos. En particular, todos los procesos estables salvo la gaussiana tienen un parámetro $\alpha < 2$ y por lo tanto presentan una varianza infinita, y aquellos con $\alpha < 1$ incluso media infinita. Podemos decir entonces que los procesos estables de Lévy con $\alpha < 2$ representan fenómenos aleatorios sin escala característica en los que la realización de eventos extremos ($|x| \to \infty$) es mucho más frecuente que en el caso gaussiano. [8] A medida que el parámetro α decrece hacia

---

[8] La forma asintótica de las distribuciones estables implica que éstas presentan colas mucho más "gruesas" (*fat tails*) que las de una gaussiana u otra distribución exponencial, por lo que han de encuadrarse dentro de la clase de las distribuciones subexponenciales. Todas las distribuciones estables -salvo la gaussiana- presentan este comportamiento potencial en el límite asintótico, por lo que podemos decir que una distribución estable se asemeja a una distribución potencial o de escala en el límite asintótico. Lo contrario, sin embargo, no es cierto, no todas las distribuciones potenciales son distribuciones estables.

cero la distribución se vuelve más y más apuntada y picada en torno al origen y sus colas decaen más lentamente, mientras que los eventos intermedios pierden peso en el conjunto de la distribución. El lento decaimiento de estas distribuciones en el límite asintótico las hace muy útiles para describir los denominados fenómenos multiescala, con realizaciones de todos los tamaños posibles (distribución de la renta entre los integrantes de una sociedad, tamaño de fondos de pensiones, variación de los precios en los mercados financieros, amplitud de los terremotos y otras catástrofes naturales, velocidad de las moléculas de un fluido en régimen turbulento, tamaño de los clusters de magnetización no nula en las inmediaciones del punto crítico en un material ferromagnético, etc.); en particular de los denominados fenómenos intermitentes, en ocasiones muy pequeños, en ocasiones gigantescos.

Autosimilaridad de las distribuciones estables

Evidentemente, el hecho de que las distribuciones estables tengan la misma forma funcional significa que podemos encontrar una transformación de las variables aleatorias que conviertan una distribución en la otra. Sabemos que cuando un fenómeno aleatorio es el resultado de la suma de fenómenos aleatorios iid (proceso infinitamente divisible), $x = \sum_{i=1}^{n} x_i$, su función de distribución será la convolución de las funciones de distribución de sus componentes

$$f_n(x) = \underset{i=1}{\overset{n}{\circledast}} f(x_i), \tag{A.59}$$

que no coincide funcionalmente con la función de distribución de cada componente salvo que esta sea una distribución estable. En este caso, $f_n(x) = f(x_i)$. Por supuesto, existe una transformación de escala que nos permite hacer $x = a_i x_i + b_i$, esta transformación corresponde a una dilatación $(a_i \neq 1)$ y a una traslación $(b_i \neq 0)$.

Comprobemos ahora que las distribuciones estables son también autosimilares (*self-similar*). Consideremos la variable $x = \sum_{i=1}^{n} x_i$ correspondiente a un proceso estable simétrico y de media nula, por lo que la función característica asociada a su distribución de probabilidad es de la forma (A.52), $\phi_n(k) = e^{-n\gamma|k|^\alpha}$, y calculemos la función de densidad en $x = 0$:

$$f_n(x) = \frac{1}{\pi} \int_0^{+\infty} \cos(kx) e^{-\gamma|k|^\alpha} \, dk,$$

$$f_n(0) = \frac{1}{\pi} \int_0^{+\infty} e^{-\gamma|k|^\alpha} \, dk = \frac{\Gamma(1/\alpha)}{\pi\alpha (n\gamma)^{1/\alpha}}. \tag{A.60}$$

Introduciendo una nueva variable $x' = a_n x$ con una función de distribución de la forma

$$f_n(x') = n^{1/\alpha} f_n(x), \tag{A.61}$$

conseguimos que $f_n(0)$ no dependa explícitamente del número de variables. Veamos cuál es explícitamente la transformación $x \to x' = a_n x$. Teniendo en cuenta que la distribución $f_n(x')$ debe estar normalizada, tenemos

$$\int_{-\infty}^{+\infty} f_n(x') dx' = a_n n^{1/\alpha} \int_{-\infty}^{+\infty} f_n(x) dx = 1,$$

$$a_n = n^{-1/\alpha} \quad \text{(dilatación, } b_n = 0 \text{ proceso simétrico)} \tag{A.62}$$

Por tanto, las transformaciones estables se transforman como $f_n(x') = n^{1/\alpha} f_n(x)$ bajo transformaciones de escala $x \to x' = n^{-1/\alpha} x$. Este hecho constituye la propiedad denominada autosimilaridad de la distribución de probabilidad.

Procesos estables como procesos infinitamente divisibles

Consideremos un proceso aleatorio estable simétrico y de media nula, x. Es evidente que se trata de un proceso aleatorio infinitamente divisible ya que la función característica de su función de distribución de probabilidad puede expresarse de la forma (A.50):

$$\phi(k) = e^{-\gamma |k|^{\alpha}} = \left(e^{-\frac{\gamma}{n}|k|^{\alpha}} \right)^n, \quad \forall n \in \mathbb{N},$$

por lo que existe un conjunto de variables aleatorias $\{x_i\}_{i=1}^{n}$ en términos de los cuales el proceso x será expresable de la forma $x = \sum_{i=1}^{n} x_i$. De la misma forma, en el caso de que se trate de un proceso de media no nula podemos reescribir su función característica $\phi(k) = e^{i\mu k - \gamma |k|^{\alpha}}$ de la forma

$$\phi(k) = e^{i\mu k - \gamma |k|^{\alpha}} = \left(e^{i\frac{\mu}{n}k - \frac{\gamma}{n}|k|^{\alpha}} \right)^n, \quad \forall n \in \mathbb{N}.$$

Así pues, los procesos estables pertenecen a la clase de los procesos aleatorios infinitamente divisibles.

Teoremas límite

Hemos demostrado que las distribuciones estables son puntos fijos del operador convolución, i.e. mantienen su forma funcional bajo la adición de variables aleatorias distribuidas de acuerdo con una distribución estable. Mediante los teoremas límite que probaremos a continuación, demostraremos además que se trata de atractores en el espacio de distribuciones de probabilidad, esto es, que la adición de un número suficientemente grande de procesos aleatorios arbitrarios acaba dando lugar a un proceso aleatorio estable. Esto es, la distribución límite que se alcanza mediante la suma de un gran número de variables aleatorias es una distribución estable. Esto es lo que se conoce como teorema del límite central, TLC (o teorema central del límite, TCL). Analicemos en primer lugar el TLC para la distribución gaussiana -correspondiente a la adición de variables con varianza finita- para estudiar a continuación el resultado correspondiente a una distribución estable general.

A) Teorema del límite central para la distribución gaussiana. Esta es la formulación clásica del TLC y trata de la convergencia hacia una distribución gaussiana (estable con momentos finitos) de sumas de variables aleatorias independientes con varianza finita. En este caso ninguna de las contribuciones en que se descomponen hace contribuciones mucho mayores que las demás,[9] i.e. todas las variables aleatorias en las que descomponemos el fenómeno global siguen distribuciones que tienen una escala característica (i.e. una varianza finita), de tal manera que ninguna de ellas realiza contribuciones extremas al conjunto.

Teorema del límite central. Sean $\{x_i\}_{i=1}^{n}$ variables aleatorias independientes con una distribución de probabilidad no especificada cada una de ellas con media μ y

---

[9]Esto no es estrictamente cierto en el caso de la variación de precios de activos en los mercados financieros, donde pueden tener lugar variaciones extremas en alguno de los intervalos de cotización intermedios. En el llamado modelo estándar de finanzas se supone que esto no sucede y que las variaciones siguen alguna distribución con varianza finita.

varianza σ^2 finita. En estas condiciones, el proceso

$$S_n = \frac{1}{n} \sum_{i=1}^{n} x_i, \qquad (A.63)$$

es una variable aleatoria con media μ y varianza σ^2/n. Además, cuando $n \to \infty$, la distribución de S_n tiende a ser una distribución normal $N(\mu, \sigma)$, o equivalentemente la variable

$$S = \frac{(S_n - \mu)}{\sigma/\sqrt{n}}, \qquad (A.64)$$

tiende a ser una distribución normal estándar $N(0, 1)$.

Demostración: Consideremos en primer lugar los momentos de la variable aleatoria S_n. La media de esta variable aleatoria es

$$\begin{aligned}\langle S_n \rangle &= \frac{1}{n}[\langle x_1 \rangle + \langle x_2 \rangle + \ldots + \langle x_n \rangle] = \\ &= \frac{1}{n}[\mu + \mu + \ldots + \mu] = \mu, \qquad (A.65)\end{aligned}$$

y su varianza se obtiene de la manera habitual como

$$\begin{aligned}\langle (S_n - \mu)^2 \rangle &= \frac{1}{n^2}\left\langle \left(\sum_{i=1}^{n} x_i - n\mu\right)^2 \right\rangle = \\ &= \langle (x - \mu)^2 \rangle = \frac{1}{n^2}\left\langle \left[\sum_{i=1}^{n}(x_i - \mu)^2\right] \right\rangle = \\ &= \frac{1}{n^2}\sum_{i=1}^{n}\langle (x_i - \mu)^2 \rangle + 2\sum_{i=1}^{n}\sum_{j=1}^{n}\langle (x_i - \mu)(x_j - \mu) \rangle \\ &= \frac{n\sigma^2}{n^2} = \frac{\sigma^2}{n}, \qquad (A.66)\end{aligned}$$

donde hemos usado que $cov(x_i, x_j) = \langle (x_i - \mu)(x_j - \mu) \rangle = 0$ por tratarse de variables aleatorias independientes. Aunque no es una condición necesaria para la validez del teorema, en adelante supondremos, por simplicidad y sin pérdida alguna de generalidad, que las variables aleatorias $\{x_i\}_{i=1}^{n}$ son variables aleatorias iid. Veamos finalmente que

$$S = \frac{S_n - \mu}{\sigma/\sqrt{n}} \underset{n \to \infty}{\to} z \in N(0, 1), \qquad (A.67)$$

para lo que comprobaremos que, en el límite de un gran número de variables, la función generatriz de momentos (equivalentemente la función característica de la variable aleatoria S es la de la distribución gaussiana, i.e. que $\lim_{n \to \infty} m_S(t) = \exp[t^2/2]$. En efecto, escribamos

$$\begin{aligned}S &= \sqrt{n}\frac{S_n - \mu}{\sigma} = \sqrt{n}\frac{\frac{1}{n}\sum_{i=1}^{n} x_i - \mu}{\sigma}, \\ S &= \frac{1}{\sqrt{n}}\sum_{i=1}^{n}\left(\frac{x_i - \mu}{\sigma}\right), \qquad (A.68)\end{aligned}$$

y denotemos por $z_i = (x_i - \mu)/\sigma$, variable aleatoria de media nula y varianza unidad $\langle z_i \rangle = 0$ y $\langle z_i^2 \rangle = 1$. La función generatriz de momentos de la distribución de probabilidad asociada a la variable aleatoria S será entonces

$$
\begin{aligned}
m_S(t) &= \langle \exp(tS) \rangle = \left\langle \exp\left(t \frac{1}{\sqrt{n}} \sum_{i=1}^{n} z_i \right) \right\rangle \\
&= \left\langle \prod_{i=1}^{n} \exp\left(\frac{t}{\sqrt{n}} z_i \right) \right\rangle.
\end{aligned}
\tag{A.69}
$$

Desarrollando en serie las exponenciales del producto anterior, tenemos

$$
\exp\left[\frac{t}{\sqrt{n}} z_i \right] = 1 + \frac{t}{\sqrt{n}} z_i + \frac{t^2}{2}\left(\frac{z_i}{\sqrt{n}} \right)^2 + \frac{t^3}{3!}\left(\frac{z_i}{\sqrt{n}} \right)^3 + \ldots,
\tag{A.70}
$$

por lo que

$$
\left\langle \exp\left[\frac{t}{\sqrt{n}} z_i \right] \right\rangle = 1 + \frac{t}{\sqrt{n}} \langle z_i \rangle + \frac{t^2}{2n} \langle z_i^2 \rangle + \frac{t^3}{3!n^{3/2}} \langle z_i^3 \rangle + \ldots
\tag{A.71}
$$

Dado que, como hemos visto, $\langle z_i \rangle = 0$ y $\langle z_i^2 \rangle = 1$, la ecuación anterior se transforma en

$$
\left\langle \exp\left[\frac{t}{\sqrt{n}} \right] \right\rangle = 1 + \frac{t^2}{2n} + \frac{t^3}{3!n^{3/2}} \langle z_i^3 \rangle + \ldots,
\tag{A.72}
$$

con lo cual, la función generatriz de momentos para S será

$$
m_S(t) = \prod_{i=1}^{n} \left[1 + \frac{t^2}{2n} + \frac{t^3}{3!n^{3/2}} \langle z_i^3 \rangle + \ldots \right].
\tag{A.73}
$$

Consideremos que $\langle z_1^3 \rangle \simeq \langle z_2^3 \rangle = \ldots = \langle z_i^3 \rangle$ y así para el resto de los términos. En este caso,

$$
\begin{aligned}
m_S(t) &= \left[1 + \frac{1}{n}\left(\frac{t^2}{2} + \frac{t^3}{3!\sqrt{n}} \langle z^3 \rangle + \ldots \right) \right]^n, \\
m_S(t) &= \left[1 + \frac{a}{n} + \frac{b}{n^{3/2}} + \ldots \right]^n.
\end{aligned}
\tag{A.74}
$$

Luego, finalmente llegamos a que la función generatriz de momentos de la variable S será

$$
\begin{aligned}
\lim_{n \to \infty} m_S(t) &= e^a \\
&= e^{t^2/2}, \qquad qed
\end{aligned}
\tag{A.75}
$$

que coincide con la de la distribución gaussiana. Luego, cualesquiera que sean las distribuciones asociadas a las diferentes x_i, siempre que sean distribuciones con segundo momento finito, la variable $S_n = \frac{1}{n}\sum_{i=1}^{n} x_i$ seguirá una distribución normal en el límite $n \to \infty$.[10]

Vemos pues que la distribución gaussiana es un atractor en el espacio de las funciones de distribución con momentos finitos, en el sentido expresado anteriormente: la distribución de una suma de variables aleatorias distribuidas todas ellas de acuerdo con distribuciones con segundo momento finito acaba siendo gaussiana (Fig. A.4).

B) *Teorema central del límite para distribuciones estables.* (*Gnedenko y Kolmogorov*) La distribución de una suma de n variables aleatorias independientes arbitrarias

---

[10]La distancia entre la distribución de un proceso determinado y la distribución normal está controlada por los teoremas de Berry-Esséen.

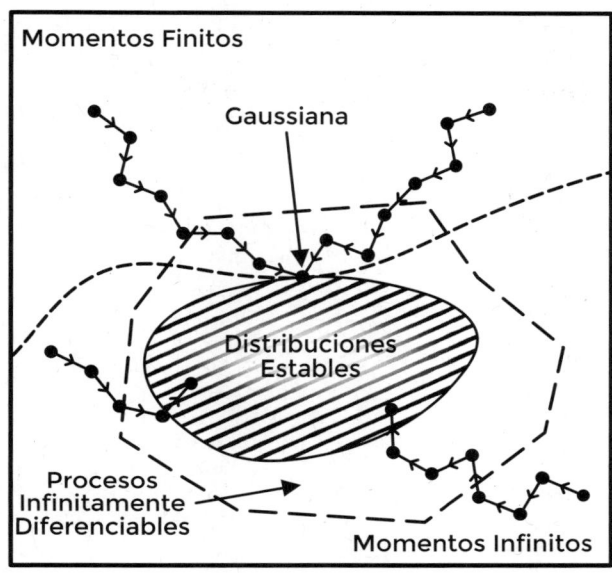

Figura A.4: Proceso de convergencia a la clase de distribuciones estables a partir de adiciones de variables aleatorias.

converge a una distribución estable bajo ciertas condiciones para las distribuciones de probabilidad de las x_i. Consideremos el proceso aleatorio $S_n = \sum_{i=1}^{n} x_i$ donde como de costumbre $\{x_i\}_{i=1}^{n}$ es un conjunto de variables aleatorias iid. Supongamos que

$$f(x_i) \sim \begin{cases} c_- \, |x_i|^{-(1+\alpha)} & x \to -\infty \\ c_+ \, |x_i|^{-(1+\alpha)} & x \to +\infty \end{cases} \tag{A.76}$$

y sea $\beta = (c_+ - c_-) / (c_+ + c_-)$. Entonces, $f(S_n)$ pertenece al polo de atracción de una distribución de probabilidad estable de parámetro α y asimetría β. La demostración de este teorema puede verse en Gnedenko & Kolmogorov (1968) y queda más allá de los límites de esta obra.

Como vemos, existe una notable diferencia entre el polo de atracción gaussiano y los de las demás distribuciones estables de Lévy con momentos infinitos. Mientras las distribuciones de variables aleatorias con momentos finitos se encuentran en el polo de atracción gaussiano, las distribuciones de procesos con momentos infinitos pertenecen al polo de atracción de las distribuciones estables no gaussianas (Fig. A.4). Dado que $\alpha \in \mathbb{R}$, existe un número infinito no numerable de atractores no gaussianos en el espacio de la funciones de distribución, tantos como distribuciones estables.

En las dos versiones que hemos visto del teorema del límite central (una para distribuciones de momentos finitos y otra para distribuciones con momentos infinitos), hemos exigido que las variables $\{x_i\}_{i=1}^{n}$ que componen el proceso resultante $S_n = \sum_{i=1}^{n} x_i$ sean independientes dos a dos $(\text{cov}(x_i, x_j) = 0)$ e idénticamente distribuidas. Bawly y Khintchine consideraron el caso de variables independientes infinitesimales (i.e. en la que ninguna de las variables domina sobre las demás) y probaron que para que la función $f(S_n)$ tienda a una distribución estable es necesario y suficiente que la función de distribución $f(x_i)$ asociada a las x_i sea infinitamente divisible, no siendo necesaria que las x_i tengan idéntica distribución de probabilidad. Los procesos aleatorios infinitamente divisibles formados por variables independientes tienden a una ley límite estable cuando el número de variables agregadas tiende a infinito.

Los fenómenos de sistemas físicos macroscópicos lejos de puntos críticos suelen estar gobernados por distribuciones exponenciales, por lo que pertenecen al polo de atracción de la distribución gaussiana. La aparente ubicuidad de la distribución normal en la naturaleza procede, pues, de la aplicación del teorema del límite central. Así por ejemplo, en Mecánica Estadística se demuestra que la distribución de probabilidad de los microestados de un sistema físico (l) en contacto con un termostato a temperatura absoluta T es la denominada distribución de Gibbs

$$
\begin{aligned}
P_l &= \frac{1}{Z} e^{-\beta E_l}, \\
Z &= \sum_l e^{-\beta E_l},
\end{aligned}
\tag{A.77}
$$

donde $\beta = 1/k_B T$, siendo k_B la constante de Boltzmann y E_l la energía del microestado l. La distribución de los microestados de un cuerpo físico en situación canónica es, pues, una distribución exponencial en el espacio de energías, lo que conlleva que los eventos de energía extrema sean extraordinariamente infrecuentes. No obstante en fenómenos que muestran pautas de complejidad (incluyendo sistemas físicos próximos a la criticalidad) el límite se sitúa en el espacio de las distribuciones estables de Levy no gaussianas.

A.2. Algunas distribuciones de probabilidad relevantes

Es esta sección vamos a enumerar algunas de las distribuciones de probabilidad más importantes así como sus principales resultados.

A.2.1. Distribución binomial

La distribución binomial describe un fenómeno aleatorio que admite únicamente dos resultados excluyentes (prueba de Bernouilli). Para ello se le asigna la probabilidad p de obtener el valor 1 y $(1-p)$ de obtener 0. Como resultado característicos de esta distribución tenemos:

- Valor esperado: $\langle x \rangle = p$.
- Varianza: $\sigma^2 = p(1-p)$.

A.2.2. Distribución geométrica o de Pascal

La distribución geométrica o de Pascal está relacionada con la binomial y describe la distribución del número de repeticiones de un proceso binomial hasta que se obtiene el resultado 0. Esta distribución representa por ejemplo el número de veces que debemos tirar una moneda al aire hasta que obtenemos la primera cruz. La probabilidad de tener x intentos antes del primer 0, para una distribución como la presentada en la sección A.2.1 es:

$$
p(x) = p^x (1-p).
\tag{A.78}
$$

Como resultados característicos de esta distribución tenemos:

- Valor esperado: $\langle x \rangle = 1/(1-p)$.

- Varianza: $\sigma^2 = p/(1-p)^2$.

Esta distribución puede verse como límite de la binomial cuando la probabilidad de ocurrencia es baja ($p \to 0$), el número fenómenos es alto ($N \to \infty$), pero el número de éxitos es finito ($Np \to$ finito).

A.2.3. Distribución de Poisson

La distribución de Poisson describe aquellos sucesos que cumplen las siguientes condiciones: El número de ocurrencias de dicho suceso es constante por unidad de tiempo y los sucesos ocurren de manera aleatoria e independiente. El ejemplo prototípico de un proceso descrito por la distribución de Poisson es la desintegración radioactiva. Bajo estas condiciones la probabilidad de observar un número x de ocurrencias del suceso en un determinado intervalo de tiempo es:

$$p(x) = \frac{\lambda^x}{x!} e^{-\lambda}, \qquad (A.79)$$

donde λ es número promedio de ocurrencias por unidad de tiempo. Las propiedades características de esta distribución son:

- Valor esperado: $\langle x \rangle = \lambda$.
- Varianza: $\sigma^2 = \lambda$.

A.2.4. Distribución exponencial

La distribución exponencial describe una multitud de procesos físicos, especialmente aquellos en la que la variable independiente es el tiempo. Por ejemplo la probabilidad de un que núcleo atómico sobreviva un tiempo t sin desintegrarse viene dado por esta distribución. En general podemos expresarla como:

$$p(x) = ke^{-kx}, \qquad (A.80)$$

con x en el intervalo $[0, \infty)$ con $k > 0$.

Las propiedades características de esta distribución son:

- Valor esperado: $\langle x \rangle = 1/k$.
- Varianza: $\sigma^2 = 1/k^2$.

La distribución exponencial es el límite de la geométrica cuando la variable x es continua.

A.3. Distribución de probabilidad gaussiana y teorema de Wick

Por su importancia en diferentes ramas de la Física[11] estudiaremos de manera detallada algunas propiedades de especial relevancia de la distribución gaussiana. De

---

[11]Observemos que las lagrangianas y hamiltonianos que controlan la dinámica de los sistemas físicos contienen en general, al menos en los órdenes más bajos de desarrollo, términos esencialmente cuadráticos asociados a sus grados de libertad independientes. Por aplicación de las funciones de distribución de probabilidad de la mecánica estadística, estos conduce de manera directa a distribucions gaussianas.

acuerdo con lo visto anteriormente, esta distribución tiene, entre otras muchas particularidades, la de ser la única distribución estable con todos sus momentos finitos (lo que está asociado al hecho de que su transformada de Fourier coincide funcionalmente con ella misma). Esto le confiere la singular propiedad de ser la distribución límite de todas aquellas variables aleatorias que proceden de la suma de otras con momentos finitos.

En su versión más general, la denominada densidad de probabilidad gaussiana multidimensional puede escribirse de la forma

$$f(\boldsymbol{x}) = \frac{e^{-\frac{1}{2}\boldsymbol{x}^T A \boldsymbol{x}}}{\int_{\mathbb{R}^n} e^{-\frac{1}{2}\boldsymbol{x}^T A \boldsymbol{x}} d\boldsymbol{x}} \tag{A.81}$$

donde $\boldsymbol{x}^T A \boldsymbol{x}$ denota la forma cuadrática en $\mathbb{R}^N$

$$\boldsymbol{x}^T A \boldsymbol{x} = \sum_{i,j=1}^{n} x_i A_{ij} x_j, \tag{A.82}$$

y A es una matriz real y simétrica con autovalores positivos $\lambda_1, \lambda_2, \ldots, \lambda_n$.[12] Existe por lo tanto una transformación de diagonalización $D = O^T A O$ donde O es una matriz ortogonal, que conduce a una matriz D diagonal cuyos elementos diagonales son los autovalores de A, $D_{ii} = \lambda_i$.

La obtención de valores medios procede ahora del modo usual. Calculemos en particular el valor medio del producto de un número de variables aleatorias $\langle x_1 x_2 \ldots x_k \rangle$:

$$
\begin{aligned}
\langle x_1 x_2 \ldots x_k \rangle &= \int_{\mathbb{R}^n} f(\boldsymbol{x}) x_1 x_2 \ldots x_k d\boldsymbol{x} \\
&= \sqrt{\frac{\det A}{(2\pi)^n}} \int_{\mathbb{R}^n} e^{-\frac{1}{2}\boldsymbol{x}^T A \boldsymbol{x}} x_1 x_2 \ldots x_k d\boldsymbol{x} \\
&= \sqrt{\frac{\det A}{(2\pi)^n}} \left[\int_{\mathbb{R}^n} \frac{\partial}{\partial j_1} \frac{\partial}{\partial j_2} \cdots \frac{\partial}{\partial j_k} e^{-\frac{1}{2}\boldsymbol{x}^T A \boldsymbol{x} + j\boldsymbol{x}} \right] d\boldsymbol{x} \Bigg|_{j=0} ,
\end{aligned}
\tag{A.83}
$$

que puede calcularse haciendo el cambio de variable $\boldsymbol{x} = O\boldsymbol{y}$ ($d\boldsymbol{x} = d\boldsymbol{y}$ pues $\det O = 1$), de tal manera que:

$$
\begin{aligned}
\langle x_1 x_2 \ldots x_k \rangle &= \sqrt{\frac{\det A}{(2\pi)^n}} \left[\int_{\mathbb{R}^n} \frac{\partial}{\partial j_1} \frac{\partial}{\partial j_2} \cdots \frac{\partial}{\partial j_k} e^{-\frac{1}{2}\boldsymbol{y}^T O^T A O \boldsymbol{y} + j O \boldsymbol{y}} \right] d\boldsymbol{y} \Bigg|_{j=0} \\
&= \sqrt{\frac{\det A}{(2\pi)^n}} \left[\frac{\partial}{\partial j_1} \frac{\partial}{\partial j_2} \cdots \frac{\partial}{\partial j_k} \int_{\mathbb{R}^n} e^{-\frac{1}{2}\boldsymbol{y}^T O^T A O \boldsymbol{y} + j O \boldsymbol{y}} \right] d\boldsymbol{y} \Bigg|_{j=0} ,
\end{aligned}
\tag{A.84}
$$

Teniendo en cuenta que el exponente en la integral puede expresarse como

$$-\frac{1}{2}\boldsymbol{y}^T O^T A O \boldsymbol{y} + j O \boldsymbol{y} = \sum_{i=1}^{n} \left[\frac{-\lambda_i y_i^2}{2} + \left(\sum_{r=1}^{n} j_r O_{ri} \right) y_i \right], \tag{A.85}$$

---

[12]Evidentemente, $A = G^{-1}$ es el inverso de la matriz de covarianzas, $M_{ij} = \mathrm{cov}(x_i, x_j)$, como se demuestra en la Ec. (A.89).

tenemos

$$\int_{\mathbb{R}^n} e^{-\frac{1}{2} \boldsymbol{y}^T O^T A O \boldsymbol{y} + j O \boldsymbol{y}} d\boldsymbol{y} = \int_{\mathbb{R}^n} e^{\sum_{i=1}^n \left[\frac{-\lambda_i y_i^2}{2} + \left(\sum_{r=1}^n j_r O_{ri} \right) y_i \right]} d\boldsymbol{y}$$

$$= \prod_{i=1}^n \int_{\mathbb{R}} e^{-\frac{\lambda_i y_i^2}{2} + q_i y_i} dy_i, \tag{A.86}$$

donde $q_i = \sum_{r=1}^n j_r O_{ri}$. Esta última integral unidimensional es inmediata, dado que se trata de una gaussiana convencional, por lo que es inmediato probar que

$$\langle x_1 x_2 \dots x_k \rangle = \sqrt{\frac{\det A}{(2\pi)^n}} \frac{\partial}{\partial j_1} \frac{\partial}{\partial j_2} \cdots \frac{\partial}{\partial j_k} \prod_{i=1}^n \sqrt{\frac{2\pi}{\lambda_i}} e^{\frac{q_i^2}{2\lambda_i}} \Bigg|_{j=0}$$

$$= \frac{\partial}{\partial j_1} \frac{\partial}{\partial j_2} \cdots \frac{\partial}{\partial j_k} e^{\frac{1}{2} j^T G j} \Bigg|_{j=0} \tag{A.87}$$

donde recordemos que $G = A^{-1}$, que es, como veremos a continuación, la matriz de covarianzas. En la expresión anterior, hemos usado que $\det\{A\} = \prod_i \lambda_i$ y que los elementos de matriz de G son:

$$G_{ij} = A_{ij}^{-1} = (ODO^T)_{ij}^{-1} = (OD^{-1}O^T)_{ij}$$

$$= \sum_k \frac{O_{ik} O_{jk}}{\lambda_k}. \tag{A.88}$$

Así pues, la Ec. (A.87) indica que la matriz de covarianza (o el propagador en el argot de la teoría de campos) es la que proporciona las funciones de correlación de las variables aleatorias. En efecto, si calculamos el valor medio $\langle x_i x_j \rangle$ vemos que coincide con el elemento de matriz de la matriz de covarianzas:

$$\langle x_i x_k \rangle = \frac{\partial}{\partial j_i} \frac{\partial}{\partial j_k} e^{\frac{1}{2} j^T G j} \Bigg|_{j=0}$$

$$= e^{\frac{1}{2} j^T G j} \left(\sum_{m,r} G_{im} G_{kr} j_m j_r + G_{ik} \right) \Bigg|_{j=0}$$

$$= G_{ik}, \tag{A.89}$$

donde hemos usado que

$$\frac{\partial}{\partial j_i} e^{\frac{1}{2} j^T G j} = \sum_m G_{im} j_m e^{\frac{1}{2} j^T G j},$$

$$\frac{\partial j_i}{\partial j_m} = \delta_{im}. \tag{A.90}$$

De la misma manera -aunque el álgebra es un poco más tediosa- puede probarse que

$$\langle x_i x_k x_l x_m \rangle = G_{ik} G_{lm} + G_{il} G_{km} + G_{im} G_{kl}, \tag{A.91}$$

esto es, la función de correlación está dada por el producto de todos los posibles pares de elementos de la matriz de covarianzas (de los propagadores en terminología de la teoría cuántica de campos). En general, el teorema de Wick establece que:

$$\langle x_{i_1} x_{i_2} \dots x_{i_k} \rangle = \sum_\pi G_{i_{\pi_1} i_{\pi_2}} G_{i_{\pi_3} i_{\pi_4}} \cdots G_{i_{\pi_{k-1}} i_{\pi_k}}, \tag{A.92}$$

donde la suma se extiende a todos los valores medios de productos de dos variables $x_{i_r} x_{i_s}$. Obviamente, en el caso de valores medios de productos de un número impar de variables, la propia simetría de la distribución gaussiana conduce a un resultado nulo.

Para terminar, queremos enfatizar que, en virtud del teorema anterior, las funciones de correlación de las variables aleatorias están controladas por los elementos de la matriz de covarianzas, que forma la parte cuadrática del exponente de la función de densidad de probabilidad. En el caso de la mecánica estadística este exponente estará dado por el hamiltoniano del sistema, y en la teoría cuántica de campos por la acción y su parte cuadrática corresponde a la parte libre del lagrangiano del sistema. Por su parte, G_{ij}, recibe el nombre de función de correlación o de propagador en estos formalismos respectivamente. Las funciones de correlación gaussianas son fáciles de representar de manera gráfica si a cada elemento de la matriz de covarianzas, G_{ij} le asociamos una línea conectando el punto imaginario i con el punto imaginario j (diagramas de Feynman). Si se eleva este propagador a una potencia n los dos puntos estarán conectados por n arcos de curva.

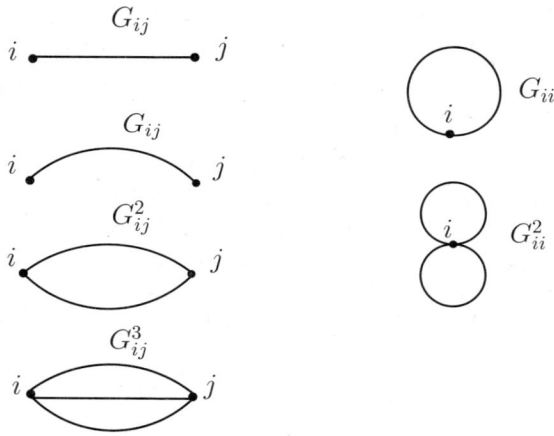

A.3.1.   Funciones de densidad gaussianas perturbadas

En muchas situaciones físicas de interés el problema gaussiano se modifica por la aparición de una interacción perturbativa que incluye nuevos términos en el hamiltoniano, además de los cuadráticos habituales asociados a la partícula libre. En términos estadísticos, esto significa que la función de densidad de probabilidad gaussiana se modifica de la forma:

$$f(\boldsymbol{x}) = \frac{e^{-\frac{1}{2}\boldsymbol{x}^T A \boldsymbol{x} - \xi g(\boldsymbol{x})}}{\mathcal{Z}(\xi)}, \tag{A.93}$$

donde

$$\mathcal{Z}(\xi) = \int_{\mathbb{R}^n} e^{-\frac{1}{2}\boldsymbol{x}^T A \boldsymbol{x} - \xi g(\boldsymbol{x})} d\boldsymbol{x}. \tag{A.94}$$

Obviamente, la función $g(x)$ debe permitir que la integral en la ecuación anterior sea convergente y la distribución de probabilidad esté bien definida. Una función especialmente relevante debido a sus propiedades de simetría, y que es la única que consideraremos en estas breves notas, es $g(\boldsymbol{x}) = \sum_{i=1}^{n} x_i^4/4!$ Esta tiene una enorme importancia en Física por tratarse del orden perturbativo más bajo de una teoría gaussiana que mantiene el hamiltoniano (o la acción) invariante bajo inversión del campo ($\boldsymbol{x} \rightarrow -\boldsymbol{x}$) (teoría ϕ^4), asociado a la presencia de interacciones que se suman a la parte libre del lagrangiano o del hamiltoniano. En este caso, que trataremos de forma breve a continuación, el cálculo de los momentos de la distribución procede de manera muy similar al caso anterior, pero la parte perturbativa se trata mediante desarrollos en serie.

En el presente supuesto, el valor medio del producto de variables aleatorias $\langle x_1 \ldots x_k \rangle$ se obtiene de la forma:

$$\langle x_1 \ldots x_k \rangle = \int_{\mathbb{R}^n} f(\boldsymbol{x}) x_1 x_2 \ldots x_k d\boldsymbol{x}$$

$$= \int_{\mathbb{R}^n} \frac{e^{-\frac{1}{2}\boldsymbol{x}^T A \boldsymbol{x} - \frac{\xi}{4}\sum_{i=1}^n x_i^4}}{\mathcal{Z}(\xi)} x_1 x_2 \ldots x_k d\boldsymbol{x}$$

$$= \frac{1}{\mathcal{Z}(\xi)} \left(\frac{\partial}{\partial j_1} \frac{\partial}{\partial j_2} \cdots \frac{\partial}{\partial j_k} \right) \int_{\mathbb{R}^n} e^{-\frac{1}{2}\boldsymbol{x}^T A \boldsymbol{x} + \boldsymbol{j}\boldsymbol{x} - \frac{\xi}{4!}\sum_{i=1}^n x_i^4} d\boldsymbol{x} \Big|_{j=0}$$

$$= \frac{1}{\mathcal{Z}(\xi)} \left(\frac{\partial}{\partial j_1} \frac{\partial}{\partial j_2} \cdots \frac{\partial}{\partial j_k} \right) \int_{\mathbb{R}^n} \sum_{r=0}^{\infty} \frac{(-\xi)^r}{r!(4!)^r} \left(\sum_{i=1}^n x_i^4 \right)^r e^{-\frac{1}{2}\boldsymbol{x}^T A \boldsymbol{x} + \boldsymbol{j}\boldsymbol{x}} d\boldsymbol{x} \Big|_{j=0}$$

$$= \frac{1}{\mathcal{Z}(\xi)} \left(\frac{\partial}{\partial j_1} \frac{\partial}{\partial j_2} \cdots \frac{\partial}{\partial j_k} \right) \int_{\mathbb{R}^n} \sum_{r=0}^{\infty} \frac{(-\xi)^r}{r!(4!)^r}$$
$$\sum_{i_1,i_2,\ldots i_r=1}^n \left(\frac{\partial^4}{\partial j_{i_1}^4} \frac{\partial^4}{\partial j_{i_2}^4} \cdots \frac{\partial^4}{\partial j_{i_r}^4} \right) e^{-\frac{1}{2}\boldsymbol{x}^T A \boldsymbol{x} + \boldsymbol{j}\boldsymbol{x}} d\boldsymbol{x} \Big|_{j=0}, \tag{A.95}$$

que puede finalmente expresarse como

$$\langle x_1 \ldots x_k \rangle = \frac{\left(\frac{\partial}{\partial j_1} \frac{\partial}{\partial j_2} \cdots \frac{\partial}{\partial j_k} \right) \mathcal{Z}(\xi, \boldsymbol{j}) \Big|_{j=0}}{\mathcal{Z}(0)}, \tag{A.96}$$

donde hemos introducido

$$\mathcal{Z}(\xi, \boldsymbol{j}) = \int_{\mathbb{R}^n} e^{-\frac{1}{2}\boldsymbol{x}^T A \boldsymbol{x} + \boldsymbol{j}\boldsymbol{x} - \frac{\xi}{4}\sum_{i=1}^n x_i^4} d\boldsymbol{x}. \tag{A.97}$$

Evidentemente, las Ecs. (A.96) y (A.38) permiten identificar $\mathcal{Z}(\xi, \boldsymbol{j})$ con una función generatriz de cumulantes, como ya se mencionó anteriormente.

A.4. Ley de los grandes números

La denominada ley de los grandes números establece que, cuando el número de ensayos de un experimento aleatorio tiende a infinito, los valores de las frecuencias relativas de los diferentes sucesos del espacio muestral, $f(A)$, tienden a estabilizarse en torno a unos valores que son las probabilidades de dichos sucesos, $p(A)$. Esta ley se conoce también como ley fundamental del azar y es un resultado central dentro del formalismo estadístico. Tanto es así que se conoce como primer teorema fundamental de la probabilidad.

Consideremos un fenómeno aleatorio que sigue una distribución binomial. Si realizamos un experimento de Bernouilli, la frecuencia del evento de tipo A (éxito) en la experiencia será

$$f_A = \frac{1}{n} x_A, \tag{A.98}$$

donde x_A es el número de veces, del total de n observaciones del experimento, en que se ha obtenido el suceso A. La magnitud anterior es una variable aleatoria, ya que depende de la muestra analizada y de los sucesos observados. Es posible entonces determinar los momentos de su distribución de probabilidad, particularmente los dos primeros: la media y la varianza. La primera de ellas toma el valor

$$\langle f_A \rangle = \left\langle \frac{x_A}{n} \right\rangle = \frac{\langle x_A \rangle}{n}. \tag{A.99}$$

Recordando que el número de aciertos en un experimento de Bernouilli es una variable binomial, es obvio que $\langle x_A \rangle = np$ y por lo tanto:

$$\langle f_A \rangle = p, \tag{A.100}$$

de tal manera que vemos que el promedio de todas las frecuencias relativas del suceso A que podamos obtener en una serie de experimentos de Bernouilli será justamente la probabilidad de dicho suceso. Análogamente podemos obtener la varianza de la variable aleatoria f_A:

$$\begin{aligned} \sigma^2(f_A) &= \sigma^2\left(\frac{x_A}{n}\right) = \frac{1}{n^2}\sigma^2(x_A) = \frac{1}{n^2}npq \Rightarrow \\ &\Rightarrow \sigma^2(f_A) = \frac{p(1-p)}{n}. \end{aligned} \tag{A.101}$$

El producto $p(1-p)$ en la distribución anterior está acotado, por lo que podemos asegurar que la desviación estándar de la frecuencia de observación de un fenómeno determinado tiende a cero a medida que el número de observaciones crece. Así pues:

$$\sigma(f_A) \sim \frac{1}{\sqrt{n}} \xrightarrow[n\to\infty]{} 0. \tag{A.102}$$

Ejemplo A.7

Fluctuaciones relativas en sistemas ideales: Consideremos una magnitud aditiva $x = \sum_i^n x_i$ donde las x_i forman un conjunto de variables independientes e idénticamente distribuidas (e.g. energía total de un sistema de partículas independientes en un sistema ideal). En este caso:

$$\langle x \rangle = \sum_i^n \langle x_i \rangle = n\langle x_i \rangle,$$

$$s^2(x) = \sum_i^n s^2(x_i) = ns^2(x_i),$$

de tal modo que las fluctuaciones relativas dadas por el coeficiente de variación de Pearson son:

$$\frac{s(x)}{\langle x \rangle} = \frac{\sqrt{n}s(x_i)}{n\langle x_i \rangle} = \frac{1}{\sqrt{n}}\frac{s(x_i)}{\langle x_i \rangle} \propto \frac{1}{\sqrt{n}}.$$

A.5. Ejercicios relacionados

Ejercicio A.1:

Calcúlense las funciones características de las distribuciones uniforme, triangular, binomial, de Poisson, gaussiana, de Cauchy y gamma de parámetros α y θ, $\Gamma(\alpha, \theta)$.

Ejercicio A.2:

Demuéstrese que

$$\int_{\mathbb{R}^n} e^{-\frac{1}{2} x^T A x} dx = \sqrt{\frac{(2\pi)^n}{\det A}}. \tag{A.103}$$

A.6. Lecturas complementarias

- Altland, A., & Simons, B. (2006). *Condensed Matter Field Theory*. Cambridge University Press

- Ryder, L. (1985). *Quantum Field Theory*. CUP Publication

Apéndice B

Procesos estocásticos

Uno de los pilares fundamentales de la descripción de la dinámica de sistemas complejos en general es la teoría de procesos estocásticos. La cantidad de fenómenos en los que se producen realizaciones sucesivas (series temporales) de una determinada variable aleatoria es prácticamente ilimitada. Así, por ejemplo, las posiciones de una partícula en disolución en instantes sucesivos de tiempo son impredecibles debido a las colisiones de dicha entidad con las moléculas del disolvente circundante. Los microestados de un cuerpo macroscópico, que se suceden en el tiempo debido a la energía térmica son otro ejemplo. Asimismo, en la teoría financiera la dinámica de precios de un activo caería también de lleno dentro de esta categoría de procesos.

Un proceso estocástico o aleatorio es todo fenómeno cuya evolución temporal no es predecible.[1] Todo proceso estocástico tiene asociada una variable aleatoria dependiente del tiempo que puede ser discreta o continua. Hay que señalar, no obstante, que desde comienzos de los años 80 del pasado siglo es un hecho conocido en Física que los procesos estocásticos no agotan la totalidad de las series temporales impredecibles, sino que la dinámica de sistemas deterministas no lineales puede dar lugar a series aleatorias, como ha demostrado la teoría del caos.

La definición matemática de un proceso estocástico con una variable aleatoria X asociada puede hacerse de dos formas diferentes: i) mediante una jerarquía de funciones de distribución, especificando $P_n(x_1, t_1; x_2, t_2; ...; x_n, t_n)$, que proporciona la probabilidad de observar la realización x_1 de la variable asociada al proceso en el instante t_1 y así hasta la realización x_n en el instante t_n, o sus correspondientes distribuciones condicionadas o marginales; y ii) mediante una ecuación de movimiento que nos proporcione la variación temporal de la variable dinámica relevante, $x(t)$, que inevitablemente debe contener un término de naturaleza aleatoria. Veamos a continuación los fundamentos de ambos métodos.

---

[1]Técnicamente, dado un espacio de probabilidad (Ω, Σ, P) y un espacio de medida (S, X), un proceso estocástico es un conjunto de variables aleatorias sobre Ω indexadas mediante un conjunto T totalmente ordenado (tiempo):

$$\{X_t; t \in T\}$$

donde $X_t : \Omega \to R$ es una variable aleatoria.

B.1. Procesos markovianos: ecuación de Chapman-Kolmogorov

Como acabamos de mencionar, toda la información relevante acerca de un proceso estocástico (como de cualquier otro fenómeno aleatorio) se encuentra contenida en la jerarquía de distribuciones de probabilidad $P_n(l_1, t_1; l_2, t_2; ...; l_n, t_n)$, que representa la probabilidad de que el sistema haya pasado sucesivamente por los microestados l_1 a tiempo t_1, l_2 a tiempo t_2, etc.[2] Es inmediato verificar que la distribución de orden n anterior presenta, entre otras, las siguientes propiedades:

i) $P_n(l_1, t_1; l_2, t_2; ...; l_n, t_n) \geq 0$.

ii) $\sum_l P_1(l, t) = 1, \quad \forall t$.

iii) $\displaystyle\sum_{l_{m+1}} \sum_{l_{m+2}} ... \sum_{l_n} P_n(l_1, t_1; l_2, t_2; ...; l_n, t_n) = P_m(l_1, t_1; l_2, t_2; ...; l_m, t_m)$

iv) $P_n(l_1, t; l_2, t; l_3, t_3; ...; l_n, t_n) = P_{n-1}(l_1, t; l_3, t_3; ...; l_n, t_n) \delta_{l_1 l_2}$.

Algunos tipos especialmente relevantes de procesos estocásticos son:

1. Proceso puramente aleatorio: Un proceso estocástico se dice puramente aleatorio si

$$P_n(l_1, t_1; l_2, t_2; ...; l_n, t_n) = \prod_{i=1}^{n} P_1(l_i, t_i), \tag{B.1}$$

esto es, si los valores sucesivos que toma la variable aleatoria considerada en el transcurso del tiempo están completamente descorrelacionados, i.e., son estadísticamente independientes entre si. En este caso, como nos muestra la Ec. (B.1), toda la información acerca del proceso se encuentra contenida en la función de distribución de primer orden, $P_1(l_i, t_i)$, única necesaria para reconstruir la jerarquía completa de distribuciones, razón por la que se dice que este tipo de proceso es un proceso estocástico de primer orden.

2. Proceso markoviano: Un proceso aleatorio se denomina markoviano cuando está completamente especificado por la función de distribución de segundo orden, $P_2(l_1, t_1; l_2, t_2)$. Para aclarar el significado de la definición anterior introduzcamos la probabilidad condicionada de que el microestado del sistema a tiempo t_2 sea l_2 cuando a tiempo t_1 fue l_1:

$$K_1(l_1, t_1 | l_2, t_2) = \frac{P_2(l_1, t_1; l_2, t_2)}{P_1(l_1, t_1)}, \tag{B.2}$$

o lo que es lo mismo $P_2(l_1, t_1; l_2, t_2) = K_1(l_1, t_1 | l_2, t_2) P_1(l_1, t_1)$. Una inspección directa de la ecuación anterior permite interpretar la función $K_1(l_1, t_1; l_2, t_2)$ como una probabilidad de transición del microestado l_1 al l_2 en el tiempo $t_2 - t_1$. Es posible generalizar la ecuación anterior y definir la probabilidad de transición de orden n, $K_n(l_1, t_1; l_2, t_2; ...; l_{n-1}, t_{n-1} | l_n, t_n)$, como la probabilidad de que el sistema transite de l_{n-1} a l_n cuando sus microestados anteriores fueron $l_1, l_2, ..., l_{n-2}$. Es evidente que, en general, dicha probabilidad de transición dependerá de los microestados anteriores a l_{n-1}, i.e. el sistema "*recuerda*" sus estados anteriores a la hora de realizar una transición determinada.

Un proceso markoviano, o de Markov, en virtud de la definición anteriormente introducida, es aquel que verifica

$$K_n(l_1, t_1; l_2, t_2; ...; l_{n-1}, t_{n-1} | l_n, t_n) = K_1(l_{n-1}, t_{n-1} | l_n, t_n), \tag{B.3}$$

---

[2]En lo que sigue tomaremos como referencia el caso de un sistema físico, por lo que nuestro suceso aleatorio será un microestado del sistema que denotaremos por l.

lo que implica que se trata de un sistema sin memoria de los instantes anteriores (al menos que presenta una memoria temporal inferior a $\delta t_n = t_n - t_{n-1}$). La inexistencia de memoria en estos procesos permite escribir

$$
\begin{aligned}
P_n \left(l_1, t_1; l_2, t_2; ...; l_n, t_n \right) &= P_{n-1} \left(l_1, t_1; l_2, t_2; ...; l_{n-1}, t_{n-1} \right) \\
&\quad K_1 \left(l_{n-1}, t_{n-1} \,|\, l_n, t_n \right),
\end{aligned} \tag{B.4}
$$

lo que deja claro que la probabilidad de que el sistema realice una transición de l_{n-1} a l_n a tiempo t_{n-1} es independiente del valor de la variable aleatoria en instantes anteriores. Iterando la ecuación anterior podemos escribir para un proceso markoviano

$$
P_n \left(l_1, t_1; l_2, t_2; ...; l_n, t_n \right) = P_1 \left(l_1, t_1 \right) K_1 \left(l_1, t_1 \,|\, l_2, t_2 \right) ... K_1 \left(l_{n-1}, t_{n-1} \,|\, l_n, t_n \right).
$$
$$\tag{B.5}$$

Para un proceso de Markov, la combinación de la propiedad iii) de la distribución de orden n con la ecuación anterior conduce a

$$
\begin{aligned}
P_2 \left(l_1, t_1; l_3, t_3 \right) &= \sum_{l_2} P_3 \left(l_1, t_1; l_2, t_2; l_3, t_3 \right) \Rightarrow \\
P_1 \left(l_1, t_1 \right) K_1 \left(l_1 t_1 \,|\, l_3, t_3 \right) &= \sum_{l_2} P_1 \left(l_1, t_1 \right) K_1 \left(l_1 t_1 \,|\, l_2, t_2 \right) K_1 \left(l_2, t_2 \,|\, l_3, t_3 \right).
\end{aligned}
$$
$$\tag{B.6}$$

Cancelando $P_1 \left(l_1, t_1 \right)$ en ambos miembros de la ecuación anterior obtenemos la denominada ecuación de Chapman-Kolmogorov o ecuación de Markov,

$$
K_1 \left(l_1 t_1 \,|\, l_3, t_3 \right) = \sum_{l_2} K_1 \left(l_1 t_1 \,|\, l_2, t_2 \right) K_1 \left(l_2, t_2 \,|\, l_3, t_3 \right), \tag{B.7}
$$

resultado que constituye una condición de coherencia fundamental en procesos markovianos.

Proceso markoviano estacionario: Un proceso markoviano se dice estacionario cuando la probabilidad de transición entre dos estados depende únicamente del intervalo temporal, $\tau = t_2 - t_1$:[3]

$$
K_1 \left(l_1 t_1 \,|\, l_2, t_2 \right) = K_1 \left(l_1, l_2; \tau \right).
$$

B.2. Ecuación maestra

Probaremos en la presente sección que todos los procesos markovianos estacionarios verifican una ecuación maestra

$$
\frac{dP_m \left(t \right)}{d\tau} = \sum_s \left[P_s(t) w_{sm} - P_m(t) w_{ms} \right]. \tag{B.8}
$$

Para ello transformaremos en primer lugar la ecuación de Chapman-Kolmogorov en una ecuación diferencial. Teniendo en cuenta que a $\tau = 0$ podemos escribir $K_{lm} \left(0 \right) =$

---

[3]Dado que a partir de este punto únicamente trabajaremos con procesos markovianos, simplificaremos la notación haciendo

$$
K_1 \left(l, m; \tau \right) = K_{lm} \left(\tau \right).
$$

δ_{lm}, la probabilidad de transición entre los estados l y m admite la siguiente expresión a primer orden

$$K\left(\tau\right) = \mathbb{1} + \tau \mathbf{W} \tag{B.9}$$

$$K_{lm}\left(\tau\right) = \delta_{lm} + \tau w_{lm}, \tag{B.10}$$

donde hemos introducido la probabilidad de transición por unidad de tiempo entre los microestados l y m del sistema, w_{lm}. Para un proceso markoviano estacionario la ecuación de Chapman-Kolmogorov (B.7) se puede escribir como

$$K_{lm}\left(\tau + \tau'\right) = \sum_s K_{ls}\left(\tau\right) K_{sm}\left(\tau'\right). \tag{B.11}$$

Usando ahora la relación (B.10) y haciendo $\tau' = d\tau$, tenemos

$$
\begin{aligned}
K_{lm}\left(\tau + d\tau\right) &= \sum_s K_{ls}\left(\tau\right)\left(\delta_{sm} + w_{sm}d\tau\right) \\
&= K_{lm}\left(\tau\right) + d\tau \sum_s K_{ls}\left(\tau\right) w_{sm},
\end{aligned}
\tag{B.12}
$$

lo que, equivalentemente, podemos escribir como

$$\frac{K_{lm}\left(\tau + d\tau\right) - K_{lm}\left(\tau\right)}{d\tau} = \sum_s K_{ls}\left(\tau\right) w_{sm}. \tag{B.13}$$

Obviamente, en el límite $d\tau \to 0$ la relación anterior se convierte en

$$\frac{dK_{lm}\left(\tau\right)}{d\tau} = \sum_s K_{ls}\left(\tau\right) w_{sm}. \tag{B.14}$$

Multiplicando por $P_l(t)$ en ambos miembros y sumando sobre este índice, podemos obtener de manera directa

$$
\begin{aligned}
\sum_l P_l(t) \frac{dK_{lm}\left(\tau\right)}{d\tau} &= \sum_l \sum_s P_l(t) K_{ls}\left(\tau\right) w_{sm} \Rightarrow \\
\sum_l \frac{dP_m\left(t+\tau\right)}{d\tau} &= \sum_l \sum_s P_s(t+\tau) w_{sm}.
\end{aligned}
\tag{B.15}
$$

Igualando término a término en las sumas anteriores y sustituyendo $t+\tau \to t$ tenemos

$$\frac{dP_m\left(t\right)}{d\tau} = \sum_s P_s(t) w_{sm}. \tag{B.16}$$

Individualizando el término $s = m$ en la suma anterior y teniendo en cuenta que[4]

$$\sum_s K_{ms} = 1 \Rightarrow \sum_s w_{ms} = 0 \Leftrightarrow w_{mm} = -\sum_{s \neq m} w_{ms}, \tag{B.17}$$

---

[4]Obviamente la suma siguiente se extiende a todos los estados del sistema. Este, o permanece en el estado en el que se encuentra, o transita a alguno de sus otros estados posibles. Así pues,

$$\sum_s K_{ms} = 1.$$

podemos obtener de forma directa

$$\frac{dP_m(t)}{d\tau} = w_{mm}P_m(t) + \sum_{s\neq m} P_s(t)w_{sm}$$

$$= \sum_{s\neq m} [P_s(t)w_{sm} - P_m(t)w_{ms}] . \tag{B.18}$$

recuperando la Ec. (B.8). Como acabamos de ver y conviene recordar en este punto, esta ecuación supone que la evolución temporal del sistema constituye un proceso markoviano estacionario.

Podemos contribuir a la comprensión del significado de la ecuación anterior mediante el argumento siguiente. La variación temporal de la probabilidad de ocupación de un microestado del sistema puede escribirse como

$$dP_m(t) = P_m^{(+)}(t) - P_m^{(-)}(t), \tag{B.19}$$

donde $P_m^{(+)}(t)$ y $P_m^{(-)}(t)$ representan respectivamente el incremento y decremento de la probabilidad del microestado m debido a las transiciones desde (hacia) otros microestados en el instante t (Fig. B.1).

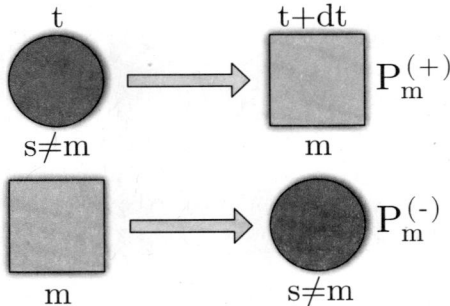

Figura B.1: Esquema del poblamiento y despoblamiento de un microestado en un proceso markoviano.

Evidentemente, $P_m^{(+)}(t)$ puede obtenerse como la probabilidad de que el sistema se encuentre en un estado $s \neq m$ a tiempo t y transite al estado m en el intervalo dt siguiente:

$$P_m^{(+)}(t) = \sum_s P_s(t)K_{sm}(dt)$$

$$= \sum_s P_s(t)\left(\delta_{sm} + dtw_{sm}\right)$$

$$= P_m(t) + dt\sum_s P_s(t)w_{sm}, \tag{B.20}$$

donde hemos usado la Ec. (B.10). Análogamente podemos obtener $P_m^{(-)}(t)$ como el producto de la probabilidad de que el sistema se encuentre en el microestado m a tiempo t y transite en el intervalo dt posterior a algún $s \neq m$. Esto es:

$$
\begin{aligned}
P_m^{(-)}(t) &= \sum_s P_m(t) K_{ms}(dt) \\
&= \sum_s P_m(t) \left(\delta_{ms} + w_{ms} dt \right) \\
&= P_m(t) + dt \sum_s P_m(t) w_{ms}.
\end{aligned}
\tag{B.21}
$$

Usando ahora la Ec. (B.19) obtenemos la ecuación maestra de manera inmediata:

$$
\begin{aligned}
dP_m(t) &= P_m^{(+)}(t) - P_m^{(-)}(t) \\
&= P_m(t) + \sum_s P_s(t) w_{sm} - \frac{P_m(t)}{dt} - dt \sum_s P_m(t) w_{ms} \\
&= dt \sum_s \left[P_s(t) w_{sm} - P_m(t) w_{ms} \right] \\
\frac{dP_m(t)}{dt} &= \sum_s \left[P_s(t) w_{sm} - P_m(t) w_{ms} \right].
\end{aligned}
\tag{B.22}
$$

La ecuación anterior aparece de este modo como balance probabilista del poblamiento y despoblamiento de los microestados del sistema. Recordemos que la validez de este resultado está condicionada a que el proceso estocástico subyacente sea de tipo markoviano estacionario.

B.2.1. Descripción dinámica de procesos estocásticos

Como se ha mencionado anteriormente, la descripción de procesos estocásticos puede hacerse también especificando una ecuación que proporcione la variación de la variable temporal de la variable aleatoria. Habitualmente, estas ecuaciones adoptan la forma de diferencias

$$
x(t+1) = x(t) + \epsilon(t),
\tag{B.23}
$$

donde $x(t)$ es la variable aleatoria de interés, y $\epsilon(t)$ es una variable aleatoria cuya distribución de probabilidad debe ser especificada para describir correctamente el proceso aleatorio, usualmente esta variable se denomina "ruido" en terminología de procesos estocásticos. En otras ocasiones la dinámica de la variable aleatoria se especifica mediante una ecuación diferencial que proporciona su variación temporal.

Ejemplo B.1

Las ecuaciones asociadas a los procesos browniano aritmético y geométrico son, respectivamente,

$$
\begin{aligned}
\dot{x}(t) &\equiv \frac{dx(t)}{dt} = ax(t) + b\epsilon(t), \\
\dot{x}(t) &= ax(t) + bx(t)\epsilon(t).
\end{aligned}
\tag{B.24}
$$

La primera de las ecuaciones anteriores describe el denominado ruido aditivo, y la segunda el ruido multiplicativo, que, como veremos a continuación, tienen una gran importancia en lo que sigue.

Como se ha dicho, una vez introducida la ecuación que gobierna la dinámica del proceso, hemos de especificar la función de distribución de su componente aleatoria $\epsilon(t)$ para completar la descripción del mismo.

Ejemplo B.2

Componente aleatoria gaussiana:

$$p(\epsilon, t) = \frac{1}{\sqrt{2\pi\sigma^2 t}} e^{-\epsilon^2/2\sigma^2 t}.$$

Algunos procesos estocásticos particularmente importantes

A) *Martingala*: un proceso estocástico se denomina martingala cuando

$$E(x_n | x_1, ..., x_{n-1}) = \int dx_n x_n p(x_n | x_1, ..., x_{n-1}) = x_{n-1}, \tag{B.25}$$

donde $E(x|y)$ representa el valor de la variable aleatoria x condicionado a que la variable y haya tomado un determinado valor, y se denomina valor medio o esperanza matemática condicionada.

B) *Proceso de Wiener (Einstein-Wiener o movimiento browniano). Proceso de Itô:*[5] Consideremos una partícula constreñida a moverse en una línea (movimiento unidimensional), teniendo una probabilidad $1/2$ de ejecutar un salto hacia la derecha de sus posición en cada instante (y lógicamente la misma de darlo hacia la izquierda). Este modelo tan simplificado proporciona una buena descripción para el movimiento errático producido por el impacto de una partícula con sus vecinas en el interior de un líquido (movimiento browniano). Supongamos que la partícula ejecuta N pasos y que el resultado de cada paso es independiente de los resultados anteriores (i.e. saltos estadísticamente independientes). Para simplificar supondremos además que el tamaño de cada paso es l=cte. Sea n_+ el número de saltos hacia la derecha realizados por la partícula y n_- el número de saltos hacia la izquierda. Evidentemente se verifica

$$N = n_+ + n_-,$$
$$x_N = (n_+ - n_-)\, l,$$

donde x_N representa el desplazamiento neto tras N saltos.

Desde un punto de vista estadístico, este proceso representa un experimento de Bernouilli con N ensayos y la variable aleatoria de interés $X =$"número de saltos hacia la derecha" es de tipo binomial. Así pues, su espacio muestral es $\Omega = \{0, 1, 2, ..., N\}$ y la distribución de probabilidad asociada

$$p_N(X = n_+) = \binom{N}{n_+} p^{n_+} q^{N-n_+}$$
$$= \frac{N!}{n_+! n_-!} \frac{1}{2^N}. \tag{B.26}$$

---

[5]Existe en la literatura una auténtica infinidad de aproximaciones a este problema, realmente omnipresente en las ciencias naturales y sociales.

Usando que la distribución binomial tiende en el límite $N \to \infty$ y Np finito a una distribución gaussiana

$$
p_N(X = n_+) \to \frac{1}{\sqrt{2\pi}\sigma_N} e^{-\frac{\left(n_+ - \langle n_+ \rangle\right)^2}{2\sigma_N^2}},
$$

$$
\langle n_+ \rangle = Np \quad ; \quad \sigma_N = \sqrt{Npq}, \tag{B.27}
$$

y usando que

$$
n_+ = \frac{1}{2}\left(N + \frac{\tilde{x}}{l}\right),
$$

$$
n_+ = \frac{1}{2}\left(N - \frac{\tilde{x}}{l}\right),
$$

$$
\langle n_+ \rangle = \langle n_- \rangle = \frac{N}{2} \quad ; \quad \sigma_N^2 = \frac{N}{4},
$$

tenemos finalmente

$$
p_N(\tilde{x}) \equiv p_N(X = n_+)\left|\frac{d\tilde{x}}{dl}\right| = \left(\frac{2}{\pi N}\right)^{1/2} e^{-\frac{\tilde{x}^2}{2Nl^2}}\frac{1}{2l}
$$

$$
= \frac{1}{\sqrt{2\pi Nl^2}} e^{-\frac{\tilde{x}^2}{2Nl^2}}. \tag{B.28}
$$

Si la partícula ejecuta n saltos por unidad de tiempo, $N = nt$, y por lo tanto

$$
p(x,t)\Delta x = \frac{1}{2\sqrt{\pi Dt}} e^{-\frac{\tilde{x}^2}{4Dt}}\Delta x, \tag{B.29}
$$

donde hemos introducido el coeficiente de difusión $D = Nl^2/2$. Es evidente de la relación anterior que

$$
\sigma_x^2 = \langle x^2 \rangle - \langle x \rangle^2 = \langle x^2 \rangle = 2Dt, \tag{B.30}
$$

que constituye uno de los resultados más celebrados de A. Einstein (1905), ya que puso las bases para la interpretación del denominado movimiento browniano. Como vemos, el coeficiente de difusión de una partícula en un medio determinado puede considerarse como una consecuencia de las fluctuaciones de su posición en el seno del fluido. La relación obtenida por Einstein puede considerarse como un caso particular de relación de fluctuación-disipación, históricamente la primera. Por otra parte, el resultado de Einstein, que éste completó con una relación entre el coeficiente de difusión y la movilidad de una partícula, $D = k_B T\mu$, establece una de las características fundamentales de un proceso difusivo, la dependencia lineal de la varianza en el tiempo $\sigma_x^2 = 2Dt$, siendo el coeficiente de difusión la constante de proporcionalidad. Esto es lo que explica el ensanchamiento de la distribución de probabilidad (i.e. la difusión de las partículas). Veremos a continuación que este proceso estocástico es el denominado proceso de Wiener, a quien se debe su definitiva formulación matemática. Aunque normalmente se asume que cuando N es finito el proceso estocástico anteriormente descrito es un proceso gaussiano, la equivalencia sólo es estrictamente cierta cuando $N \to \infty$, ya que únicamente en estas condiciones es aplicable el teorema del límite central a distribuciones con momentos finitos. Efectivamente, basta darse cuenta que la posición de la partícula tras N pasos puede escribirse como

$$
x(t) = \sum_{i=1}^{N} x_i(t), \tag{B.31}
$$

donde $\{x_i\}_{i=1}^N$ es un conjunto de variables aleatorias independientes e idénticamente distribuidas (iid) con momentos finitos. El caso más simple es aquel en el que el tamaño de los pasos es l=cte., que es el que hemos analizado anteriormente. En este caso,

$$\langle x_i \rangle = 0 \quad ; \quad \langle x_i^2 \rangle = l^2. \tag{B.32}$$

Dado que los momentos son finitos, el teorema del límite central conduce a una distribución gaussiana para el camino aleatorio en el límite asintótico.

Proceso de Wiener: Usualmente denominado proceso de Einstein-Wiener o movimiento browniano, es un proceso markoviano de una variable aleatoria continua, función de un tiempo continuo, Δz, cuyas dos propiedades fundamentales son

i) Δz consecutivos son independientes.

ii) Δz para un tiempo finito y dz para un intervalo de tiempo infinitesimal están dados por

$$\begin{aligned}
\Delta z &= \epsilon\sqrt{\Delta t}, \\
dz &= \epsilon\sqrt{dt},
\end{aligned} \tag{B.33}$$

donde $\epsilon \in N(0,1)$ es una variable normal estándar. La segunda propiedad puede resultar extraña fuera de la teoría de procesos estocásticos. Para interpretarla adecuadamente hemos de tener en cuenta que la varianza de un proceso difusivo ($\left\langle \sqrt{(dx)^2} \right\rangle$, esencialmente) es función lineal del tiempo, como hemos probado con anterioridad (Ec. B.30). Esta propiedad tendrá una gran importancia en lo que sigue. En un proceso de Wiener las variables aleatorias son iid, por lo que se verifica

$$\langle \epsilon(t)\epsilon(t') \rangle = \delta\left(t - t'\right). \tag{B.34}$$

El espectro del ruido (i.e., la transformada de Fourier de la función de correlación) es pues

$$\begin{aligned}
F(\omega) &= \int\limits_{-\infty}^{+\infty} \langle \epsilon(t)\epsilon(t+\tau) \rangle\, e^{i\omega\tau} d\tau \\
&= \int\limits_{-\infty}^{+\infty} \delta(\tau) e^{i\omega\tau} d\tau = 1.
\end{aligned} \tag{B.35}$$

Como vemos la función anterior es independiente de la frecuencia, por lo que se denomina ruido blanco (*white noise*). A menudo se representa como

$$\epsilon(t) \in WN(0,1)$$

Un proceso estocástico con ruido blanco en un término aditivo describe el denominado movimiento browniano aritmético.

El proceso de Wiener puede generalizarse añadiendo un término de arrastre adt al proceso estocástico dx de manera que

$$dx = adt + bdz, \tag{B.36}$$

que conduce a una distribución de media adt y varianza b veces mayor que la del proceso dz.[6] Así pues, la ecuación

$$dx = adt + bdz = adt + b\epsilon\sqrt{dt} \tag{B.37}$$

representa un proceso difusivo (movimiento browniano aritmético).

Proceso de Itô: Una generalización muy útil del proceso anterior es el denominado proceso de Itô, en el cual el término de deriva y el prefactor del término aleatorio dependen de la propia variable aleatoria:

$$dx = a(x,t)dt + b(x,t)dz, \tag{B.38}$$

donde $dz = \epsilon\sqrt{dt}$ describe un proceso de Wiener.

C) *Proceso de Lévy*: en este proceso la variable $\epsilon(t)$ que genera el proceso aleatorio se distribuye de acuerdo con una distribución de Lévy de índice α cuya forma asintótica es, como sabemos,

$$f(x) \sim \frac{\Gamma(1+\alpha)\sin\left(\frac{\pi\alpha}{2}\right)}{\pi\,|x|^{1+\alpha}} \sim |x|^{-1-\alpha}\,.$$

Tal como vimos, estos procesos son estables, i.e. muestran invariancia bajo adición de variables aleatorias cuando $0 < \alpha < 2$. Además, ya sabemos que la ocurrencia de sucesos extremos es para estas distribuciones varios órdenes de magnitud más probable que en el caso de una distribución gaussiana ($\alpha = 2$), por lo que estos procesos presentan frecuentes discontinuidades y están asociadas a fenómenos multiescala.

D) *Procesos autorregresivos*: Se trata de procesos en los que la ecuación del movimiento contiene términos de memoria, que dependen de los valores pasados de las variables, por lo que estos procesos no tienen el carácter de procesos markovianos. La ecuación

$$x(t) = \sum_{k=1}^{p} \alpha_k x(t-k) + \epsilon(t) + \sum_{k=1}^{q} \beta_k \epsilon(t-k), \tag{B.39}$$

describe un proceso ARMA (*AutoRegresive Moving Average*), que depende de los valores de las pasadas p realizaciones de la variable y de las q anteriores realizaciones del ruido estocástico, $\epsilon(t)$.

En Econometría y Finanzas tienen una fuerte importancia los denominados procesos ARCH (*AutoRegresive Conditional Heterokedasticity*) y GARCH (*Generalized AutoRegresive Conditional Heterokedasticity*). Se trata de procesos que presentan la propiedad de heterocedasticidad, que consiste en que la varianza del proceso no es constante, sino que depende de variables aleatorias. En particular,

$$\epsilon(t) \quad \in \quad WN[0, \sigma^2(t)]$$

$$\sigma^2(t) \quad = \quad \alpha_0 + \sum_{k=1}^{q} \alpha_k \epsilon^2(t-k) \quad \text{(ARCH)}$$

$$\sigma^2(t) \quad = \quad \alpha_0 + \sum_{k=1}^{q} \alpha_k \epsilon^2(t-k) + + \sum_{k=1}^{p} \beta_k \sigma^2(t-k) \quad \text{(GARCH)}$$

$$\tag{B.40}$$

---

[6]Conviene recordar que si $z \in N(0,1)$, la variable

$$x = a + bz \quad \in N(a,b)$$

y que la media no es una variable aleatoria.

En ambos casos la variable aleatoria se obtiene como una distribución normal de media cero y varianza dependiente del tiempo, $\sigma^2(t)$, que depende a su vez de algunos valores precedentes de la variable (ARCH) o de la propia varianza (GARCH).

G) *Movimiento browniano geométrico*: Cuando el logaritmo de una variable aleatoria sigue una distribución gaussiana, hablamos de una variable log-normal de función densidad asociada

$$f(x) = \frac{1}{\sqrt{2\pi}\sigma} e^{-\frac{(\ln x - \mu)^2}{2\sigma^2}} \frac{1}{x} \quad , \quad x > 0 \tag{B.41}$$

cuyos momentos son $m_n(0) = e^{n\mu} \exp\left(n^2\sigma^2/2\right)$. Esta distribución es de gran importancia, por ejemplo, en finanzas ya que la tasa de retornos, más que el cambio absoluto de los precios, es la variable aleatoria de interés y se acopla multiplicativamente $r_1 r_2 \ldots r_n$. Los incrementos de los logaritmos de los precios convergen de esta manera asintóticamente a una distribución gaussiana de acuerdo con el teorema del límite central. Sea $y(t)$ el precio de un activo en un instante determinado. El cambio de este precio en un intervalo de tiempo posterior podemos escribirlo de la forma

$$S(t) = y(t+1) - y(t),$$

y el retorno o variación relativa

$$R(t) = \frac{S(t)}{y(t)} \Leftrightarrow \frac{y(t+1)}{y(t)} = 1 + R(t). \tag{B.42}$$

En un intervalo infinitesimal de tiempo (continuo), tendremos $S(t) = dy(t)$, de forma que

$$R(t) = \frac{dy(t)}{y(t)},$$

que para variables aleatorias como $y(t)$ no coincide con $d\ln y(t)$, como veremos posteriormente.

e.g. Si $x(t) = 30e$ y $x(1) = 31,57e$, el precio relativo es $1,052$, indicando que la tasa de retorno es del $5,2\%$.

La tasa de retorno acumulativa se define como el logaritmo del precio relativo[7]

$$r(t, t+1) = \ln\left[\frac{y(t+1)}{y(t)}\right]. \tag{B.43}$$

Teniendo en cuenta que se verifica la relación

$$\frac{y(t+k)}{y(0)} = \frac{y(t+k)}{y(t+k-1)} \cdot \frac{y(t+k-1)}{y(t+k-2)} \cdots \frac{y(2)}{y(1)} \frac{x(1)}{x(0)}, \tag{B.44}$$

tenemos

$$\ln\left[\frac{y(t+k)}{y(0)}\right] = \ln\left[\frac{y(t+k)}{y(t+k-1)}\right] + \ln\left[\frac{y(t+k-1)}{y(t+k-2)}\right] + \ldots + \ln\left[\frac{y(1)}{y(0)}\right],$$

$$r(0, t+k) = r(t+k-1, t+k) + r(t+k-2, t+k-1) + \ldots + r(0, 1),$$

$$y(t+k) = y(0)e^{r(0,t+k)}. \tag{B.45}$$

---

[7]Como veremos en el tema siguiente, para datos de alta frecuencia

$$r(t, t+1) = \ln\left[\frac{y(t+1)}{y(t)}\right] = \ln\left[1 + R(t)\right] \simeq R(t).$$

Como vemos, la variación relativa de precios se compone multiplicativamente a lo largo del tiempo, mientras que su logaritmo (la tasa de retorno) lo hace aditivamente. Evidentemente, en virtud del teorema del límite central, el logaritmo del precio relativo será una variable gaussiana cuando el tiempo transcurrido sea suficientemente grande. Este es un resultado central, por ejemplo, en el modelo standard de finanzas, según el cual las variaciones de los precios de activos están distribuidas de manera log-normal (i.e. su logaritmo es gaussiano). Así pues, la variable aleatoria

$$\frac{dy(t)}{y(t)} \in WN(\mu dt, \sigma^2 dt),$$

es un proceso de Wiener de media μdt y varianza $\sigma^2 dt$. Este proceso se denomina movimiento browniano geométrico, dado que $y(t)$ sigue un proceso estocástico de tipo difusivo con ruido multiplicativo

$$
\begin{aligned}
\frac{dy(t)}{y(t)} &= \mu dt + \sigma dz = \mu dt + \sigma \epsilon \sqrt{dt}, \\
dy(t) &= \mu y(t) dt + \sigma y(t) \epsilon \sqrt{dt}.
\end{aligned}
\tag{B.46}
$$

B.3. Ecuaciones diferenciales estocásticas

Consideremos una ecuación diferencial de la forma

$$dx = a(x,t)dt + b(x,t)dz, \tag{B.47}$$

donde dz es como de costumbre un proceso de Wiener y $a(x,t)$ y $b(x,t)$ son funciones conocidas. Esta ecuación diferencial contiene un término determinista, $a(x,t)dt$, y otro de origen estocástico, $b(x,t)dz$, que determina de manera directa sus propiedades matemáticas. La ecuación anterior no es sino la versión diferencial de la ecuación integral estocástica

$$x(t) = x(0) + \int_0^t a(x,t')dt' + \int_0^t b(x,t')dz(t'). \tag{B.48}$$

Ejemplo B.3

Consideremos la ecuación diferencial que describe el movimiento browniano aritmético con un término determinista de deriva y uno estocástico de fluctuación

$$dx(t) = \mu dt + \sigma dz.$$

Integrando la ecuación anterior tenemos $x(t) - x(0) = \mu t + \sigma z(t)$, y dado que $z \in WN(0,t)$ es un proceso de Wiener, resulta que la variable $x(t)$ es normal de media μt y desviación típica $\sigma\sqrt{t}$,

$$f(x,t) = \frac{1}{\sqrt{2\pi\sigma^2 t}} e^{-\frac{(x-\mu t)^2}{2\sigma^2 t}}$$

que corresponde a un movimiento browniano.

Antes de proceder a un estudio semejante para el movimiento browniano geométrico, hemos de introducir el denominado lema de Itô, un resultado central del análisis estocástico que generaliza la denominada regla de la cadena del calculo convencional.[8]

Lema de Itô. Consideremos un proceso de Itò

$$\begin{aligned} dx &= a(x,t)dt + b(x,t)dz \\ &= dx = a(x,t)dt + b(x,t)\epsilon\sqrt{dt}. \end{aligned}$$

Entonces, cualquier función $G(x,t)$ de la variable estocástica x y del tiempo es también un proceso de Itô dado por

$$dG = \left(a\frac{\partial G}{\partial x} + \frac{\partial G}{\partial t} + \frac{1}{2}b^2\frac{\partial^2 G}{\partial x^2} \right) dt + b\frac{\partial G}{\partial x} dz.$$

Para demostrar lo anterior, consideremos la expansión en serie de Taylor de la función $G(x,t)$

$$dG(x,t) = \frac{\partial G}{\partial t}dt + \frac{\partial G}{\partial x}dx + \frac{1}{2}\frac{\partial^2 G}{\partial x^2}(dx)^2 + \frac{1}{2}\frac{\partial^2 G}{\partial x^2}(dt)^2 + \frac{1}{2}\frac{\partial^2 G}{\partial x\partial t}dxdt + \dots$$

Retendremos únicamente términos de primer orden en los incrementos de las variables x y t, dado que dx y dt son cantidades infinitesimales y por tanto sus cuadrados son despreciables. Observemos no obstante que $(dx)^2$ contiene términos lineales en dt, dado su origen estocástico. En efecto

$$\begin{aligned} (dx)^2 &= a^2(dt)^2 + b^2(dz)^2 + abdtdz \\ &= a^2(dt)^2 + b^2\epsilon^2 dt + abdtdz \\ &\simeq b^2\epsilon^2 dt, \end{aligned}$$

donde hemos usado que $dz = \epsilon\sqrt{dt}$ por tratarse de un proceso de Wiener. Insertando la expresión anterior en el desarrollo en serie de la función $G(x,t)$ y reteniendo

---

[8]Recordemos que esta regla establece la diferenciación de una función compuesta

$$(f \circ g)'(x) = f'(g(x)).g'(x)$$

únicamente términos de primer orden en dt, obtenemos de manera directa

$$
\begin{aligned}
dG(x,t) &= \frac{\partial G}{\partial t}dt + \frac{\partial G}{\partial x}dx + \frac{1}{2}b^2\epsilon^2\frac{\partial^2 G}{\partial x^2}dt \\
&= \left(\frac{\partial G}{\partial t} + \frac{1}{2}b^2\epsilon^2\frac{\partial^2 G}{\partial x^2}\right)dt + \frac{\partial G}{\partial x}(adt + bdz) \\
&= \left(\frac{\partial G}{\partial t} + a\frac{\partial G}{\partial x} + \frac{1}{2}b^2\epsilon^2\frac{\partial^2 G}{\partial x^2}\right)dt + b\frac{\partial G}{\partial x}dz \quad \text{q.e.d.} \quad\quad \text{(B.49)}
\end{aligned}
$$

Este lema, auténtica regla de la cadena del cálculo estocástico, establece que la fuente de variabilidad aleatoria de cualquier función de un proceso estocástico de Wiener es la misma que la del proceso subyacente.[9]

Estamos ahora en condiciones de analizar el denominado movimiento browniano geométrico en términos de la ecuación diferencial correspondiente, Ec. (B.46):

$$
dx(t) = \mu x(t)dt + \sigma x(t)\epsilon dt.
$$

Realizando el cambio de variable $S = \ln x$ y aplicando el lema de Itô con las siguientes igualdades

$$
\begin{array}{cc}
\frac{\partial S}{\partial x} = \frac{1}{x} & \frac{\partial^2 S}{\partial x^2} = -\frac{1}{x^2} \\
\frac{\partial S}{\partial t} = 0 & a = \mu x \;\; ; \;\; b = \sigma x
\end{array}
$$

tenemos

$$
\begin{aligned}
dS &= \left(\frac{a}{x} - \frac{\sigma^2}{2}\right)dt + \frac{\sigma x}{x}dz \\
&= \left(\mu - \frac{\sigma^2}{2}\right)dt + \sigma dz. \quad\quad \text{(B.50)}
\end{aligned}
$$

La ecuación anterior implica que la variable S es una variable gaussiana, por lo que $x(t)$ es una variable log-normal. Integrando la ecuación anterior obtenemos

$$
\ln\frac{x}{x_0} = \left(\mu - \frac{\sigma^2}{2}\right)t + \sigma z, \quad\quad \text{(B.51)}
$$

por lo que concluimos que

$$
\begin{aligned}
\ln x &\in N\left(\left(\mu - \frac{\sigma^2}{2}\right)t, \sigma^2 t\right), \\
f(x,t) &= \frac{1}{\sqrt{2\pi\sigma^2 t}}\frac{1}{x}\exp\left[-\frac{\left[\ln\left(\frac{x}{x_0}\right) - \left(\mu - \frac{\sigma^2}{2}\right)t\right]^2}{2\sigma^2 t}\right]. \quad\quad \text{(B.52)}
\end{aligned}
$$

Este proceso browniano geométrico es el modelo básico de difusión browniana de la dinámica de precios de acciones en los mercados financiaros en el denominado modelo estandar de finanzas, un resultado central de la mecánica estadística de mercados financieros.

---

[9]Por ejemplo, esto es lo que sucede en el caso del riesgo en derivados de activos financieros (opciones) la fuente del riesgo del derivado es la misma que la del propio activo subyacente (acciones). Esta propiedad permite, en mercados gaussianos, neutralizar el riesgo de ambos activos mediante una adecuada combinación, resultado central del denominado modelo estándar de finanzas o modelo de Black-Scholes.

B.3.1. Ecuación de Fokker-Planck

Vamos a obtener ahora la ecuación de Fokker-Planck, la cual, como veremos describe la evolución de una distribución de probabilidad bajo la influencia de un fuerza de arrastre con componentes aleatorias. Veremos también que esta ecuación está íntimamente ligada con la evolución de la distribución de velocidades de un gas en la colectividad canónica.

Esta ecuación describe el comportamiento de un proceso de Markov continuo, es decir, en vez de trabajar con variables discretas, describe la evolución de variables continuas. Antes de continuar debemos introducir una versión de la ecuación de Chapman-Kolmogorov, en la cual en vez de sumar sobre estados discretos l_2, integraremos a todos los posibles valores de x_2. De esta forma, haciendo el paso al continuo directamente, la Ec. (B.7) se convierte en

$$K(x_1, t_1|x_3, t_3) = \int dx_2 K(x_1, t_1|x_2, t_2) K(x_2, t_2|x_3, t_3). \tag{B.53}$$

Vamos a suponer ahora que la distribución de probabilidad $K(x, t + \Delta t|z, t)$ muestra una evolución temporal suficientemente suave, por lo que

$$\lim_{\Delta t \to 0} \frac{1}{\Delta t} K(x, t + \Delta t|z, t) = W(x|z, t), \tag{B.54}$$

$$\lim_{\Delta t \to 0} \frac{1}{\Delta t} \int_{|x-z|<\epsilon} (x_i - z_i) K(x, t + \Delta t|z, t) = A_i(z, t) + O(\epsilon), \tag{B.55}$$

$$\lim_{\Delta t \to 0} \frac{1}{\Delta t} \int_{|x-z|<\epsilon} (x_i - z_i)(x_j - z_j) K(x, t + \Delta t|z, t) = B_{i,j}(z, t) + O(\epsilon), \tag{B.56}$$

para todo $\epsilon > 0$, donde x_i representa las diferentes componentes del vector x. Con estas condiciones podemos calcular la evolución del valor esperado de una función auxiliar $f(x)$, a la cual le impondremos la condición de ser dos veces diferenciable. Por lo tanto:

$$\frac{\partial}{\partial t} \int dx f(x) K(x, t|y, t') =$$

$$= \lim_{\Delta t \to 0} \frac{1}{\Delta t} \left\{ \int dx f(x) \left[K(x, t + \Delta t|y, t') - K(x, t|y, t') \right] \right\}$$

$$= \lim_{\Delta t \to 0} \frac{1}{\Delta t} \left\{ \int dx f(x) K(x, t + \Delta t|y, t') - \int dx f(x) K(x, t|y, t') \right\}$$

$$= \lim_{\Delta t \to 0} \frac{1}{\Delta t} \left\{ \int dx f(x) K(x, t + \Delta t|y, t') - \int dz f(z) K(z, t|y, t') \right\}. \tag{B.57}$$

Aplicando la Ec. (B.53) a la primera de las integrales obtenemos:

$$\frac{\partial}{\partial t} \int dx f(x) K(x, t|y, t') =$$

$$= \lim_{\Delta t \to 0} \frac{1}{\Delta t} \left\{ \int dx \int dz f(x) K(x, t + \Delta t|z, t) K(z, t|y, t') \right.$$

$$\left. - \int dz f(z) K(z, t|y, t') \right\}. \tag{B.58}$$

Usando que la función $f(x)$ es dos veces diferenciable podemos expresarla sin pérdida de generalidad como:

$$f(x) = f(z) + \sum_i \frac{\partial f(z)}{\partial z_i}(x_i - z_i) + \sum_{i,j} \frac{\partial^2 f(z)}{\partial z_i \partial z_j}(x_i - z_i)(x_j - z_j) + O\left((x - z)^3\right). \tag{B.59}$$

Introduciendo esta forma funcional en la Ec. (B.58), tomando el límite $|x - z| < \epsilon$ e integrando por partes obtenemos

$$\frac{\partial}{\partial t} K(x, t | y, t') = -\sum_i \frac{\partial}{\partial z_i} \left[A_i(z, t) K(z, t | y, t') \right]$$

$$+ \sum_{i,j} \frac{1}{2} \frac{\partial^2}{\partial z_i \partial z_j} \left[B_{i,j}(z, t) K(z, t | y, t') \right] \tag{B.60}$$

$$+ \int dx \left[W(z | x, t) K(x, t | y, t') - W(x | z, t) K(z, t | y, t') \right] , \tag{B.61}$$

que es conocida como la forma diferencial de la ecuación de Chapman-Kolmogorov (Gardiner (2009)). Si aplicamos esta ecuación a un proceso para el cual $W(x | z, t) = 0$, como es un proceso de Wiener, obtenemos la célebre ecuación de Fokker-Planck:

$$\frac{\partial}{\partial t} K(x, t | y, t') = -\sum_i \frac{\partial}{\partial z_i} \left[A_i(z, t) K(z, t | y, t') \right]$$

$$+ \sum_{i,j} \frac{1}{2} \frac{\partial^2}{\partial z_i \partial z_j} \left[B_{i,j}(z, t) K(z, t | y, t') \right] . \tag{B.62}$$

A continuación obtenemos la solución general para la evolución de un proceso de Markov estacionario unidimensional. En particular obtendremos la solución para una ecuación diferencial del estilo:

$$dz(t) = A(z, t) dt + \sqrt{B(z, t)} dW , \tag{B.63}$$

donde dW representa la función estocástica. Como ya hemos visto, los procesos estacionarios se caracterizan por ser independientes del tiempo, es decir

$$\frac{\partial}{\partial t} K(x, t | y, t') = 0 . \tag{B.64}$$

Para este caso la ecuación de Fokker-Planck es particularmente sencilla y nos lleva a que:

$$-\sum_i \frac{\partial}{\partial x_i} \left[A_i(z) K(z | y) \right] + \sum_{i,j} \frac{1}{2} \frac{\partial^2}{\partial z_i \partial z_j} \left[B_{i,j}(z) K(z | y) \right] = 0. \tag{B.65}$$

Si particularizamos para un proceso unidimensional obtenemos la condición

$$-\frac{\partial}{\partial z} \left[A(z) K(z | y) \right] + \frac{1}{2} \frac{\partial^2}{\partial z^2} \left[B(z) K(z | y) \right] = 0 . \tag{B.66}$$

Realizando una integral en z obtenemos la ecuación diferencial:

$$A(z) K(z, x) = \frac{1}{2} \frac{\partial}{\partial z} \left[B(z) K(z, z) \right] , \tag{B.67}$$

cuya solución general es:

$$K(z, x) = P(z) = \frac{C}{B(z)} e^{\int dx \, A(x)/B(x)} , \tag{B.68}$$

donde C es la constante de normalización. Tomando logaritmos a ambos lados de la ecuación obtenemos:

$$\log\left(P(z)\right) = \log(C) - \log(B(z)) + 2\int dx\,\frac{A(x)}{B(x)},$$

$$\frac{\partial\log(P(z))}{\partial z} = 2\frac{A(z)}{B(z)} - \frac{\partial B(z)}{\partial z},$$

$$A(z) = \frac{1}{2}\left[\frac{\partial\log(P(z))}{\partial z}B(z) + \frac{\partial\log(B(z))}{\partial z}B(z)\right],$$

$$A(z) = \frac{1}{2}\left[\frac{\partial\log(P(z))}{\partial z}B(z) + \frac{\partial B(z)}{\partial z}\right], \tag{B.69}$$

lo que constituye la solución general de la ecuación diferencial de Chapman-Kolmogorov para distribuciones estacionarias. Llevando esta solución a nuestra la ecuación diferencial B.63 obtenemos:

$$dz(t) = \frac{1}{2}\left[B(z)\frac{\partial\log(P(z))}{\partial z} + \frac{\partial\log(B(z))}{\partial z}B(z)\right]dt + \sqrt{B(z)dW} \tag{B.70}$$

$$= \frac{1}{2}\left[B(z)\frac{\partial\log(P(z))}{\partial z} + \frac{\partial B(z)}{\partial z}\right]dt + \sqrt{B(z)dW}. \tag{B.71}$$

Dado que $B(z)$ es una función arbitraria de z podemos, sin perdida de generalidad realizar un cambio de variable $2B'(z) = B(z)$, con lo que obtenemos:

$$dz(t) = \left[B(z)\frac{\partial\log(P(z))}{\partial z} + \frac{\partial\log(B(z))}{\partial z}B(z)\right]dt + \sqrt{2B(z)dW}. \tag{B.72}$$

Este resultado es la solución general para la evolución de la probabilidad de un proceso sometido a una perturbación aleatorio tipo Wiener controlado por una función $B(z)$ arbitraria. Como vimos en el capítulo 15, esta solución es de gran utilidad para obtener distribuciones de probabilidad de procesos activados térmicamente.

B.4.   Ejercicios relacionados

Ejercicio B.1:

Recupérese la Ec. (B.61) a partir de la Ec. (B.58) (Gardiner (2009)).

Apéndice C

Introducción a la teoría de la información

C.1. Introducción

La pregunta fundamental de teoría de la información es cuál es el código óptimo para la transmisión de un mensaje, entendido como el menos redundante. La naturaleza de la información es discutida, aunque está relacionada de manera directa con la transmisión de señales entre sistemas, uno de los cuales, muy particular es nuestro cerebro, capaz de procesarla y trasformarla en lenguaje, un código específico con capacidad de generación de conceptos. Información es, en términos generales, cualquier cosa que sea capaz de cambiar el estado de un sistema o el conocimiento de algo. Esto permite clasificar dentro de la teoría de la información la propia interacción física, y disciplinas como la estadística matemática, la mecánica estadística o la computación, que tienen que ver con la transmisión, cuantificación/maximización o almacenamiento de información sobre un determinado sistema o mensaje.

La teoría matemática de la información, originariamente introducida por Nyquist (1924) y Hartley (1928) en los años 20 del siglo pasado, y formalizada por C. E. Shannon en los años 40 (Shannon, 1948) usando métodos probabilísticos introducidos por N. Wiener. El modelo de Shannon (también llamado de Shannon-Weaver en algunos campos, aunque hay discrepancias sobre el grado de contribución de este último), es un modelo que comprende los conceptos de fuente de información, mensaje, transmisor, señal, canal, ruido, receptor, destino de la información, probabilidad de error, codificación, decodificación, tasa de información y capacidad del canal, i.e., todos los pasos relevantes para la transmisión de un mensaje.

El presente apéndice está dedicado a introducir de modo resumido los fundamentos de la teoría de la información en sus variantes clásica y cuántica. Para ello, después de introducir las definiciones básicas del campo, se introducirá la entropía de Shannon, la entropía conjunta, la información mutua y la longitud de descripción mínima. Además, introduciremos en el marco del formalismo clásico medidas de información generalizadas como las entropías de Renyi o Tsallis especialmente apropiadas para el tratamiento de sistemas complejos. Finalmente, presentaremos la teoría cuántica de la información con la introducción de la entropía de von Neumann y el análisis de sus principales propiedades.

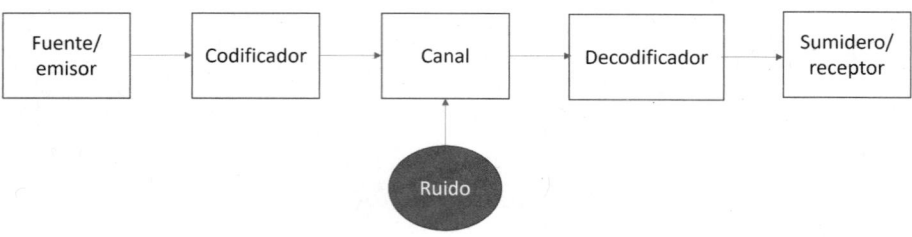

Figura C.1: Sistema general de transmisión de información

C.2. Definiciones básicas

Las principales definiciones a introducir en teoría de la información son las correspondientes a los diferentes integrantes del sistema de transmisión de información general (Fig. C.1). El flujo de información generado por un *emisor* (*mensaje*), habitualmente se codifica en una serie de símbolos extraídos de un *alfabeto* $\aleph = \{a_1, \ldots, a_k\}$, que, junto con la probabilidad de sus símbolos $\{P(a_1), \ldots, P(a_k)\}$, define a la fuente. Por su parte, el *codificador* traduce el mensaje de la fuente a un nuevo código admitido por el *canal*, que transmite -habitualmente comprimido y adaptado a la naturaleza del canal- con una capacidad máxima de señales por unidad de tiempo (ancho de banda) el mensaje a lugares (transmisión) o instantes (almacenamiento, grabación, señal en diferido) diferentes. Este canal puede ser perfecto, pero lo habitual es que incorpore *ruido*, i.e., se perturbe la distribución de probabilidad de la fuente, lo que resulta en una convolución sobre la distribución o distribuciones de una o más señales procedentes de fuentes externas. El *decodificador de información* permite reconstruir el mensaje emitido por la fuente de manera eficiente (con razonable similitud a pesar del ruido intermedio en el canal), de modo que pueda ser utilizado por el *sumidero* o *receptor* final del mismo.

C.3. Medida de información

Introduciremos ahora algunas medidas cuantitativas de la información que contiene un mensaje, auténticos pilares de la teoría. La cantidad de información (I) en un mensaje la definiremos como aquella magnitud que verifique las siguientes propiedades:

a) Debe aumentar con el número de símbolos (n) en el mensaje, cada uno de los cuales puede verse como un evento aleatorio A con una probabilidad asociada dada por la distribución de la fuente, $P(A)$.

b) En el caso de un símbolo cierto $P(A) = 1$, por lo que su contenido de información es nulo $I = 0$, mientras que si ocurre un evento improbable, $P(A) \to 0$, e $I \to \infty$.

c) Aditividad de la información: En la concatenación de mensajes, cada uno con contenido de información I_i, la información se comporta de un modo aditivo $I = \sum I_i$.

Teniendo en cuenta ahora que, como los símbolos en dos mensajes independientes son independientes, $P(M) = P(M_1)P(M_2)$, la medida que elijamos debe traducir el producto en suma. Shannon (1948) probó que la única medida que verifica todas las propiedades anteriores es aquella que asocia un contenido de información a un evento A en un mensaje, que sabemos ocurre con una probabilidad $P(A)$

$$I(A) = -k \log P(A) \tag{C.1}$$

donde k es una constante en principio arbitraria.[1] Esta expresión establece una relación entre cantidad de información y distribución de probabilidad, y constituye la base de la aplicación de este formalismo en estadística matemática, mecánica estadística y, en general, en cualquier situación en la que exista ausencia de información. Así, el contenido de información de una letra del alfabeto es $I(a_i) = -\log P(a_i)$, y la *entropía de Shannon* es el contenido medio de información en el alfabeto,

$$S = -\sum_{i=1}^{k} p(a_i) \log p(a_i) \tag{C.2}$$

que es una medida de la incertidumbre asociada a la distribución de probabilidad $p(a_i)$. Naturalmente, esta entropía se maximiza para la distribución uniforme $p(a_i) = 1/k$.

Una forma alternativa de introducir esta medida de la información es la siguiente. Sea un mensaje escrito en un alfabeto finito $\aleph = \{a_1, \ldots, a_k\}$, con probabilidades asociadas a cada caracter $\{p_1, \ldots, p_k\}$. Si ℓ es un número natural suficientemente grande, dado un texto de longitud ℓ escrito en el alfabeto $\aleph$, con caracteres estadísticamente independientes habrá en promedio ℓp_i $(i = 1, \ldots, k)$ apariciones del carácter a_i. Así pues, el número total de mensajes de longitud ℓ estará dado por

$$\Lambda(\ell, p_1, \ldots, p_n) = \binom{\ell}{\ell p_1}\binom{\ell - \ell p_1}{\ell p_2} \cdots \binom{\ell - \ell p_1 - \cdots - \ell p_{n-2}}{\ell p_{n-1}} \tag{C.3}$$

El número mínimo de bits de un código binario para expresar dichas frases será como mínimo $\log_2 \Lambda$ (el número de configuraciones distintas de un sistema de N bits es 2^N, de modo que el número mínimo de bits necesario para representar un sistema con M configuraciones distintas es la parte entera por exceso de $\log_2 M$), es decir:

$$\begin{aligned}
\log_2 \Lambda &= \frac{1}{\ln 2} \sum_{i=0}^{n-1} \ln\binom{\ell(1 - p_1 - \cdots - p_i)}{\ell p_{i+1}} \\
&= \frac{\ln(\ell!) - \ln((\ell p_1)!) - \cdots - \ln((\ell p_n)!)}{\ln 2}
\end{aligned} \tag{C.4}$$

donde, para la última igualdad se tuvo en cuenta que la segunda suma es telescópica. Usando la aproximación de Stirling $\ln \ell! \approx \ell \ln \ell - \ell$ (justificada porque $\ell \gg 1$) se

---

[1]Tomaremos sin pérdida de generalidad $k = 1$

obtiene:

$$\log_2 \Lambda = -\frac{\ell}{\ln 2} \sum_{i=1}^{k} p_i \ln p_i$$

$$= -\ell \sum_{i=1}^{k} p_i \log_2 p_i \Rightarrow \lim_{\ell \to \infty} \frac{\log_2 \Lambda}{\ell}$$

$$= -\sum_{i=1}^{k} p_i \log_2 p_i = -\mathcal{I} \tag{C.5}$$

Así vemos que el número mínimo de bits es una magnitud independiente de la longitud ℓ del mensaje. S sólo depende de los valores de $p_1, \ldots, p_k$, y representa, la cota inferior (alcanzable) del número de *bits* por caracter de mensaje que se necesita para transmitir un mensaje con un alfabeto de k caracteres y probabilidades $p_1, \ldots, p_k$.

C.3.1. Axiomas de Khinchine

Khinchine (1957) formaliza la teoría de Shannon e introduce los cuatro axiomas que debe cumplir una *medida de la entropía* (y por lo tanot de la información). Supuesto un espacio de probabilidad finito $\mathcal{A} = \{X_i\}_{i=1}^{N}$ caracterizado por las probabilidades $\{p_i\}_{i=1}^{N}$, cualquier medida de información S sobre $\mathcal{A}$ debe satisfacer

1. S es una función continua y simétrica en las probabilidades $S = S(p_i, \ldots, p_n)$.

2. S alcanza su máximo cuando la distribución de probabilidades es uniforme. Esto formaliza naturalmente el llamado principio de equiprobabilidad a priori.

3. S no debe ser sensible ante sucesos de probabilidad nula:

$$S(p_1, \ldots, p_n) = S(p_1, \ldots, p_n, 0).$$

El cuarto axioma está relacionado con cómo se comporta la medida de información con respecto a la unión de dos espacios de probabilidad. Sea $\mathcal{B} = \{Y_j\}_{j=1}^{M}$ otro espacio de probabilidad finito caracterizado por las probabilidades $\{q_j\}_{j=1}^{M}$, y $\mathcal{A} \times \mathcal{B} = \{(X_i, Y_j)\}_{i,j}$ el llamado *espacio producto*. Si $\mathcal{A}$ y $\mathcal{B}$ son independientes, las probabilidades de $\mathcal{A} \times \mathcal{B}$ son $\{p_i q_j\}_{i,j}$, pero esto no sucederá en general, ya que habrá correlaciones entre los sucesos, recogidas en el concepto de probabilidad condicional, mediante la matriz $\mathcal{Q}_{ij}$, que satisface $\mathbb{P}(X_i, Y_j) = \mathcal{Q}_{ij} p_i$. El cuarto axioma de Khinchine puede enunciarse de la siguiente manera:

4. Si $\mathcal{A} = \{X_i\}_{i=1}^{N}$ y $\mathcal{B} = \{Y_j\}_{j=1}^{M}$ son dos espacios de probabilidad caracterizados por las probabilidades $\{p_i\}_{i=1}^{N}$ y $\{q_j\}_{j=1}^{M}$ (no necesariamente independientes), la información del espacio producto $\mathcal{A} \times \mathcal{B}$ es:

$$S(\mathcal{A}, \mathcal{B}) = S(\mathcal{A}) + \sum_{i=1}^{N} p_i S(\mathcal{B}|X_i) \tag{C.6}$$

donde $S(\mathcal{B}|X_i)$ es la información asociada a la distribución marginal de $X_i \in \mathcal{A}$.

Esta ecuación suele expresarse de forma sintética del siguiente modo:

$$S(\mathcal{A}, \mathcal{B}) = S(\mathcal{A}) + S(\mathcal{B}|\mathcal{A}), \tag{C.7}$$

donde $S(\mathcal{B}|\mathcal{A})$ se define como la *entropía condicional de $\mathcal{B}$ dado $\mathcal{A}$*.

Puede verse que la única medida de información que verifica los cuatros axiomas de Khinchine es la entropía de Shannon introducida anteriormente. Por otro lado, además de la entropía incondicionada de Shannon, podemos considerar entropías en muestras multivariantes tales como

1)*Entropía conjunta*, que es la medida de la incertidumbre asociada con el conocimiento de un conjunto de variables. En concreto para el caso bivariante, si el contenido de información de un par es $I(x, y) = -k \log p(x, y)$, la entropía conjunta es el contenido de información promedio

$$S(A, B) = -\sum_{x \in \mathcal{A}, y \in \mathcal{B}} p(x, y) \log p(x, y) \tag{C.8}$$

donde $\mathcal{A}$ y $\mathcal{B}$ son los conjuntos soporte de los eventos A y B.

2) *Entropía condicional.* En la teoría de la información, la entropía condicional cuantifica la cantidad de información necesaria para describir el resultado de una variable aleatoria B considerando que se conoce el valor de otra variable aleatoria A. Así, si el contenido de información promedio nos proporciona nuevamente la cantidad de información condicionada:

$$S(B|A) = -\sum_{x \in \mathcal{A}, y \in \mathcal{B}} p(x, y) \log \frac{p(x, y)}{p(x)} \tag{C.9}$$

Naturalmente, esta medida de incertidumbre nos permite cuantificar la influencia de las correlaciones sobre la cantidad de información disponible.

3)*Entropía relativa* o *divergencia de Kullback-Leibler* de dos distribuciones. Consideremos dos espacios de probabilidad $\mathcal{A}$ y $\mathcal{B}$ (i.e., dos alfabetos) con los mismos elementos pero con probabilidades distintas $\{p_i\}_{i=1}^n$, $\{q_i\}_{i=1}^n$. La *divergencia de Kullback-Leibler* de $\boldsymbol{q}$ con respecto a $\boldsymbol{p}$ está dada por

$$\mathcal{D}(\boldsymbol{p}\|\boldsymbol{q}) = -\sum_{i=1}^n p_i \ln \frac{p_i}{q_i} = -\sum_{i=1}^n p_i \ln p_i - \sum_{i=1}^n p_i \ln q_i \tag{C.10}$$

La igualdad se verifica cuando las distribuciones son iguales. Esto último puede sugerir una relación entre $\mathcal{D}$ y una distancia entre distribuciones relacionada con la ganancia de información al pasar de las probabilidades de $\{p_i\}$ a $\{q_i\}$. De hecho, si $\boldsymbol{p}$ es la distribución de probabilidad uniforme, $\mathcal{D}(\boldsymbol{p}\|\boldsymbol{q}) = \mathcal{S}_{BGS}[\boldsymbol{q}] + \ln(N)$ es la medida BGS. En un contexto general, la divergencia de Kullback-Leibler está relacionada con la información mutua entre dos espacios de probabilidad $\mathcal{A}$, $\mathcal{B}$ definidos por las probabilidades $\{p_i\}$ y $\{q_j\}$:

$$\begin{aligned} \mathcal{J}(\mathcal{A}, \mathcal{B}) &= \mathcal{S}(\mathcal{A}, \mathcal{B}) - \mathcal{S}(\mathcal{A}) - \mathcal{S}(\mathcal{B}) \\ &= -\sum_{i=1}^n \sum_{j=1}^n r_{ij} \ln \frac{r_{ij}}{p_i q_j} \\ &= \mathcal{D}(\boldsymbol{r}\|\boldsymbol{p} \otimes \boldsymbol{q}) \end{aligned} \tag{C.11}$$

donde $\{r_{ij}\}$ es la probabilidad del espacio conjunto $\mathcal{A} \times \mathcal{B}$. La información mutua es un concepto muy importante en teoría matemática de la comunicación y representa la información que accesible de $\mathcal{A}$ a partir de $\mathcal{B}$. La divergencia de Kullback-Leibler representa la información que se gana al pasar del sistema con una distribución de probabilidad a otra.

Ejemplo C.1

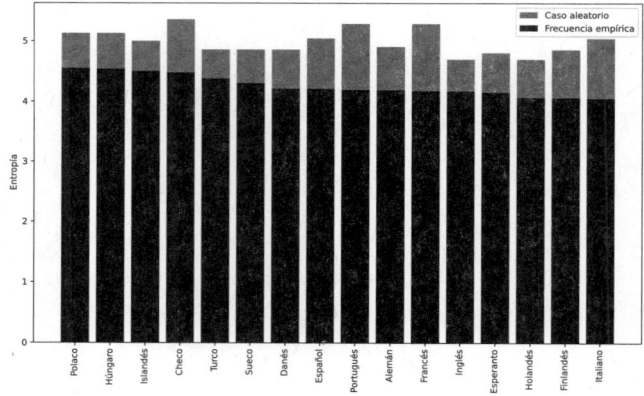

Figura C.2: Entropía de la distribución empírica de caracteres en diferentes idiomas comparada con la de una distribución aleatoria de letras.

Entropía del idioma español y otros idiomas europeos. En la Fig. (C.2) podemos ver la entropía incondicionada de letras en diferentes idiomas europeos. Podemos ver que en todos los casos es inferior a la dada por una distribución aleatoria. Por ejemplo, para el español el valor es de 4.2, lo cual es inferior a $\log_2(33) \approx 5.0$ (los caracteres acentuados fueron considerados como caracteres diferentes).

Ejemplo C.2

El hecho de que la entropía incondicional sea menor que la aleatoria implica una correlación entre letras, de manera que un determinado bloque en el texto condiciona la ocurrencia de una letra. Esto puede verse en las entropías de j-tuplas

$$S_j = -\sum_{i=1}^{k} \sum_{s=1}^{k^{j-1}} p(i)p(i|s) \log p(i|s) \tag{C.12}$$

En el caso de El Quijote $k = 28$ caracteres. Los resultados de las entropías condicionales para diferentes longitudes de j-tuplas verse en la Tabla C.3. Podemos ver que, debido a la correlación entre letras, cuando consideramos j-tuplas muy largas, la entropía condicional tiende a 0.

Ejemplo C.3

Mecánica Estadística. En el caso de la Mecánica Estadística podemos ver el *macro-estado* del sistema como un mensaje producido a partir del alfabeto de microestados

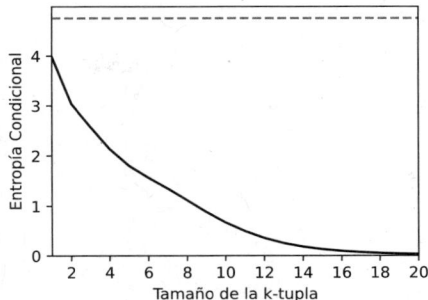

Figura C.3: Entropía condicional de j-tuplas para El Quijote. La línea punteada se corresponde con la entropía de caracteres aleatorios.

posibles, l, que son expresados, i.e. ocupados, con probabilidad P_l en el curso de la dinámica del sistema. El contenido de información promedio que tenemos sobre el macroestado está dado por la entropía estadística

$$SP_l = -k_B \sum P_l \ln P_l \tag{C.13}$$

donde k_B es la constante de Boltzmann que ajusta las unidades correspondientes.

Ejemplo C.4

Evolución hacia el equilibrio de un sistema físico. La distribución de probabilidad óptima que puede asociarse a una situación de equilibrio (máxima incertidumbre o entropía) es la proporcionada por el principio de entropía máxima (PEM) de Jaynes, $\delta S = 0$ sometida a las restricciones de la información conocida. Para un sistema al que se le impone el valor medio de una determinada magnitud X, el PEM de Jaynes establece que la distribución óptima se obtiene maximizando

$$\mathcal{L} = \sum_{k=1}^{n} p_k \ln \frac{p_k}{p_k^0} + (\Phi - 1) \sum_{k=1}^{n} p_k + \sum_{i=1}^{r} \gamma_i \sum_{k=1}^{n} p_k X_k^i \tag{C.14}$$

donde $\{p_k^0\}_{k=1}^{n}$ representa una distribución de probabilidad de referencia (por ejemplo, la distribución de probabilidad del equilibrio) y Φ, $\{\gamma_i\}$ son multiplicadores. La solución es

$$p_k = p_k^0 \exp\left(-\Phi - \sum_{i=1}^{r} \gamma_i X_k^i\right) \tag{C.15}$$

Esta solución es interesante, pues muestra el comportamiento exponencial de los procesos de relajación, en el caso en el que p_k^0 represente la distribución del equilibrio. Profundizando más en esta situación, se puede estudiar la pérdida de información de un sistema que tiende al equilibrio:

$$\mathcal{D}(\boldsymbol{p}||\boldsymbol{p}_0) = \sum_{k=1}^{n} p_k(\ln p_k - \ln p_k^0)$$

$$= \sum_{k=1}^{n} \left\{ p_k \ln p_k - p_k^0 \ln p_k^0 - (p_k - p_k^0) \ln p_k^0 \right\} \tag{C.16}$$

Dado que se parte de una distribución de no equilibrio, y se llega a un estado de equilibrio definido por probabilidades $p_k^0 = \exp\left(\Psi_0 - \sum_{i=1}^{r} \beta_i^0 X_k^i\right)$:

$$\mathcal{D}(\boldsymbol{p}||\boldsymbol{p}_0) = \sum_{k=1}^{n} \left\{ p_k \ln p_k - p_k^0 \ln p_k^0 - (p_k - p_k^0)\left(\Psi^0 - \sum_{i=1}^{r} \beta_i^0 X_k^i\right) \right\}$$

$$= -\Delta\mathcal{S} + \sum_{i=1}^{r} \beta_i^0 \Delta X^i \tag{C.17}$$

donde $\Delta\mathcal{S} = -\Delta\mathcal{I}$ y $\Delta X^i = \sum_{k=1}^{n}(p_k - p_k^0)X_k^i$. Un ejemplo de aplicabilidad de la ecuación anterior se tiene por ejemplo, en el colectivo isotérmico-isobárico: sea un sistema en contacto con un termostato a la temperatura T_0 y un barostato a presión p_0 que no está en equilibrio termodinámico. La Ec. (C.17) relaciona la divergencia de Kullback-Leibler con la exergía del sistema, A:

$$\mathcal{D}(\boldsymbol{p}||\boldsymbol{p}_0) = \frac{\Delta E + p_0 \Delta V - T_0 \Delta\mathcal{S}}{T_0} = \frac{A}{T_0} \tag{C.18}$$

donde, al trabajar en el límite termodinámico, tiene sentido la igualdad $1/T = \frac{\partial S}{\partial E}$. Esta relación fue demostrada por Schlögl en 1967 (véase Schlögl (1993)) y tiene una interpretación interesante. La información que perdemos de un sistema que avanza hacia el equilibrio es el trabajo útil que podemos extraer de él, proporcionando una base física para la interpretación de la información.[2]

C.4. Otras medidas de información

C.4.1. Entropía de Renyi: sistemas caóticos

Sean $\mathcal{A} = \{X_k\}_{k=1}^{n}$ y $\mathcal{B} = \{Y_j\}_{j=1}^{r}$ dos espacios de probabilidad caracterizados por las probabilidades $\{p_k\}_{k=1}^{n}$ y $\{q_j\}_{j=1}^{r}$. La medida de Rényi se puede obtener relajando el cuarto axioma de Khinchine y sustituyéndolo por:

$$\mathcal{S}(\mathcal{B}|\mathcal{A}) = -f^{-1}\left(\sum_{k=1}^{n} p_k f\left(\mathcal{I}(\mathcal{B}|A_k)\right)\right), \tag{C.19}$$

siendo f una función invertible y positiva en $[0, \infty]^3$. Se puede probar, de modo similar al que se dedujo la expresión la medida de Shannon, que dicha medida debe satisfacer:

$$\mathcal{S}(\mathcal{A}) = -f^{-1}\left(\sum_{k=1}^{n} p_k f(-\ln p_k)\right). \tag{C.20}$$

---

[2]Este resultado, expresado en función de la entropía, recibe el nombre de *teorema de Gouy-Stodola*, y establece que la destrucción de exergía en un sistema termodinámico es igual al producto de la temperatura de referencia por la generación de entropía.

[3]Nótese que lo que se está haciendo es la $f-$media de las informaciones condicionadas. Para el caso particular de la medida BGS, f es una función lineal

Las funciones continuas f que satisfacen aditividad para sucesos independientes, $\mathcal{I}(\mathcal{A}, \mathcal{B}) = \mathcal{I}(\mathcal{A}) + \mathcal{I}(\mathcal{B})$ se denominan *funciones de Kolmogorov-Nagumo*. Si $\mathcal{A}$ y $\mathcal{B}$ son dos espacios mutuamente independientes, su información conjunta es la suma de las informaciones propias de cada espacio:

$$\mathcal{S}(\mathcal{A}, \mathcal{B}) = -f^{-1}\left(\sum_{k=1}^{n}\sum_{j=1}^{m} p_k q_j f\left(\mathcal{S}_k^{(1)} + \mathcal{S}_l^{(2)}\right)\right)$$

$$= -f^{-1}\left(\sum_{k=1}^{n} p_k f\left(\mathcal{S}_k^{(1)}\right)\right) - f^{-1}\left(\sum_{j=1}^{m} q_j f\left(\mathcal{S}_j^{(2)}\right)\right). \tag{C.21}$$

En particular, $\mathcal{B}$ es independiente de cualquier suceso $X_k \in \mathcal{A}$ y la distribución de probabilidad condicionada tendrá una información $\mathcal{S}(\mathcal{B}|X_k) = \mathcal{S}(\mathcal{B}) = \mathcal{S}$. De este modo:

$$f^{-1}\left(\sum_{k=1}^{n} p_k f\left(\mathcal{S}_k^{(1)} + \mathcal{S}\right)\right) = f^{-1}\left(\sum_{k=1}^{n} p_k f\left(\mathcal{S}_k^{(1)}\right)\right) + \mathcal{S}. \tag{C.22}$$

Definiendo la función $f_{\mathcal{S}}(x) = f(x + \mathcal{S})$, la expresión anterior se resume en:

$$f_{\mathcal{S}}^{-1}\left(\sum_{k=1}^{n} p_k f_{\mathcal{S}}\left(\mathcal{S}_k^{(1)}\right)\right) = f^{-1}\left(\sum_{k=1}^{n} p_k f\left(\mathcal{S}_k^{(1)}\right)\right), \tag{C.23}$$

con lo que las funciones f y $f_{\mathcal{S}}$ generan la misma media, luego deben tener una relación lineal(Hardy et al. (1952)): $f_{\mathcal{S}}(x) = f(x + \mathcal{S}) = a(\mathcal{S})f(x) + b(\mathcal{S})$. Forzando la condición $f(0) = 0$ se puede asumir sin pérdida de generalidad que $b(\mathcal{S}) = f(\mathcal{S})$. De este modo se cumple la relación:

$$\frac{a(x) - 1}{f(x)} = \frac{a(\mathcal{S}) - 1}{f(\mathcal{S})} = \gamma = cte \Rightarrow a(x) - 1 = \gamma f(x) \tag{C.24}$$

Si $\gamma = 0$, entonces $f(x + \mathcal{S}) = f(x) + f(\mathcal{S})$, y por continuidad de f se tiene $f(x) = \lambda x$ para $\lambda > 0$, de modo que se recupera la medida BGS. Si $\gamma \neq 0$, al aplicar la igualdad anterior en $x + \mathcal{S}$, se deduce que a debe satisfacer la igualdad $a(x + \mathcal{S}) = a(x)a(\mathcal{S})$, y por la continuidad de a se llega a la expresión $a(x) = e^{(1-\beta)x}$, con $\beta \neq 1$. De esta forma tenemos que $\gamma f(x) = e^{(1-\beta)x} - 1$, con lo que sustituyendo en la Ec. (C.20):

$$\mathcal{S}_\beta(\mathcal{A}) = \frac{1}{1 - \beta} \ln\left(\sum_{k=1}^{n} p_k^\beta\right) \tag{C.25}$$

que es la expresión de la medida de la información de Rényi. Esta entropía permite recuperar en diferentes supuestos las entropías de Hartley ($\beta = 0$), Shannon ($\beta = 1$), de colisión $\beta = 2$ o del mínimo ($\beta \to \infty$).

C.4.2.   La entropía de Tsallis: no extensividad

Antes de mostrar la expresión de la medida de Tsallis es necesario introducir de forma breve el concepto de $q-$cálculo. Definiremos la $q-$derivada de una función real f como:

$$\left(\frac{d}{dx}\right)_q f = \frac{f(x) - f(qx)}{x - qx} \tag{C.26}$$

Nótese que cuando $q \to 1$ la expresión coincide con la derivada usual. El estudio del comportamiento de las funciones reales con este operador (que se comporta en general de modo muy distinto a la derivada usual) se denomina $q-$cálculo, y tiene utilidad en numerosos campos de la física y de la matemática, como en mecánica cuántica (donde normalmente se toma el valor de $q = h$). El estudio del punto fijo de este operador lleva a la noción de q−exponencial y de q−logaritmo, que tienen las expresiones:

$$\exp_q(x) = (1 + (1 - q)x)^{\frac{1}{1-q}}$$

$$\ln_q(x) = \frac{x^{1-q} - 1}{1 - q}, \tag{C.27}$$

siempre y cuando $1 + (q - 1)x > 0$ para $\exp_q$. Nótese que, a pesar de su nombre, ambas funciones son potenciales, y que tienden a la exponencial y el logaritmo usuales cuando $q \to 1$. La medida de la entropía de Tsallis (1988) se define usando estas funciones:

$$\mathcal{I}_q[\boldsymbol{p}] = \frac{1}{q - 1}\left(1 - \sum_{k=1}^{n} p_k^q\right) = \sum_{k=1}^{n} p_k \ln_q(p_k^{-1}). \tag{C.28}$$

Apéndice D

Apéndice Matemático

En el presente apéndice tratamos algunos de los aspectos cuantitativos de mayor relevancia en esta obra.

D.1. Aproximación de Stirling

La aproximación de Stirling consiste en que:

$$\ln(N!) \approx N\ln(N) - N\,,\tag{D.1}$$

para $N \gg 1$. Existen varias formas de obtener esta aproximación, pero quizás la más sencilla consista en partir de

$$\ln(N!) = \sum_{i=1}^{N} \ln(i)\tag{D.2}$$

y aproximar esta suma por la integral

$$\sum_{i=1}^{N} \ln(i) = \int_{1}^{N} \ln(x)dx = x\ln(x) - x\big|_{1}^{N} = N\ln(N) - N + 1\,.\tag{D.3}$$

Esta aproximación de la suma por su integral es buena cuando $N \gg 1$, ya que la función $\ln(x)$ presenta un crecimiento muy lento para valores altos de x. Por lo tanto, reteniendo únicamente términos de primer orden en N, recuperamos la aproximación de Stirling de la Ec. (D.1).

D.2. Integral Gaussiana

A continuación se demuestra que la integral de distribución gaussiana entre $(-\infty, \infty)$ toma el valor

$$I = \int_{-\infty}^{\infty} e^{-x^2}dx = \sqrt{\pi}\tag{D.4}$$

La resolución de la integral en esta forma no resulta sencilla, si no que es preferible calcular el valor de la integral al cuadrado, es decir

$$I^2 = \left(\int_{-\infty}^{\infty} e^{-x^2} dx \right) \cdot \left(\int_{-\infty}^{\infty} e^{-x^2} dx \right) = \int_{-\infty}^{\infty} e^{-x^2} dx \int_{-\infty}^{\infty} e^{-y^2} dy$$

$$= \int_{-\infty}^{\infty} e^{-x^2} dx \int_{-\infty}^{\infty} e^{-y^2} dy = \int_{-\infty}^{\infty} \int_{-\infty}^{\infty} e^{-(x^2+y^2)} dx dy \tag{D.5}$$

En esta forma es posible realizar un cambio a coordenadas radiales

$$I^2 = \int_0^{2\pi} d\theta \int_0^{\infty} r e^{-r^2} dr , \tag{D.6}$$

que trivialmente puede resolverse para obtener

$$I^2 = -\pi e^{-r^2} \Big|_0^{\infty} = \pi , \tag{D.7}$$

con lo cual obtenemos directamente el resultado de la Ec. (D.4), el cual es fácilmente generalizable a

$$\int_{-\infty}^{\infty} e^{-(ax^2+bx+c)} dx = e^{-c} e^{-\frac{b^2}{2a}} \sqrt{\frac{\pi}{a}} \tag{D.8}$$

D.3. Volumen de una hiperesfera

El volumen de una hiperesfera en D dimensiones viene dado por la expresión:

$$V(R) = \frac{\pi^{D/2}}{(D/2)!} R^D \tag{D.9}$$

Para obtener esta expresión partiremos de la integral:

$$I_f = \int \cdots \int_{-\infty}^{+\infty} dx_1 ... dx_f e^{-x_1^2} ... e^{-x_f^2} = \left[\int_{-\infty}^{+\infty} dx e^{-x^2} \right]^f = \pi^{f/2} , \tag{D.10}$$

donde hemos usado la integral de una gaussiana (para una demostración de dicha integral véase D.2). Evidentemente, como sabemos del análisis matemático, si hacemos un cambio a coordenadas esféricas generalizadas podemos reescribir la integral anterior de la forma:

$$I_f = \int_0^{+\infty} S_f e^{-r^2} r^{f-1} dr = \frac{1}{2} \Gamma(f/2) S_f \tag{D.11}$$

donde $S_f r^{f-1}$ es el determinante de la jacobiana de la transformación (cambio de variable) a coordenadas polares integrado en la parte angular, que coincide con el área de la esfera f-dimensional de radio r. Hemos usando, además, la función gamma de Euler:

$$\Gamma(n) = \int_0^{+\infty} e^{-x} x^{n-1} dx$$

cuyas propiedades más significativas son:

$$\Gamma(n+1) = n\Gamma(n)$$
$$\Gamma(1) = 1$$
$$\Gamma(n+1) = n!$$

Igualando las Ecs. (D.10) y (D.11), tenemos:

$$S_f = \frac{2\pi^{f/2}}{(f/2 - 1)!} \tag{D.12}$$

que no es sino el área de la hiperesfera de radio unidad en el espacio de f dimensiones. El volumen de una hiperesfera de radio R en un espacio de f dimensiones se puede obtener fácilmente integrando el área de la misma:

$$V_f = \int_0^R S_f r^{f-1} dr = \frac{S_f R^f}{f} = \frac{\pi^{f/2}}{f/2 \, (f/2 - 1)!} R^f = \frac{\pi^{f/2}}{(f/2)!} R^f , \tag{D.13}$$

recuperando así la Ec. (D.9)

D.4. Expansión de Sommerfeld

La expansión de Sommerfeld es una expansión en serie para integrales del tipo

$$I(\beta) = \int_0^\infty \frac{H'(\epsilon)}{e^{\beta(\epsilon-\mu)} + 1} d\epsilon, \tag{D.14}$$

con $H(0) = 0$. Integrando por partes, obtenemos

$$I(\beta) = \beta \int_{-\infty}^\infty \frac{H(\epsilon) e^{\beta(\epsilon-\mu)}}{\left[e^{\beta(\epsilon-\mu)} + 1\right]^2} d\epsilon. \tag{D.15}$$

Además, se ha extendido el límite inferior a $-\infty$ con un error del orden $\exp(-\beta\mu)$. Expandiendo $H(\epsilon)$ en serie de Taylor en torno a $\epsilon = \mu$ puede escribirse

$$I(\beta) = \beta \sum_{m=0}^\infty \frac{H^{(m)}(\mu)}{m!} \int_{-\infty}^\infty \frac{(\epsilon - \mu)^m e^{\beta(\epsilon-\mu)}}{\left[e^{\beta(\epsilon-\mu)} + 1\right]^2} d\epsilon \tag{D.16}$$

$$= \sum_{m=0}^\infty \frac{H^{(m)}(\mu)}{m!} \beta^{-m} \int_{-\infty}^\infty \frac{x^m e^x}{\left[e^x + 1\right]^2} dx. \tag{D.17}$$

Esta integral es calculable usando que

$$I_m = \int_{-\infty}^\infty \frac{x^m e^x}{(e^x + 1)^2} dx \tag{D.18}$$

toma el valor:

$$I_m = \begin{cases} 0 \\ (m-1)! 2m \left(1 - 2^{1-m}\right) \varsigma(m) \end{cases} , \tag{D.19}$$

donde $\varsigma(m) = \sum_{k=1}^\infty 1/k^m$ es la función zeta de Riemann ($\varsigma(2) = \pi^2/6$; $\varsigma(4) = \pi^4/90$; $\varsigma(6) = \pi^6/945...$). En particular, cuando $H(\epsilon) = 1$ obtenemos (derivando ambos miembros de la integral resultante) la denominada expansión de Sommerfeld:

$$f\cdot(\epsilon) = H(\epsilon - \mu) - \frac{\pi^2}{6} (k_B T)^2 H'(\epsilon - \mu) + O\left[(k_B T)^4 H'''(\epsilon - \mu)\right] \tag{D.20}$$

D.5. Expansión perturbativa del operador densidad

Supongamos que el hamiltoniano de un determinado sistema perturbativo es $H = H_0 + H_1$. Entonces,

$$\rho = \frac{e^{-\beta H}}{Z} \; ; \; Z = \text{Tr}\left\{e^{-\beta H}\right\} \tag{D.21}$$

Considerando que $\frac{\partial \rho}{\partial \beta} = -H\rho$ y $\frac{\partial \rho_0}{\partial \beta} = -H_0\rho_0$, podemos ver que

$$\frac{\partial}{\partial \beta}\left(e^{\beta H_0}\rho\right) = H_0\rho e^{\beta H_0} + \frac{\partial \rho}{\partial \beta}e^{\beta H_0} = e^{\beta H_0}(H_0 - H)\rho = -e^{\beta H_0}H_1\rho \tag{D.22}$$

Integrando formalmente la ecuación anterior entre 0 y β y teniendo en cuenta que $\left(e^{\beta H}\rho\right) = \mathbb{1}$ en $\beta = 0$, tendremos que

$$\int_0^\beta \frac{\partial}{\partial \beta'}\left(e^{\beta' H_0}\rho\right)d\beta' = -\int_0^\beta e^{\beta' H_0}H_1\rho d\beta' \Rightarrow e^{\beta H_0}\rho\left(\beta\right) - \mathbb{1}$$

$$= -\int_0^\beta e^{\beta' H_0}H_1\rho d\beta' \tag{D.23}$$

Así pues, teniendo en cuenta que $\rho_0 = e^{-\beta H_0}$, podemos escribir,

$$\rho\left(\beta\right) = \rho_0\left(\beta\right) - \int_0^\beta \rho_0\left(\beta - \beta'\right)H_1\rho\left(\beta'\right)d\beta'$$

$$= \rho_0\left(\beta\right) - \int_0^\beta \rho_0\left(\beta - \beta'\right)H_1\rho_0\left(\beta'\right)d\beta'$$

$$- \int_0^\beta d\beta' \int_0^{\beta'} d\beta'' \rho_0\left(\beta - \beta_1'\right)H_1\rho_0\left(\beta' - \beta''\right)H_1\rho_0\left(\beta''\right)$$

$$- \int_0^\beta d\beta' \int_0^\beta d\beta'' \int_0^{\beta''} d\beta''' \left(...\right) \tag{D.24}$$

donde vemos cómo el operador densidad del sistema libre se comporta como un propagador en el espacio de temperaturas, lo que se represente gráficamente en la Fig. D.1

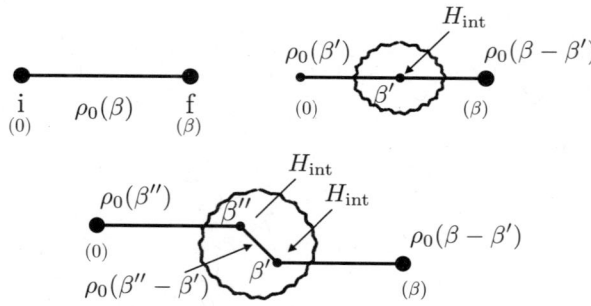

Figura D.1: Representación diagramática de los primeros términos de la expansión del operador densidad

Bibliografía

Abrikosov, A. A., Gorkov, L. P., & Dzyaloshinski, I. E. (2012). *Methods of quantum field theory in statistical physics*. Courier Corporation.

Allen, M., & Tildesley, D. (2017). *Computer Simulation of Liquids*. Oxford science publications. Oxford University Press.

Altland, A., & Simons, B. (2006). *Condensed Matter Field Theory*. Cambridge University Press.

Anderson, P. (1997). *Concepts in Solids: Lectures on the Theory of Solids*. Advanced book classics series. World Scientific.

Anderson, W. (1984). *Basic Notions Of Condensed Matter Physics*. Basic Notions of Condensed Matter Physics Series. Basic Books.

Annett, J. (2004). *Superconductivity, Superfluids and Condensates*. Oxford Master Series in Physics. OUP Oxford.

Becke, A. D. (1988). Density-functional exchange-energy approximation with correct asymptotic behavior. *Physical review A, 38*(6), 3098.

Berendsen, H. J., Postma, J. v., Van Gunsteren, W. F., DiNola, A., & Haak, J. R. (1984). Molecular dynamics with coupling to an external bath. *The Journal of chemical physics, 81*(8), 3684–3690.

Berne, B. J., & Forster, D. (1971). Topics in time-dependent statistical mechanics. *Annual Review of Physical Chemistry, 22*(1), 563–596.

Blume, M., Emery, V. J., & Griffiths, R. B. (1971). Ising model for the λ transition and phase separation in He 3-He 4 mixtures. *Physical review A, 4*(3), 1071.

Bogoliubov, N. (1947). On the theory of superfluidity. *J. Phys, 11*(1), 23.

Bogoliubov, N., & Zubarev, D. (1955). The Wave Function of the Lowest State of a System of Interacting Bose Particles. *Sov. Phys. JETP, 1*, 83–90.

Boon, J. P., & Yip, S. (1991). *Molecular hydrodynamics*. Courier Corporation.

Bortz, A. B., Kalos, M. H., & Lebowitz, J. L. (1975). A new algorithm for Monte Carlo simulation of ising spin systems. *Journal of Computational Physics, 17*(1), 10–18.

Brey, J. J., de la Rubia Pacheco, J., & de la Rubia Sánchez, J. (2001). *Mecánica Estadística*. Cuadernos de la UNED.

Bruus, H., & Flensberg, K. (2004). *Many-Body Quantum Theory in Condensed Matter Physics: An Introduction*. Oxford Graduate Texts. OUP Oxford.

Bussi, G., Donadio, D., & Parrinello, M. (2007). Canonical sampling through velocity rescaling. *The Journal of chemical physics*, *126*(1), 014101.

Callen, H. B. (1998). *Thermodynamics and an Introduction to Thermostatistics*. American Association of Physics Teachers.

Callen, H. B., & Welton, T. A. (1951). Irreversibility and generalized noise. *Physical Review*, *83*(1), 34.

Casimir, H. B. G. (1945). On onsager's principle of microscopic reversibility. *Reviews of Modern Physics*, *17*(2-3), 343.

Ceperley, D. M., & Alder, B. J. (1980). Ground state of the electron gas by a stochastic method. *Phys. Rev. Lett.*, *45*, 566–569.

Chandler, D. (1987). Introduction to modern statistical. *Mechanics. Oxford University Press, Oxford, UK*, *5*, 449.

Coleman, P. (2015). *Introduction to Many-Body Physics*. Cambridge University Press.

de Gennes, P.-G. (1972). Exponents for the excluded volume problem as derived by the wilson method. *Physics Letters A*, *38*(5), 339–340.

Diu B., L. D., Guthmann C., & B., R. (1989). *Éléments de Physique Statistique*. Hermann.

El-Batanouny, M. (2020). *Advanced Quantum Condensed Matter Physics: One-Body, Many-Body, and Topological Perspectives*. Cambridge University Press.

Feynman, R. P. (1954). Atomic theory of the two-fluid model of liquid helium. *Physical Review*, *94*(2), 262.

Gardiner, C. (2009). *Stochastic methods*, vol. 4. Springer Berlin.

Girvin, S., & Yang, K. (2019). *Modern Condensed Matter Physics*. Cambridge University Press.

Glansdorff, P., & Prigogine, I. (1954). Sur les propriétés différentielles de la production déntropie. *Physica*, *20*(7-12), 773–780.

Glansdorff, P., & Prigogine, I. (1970). Non-equilibrium stability theory. *Physica*, *46*(3), 344–366.

Glazer, M., & Wark, J. (2001). *Statistical Mechanics: A Survival Guide*. Oxford University Press.

Gnedenko, B., & Kolmogorov, A. (1968). *Limit Distributions for Sums of Independent Random Variables*. Addison-Wesley.

Goldenfeld, N. (1993). *Lectures on Phase Transitions and the Renormalization Group*. Perseus Books Group.

Goldstein, H. (1980). *Classical Mechanics*. Addison-Wesley.

Gordon, R. G., & Kim, Y. S. (1972). Theory for the forces between closed-shell atoms and molecules. *The Journal of Chemical Physics, 56*(6), 3122–3133.

Green, M., Vicentini-Missoni, M., & Sengers, J. L. (1967). Scaling-law equation of state for gases in the critical region. *Physical Review Letters, 18*(25), 1113.

Green, M. S. (1952). Markoff random processes and the statistical mechanics of time-dependent phenomena. *The Journal of Chemical Physics, 20*(8), 1281–1295.

Greene, R. F., & Callen, H. B. (1951). On the formalism of thermodynamic fluctuation theory. *Physical Review, 83*(6), 1231.

Greiner, W., Rischke, D., Neise, L., & Stöcker, H. (2012). *Thermodynamics and Statistical Mechanics*. Classical Theoretical Physics. Springer New York.

Griffiths, D. (2004). *Introduction to Quantum Mechanics*. Cambridge University Press.

Groot, S. (1963). *Thermodynamics of Irreversible Processes*. Selected topics in modern physics. North-Holland Publishing Company.

Grosso, G., & Parravicini, G. (2013). *Solid State Physics*. Elsevier Science.

Gunnarsson, O., & Lundqvist, B. I. (1976). Exchange and correlation in atoms, molecules, and solids by the spin-density-functional formalism. *Phys. Rev. B, 13*, 4274–4298.

Hardy, G. H., Littlewood, J. E., Pólya, G., Pólya, G., et al. (1952). *Inequalities*. Cambridge university press.

Hartley, R. V. (1928). Transmission of information 1. *Bell System technical journal, 7*(3), 535–563.

Helfand, E. (1961). Theory of the molecular friction constant. *The Physics of Fluids, 4*(6), 681–691.

Hill, T. L. (1986). *An introduction to statistical thermodynamics*. Courier Corporation.

Ho, J. T., & Litster, J. (1969). Magnetic equation of state of Cr Br 3 near the critical point. *Physical Review Letters, 22*(12), 603.

Hohenberg, P., & Kohn, W. (1964). Inhomogeneous electron gas. *Phys. Rev., 136*, B864–B871.

Huang, K. (1987a). Statistical mechanics. *Statistical Mechanics, 2nd Edition, by Kerson Huang, pp. 512. ISBN 0-471-81518-7. Wiley-VCH, April 1987.*, (p. 512).

Huang, K. (1987b). *Statistical Mechanics*. Wiley.

Jaynes, E. T. (1957). Information theory and statistical mechanics. *Physical review, 106*(4), 620.

Jonscher, A. (1983). *Dielectric Relaxation in Solids*. Chelsea Dielectrics Press.

Jonscher, A. (1996). *Universal Relaxation Law: A Sequel to Dielectric Relaxation in Solids*. Chelsea Dielectrics Press.

Kadanoff, L. P. (1966). Scaling laws for ising models near Tc. *Physics Physique Fizika*, *2*(6), 263.

Kadanoff, L. P. (2000). *Statistical physics: statics, dynamics and renormalization.* World Scientific.

Kapitza, P. (1938). Viscosity of liquid helium below the λ-point. *Nature*, *141*(3558), 74–74.

Kennett, M. P. (2020). *Essential Statistical Physics.* Cambridge University Press.

Khinchine (1957). Mathematical foundations of information theory. *English transla-tion). Dover, New York.*

Kohlhaas, R., Rocker, W., & Hirschler, W. (1966). Über den einfluß eines magnetfeldes auf die spezifische wärme des eisens am curie-punkt. *Zeitschrift für Naturforschung A*, *21*(1-2), 183–184.

Kondepudi, D., & Prigogine, I. (1998). From heat engines to dissipative structures. *Modern Thermodynamics, John Wiley & Sons, Chichester.*

Kopietz, P., Bartosch, L., & Schütz, F. (2010). *Introduction to the functional renor-malization group*, vol. 798. Springer Science & Business Media.

Kubo, R. (1962). Generalized cumulant expansion method. *Journal of the Physical Society of Japan*, *17*(7), 1100–1120.

Kubo, R., Yokota, M., & Nakajima, S. (1957). Statistical-mechanical theory of irre-versible processes. II. response to thermal disturbance. *Journal of the Physical Society of Japan*, *12*(11), 1203–1211.

Lancaster, T., & Blundell, S. (2014). *Quantum Field Theory for the Gifted Amateur.* OUP Oxford.

Landau, L. (1941). Theory of the superfluidity of helium II. *Physical Review*, *60*(4), 356.

Landau, L. (1947). ZhETF, 11, 592 (1941); ld landau. *J. Phys. Ussr*, *11*, 91.

Landau, L. D. (1958). *Course of Theoretical Physics Vol 5.* Pergamon Press.

Landau, L. D., & Lifshitz, E. (1965). *Course of theoretical physics. Vol. 3: Quantum mechanics. Non-relativistic theory.* London.

Landau, L. D., & Lifshitz, E. M. (1976). *Mechanics, Third Edition: Volume 1 (Course of Theoretical Physics).* Butterworth-Heinemann.

Le Bellac, M. (1992). *Quantum and Statistical Field Theory.* Oxford Science Publi-cations.

Lee, C., Yang, W., & Parr, R. G. (1988). Development of the Colle-Salvetti correlation-energy formula into a functional of the electron density. *Physical review B*, *37*(2), 785.

Lee, L. L. (2016). *Molecular thermodynamics of nonideal fluids.* Butterworth-Heinemann.

Leggett, A. J., et al. (2006). *Quantum liquids: Bose condensation and Cooper pairing in condensed-matter systems.* Oxford university press.

Lim, Y.-K. (1990). *Problems and Solutions on Thermodynamics and Statistical Mechanics.* World Scientific.

Luttinger, J. (1964). Theory of thermal transport coefficients. *Physical Review, 135*(6A), A1505.

Lyapunov, A. M. (1992). The general problem of the stability of motion. *International journal of control, 55*(3), 531–534.

Ma, S. (1976). *Modern Theory of Critical Phenomena.* Frontiers in physics. W. A. Benjamin, Advanced Book Program.

Ma, S. (1985). *Statistical Mechanics.* World Scientific.

Mahan, G. D., & Subbaswamy, K. (2013). *Local density theory of polarizability.* Springer Science & Business Media.

McQuarrie, D. A. (1976). *Statistical Mechanics.* Harper's chemistry series. New York: Harper Collins.

Merzbacher, E. (1998). *Quantum Mechanics.* Wiley. URL https://books.google.com.mx/books?id=6Ja_QgAACAAJ

Montes-Campos, H., Otero-Mato, J. M., Méndez-Morales, T., López-Lago, E., Russina, O., Cabeza, O., Gallego, L. J., & Varela, L. M. (2017). Nanostructured solvation in mixtures of protic ionic liquids and long-chained alcohols. *The Journal of Chemical Physics, 146*(12).

Moreau, M. (1975). On the derivation of the Onsager relations from the Master equation. *Letters in Mathematical Physics, 1*(1), 7–15.

Münster, A. (1970). *Classical Thermodynamics.* Wiley.

Nolting, W., & Brewer, W. (2009). *Fundamentals of Many-body Physics: Principles and Methods.* Springer Berlin Heidelberg.

Nyquist, H. (1924). Certain factors affecting telegraph speed. *Transactions of the American Institute of Electrical Engineers, 43*, 412–422.

Onsager, L. (1931a). Reciprocal relations in irreversible processes. i. *Physical review, 37*(4), 405.

Onsager, L. (1931b). Reciprocal relations in irreversible processes. ii. *Physical review, 38*(12), 2265.

Palmer, R. G. (1982). Broken ergodicity. *Advances in Physics, 31*(6), 669–735.

Parisi, G. (1988). *Statistical Field Theory.* Basic Books.

Perdew, J. P., & Zunger, A. (1981). Self-interaction correction to density-functional approximations for many-electron systems. *Phys. Rev. B, 23*, 5048–5079.

Prigogine, I. (1945). Etude thermodynamique des phenomenes irreversible. *Bull. Acad. Roy. Blg. Cl. Sci., 31*, 600–606.

Reed, T., & Gubbins, K. (1973). *Applied Statistical Mechanics: Thermodynamic and Transport Properties of Fluids*. Chemical engineering series. McGraw-Hill.

Reichl, L. (1980). *A Modern Course in Statistical Mechanicsi*. (E. Arnold, Publ. LTD), Univ. of Texas Press.

Reif, F., Peris, J., & de la Rubia Pacheco, J. (1969). *Física estadística*. Berkeley Physics Course. Reverté.

Rumer, I., & Ryvkin, M. (1980). *Thermodynamics, statistical physics, and kinetics*. Mir.

Ryder, L. (1985). *Quantum Field Theory*. CUP Publication.

Schlögl, F. (1993). *Thermodynamics of chaotic systems: an introduction*. Cambridge University Press.

Schwabl, F., & Brewer, W. (2006). *Statistical Mechanics*. Advanced Texts in Physics. Springer Berlin Heidelberg.

Shannon, C. E. (1948). A mathematical theory of communication. *Bell system technical journal*, *27*(3), 379–423.

Stanley, H. E. (1968). Dependence of critical properties on dimensionality of spins. *Physical Review Letters*, *20*(12), 589.

Stevens, R., & Boerio-Goates, J. (2004). Heat capacity of copper on the ITS-90 temperature scale using adiabatic calorimetry. *The Journal of Chemical Thermodynamics*, *36*(10), 857–863.

Sychev, V. (1991). *The Differential Equations Of Thermodynamics*. Taylor & Francis.

Tejero, C. F., & Parrondo, J. M. (1996). *100 Problemas de Física Estadística*. Alianza Editorial.

Toulouse, G., & Pfeuty, P. (1977). *Introduction to the Renormalization Group and to Critical Phenomena*. A Wiley-interscience publication. Wiley.

Tsallis, C. (1988). Possible generalization of Boltzmann-Gibbs statistics. *Journal of statistical physics*, *52*(1), 479–487.

Tuckerman, M. (2010). *Statistical Mechanics: Theory and Molecular Simulation*. Oxford Graduate Texts. OUP Oxford.

Van Vliet, C. (2008). *Equilibrium and Non-equilibrium Statistical Mechanics*. G - Reference,Information and Interdisciplinary Subjects Series. World Scientific Pub. URL https://books.google.es/books?id=syjsumPy5UsC

Vosko, S. H., Wilk, L., & Nusair, M. (1980). Accurate spin-dependent electron liquid correlation energies for local spin density calculations: a critical analysis. *Canadian Journal of physics*, *58*(8), 1200–1211.

Voter, A. F. (2007). Introduction to the kinetic Monte Carlo method. In *Radiation effects in solids*, (pp. 1–23). Springer.

White, R., & Geballe, T. (1979). *Long Range Order in Solids*. Solid state physics: Suppl 15. Academic Press.

Yarnell, J. L., Arnold, G. P., Bendt, P. J., & Kerr, E. C. (1959). Excitations in liquid helium: Neutron scattering measurements. *Phys. Rev.*, *113*, 1379–1386.

Zwanzig, R. (1965). Time-correlation functions and transport coefficients in statistical mechanics. *Annual Review of Physical Chemistry*, *16*(1), 67–102.

Índice alfabético